TABLE DES DIVISEURS

POUR TOUS LES NOMBRES

DU TROISIÈME MILLION.

TABLE DES DIVISEURS

POUR TOUS LES NOMBRES

DU TROISIÈME MILLION,

OU PLUS EXACTEMENT,

DEPUIS 2028000 A 3036000, AVEC LES NOMBRES PREMIERS QUI S'Y TROUVENT;

PAR J.-CH. BURCKHARDT,

Membre de l'Académie Royale des Sciences, du Bureau des Longitudes de France
et de plusieurs autres Sociétés savantes.

PARIS,

MME VE COURCIER, Imprimeur-Libraire pour les Mathématiques, quai des Augustins, n° 57.

1816.

	20280	83	86	89	92	95	20298	20301	04	07	10	13	16	19	22
01	373	11	—	7	607	—	—	—	509	17	7	—	11	59	263
07	37	19	7	—	—	29	13	131	31	7	11	223	587	—	—
11	113	41	13	157	53	11	7	107	—	—	47	59	—	7	23
13	13	7	107	863	41	163	—	97	7	89	53	17	19	13	—
17	—	127	—	11	29	7	17	—	23	13	41	149	7	19	11
19	7	—	439	31	19	271	11	7	—	—	43	—	17	41	7
23	67	11	23	13	7	19	89	17	149	113	—	7	11	83	43
29	379	—	—	7	31	53	—	233	17	47	7	641	607	37	271
31	311	251	11	—	149	7	—	19	13	—	757	53	7	11	17
37	11	149	13	953	7	457	251	—	—	—	—	7	1327	—	—
41	19	7	79	—	—	41	11	23	7	563	17	13	67	131	—
43	89	211	—	7	—	23	—	269	41	11	7	251	79	29	397
47	7	23	—	—	11	13	53	7	47	—	571	17	31	857	7
49	17	307	7	13	—	—	31	11	37	7	383	281	53	71	491
53	—	43	11	19	109	181	7	37	211	107	—	—	13	7	—
59	11	—	401	907	587	7	13	31	—	—	—	11	7	17	19
61	7	31	17	11	13	19	397	7	—	43	23	61	197	—	7
67	61	11	—	17	23	—	7	67	—	1259	—	13	11	7	31
71	23	—	31	7	—	263	—	11	—	41	7	73	—	61	—
73	—	—	37	—	17	7	—	—	19	907	11	67	7	1361	—
77	—	13	7	271	—	11	367	653	137	7	—	1303	677	—	13
79	19	47	—	241	7	17	—	89	11	31	73	7	13	—	457
83	17	7	71	11	—	131	47	—	7	29	97	23	313	—	11
89	7	11	13	101	89	23	—	7	—	—	31	241	11	199	7
91	13	—	7	19	11	151	—	17	163	7	283	—	—	13	29
97	47	7	11	103	197	—	61	13	7	701	71	—	659	11	19

	25	28	31	34	37	40	43	46	49	52	55	58	61	64	67
01	1181	71	7	—	149	37	47	227	11	7	13	17	41	19	—
07	—	7	107	23	13	19	11	239	7	197	—	—	17	281	653
11	13	11	—	97	—	7	19	17	83	—	—	463	7	13	—
13	7	29	37	1373	11	79	31	7	—	—	—	13	—	17	7
17	71	37	103	83	7	—	—	13	17	1319	11	7	311	227	617
19	—	—	11	727	—	13	7	—	19	661	89	157	29	7	17
23	29	13	73	7	41	—	233	31	11	17	7	—	—	—	13
29	—	19	7	—	23	43	11	89	13	7	17	29	—	41	61
31	113	73	23	139	7	29	13	43	71	11	—	7	—	181	31
37	13	—	977	7	47	131	—	11	—	—	7	—	—	13	53
41	7	—	11	—	19	—	191	7	—	13	733	—	17	11	7
43	—	17	7	—	—	11	—	13	1019	7	769	—	—	23	19
47	11	67	797	13	919	—	7	71	—	23	521	11	37	7	—
49	461	7	17	11	83	109	19	23	7	29	—	347	59	—	11
53	—	—	139	23	1123	7	103	19	41	11	13	—	7	1229	17
59	—	—	—	—	7	757	—	11	29	37	59	7	1373	—	419
61	—	—	13	—	17	—	7	—	79	19	11	251	—	7	157
67	43	19	—	1423	347	7	—	37	11	13	—	—	7	29	139
71	17	29	7	11	43	13	37	—	23	7	53	131	—	443	11
73	—	—	47	13	7	1093	11	211	—	—	757	7	19	—	73
77	31	7	23	41	1087	163	199	47	7	79	43	401	11	19	71
79	23	—	—	7	11	71	29	17	—	823	7	—	43	—	137
83	7	997	17	37	—	19	13	7	181	281	11	263	41	31	7
89	13	127	—	17	59	29	7	—	11	—	103	53	73	7	601
91	11	7	61	137	—	863	107	19	7	17	—	11	127	337	—
97	7	839	31	—	—	13	271	7	—	11	17	73	67	229	7

	20281	84	87	90	93	96	20299	20302	05	08	11	14	17	20	23
01	—	—	—	13	—	7	43	101	11	53	151	113	7	29	—
03	7	13	—	—	491	347	19	7	43	17	—	11	—	37	7
07	—	199	—	—	7	227	11	19	61	101	13	7	37	151	—
09	—	367	359	193	577	211	7	—	13	11	17	—	31	7	43
13	31	—	—	7	11	17	29	—	—	71	7	101	—	—	—
19	—	971	7	—	47	73	17	167	311	7	19	13	211	11	139
21	—	19	41	—	7	11	—	31	191	13	—	7	17	—	409
27	1153	139	1021	7	73	229	631	37	—	449	7	41	19	17	11
31	7	—	233	449	—	67	37	7	17	11	29	—	13	19	7
33	449	11	7	—	19	—	811	23	—	7	13	109	11	307	17
37	—	83	349	23	97	19	7	11	79	17	—	53	157	7	61
39	—	7	1217	1013	13	647	—	373	7	59	11	479	239	—	—
43	13	—	73	29	1171	7	241	—	229	953	17	—	7	13	—
49	139	709	—	11	7	—	1399	13	19	691	263	7	—	191	11
51	17	37	383	—	—	13	7	—	29	103	31	1381	23	7	—
57	67	17	—	727	11	7	23	—	257	127	19	—	7	—	—
61	1291	—	7	659	331	—	71	29	13	7	11	19	1163	17	—
63	23	29	11	—	7	31	13	61	—	359	—	7	47	11	—
67	79	7	13	19	113	—	—	—	7	1019	—	—	—	—	17
69	11	53	83	7	—	—	223	443	67	613	7	11	29	13	—
73	7	47	—	—	—	787	11	7	—	13	1217	—	337	23	7
79	—	59	—	13	11	—	7	23	1109	—	—	29	—	7	347
81	43	7	—	—	137	17	—	11	7	—	41	47	37	31	13
87	7	—	53	—	—	11	17	7	13	167	—	—	673	103	7
91	11	17	103	—	7	197	—	—	—	19	43	7	—	71	31
93	19	—	13	11	71	1061	7	17	31	37	59	—	43	7	11
97	—	19	17	7	353	—	—	347	37	11	7	13	23	193	479
99	—	11	61	1009	—	7	101	—	17	13	23	19	7	257	1297

	26	29	32	35	38	41	44	47	50	53	56	59	62	65	68
01	19	13	—	941	7	17	907	541	—	—	197	7	—	—	13
03	53	41	—	—	—	—	7	11	701	—	19	17	13	7	—
07	—	79	11	7	—	457	17	41	13	29	7	19	53	11	—
09	47	—	19	29	643	7	13	—	—	773	41	79	7	509	—
13	11	151	7	19	443	47	83	17	—	7	431	11	23	—	37
19	—	7	29	1063	151	563	23	467	7	11	283	—	—	239	19
21	—	11	—	7	23	19	—	13	61	223	7	43	11	439	17
27	—	13	7	—	983	31	—	29	151	7	11	—	277	—	13
31	761	—	41	—	47	11	7	—	—	1289	13	—	89	7	—
33	—	7	—	—	—	41	—	59	7	37	—	97	577	—	—
37	—	—	197	11	13	7	29	—	37	19	389	17	7	151	11
39	7	—	13	79	—	—	11	7	—	23	—	211	83	—	—
43	—	11	—	—	7	23	101	—	—	—	439	7	11	347	53
49	—	31	67	7	1223	13	—	—	101	—	7	—	19	17	457
51	—	—	11	13	421	7	89	431	179	97	659	1087	7	11	61
57	11	751	—	17	7	—	—	—	31	71	13	7	—	47	19
61	—	7	37	73	—	—	11	—	7	—	23	751	101	953	—
63	—	59	—	7	13	1031	19	241	23	11	7	227	—	743	—
67	7	—	47	29	11	61	739	7	—	31	—	—	59	13	7
69	37	—	7	31	—	17	337	11	—	7	—	13	—	—	—
73	17	—	11	—	—	—	7	13	71	—	277	—	—	7	29
79	11	13	—	—	31	7	673	—	577	—	19	11	7	—	13
81	7	19	—	11	—	—	—	7	—	163	—	331	13	23	7
87	—	11	—	—	41	67	7	23	17	61	—	31	11	7	37
91	—	—	13	7	887	—	—	11	977	—	7	881	1117	19	—
93	13	23	1201	827	19	7	—	—	—	17	11	47	7	13	—
97	29	43	7	281	17	11	59	—	—	7	89	61	31	—	1091
99	853	—	—	43	7	487	31	13	11	—	17	7	—	67	167

	20282	85	88	91	94	20297	20300	03	06	09	12	15	18	21	24
03	—	—	7	17	—	13	23	11	59	7	433	409	19	—	—
09	23	7	—	71	17	11	—	—	7	—	599	41	13	—	—
11	733	—	29	7	—	—	599	—	11	—	7	739	—	—	19
17	—	—	7	37	13	—	11	—	—	7	—	17	101	29	—
21	13	11	37	—	947	—	7	19	1423	—	167	23	11	7	47
23	—	7	547	—	11	—	331	677	7	23	—	13	17	1249	101
27	—	—	67	43	359	7	103	13	—	83	11	233	7	127	499
29	7	269	11	23	1087	13	29	7	61	19	—	349	179	11	7
33	919	13	59	743	7	967	41	821	11	43	19	7	31	—	13
39	—	281	19	7	—	29	11	251	13	17	7	173	—	47	—
41	—	71	—	113	—	7	13	823	73	11	277	—	7	211	23
47	13	31	—	—	7	79	641	11	23	—	29	7	137	13	37
51	883	7	11	557	23	19	—	1091	7	13	—	17	—	11	631
53	17	313	23	7	—	11	—	13	—	—	7	797	113	—	31
57	7	41	31	13	—	191	73	7	—	29	—	11	17	—	7
59	1301	13	7	11	41	—	53	19	—	7	83	37	97	—	11
63	—	829	—	—	173	523	7	—	19	11	13	—	—	7	—
69	19	887	29	229	13	7	—	11	—	23	—	—	7	1069	17
71	7	127	13	17	43	1307	47	7	37	67	11	—	241	—	7
77	—	23	19	—	17	59	7	29	11	13	43	—	227	7	373
81	—	—	—	7	1051	13	—	—	269	—	7	359	103	—	11
83	157	1187	167	13	—	7	11	—	—	467	—	1051	7	19	193
87	17	11	7	59	37	31	29	71	277	7	—	—	11	179	19
89	29	—	73	—	7	19	17	—	41	1283	13	7	23	571	—
93	—	7	53	683	373	—	13	—	7	853	11	—	—	—	41
99	7	37	17	—	—	—	—	7	11	—	137	—	569	13	7

	27	30	33	36	39	42	45	48	51	54	57	60	63	66	69
03	47	7	389	11	—	17	—	43	7	—	37	29	587	—	11
09	7	11	—	—	269	—	17	7	19	83	13	—	11	43	7
11	—	31	7	—	11	—	23	—	13	7	47	109	17	—	—
17	23	7	11	821	89	—	—	—	7	—	19	—	107	11	31
21	—	—	31	157	283	7	—	139	11	499	233	13	7	59	41
23	7	97	19	349	61	37	991	7	229	13	—	11	—	—	7
27	59	53	—	19	7	13	11	—	—	17	241	7	727	23	719
29	1367	101	1129	13	—	881	7	53	587	11	—	23	1427	7	—
33	—	463	331	7	11	—	61	23	29	—	7	163	13	191	19
39	41	23	7	—	—	—	13	—	109	7	31	17	—	11	—
41	17	—	43	41	7	11	—	—	—	59	83	7	—	29	—
47	1399	17	383	7	523	83	613	101	19	—	7	13	41	503	11
51	7	—	251	67	—	31	—	7	—	11	73	—	23	17	7
53	19	11	7	71	—	13	29	1021	1009	7	23	89	11	233	43
57	113	13	—	—	409	—	7	11	97	317	—	293	—	7	13
59	—	7	—	17	23	181	103	389	7	73	11	19	13	223	107
63	23	—	—	53	107	7	157	1181	13	1367	—	67	7	—	—
69	—	61	13	11	7	—	—	—	—	113	593	7	37	31	11
71	13	—	269	59	—	17	7	31	359	293	29	—	563	7	19
77	—	—	—	—	11	7	17	13	103	23	37	—	7	—	—
81	587	17	7	13	53	23	—	19	31	7	11	—	643	149	1019
83	—	13	11	23	7	—	47	17	257	617	53	7	79	11	13
87	—	7	17	—	139	43	137	—	7	191	13	47	—	—	—
89	11	—	—	7	—	61	67	37	13	19	7	11	197	859	29
93	7	—	29	17	13	547	11	7	—	—	19	43	—	—	7
99	—	163	19	—	11	53	7	61	41	71	23	13	433	7	613

	203 70	73	76	79	82	85	88	91	94	203 97	204 00	03	06	09	12	15	18	21	24	27	30	33	36	39	42	45	48	51	54	57
01	67	7	107	167	11	43	—	241	7	79	127	101	—	17	—	7	1303	19	—	113	—	13	7	673	—	1049	11	31	499	7
07	7	—	11	911	29	—	41	7	—	19	97	23	—	11	7	13	—	—	499	61	—	7	47	—	11	—	761	139	7	59
11	163	—	—	—	7	829	37	23	11	17	19	7	41	439	709	43	—	—	7	11	—	29	271	—	13	7	17	47	31	19
13	11	19	1307	71	269	23	7	—	61	13	347	11	883	7	277	17	59	43	157	83	7	—	11	167	37	109	739	7	23	—
17	—	23	19	7	—	13	11	787	—	109	7	47	263	—	191	1097	—	7	13	—	—	19	—	37	7	131	701	17	11	1163
19	—	109	—	13	31	7	—	—	367	11	—	—	7	—	83	—	13	101	—	7	11	619	23	43	41	—	7	181	191	13
23	—	139	7	37	11	—	1409	491	—	7	53	17	13	19	29	11	7	—	23	97	—	—	103	7	353	13	11	43	17	71
29	—	7	11	797	131	19	13	443	7	911	—	197	17	11	853	7	661	—	—	13	37	—	7	199	11	29	47	—	53	7
31	103	17	521	7	13	11	—	—	193	—	7	—	1093	1367	—	19	11	7	17	29	67	101	—	—	7	811	—	11	641	—
37	—	29	7	11	23	—	1193	19	—	7	41	13	31	139	11	—	7	409	37	17	—	—	—	7	13	11	19	23	—	1171
41	23	—	43	73	181	577	7	13	19	11	—	53	—	7	17	199	41	37	29	71	7	—	109	23	89	—	—	7	—	397
43	—	7	—	17	43	13	97	—	7	—	59	239	11	—	61	7	859	53	13	41	17	23	7	11	—	31	—	829	67	7
47	19	13	79	541	—	7	883	11	43	127	—	199	7	31	13	17	211	23	11	7	—	59	—	379	167	41	7	13	311	11
49	7	—	73	61	17	—	—	7	233	563	11	1031	13	419	7	23	—	—	—	—	127	7	173	29	—	13	—	101	7	19
53	137	—	503	239	7	11	—	199	13	47	—	7	—	977	37	—	11	—	7	—	—	13	1291	—	563	7	31	11	523	—
59	17	317	13	7	—	23	113	1423	31	71	7	271	53	—	11	13	—	7	—	73	43	397	19	—	7	11	103	373	13	—
61	13	311	31	23	97	7	11	—	—	—	479	—	7	13	1091	—	29	11	53	7	—	523	43	17	293	—	7	163	11	—
67	—	251	643	47	7	19	—	13	—	1231	137	7	113	—	41	11	—	59	7	—	13	229	373	79	17	7	11	29	43	37
71	—	7	17	13	—	823	19	—	7	—	11	109	503	—	127	7	13	—	307	17	41	11	7	—	—	19	71	827	37	7
73	—	13	11	7	59	—	251	—	17	29	7	953	223	11	13	173	19	7	1087	227	61	911	—	41	7	17	—	13	31	—
77	7	—	—	17	439	—	67	7	11	—	13	—	613	53	7	59	31	19	—	11	17	7	193	13	—	—	29	—	7	41
79	11	—	7	—	79	—	—	—	13	7	31	11	—	1021	283	—	7	—	47	53	29	13	11	7	—	337	17	19	743	271
83	—	43	59	311	13	1069	7	1427	29	19	67	107	373	7	—	—	73	11	—	—	7	17	61	47	79	37	—	7	11	31
89	857	19	—	163	11	7	41	43	809	—	—	13	7	—	67	11	71	—	—	7	19	23	17	—	13	227	7	—	349	—
91	7	—	53	601	—	31	947	7	—	13	263	17	787	29	7	73	—	467	11	23	—	7	13	37	59	409	1427	—	7	11
97	97	191	—	13	—	11	7	—	173	—	—	59	17	7	—	43	11	47	31	—	7	—	19	—	29	89	251	7	227	13

	203 71	74	77	80	83	86	89	92	95	203 98	204 01	04	07	10	13	16	19	22	25	28	31	34	37	40	43	46	49	52	55	58
01	11	83	37	7	19	757	31	17	—	23	7	11	13	—	349	—	163	7	449	43	—	—	11	19	7	13	—	1187	401	191
03	31	47	157	11	1321	7	29	23	103	719	13	—	7	17	11	449	613	—	293	7	37	43	—	13	71	11	7	41	—	733
07	271	—	7	23	—	—	13	349	17	7	—	—	347	73	—	19	7	—	743	13	11	257	89	7	1033	17	23	269	233	283
09	37	11	—	53	7	67	19	701	—	257	—	7	11	31	17	61	167	13	7	—	—	—	83	11	23	7	—	43	—	479
13	13	7	—	653	—	29	607	11	7	17	—	181	283	13	233	7	79	—	11	—	23	—	7	—	307	1249	13	—	61	7
19	7	—	—	—	—	11	—	7	137	—	17	617	—	479	7	—	11	61	19	—	13	7	—	71	127	1129	—	11	7	—
21	47	173	7	—	1259	13	—	—	11	7	29	179	23	41	71	367	7	—	13	11	—	—	—	7	—	—	—	193	19	109
27	17	7	43	—	53	59	11	79	7	269	607	—	13	—	37	7	89	11	271	1187	19	29	7	—	199	13	307	1117	11	7
31	—	11	19	—	157	7	43	97	13	29	73	—	7	37	293	—	53	857	—	7	1319	13	131	11	—	23	7	79	41	17
33	7	17	83	29	11	113	13	7	43	—	—	—	19	—	7	11	—	—	17	13	199	7	53	23	317	—	11	547	7	—
37	269	—	13	59	7	—	1021	167	113	—	11	7	43	17	967	13	—	—	7	23	29	11	31	—	733	7	—	271	13	—
39	13	887	11	—	19	—	7	127	131	73	1361	37	103	7	29	—	31	23	383	17	7	61	—	19	11	67	13	7	—	—
43	1013	103	29	7	31	19	—	—	11	13	7	—	—	23	17	—	—	7	43	11	757	1091	13	—	7	839	—	1009	—	89
49	—	—	7	13	151	97	11	23	—	7	—	—	—	29	41	17	7	11	—	—	—	—	—	7	43	—	73	37	11	13
51	—	13	—	233	7	23	—	19	37	11	—	7	59	—	13	1373	547	41	7	—	11	17	—	53	—	7	19	13	23	—
57	—	—	—	7	199	17	—	11	13	—	7	—	521	1019	103	907	—	7	11	—	577	13	17	113	7	37	41	593	—	11
61	7	61	11	47	13	—	29	7	—	337	59	—	31	11	7	—	—	13	23	19	139	7	—	—	11	—	113	1381	7	557
63	29	751	7	557	—	11	17	—	509	7	19	151	125	—	—	13	7	—	1279	—	—	419	—	7	—	97	—	11	13	19
67	11	17	173	97	37	1301	7	—	—	—	—	11	23	7	463	107	—	29	17	641	7	—	11	—	13	31	317	7	—	83
69	—	7	19	11	—	547	—	17	7	13	23	29	—	47	11	7	751	211	179	31	—	19	7	—	17	11	—	61	—	7
73	79	101	17	19	—	7	23	31	293	11	—	—	7	313	131	379	151	—	13	7	11	37	19	73	83	—	7	137	29	23
79	23	37	47	17	7	103	—	11	—	—	29	7	13	—	19	109	269	953	7	83	17	—	—	23	211	7	—	859	223	11
81	131	401	727	461	29	19	7	53	283	17	11	—	—	7	31	—	191	—	—	37	7	11	73	13	19	—	17	7	47	—
87	479	71	—	73	13	7	293	—	11	401	17	1289	7	491	—	23	19	13	—	7	—	—	359	151	599	53	7	17	—	487
91	13	—	7	11	59	17	139	61	457	7	—	23	—	13	11	31	7	19	—	—	—	—	17	7	—	11	13	367	—	—
93	389	—	—	281	7	—	11	163	19	23	—	7	599	311	89	—	37	11	7	257	—	79	—	349	13	7	29	19	11	571
97	761	7	53	1201	41	23	17	13	7	19	359	—	11	—	29	7	—	—	—	67	13	—	7	11	1373	—	1069	71	19	7
99	19	631	—	7	11	13	977	41	29	—	7	1201	17	919	353	11	349	7	13	19	—	97	31	—	7	401	11	47	—	17

	203 72	75	78	81	84	87	90	93	96	203 99	204 02	05	08	11	14	17	20	23	26	29	32	35	38	41	44	47	50	53	56	59
03	7	13	—	—	—	—	461	7	—	—	11	89	—	41	7	—	577	—	—	223	19	7	23	67	17	29	1093	13	7	—
09	—	—	—	1033	109	383	7	29	11	—	827	127	19	7	499	—	23	107	—	11	7	13	41	31	59	17	—	7	—	—
11	11	7	349	19	—	1171	13	113	7	—	—	11	107	131	17	7	223	31	173	13	83	—	7	—	—	41	—	—	—	7
17	7	181	853	—	—	—	43	7	23	11	37	857	29	13	7	17	—	—	509	97	11	7	—	719	569	179	13	—	7	167
21	29	467	—	79	7	—	641	—	—	13	17	7	239	61	—	11	—	73	7	373	1013	53	13	617	—	7	11	17	149	29
23	—	—	23	—	137	89	7	11	—	431	47	691	31	7	67	937	17	—	11	—	7	—	367	29	439	19	—	7	983	11
27	31	509	11	7	—	569	—	19	41	—	7	17	—	11	—	47	13	7	—	101	227	23	1229	—	7	149	19	1151	17	13
29	17	13	—	971	—	7	541	37	—	—	—	41	7	—	13	—	11	17	43	7	59	89	103	—	149	31	7	11	—	—
33	11	—	7	—	53	271	37	71	—	7	13	11	17	31	—	23	7	41	19	—	769	101	11	7	991	—	173	—	97	17
39	257	7	337	—	13	1163	263	—	7	11	19	—	1259	17	79	7	—	13	59	149	11	—	7	37	541	—	31	—	43	7
41	1103	11	13	7	37	1223	571	23	—	47	7	—	11	1399	269	13	1429	7	149	17	19	—	—	11	7	229	67	29	13	41
47	—	23	7	17	677	—	61	179	—	7	11	241	19	—	—	71	7	—	—	181	17	11	13	7	23	557	—	—	—	107
51	—	223	—	41	—	11	7	—	—	—	—	—	—	7	—	17	11	359	13	61	7	31	—	—	137	571	29	7	—	227
53	—	7	—	13	17	79	41	—	7	331	—	53	149	73	107	7	13	—	23	11	29	17	7	19	47	—	—	59	—	7
57	37	179	—	11	107	7	—	—	29	—	149	—	7	157	11	—	17	—	—	7	—	127	163	53	19	11	7	—	229	47
59	7	307	29	—	173	17	11	7	47	149	13	—	23	—	7	19	—	11	37	311	—	7	17	13	1409	—	433	—	7	53
63	17	11	661	—	7	—	13	149	23	43	—	7	11	47	71	761	19	17	7	13	331	41	677	11	—	7	1021	—	139	—
69	13	17	23	7	149	—	53	1277	19	89	7	73	59	13	—	43	491	7	17	—	—	11	—	—	7	23	13	19	—	31
71	23	197	11	149	211	7	—	17	—	—	163	13	7	11	157	37	79	43	19	7	967	—	1301	23	11	769	7	—	509	73
77	11	41	101	—	7	13	29	47	17	—	19	7	61	—	—	239	—	23	7	283	—	313	11	43	1277	7	—	—	—	19
81	—	7	—	17	71	257	11	41	7	—	—	19	47	23	13	7	619	11	—	—	17	311	7	29	31	61	127	13	11	7
83	—	61	19	7	101	—	—	—	409	11	7	23	13	—	—	—	—	7	31	—	11	19	521	163	7	13	17	643	103	43
87	7	1297	193	19	11	29	31	7	13	353	—	37	67	1223	7	11	41	79	—	109	691	7	19	—	—	—	11	73	7	—
89	31	569	7	89	1291	23	13	11	59	7	17	97	137	19	—	439	7	—	11	13	—	—	47	7	—	—	—	17	23	11
93	—	23	11	61	—	17	7	83	73	—	—	—	113	7	19	13	29	—	197	31	7	71	17	433	11	41	—	7	13	193
99	11	31	43	431	—	7	17	379	37	13	1087	11	7	—	181	521	157	—	23	7	67	—	11	17	—	19	7	29	—	—

	20460	63	66	69	72	75	78	81	84	87	90	93	96	20499	20502	05	08	11	14	17	20	23	26	29	32	35	38	41	44	47
01	17	103	337	—	13	—	7	11	41	223	23	—	59	7	733	1051	857	13	11	—	7	29	—	131	—	19	379	7	31	11
07	71	17	—	29	23	7	1091	—	1319	79	31	13	7	127	37	—	11	19	17	7	163	227	89	—	13	—	7	11	409	—
11	11	—	7	89	—	199	—	13	251	7	59	11	—	17	—	—	7	—	19	613	13	—	11	7	—	103	—	373	43	31
13	—	—	17	11	7	13	—	—	—	19	179	7	—	73	11	—	—	—	7	17	541	23	139	31	—	7	41	—	19	—
17	—	7	29	67	—	—	457	—	7	11	19	31	—	251	13	7	—	23	—	89	11	—	7	—	421	—	71	13	47	7
19	293	11	577	7	—	31	—	47	—	503	7	37	11	—	—	23	—	7	—	—	17	53	373	11	7	13	—	197	61	—
23	7	—	19	463	179	—	617	7	13	—	37	23	47	29	7	17	—	—	11	971	—	7	101	—	31	307	191	227	7	11
29	—	761	13	43	1123	11	7	127	—	41	113	67	—	7	—	13	11	431	—	523	7	—	—	251	29	—	281	7	13	—
31	13	7	—	23	19	17	59	—	7	457	271	—	41	13	—	7	—	211	29	11	233	—	7	19	1021	389	13	—	479	7
37	7	79	—	—	—	103	11	7	109	97	73	43	523	31	7	19	113	11	—	503	13	7	53	17	—	37	—	307	7	29
41	877	11	—	13	7	—	—	—	61	241	—	7	11	—	—	43	13	29	7	67	—	79	811	11	37	7	—	41	101	13
43	—	13	137	—	11	37	7	17	139	1229	—	29	—	7	13	11	—	43	—	—	7	—	631	—	17	577	11	7	—	89
47	—	853	17	7	37	—	769	173	19	163	7	—	—	1039	31	—	83	7	439	17	—	11	—	13	7	1381	—	19	29	103
49	—	—	11	—	—	7	463	—	13	—	647	—	7	11	359	181	—	191	19	7	—	13	29	43	11	17	7	—	—	—
53	19	—	7	17	13	—	71	—	11	7	29	83	127	—	—	—	7	13	97	11	17	37	1063	7	—	—	47	23	113	—
59	—	7	359	—	17	—	11	—	7	31	47	13	—	41	167	7	239	11	—	—	—	17	7	—	13	593	—	—	11	7
61	59	101	19	7	1009	1327	277	73	653	11	7	—	61	—	—	29	41	7	—	23	11	19	13	691	7	241	223	17	619	—
67	211	61	7	13	89	—	53	11	—	7	—	17	—	19	67	—	7	—	11	—	47	107	337	7	281	41	29	83	17	11
71	173	—	11	—	31	—	7	—	—	23	—	107	13	7	19	—	97	—	53	349	7	—	137	17	11	13	—	7	—	—
73	—	7	1181	—	43	11	107	23	7	103	13	761	17	—	—	7	11	—	67	—	89	593	7	13	19	—	—	11	131	7
77	11	89	—	23	1409	7	13	17	43	47	—	11	7	—	—	37	—	31	—	7	1231	131	11	—	17	19	7	541	317	311
79	7	23	41	11	13	809	—	7	827	—	43	31	—	17	7	—	19	13	—	29	59	7	67	73	23	11	199	—	7	1063
83	13	53	—	—	7	349	—	29	17	11	—	7	683	13	43	449	—	19	7	193	11	569	1103	—	787	7	13	719	—	1031
89	131	—	509	7	—	983	449	11	271	17	7	433	31	1091	23	—	—	7	11	53	13	577	—	—	7	409	17	—	19	11
91	19	—	311	47	181	7	31	83	419	1061	11	101	7	—	617	17	157	—	13	7	41	11	43	173	—	53	7	443	—	—
97	127	—	83	859	7	—	23	61	11	—	37	7	13	101	199	467	17	389	7	11	—	71	—	29	1307	7	—	—	43	23

	20461	64	67	70	73	76	79	82	85	88	91	94	20497	20500	03	06	09	12	15	18	21	24	27	30	33	36	39	42	45	48
01	—	7	23	11	461	79	383	31	7	37	181	17	19	593	11	7	283	1229	139	—	61	13	7	—	457	11	229	257	17	7
03	17	31	—	7	—	29	11	—	53	113	7	89	—	191	929	79	—	7	47	13	73	359	19	23	7	—	—	37	11	863
07	7	11	13	41	19	601	401	7	263	61	—	—	11	—	7	13	491	331	—	23	31	7	29	11	—	223	37	—	7	17
09	13	17	7	521	11	139	41	37	—	7	137	—	1237	13	19	11	7	23	17	953	—	—	—	7	179	1213	11	89	277	293
13	67	43	31	1303	29	—	7	47	89	13	11	727	41	7	401	19	1061	601	1321	643	7	11	13	—	—	59	587	7	197	353
19	—	—	—	13	67	7	—	19	11	—	—	—	7	131	17	29	13	—	73	7	—	41	401	37	89	—	7	313	—	13
21	7	13	—	17	37	23	167	7	—	29	—	11	—	—	7	—	251	19	983	—	17	7	11	—	41	—	79	13	7	—
27	—	47	—	197	17	—	—	367	13	11	—	—	—	7	—	43	167	73	379	701	7	13	23	101	193	—	—	7	19	233
31	773	—	—	7	11	563	47	—	29	659	7	—	67	—	—	11	17	7	23	43	37	—	—	—	7	—	11	—	181	19
33	—	19	13	619	31	7	—	11	—	—	1367	383	7	—	—	13	23	—	11	7	19	43	17	839	—	101	7	—	13	11
37	17	—	7	—	53	—	—	41	—	7	—	13	23	11	—	61	7	17	—	29	—	19	—	7	11	43	—	79	—	139
39	163	233	—	—	7	11	17	—	59	13	23	7	19	29	—	—	11	31	7	—	1277	—	13	17	—	7	761	11	1231	—
43	11	7	—	—	61	13	23	—	7	—	—	11	509	19	647	7	41	37	13	59	67	47	7	379	1087	—	—	71	—	7
49	7	—	17	—	—	19	59	7	79	11	—	—	13	269	7	89	—	—	31	17	11	7	—	23	11	13	131	—	7	—
51	—	11	7	67	—	—	29	—	17	7	13	—	11	163	73	19	7	—	79	—	859	23	—	7	1013	17	—	—	41	—
57	—	7	43	439	13	433	—	19	7	17	11	53	131	—	—	7	—	13	479	61	—	11	7	877	—	31	17	—	59	7
61	13	647	41	—	17	7	43	—	19	—	—	23	7	13	—	911	11	71	1093	7	47	17	227	53	—	—	7	11	149	—
63	7	—	173	—	223	41	1297	7	11	23	17	13	37	—	7	59	—	—	19	11	—	7	1171	—	13	211	163	17	7	53
67	19	947	479	11	7	17	—	13	103	—	—	7	43	461	11	139	29	—	7	19	13	61	17	—	271	7	31	167	23	523
69	—	—	59	23	—	13	7	—	—	89	19	17	283	7	41	67	—	11	13	331	7	349	—	—	149	83	23	7	11	19
73	863	11	—	7	857	113	17	—	31	109	7	19	11	59	13	317	—	7	43	373	41	—	23	11	7	—	709	13	37	—
79	59	—	7	19	97	1279	89	17	13	7	11	751	229	—	991	—	7	—	691	47	—	11	19	7	17	487	—	1301	—	41
81	157	421	11	29	7	431	13	349	—	1153	79	7	971	11	23	31	751	—	7	13	—	103	—	67	11	7	37	139	—	—
87	11	—	—	7	—	19	37	137	23	—	7	11	—	13	17	149	—	7	—	—	—	1097	11	—	7	61	13	67	31	47
91	7	257	29	—	23	37	11	7	523	13	—	—	—	149	7	421	31	11	131	—	—	7	13	—	71	19	17	23	7	269
93	—	—	7	—	—	83	—	13	—	7	31	—	149	47	61	17	7	293	—	—	11	—	—	7	97	23	617	73	—	181
97	607	139	97	13	11	1423	7	179	1031	—	17	79	—	7	—	11	13	19	47	367	7	23	37	113	—	53	11	7	—	13
99	83	7	—	37	131	—	839	11	7	149	757	409	107	—	13	7	17	397	11	23	—	79	7	31	467	—	769	13	733	7

	20462	65	68	71	74	77	80	83	86	89	92	95	20498	20501	04	07	10	13	16	19	22	25	28	31	34	37	40	43	46	49
03	—	151	11	443	—	7	—	59	197	19	13	17	7	11	—	23	61	877	571	7	739	—	—	13	11	—	7	521	17	—
09	11	19	157	173	7	61	29	193	53	23	1019	7	17	—	71	211	563	13	7	37	19	1201	11	—	31	7	—	389	—	17
11	29	17	13	11	607	71	7	23	307	—	313	19	47	7	11	13	193	—	17	461	7	—	97	—	—	11	—	7	13	29
17	31	11	17	19	41	7	—	683	151	13	587	29	7	829	—	—	59	37	—	7	—	—	13	11	23	103	7	—	—	—
21	379	47	7	—	19	13	—	11	—	7	41	—	—	293	17	—	7	—	11	31	23	—	—	7	—	—	—	59	29	11
23	—	281	—	13	7	73	1381	1109	337	167	11	7	—	31	19	977	13	—	7	—	17	11	29	641	—	7	—	47	—	13
27	409	7	—	79	71	11	—	—	7	53	29	109	13	151	23	7	11	—	—	41	757	229	7	—	—	13	—	11	—	7
29	1321	389	—	7	17	—	19	—	11	61	7	47	23	79	37	53	163	7	—	11	97	17	41	13	7	19	31	—	—	211
33	7	59	—	11	691	—	13	7	23	—	131	—	139	37	7	—	17	—	241	13	1151	7	61	733	829	11	19	53	7	—
39	13	11	23	29	—	137	7	—	—	—	191	61	11	7	941	—	103	17	19	107	7	71	83	11	—	23	13	7	—	—
41	23	7	997	—	11	—	17	347	7	19	643	13	71	—	107	7	—	—	—	317	151	31	7	17	13	757	11	—	19	7
47	7	19	11	31	113	13	43	7	29	239	47	—	—	11	7	619	53	23	13	—	19	7	277	151	11	1093	—	—	7	—
51	167	13	17	193	7	157	521	113	11	1283	43	7	83	23	13	47	—	863	7	11	89	19	31	1297	109	7	809	13	53	—
53	11	—	—	1231	67	353	7	—	17	—	379	11	13	7	307	137	31	41	—	29	7	—	11	1193	1427	13	61	7	487	71
57	109	239	—	7	31	1429	11	23	13	—	7	71	887	19	281	487	43	7	103	73	17	13	—	41	7	—	—	419	11	67
59	347	29	71	—	19	7	13	—	67	11	613	263	7	113	—	61	—	—	43	7	11	—	—	19	—	37	7	229	23	31
63	73	23	7	—	11	19	—	293	—	7	—	53	—	—	313	11	7	31	29	—	167	17	43	7	19	79	11	97	13	821
69	29	7	11	101	37	17	1307	—	7	13	—	—	719	11	47	7	19	61	23	—	223	—	7	139	11	—	—	—	43	7
71	—	677	—	7	—	11	283	13	—	131	7	17	353	—	89	—	11	7	—	71	13	1033	37	29	7	—	19	11	17	—
77	53	13	7	11	59	29	31	181	—	7	23	—	17	—	11	—	7	223	19	673	67	—	—	7	47	11	—	13	461	17
81	19	37	—	—	—	—	7	17	409	11	13	89	53	7	—	59	73	631	41	19	7	107	29	13	17	31	439	7	1097	23
83	269	7	709	—	23	109	887	127	7	—	19	227	11	17	97	7	29	—	53	31	271	13	7	11	67	—	1283	23	239	7
87	23	929	59	43	13	7	107	11	17	101	—	19	7	47	—	—	—	13	11	7	199	—	397	23	983	17	7	41	—	11
89	7	31	13	1093	229	43	557	7	83	71	11	—	1373	—	7	13	313	499	—	353	311	7	—	—	1433	—	—	29	7	—
93	—	673	—	19	7	11	191	1259	157	17	—	7	—	—	—	29	11	23	7	337	31	179	19	331	13	7	17	11	1277	271
99	—	1049	31	7	41	13	1097	1051	—	139	7	23	199	53	11	37	233	7	13	—	173	283	—	61	7	11	29	17	47	—

2055000.

	205 50	53	56	59	62	65	68	71	74	77	80	83	86	89	92	95	205 98	206 01	04	07	10	13	16	19	22	25	28	31	34	37
01	13	197	157	23	7	—	193	67	—	—	11	7	313	13	19	—	1277	—	7	41	29	11	—	179	—	7	13	839	79	31
07	241	—	29	7	—	17	19	13	11	47	7	31	—	1031	—	443	—	7	—	11	13	37	17	—	7	19	—	—	41	—
11	7	—	—	11	—	127	997	7	—	—	—	—	—	293	7	—	13	17	1153	29	37	7	907	71	107	11	19	—	7	13
13	43	13	7	523	1123	683	11	—	89	7	—	257	769	29	13	59	7	11	271	107	—	—	—	7	31	—	53	13	11	1103
17	37	11	41	—	43	—	7	593	241	107	13	83	11	7	—	—	—	—	17	73	7	919	61	11	—	—	59	7	163	79
19	—	7	59	163	11	41	31	17	7	19	—	877	—	—	173	7	—	139	37	67	359	13	7	—	17	—	11	131	19	7
23	73	1019	17	53	13	7	83	607	541	—	11	41	7	59	—	487	—	13	197	7	131	11	—	—	—	31	7	23	—	19
29	59	83	19	17	7	863	—	31	11	—	79	7	—	47	557	643	43	—	7	11	17	19	—	29	13	7	—	—	—	—
31	11	31	109	593	71	179	7	1237	—	13	—	11	19	7	—	37	163	29	43	23	7	—	11	41	—	—	17	7	199	—
37	—	—	—	13	19	7	1151	—	1303	11	17	607	7	23	31	—	13	—	—	7	11	127	59	19	43	—	7	17	29	13
41	—	—	7	251	11	17	—	—	—	7	—	—	13	277	197	11	7	—	—	859	—	—	17	7	19	13	11	—	43	—
43	41	79	193	857	7	157	—	11	461	59	13	7	37	107	—	19	—	83	7	223	199	71	547	13	—	7	—	31	17	11
47	101	7	11	23	—	—	13	—	7	—	—	37	47	11	137	7	19	349	—	13	59	79	7	17	11	—	23	29	61	7
49	661	23	—	7	13	11	443	19	263	31	7	379	17	—	—	73	11	7	—	—	—	29	—	167	7	739	19	11	53	17
53	7	1279	101	—	—	—	—	7	19	29	349	11	—	13	7	41	313	61	—	—	23	7	11	109	17	—	13	19	7	1307
59	19	67	79	43	101	53	7	13	17	11	31	107	89	7	23	127	—	—	251	19	7	449	661	509	41	17	—	7	—	809
61	—	7	83	—	31	13	47	271	7	—	19	53	11	463	17	7	—	—	13	131	419	—	7	11	137	—	37	41	—	7
67	7	—	19	269	199	293	23	7	97	449	11	43	13	—	7	17	59	31	577	—	—	7	—	—	—	13	389	—	7	23
71	—	41	23	19	7	11	419	157	13	67	17	7	—	29	—	43	11	—	7	229	739	13	19	—	991	7	—	11	251	—
73	23	881	—	59	41	—	7	29	11	503	569	—	73	7	—	—	17	43	—	11	7	47	—	23	—	—	—	7	71	—
77	443	1013	13	7	—	—	53	—	—	—	7	17	—	67	11	13	113	7	31	23	—	43	37	683	7	11	47	139	13	—
79	13	71	—	37	—	7	11	—	—	—	61	—	7	13	103	787	—	11	29	7	—	—	—	43	19	353	7	—	11	—
83	31	11	7	103	223	853	19	433	—	7	47	—	11	23	—	359	7	67	163	41	127	—	13	7	53	19	—	43	—	17
89	—	7	—	13	—	—	179	23	7	181	11	—	61	17	101	7	13	19	—	37	283	11	7	647	—	113	—	71	41	7
91	37	13	11	7	79	23	—	31	19	—	7	29	—	11	13	727	—	7	71	17	47	—	—	59	7	193	—	13	23	211
97	11	—	7	17	47	—	163	—	13	7	59	11	—	53	—	571	7	37	487	19	17	13	11	7	—	—	379	431	—	—

	205 51	54	57	60	63	66	69	72	75	78	81	84	87	90	93	96	205 99	206 02	05	08	11	14	17	20	23	26	29	32	35	38
01	—	19	43	—	13	41	7	281	31	47	29	—	—	7	1103	17	37	11	23	—	7	59	853	—	83	53	1033	7	11	67
03	—	7	13	127	17	—	—	—	7	11	—	19	—	467	—	7	23	—	—	—	11	17	7	—	—	229	—	61	13	7
07	—	773	—	—	11	7	—	307	43	—	647	13	7	139	41	11	17	71	—	7	101	29	863	—	13	109	7	1181	—	—
09	7	—	—	19	1381	17	—	7	71	13	23	—	67	—	7	29	61	41	11	47	—	7	13	—	149	191	—	397	7	11
13	17	109	11	29	7	13	23	73	53	—	157	7	—	11	43	—	—	17	7	463	—	—	101	19	11	7	—	—	947	23
19	11	17	—	7	—	271	—	103	47	83	7	11	13	97	29	19	31	7	17	149	43	—	11	23	7	13	53	181	229	—
21	—	659	97	11	1319	7	19	17	29	307	13	37	7	233	11	—	—	59	149	7	67	23	43	13	17	11	7	383	—	89
27	—	11	—	41	7	—	—	—	17	331	1373	7	11	263	—	23	—	13	7	29	—	—	1291	11	67	7	79	769	37	—
31	13	7	1409	17	1429	—	353	11	7	41	—	23	193	13	—	7	—	—	11	1327	17	—	7	47	239	617	13	37	101	7
33	—	29	47	7	—	31	—	—	37	17	7	13	41	—	373	53	—	7	389	347	103	11	—	—	7	83	17	601	19	—
37	7	—	59	337	17	11	619	7	—	103	19	97	—	179	7	—	11	131	29	211	13	7	359	—	31	—	—	11	7	19
39	97	19	7	23	—	13	109	79	11	7	17	—	29	—	—	71	7	701	13	11	19	41	61	7	—	37	23	17	—	—
43	29	13	19	11	—	17	7	149	—	113	—	—	967	7	11	107	—	—	—	—	7	19	17	—	37	11	—	7	—	29
49	107	11	127	677	37	7	17	43	13	—	53	29	7	19	439	—	23	—	547	7	—	13	47	11	61	1303	7	—	—	1109
51	7	47	—	149	11	29	13	7	239	43	83	59	17	31	7	11	53	—	—	13	89	7	37	19	—	—	11	—	7	17
57	13	179	11	101	—	71	7	41	23	—	—	—	677	7	1021	19	29	173	79	—	7	557	—	—	11	—	13	7	—	—
61	239	37	61	7	23	—	—	191	11	13	7	1213	—	41	31	—	19	7	—	11	—	163	13	—	7	17	269	23	—	—
63	11	797	23	397	—	7	—	13	31	—	—	11	7	—	17	307	41	—	—	7	13	43	11	—	113	23	7	29	—	—
67	631	—	7	13	599	—	11	547	19	7	1129	53	—	613	—	29	7	11	37	—	353	23	41	7	499	43	17	19	11	13
69	47	13	—	—	7	347	641	101	—	11	—	7	1033	1097	13	17	823	53	7	23	11	31	71	—	103	7	251	13	61	97
73	19	7	211	—	11	47	—	97	7	31	13	—	—	103	499	7	—	—	281	19	—	431	7	13	811	—	11	17	—	7
79	7	—	11	—	13	—	—	7	29	23	—	17	503	11	7	37	—	13	—	—	—	7	31	1237	11	173	—	—	7	59
81	17	—	7	—	—	11	61	23	269	7	173	89	—	1423	—	13	7	17	—	—	—	19	1283	7	—	—	661	11	13	—
87	—	7	43	11	521	—	—	809	7	13	79	41	71	19	11	7	73	—	17	1213	—	569	7	1433	23	11	103	89	—	7
91	—	29	107	59	47	7	43	—	61	11	—	751	7	17	19	103	109	31	13	7	11	—	67	—	—	491	7	—	463	359
93	7	11	17	13	227	19	—	7	43	—	—	31	11	—	7	101	13	613	23	17	41	7	—	11	19	—	—	—	7	13
97	—	—	569	313	7	—	19	11	—	—	—	7	13	—	17	—	157	223	7	239	—	271	503	641	89	7	41	83	—	11
99	—	53	1153	17	—	67	7	—	—	241	11	773	23	7	43	457	19	101	—	1091	7	11	331	13	31	59	—	7	293	41

	205 52	55	58	61	64	67	70	73	76	79	82	85	88	91	94	205 97	206 00	03	06	09	12	15	18	21	24	27	30	33	36	39
03	—	—	919	7	7	11	13	—	23	37	7	71	31	53	73	17	11	7	43	13	—	—	83	29	7	—	—	11	—	—
09	13	—	7	11	—	29	—	—	—	7	227	311	—	13	11	—	7	83	—	—	—	139	131	7	43	11	13	929	19	—
11	19	—	89	—	7	17	11	37	—	1279	—	7	61	67	—	—	281	11	7	19	197	101	17	23	13	7	43	743	11	47
17	—	31	53	7	11	13	17	—	113	—	7	19	—	47	—	11	563	7	13	71	—	109	233	17	7	1153	11	983	—	—
21	7	13	—	1181	—	109	—	7	223	—	11	113	19	23	7	—	—	127	17	—	31	7	79	37	881	—	—	13	7	—
23	—	1327	7	19	37	313	—	17	233	7	—	23	13	11	31	—	7	181	379	383	53	29	19	7	11	13	571	—	127	107
27	617	97	17	37	19	—	7	23	11	29	709	73	257	7	—	89	761	—	—	11	7	13	877	19	293	787	1279	7	—	277
29	11	7	—	29	631	23	13	137	7	1399	—	11	—	811	19	7	197	113	—	13	229	37	7	—	—	17	—	31	23	7
33	—	23	13	17	107	7	11	—	—	—	—	1289	7	—	953	13	397	11	71	7	17	—	1381	181	23	307	7	179	11	—
39	37	1193	29	—	7	659	211	19	—	13	—	7	—	1151	1321	11	883	47	7	157	—	17	13	379	163	7	11	—	31	—
41	127	—	331	—	—	—	7	11	919	167	17	—	—	7	—	—	23	19	11	509	7	53	31	809	457	29	113	7	367	11
47	—	13	—	—	31	7	—	29	317	19	23	17	7	83	13	—	11	—	433	7	—	131	—	—	977	—	7	11	17	401
51	11	—	7	—	173	—	17	1009	71	7	13	11	—	331	79	—	7	—	619	409	61	—	11	7	29	41	443	—	—	19
53	—	19	—	11	7	—	—	—	13	—	—	7	17	—	11	37	673	31	7	139	19	13	239	—	79	7	59	23	41	17
57	23	7	19	—	13	31	29	17	7	11	199	—	—	—	37	7	47	13	—	587	11	19	7	23	17	—	—	137	227	7
59	29	11	13	7	—	—	719	73	—	193	7	—	11	17	—	13	—	7	881	97	211	23	53	11	7	—	—	—	13	29
63	7	151	41	67	—	—	199	7	17	179	479	13	241	19	7	—	—	23	11	—	1097	7	89	103	13	17	373	193	7	11
69	31	—	199	907	151	11	7	67	—	17	421	23	—	7	—	—	11	257	13	1031	7	107	—	—	19	79	17	7	29	197
71	43	7	263	13	1361	53	1187	—	7	23	47	—	—	191	41	7	13	499	—	11	—	373	7	109	61	31	761	173	—	7
77	7	107	929	23	29	—	11	7	151	37	13	—	—	61	7	—	17	11	967	—	—	7	—	13	—	337	19	—	7	229
81	347	11	743	1039	7	137	13	—	19	—	43	7	11	—	—	67	337	1217	7	13	167	29	23	11	709	7	31	19	17	41
83	17	113	61	463	11	139	7	—	—	907	757	151	43	7	1301	11	79	13	19	1259	7	—	—	263	—	47	11	7	241	—
87	13	859	557	7	113	—	—	—	31	—	7	373	17	13	233	61	23	7	—	19	—	11	—	—	7	37	13	643	—	17
89	41	17	11	103	—	7	37	59	—	47	19	13	7	11	23	1171	—	—	17	7	—	—	619	523	11	—	7	—	1289	19
93	233	163	7	—	61	37	41	13	11	7	23	19	—	17	29	—	7	443	53	11	13	31	43	7	—	997	97	—	—	—
99	—	7	73	19	23	59	11	—	7	—	—	—	—	113	13	7	—	11	191	151	109	—	7	—	727	29	1117	13	11	7

	206 40	43	46	49	52	55	58	61	64	67	70	73	76	79	82	85	88	91	94	206 97	207 00	03	06	09	12	15	18	21	24	27
01	631	43	7	19	389	—	—	—	17	7	—	37	491	11	—	—	7	—	199	23	719	—	13	7	11	17	—	—	883	—
07	11	7	467	13	107	1013	—	43	7	17	—	11	31	23	19	7	13	83	131	—	1321	—	7	—	101	—	17	269	37	7
11	31	223	—	61	17	7	11	—	73	23	457	43	7	—	—	19	—	11	29	7	1061	17	—	—	487	13	7	37	11	349
13	7	—	233	—	—	1019	19	7	37	11	13	103	29	43	7	—	—	—	—	—	11	7	—	13	—	19	73	17	7	173
17	29	—	439	23	7	17	13	19	53	—	67	7	—	31	991	11	—	43	7	13	1277	—	17	769	293	7	11	—	109	29
19	151	23	—	—	13	383	7	11	—	79	—	17	1423	7	53	—	41	13	11	43	7	—	—	29	23	37	—	7	17	11
23	13	—	11	7	109	—	17	—	613	—	7	29	—	11	67	349	—	7	19	—	23	—	41	17	7	587	13	—	—	79
29	11	—	7	—	37	151	—	13	31	7	19	11	179	—	23	—	7	—	67	—	13	—	11	7	17	491	227	—	—	19
31	—	19	31	11	7	13	151	61	113	47	397	7	23	17	11	643	29	409	7	157	19	1103	37	—	881	7	89	—	—	—
37	269	11	37	7	911	1367	23	—	—	151	7	—	11	—	17	31	137	7	71	—	79	863	173	11	7	13	—	29	—	23
41	7	37	23	31	—	467	—	7	13	17	—	151	229	19	7	29	—	—	11	821	—	7	—	89	97	23	17	53	7	11
43	23	—	7	—	19	67	13	277	—	7	11	41	151	97	541	17	7	113	—	13	—	11	—	7	47	—	283	149	31	—
47	—	1283	13	—	43	11	7	337	—	449	17	107	—	7	151	13	11	41	37	23	7	967	389	—	19	149	29	7	13	47
49	13	7	—	—	1217	137	43	—	7	67	31	—	613	13	—	7	17	23	—	11	29	587	7	311	149	59	13	1319	367	7
53	449	—	—	11	103	7	757	—	29	13	43	17	7	23	11	—	19	71	569	7	701	73	13	—	271	11	7	—	17	31
59	431	11	73	13	7	—	409	23	19	—	911	7	11	937	307	37	13	761	7	29	151	157	97	11	—	7	—	19	53	13
61	—	13	641	—	11	23	7	—	—	—	—	97	—	7	13	11	811	67	17	—	7	151	—	47	—	—	11	7	23	373
67	—	73	11	1033	—	7	41	47	13	—	19	757	7	11	—	149	907	103	31	7	—	13	23	167	11	71	7	673	—	19
71	—	—	7	—	13	—	31	71	11	7	—	19	29	149	17	61	7	13	23	11	—	—	233	7	—	311	151	787	43	433
73	11	—	13	17	7	—	29	—	—	563	—	7	149	397	—	13	23	53	7	—	17	19	11	—	461	7	—	151	13	—
77	—	7	1093	19	61	—	11	—	7	—	149	13	23	—	83	7	—	11	73	31	97	41	7	29	13	137	241	263	11	7
79	157	—	—	7	17	—	—	—	967	11	7	—	—	19	—	—	269	7	1283	59	11	17	13	131	7	—	—	—	—	67
83	7	31	773	—	11	13	23	7	251	37	—	—	1217	79	7	11	17	—	13	—	—	7	139	173	71	—	11	47	7	23
89	17	—	11	43	83	277	7	269	103	—	877	47	13	7	31	—	29	17	—	641	7	229	281	23	11	13	37	7	—	—
91	673	7	131	149	271	11	17	37	7	139	13	577	—	313	—	7	11	—	53	61	—	23	7	13	—	—	239	11	—	7
97	7	113	353	11	13	—	—	7	19	—	41	43	—	—	7	23	—	13	—	—	181	7	193	—	17	11	—	19	7	443

	206 41	44	47	50	53	56	59	62	65	68	71	74	77	80	83	86	89	92	95	206 98	207 01	04	07	10	13	16	19	22	25	28
01	13	977	17	137	7	89	211	—	—	11	—	7	293	13	71	43	41	971	7	17	11	61	1279	37	69	7	13	—	19	—
03	19	11	—	29	37	47	7	—	17	23	883	13	11	7	197	419	—	43	—	19	7	103	911	11	13	17	59	7	617	1361
07	311	19	157	7	571	23	—	11	—	521	7	—	881	53	163	—	173	7	11	—	13	43	31	—	7	41	181	—	23	11
09	—	173	683	23	—	7	127	—	—	17	11	19	7	59	29	83	31	—	13	7	223	11	—	43	1297	1021	7	—	41	—
13	—	13	7	509	17	11	557	67	139	7	547	—	19	113	13	809	7	—	367	839	37	17	23	7	59	—	—	11	127	131
19	37	7	41	11	19	17	1103	—	7	853	—	59	—	29	11	7	23	31	—	—	1381	13	7	19	—	11	1399	163	439	7
21	—	—	53	7	47	41	11	29	—	337	7	17	—	241	19	131	—	7	37	13	211	—	1439	103	7	61	—	229	11	—
27	13	—	7	797	11	—	19	857	23	7	349	—	17	13	41	11	7	—	29	—	53	—	1039	7	31	19	11	743	—	17
31	127	—	43	—	23	281	7	17	109	13	11	—	31	7	97	107	79	431	—	67	7	11	13	269	17	—	19	7	—	—
33	29	7	11	61	43	—	31	13	7	—	107	73	71	11	—	7	353	19	—	47	13	—	7	41	11	23	79	1097	113	7
37	101	—	—	13	883	7	—	577	11	193	—	—	7	—	37	—	13	29	19	7	—	23	—	67	47	17	7	277	1103	13
39	7	13	67	47	263	—	197	7	—	19	43	11	—	—	7	—	—	—	193	23	443	7	11	433	—	103	—	13	7	—
43	—	—	101	—	7	61	11	31	47	17	13	7	227	—	43	23	—	11	7	—	—	—	599	13	—	7	17	67	11	19
49	—	—	19	7	11	59	41	—	—	23	7	37	97	607	—	11	—	7	—	139	31	19	—	859	7	—	11	17	—	601
51	—	97	13	283	29	7	599	11	—	41	67	—	7	653	31	13	17	—	11	7	563	—	43	353	—	263	7	73	13	11
57	17	23	47	211	7	11	89	—	73	13	317	7	331	109	67	29	11	17	7	—	61	239	13	19	23	7	—	11	43	701
61	11	7	—	29	499	13	—	47	7	727	541	11	17	—	—	7	53	—	13	—	23	—	7	197	19	—	—	83	71	7
63	421	17	—	7	—	—	157	131	—	31	7	1277	1429	—	11	19	13	7	17	71	593	—	53	—	7	11	29	41	—	13
67	7	71	—	89	487	—	—	7	1187	11	97	137	13	17	7	—	19	—	1021	191	11	7	61	331	—	13	401	—	7	569
69	—	11	7	281	—	—	37	19	29	7	13	1103	11	—	431	919	7	47	—	17	271	—	31	7	857	—	19	107	—	—
73	677	41	1423	—	163	37	7	11	19	1319	31	61	59	7	17	—	—	83	11	13	7	—	47	—	—	29	—	7	—	11
79	13	587	23	233	—	7	47	29	—	—	41	—	7	13	101	17	11	53	71	7	—	—	37	31	—	23	7	11	—	271
81	7	29	—	37	17	73	251	7	11	43	19	13	—	41	7	—	1307	31	—	11	—	7	—	23	13	—	109	967	7	19
87	—	—	19	—	—	13	7	—	—	—	—	251	29	7	—	43	47	11	13	—	7	19	17	—	211	—	61	7	11	337
91	17	11	83	7	181	347	—	167	157	1291	7	—	11	23	13	113	—	7	31	37	337	47	19	11	7	607	—	13	41	29
93	37	1039	—	1031	11	7	17	—	59	—	79	23	7	19	—	11	251	139	1249	7	131	43	—	17	—	13	7	—	83	—
97	31	17	7	73	—	47	—	23	13	7	11	29	—	131	19	197	7	167	17	59	101	11	—	7	—	43	—	677	61	—
99	—	751	11	617	7	19	13	17	—	—	1129	7	—	11	—	—	—	37	7	13	991	73	—	83	11	7	—	43	23	89

	206 42	45	48	51	54	57	60	63	66	69	72	75	78	81	84	87	90	93	96	206 99	207 02	05	08	11	14	17	20	23	26	29
03	67	7	13	—	353	41	19	769	7	—	89	751	269	31	—	7	37	61	—	11	—	1109	7	643	23	19	—	167	13	7
09	7	53	—	17	29	443	11	7	—	13	—	79	199	—	7	—	—	11	23	—	17	7	13	109	101	71	31	691	7	1087
11	937	—	7	—	—	—	233	13	19	7	—	—	—	83	37	109	7	41	163	—	11	79	—	7	—	—	17	19	59	107
17	19	7	31	—	—	—	—	11	7	29	17	—	383	—	13	7	—	619	11	19	—	—	7	419	739	53	41	13	—	7
21	73	19	11	—	97	7	23	—	797	1201	13	353	7	11	—	191	263	773	257	7	19	31	17	13	11	—	7	—	101	23
23	7	—	59	83	23	11	257	7	13	—	193	17	—	—	7	31	11	1201	73	—	29	7	—	—	1289	—	—	11	7	191
27	11	—	53	31	7	—	17	733	29	419	37	7	19	59	—	71	67	13	7	47	127	—	11	17	—	7	131	—	193	—
29	—	—	13	11	—	—	7	—	53	—	61	—	17	7	11	13	—	—	—	—	7	23	19	277	—	11	—	7	13	17
33	59	89	—	7	19	—	—	17	239	11	7	13	503	—	211	571	31	7	43	29	11	—	—	19	7	—	—	37	479	—
39	1069	29	7	79	653	13	569	11	17	7	811	23	61	—	—	19	7	89	11	739	—	1223	—	7	43	17	—	223	1409	11
41	—	101	103	13	7	461	19	487	—	23	11	7	769	47	17	—	13	—	7	—	—	11	59	31	29	7	43	647	179	13
47	—	—	—	7	173	31	29	67	11	53	7	—	157	—	283	17	—	7	—	11	367	491	229	13	7	313	23	499	—	137
51	7	—	47	11	37	—	13	7	1163	—	17	1019	—	—	7	—	—	—	19	13	59	7	23	29	31	11	103	17	7	1151
53	991	1237	7	—	13	101	11	401	—	7	—	67	—	709	—	—	7	11	31	—	23	—	37	7	—	—	—	53	11	—
57	13	11	—	—	41	29	7	59	113	—	19	17	11	7	79	—	23	653	—	—	7	37	71	11	—	353	13	7	17	19
59	17	7	37	863	11	—	—	41	7	167	971	13	47	71	23	7	61	17	137	—	19	—	7	—	13	—	11	241	29	7
63	—	37	19	—	53	7	107	13	461	—	11	181	7	41	—	—	29	47	223	7	13	11	—	257	—	83	7	—	—	17
69	457	13	1427	—	7	—	—	463	11	—	—	7	173	17	13	—	—	113	7	11	83	—	41	—	193	7	233	13	103	—
71	11	—	17	379	19	79	7	137	127	—	179	11	13	7	—	223	59	887	—	17	7	29	11	19	—	13	31	7	53	167
77	—	647	—	17	131	7	13	1069	31	11	—	47	7	101	—	19	37	—	1049	7	11	1427	—	113	1009	191	7	67	727	—
81	523	—	7	—	11	53	—	227	—	7	83	—	283	139	59	11	7	—	—	827	29	—	383	7	—	—	11	31	13	73
83	13	—	41	457	7	431	—	11	—	739	659	7	—	13	29	101	311	—	7	—	—	17	—	181	557	7	13	—	—	11
87	47	7	11	—	313	83	79	1087	7	13	73	—	—	11	—	7	17	—	—	—	—	—	7	53	11	1063	—	19	—	7
89	139	—	89	7	—	11	419	13	421	—	7	41	1061	37	—	157	11	7	19	—	13	163	17	—	7	29	47	11	73	53
93	7	761	71	13	—	173	241	7	—	—	167	11	37	29	7	1327	13	17	317	19	1181	7	11	—	—	619	23	—	7	13
99	—	17	—	239	31	—	7	—	—	11	13	19	563	7	—	47	1033	—	17	—	7	263	421	13	29	—	41	7	—	37

	207 30	33	36	39	42	45	48	51	54	57	60	63	66	69	72	75	78	81	84	87	90	93	96	207 99	208 02	05	08	11	14	17
01	7	571	—	—	—	11	—	7	71	331	—	19	17	—	7	397	11	127	13	137	97	7	—	257	—	—	—	11	7	17
07	29	53	—	11	—	—	7	487	347	41	—	—	13	7	11	73	—	—	67	—	7	61	19	617	—	11	—	7	—	23
11	—	31	23	7	19	229	—	—	13	11	7	167	—	53	173	41	—	7	79	—	11	13	109	19	7	17	1187	653	563	101
13	23	11	—	1063	197	7	13	983	137	—	61	29	7	—	17	37	—	443	41	7	—	113	67	11	—	71	7	47	79	373
17	1213	—	7	367	—	—	—	11	—	7	149	—	—	—	31	13	7	—	11	23	—	167	—	7	41	59	17	1039	13	11
19	13	59	—	211	7	—	19	397	31	149	11	7	—	13	1291	17	103	23	7	—	—	11	29	—	—	7	13	41	467	—
23	941	7	1051	—	—	11	—	19	7	13	17	127	59	23	277	7	11	—	181	—	139	—	7	—	—	367	19	11	—	7
29	7	41	1163	11	149	—	449	7	—	31	211	17	—	—	7	—	13	409	19	373	223	7	—	1051	71	11	107	—	7	13
31	17	13	7	31	41	23	11	139	1223	7	439	—	73	337	13	29	7	11	—	—	53	107	—	7	—	—	47	13	11	37
37	149	7	433	—	11	389	107	43	7	37	47	1429	89	41	373	7	31	223	17	1117	19	13	7	—	—	1091	11	61	—	7
41	—	1031	19	—	13	7	—	103	37	—	11	43	7	17	29	47	—	13	23	7	—	11	—	—	547	—	7	617	137	73
43	7	—	11	53	—	—	101	7	29	—	—	229	19	11	7	13	23	241	—	17	79	7	41	—	11	—	37	743	7	31
47	67	—	—	467	7	—	839	179	11	83	73	7	23	19	17	53	127	31	7	11	—	—	—	727	13	7	—	—	41	61
49	11	—	—	17	19	61	7	—	101	13	23	11	—	7	—	—	—	—	—	29	7	53	11	19	211	47	—	7	73	—
53	331	—	541	7	67	13	11	29	—	719	7	223	—	157	—	17	—	7	13	—	—	—	—	43	7	89	971	307	11	23
59	23	—	7	773	11	41	673	61	67	7	—	677	13	547	47	11	7	—	29	—	233	79	37	7	463	13	11	—	131	43
61	—	—	—	37	7	17	31	11	41	—	13	7	29	1039	—	—	—	—	7	853	239	23	17	13	—	7	19	—	59	11
67	—	—	—	7	13	11	17	—	—	—	7	—	317	—	101	23	11	7	19	31	37	877	53	17	7	—	1171	11	—	307
71	7	17	79	—	683	—	—	7	113	—	—	11	239	13	7	—	67	743	17	19	—	7	11	41	—	—	13	—	7	47
73	37	31	7	11	—	29	—	17	47	7	19	13	79	—	11	83	7	929	—	89	—	797	61	7	13	11	41	419	—	19
77	89	—	17	—	43	23	7	13	383	11	—	19	—	7	227	—	1223	—	421	17	7	71	29	487	—	—	—	7	23	—
79	151	7	19	23	—	13	43	—	7	—	83	61	11	167	31	7	29	37	13	—	—	19	7	11	311	17	23	293	—	7
83	41	13	31	17	29	7	1039	11	—	379	43	—	7	419	13	—	37	53	11	7	17	271	19	389	61	409	7	13	—	11
89	—	—	1187	—	7	11	—	—	13	41	—	7	—	61	19	29	11	139	7	—	397	13	1013	73	—	7	—	11	47	887
91	83	—	691	1091	127	19	7	47	11	29	17	—	41	7	23	—	—	—	43	11	7	163	59	79	19	—	1303	7	—	71
97	13	439	71	—	139	7	11	—	23	59	359	17	7	13	—	349	19	11	—	7	29	41	31	—	43	—	7	131	11	—

	207 31	34	37	40	43	46	49	52	55	58	61	64	67	70	73	76	79	82	85	88	91	94	207 97	208 00	03	06	09	12	15	18
01	—	11	7	1289	23	—	17	—	29	7	31	151	11	—	317	—	7	19	53	—	59	—	13	7	337	691	311	23	43	—
03	—	—	23	73	7	1373	—	13	19	—	89	7	17	683	—	11	173	839	7	193	13	—	47	—	53	7	11	19	61	17
07	—	7	—	13	167	197	593	17	7	19	11	—	397	—	151	7	13	—	—	29	241	11	7	31	17	1163	—	47	19	7
09	19	13	11	7	997	—	47	—	97	—	7	—	—	11	13	151	—	7	—	19	—	1327	—	—	7	—	89	13	37	—
13	7	19	743	251	41	31	—	7	11	—	13	47	—	1193	7	23	—	151	—	11	19	7	—	13	1399	17	—	37	7	—
19	—	73	—	43	13	79	7	37	251	17	367	—	19	7	—	107	—	11	31	53	7	—	—	89	167	137	17	7	11	1021
21	—	7	13	19	—	43	29	23	7	11	107	—	31	—	—	7	41	—	109	73	11	47	7	—	—	37	—	67	13	7
27	7	23	811	59	—	37	97	7	181	13	431	43	571	—	7	239	17	29	11	—	—	7	13	—	23	31	—	541	7	11
31	—	1427	11	—	7	13	—	—	769	—	47	7	—	11	59	19	599	103	7	—	23	1087	83	929	11	7	151	883	17	—
33	17	89	257	13	—	11	7	31	53	—	—	—	599	7	—	139	11	17	23	433	7	—	37	977	283	19	1279	7	29	13
37	11	59	617	7	599	1291	757	19	—	—	7	11	13	—	23	—	29	7	—	157	53	37	11	251	7	13	19	—	—	17
39	599	17	37	11	—	7	1109	283	—	—	13	491	7	727	11	—	—	19	17	7	31	277	—	13	—	11	7	577	389	229
43	—	37	7	137	499	—	13	709	23	7	—	—	83	17	—	97	7	—	19	13	11	179	1283	7	—	47	199	29	251	—
49	13	7	23	53	—	—	—	11	7	29	19	—	467	13	17	7	—	41	11	103	—	31	7	—	—	23	13	—	—	7
51	23	19	173	7	—	367	—	79	—	53	7	13	997	773	—	31	821	7	—	—	17	11	907	23	7	—	487	—	271	—
57	509	—	7	—	17	13	—	—	11	7	1423	163	19	137	29	601	7	23	13	11	1289	17	—	7	—	—	181	53	31	41
61	577	13	29	11	—	359	7	—	59	67	—	—	—	7	11	37	17	107	211	113	7	—	—	601	47	11	—	7	—	—
63	—	7	97	47	19	17	11	—	7	179	31	23	13	701	1033	7	263	11	269	127	—	—	7	19	—	13	—	601	11	7
67	17	11	107	41	53	7	—	23	13	—	199	887	7	29	—	—	433	17	587	7	—	13	283	11	19	—	7	—	1009	31
69	7	—	137	191	11	23	13	7	89	—	43	—	761	37	7	11	—	521	79	13	—	7	—	17	163	113	11	701	7	61
73	—	17	13	179	7	283	199	—	—	269	11	7	37	—	43	13	19	67	7	257	—	11	53	383	23	7	239	—	13	—
79	383	1429	17	7	109	89	29	—	11	13	7	97	401	983	1181	1277	457	7	23	11	43	41	13	47	7	—	—	19	59	37
81	11	—	47	—	59	7	—	13	17	503	37	11	7	—	313	—	23	1163	19	7	13	—	11	—	41	17	7	—	—	29
87	31	13	—	83	7	—	829	353	—	11	19	7	941	1249	13	331	—	—	7	—	11	—	—	71	127	7	17	13	43	19
91	227	7	59	—	11	71	23	1321	7	61	13	19	—	—	—	7	911	761	—	31	—	17	7	13	—	139	11	—	29	7
93	—	41	19	7	23	887	—	11	13	—	7	409	421	31	587	—	—	7	11	457	—	13	29	157	7	863	757	17	1109	11
97	7	31	11	19	13	17	37	7	191	97	29	1297	—	11	7	1301	—	13	773	673	—	7	17	23	11	1229	331	—	7	—
99	—	47	7	227	29	11	373	—	—	7	41	17	67	19	—	13	7	271	—	503	—	23	191	7	37	—	31	11	13	107

	207 32	35	38	41	44	47	50	53	56	59	62	65	68	71	74	77	80	83	86	89	92	95	207 98	208 01	04	07	10	13	16	19
03	11	43	239	—	431	463	7	311	—	—	859	11	—	7	19	—	41	23	—	107	7	29	11	17	13	103	421	7	—	—
09	—	379	—	29	107	7	19	17	73	11	—	23	7	163	—	—	—	—	13	7	11	181	59	991	17	19	7	31	—	—
11	7	11	—	13	—	383	—	7	—	23	509	857	11	17	7	—	13	—	—	971	67	7	—	11	131	—	29	—	7	13
17	47	37	61	23	—	1399	7	73	19	—	11	881	257	7	17	43	751	—	467	—	7	11	—	13	67	—	23	7	—	503
21	37	—	41	7	—	11	13	53	—	19	7	139	71	—	491	61	11	7	—	13	619	733	23	—	7	29	17	11	19	—
23	19	163	—	71	13	7	—	—	11	113	647	251	7	53	479	17	31	13	37	7	23	43	—	197	—	—	7	—	67	—
27	13	19	7	11	31	—	971	29	307	7	17	41	113	13	11	461	7	37	—	—	19	1031	211	7	73	11	13	17	—	—
29	263	29	79	—	7	103	11	193	463	—	—	7	—	—	23	47	17	11	7	—	—	—	109	—	13	7	—	43	11	31
33	—	7	101	487	—	73	109	13	7	883	23	17	11	—	281	7	563	31	29	—	13	—	7	11	—	193	—	1201	17	7
39	7	13	71	—	19	—	331	7	53	557	11	—	17	—	7	83	59	—	227	—	—	7	—	19	—	997	—	13	7	17
41	—	17	7	—	73	523	—	499	—	7	307	379	13	11	19	1019	7	—	17	61	—	263	89	7	11	13	251	199	353	1367
47	11	7	17	293	—	29	13	103	7	—	643	11	37	79	47	7	107	—	—	13	—	227	7	199	—	19	—	113	—	7
51	—	1433	13	97	191	7	11	19	101	421	181	37	7	—	17	13	—	11	—	7	—	61	29	—	—	31	7	—	11	967
53	7	107	—	17	277	—	127	7	43	11	71	1153	367	13	7	—	29	19	191	31	11	7	1217	571	—	59	13	—	7	37
57	83	661	73	47	7	997	67	31	—	13	61	7	43	1109	613	11	379	—	7	109	—	—	13	—	233	7	11	859	37	257
59	1279	31	—	—	17	239	7	11	—	19	—	109	59	7	43	53	—	257	11	—	7	17	—	179	619	—	83	7	19	11
63	—	—	11	7	—	211	—	—	37	—	7	—	101	11	79	29	13	7	43	—	31	—	—	59	7	—	23	53	157	13
69	11	97	7	—	419	241	157	433	—	7	13	11	—	311	67	—	7	17	47	359	23	19	11	7	43	37	29	—	631	—
71	71	401	587	11	7	547	17	199	13	1049	—	7	19	89	11	—	83	—	7	—	29	13	181	17	317	7	43	31	—	569
77	—	11	13	7	19	79	—	17	—	31	7	83	11	1283	61	13	53	7	—	—	—	—	—	11	7	—	937	—	13	89
81	7	937	17	1123	—	19	—	7	23	—	41	13	—	—	7	—	—	479	11	17	557	7	37	191	13	79	71	61	7	11
83	—	67	7	37	—	823	23	157	17	7	11	103	47	29	—	19	7	71	613	59	1433	11	13	7	109	17	149	—	769	23
87	103	29	23	17	—	11	7	—	109	—	31	953	503	7	269	439	11	47	13	41	7	—	131	107	149	23	67	7	—	977
89	23	7	113	13	31	67	59	19	7	19	—	733	—	—	347	7	13	—	107	11	37	241	7	23	29	401	17	233	773	7
93	—	47	—	11	17	7	79	—	19	353	—	53	7	653	11	1093	—	59	—	7	—	17	101	31	461	11	7	19	41	1427
99	19	11	277	—	7	17	13	317	—	—	—	7	11	23	—	73	71	—	7	13	—	—	17	11	101	7	—	647	197	53

	208 20	23	26	29	32	35	38	41	44	47	50	53	56	59	62	65	68	71	74	77	80	83	86	89	92	95	208 98	209 01	04	07
01	19	13	61	1301	73	7	53	—	11	577	59	41	7	761	13	—	17	29	449	7	167	—	—	—	439	37	7	13	23	47
07	17	179	—	—	7	37	11	—	13	449	—	7	—	47	31	—	139	11	7	103	41	13	23	—	53	7	—	1223	11	1301
11	419	7	31	449	13	—	1109	—	7	83	—	—	11	67	—	7	29	13	23	—	—	73	7	11	—	—	41	—	337	7
13	449	17	13	7	11	—	—	89	—	359	7	211	1229	131	—	11	23	7	17	—	—	97	19	—	7	157	11	31	13	41
17	7	53	47	—	19	—	131	7	659	1327	11	13	23	17	7	31	—	67	79	—	137	7	397	19	13	—	107	29	7	—
19	—	509	7	157	—	—	—	53	—	7	23	—	1069	11	19	—	7	457	—	17	73	29	13	7	11	463	1013	—	47	—
23	593	37	557	41	89	13	7	—	11	29	—	107	—	7	17	19	—	—	13	11	7	67	—	911	—	—	163	7	31	23
29	23	269	743	113	—	7	11	19	347	137	31	167	7	—	127	17	—	11	37	7	29	—	173	23	241	13	7	1291	11	109
31	7	491	—	631	17	—	607	7	61	11	13	—	331	—	7	41	—	19	263	97	11	7	—	13	—	127	—	—	7	181
37	—	461	139	293	13	17	7	11	53	19	—	887	379	7	163	23	37	13	11	641	7	1051	17	797	41	29	1031	7	19	11
41	13	—	11	7	739	31	239	—	—	101	7	23	113	11	947	37	—	7	1283	—	53	—	—	331	7	—	13	157	—	19
43	181	19	71	719	—	7	17	29	—	23	83	13	7	—	—	—	11	73	—	7	19	—	—	17	13	—	7	11	227	661
47	11	17	7	—	—	23	—	13	—	7	79	11	103	—	523	—	7	—	17	131	13	19	11	7	29	1409	—	—	23	1433
49	—	41	—	11	7	13	—	17	—	—	—	7	19	37	11	—	67	97	7	277	79	—	313	—	17	7	23	163	1277	—
53	31	7	17	53	233	—	29	41	7	11	—	—	37	19	13	7	—	379	—	17	11	113	7	—	—	419	—	13	71	7
59	7	71	—	17	461	19	—	7	13	769	—	89	—	31	7	73	23	29	11	—	17	7	59	503	19	—	—	—	7	11
61	—	43	7	—	—	1033	13	31	1151	7	11	29	367	229	23	19	7	—	—	13	—	11	—	7	67	103	17	53	—	197
67	13	7	—	61	—	1103	—	19	7	—	17	—	—	13	73	7	359	—	—	11	31	—	7	191	—	—	13	17	41	7
71	—	383	701	11	23	7	277	1193	19	13	29	43	7	—	11	—	61	269	71	7	1229	659	13	—	—	11	7	19	577	—
73	7	317	23	—	29	—	11	7	541	71	53	17	—	43	7	—	1297	11	19	—	13	7	281	—	—	23	—	—	7	521
77	19	11	41	13	7	61	17	281	173	—	—	7	11	—	—	—	13	43	7	19	—	23	53	11	127	7	479	—	—	13
79	—	13	—	—	11	41	7	—	—	47	19	—	17	7	13	11	—	—	59	23	7	233	—	—	37	197	11	7	53	17
83	1249	1291	—	7	—	—	—	17	677	—	7	19	73	—	47	23	103	7	—	241	1153	11	—	13	7	—	541	179	137	59
89	587	313	7	19	13	53	—	109	11	7	—	131	439	—	29	—	7	13	—	11	41	337	19	7	571	17	—	83	—	43
91	11	—	13	167	7	—	641	23	29	—	31	7	—	19	17	13	1289	677	7	—	61	37	11	41	47	7	877	—	13	—
97	—	23	263	7	—	19	—	127	47	11	7	1097	—	167	769	17	421	7	—	29	11	197	13	31	7	823	—	—	—	53

	208 21	24	27	30	33	36	39	42	45	48	51	54	57	60	63	66	69	72	75	78	81	84	87	90	93	96	208 99	209 02	05	08
01	7	173	1319	—	11	13	19	7	—	263	17	31	—	47	7	11	—	83	13	—	23	7	61	—	199	19	11	17	7	101
03	41	29	7	13	163	31	383	11	—	7	461	97	—	—	—	179	7	—	11	821	—	—	—	7	—	59	1123	—	631	11
07	—	239	11	317	43	113	7	193	—	73	67	17	13	7	23	107	—	19	29	—	7	—	1399	1231	11	13	1117	7	17	—
09	17	7	—	—	79	11	43	—	7	41	13	—	23	—	409	7	11	17	31	—	—	—	7	13	139	311	829	11	—	7
13	11	—	—	823	491	7	13	83	23	19	43	11	7	—	67	41	199	—	271	7	109	—	11	59	53	—	7	—	19	17
19	13	19	23	—	7	191	733	—	821	11	59	7	47	13	37	71	43	—	7	31	11	—	—	641	41	7	13	—	277	353
21	23	11	17	—	—	29	7	467	521	97	—	13	11	7	—	—	137	—	43	17	7	—	—	11	13	—	61	7	83	—
27	—	67	—	17	101	7	241	—	257	223	11	283	7	53	773	61	29	23	13	7	17	11	19	83	43	—	7	—	313	—
31	—	13	7	131	19	11	73	—	—	7	—	37	—	23	13	17	7	—	—	—	—	—	—	7	367	53	67	11	43	—
33	—	911	997	—	7	67	47	—	11	—	—	7	13	197	19	269	—	—	7	11	—	17	—	71	73	7	—	29	239	37
37	199	7	—	11	509	71	—	23	7	307	41	47	—	—	11	7	17	61	97	—	877	13	7	—	167	11	569	31	37	7
39	151	—	—	7	—	17	11	97	101	29	7	1117	—	41	—	—	—	7	—	13	—	31	17	—	7	19	—	—	11	113
43	7	11	13	223	—	—	61	7	37	31	—	373	11	—	7	13	79	17	—	41	239	7	487	11	23	—	19	233	7	—
49	1433	17	—	43	59	151	7	—	29	13	11	227	797	7	—	619	—	107	17	977	7	11	13	—	191	37	47	7	41	—
51	223	7	11	83	—	43	37	13	7	19	—	307	101	11	—	7	23	67	—	89	13	—	7	—	11	—	—	—	19	7
57	7	13	—	—	—	97	—	7	17	151	23	11	—	29	7	—	—	719	—	—	19	7	11	37	—	17	59	13	7	31
61	431	29	19	17	7	41	11	271	—	53	13	7	433	251	—	43	89	11	7	—	17	19	37	13	—	7	941	79	11	23
63	—	—	73	37	23	563	7	—	13	11	61	31	19	7	—	53	101	43	—	367	7	13	409	337	29	67	17	7	971	—
67	23	683	37	7	11	601	—	313	—	827	7	127	29	19	41	11	383	7	251	163	563	17	109	23	7	47	11	53	—	1439
69	59	—	13	71	19	7	29	11	—	601	17	—	7	257	109	13	—	41	11	7	37	23	127	19	31	—	7	17	13	11
73	853	191	7	—	919	17	—	—	79	7	641	13	31	11	97	—	7	23	1213	37	227	—	17	7	11	—	103	43	—	—
79	11	7	—	—	907	13	17	1297	7	379	53	11	—	—	263	7	19	1307	13	—	151	—	7	17	—	31	—	—	251	7
81	—	241	211	7	103	—	—	19	1249	23	7	—	17	—	11	—	13	7	73	31	71	151	101	227	7	11	19	—	29	13
87	—	11	7	23	—	419	647	—	229	7	13	—	11	17	181	157	7	—	19	619	69	—	—	7	101	967	23	61	263	107
91	19	281	43	—	541	1361	7	11	17	41	—	409	97	7	509	1381	127	853	11	13	7	613	23	—	—	17	151	7	103	11
93	—	7	—	173	13	—	167	59	7	313	11	—	41	113	17	7	61	13	—	1171	23	11	7	—	—	—	101	109	—	7
97	13	—	31	67	107	7	401	—	43	17	—	19	7	13	—	—	11	—	41	7	83	—	293	89	—	—	7	11	—	61
99	7	—	19	29	—	61	103	7	11	—	43	13	—	137	7	17	167	53	47	11	—	7	569	239	13	199	1213	31	7	179

	208 22	25	28	31	34	37	40	43	46	49	52	55	58	61	64	67	70	73	76	79	82	85	88	91	94	208 97	209 00	03	06	09
03	79	—	—	11	7	59	—	13	131	—	17	7	—	1303	11	31	479	—	7	—	13	—	19	47	—	7	—	17	—	53
09	277	11	29	7	23	—	—	47	—	317	7	17	11	—	13	239	577	7	197	—	43	857	401	11	7	113	—	13	17	1093
11	17	89	23	1399	11	7	311	—	—	1429	919	—	7	—	809	11	—	17	257	7	293	—	31	211	19	13	7	59	37	769
17	71	17	11	—	7	—	13	29	37	—	—	7	347	11	59	631	19	47	7	13	—	—	—	—	11	7	—	—	43	149
21	83	7	13	—	—	—	757	37	7	—	—	79	487	17	—	7	—	19	1009	11	—	307	7	31	29	59	—	149	13	7
23	11	47	17	7	—	653	—	499	19	199	7	11	—	13	—	—	41	7	29	17	491	79	11	—	7	37	13	19	—	—
27	7	—	—	—	—	31	11	7	97	13	—	751	59	—	7	—	—	11	—	—	—	7	13	67	37	—	71	—	7	331
29	19	53	7	17	443	37	433	13	877	7	—	61	73	691	271	1409	7	71	157	19	11	83	—	7	1039	41	917	—	131	29
33	1439	19	—	13	11	—	7	—	311	163	—	277	—	7	—	11	13	29	31	1187	7	107	—	587	61	223	11	7	—	13
39	31	—	11	—	173	7	107	43	—	181	13	—	7	11	—	—	17	—	149	7	23	37	79	13	11	359	7	167	29	73
41	7	107	37	19	—	11	—	7	13	43	67	83	—	—	7	463	11	149	23	—	—	7	17	—	—	31	—	11	7	1201
47	—	251	13	11	29	929	7	31	59	—	—	41	23	7	11	13	—	—	521	37	7	—	—	17	—	11	—	7	13	109
51	113	17	—	7	—	709	—	1093	23	11	7	13	149	109	53	19	—	7	17	43	11	29	881	—	7	—	31	—	—	—
53	—	11	—	—	—	7	19	17	—	13	—	149	7	79	293	29	659	—	67	7	31	43	13	11	17	19	7	—	61	23
57	—	103	7	29	911	13	59	11	31	7	—	269	—	211	—	—	7	—	11	17	47	—	277	7	—	23	19	—	1049	11
59	23	359	31	13	7	353	113	—	17	127	11	7	1321	—	—	—	13	19	7	587	—	11	67	23	71	7	29	43	887	13
63	137	7	—	17	47	11	71	1049	7	113	1129	521	13	1259	29	7	11	139	19	23	17	31	7	647	349	13	73	11	683	7
69	7	—	—	11	17	—	13	7	383	331	19	—	—	23	7	53	—	349	—	13	—	7	—	—	1289	11	—	181	7	19
71	227	19	7	479	13	—	11	421	—	7	17	23	863	37	47	59	7	11	—	29	19	53	—	7	79	73	—	17	11	503
77	193	7	43	271	11	23	73	457	7	—	31	13	19	317	71	7	—	—	107	1319	—	—	7	—	13	233	11	211	17	7
81	—	23	97	47	1069	7	17	13	107	—	11	593	7	19	—	—	—	—	29	7	13	11	—	17	23	—	7	—	—	31
83	7	—	11	107	19	13	1231	7	43	—	37	233	17	11	7	89	1091	—	13	—	173	7	23	19	11	733	229	193	7	17
87	29	13	—	—	7	19	227	17	11	37	—	7	43	—	13	—	53	—	7	11	—	—	919	73	17	7	547	13	83	29
89	11	—	—	787	223	31	7	—	—	—	—	11	13	7	43	19	23	—	—	1439	7	—	11	29	—	13	—	7	—	—
93	67	—	—	7	73	103	11	—	13	—	7	29	23	71	—	—	19	7	43	—	—	13	691	83	7	17	37	643	11	449
99	97	—	7	—	11	—	23	41	19	7	—	—	—	—	311	11	7	—	83	—	449	—	29	7	43	61	11	19	13	23

	209 10	13	16	19	22	25	28	31	34	37	40	43	46	49	52	55	58	61	64	67	70	73	76	79	82	85	88	91	94	97
01	11	—	31	7	131	—	—	—	19	—	7	11	—	1109	—	83	29	7	—	71	17	23	11	13	7	797	—	19	431	53
07	19	271	7	43	13	1307	983	337	—	7	83	197	37	113	311	23	7	13	—	19	11	17	61	7	97	67	59	29	73	—
11	13	19	97	31	11	773	7	43	—	977	—	23	127	7	—	11	17	—	—	641	7	—	—	—	—	—	11	7	—	—
13	617	7	—	—	569	17	107	11	7	23	167	13	53	59	47	7	—	1021	11	—	—	283	7	127	13	1301	—	251	31	7
17	17	—	11	—	—	7	—	13	—	1259	271	—	7	11	—	—	31	17	71	7	13	—	—	—	11	191	7	1427	23	—
19	7	—	—	19	283	11	17	7	41	37	31	137	757	1171	7	43	11	809	13	443	29	7	19	17	557	—	23	11	7	1061
23	11	13	—	47	7	523	—	—	29	1279	—	7	—	61	13	—	—	—	7	43	—	719	11	19	317	7	73	13	881	31
29	97	1193	17	7	—	—	—	53	13	11	7	31	193	—	—	19	23	7	—	17	11	13	—	41	7	37	277	—	197	1009
31	137	11	—	—	353	7	13	—	17	281	—	—	7	29	23	223	—	131	—	7	—	193	401	11	467	17	7	43	—	—
37	13	—	—	857	7	—	73	827	23	17	11	7	—	13	—	643	—	19	7	—	59	11	359	37	29	7	13	239	61	439
41	41	7	47	67	17	11	31	—	7	13	—	—	29	521	269	7	11	571	19	—	—	17	7	—	—	—	—	11	—	7
43	31	—	23	7	—	—	29	13	11	19	7	—	1051	—	293	389	191	7	349	11	13	179	—	937	7	23	1117	17	19	—
47	7	—	37	11	617	17	—	7	53	41	19	167	—	443	7	—	13	—	59	31	—	7	17	29	197	11	1051	—	7	13
49	863	13	7	421	—	—	11	—	—	7	241	17	41	31	13	173	7	11	—	23	19	—	139	7	—	577	727	13	11	—
53	—	11	19	—	73	29	7	—	—	211	13	67	11	7	—	23	—	47	41	37	7	19	—	11	—	—	53	7	—	827
59	787	47	—	—	13	7	—	17	61	23	11	—	7	19	31	67	29	13	241	7	137	11	83	—	17	—	7	41	953	97
61	7	—	11	73	19	—	—	7	31	—	29	—	307	11	7	13	89	37	97	—	491	7	881	19	11	1097	—	47	7	—
67	11	23	—	239	367	911	7	227	—	13	—	11	479	7	17	19	—	461	353	233	7	29	11	—	23	691	—	7	—	—
71	223	463	—	7	41	13	11	—	193	17	7	821	83	89	199	—	19	7	13	103	23	79	—	67	7	59	17	53	11	—
73	277	59	67	13	—	7	113	19	173	11	—	—	7	—	37	17	13	193	23	7	11	—	—	61	1151	—	7	337	823	13
77	47	73	7	503	11	1171	1367	83	19	7	17	—	13	37	23	11	7	587	337	—	29	257	31	7	—	13	11	17	—	89
79	1373	—	643	1097	7	127	67	11	139	257	13	7	23	—	29	229	17	109	7	73	857	373	—	13	—	7	47	—	—	11
83	19	7	11	—	31	71	13	—	7	—	53	17	—	11	—	7	197	—	—	13	—	—	7	—	11	61	—	127	17	7
89	7	—	23	761	443	—	823	7	—	—	37	11	17	13	7	47	307	31	113	—	461	7	11	—	—	23	13	1237	7	17
91	23	17	7	11	—	—	—	29	—	7	—	13	—	—	11	—	7	—	17	—	—	19	383	7	13	11	883	—	37	359
97	—	7	17	—	463	13	—	43	7	563	107	277	11	19	97	7	1013	23	13	17	—	—	7	11	31	47	—	—	—	7

	209 11	14	17	20	23	26	29	32	35	38	41	44	47	50	53	56	59	62	65	68	71	74	77	80	83	86	89	92	95	98
01	107	13	379	991	89	7	29	11	41	—	—	43	7	23	13	—	599	359	11	7	1399	—	179	1409	563	769	7	13	1439	11
03	7	443	—	17	—	19	31	7	—	47	11	23	13	43	7	773	73	53	307	1103	17	7	67	79	19	13	—	—	7	29
07	421	101	—	1019	7	11	19	23	13	—	—	7	—	—	47	17	11	29	7	—	89	13	227	103	37	7	—	11	—	53
09	509	—	—	167	17	23	7	389	11	1447	—	29	661	7	—	—	19	—	61	11	7	17	—	—	347	—	67	7	23	—
13	263	23	13	7	37	—	331	31	—	—	7	—	71	241	11	13	17	7	709	631	733	313	—	43	7	11	41	—	13	593
19	17	11	7	—	—	101	—	—	197	7	29	317	11	211	73	—	7	17	23	859	31	37	13	7	79	157	257	—	19	43
21	19	—	37	—	7	—	17	13	47	—	179	7	—	—	31	11	23	—	7	19	13	—	277	17	—	7	11	—	—	—
27	163	13	11	7	—	467	41	17	—	—	7	19	—	11	13	29	—	7	1303	37	71	—	—	—	7	593	—	13	421	—
31	7	—	17	29	179	79	23	7	11	101	13	457	19	59	7	31	—	—	37	11	—	7	307	13	971	233	—	109	7	23
33	11	53	7	19	23	787	271	1423	13	7	97	11	379	761	1327	41	7	—	—	109	—	13	11	7	181	17	29	23	331	241
37	23	—	—	17	13	—	7	—	—	—	881	89	—	7	29	—	367	11	139	—	7	41	809	19	—	1181	—	7	11	—
39	—	7	13	—	157	487	43	47	7	11	—	—	107	163	19	7	37	919	—	53	11	23	7	313	41	—	17	211	13	7
43	1321	—	107	—	11	7	—	—	607	277	31	13	7	101	—	11	—	23	739	7	—	17	—	491	13	29	7	89	—	1297
49	—	—	11	—	7	13	137	19	67	127	463	7	—	11	167	101	43	379	7	97	773	—	17	31	11	7	19	—	—	179
51	—	29	53	13	—	11	7	—	97	23	73	17	—	7	—	—	11	19	43	—	7	—	47	—	—	—	79	7	17	13
57	241	229	977	11	673	7	47	—	—	19	13	1217	7	—	11	—	1033	419	397	7	53	541	—	13	43	11	7	71	19	17
61	29	—	7	1297	61	—	13	17	467	7	19	47	683	—	—	523	7	—	31	13	11	—	23	7	17	877	—	73	43	19
63	71	11	—	347	7	—	—	79	109	—	37	7	11	17	—	1039	137	13	7	41	19	89	—	11	—	7	149	—	233	—
67	13	7	19	419	139	—	157	11	7	37	—	29	—	13	—	7	23	97	11	—	67	19	7	521	149	17	13	29	571	7
69	491	1231	—	7	—	29	97	103	523	—	7	13	19	593	17	199	—	7	—	223	—	11	—	149	7	31	73	37	41	59
73	7	—	—	—	229	11	—	7	—	17	23	—	983	19	7	53	11	—	89	—	13	7	29	101	67	—	17	11	7	139
79	929	13	41	11	23	19	7	—	79	239	17	179	—	7	11	—	281	659	149	107	7	—	—	—	19	11	31	7	67	113
81	547	7	23	59	—	41	11	67	7	—	733	—	13	—	107	7	17	11	79	—	31	—	7	—	37	13	—	29	11	7
87	7	—	31	199	11	—	13	7	739	29	—	43	—	577	7	11	—	17	173	13	47	7	—	457	241	—	11	—	7	—
91	—	59	13	37	7	73	—	—	19	1033	11	7	17	431	—	13	53	—	7	1217	41	11	619	601	—	7	29	19	13	17
93	13	17	11	—	47	—	7	71	883	—	223	149	89	7	383	31	—	43	17	—	7	37	53	41	11	—	13	7	—	—
97	19	—	—	7	—	593	—	—	11	13	7	—	—	17	—	—	—	7	—	11	37	43	13	—	7	—	1087	821	1447	41
99	11	37	17	—	73	7	—	13	149	521	19	11	7	—	—	—	83	499	—	7	13	—	11	43	607	—	7	—	31	19

	209 12	15	18	21	24	27	30	33	36	39	42	45	48	51	54	57	60	63	66	69	72	75	78	81	84	87	90	93	96	99
03	37	—	7	13	—	997	11	—	—	7	—	19	—	97	17	139	7	11	251	29	1289	—	—	7	—	137	23	43	11	13
09	79	7	—	19	11	151	41	1301	7	157	13	—	—	—	—	7	—	37	1117	—	23	59	7	13	47	89	11	—	419	7
11	—	593	101	7	17	1291	83	11	13	41	7	173	—	19	61	947	—	7	11	—	—	13	271	31	7	—	283	67	—	11
17	409	83	7	61	101	11	29	—	—	7	109	743	23	—	281	13	7	269	41	131	73	—	17	7	19	—	—	11	13	313
21	11	—	43	241	113	—	7	—	23	1303	—	11	131	7	37	—	61	17	—	347	7	107	11	29	13	19	—	7	541	—
23	97	7	433	11	43	—	17	—	7	13	157	—	151	103	11	7	19	29	31	—	—	—	7	17	—	11	167	41	—	7
27	—	17	23	137	—	7	31	—	43	11	—	79	7	—	151	—	401	19	13	7	11	853	823	47	—	23	7	—	—	—
29	7	11	47	13	—	821	—	7	19	—	43	227	11	337	7	151	13	59	—	89	—	7	—	11	17	—	619	19	7	13
33	89	41	17	—	7	—	727	11	421	19	—	7	13	113	43	—	29	151	7	17	233	—	—	—	401	7	—	557	19	11
39	—	19	—	7	—	11	13	—	—	97	7	751	347	23	—	59	11	7	—	13	17	—	349	367	7	—	139	11	37	—
41	—	193	79	1117	13	7	—	53	11	17	1237	19	7	41	211	103	751	13	1123	7	61	29	43	109	—	—	7	—	—	—
47	—	47	—	19	7	23	11	—	31	61	17	7	—	139	101	—	—	11	7	—	181	331	19	1201	13	7	37	17	11	257
51	—	7	—	491	19	17	47	13	7	67	643	—	11	—	—	7	—	167	547	1049	13	211	7	11	23	37	151	31	41	7
53	677	—	137	7	11	13	37	1061	—	—	7	17	1049	877	19	11	101	7	13	229	227	31	23	—	7	1259	11	151	17	97
57	7	13	29	71	—	37	17	7	313	31	11	61	173	67	7	19	—	—	23	—	—	7	—	17	383	—	181	13	7	151
59	191	653	7	31	379	—	19	—	53	7	89	59	13	11	—	—	7	103	101	—	—	—	—	7	11	13	—	—	—	17
63	61	43	—	—	131	41	7	17	11	311	907	1163	23	7	—	397	—	67	83	11	7	13	31	107	17	—	19	7	191	—
69	—	811	13	613	31	7	11	43	17	59	263	—	7	83	41	13	937	11	19	7	71	67	229	—	29	17	7	—	11	23
71	7	719	—	107	23	—	—	7	409	11	—	71	109	13	7	—	—	41	29	—	11	7	101	—	—	419	13	23	7	31
77	29	19	—	—	67	—	7	11	709	53	—	31	557	7	653	17	907	—	11	103	7	23	389	449	79	—	41	7	—	11
81	—	—	11	7	—	173	—	397	103	—	7	419	73	11	—	787	13	7	—	43	47	19	137	239	7	—	—	17	61	13
83	—	13	317	—	61	7	163	859	67	991	313	29	7	1409	13	23	11	37	59	7	571	43	—	—	31	—	7	11	71	83
87	11	—	7	—	47	101	127	661	449	7	13	11	31	19	—	193	7	61	—	—	—	293	11	7	1193	43	673	—	17	59
89	17	71	—	11	7	59	31	—	13	23	631	7	67	—	11	—	—	17	7	191	—	13	29	19	83	7	—	43	101	383
93	—	7	359	97	13	19	61	—	7	11	29	137	17	—	—	7	59	13	—	—	11	—	7	—	19	31	—	—	23	7
99	7	—	1031	59	509	—	113	7	—	109	103	13	331	17	7	181	19	—	11	47	1063	7	23	829	13	523	223	71	7	11

	210 00	03	06	09	12	15	18	21	24	27	30	33	36	39	42	45	48	51	54	57	60	63	66	69	72	75	78	81	84	87
01 07 11 13 17	— 7 — 19 839	7 11 89 — 19	37 — 197 23 229	11 163 17 — 7	89 — 7 — 17	— 101 47 — 11	13 — — 7 —	17 7 11 13 —	7 17 — 29 —	59 277 13 17 —	43 — — 11 7	— — 7 653 —	— 11 — — —	— 13 — 7 239	11 7 29 — —	7 — 71 719 73	19 31 — 433 11	73 53 — 79 7	1451 — 7 — —	13 37 139 19 —	269 89 17 7 19	— 7 — 11 17	7 661 13 43 —	— 11 — 349 —	17 — 199 389 7	11 17 7 23 29	1009 13 — 17 43	97 19 23 7 11	— 7 19 151 233	7 131 11 31 13
19 23 29 31 37	53 1361 233 — 401	13 131 7 113 23	251 7 — 13 7	67 11 — 7 43	— — 13 11 —	7 17 71 — 41	139 — 17 31 19	617 29 1213 23 —	11 883 7 — 1297	101 7 23 61 7	17 13 — 7 211	19 389 157 67 89	7 19 11 17 1409	— 877 317 37 11	13 11 — 19 47	47 23 7 11 67	37 7 331 829 7	— 409 13 7 251	— 103 29 — 193	7 1181 — — 31	— 47 — 277 167	1301 1021 — 373 —	— 17 7 — 13	— 7 11 — 7	281 — 1223 7 11	97 11 — — 19	7 373 769 11 —	13 — 59 1039 —	43 67 — 13 —	59 — 7 17 —
41 43 47 49 53	— 11 61 7 —	59 7 137 1307 —	1327 509 83 — 31	— 13 47 1051 —	199 — — — 7	13 29 7 — —	7 — 11 — 13	19 — 271 7 277	11 7 89 229 23	— 43 17 11 —	— 37 313 13 17	29 11 373 73 7	73 157 7 23 —	7 71 43 541 —	— 17 23 7 131	— 7 — 17 11	— 13 — 29 —	— 19 11 — 1051	13 23 19 — 7	11 53 7 101 13	7 929 31 11 1039	— — — 7 —	71 7 29 137 —	307 — 367 13 —	227 — — 487 89	17 — 13 293 7	19 1129 7 — 11	7 89 829 37 17	179 — 11 7 —	37 7 79 47 19
59 61 67 71 73	13 17 103 — 137	167 1229 17 7 11	11 — 89 983 17	7 71 11 37 7	— — 7 1259 31	163 7 13 19 191	37 631 — — —	263 281 — — —	— — — 7 73	— 29 41 11 269	7 827 — 31 7	17 13 7 593 23	71 7 — — 11	11 — 83 17 —	53 — 11 13 —	29 61 — 7 19	— 11 — — 239	7 17 23 61 7	47 83 7 163 41	— 7 — 109 17	— 53 29 11 71	19 — 263 167 37	103 997 31 7 —	— 23 19 359 11	7 13 919 19 7	23 571 7 467 13	13 7 — 1123 —	— 11 73 13 101	17 — 47 263 —	— — — 7 —
77 79 83 89 91 97	7 — 37 19 7 —	— 37 23 41 347 13	71 7 13 79 — 19	739 17 — 11 — —	— 241 — 499 41 11	193 23 11 7 17 73	61 13 7 73 11 7	7 19 — 757 7 1019	13 — 19 — 1447 —	— 7 — 13 — —	887 11 — 599 19 23	— 1123 — — 47 647	1063 — — 7 31 509	— 29 7 — 131 7	7 193 499 11 7 13	53 421 13 59 — 11	19 7 11 17 23 223	47 31 — 37 11 29	11 367 — 23 331 —	29 13 1009 7 293 163	37 17 7 — 13 7	7 11 — — 7 19	— — 599 13 17 53	31 7 — — — 17	41 647 23 — 73 109	409 107 73 11 547 31	— 19 — 7 743 11	— 41 7 1361 1307 7	7 23 13 97 7 —	11 101 307 421 19 149

	210 01	04	07	10	13	16	19	22	25	28	31	34	37	40	43	46	49	52	55	58	61	64	67	70	73	76	79	82	85	88
01 03 07 09 13	47 109 23 11 —	17 — — — 7	653 11 7 13 —	7 — — 113 17	811 23 13 7 —	29 7 — 19 —	23 — — — 11	— 17 — 1031 —	109 13 11 17 7	— 89 7 — 137	7 — — 29 223	181 — — 7 13	701 7 61 37 —	31 11 79 127 —	37 211 19 547 —	— 983 — 13 7	— 557 7 — —	7 — 13 — 11	17 — — 7 —	41 7 11 — —	137 379 — 31 17	11 13 — 23 67	19 41 73 11 7	13 — 7 79 —	7 11 149 19 13	— — — 7 19	929 7 31 — —	149 23 1061 1109 29	— 29 41 13 11	23 199 — — 7
19 21 27 31 33	7 — 19 11 7	193 43 7 19 673	— 7 — 29 —	— 13 23 503 11	11 67 — 691 13	13 — 11 7 61	1153 103 53 13 37	7 11 43 127 7	— 19 7 — —	29 7 47 — 199	— 17 13 863 31	23 1103 17 11 19	— 113 107 7 17	— — 97 — 43	7 139 29 47 7	11 31 7 83 —	743 7 11 31 —	19 71 41 — 13	13 11 157 53 59	— 617 19 7 —	727 523 197 19 23	7 — — — 7	89 1091 7 11 —	233 7 13 17 —	— — — 347 53	67 47 — 37 11	11 131 23 7 41	239 17 11 — 881	7 — 17 — 7	— 11 7 61 17
37 39 43 49 51 57	13 769 41 83 29 31	223 11 53 13 — 1291	— 173 — 7 23 109	281 19 7 59 — 7	7 227 19 23 7 —	37 59 83 11 — —	523 7 149 29 19 11	17 29 11 — — —	163 103 17 — 11 —	11 — 331 7 — —	83 — 7 — — 7	7 13 31 — 7 29	19 11 — — 13 233	13 7 139 47 — —	— 23 — 13 853 —	419 79 — 19 17 —	23 67 59 7 — 17	43 337 7 347 — 7	7 73 11 — 7 —	— 43 — 53 11 13	11 7 13 — 37 191	— 709 1319 163 — 41	— 19 37 — 509 61	— 11 19 7 — 47	17 13 7 31 67 7	7 439 17 383 7 59	13 — 1433 17 83 79	443 7 — 11 — —	653 — — — — 11	31 — 11 43 29 —
61 63 67 69 73 79	7 13 — 61 — 569	11 — 31 7 — 103	13 7 709 11 19 61	— 271 — 1129 13 29	167 11 43 29 41 7	509 1237 — — 7 563	— 193 7 43 859 11	7 47 — 13 — —	— 53 — 7 11 —	293 7 13 659 — —	173 — 11 — 43 13	17 61 131 83 — 7	11 59 17 — 7 1231	— 13 7 11 17 19	7 — 167 71 31 17	13 11 997 7 — —	— 7 37 — 13 43	463 17 — — — 11	19 131 — 17 181 7	31 — 107 569 7 227	97 479 7 13 — 23	7 — 11 157 19 —	439 29 13 7 — —	11 7 59 — — 13	— 857 61 11 167 139	— — — — 397 7	— 11 — 31 7 —	41 — 7 311 79 31	7 19 137 373 647 11	229 107 17 7 13 —
81 87 91 93 97 99	— 307 — — 11 23	83 — 277 — 7 29	— 13 7 — 23 41	17 31 — — 103 7	19 17 — 7 31 197	— 7 937 11 13 47	7 431 67 23 179 17	97 11 — 19 29 701	13 29 23 — 7 37	11 — 7 13 — 601	— — 37 — 67 7	977 37 13 7 11 911	— 7 — — — 419	7 — 11 373 — 359	— 269 — 103 — 11	109 13 647 443 7 —	41 — 7 11 97 13	499 — 397 61 17 7	23 11 — 7 13 19	— 7 — 29 — 491	7 463 — 1163 — —	13 17 — 47 547 71	— 227 31 13 7 787	19 — 7 967 157 17	— 43 11 — 131 7	367 41 29 7 23 11	29 7 389 19 47 —	7 53 — 11 19 —	127 13 43 37 — —	— 11 311 23 7 13

	210 02	05	08	11	14	17	20	23	26	29	32	35	38	41	44	47	50	53	56	59	62	65	68	71	74	77	80	83	86	89
03 09 11 17 21	7 29 389 7 —	17 359 7 67 23	— 17 19 157 —	71 43 — 97 11	59 353 13 47 7	— 101 37 23 —	257 7 577 31 —	7 11 — 7 13	41 61 7 11 461	11 397 73 17 47	47 139 11 79 587	— 19 23 13 7	13 109 — — —	— 7 — 19 349	7 281 823 7 11	— 881 7 — 43	— — 103 941 709	31 41 13 — 911	17 11 — 241 7	19 13 — 11 —	11 7 41 — 13	7 107 11 7 17	53 — 7 37 29	— — 29 — 53	— 37 31 13 23	13 — 17 — 7	— — 59 17 67	1451 7 1019 — 89	7 337 — 7 —	1091 11 7 41 1301
23 27 29 33 39	59 — — 659 —	— 11 31 — 7	37 607 457 7 13	— 7 — 1123 —	— 29 11 — —	13 17 7 — 1303	7 19 41 17 23	— 31 — 103 17	— 251 — 13 7	811 — 67 7 19	17 7 — 11 —	— 59 17 79 283	229 11 7 23 —	7 439 — 83 —	— 13 613 — 61	— — 11 29 7	29 — 19 7 131	11 7 — 19 197	13 23 103 37 251	31 — 7 — 11	7 — — 31 —	— 43 — 11 41	23 17 — — 7	61 11 43 7 277	19 7 313 47 17	— 19 13 61 —	827 241 7 — 29	7 13 29 43 —	11 — 17 283 13	53 — — 619 7
41 47 51 53 57	11 — 71 — —	— 751 — 7 29	— 7 43 47 11	7 1049 13 19 —	23 — 11 43 19	— 1009 — 919 7	607 587 7 421 —	— 13 53 11 41	661 — — 7 43	— 7 17 491 683	7 127 97 643 13	11 19 751 — 23	163 281 19 173 7	13 — 7 29 11	— 17 223 13 137	— — 11 7 —	37 7 13 751 563	7 — 23 1201 —	— 47 59 11 389	19 — 29 — 7	29 11 7 359 —	89 23 — 233 101	11 — 79 7 —	— 7 47 — 13	7 — — 83 11	239 — — 67 53	13 — 11 1013 7	23 — 7 13 17	— — 31 — —	— 83 13 7 —
59 63 69 71 77	7 11 — 1283 —	— — — 11 59	— 151 — 449 17	73 79 7 1087 13	31 7 127 — 7	11 23 31 7 173	1429 1373 — 151 787	7 167 19 439 37	13 359 53 311 181	23 1307 11 13 19	41 1381 7 953 11	223 7 13 457 7	— 29 17 7 31	— — — 241 —	7 43 607 53 23	— 19 467 127 131	11 41 — — 13	— 13 7 19 —	61 7 — 17 7	83 — — 7 17	449 421 11 23 —	7 — 983 229 11	691 11 23 13 —	431 31 29 11 —	29 1423 7 137 331	— 7 41 — 7	— — 19 7 —	11 — — 37 379	7 17 — 41 19	67 37 17 1171 13
81 83 87 89 93 99	31 73 7 47 13 17	7 19 — — 11 631	41 223 19 7 — —	— 7 11 — 37 —	— — 23 13 439 —	11 41 773 — 47 7	37 — 13 11 7 —	71 — 7 31 67 13	7 11 — 271 — 31	89 523 53 7 29 —	19 7 947 479 311 11	151 — 41 — 569 67	13 151 — 19 11 7	— 137 31 883 7 173	17 — 7 41 163 —	7 1223 17 53 677 23	11 47 257 7 17 307	— 7 461 11 73 17	— 607 761 683 — —	113 11 13 109 — 7	— 17 1033 — 7 13	241 863 7 17 23 11	7 383 — 739 263 941	— 13 37 7 11 —	1151 7 229 61 71 19	13 31 11 23 107 79	— 179 — — 13 7	11 — 23 — 7 887	313 97 7 11 113 —	7 — — 953 — 41

	21090	93	96	21099	21102	05	08	11	14	17	20	23	26	29	32	35	38	41	44	47	50	53	56	59	62	65	68	71	74	77
01	317	593	13	41	31	19	7	23	241	37	311	17	—	7	29	13	—	11	197	193	7	—	53	43	19	—	—	7	11	—
07	349	23	—	71	11	7	373	—	—	13	—	—	7	439	—	11	19	31	—	7	—	—	13	61	23	29	7	109	331	17
11	—	—	7	—	73	13	—	17	—	7	11	109	233	29	—	—	7	19	13	—	23	11	47	7	17	37	—	277	—	—
13	—	47	11	13	7	53	37	29	19	—	—	7	59	11	113	—	13	—	7	—	—	41	73	509	11	7	—	19	83	13
17	151	7	—	181	—	37	47	79	7	19	—	163	13	677	23	7	223	53	31	11	—	—	7	59	29	13	—	41	19	7
19	11	61	—	7	1297	—	271	173	—	1319	7	11	23	—	17	881	—	7	29	19	71	—	11	13	7	—	313	—	—	—
23	7	19	43	89	—	—	11	7	23	17	59	—	311	—	7	—	—	11	127	13	19	7	37	—	269	—	17	283	7	—
29	13	—	23	61	11	—	7	—	43	—	17	—	19	7	—	11	101	29	—	89	7	47	—	103	163	23	11	7	—	—
31	23	7	421	19	179	—	53	11	7	—	43	13	—	83	397	7	17	1013	11	659	37	—	7	23	13	—	97	—	—	7
37	7	103	1321	137	157	11	—	7	83	—	71	—	131	—	7	181	11	17	13	59	31	7	29	—	53	—	—	11	7	61
41	11	13	—	—	7	131	193	223	31	433	29	7	17	23	13	19	421	—	7	—	43	317	11	641	1427	7	383	13	—	17
43	73	17	31	11	29	—	7	1153	—	463	239	23	13	7	11	47	—	37	17	—	7	—	43	—	787	11	149	7	563	—
47	139	53	—	7	—	—	—	19	13	11	7	—	619	17	67	151	37	7	877	—	11	13	101	127	7	103	19	—	—	—
49	—	11	17	—	223	7	13	53	331	79	167	743	7	89	—	29	151	19	—	7	—	337	281	11	97	389	7	71	23	179
53	—	23	7	29	47	—	—	11	—	7	—	—	337	—	17	13	7	73	11	53	61	149	—	7	23	139	191	809	13	11
59	—	7	797	—	—	11	—	—	7	13	19	1129	389	37	29	7	11	—	23	331	—	151	7	179	499	—	101	11	157	7
61	1217	19	401	7	17	359	—	13	11	863	7	41	139	—	47	1051	23	7	—	11	13	17	151	—	7	—	59	199	—	109
67	—	13	7	43	—	17	11	—	53	7	23	37	19	59	13	—	7	11	—	29	41	257	17	7	599	107	—	13	11	991
71	17	11	—	47	499	521	7	29	—	—	13	31	11	7	571	107	599	17	131	—	7	—	—	11	59	—	41	7	127	23
73	59	7	197	—	11	31	17	1447	7	43	107	149	599	—	—	7	—	251	401	199	—	13	7	17	61	—	11	23	37	7
77	23	17	827	191	13	7	—	—	211	149	11	59	7	43	73	347	509	13	17	7	—	11	—	23	19	—	7	37	—	—
79	7	79	11	—	89	—	—	7	37	—	—	179	29	11	7	13	—	191	31	829	—	7	251	—	11	—	461	—	7	239
83	29	163	17	41	7	1093	31	37	11	—	113	7	—	229	—	—	19	23	7	11	—	79	—	—	13	7	61	661	1367	29
89	127	89	47	7	—	13	11	—	19	—	7	23	41	—	—	61	1399	7	13	31	17	53	—	1277	7	43	109	19	11	193
91	587	—	149	13	—	7	—	103	—	11	1409	127	7	31	—	41	13	—	19	7	11	67	137	283	—	—	7	43	47	13
97	—	307	—	23	7	101	283	11	—	457	13	7	47	—	761	227	29	—	7	—	—	—	37	13	41	7	23	17	—	11

	21091	94	21097	21100	03	06	09	12	15	18	21	24	27	30	33	36	39	42	45	48	51	54	57	60	63	66	69	72	75	78
01	—	7	11	—	29	17	13	673	7	—	83	19	557	11	31	7	—	47	59	13	—	37	7	1423	11	—	—	397	—	7
03	—	—	19	7	13	11	317	101	31	—	7	17	—	—	409	—	11	7	97	—	23	19	—	277	7	113	—	11	17	67
07	7	37	—	19	733	59	17	7	—	157	—	11	—	13	7	29	23	—	—	—	—	7	11	17	—	—	13	31	7	211
09	—	41	7	11	1423	239	—	1453	—	7	73	13	17	19	11	—	7	131	—	37	1229	31	181	7	13	11	257	47	53	17
13	83	347	257	1117	—	127	7	13	—	11	23	—	—	7	19	197	—	107	37	—	7	227	—	71	17	953	29	7	—	—
19	—	13	107	—	23	7	19	11	17	—	487	—	7	883	13	109	41	867	11	7	839	61	31	—	701	17	7	13	181	11
21	7	—	23	—	—	—	—	7	787	991	11	53	13	101	7	163	19	—	463	41	—	7	—	—	227	13	—	89	7	—
27	—	59	—	—	79	—	7	193	11	139	—	103	—	7	337	17	83	—	179	11	7	—	—	—	—	—	47	7	41	31
31	103	29	13	7	283	337	—	—	—	19	7	197	59	71	11	13	—	7	—	—	—	—	229	907	7	11	509	17	13	223
33	13	631	—	—	71	7	11	73	—	1213	47	31	7	13	—	1361	17	11	—	7	—	—	311	1307	29	—	7	—	11	—
37	1069	11	7	—	—	—	53	67	317	7	127	17	11	—	—	47	7	613	373	—	19	—	13	7	647	97	433	—	17	269
39	17	467	—	1103	7	41	29	13	—	—	—	7	53	—	97	11	—	17	7	101	13	127	241	—	31	7	11	—	—	571
43	433	7	—	13	—	79	919	577	7	—	11	41	17	—	—	7	13	—	383	727	137	11	7	29	53	1031	23	317	109	7
49	7	—	103	71	19	29	—	7	11	37	13	1021	157	17	7	67	—	—	—	11	23	7	—	13	1429	31	—	61	7	—
51	11	43	7	61	—	379	—	—	13	7	—	11	—	167	19	—	7	—	23	17	691	13	11	7	—	—	—	37	29	107
57	179	7	13	17	73	—	19	37	7	11	29	269	23	53	107	7	—	263	1249	—	11	—	7	167	—	19	—	499	13	7
61	—	—	—	373	11	7	37	19	23	—	—	13	7	547	—	11	79	181	191	7	31	—	—	67	13	53	7	29	—	—
63	7	331	67	—	17	941	23	7	677	13	1303	71	461	43	7	103	281	19	11	1109	139	7	13	—	37	—	79	101	7	11
67	—	281	11	197	7	13	41	—	—	29	379	7	—	11	1291	—	17	43	7	—	293	73	—	37	11	7	—	67	1229	47
69	23	853	—	13	37	11	7	499	47	19	—	—	1093	7	—	—	11	—	113	43	7	—	17	23	419	—	—	7	19	13
73	11	241	73	7	467	—	—	757	53	—	7	11	13	47	—	31	—	7	1061	23	29	97	11	43	7	13	—	—	—	19
79	—	17	7	1013	167	—	13	359	—	7	71	223	—	23	—	—	7	739	17	13	11	19	431	7	41	—	53	79	31	43
81	383	11	59	173	7	809	—	17	137	61	1063	7	11	307	67	—	769	13	7	—	—	—	31	11	17	7	—	41	—	181
87	937	883	683	7	19	23	571	29	17	191	7	13	757	—	1427	541	—	7	37	—	—	11	—	19	7	17	—	—	23	—
91	7	23	—	17	—	11	89	7	79	53	—	61	47	—	7	157	11	37	73	97	13	7	—	31	19	—	—	11	7	1009
93	43	131	7	1289	41	13	139	353	11	7	—	—	—	487	—	19	7	31	13	11	—	—	23	7	—	—	17	—	—	—
97	61	13	—	11	17	31	7	977	—	—	41	349	257	7	11	521	19	—	23	—	7	17	89	—	—	11	—	7	—	281
99	29	7	—	—	—	—	11	19	7	211	17	—	13	41	—	7	23	11	163	103	379	—	7	—	983	13	19	17	11	7

	21092	95	21098	21101	04	07	10	13	16	19	22	25	28	31	34	37	40	43	46	49	52	55	58	61	64	67	70	73	76	79
03	—	11	223	—	349	7	107	—	13	271	43	173	7	503	37	—	—	29	31	7	—	13	17	11	—	241	7	19	593	—
09	19	—	13	83	7	—	17	—	229	—	11	7	1181	—	293	13	43	71	7	19	59	11	971	17	—	7	1451	587	13	23
11	13	227	11	601	23	701	7	—	71	479	19	—	17	7	353	61	53	1381	43	239	7	—	29	569	11	31	13	7	—	17
17	11	773	19	1123	29	7	277	13	929	—	—	11	7	17	—	601	89	—	1129	7	13	19	11	—	43	—	7	—	191	37
21	79	—	7	13	569	41	11	—	17	7	103	239	—	829	—	887	7	11	—	1321	—	29	19	7	1187	17	31	—	11	13
23	—	13	113	—	7	47	—	739	41	11	79	7	293	19	13	23	—	—	7	83	11	—	—	—	—	7	359	13	—	59
27	67	7	491	29	11	113	61	71	7	17	13	23	—	89	19	7	—	—	—	109	—	—	7	13	—	1301	11	389	523	7
29	269	521	31	7	97	19	—	11	13	23	7	109	—	—	83	17	59	7	11	557	—	13	—	—	7	—	29	757	797	11
33	7	—	11	—	13	23	19	7	—	—	17	—	—	11	7	—	1237	13	157	—	—	7	1049	41	11	19	179	17	7	53
39	11	1049	991	31	—	37	7	163	67	—	—	11	73	7	59	—	—	19	827	409	7	—	11	107	13	29	—	7	17	263
41	17	7	—	11	47	43	—	419	7	13	467	—	—	719	11	7	—	17	107	29	23	61	7	37	—	11	—	19	31	7
47	7	11	97	13	1181	233	167	7	449	887	31	43	11	—	7	—	13	—	17	19	113	7	—	11	—	—	347	173	7	13
51	661	19	37	—	7	—	—	11	293	41	23	7	13	17	—	43	67	—	7	—	19	1069	541	61	461	7	—	—	—	11
53	—	—	17	—	—	—	7	—	23	—	11	19	29	7	179	—	467	43	—	17	7	11	—	13	109	103	—	7	—	—
57	29	1303	—	7	23	11	13	—	109	631	7	31	19	193	17	—	11	7	41	13	67	43	79	1013	7	—	769	11	73	29
59	37	53	23	17	13	7	—	—	11	—	59	1201	7	—	—	—	—	13	641	7	17	41	19	29	—	23	7	821	479	113
63	13	61	7	11	19	—	773	—	47	7	—	29	—	13	11	17	7	—	439	—	89	23	—	7	31	11	13	41	—	487
69	—	7	—	79	—	—	31	13	7	—	191	—	11	251	—	7	17	—	787	—	13	199	7	11	—	1439	751	—	67	7
71	31	—	—	7	11	13	19	67	73	—	7	—	—	23	—	11	29	7	13	—	173	—	17	733	7	19	11	61	—	—
77	—	—	7	—	—	659	17	23	—	7	281	67	13	11	37	383	7	19	127	—	—	163	—	7	11	13	—	29	—	—
81	1367	17	43	23	727	—	7	47	11	97	859	—	853	7	53	29	—	—	17	11	7	13	257	251	—	73	23	7	401	61
83	11	7	367	—	43	61	13	17	7	19	257	11	347	109	89	7	41	59	421	13	53	197	7	—	17	—	31	349	19	7
87	—	101	13	—	593	7	11	—	43	199	19	—	7	—	31	13	—	11	61	7	23	71	41	—	—	137	7	139	11	19
89	7	19	—	—	59	107	—	7	17	11	43	37	71	13	7	—	—	47	23	67	11	7	157	229	73	17	13	—	7	103
93	—	—	19	17	7	199	—	61	29	13	37	7	—	431	23	11	83	—	103	389	17	19	13	313	223	7	11	31	173	307
99	1187	199	11	7	17	101	47	97	23	31	7	83	127	131	137	53	13	7	—	29	43	17	811	—	7	—	—	37	—	13

	211 80	83	86	89	92	95	211 98	212 01	04	07	10	13	16	19	22	25	28	31	34	37	40	43	46	49	52	55	58	61	64	67
01	23	—	—	47	7	31	137	—	59	11	139	7	—	19	41	17	37	149	7	—	11	109	—	23	13	7	—	—	643	587
07	—	1097	67	7	1429	13	79	11	227	281	7	73	—	—	149	—	17	7	11	—	—	859	997	41	7	457	229	127	—	11
11	7	13	11	43	—	—	19	7	—	97	—	17	29	11	7	—	1063	157	—	251	—	7	53	271	11	19	71	13	7	41
13	17	—	7	269	239	11	29	—	317	7	1231	23	13	37	—	—	7	17	47	991	—	277	173	7	131	13	—	11	53	199
17	11	883	479	—	461	263	7	23	13	43	—	11	17	7	283	823	—	19	1117	31	7	13	11	29	251	—	103	7	73	17
19	41	7	47	11	1327	23	13	—	7	547	67	43	—	31	11	7	613	29	17	13	—	—	7	—	—	11	—	19	23	7
23	—	23	13	—	797	7	41	47	—	11	—	—	7	17	227	13	—	—	—	7	11	—	929	1429	23	—	7	431	13	37
29	—	19	—	149	7	631	—	11	—	13	—	7	577	463	17	41	29	—	7	191	19	43	13	53	—	7	59	—	—	11
31	—	—	59	17	—	—	7	13	31	—	11	19	—	7	—	—	23	47	41	—	7	11	—	43	89	—	—	7	—	53
37	—	13	113	19	17	7	—	37	11	1087	23	—	7	199	13	173	—	—	337	7	—	17	19	1063	—	—	7	13	661	43
41	59	197	7	11	19	113	23	163	293	7	13	—	61	—	11	137	7	—	79	—	—	89	281	7	499	11	—	—	—	23
43	—	—	—	29	7	17	11	—	13	199	—	7	53	—	19	643	—	11	7	—	—	13	17	—	37	7	67	23	11	1021
47	17	7	1307	193	13	97	71	—	7	—	317	1123	11	563	499	7	1321	13	683	—	29	397	7	11	53	83	—	—	—	7
49	—	—	13	7	11	199	17	1163	307	1033	7	113	193	1427	29	11	31	7	467	677	—	23	59	17	7	19	11	—	13	—
53	7	17	29	37	31	1249	229	7	—	—	11	13	—	311	7	—	—	23	17	—	83	7	599	—	13	—	19	—	7	317
59	—	—	17	—	—	13	7	53	11	131	599	23	271	7	—	83	—	31	13	11	7	—	—	71	—	—	223	7	—	79
61	11	7	—	13	—	—	599	29	7	19	43	11	—	53	71	7	13	—	—	—	113	—	7	—	431	17	241	257	19	7
67	7	19	—	23	—	61	1051	7	163	11	13	—	—	—	7	47	43	—	29	—	11	7	—	13	31	—	17	—	7	—
71	67	—	19	73	7	83	13	—	353	—	79	7	31	919	1319	11	211	37	7	13	43	17	23	877	613	7	11	—	421	—
73	29	383	523	—	13	—	7	11	—	127	17	—	19	7	1433	—	—	13	11	—	7	73	43	—	—	409	—	7	373	11
77	13	—	11	7	47	17	—	61	53	181	7	—	307	11	—	1019	23	7	179	—	569	—	17	773	7	31	13	—	89	1373
79	—	151	73	137	19	7	—	541	41	—	103	13	7	—	23	37	11	587	—	7	281	163	—	19	13	—	7	11	17	—
83	11	97	7	151	101	19	17	13	67	7	23	11	—	461	37	191	7	223	—	—	13	467	11	7	19	313	53	59	29	—
89	—	7	—	379	23	—	101	17	7	11	29	—	67	—	13	7	19	1297	373	47	11	79	7	41	17	541	—	13	1307	7
91	—	11	23	7	29	—	89	19	193	631	7	1129	11	17	31	887	83	7	—	—	881	71	61	11	7	13	19	—	—	—
97	293	—	7	43	691	—	13	251	131	7	11	61	103	373	17	29	7	311	19	13	401	11	89	7	367	433	1151	31	613	37

	211 81	84	87	90	93	96	211 99	212 02	05	08	11	14	17	20	23	26	29	32	35	38	41	44	47	50	53	56	59	62	65	68
01	19	103	13	29	—	11	7	43	1097	17	101	167	151	7	409	13	11	107	733	19	7	—	1021	—	61	—	17	7	13	—
03	13	7	—	41	1279	—	83	—	7	31	19	—	79	13	—	7	653	—	139	11	1069	—	7	59	263	—	13	—	401	7
07	179	271	107	11	—	7	—	—	37	13	17	19	7	43	11	151	547	719	47	7	71	167	13	137	67	11	7	17	31	337
09	7	83	19	67	—	—	11	7	29	439	59	71	41	—	7	43	17	11	839	919	13	7	31	—	157	109	37	313	7	—
13	—	11	47	13	7	—	—	—	—	109	31	7	11	—	101	997	13	—	7	43	787	59	19	11	—	7	23	—	17	13
19	—	—	337	7	—	37	—	29	59	—	7	421	17	79	19	—	101	7	307	311	23	11	593	13	7	43	—	41	53	17
21	—	17	11	281	577	7	—	—	13	563	—	67	7	11	—	73	—	31	17	7	947	13	151	37	11	—	7	43	61	653
27	11	71	13	37	7	—	1453	—	269	—	—	7	23	89	—	13	19	61	7	17	—	131	11	619	—	7	—	—	13	—
31	29	7	37	—	41	—	11	—	7	587	—	13	991	—	17	7	113	11	31	—	101	—	7	163	13	811	1283	151	11	7
33	503	—	—	7	79	1319	23	41	19	11	7	—	31	521	—	—	103	7	593	67	11	229	13	29	7	463	—	19	151	23
37	7	—	23	607	11	13	—	7	—	19	89	29	—	41	7	11	—	—	13	37	211	7	101	—	79	23	11	71	7	53
39	19	947	7	13	17	29	—	11	1019	7	181	47	—	—	109	659	7	—	11	19	—	17	113	7	—	31	—	499	—	11
43	71	19	11	887	157	—	7	—	61	—	—	—	13	7	541	59	17	—	1187	23	7	—	29	—	11	13	89	7	83	443
49	11	—	59	929	29	7	13	—	—	—	661	11	7	23	—	—	37	17	571	7	—	—	11	83	229	—	7	—	—	—
51	7	257	—	11	13	—	17	7	—	—	503	23	—	1249	7	79	1367	13	53	—	31	7	19	17	331	11	47	29	7	—
57	137	11	31	—	89	23	7	17	71	29	47	13	11	7	19	—	—	—	—	197	7	—	—	11	13	—	443	7	23	—
61	617	23	17	7	857	389	1193	11	41	227	7	—	—	37	367	19	—	7	11	17	13	31	—	349	7	—	29	131	139	11
63	—	53	191	167	—	7	19	—	17	—	11	41	7	—	—	31	—	—	13	7	29	11	23	311	911	17	7	109	73	—
67	577	13	7	17	—	11	—	19	29	7	—	109	—	53	13	—	7	41	23	—	17	—	59	7	97	61	19	11	—	—
69	—	61	29	109	7	—	—	—	11	17	1187	7	13	97	—	139	23	19	7	11	41	—	—	—	269	7	17	—	31	127
73	—	7	277	11	17	—	131	71	7	59	37	907	23	—	11	7	31	89	19	29	—	13	7	—	—	11	41	—	—	7
79	7	11	13	61	—	17	23	7	—	—	19	—	11	—	7	13	—	—	193	—	937	7	17	11	241	—	73	37	7	19
81	13	19	7	101	11	—	1303	79	37	7	—	17	—	13	—	11	7	—	—	—	19	283	487	7	29	—	11	23	17	263
87	—	7	11	—	283	31	29	13	7	—	—	97	17	11	811	7	107	907	59	83	13	23	7	—	11	37	—	1013	—	7
91	941	—	—	13	787	7	107	17	11	—	—	43	7	19	139	—	13	23	257	7	—	—	—	29	17	—	7	709	233	13
93	7	13	773	—	19	37	73	7	47	367	—	11	—	17	7	23	109	29	31	607	179	7	11	19	—	—	—	13	7	—
97	109	—	1217	541	7	19	11	—	17	113	13	7	—	47	233	—	59	11	7	—	—	41	—	13	19	7	173	—	11	—
99	31	139	—	53	—	—	7	61	13	11	—	173	1361	7	17	19	433	443	79	43	7	13	37	—	41	—	131	7	29	—

	211 82	85	88	91	94	211 97	212 00	03	06	09	12	15	18	21	24	27	30	33	36	39	42	45	48	51	54	57	60	63	66	69
03	233	—	—	7	11	23	659	—	89	17	7	—	—	—	71	11	19	7	—	31	61	37	1427	43	7	—	11	—	23	—
09	—	31	7	457	73	877	—	—	19	7	17	13	—	11	—	—	7	—	113	—	653	—	23	7	11	67	163	17	47	43
11	409	41	—	1213	7	11	127	47	—	13	347	7	523	101	797	—	11	181	7	37	23	29	13	—	—	7	31	11	—	—
17	17	—	1061	7	53	—	—	—	31	—	7	1109	59	863	11	101	13	7	—	—	317	—	71	449	7	11	—	—	—	13
21	7	1039	283	—	71	419	—	7	—	11	23	19	13	109	7	—	41	449	97	173	11	7	—	59	277	13	191	31	7	17
23	43	11	7	701	173	109	457	97	23	7	13	241	11	—	29	—	7	101	17	41	—	19	47	7	61	743	103	1049	—	—
27	79	—	29	19	23	601	7	11	449	31	59	443	313	7	—	37	—	—	11	13	7	1327	19	107	239	41	—	7	—	19
29	211	7	17	31	13	449	43	—	7	601	11	—	—	19	761	7	67	13	89	17	—	11	7	293	—	23	—	—	41	7
33	13	73	—	1129	—	7	271	947	107	—	43	47	7	13	17	199	11	601	641	7	—	23	31	257	197	—	7	11	—	—
39	—	1373	41	11	7	—	19	13	—	1061	—	7	37	—	11	17	43	53	7	—	13	1423	—	1433	29	7	—	—	—	601
41	73	—	—	613	17	13	7	—	443	—	—	157	—	7	—	—	19	11	13	59	7	17	—	53	67	—	—	7	11	31
47	29	—	1423	—	11	7	59	23	19	—	37	31	7	263	41	11	—	191	109	7	—	79	17	—	43	13	7	19	67	29
51	17	1231	7	23	269	—	—	—	13	7	11	71	457	—	—	743	7	17	1277	761	41	11	317	7	—	—	23	—	19	—
53	19	23	11	859	7	829	13	—	—	223	—	7	—	11	313	—	—	—	7	13	—	—	—	17	11	7	937	37	1019	1031
57	239	7	13	—	59	127	—	757	7	—	643	139	31	503	97	7	83	—	17	11	19	491	7	—	—	—	37	359	13	7
59	11	1063	79	7	1223	373	31	17	727	89	7	11	487	13	—	397	73	7	23	61	47	211	11	521	7	349	13	1091	—	101
63	7	1087	17	163	—	—	11	7	569	13	29	83	19	—	7	337	—	11	—	17	983	7	13	—	—	31	—	—	7	—
69	—	53	443	13	11	173	7	31	23	47	281	—	—	7	—	11	13	—	—	—	7	29	—	19	—	107	11	7	211	13
71	557	7	—	—	37	43	23	11	7	17	—	349	757	59	13	7	167	293	11	—	107	—	7	139	—	—	17	13	541	7
77	7	97	—	359	349	11	19	7	13	—	17	43	—	79	7	—	11	—	41	47	—	7	—	23	—	19	29	11	7	1279
81	11	—	31	179	7	17	67	19	1171	—	127	7	—	—	29	43	—	13	7	23	37	103	11	—	41	7	19	—	—	1181
83	—	37	13	11	—	—	7	—	29	71	131	17	353	7	11	13	—	19	—	—	7	127	83	1061	181	11	719	7	13	269
87	37	—	53	7	—	641	17	—	47	11	7	13	197	23	241	31	—	7	19	347	11	43	—	17	7	29	—	—	—	163
89	89	11	—	—	163	7	431	809	53	13	—	23	7	—	—	857	137	83	37	7	—	—	13	11	1321	61	7	1213	19	17
93	743	41	7	251	—	13	—	11	—	7	19	613	—	—	67	—	7	37	11	239	53	457	139	7	17	—	509	43	31	11
99	—	7	19	—	227	11	—	167	7	233	31	73	13	293	—	7	11	149	29	—	—	19	7	47	23	13	1217	11	109	7

	212 70	73	76	79	82	85	88	91	94	212 97	213 00	03	06	09	12	15	18	21	24	27	30	33	36	39	42	45	48	51	54	57
01	73	11	7	89	—	—	31	13	—	7	—	967	11	—	101	53	7	359	—	17	13	19	—	7	—	41	—	—	—	—
07	—	7	—	17	47	139	113	—	7	577	11	—	43	19	13	7	101	—	—	31	17	11	7	29	59	—	191	13	—	7
11	89	283	37	659	193	7	23	31	557	47	13	29	7	—	19	17	11	73	—	7	1303	—	—	13	883	83	7	11	—	23
13	7	31	41	887	17	19	79	7	11	—	—	59	—	61	7	—	—	—	43	11	37	7	—	929	19	233	—	23	7	—
17	23	67	—	11	7	761	19	137	41	241	53	7	—	—	11	—	17	13	7	37	31	523	29	23	179	7	61	—	—	—
19	37	—	13	—	389	17	7	—	—	—	157	41	—	7	31	13	19	11	—	47	7	23	17	293	43	—	607	7	11	—
23	17	11	31	7	29	67	—	—	—	59	7	13	11	71	—	61	—	7	113	181	—	1231	991	11	7	401	1123	433	43	—
29	—	17	7	727	61	13	337	79	47	7	11	23	383	—	499	29	7	—	13	307	—	11	1283	7	503	—	41	941	19	—
31	19	—	11	13	7	—	—	17	—	23	—	7	—	11	—	—	13	79	7	19	—	—	—	443	11	7	—	787	131	13
37	11	331	277	7	353	1447	—	281	17	1301	7	11	179	—	37	—	—	7	47	673	29	71	11	13	7	17	23	163	617	—
41	7	—	—	17	—	1091	11	7	29	—	31	—	19	37	7	—	599	11	373	13	17	7	23	47	—	1249	—	—	7	53
43	—	—	7	19	13	43	41	131	—	7	641	—	599	73	—	571	7	13	1093	61	11	307	19	7	—	107	17	1327	101	—
47	13	—	—	—	11	—	7	47	—	43	—	—	41	7	—	11	23	—	79	29	7	17	—	19	—	109	11	7	—	647
49	53	7	—	—	457	—	—	11	7	—	17	13	593	29	19	7	—	31	11	—	—	83	7	—	13	—	—	17	79	7
53	103	29	11	59	—	7	821	13	1163	—	23	691	7	11	—	19	—	—	521	7	13	41	17	89	11	67	7	—	—	—
59	11	13	—	—	7	—	17	19	191	257	61	7	29	—	13	—	—	443	7	—	—	43	11	17	—	7	19	13	563	67
61	—	47	23	11	—	—	7	—	37	79	—	83	13	7	11	761	953	19	—	—	7	—	191	43	—	11	—	7	1319	17
67	—	11	—	—	—	7	13	—	491	19	73	—	7	17	—	—	—	29	—	7	1039	—	1213	11	—	31	7	—	19	43
71	—	—	7	—	241	29	—	11	17	7	19	—	—	31	—	13	7	—	11	—	281	367	1061	7	37	17	137	641	13	11
73	13	19	139	—	7	37	—	31	—	—	11	7	—	13	17	—	47	89	7	53	19	11	—	—	—	7	13	—	29	—
77	—	7	19	—	37	11	1237	—	7	13	59	1051	1399	131	109	7	11	—	—	—	1423	19	7	269	1193	997	17	11	577	7
79	47	—	—	7	—	227	109	13	11	—	7	—	19	—	61	17	173	7	1051	11	13	—	37	439	7	—	—	139	—	—
83	7	—	43	11	—	47	977	7	31	—	17	—	—	19	7	137	13	233	—	—	761	7	—	757	—	11	23	17	7	13
89	71	11	—	233	103	19	7	1053	43	29	13	17	11	7	53	157	61	107	1327	467	7	31	—	11	19	—	197	7	17	163
91	17	7	—	29	11	—	—	73	7	—	43	—	107	457	—	7	1193	17	23	37	53	13	7	—	97	353	11	—	67	7
97	7	17	11	—	557	41	59	7	—	—	809	719	23	11	7	13	43	113	17	—	—	7	—	—	11	137	19	—	7	—

	212 71	74	77	80	83	86	89	92	95	212 98	213 01	04	07	10	13	16	19	22	25	28	31	34	37	40	43	46	49	52	55	58
01	631	—	29	—	7	—	127	211	11	937	—	7	—	17	257	—	31	59	7	11	43	1217	—	193	13	7	139	19	241	283
03	11	197	17	53	—	—	7	—	71	13	31	11	—	7	41	—	37	103	19	17	7	—	11	—	—	29	479	7	—	23
07	19	263	23	7	59	13	11	—	—	—	7	277	283	29	17	37	—	7	13	19	41	—	197	—	7	23	43	—	11	31
09	23	—	709	13	—	7	401	29	—	11	19	787	7	139	47	—	13	—	281	7	11	53	97	23	89	—	7	271	43	13
13	97	167	7	281	11	89	883	—	—	7	479	19	13	—	1277	11	7	—	—	23	—	—	—	7	29	13	11	—	769	41
19	1193	7	11	19	—	131	13	71	7	—	1117	167	37	11	—	7	17	229	83	13	227	89	7	—	11	331	587	—	—	7
21	29	—	—	7	13	11	233	—	—	—	7	23	—	19	—	347	11	7	31	103	—	211	17	—	7	—	—	11	—	29
27	31	—	7	11	—	19	17	—	—	7	37	13	—	47	11	—	7	499	311	—	97	—	53	7	13	11	—	—	23	107
31	61	17	73	—	383	—	7	13	83	11	67	59	139	7	389	41	109	—	17	31	7	—	277	239	23	19	619	7	29	—
33	—	7	—	617	—	13	—	17	7	43	—	431	11	31	107	7	19	—	13	827	73	—	7	11	17	—	179	37	—	7
37	151	13	17	83	107	7	701	11	—	—	29	—	7	43	13	181	—	19	11	7	—	349	1433	1439	41	—	7	13	—	11
39	7	73	—	—	29	53	419	7	17	421	11	—	13	—	7	43	23	—	—	—	1031	7	—	823	—	13	31	19	7	83
43	—	—	859	17	7	11	37	1223	13	19	103	7	23	—	31	683	11	53	7	43	17	13	—	191	79	7	—	11	19	97
49	—	19	13	7	17	—	23	349	—	—	7	491	89	—	11	13	127	7	73	—	19	17	67	37	7	11	—	31	13	23
51	13	67	—	—	23	7	11	59	—	—	17	19	7	13	1237	—	—	11	—	7	—	31	251	229	—	1279	7	17	11	—
57	—	347	—	19	7	67	53	13	29	1229	151	7	—	41	83	11	271	73	7	—	13	23	19	103	—	7	11	47	17	—
61	101	7	—	13	19	59	17	—	7	—	11	—	103	353	—	7	13	23	53	41	37	11	7	17	317	29	—	97	457	7
63	—	13	11	7	631	—	—	—	179	67	7	47	17	11	13	23	31	7	—	29	541	—	41	—	7	881	—	13	—	17
67	7	—	101	—	31	—	367	7	11	—	13	23	—	113	7	19	47	—	—	11	—	7	953	13	17	271	229	—	7	199
69	11	29	7	773	83	—	19	163	13	7	—	11	—	17	191	—	7	1373	37	1021	577	13	11	7	661	19	571	59	337	31
73	47	53	179	173	13	23	7	19	17	223	—	—	1321	7	—	73	79	11	29	337	7	107	—	—	—	17	19	7	11	1289
79	29	641	—	89	11	7	101	—	—	17	523	13	7	1033	103	11	—	—	19	7	353	71	23	—	13	59	7	—	521	29
81	7	59	1429	167	—	1459	223	7	41	13	47	409	71	—	7	17	—	—	11	—	23	7	13	29	31	53	557	331	7	11
87	503	19	—	13	—	11	7	79	—	—	109	137	257	7	23	—	11	41	—	389	7	—	157	—	193	67	239	7	113	13
91	11	569	19	7	—	1019	—	—	1153	—	7	11	13	199	673	—	—	7	—	—	—	19	11	41	7	13	—	79	17	—
93	17	—	359	11	127	7	—	—	23	1103	13	—	7	—	11	—	29	17	—	7	263	739	—	13	311	11	7	103	151	67
97	223	61	7	229	23	—	13	31	—	7	929	37	17	19	587	947	7	733	239	13	11	1429	—	7	347	—	127	23	—	17
99	137	11	23	—	7	673	1409	277	—	47	241	7	11	—	—	—	181	13	7	—	449	59	—	11	—	7	53	29	313	37

	212 72	75	78	81	84	87	90	93	96	212 99	213 02	05	08	11	14	17	20	23	26	29	32	35	38	41	44	47	50	53	56	59
03	13	7	—	—	—	19	—	11	7	—	373	—	—	13	47	7	—	—	11	—	31	23	7	283	19	—	13	—	37	7
09	7	199	31	53	—	11	283	7	37	41	—	—	—	—	7	23	11	—	241	59	13	7	181	—	—	—	29	11	7	—
11	821	43	7	17	463	13	—	19	11	7	269	1427	41	23	521	179	7	—	13	11	17	139	—	7	47	719	19	31	—	89
17	227	7	29	571	17	61	11	23	7	31	97	1069	13	379	—	7	1009	11	19	173	—	17	7	643	—	13	—	53	11	7
21	19	11	157	23	1049	7	863	—	13	73	839	43	7	47	167	—	17	—	61	7	101	13	—	11	1451	—	7	41	31	—
23	7	23	769	107	11	17	13	7	211	317	19	—	281	29	7	11	—	—	277	13	503	7	17	37	23	149	11	73	7	19
27	17	29	13	653	7	—	—	61	—	433	11	7	1021	—	—	13	—	17	7	383	23	11	37	149	167	7	—	541	13	257
29	13	—	11	37	31	907	7	—	73	71	53	—	911	7	—	59	479	257	23	43	7	19	149	17	11	157	13	7	317	—
33	79	17	37	7	41	—	83	—	11	13	7	67	29	—	23	211	—	7	17	11	103	—	13	31	7	1171	59	—	47	—
39	479	83	7	13	—	31	11	313	23	7	—	—	47	41	19	67	7	11	—	17	109	—	—	7	—	73	101	173	11	13
41	37	13	—	601	7	19	23	139	17	11	—	7	109	—	13	701	41	29	7	—	11	—	61	—	19	7	71	13	—	23
47	23	1319	431	7	—	—	—	11	13	17	7	53	31	149	—	601	19	7	11	—	941	13	47	23	7	41	17	—	29	11
51	7	311	11	347	13	—	—	7	487	—	—	29	337	11	7	191	29	13	911	23	—	7	103	53	11	—	—	47	7	—
53	43	—	7	—	—	11	47	—	19	7	17	389	—	1367	419	13	7	23	—	137	—	79	59	7	647	31	269	11	13	53
57	11	—	—	—	43	17	7	—	149	19	1093	11	—	7	—	227	—	907	—	—	7	787	11	—	13	71	—	7	19	—
59	19	7	41	11	263	1277	43	31	7	13	643	17	83	1439	11	7	71	—	—	19	107	29	7	163	383	11	853	491	17	7
63	419	19	61	271	—	7	17	23	41	11	43	263	7	37	—	131	—	269	13	7	11	—	73	17	—	—	7	811	—	653
69	—	23	149	73	7	—	—	11	31	109	—	7	13	367	—	97	43	41	7	617	29	797	79	967	17	7	47	—	—	11
71	—	109	31	19	97	47	7	—	—	—	11	37	1433	7	29	—	193	—	43	283	7	11	19	13	—	263	199	7	61	—
77	—	563	73	—	13	7	71	881	11	—	683	—	7	607	17	31	23	13	67	7	—	839	199	1201	43	29	7	89	37	41
81	13	739	7	11	—	—	661	53	89	7	461	—	23	13	11	19	7	—	1129	—	—	233	431	7	227	11	13	37	43	181
83	547	751	—	—	7	—	11	29	37	—	23	7	1381	53	—	17	59	11	7	—	47	271	67	—	13	7	—	—	11	241
87	—	7	—	41	—	797	23	13	7	467	17	751	11	97	1259	7	31	—	1361	61	13	—	7	11	29	47	19	17	—	7
89	—	691	97	7	11	13	41	—	—	101	7	997	211	463	199	11	17	7	13	—	—	—	641	71	7	37	11	23	—	433
93	7	13	—	503	—	71	29	7	61	47	11	17	41	—	7	—	1279	823	19	—	—	7	109	23	37	1069	751	13	7	31
99	—	59	733	43	37	—	7	—	11	1009	19	31	17	7	79	—	1103	23	—	11	7	13	—	863	691	709	—	7	—	17

	213 60	63	66	69	72	75	78	81	84	87	90	93	96	213 99	214 02
01	7	—	—	13	11	61	17	7	—	23	19	29	181	373	7
07	179	367	11	23	41	—	7	17	—	67	13	—	—	7	—
11	—	—	17	7	—	59	13	61	11	37	7	—	—	—	499
13	11	—	31	—	13	7	—	227	17	—	—	11	7	19	379
17	13	193	7	17	499	—	11	911	487	7	47	547	197	13	19
19	—	71	97	—	7	19	79	37	—	11	193	7	103	—	23
23	—	7	89	29	11	383	19	13	7	163	23	—	131	—	—
29	7	13	11	73	23	17	—	7	—	313	599	211	647	11	7
31	173	59	7	1069	37	11	43	1361	19	7	31	17	13	—	—
37	19	7	73	11	—	127	13	—	7	—	107	—	17	—	11
41	107	19	13	103	157	7	—	17	587	11	1259	31	7	61	41
43	7	11	—	113	—	31	409	7	1013	—	—	19	11	13	7
47	37	—	61	241	7	—	113	11	17	13	—	7	19	—	1097
49	101	263	—	19	877	—	7	13	71	—	11	139	29	7	17
53	29	—	727	7	19	11	31	181	47	17	7	—	—	—	—
59	41	—	7	11	—	103	—	137	631	7	13	29	—	—	11
61	—	—	—	41	7	29	11	733	13	1283	127	7	—	31	467
67	17	283	13	7	11	281	61	—	—	79	7	—	23	—	—
71	7	—	617	43	29	—	—	7	23	251	11	13	17	967	7
73	109	17	7	—	—	43	23	229	31	7	1427	—	37	11	—
77	—	53	23	—	1033	13	7	103	11	43	19	37	—	7	251
79	11	7	17	13	—	953	—	53	7	29	101	11	107	—	—
83	—	—	19	—	127	7	11	157	—	31	79	—	7	613	17
89	89	—	643	—	7	97	13	—	29	—	229	7	1229	19	839
91	—	—	29	—	13	337	7	11	—	1181	—	23	—	7	101
97	167	79	67	—	937	7	37	—	53	—	743	13	7	29	409

	05	08	11	14	17	20	23	26	29	32	35	38	41	44	47
01	11	13	751	—	43	—	7	—	17	—	—	11	1171	7	13
07	1373	—	167	—	—	7	19	29	13	11	43	23	7	—	—
11	53	—	7	181	11	1151	101	19	—	7	647	47	461	827	43
13	—	673	13	—	7	23	53	11	367	241	17	7	37	71	—
17	—	7	11	—	41	17	29	127	7	—	—	13	—	11	—
19	29	83	67	7	131	11	89	41	937	13	7	17	59	—	—
23	7	—	—	809	—	13	17	7	—	—	19	11	—	41	7
29	173	31	19	89	379	—	7	17	37	11	47	—	13	7	—
31	—	7	—	71	—	347	73	53	7	—	13	—	11	17	—
37	7	227	79	—	13	—	37	7	31	317	11	—	—	—	7
41	13	43	—	167	7	11	—	—	—	17	—	7	127	13	769
43	—	—	41	43	47	—	7	—	11	—	—	13	—	7	—
47	643	—	53	7	73	269	419	13	41	31	7	—	401	167	11
49	—	—	—	31	—	7	11	19	53	43	211	41	7	—	—
53	257	11	7	79	—	—	—	227	19	7	131	17	11	43	13
59	19	7	—	—	31	23	619	—	7	—	11	—	17	—	—
61	37	17	11	7	911	—	13	263	163	—	7	—	—	11	379
67	11	29	7	—	241	—	113	—	—	7	—	11	—	13	97
71	233	73	271	19	61	1429	7	1439	—	13	—	317	—	7	17
73	—	7	137	17	181	—	41	13	7	11	—	—	29	19	23
77	29	—	107	13	11	7	—	—	83	71	23	—	7	—	19
79	7	13	47	1109	17	19	31	7	23	—	—	887	—	—	7
83	43	739	11	83	7	—	19	47	337	503	13	7	—	11	—
89	11	607	—	7	13	1367	43	31	1051	251	7	11	—	—	—
91	—	31	13	11	—	7	17	—	19	131	239	37	7	—	11
97	19	11	—	—	7	—	—	17	971	13	619	7	11	23	31

	213 61	64	67	70	73	76	79	82	85	88	91	94	213 97	214 00	03
01	11	23	7	83	—	37	223	13	—	7	421	11	163	—	—
03	47	61	193	11	7	13	17	19	—	—	167	7	73	—	11
07	—	7	—	97	—	47	—	—	7	11	—	—	29	—	13
09	—	11	353	7	233	277	29	17	367	59	7	—	11	569	—
13	7	307	17	53	71	—	—	7	13	—	971	103	23	—	7
19	—	—	13	17	419	11	7	59	41	269	73	19	349	7	433
21	13	7	19	—	23	113	—	—	7	17	43	41	631	13	83
27	7	31	109	307	—	—	11	7	—	73	17	—	71	19	7
31	—	11	—	13	7	17	—	—	—	—	—	7	11	79	19
33	—	13	—	—	11	19	7	61	401	—	53	17	—	7	13
37	—	—	31	7	137	—	17	139	—	29	7	23	—	1061	—
39	—	—	11	29	—	7	379	—	13	23	617	157	7	11	37
43	—	281	7	41	13	23	—	17	11	7	—	71	—	37	59
49	719	7	29	—	701	53	11	—	7	19	—	13	41	—	—
51	19	—	227	7	—	863	73	—	—	11	7	37	211	47	17
57	—	—	7	13	31	461	—	11	887	7	—	19	—	—	23
61	67	71	11	199	—	79	7	43	347	—	17	—	13	7	89
63	—	7	251	19	1453	11	—	—	7	43	13	—	283	61	—
67	11	431	163	181	19	7	13	37	227	—	—	11	7	43	—
69	7	41	23	11	13	—	—	7	—	307	1381	1433	47	—	7
73	13	—	—	—	7	—	—	41	59	11	233	7	17	13	617
79	31	47	—	7	37	—	—	11	461	—	7	409	67	17	277
81	—	419	17	179	109	7	—	269	89	1019	11	—	7	23	157
87	—	—	37	17	7	—	—	23	11	19	1291	7	13	53	—
91	—	7	449	11	—	89	829	—	7	773	19	83	193	—	11
93	—	19	—	7	17	1063	11	79	—	941	7	—	1439	577	—
97	7	11	13	29	—	—	83	7	31	—	283	—	11	307	7
99	13	151	7	67	11	17	—	113	61	7	—	—	19	13	—

	06	09	12	15	18	21	24	27	30	33	36	39	42	45	48
01	—	7	17	281	—	13	47	11	7	23	61	—	67	—	—
03	—	—	—	7	—	607	—	23	17	29	7	19	499	—	83
07	7	—	1069	17	—	11	139	7	1447	709	1289	349	13	—	7
09	—	23	7	19	—	101	659	71	11	7	13	—	—	—	193
13	311	—	—	11	17	59	7	—	29	—	163	137	—	7	11
19	13	11	—	—	37	7	53	—	—	—	31	1223	7	13	23
21	7	229	173	67	11	—	19	7	97	101	—	13	23	29	7
27	—	43	11	61	—	13	7	67	—	103	—	101	17	7	59
31	—	13	23	7	521	31	—	17	11	—	7	41	29	607	13
33	11	59	313	—	643	7	29	43	79	19	127	11	7	17	41
37	—	—	7	293	47	61	11	53	13	7	19	43	59	—	—
39	523	19	331	797	7	373	13	—	—	11	137	7	31	43	17
43	31	7	13	—	11	29	167	—	7	17	173	—	—	23	—
49	7	193	11	—	—	—	—	7	109	13	17	113	—	11	7
51	41	293	7	991	19	11	179	13	—	7	29	197	—	—	673
57	17	7	—	11	71	239	—	827	7	41	337	—	277	37	11
61	179	337	—	1123	211	7	107	—	31	11	13	149	7	569	419
63	7	11	31	29	—	—	—	7	13	431	149	—	11	47	7
67	389	—	103	173	7	—	59	11	19	233	—	7	23	17	—
69	43	—	13	—	1399	—	7	73	—	—	11	—	—	7	29
73	19	—	29	7	43	11	23	—	—	37	7	13	—	97	17
79	23	41	7	11	—	13	83	557	1021	7	43	19	—	29	11
81	—	149	19	13	7	—	11	29	—	—	31	7	43	757	593
87	181	—	59	7	11	17	379	251	—	89	7	71	—	19	613
91	7	47	227	—	—	67	13	7	137	—	11	23	283	59	7
93	29	—	7	—	13	19	17	—	—	7	547	—	251	11	—
97	13	17	—	37	—	23	7	271	11	67	1109	467	79	7	—
99	11	7	—	23	—	227	—	17	7	509	223	11	233	179	—

	213 62	65	68	71	74	77	80	83	86	89	92	95	213 98	214 01	04
03	17	83	59	151	139	149	7	457	53	13	11	41	137	7	23
09	—	17	149	13	—	7	151	509	11	—	61	883	7	—	131
11	7	13	—	107	—	563	23	7	839	1049	—	11	—	97	7
17	23	29	—	—	421	—	7	19	13	11	31	59	—	7	349
21	—	127	1117	7	11	433	293	—	19	53	7	—	37	—	—
23	41	1259	13	—	—	7	71	11	—	17	197	463	7	151	461
27	19	—	7	359	17	—	41	—	191	7	—	13	89	11	47
29	349	103	—	547	7	11	—	83	—	13	17	7	—	—	61
33	11	7	—	—	167	13	—	23	7	37	—	11	419	443	73
39	7	23	—	19	179	71	17	7	397	11	53	—	13	—	7
41	31	11	7	—	—	—	197	37	47	7	13	—	11	19	—
47	—	7	139	103	13	19	89	43	7	97	11	229	199	17	—
51	13	31	313	—	—	7	19	797	17	593	107	43	7	13	1327
53	7	—	—	—	37	107	1097	7	11	29	23	13	787	43	7
57	397	—	101	11	7	601	23	13	—	17	41	7	—	—	11
59	311	—	197	—	23	13	7	47	19	601	503	1307	—	7	—
63	23	11	—	7	101	—	211	—	29	19	7	—	11	—	13
69	37	19	7	113	257	67	401	439	13	7	11	17	71	—	1013
71	17	997	11	31	7	—	13	—	—	—	277	7	59	11	709
77	11	17	—	7	313	479	47	—	—	23	7	11	—	13	—
81	7	1223	311	379	19	23	11	7	73	13	59	47	29	17	7
83	43	—	7	23	—	97	29	13	41	7	—	—	619	89	19
87	—	—	71	13	11	1187	7	—	—	—	491	179	101	7	17
89	—	7	—	17	—	131	19	11	7	—	239	31	389	79	13
93	271	—	11	—	—	7	—	19	—	83	13	523	7	11	101
99	11	—	239	—	7	907	1319	—	1391	—	23	7	31	—	97

	07	10	13	16	19	22	25	28	31	34	37	40	43	46	49
03	1217	439	17	—	—	7	11	13	107	397	71	379	7	67	127
09	37	13	73	17	7	41	593	179	—	19	29	7	—	—	13
11	19	113	—	79	29	—	7	11	41	17	—	—	13	7	23
17	67	73	83	—	—	7	13	137	23	—	17	19	7	—	163
21	11	397	7	29	23	17	—	59	103	7	1237	11	19	—	31
23	13	223	23	11	7	389	—	—	31	569	61	7	—	13	11
27	151	7	1283	421	19	—	17	97	7	11	659	919	53	113	29
29	—	11	—	7	—	—	—	13	29	199	7	—	11	—	19
33	7	—	—	13	409	491	—	7	797	31	—	—	61	89	7
39	139	61	487	1431	307	11	7	19	17	23	13	37	131	7	47
41	—	7	1321	59	—	—	—	23	7	—	—	—	41	—	17
47	7	23	13	—	—	107	11	7	—	19	151	—	29	—	7
51	29	11	677	353	7	—	—	71	37	—	17	7	11	1087	—
53	—	19	383	—	11	—	7	89	47	13	—	31	139	7	—
57	877	—	19	7	983	13	—	—	—	1039	7	17	103	47	23
59	17	—	11	13	43	7	37	181	283	—	—	677	7	11	73
63	—	—	7	97	41	37	331	641	11	7	—	—	13	19	53
69	—	7	23	—	29	19	11	61	7	—	353	239	—	17	43
71	23	—	17	7	13	—	683	47	1231	11	7	1063	—	—	—
77	431	31	7	17	—	503	—	11	—	7	523	13	373	—	—
81	—	97	11	—	83	—	7	13	19	—	307	—	367	7	71
83	37	7	1201	191	17	11	—	—	7	—	433	23	—	—	31
87	11	13	31	—	—	7	—	23	29	—	457	11	7	—	13
89	7	563	29	11	821	17	47	7	461	—	19	61	13	—	7
93	17	23	373	—	7	—	67	157	13	11	—	7	211	1381	—
99	197	17	13	7	71	—	547	11	—	73	71	89	—	61	—

	214 50	53	56	59	62	65	68	71	74	77	80	83	86	89	92	95	214 98	215 01	04	07	10	13	16	19	22	25	28	31	34	37
01	37	83	23	1447	—	7	41	11	31	337	17	—	7	73	887	—	157	—	11	7	—	—	173	151	—	13	7	17	—	11
07	557	—	751	1409	7	11	13	—	—	967	19	7	—	—	—	41	11	37	7	13	—	29	—	59	599	7	53	11	17	19
11	11	7	13	131	67	—	17	71	7	29	—	11	751	661	—	7	37	—	—	433	—	41	7	17	—	—	—	—	13	7
13	13	43	19	7	—	97	—	113	191	223	7	503	17	13	11	809	—	7	853	—	—	19	47	229	7	11	13	—	463	17
17	7	739	—	19	599	43	—	7	67	11	113	73	—	1151	7	—	631	269	—	—	11	7	13	—	17	—	—	47	7	—
19	599	11	7	61	—	—	47	13	—	7	—	691	11	17	29	367	7	—	—	—	13	—	—	7	—	107	—	641	—	73
23	—	839	29	13	31	—	7	11	17	787	137	43	67	7	19	107	13	353	11	211	7	53	—	—	71	17	23	7	443	11
29	107	—	—	223	1129	7	19	41	—	17	13	—	7	29	97	1249	11	31	157	7	23	—	—	13	—	19	7	11	—	—
31	7	—	—	97	—	—	727	7	11	—	41	31	—	1451	7	17	19	—	23	11	—	7	1259	89	—	947	—	167	7	109
37	223	—	13	—	307	47	7	—	19	—	53	—	23	7	—	13	17	11	29	41	7	—	—	131	31	43	—	7	11	—
41	743	11	—	7	313	997	29	79	23	19	7	13	11	191	71	919	131	7	—	—	89	1289	53	11	7	41	—	37	17	43
43	17	—	—	67	11	7	23	491	37	13	—	—	7	317	277	11	271	17	241	7	61	397	13	—	613	1091	7	191	41	23
47	—	19	7	101	—	13	—	37	103	7	11	—	17	—	—	59	7	29	13	139	19	11	—	7	—	23	—	1019	67	17
49	23	17	11	13	7	—	947	67	173	61	—	7	—	11	—	643	13	—	7	31	47	—	283	23	11	7	—	—	—	13
53	293	7	41	—	—	53	—	31	7	—	—	—	13	17	179	7	—	1423	—	11	347	—	7	1103	37	13	241	233	29	7
59	7	—	211	229	19	281	11	7	83	47	29	41	—	23	7	—	—	11	79	13	31	7	—	19	73	—	109	—	7	1031
61	929	—	7	17	13	—	43	—	—	7	1163	23	—	397	19	67	7	13	109	239	11	103	37	7	59	509	—	107	79	53
67	—	7	37	193	17	23	19	11	7	—	1433	13	43	127	1321	7	—	521	11	47	1327	17	7	41	13	19	—	31	23	7
71	857	23	11	29	439	7	53	13	509	—	—	89	7	11	457	31	17	—	—	7	13	71	59	—	11	—	7	—	—	41
73	7	173	179	47	73	11	163	7	—	31	—	—	53	263	7	—	11	19	13	37	—	7	17	67	83	421	29	11	7	—
77	11	13	—	—	7	139	461	—	47	59	311	7	—	101	13	317	—	17	7	—	263	—	11	—	53	7	661	13	31	79
79	41	—	337	11	769	397	7	359	29	19	307	—	13	7	11	61	23	1009	577	83	7	919	31	17	43	11	—	7	19	—
83	—	17	—	7	—	367	41	487	13	11	7	—	23	—	—	101	—	7	17	—	11	13	—	431	7	29	—	593	43	19
89	—	—	7	283	—	—	23	11	—	7	79	71	277	—	—	13	7	61	11	17	—	19	1447	7	937	—	257	367	13	11
91	13	29	47	—	7	89	389	109	17	83	11	7	19	13	257	—	233	31	7	—	73	11	557	—	—	7	13	23	—	823
97	—	73	233	7	19	59	—	13	11	17	7	—	29	37	787	829	—	7	907	11	13	23	1031	19	7	103	17	41	97	—

	214 51	54	57	60	63	66	69	72	75	78	81	84	87	90	93	96	214 99	215 02	05	08	11	14	17	20	23	26	29	32	35	38
01	7	—	89	11	17	19	97	7	—	—	227	—	37	199	7	467	13	23	31	—	—	7	—	—	19	11	149	—	7	13
03	—	13	7	—	—	43	11	181	—	7	17	—	31	—	13	19	7	11	113	71	797	—	—	7	—	149	—	13	11	107
07	31	11	—	59	—	17	7	823	53	43	13	23	11	7	307	—	19	—	73	107	7	79	17	11	—	—	—	7	—	37
09	—	7	—	—	11	29	—	19	7	23	37	17	—	227	53	7	—	—	—	—	1019	13	7	—	—	31	11	—	17	7
13	—	677	—	1319	13	7	17	—	19	37	11	1327	7	31	251	43	139	13	—	7	149	11	29	17	157	101	7	19	23	—
19	19	199	79	877	7	—	929	17	11	67	313	7	—	1361	503	—	103	149	7	11	—	43	23	61	13	7	31	101	—	—
21	11	—	—	139	797	773	7	37	421	13	19	11	59	7	311	—	47	—	881	—	7	—	11	43	—	—	—	7	1151	19
27	47	641	19	13	—	7	137	911	—	11	—	1439	7	149	17	53	13	—	—	7	11	19	223	1249	37	157	7	—	139	13
31	—	61	7	19	11	47	463	—	571	7	23	149	13	—	—	11	7	67	—	—	809	31	19	7	977	13	11	53	—	251
33	197	—	1153	157	7	—	1291	11	23	587	13	7	—	19	359	17	—	661	7	257	29	—	227	13	97	7	71	709	89	11
37	—	7	11	31	23	41	13	—	7	89	17	—	—	11	19	7	—	127	103	13	—	67	7	—	11	—	83	17	677	7
39	67	—	23	7	13	11	—	149	41	—	7	593	—	—	73	47	11	7	229	—	—	37	1033	79	7	23	—	11	31	—
43	7	—	43	—	263	149	19	7	673	—	53	11	947	13	7	461	31	109	—	29	37	7	11	—	—	19	13	—	7	293
49	37	29	149	271	47	191	7	13	43	11	—	—	17	7	—	23	83	19	397	—	7	107	409	41	563	71	—	7	53	17
51	—	7	401	—	79	13	59	—	7	163	43	—	11	23	—	7	71	569	13	191	131	—	7	11	29	1153	41	19	—	7
57	7	107	17	89	—	31	29	7	1367	463	11	—	13	—	7	1187	43	547	1231	17	—	7	193	449	—	13	—	293	7	379
61	41	19	701	23	7	11	83	61	13	—	1009	7	—	—	17	—	11	449	7	47	19	13	127	29	31	7	23	11	—	—
63	—	23	—	17	659	—	7	—	11	—	—	19	1289	7	449	37	67	29	31	11	7	—	43	—	23	—	1181	7	—	647
67	89	83	13	7	—	29	31	223	449	41	7	—	19	—	11	13	701	7	—	—	23	—	—	941	7	11	43	—	13	53
69	13	—	—	19	17	7	11	—	—	—	101	113	7	13	281	79	179	11	23	7	67	17	19	—	—	—	7	83	11	47
73	—	11	7	619	19	—	109	—	1031	7	607	—	11	197	23	1033	7	—	41	31	1087	—	13	7	—	239	—	—	73	—
79	17	7	—	13	137	421	—	—	7	73	11	37	53	139	—	7	13	17	47	—	—	11	7	—	59	—	1381	29	509	7
81	59	13	11	7	433	127	17	—	277	—	7	61	—	11	13	—	647	7	53	—	113	29	—	17	7	19	31	13	67	23
87	11	—	7	29	—	—	—	17	13	7	—	11	83	—	607	—	7	19	97	349	311	13	11	7	17	233	79	229	47	—
91	—	733	17	—	13	—	7	43	37	197	211	—	—	7	—	1039	—	11	19	17	7	1373	—	107	103	—	307	7	11	—
93	—	7	13	—	—	—	—	41	7	11	89	233	47	—	29	7	—	23	101	769	11	31	7	—	—	17	37	521	13	7
97	—	—	29	17	11	7	881	—	107	31	19	13	7	23	431	11	313	47	—	7	17	—	71	1291	13	37	7	—	1049	19
99	7	19	83	31	479	349	37	7	—	13	—	23	—	71	7	43	41	—	11	53	19	7	13	571	—	29	17	—	7	11

	214 52	55	58	61	64	67	70	73	76	79	82	85	88	91	94	214 97	215 00	03	06	09	12	15	18	21	24	27	30	33	36	39
03	953	47	11	—	7	13	73	23	157	—	—	7	—	11	—	—	389	—	7	43	—	17	31	—	11	7	1129	79	631	—
09	11	23	67	7	31	17	—	—	757	—	7	11	13	19	—	463	—	7	59	173	521	—	11	89	7	13	103	433	383	—
11	331	1031	53	11	19	7	199	619	—	—	13	17	7	—	11	—	—	61	29	7	—	—	23	13	101	11	7	43	17	31
17	29	11	41	71	7	811	61	367	—	157	271	7	11	—	353	19	23	13	7	—	37	—	—	11	439	7	101	—	1237	17
21	13	7	—	557	941	257	—	11	7	263	67	331	23	13	—	7	19	29	11	37	—	—	7	643	17	97	13	—	—	7
23	37	89	—	7	—	—	—	19	—	—	7	13	971	17	97	337	—	7	313	—	563	11	251	—	7	131	19	59	101	367
27	7	197	—	73	127	11	23	7	17	181	—	—	31	—	7	—	11	41	131	271	13	7	—	—	—	17	487	11	7	23
29	109	—	7	53	23	13	31	—	11	7	47	—	163	1297	17	127	7	37	13	11	41	73	29	7	—	—	607	23	239	—
33	19	13	71	11	—	—	7	229	—	17	29	—	173	7	11	47	37	—	67	19	7	—	1451	23	—	11	17	7	—	83
39	—	11	—	—	—	7	—	31	13	829	17	19	7	—	89	727	—	23	—	7	239	13	67	11	83	—	7	17	—	—
41	7	31	19	—	11	107	13	7	—	—	—	937	97	—	7	11	17	—	—	13	—	7	821	61	347	47	11	—	7	577
47	13	—	11	541	53	67	7	211	227	23	71	—	61	7	31	1103	421	17	1061	—	7	181	—	479	11	317	13	7	—	617
51	73	—	31	7	167	23	—	—	11	13	7	379	17	—	19	739	53	7	—	11	—	109	13	757	7	61	—	—	23	17
53	11	17	—	23	509	7	—	13	29	67	283	11	7	109	—	41	523	—	17	7	13	59	11	—	19	—	7	31	353	—
57	151	137	7	13	—	173	11	479	—	7	37	821	—	17	61	31	7	11	—	571	1223	41	23	7	—	19	—	181	11	13
59	761	13	17	—	7	—	—	—	59	11	97	7	157	67	13	1069	19	347	7	17	11	389	113	—	41	7	—	13	37	—
63	—	7	577	61	11	—	1229	29	7	71	13	79	—	547	17	7	23	19	—	59	—	—	7	13	167	113	11	37	31	7
69	7	163	11	—	13	89	59	7	389	19	23	293	—	11	7	17	73	13	29	—	—	7	—	—	11	1061	—	—	7	769
71	19	41	7	601	17	11	—	151	23	7	103	137	29	—	—	13	7	227	—	19	—	17	883	7	743	37	—	11	13	61
77	—	7	23	11	—	17	—	43	7	13	41	19	—	—	11	7	859	31	61	—	83	433	7	29	—	11	109	—	59	7
81	17	193	547	—	37	7	—	—	659	11	109	29	7	—	163	—	41	17	13	7	11	23	79	601	—	283	7	317	47	—
83	7	11	109	13	—	29	17	7	281	293	193	—	11	43	7	59	13	—	—	23	—	7	19	11	—	—	—	601	7	13
87	—	17	353	1201	7	—	—	11	283	—	—	7	13	—	157	23	191	43	7	367	61	37	29	19	463	7	59	—	193	11
89	—	311	37	1459	—	—	7	17	139	—	11	1201	31	7	19	—	29	223	—	43	7	11	241	13	17	—	—	7	41	—
93	31	37	17	7	29	11	13	647	—	23	7	1193	—	59	—	19	11	7	151	13	—	—	1453	43	7	—	337	11	—	—
99	13	53	7	11	—	467	—	19	—	7	1123	—	—	13	11	29	7	—	37	127	17	151	—	7	—	11	13	47	—	43

	215 40	43	46	49	52	55	58	61	64	67	70	73	76	79	82	85	88	91	94	215 97	216 00	03	06	09	12	15	18	21	24	27
01	487	127	43	7	—	1213	59	19	13	29	7	—	67	—	17	—	—	7	23	—	—	11	71	137	7	101	19	977	—	139
07	—	—	7	—	—	769	881	397	11	7	—	—	23	—	757	13	7	419	19	11	29	677	31	7	37	107	41	161	13	113
11	19	—	—	11	59	—	7	—	23	—	17	13	43	7	11	107	—	409	83	19	7	—	1453	37	13	11	1229	7	1181	239
13	—	7	29	—	31	—	11	281	7	13	19	—	137	—	43	7	17	11	73	—	67	607	7	—	—	—	—	—	11	7
17	41	11	23	37	347	7	191	—	—	103	—	17	7	83	569	79	—	293	13	7	—	71	—	11	163	23	7	211	17	—
19	7	—	19	13	11	—	227	7	521	—	461	—	71	29	7	11	13	17	—	—	43	7	—	23	67	79	11	—	7	13
23	173	29	179	19	7	31	1151	—	83	41	11	7	13	—	—	—	—	97	7	23	37	11	19	—	43	7	—	263	47	17
29	37	—	—	7	691	181	13	109	11	53	7	—	29	17	19	197	73	7	31	11	—	683	—	619	7	241	—	751	127	1151
31	11	—	17	—	13	7	29	379	151	—	—	11	7	239	—	53	—	13	37	7	—	41	11	—	19	229	7	661	223	71
37	—	61	71	17	7	23	—	167	—	11	—	7	1451	1033	—	73	19	29	7	383	11	—	47	—	13	7	283	—	23	—
41	—	7	—	—	11	29	—	13	7	593	—	—	—	31	61	7	—	19	439	431	13	—	7	199	23	233	11	47	—	7
43	—	43	—	7	17	13	47	11	19	283	7	—	827	1231	151	37	—	7	11	83	373	17	23	173	7	89	—	19	29	11
47	7	13	11	61	41	43	89	7	—	19	53	47	379	11	7	—	17	—	23	199	281	7	223	149	11	191	31	13	7	—
49	19	503	7	—	113	11	—	41	811	7	29	127	13	359	83	—	7	79	—	19	31	—	17	7	103	13	—	11	—	757
53	11	19	67	—	—	653	7	113	13	—	211	11	23	7	139	199	479	17	—	151	7	13	11	—	—	—	—	7	53	349
59	—	17	13	269	—	7	23	—	—	11	373	37	7	97	—	13	—	43	17	7	11	31	41	181	—	523	7	1039	13	23
61	7	11	97	19	23	47	—	7	—	—	1439	—	11	13	7	31	149	1117	61	43	—	7	19	11	17	41	13	23	7	37
67	89	809	—	—	—	373	7	13	17	37	11	503	—	7	19	—	173	53	523	—	7	11	797	—	227	17	103	7	31	487
71	—	163	29	7	—	11	1033	—	37	179	7	149	—	223	67	19	11	7	653	—	17	1447	—	—	7	—	—	11	151	13
73	193	13	41	—	—	7	19	1069	11	17	31	1021	7	271	13	23	89	499	—	7	47	—	113	307	211	19	7	13	233	151
77	—	349	7	11	17	229	—	19	41	7	13	23	—	29	11	—	7	—	67	1129	397	17	—	7	239	11	19	—	1321	31
79	53	313	1291	—	7	—	11	29	13	23	17	7	—	563	59	—	431	11	7	—	137	13	379	31	—	7	71	17	11	1213
83	139	7	—	197	13	17	—	—	7	47	823	31	11	89	163	7	617	13	19	—	241	—	7	11	29	59	—	—	23	7
89	7	—	149	281	43	659	17	7	1093	—	11	13	59	—	7	—	—	103	557	—	863	7	23	17	13	139	41	—	7	19
91	29	19	7	37	—	67	43	463	—	7	—	—	17	11	—	—	7	—	31	47	19	—	13	7	11	—	313	—	269	17
97	11	7	163	13	—	—	773	1427	7	67	—	11	19	17	23	7	13	—	—	131	37	127	7	—	—	263	—	—	—	7

	215 41	44	47	50	53	56	59	62	65	68	71	74	77	80	83	86	89	92	95	215 98	216 01	04	07	10	13	16	19	22	25	28
01	727	641	1063	41	107	7	11	73	17	—	23	—	7	19	—	—	43	11	—	7	—	191	883	—	—	13	7	307	11	383
03	7	223	61	—	19	—	41	7	23	11	13	577	1051	31	7	—	—	1319	43	53	11	7	29	13	—	73	—	—	7	—
07	239	31	—	—	7	19	13	—	—	17	29	7	41	467	—	11	157	—	7	13	947	83	43	—	19	7	11	23	—	—
09	—	79	23	—	13	—	7	11	59	—	—	229	—	7	109	17	—	13	11	—	7	—	179	89	43	23	31	7	—	11
13	13	—	11	7	61	—	761	97	359	—	7	—	941	11	31	71	19	7	—	59	—	23	353	47	7	—	13	17	43	—
19	11	—	7	29	—	673	59	13	19	7	—	11	719	—	53	23	7	1429	—	—	13	—	11	7	—	887	—	19	17	137
21	17	269	271	11	7	13	613	—	—	547	—	7	—	23	11	—	—	17	7	—	53	31	—	193	181	7	29	—	163	—
27	—	11	—	7	—	—	113	23	29	1063	7	—	11	—	367	—	491	7	17	61	—	1151	73	11	7	13	—	97	59	19
31	7	83	—	23	1021	71	—	7	13	113	—	19	—	17	7	—	—	—	11	—	—	7	31	—	—	29	23	—	7	11
33	167	23	7	53	—	43	13	1009	61	7	11	37	—	—	—	59	7	—	—	13	—	11	—	7	23	—	—	83	199	449
37	—	1229	13	19	31	11	7	29	—	43	37	109	—	7	17	13	11	—	—	643	7	61	19	449	—	—	59	7	13	1171
39	13	7	59	17	179	—	907	977	7	—	167	43	—	13	89	7	107	—	23	11	17	53	7	1237	199	—	13	—	37	7
43	—	181	—	11	131	7	107	137	877	13	61	773	7	59	11	17	853	31	29	7	73	—	13	103	—	11	7	37	—	—
49	29	11	—	13	7	449	19	37	23	—	—	7	11	541	251	—	13	—	7	157	—	43	—	11	—	7	—	—	—	13
51	47	13	449	439	11	17	7	—	317	—	—	—	83	7	13	11	19	—	—	73	7	953	17	29	31	37	11	7	461	23
57	23	227	11	—	79	7	17	83	13	—	—	—	7	11	—	1399	761	137	—	7	229	13	53	17	11	61	7	19	—	43
61	—	17	7	173	13	—	—	67	11	7	193	41	71	—	281	277	7	13	17	11	—	—	29	7	79	31	1277	797	19	829
63	11	1361	13	71	7	739	—	17	199	59	—	7	—	181	41	13	29	23	7	19	157	—	11	97	17	7	—	—	13	197
67	109	7	17	—	29	—	11	31	7	—	787	13	—	23	—	7	263	11	907	17	19	37	7	179	13	127	—	61	11	7
69	—	31	37	7	199	53	137	—	17	11	7	19	—	—	—	509	463	7	1153	1087	11	—	13	41	7	17	433	29	—	—
73	7	37	43	17	11	13	257	7	269	—	—	167	19	—	7	11	61	53	13	181	17	7	—	229	—	389	11	—	7	41
79	271	23	11	—	17	61	7	—	43	—	1409	797	13	7	701	—	—	101	37	67	7	17	1459	19	11	13	29	7	—	—
81	41	7	241	131	—	11	491	719	7	233	13	—	401	—	19	7	11	—	107	—	29	97	7	13	907	197	173	11	—	7
87	7	—	29	11	13	103	19	7	127	31	—	17	—	—	7	347	23	13	163	—	401	7	—	—	743	11	—	1009	7	109
91	13	—	—	47	7	—	17	19	971	11	241	7	23	13	73	37	79	—	7	29	11	101	157	17	503	7	13	59	31	317
93	—	11	—	59	—	109	7	431	419	919	23	13	11	7	—	—	—	19	41	—	7	569	31	11	13	821	79	7	401	17
97	157	29	113	7	—	179	23	11	—	—	7	457	—	—	59	—	227	7	11	—	13	857	—	101	7	—	43	—	—	11
99	661	—	1453	421	23	7	—	—	—	19	11	—	7	17	587	—	—	—	13	7	139	11	239	331	29	—	7	23	19	—

	215 42	45	48	51	54	57	60	63	66	69	72	75	78	81	84	87	90	93	96	215 99	216 02	05	08	11	14	17	20	23	26	29
03	23	13	7	—	883	11	193	—	17	7	19	—	29	—	13	1013	7	—	47	—	—	383	61	7	83	17	—	11	—	19
09	—	7	19	11	—	31	—	—	7	17	—	61	571	191	11	7	547	23	—	53	—	13	7	29	—	11	17	79	1217	7
11	71	157	—	7	41	—	11	—	691	1297	7	—	19	127	457	17	131	7	67	13	—	443	641	59	7	53	241	191	11	—
17	13	997	7	43	11	—	—	—	—	7	59	—	31	13	223	11	7	97	109	727	—	311	67	7	—	557	11	37	29	73
21	31	211	53	—	137	19	7	43	79	13	11	17	—	7	523	—	29	47	—	41	7	11	13	—	19	89	37	7	17	647
23	17	7	11	23	—	—	—	13	7	43	29	—	—	11	—	7	—	17	79	—	13	1193	7	643	11	31	23	—	—	7
27	—	47	811	13	83	7	37	163	11	1117	107	—	7	31	—	—	13	—	—	7	53	—	23	—	—	479	7	29	41	13
29	7	13	—	—	—	107	139	7	—	743	—	11	173	—	7	43	1327	—	17	409	23	7	11	—	37	—	19	13	7	—
33	263	—	307	—	7	—	11	127	19	29	13	7	—	17	—	—	23	11	7	43	—	—	—	13	—	7	31	19	11	113
39	19	—	—	7	11	41	—	—	31	—	7	—	—	—	17	11	47	7	—	19	29	1451	809	311	7	43	11	—	—	233
41	—	—	13	17	101	7	—	11	23	53	19	103	7	167	29	13	—	59	11	7	17	37	—	—	1109	709	7	43	13	11
47	653	37	19	137	7	11	101	73	—	13	—	7	251	—	—	31	11	41	7	—	—	17	13	167	—	7	47	11	—	—
51	11	7	—	19	—	13	587	—	7	229	—	11	—	29	331	7	17	—	13	—	173	23	7	41	97	—	613	—	—	7
53	461	—	—	7	157	17	—	29	101	197	7	277	443	19	11	—	13	7	37	23	—	—	17	457	7	11	41	—	31	13
57	7	131	59	647	53	1301	71	7	409	11	—	—	13	—	7	23	31	17	673	—	11	7	—	—	29	13	—	953	7	—
59	—	11	7	—	257	19	17	—	—	7	13	—	11	23	—	—	7	—	29	—	—	61	251	7	19	—	—	—	—	—
63	41	17	103	—	—	73	7	11	67	23	1153	—	—	7	727	—	—	—	11	13	7	—	53	—	347	19	—	7	—	11
69	13	431	17	23	167	7	709	—	—	41	—	31	7	13	37	—	11	19	—	7	1009	919	97	61	—	—	7	11	109	283
71	7	23	—	—	73	31	—	7	11	47	89	13	41	—	7	—	1303	433	—	11	109	7	397	281	13	17	—	19	7	—
77	19	—	587	—	—	13	7	—	1013	17	—	53	37	7	—	103	101	11	13	19	7	41	29	—	941	—	17	7	11	—
81	—	11	—	7	17	—	31	89	—	59	7	37	11	—	13	—	—	7	—	911	19	17	—	11	7	—	773	13	—	457
83	31	1447	79	—	11	7	—	—	—	1373	17	19	7	—	—	11	—	—	101	7	—	131	—	701	47	13	7	17	127	37
87	733	—	7	—	—	17	—	—	13	7	11	—	19	71	131	181	7	313	509	31	97	11	17	7	67	—	—	—	37	47
89	191	197	11	19	7	337	13	193	47	37	307	7	353	11	397	29	1091	991	7	13	73	—	19	—	11	7	—	61	17	23
93	—	7	13	29	19	—	17	—	7	—	—	367	—	47	1367	7	—	601	811	11	—	599	7	17	—	23	641	—	13	7
99	7	137	—	79	—	—	11	7	—	13	347	677	—	41	7	19	607	11	229	23	593	7	13	—	17	37	1297	83	7	59

	216 30	33	36	39	42	45	48	51	54	57	60	63	66	69	72	75	78	81	84	87	90	93	96	216 99	217 02	05	08	11	14	17
01	1201	7	11	1187	13	—	—	239	7	—	31	23	—	11	37	7	149	13	17	—	1069	179	7	103	11	—	73	—	41	7
07	7	—	17	569	127	23	—	7	937	—	—	11	—	149	7	—	601	—	—	17	—	7	11	31	13	47	19	—	7	—
11	—	23	41	—	7	—	11	13	19	—	373	7	787	199	17	179	769	11	7	—	13	—	761	1217	23	7	127	19	11	—
13	—	29	—	17	89	13	7	967	—	11	149	37	—	7	83	61	—	563	13	—	7	—	23	—	—	—	—	7	601	311
17	19	13	157	7	11	1249	—	—	149	199	7	41	587	—	13	11	1091	7	23	19	59	229	—	977	7	109	11	13	61	—
19	173	101	53	—	17	7	491	11	113	83	19	—	7	—	41	—	23	109	11	7	89	17	—	653	—	13	7	—	37	11
23	29	89	7	—	—	73	31	59	13	7	—	19	23	11	53	79	7	61	191	67	41	13	1277	7	11	—	—	37	293	29
29	11	7	13	19	—	—	23	37	7	613	—	11	—	137	1423	7	—	17	—	31	—	1453	7	67	—	—	—	349	13	7
31	13	149	43	7	23	29	17	—	47	127	7	263	383	13	11	—	509	7	677	—	—	—	—	17	7	11	13	23	—	59
37	41	11	7	53	1039	19	67	13	43	7	139	211	11	—	—	—	7	751	—	—	13	23	—	7	17	—	31	103	—	—
41	—	—	17	13	29	541	7	11	173	—	—	389	43	7	31	53	13	23	11	17	7	73	—	—	—	19	79	7	—	11
43	—	7	479	59	353	281	—	—	7	41	11	1451	107	—	13	7	19	—	131	—	331	11	7	47	—	17	113	13	193	7
47	1093	—	73	17	—	7	349	—	911	—	13	23	7	—	59	29	11	19	43	7	17	37	181	13	—	809	7	11	47	113
49	7	—	37	—	311	733	109	7	11	17	61	89	419	—	7	—	—	—	41	11	43	7	—	547	709	—	17	19	7	—
53	739	37	—	11	7	23	—	79	—	19	—	7	47	—	11	643	97	13	7	—	1447	17	—	61	41	7	29	157	19	—
59	—	11	1109	7	827	17	—	—	29	139	7	13	11	823	—	71	53	7	37	241	19	—	17	11	7	487	1013	—	283	—
61	683	—	29	1367	11	7	71	499	—	13	317	17	7	—	—	11	31	167	1237	7	23	—	13	59	—	269	7	—	17	—
67	—	137	11	13	7	433	47	887	—	853	59	7	17	11	23	827	13	101	7	1301	857	163	19	—	11	7	67	167	157	13
71	—	7	—	—	19	—	311	17	7	—	23	47	13	277	97	7	269	31	79	11	—	59	7	19	17	13	—	109	947	7
73	11	43	—	7	—	53	157	773	23	—	7	11	—	17	19	—	—	7	—	101	—	139	11	13	7	—	359	61	79	—
77	7	151	—	109	23	43	11	7	17	757	—	463	29	—	7	19	83	11	281	13	103	7	—	439	131	17	—	23	7	—
79	—	1061	7	—	13	181	19	43	467	7	179	881	—	37	17	—	7	13	353	127	11	47	41	7	31	19	257	347	191	107
83	13	211	257	—	11	—	7	19	—	17	919	43	31	7	359	11	—	—	—	107	7	23	—	29	—	—	11	7	41	61
89	53	653	11	131	107	7	83	13	167	947	17	181	7	11	—	23	—	43	19	7	13	—	71	617	11	31	7	17	1019	37
91	7	97	—	227	—	11	53	7	151	19	37	1087	—	23	7	197	11	59	13	31	911	7	—	—	—	101	199	11	7	1093
97	17	19	1459	11	59	—	7	23	41	521	29	151	13	7	11	607	389	17	—	—	7	—	199	—	53	11	—	7	—	223

	216 31	34	37	40	43	46	49	52	55	58	61	64	67	70	73	76	79	82	85	88	91	94	216 97	217 00	03	06	09	12	15	18
01	—	—	19	7	67	479	—	—	13	11	7	367	17	113	41	59	109	7	—	—	11	13	—	419	7	47	23	29	167	17
03	103	11	—	—	47	7	13	37	109	571	271	—	7	—	31	211	—	41	17	7	79	29	83	11	23	—	7	—	—	101
07	—	53	7	389	—	—	37	11	67	7	97	—	71	17	653	13	7	401	11	—	23	613	—	7	—	—	—	457	13	11
09	13	—	17	29	7	—	719	53	647	—	11	7	—	13	199	—	263	83	7	17	—	11	61	19	37	7	13	31	—	431
13	—	7	521	—	—	11	431	—	7	13	—	467	67	239	17	7	11	1051	1123	53	29	421	7	37	19	401	911	11	571	7
19	7	281	29	11	43	—	—	7	23	—	—	—	773	—	7	17	13	—	—	—	449	7	151	163	47	11	—	—	7	13
21	61	13	7	41	17	—	11	19	—	7	—	59	—	—	13	—	7	11	—	877	71	17	31	7	—	29	19	13	11	23
27	23	7	83	1381	11	17	—	29	7	443	—	—	41	229	—	7	107	179	19	—	193	13	7	23	283	—	11	383	—	7
31	17	—	61	—	13	7	107	—	—	59	11	—	7	—	743	1213	43	13	41	7	53	11	89	31	29	173	7	—	73	—
33	7	107	11	67	383	—	17	7	—	137	19	163	79	11	7	13	—	23	29	1013	—	7	349	17	11	613	53	373	7	19
37	—	17	—	—	7	31	29	—	11	73	—	7	311	23	223	487	—	37	7	11	—	359	43	47	13	7	—	41	67	—
39	11	—	19	—	103	—	7	17	859	13	71	11	1259	7	—	349	—	—	139	643	7	19	11	—	17	—	—	7	61	29
43	313	—	17	7	1163	13	11	23	—	—	7	157	379	797	439	—	229	7	13	17	—	—	19	—	7	—	—	—	11	—
49	31	23	7	17	11	211	353	—	983	7	293	—	13	79	19	11	7	373	—	509	17	53	—	7	23	13	11	—	29	59
51	167	349	—	431	7	19	61	11	—	17	13	7	181	1399	—	67	89	47	7	—	—	1019	23	13	19	7	17	53	—	11
57	71	47	—	7	13	11	103	31	—	—	7	—	37	331	929	131	11	7	—	67	—	—	—	1213	7	—	97	11	—	—
61	7	—	—	43	53	17	47	7	61	563	—	11	23	13	7	—	—	19	181	—	—	7	11	—	—	719	13	—	7	83
63	—	787	7	11	79	43	—	1433	19	7	23	13	—	—	11	29	7	—	—	—	31	233	433	7	13	11	1097	19	17	37
67	—	—	—	29	—	283	7	13	31	11	—	—	257	7	—	691	1373	1033	—	—	7	—	53	17	79	—	71	7	19	23
69	19	7	31	1031	23	13	127	233	7	37	953	43	11	1277	—	7	47	71	13	19	—	—	7	11	—	59	29	23	53	7
73	23	13	373	—	251	7	419	11	37	—	557	409	7	—	13	43	—	—	11	7	19	31	—	23	17	—	7	13	127	11
79	967	—	97	31	7	11	—	263	13	251	—	7	19	—	83	113	11	23	7	—	853	13	73	59	—	7	211	11	—	733
81	—	—	839	19	1097	—	7	89	11	619	811	41	61	7	17	23	311	467	—	11	7	983	19	43	1049	—	271	7	31	—
87	13	29	—	1049	—	7	11	71	439	23	31	1153	7	13	19	17	—	11	—	7	41	73	593	37	—	241	7	281	11	43
91	127	11	7	139	83	23	—	—	—	7	17	167	11	—	61	19	7	—	29	251	47	131	13	7	113	229	41	17	23	31
93	—	181	73	23	7	1297	19	13	—	—	103	7	29	—	—	11	17	—	7	—	13	829	97	31	—	7	11	—	—	41
97	29	7	37	13	47	523	53	19	7	—	11	17	—	—	383	7	13	—	317	433	89	11	7	577	251	—	19	883	17	7
99	17	13	11	7	—	31	401	131	—	337	7	307	53	11	13	157	—	7	—	59	23	—	—	29	7	83	79	13	—	—

	216 32	35	38	41	44	47	50	53	56	59	62	65	68	71	74	77	80	83	86	89	92	95	216 98	217 01	04	07	10	13	16	19
03	7	—	43	41	173	67	71	7	11	—	13	29	17	—	7	—	23	—	19	11	—	7	—	13	31	—	—	353	7	17
09	73	—	—	193	13	439	7	277	43	67	19	—	41	7	—	347	—	11	—	47	7	—	29	—	—	107	389	7	11	19
11	31	7	13	—	359	257	137	79	7	11	43	—	103	—	163	7	29	37	61	17	11	—	7	—	—	491	—	—	13	7
17	7	1453	23	17	—	107	—	7	—	13	83	479	19	31	7	—	43	—	11	—	17	7	13	—	41	23	—	29	7	11
21	—	31	11	—	7	13	313	—	197	—	—	7	—	11	—	17	—	67	7	—	43	23	—	—	11	7	—	1163	—	739
23	—	761	—	13	17	11	7	—	541	29	631	—	907	7	37	—	11	—	—	23	7	17	43	19	—	—	31	7	—	13
27	11	—	—	7	683	19	—	—	79	61	7	11	13	37	31	23	17	7	47	409	—	67	11	—	7	13	29	233	—	97
29	67	41	—	11	—	7	—	1231	31	—	13	—	7	23	11	19	—	—	79	7	29	—	17	13	—	11	7	—	43	—
33	17	937	7	103	—	101	13	41	29	7	—	—	—	71	—	673	7	17	277	13	11	1459	—	7	59	67	541	31	—	463
39	13	7	181	23	197	—	—	11	7	31	37	59	521	13	—	7	41	—	11	29	563	—	7	587	271	1087	13	19	—	7
41	—	23	1471	7	—	113	673	17	67	—	7	13	47	29	—	—	191	7	19	41	241	11	—	—	7	—	139	—	37	—
47	—	—	7	43	7	13	—	1279	11	7	19	—	67	61	—	—	7	—	13	11	173	71	311	7	29	17	811	—	41	19
51	—	13	—	11	31	103	7	37	—	53	—	19	29	7	11	137	—	—	—	—	7	1381	257	499	907	11	61	7	241	—
53	397	7	19	167	—	263	11	227	7	17	257	—	13	179	113	7	67	11	—	—	59	19	7	—	—	13	17	47	11	7
57	79	11	41	19	17	7	—	—	13	—	269	—	7	43	1063	61	—	31	—	7	1259	13	19	11	37	—	7	53	—	277
59	7	877	—	317	11	37	13	7	—	—	17	31	73	19	7	11	—	29	—	13	67	7	—	—	223	1123	11	17	7	23
63	—	1301	13	499	7	17	—	179	—	—	11	7	1069	—	19	13	47	—	7	43	71	11	17	281	1279	7	131	83	13	—
69	47	—	—	7	379	59	17	103	11	13	7	229	31	227	—	—	29	7	—	11	41	37	13	17	7	19	113	1301	173	73
71	11	—	37	—	—	7	31	13	—	—	29	11	7	173	—	—	19	23	—	7	13	—	11	41	1039	—	7	43	67	17
77	613	13	337	—	7	509	—	251	19	11	47	7	—	17	13	—	227	—	7	31	11	29	—	599	—	7	—	13	71	—
81	—	7	—	1153	11	1013	—	23	7	19	13	—	83	211	733	7	—	331	37	967	—	101	7	13	—	17	11	409	19	7
83	19	31	—	7	—	23	—	11	13	73	7	599	89	—	17	223	461	7	11	19	103	13	—	307	7	—	467	—	23	11
87	7	19	11	599	13	—	41	7	—	17	617	53	421	11	7	541	571	13	—	—	19	7	149	101	11	59	17	—	7	397
89	—	59	7	137	—	11	—	701	487	7	—	19	1303	—	29	13	7	53	—	—	—	149	23	7	887	47	—	11	13	—
93	11	—	29	—	—	317	7	—	809	89	17	11	19	7	167	37	—	1039	23	149	7	173	11	—	13	101	73	7	491	53
99	71	463	67	367	19	7	383	73	1307	11	433	17	7	29	47	31	149	—	13	7	11	97	193	19	41	89	7	101	17	—

	217 20	23	26	29	32	35	38	41	44	47	50	53	56	59	62	65	68	71	74	77	80	83	86	89	92	95	217 98	218 01	04	07
01	13	163	193	—	19	11	7	29	—	—	331	31	—	7	—	—	11	—	—	67	7	37	17	19	53	191	13	7	43	—
07	—	37	271	11	—	7	17	13	—	1303	—	421	7	—	11	19	—	409	29	7	13	23	541	17	31	11	7	—	103	193
11	37	17	7	13	79	211	29	523	313	7	1201	—	31	41	—	167	7	23	17	109	11	331	—	7	—	953	—	—	89	13
13	29	11	—	1087	7	—	31	17	251	577	797	7	11	811	13	23	41	—	7	139	479	—	1423	11	17	7	19	13	643	29
17	467	7	17	—	101	1361	601	11	7	—	13	23	239	—	521	7	—	29	11	17	1153	233	7	13	—	31	1283	19	—	7
19	523	197	—	7	—	—	—	—	13	23	7	29	73	251	1103	137	179	7	19	31	229	11	—	71	7	17	—	—	383	—
23	7	—	683	17	13	11	101	7	—	—	—	—	863	857	7	47	11	13	601	19	17	7	197	131	—	—	—	11	7	—
29	443	877	53	11	17	—	7	859	101	—	29	13	—	7	11	79	—	107	—	103	7	17	23	59	13	11	83	7	431	73
31	—	7	19	929	29	—	11	—	7	13	17	—	107	61	31	7	—	11	—	211	23	19	7	251	1171	47	—	17	11	7
37	7	—	61	13	11	719	653	7	173	47	313	17	37	19	7	11	13	499	—	—	—	7	809	—	109	—	11	31	7	13
41	—	67	—	29	7	1307	17	—	109	—	11	7	13	269	19	31	83	41	7	89	223	11	—	17	—	7	211	—	613	—
43	109	—	11	—	—	19	7	499	23	31	13	347	17	7	—	—	—	—	—	733	7	—	—	13	11	—	29	7	199	17
47	—	—	1399	7	23	67	13	17	11	263	7	83	751	—	29	—	193	7	—	11	1453	103	—	—	7	19	41	23	31	—
49	11	641	23	—	13	7	839	569	29	37	1451	11	7	17	227	—	19	13	—	7	—	1093	11	919	47	23	7	—	1009	41
53	13	331	7	163	307	—	11	191	17	7	31	—	71	13	—	283	7	11	—	—	359	23	—	7	—	17	13	751	11	47
59	43	7	—	41	11	577	127	13	7	17	—	659	—	47	197	7	173	59	101	—	13	—	7	31	137	37	11	—	19	7
61	19	29	43	7	347	13	37	11	—	743	7	541	—	23	—	17	199	7	11	19	157	883	131	1361	7	73	617	83	593	11
67	—	—	7	—	181	11	73	23	43	7	53	19	13	109	113	41	7	—	—	—	71	—	83	7	1117	13	—	11	—	89
71	11	—	71	23	1223	—	7	—	13	—	89	11	19	7	—	—	—	113	31	107	7	13	11	479	—	—	23	7	17	29
73	17	7	—	11	647	—	13	47	7	—	—	—	31	1163	11	7	—	17	317	13	—	—	7	29	23	11	59	—	53	7
77	31	1009	13	—	19	7	—	761	257	11	61	29	7	—	733	13	—	179	43	7	11	—	—	19	101	67	7	—	13	17
79	7	11	—	—	67	29	—	7	—	1217	—	983	11	13	7	—	139	167	17	—	37	7	—	11	—	31	13	—	7	811
83	—	—	137	—	7	53	—	11	—	13	—	7	—	17	23	19	—	587	7	37	—	—	13	—	43	7	101	—	577	11
89	—	—	223	7	29	11	—	19	23	929	7	59	193	241	17	383	11	7	463	—	593	—	157	53	7	—	19	11	101	13
91	—	13	83	17	89	7	23	419	11	79	41	—	7	—	13	—	—	19	827	7	17	193	—	—	—	61	7	13	—	23
97	23	—	31	—	7	179	11	—	13	19	—	7	137	—	61	379	67	11	7	41	89	13	181	23	—	7	—	71	11	—

	217 21	24	27	30	33	36	39	42	45	48	51	54	57	60	63	66	69	72	75	78	81	84	87	90	93	96	217 99	218 02	05	08
01	1303	7	—	—	13	—	53	311	7	71	19	809	11	97	—	7	17	13	—	23	73	31	7	11	—	41	29	61	—	7
03	71	19	13	7	11	17	—	—	709	—	7	269	53	853	37	11	593	7	—	—	19	47	17	157	7	—	11	349	13	—
07	7	73	19	31	—	43	—	7	29	—	11	13	—	23	7	797	61	17	—	—	317	7	—	—	13	—	47	359	7	—
09	—	101	7	—	619	47	17	43	1249	7	—	23	19	11	—	—	7	191	—	73	79	—	13	7	11	—	—	127	31	241
13	—	17	41	—	337	13	7	23	11	229	47	43	—	7	—	—	31	1217	13	11	7	107	881	—	659	367	71	7	439	—
19	1283	23	17	401	—	7	11	53	1051	467	37	41	7	257	631	—	233	11	—	7	347	—	—	109	19	13	7	—	11	31
21	7	79	—	1279	1427	101	349	7	17	11	13	283	—	53	7	19	—	761	—	43	11	7	23	13	29	17	—	—	7	277
27	971	—	—	359	13	31	7	11	37	17	—	89	—	7	—	—	23	13	11	—	7	557	1091	41	—	43	17	7	—	11
31	13	139	11	7	17	641	163	37	19	47	7	—	23	11	—	—	71	7	—	401	—	17	—	29	7	157	13	19	491	41
33	241	—	—	—	—	7	211	71	—	61	17	13	7	—	59	—	11	29	19	7	—	—	—	—	13	37	7	11	263	—
37	11	151	7	157	—	17	23	13	53	7	113	11	—	347	—	—	7	—	—	19	13	137	11	7	37	59	139	401	—	23
39	31	59	151	11	7	13	509	1151	—	1193	19	7	79	—	11	—	—	—	7	47	—	—	—	—	—	7	—	23	17	19
43	23	7	67	—	37	—	17	—	7	11	653	19	59	211	13	7	29	—	419	31	11	—	7	17	47	—	53	13	—	7
49	7	31	239	19	43	—	67	7	13	83	137	—	109	—	7	41	—	23	11	113	—	7	19	—	17	—	283	29	7	11
51	—	1459	7	—	109	—	13	—	151	7	11	—	1021	17	—	23	7	1283	41	13	—	11	—	7	857	—	31	—	—	97
57	13	7	89	29	—	19	—	163	7	23	523	151	43	13	17	7	—	101	47	11	—	59	7	79	19	113	13	41	—	7
61	—	—	—	11	—	7	19	—	107	13	—	—	7	151	11	—	43	1087	37	7	29	—	13	47	—	11	7	31	23	1039
63	7	997	47	23	—	—	11	7	59	457	397	103	—	191	7	17	19	11	43	101	13	7	—	—	241	83	23	211	7	—
67	103	11	29	13	7	607	—	47	647	31	17	7	11	311	1429	—	13	19	7	59	313	—	23	11	—	7	—	17	61	13
69	167	13	941	31	11	317	7	—	19	563	—	—	—	7	13	11	17	151	—	293	7	101	1307	353	43	29	11	7	—	181
73	—	—	—	7	193	97	59	—	—	19	7	17	—	29	—	37	23	7	—	151	—	11	31	13	7	109	173	727	17	—
79	—	19	7	—	13	—	61	541	11	7	23	—	17	71	911	—	7	13	—	11	19	—	47	7	29	—	67	281	53	17
81	11	17	13	—	7	67	—	—	23	607	73	7	—	37	461	13	431	—	7	—	167	823	11	151	139	7	—	—	13	31
87	29	587	17	7	—	83	337	—	—	11	7	31	—	—	—	59	331	7	—	17	11	223	13	773	7	23	151	101	—	29
91	7	—	—	43	11	13	181	7	—	—	—	53	—	—	7	11	421	29	13	—	—	7	—	19	—	1069	11	73	7	37
93	83	677	7	13	—	43	—	11	—	7	37	29	—	67	19	—	7	53	11	23	17	61	313	7	31	—	—	—	197	11
97	—	—	11	71	1187	41	7	853	73	37	—	—	13	7	—	17	—	—	—	173	7	47	—	—	11	13	—	7	29	53
99	47	7	—	—	17	11	19	—	7	389	13	43	263	23	127	7	11	67	—	—	107	17	7	13	—	19	73	11	1381	7

	217 22	25	28	31	34	37	40	43	46	49	52	55	58	61	64	67	70	73	76	79	82	85	88	91	94	217 97	218 00	03	06	09
03	11	167	—	113	103	7	13	19	—	23	29	11	7	179	41	43	17	461	1019	7	—	1031	11	61	757	31	7	—	—	137
09	13	97	829	23	7	1021	37	31	—	11	367	7	53	13	—	—	—	17	7	677	11	29	89	41	701	7	13	229	1223	1091
11	—	11	—	—	—	—	7	613	—	19	139	13	11	7	—	29	—	311	53	—	7	—	59	11	13	67	41	7	19	—
17	401	19	—	673	37	7	—	17	—	59	11	131	7	—	31	967	269	103	13	7	19	11	283	443	17	281	7	149	677	43
21	41	13	7	37	47	11	103	—	127	7	281	233	173	—	13	683	7	—	467	17	59	19	163	7	181	149	—	11	307	—
23	89	53	—	41	7	283	—	379	11	—	—	7	13	439	—	—	619	—	7	11	—	37	—	73	149	7	911	31	71	—
27	—	7	—	11	881	—	223	59	7	41	71	839	—	19	11	7	—	—	—	251	17	13	7	643	227	11	—	83	—	7
29	—	37	—	7	19	—	11	1439	—	17	7	—	41	—	47	—	61	7	787	13	197	149	—	19	7	—	17	—	11	23
33	7	11	13	109	17	19	—	7	79	139	—	—	11	—	7	13	1117	—	41	47	1061	7	83	11	19	23	—	—	7	61
39	—	—	—	47	229	17	7	331	43	13	11	353	379	7	—	—	19	37	29	23	7	11	13	—	373	1097	—	7	661	251
41	—	7	11	—	31	367	659	13	7	—	43	17	29	11	1031	7	59	23	71	97	13	—	7	—	11	—	19	—	17	7
47	7	13	—	59	—	—	—	7	—	—	—	11	17	47	7	37	43	31	19	373	53	7	11	29	127	—	509	13	7	17
51	19	—	—	—	7	31	11	17	941	—	13	7	—	—	37	397	239	11	7	19	43	1471	199	13	17	7	—	—	11	607
53	—	73	—	—	—	23	7	41	13	11	19	—	—	7	233	—	—	—	—	971	7	13	43	—	683	—	337	7	23	19
57	—	23	47	7	11	—	—	149	17	509	7	19	—	41	—	11	109	7	31	—	—	—	29	811	7	17	11	—	97	—
59	233	—	13	53	1373	7	149	11	71	433	947	—	7	617	17	13	29	97	11	7	—	19	23	277	—	—	7	421	13	11
63	31	—	7	19	29	—	—	1091	—	7	—	13	157	11	199	53	7	—	23	—	—	599	19	7	11	—	17	929	1033	—
69	11	7	—	263	89	13	971	397	7	599	17	11	23	31	19	7	—	47	13	67	139	271	7	269	61	—	461	17	37	7
71	61	—	—	7	373	19	—	31	179	29	7	317	—	—	11	—	13	7	83	—	—	—	379	103	7	11	—	—	313	13
77	17	11	7	43	23	—	—	139	—	7	13	—	11	83	—	97	7	17	—	—	29	769	—	7	—	—	37	23	—	569
81	23	—	61	293	487	113	7	11	29	—	277	79	17	7	503	—	53	19	11	13	7	—	241	23	263	37	137	7	—	11
83	—	7	29	—	13	809	37	—	7	43	11	41	1237	—	—	7	—	13	17	—	—	11	7	167	107	181	—	19	—	7
87	13	—	—	821	—	7	1409	—	443	19	569	—	7	13	107	73	11	23	—	7	1459	31	383	—	71	—	7	11	19	197
89	7	127	17	83	439	269	—	7	11	107	67	13	—	29	7	23	131	—	—	11	41	7	—	37	13	103	—	—	7	1013
93	47	19	—	11	7	953	433	13	—	131	—	7	907	—	11	137	—	617	7	43	13	281	37	127	97	7	41	—	—	—
99	1327	11	37	7	—	23	139	—	—	—	7	—	11	557	13	17	31	7	—	—	1163	—	79	11	7	43	1129	13	23	—

	218 10	13	16	19	22	25	28	31	34	37	40	43	46	49	52	55	58	61	64	67	70	73	76	79	82	85	88	91	94	97
01	859	89	—	71	7	223	29	509	11	13	—	7	19	293	—	1223	—	—	7	11	23	—	13	—	167	7	17	—	37	109
07	—	1181	—	7	19	109	11	—	37	—	7	—	47	1093	23	97	13	7	41	—	73	59	199	19	7	31	—	17	11	13
11	7	11	—	317	—	17	—	7	43	163	23	83	11	31	7	—	1279	47	67	823	—	7	17	11	19	13	—	139	7	71
13	113	73	7	461	11	—	—	31	23	7	13	17	1213	—	181	11	7	—	199	—	71	383	—	7	—	37	11	41	17	—
17	—	47	71	113	23	503	7	—	—	1019	11	—	—	7	43	—	19	107	1447	13	7	11	67	17	37	947	31	7	—	61
19	131	7	11	—	13	37	—	19	7	—	29	—	17	11	79	7	43	13	701	—	31	—	7	—	11	23	19	47	—	7
23	13	41	107	313	37	7	59	17	11	—	811	—	7	13	739	—	463	1381	61	7	43	23	163	673	17	239	7	19	1201	—
29	19	—	—	277	7	—	11	13	17	29	41	7	113	—	953	23	47	11	7	19	13	31	—	—	887	7	43	311	11	—
31	—	—	37	29	601	13	7	—	—	11	19	—	—	7	17	31	457	73	13	—	7	—	83	173	—	—	—	7	43	19
37	647	—	19	—	881	7	1103	11	89	—	163	179	7	67	29	17	601	83	11	7	—	19	41	421	—	13	7	373	31	11
41	1399	—	7	19	127	1409	—	—	13	7	17	157	—	11	—	—	7	—	37	283	1459	13	19	7	11	—	23	17	41	—
43	311	23	59	251	7	11	13	293	233	239	31	7	83	19	53	127	11	67	7	13	—	—	61	—	23	7	1061	11	601	—
47	11	7	13	—	487	89	—	439	7	71	—	11	—	29	19	7	709	307	347	—	23	389	7	1223	353	547	53	—	13	7
49	13	—	—	7	—	19	79	29	251	—	7	61	—	13	11	977	37	7	23	463	—	67	683	31	7	11	13	113	607	443
53	7	239	769	—	—	41	19	7	—	11	—	31	17	193	7	37	—	373	—	—	11	7	13	—	29	19	79	—	7	17
59	263	—	—	13	—	—	7	11	23	53	—	—	751	7	41	109	13	19	11	107	7	—	457	—	31	409	71	7	—	11
61	29	7	17	631	103	—	23	109	7	47	11	—	373	37	13	7	—	41	31	17	—	11	7	—	—	577	—	13	—	7
67	7	631	613	17	739	—	—	7	11	59	—	29	—	—	7	—	—	79	—	11	17	7	—	23	—	1367	41	—	7	—
71	—	19	—	11	7	419	—	—	—	—	—	7	73	—	11	17	—	13	7	23	19	263	—	—	—	7	—	—	29	37
73	—	—	13	—	17	—	7	991	269	—	37	19	—	7	1091	13	—	11	—	—	7	17	29	—	47	457	—	7	11	449
77	41	11	373	7	1289	—	—	59	491	37	7	13	11	23	1163	—	17	7	97	907	—	1471	631	11	7	277	—	—	—	47
79	—	—	1019	19	11	7	103	71	47	13	929	23	7	—	—	11	53	61	719	7	449	—	13	—	—	349	7	37	239	691
83	17	1307	7	547	19	13	557	23	383	7	11	1193	89	47	31	1319	7	17	13	131	433	11	—	7	—	—	37	—	53	—
89	43	7	—	29	109	449	37	—	7	—	—	—	13	—	127	7	—	—	17	11	239	—	7	307	23	13	811	31	73	7
91	11	439	43	7	467	131	19	17	809	—	7	11	397	—	—	653	59	7	—	—	443	31	11	13	7	19	29	223	—	—
97	—	821	7	31	13	97	—	47	17	7	337	—	—	—	—	157	7	13	193	—	11	—	—	7	—	17	1321	73	1249	—

	218 11	14	17	20	23	26	29	32	35	38	41	44	47	50	53	56	59	62	65	68	71	74	77	80	83	86	89	92	95	98
01	13	337	101	17	11	—	7	—	—	313	—	67	23	7	59	11	—	173	19	83	7	107	31	—	137	29	11	7	233	53
03	163	7	173	1249	—	—	89	11	7	17	23	13	—	563	43	7	31	—	11	29	—	37	7	1021	13	307	17	167	19	7
07	211	59	11	—	17	7	23	13	—	—	19	—	7	11	83	67	—	857	43	7	13	17	—	71	11	—	7	—	563	19
09	7	19	—	—	23	11	311	7	—	—	17	—	—	—	7	283	11	—	13	—	19	7	47	61	—	—	—	11	7	31
13	11	13	19	89	7	17	101	619	227	83	79	7	53	41	13	191	—	31	7	67	—	19	11	23	43	7	—	13	—	—
19	29	—	—	7	83	—	17	241	13	11	7	47	479	19	443	—	—	7	—	89	11	13	41	17	7	61	—	—	317	29
21	853	11	67	—	19	7	13	487	—	—	59	227	7	—	197	23	—	—	131	7	—	—	139	11	31	41	7	—	—	17
27	13	53	727	—	7	29	31	—	—	23	11	7	—	13	211	19	661	—	7	—	1361	11	—	137	—	7	13	—	463	113
31	—	7	—	61	647	11	—	—	7	13	—	229	97	53	37	7	11	—	167	—	1051	79	7	—	—	17	47	11	23	7
33	887	43	41	7	—	47	571	13	11	—	7	443	103	—	17	691	29	7	—	11	13	1289	641	—	7	179	19	1051	—	281
37	7	103	—	11	29	43	—	7	19	17	47	859	1427	—	7	—	13	227	—	—	991	7	23	—	127	11	17	19	7	13
39	—	13	7	—	1063	—	11	43	—	7	197	41	37	89	13	17	7	11	19	—	23	71	109	7	—	—	631	13	11	61
43	19	11	79	71	—	401	7	983	—	—	13	37	11	7	—	29	23	41	—	19	7	139	—	11	—	571	569	7	—	—
49	—	—	31	173	13	7	—	—	107	—	11	17	7	401	53	—	—	13	101	7	—	11	587	—	—	47	7	—	17	1361
51	7	137	11	107	47	83	1163	7	23	37	—	619	367	11	7	13	359	17	—	43	29	7	67	1151	11	—	839	31	7	41
57	11	17	23	—	1129	—	7	127	—	13	—	11	257	7	—	—	1087	1171	17	—	7	—	11	1109	823	23	37	7	181	659
61	—	—	59	7	359	13	11	—	—	61	7	—	—	17	19	—	1021	7	13	29	—	23	101	—	7	37	227	197	11	43
63	223	—	17	13	271	7	37	179	617	11	131	919	7	29	—	1201	13	229	—	7	11	—	31	79	19	—	7	1049	—	13
67	73	29	7	131	11	37	19	659	97	7	31	191	13	1049	17	11	7	769	—	109	157	337	149	7	47	13	11	—	557	—
69	—	—	557	17	7	—	1049	11	—	—	13	7	—	23	—	41	19	—	7	—	17	53	—	13	29	7	173	673	71	11
73	—	7	11	—	211	103	13	113	7	23	71	—	29	11	—	7	—	19	—	13	509	41	7	31	11	—	101	—	—	7
79	7	89	37	23	43	31	653	7	—	19	—	11	—	13	7	313	17	397	—	—	229	7	11	29	79	—	13	1093	7	—
81	19	23	7	11	53	17	43	—	—	7	193	13	127	61	11	149	7	29	47	19	37	157	17	7	13	11	—	—	97	—
87	37	7	47	—	—	13	17	—	7	641	—	19	11	269	—	7	—	—	13	139	107	1231	7	11	491	—	—	—	29	7
91	31	13	571	—	67	7	—	11	277	631	107	—	7	—	13	61	29	—	11	7	883	—	—	487	373	—	7	13	859	11
93	7	1471	191	19	1277	107	—	7	—	149	11	857	13	467	7	73	163	37	43	173	—	7	19	131	17	13	—	439	7	661
97	409	151	17	—	7	11	—	149	13	397	—	7	617	31	311	—	11	—	7	17	—	13	43	19	691	7	727	11	199	257
99	109	101	151	—	—	53	7	31	11	—	—	—	—	7	19	—	—	47	59	11	7	29	1429	—	43	17	97	7	—	23

	218 12	15	18	21	24	27	30	33	36	39	42	45	48	51	54	57	60	63	66	69	72	75	78	81	84	87	90	93	96	99
03	—	—	13	7	97	—	127	—	719	29	7	—	67	—	11	13	—	7	—	—	17	977	47	233	7	11	31	—	13	59
09	—	11	7	—	17	—	47	19	31	7	—	—	11	37	—	—	7	—	139	23	29	17	13	7	—	281	19	—	—	773
11	149	503	31	263	7	101	709	13	151	283	17	7	—	557	29	11	—	19	7	61	13	—	—	—	—	7	11	17	383	431
17	—	13	11	7	—	41	53	101	61	19	7	17	73	11	13	31	47	7	—	331	—	—	—	—	7	29	—	13	17	347
21	7	167	83	31	—	1093	17	7	11	—	13	41	199	29	7	971	937	1097	53	11	659	7	701	13	67	521	—	—	7	19
23	11	19	7	67	373	23	193	29	13	7	—	11	17	109	41	—	7	821	947	409	19	13	11	7	53	59	613	—	23	17
27	—	23	19	499	13	47	7	17	199	43	61	103	—	7	—	—	31	11	—	619	7	19	—	—	17	1123	—	7	11	73
29	—	7	13	—	—	1033	—	67	7	11	31	43	19	17	—	7	—	151	29	—	11	—	7	41	—	—	—	—	13	7
33	—	53	—	—	11	7	29	37	17	1229	73	13	7	19	—	11	677	—	23	7	—	167	—	59	13	17	7	—	—	31
39	97	—	11	—	7	13	821	—	79	17	59	7	23	11	—	—	—	29	7	53	47	43	151	919	11	7	17	—	—	—
41	41	—	401	13	—	11	7	—	—	73	23	29	233	7	491	17	11	—	79	—	7	353	257	43	103	53	953	7	547	13
47	—	—	1259	11	23	7	113	19	83	41	13	—	7	241	11	—	17	101	31	7	—	503	29	13	—	11	7	23	—	43
51	23	—	7	227	—	563	13	197	19	7	29	17	181	—	71	41	7	—	—	13	11	37	—	7	—	—	73	19	17	271
53	17	11	37	61	7	71	587	—	53	—	863	7	11	631	47	347	139	13	7	59	97	23	223	11	557	7	—	127	929	151
57	13	7	—	599	157	829	229	11	7	—	—	—	17	13	251	7	61	23	11	19	53	29	7	—	41	—	13	—	739	7
59	—	17	269	7	1433	—	59	—	883	—	7	13	—	31	757	23	—	7	17	37	—	11	211	—	7	73	53	41	353	19
63	7	31	43	29	307	11	—	7	—	—	—	19	—	17	7	103	11	59	37	251	13	7	—	—	—	593	—	11	7	809
69	79	13	—	11	59	23	7	137	43	—	331	421	—	7	11	179	223	—	359	—	7	131	19	—	251	11	827	7	23	97
71	—	7	—	17	41	157	11	—	7	53	43	523	13	19	—	7	37	11	97	163	17	—	7	—	107	13	23	—	11	7
77	7	—	1021	—	11	19	13	7	743	107	—	797	—	41	7	11	43	191	—	13	23	7	—	1409	19	89	11	53	7	919
81	131	—	13	—	7	—	19	29	—	31	11	7	—	—	—	13	17	103	7	41	43	11	349	—	—	7	—	—	13	—
83	13	29	11	31	277	17	7	—	—	61	—	—	71	7	23	227	19	137	—	317	7	—	17	313	11	—	13	7	47	101
87	17	67	433	7	53	239	173	—	11	13	7	79	37	—	293	349	—	7	29	11	—	—	13	431	7	—	43	97	41	—
89	11	347	—	73	—	7	17	13	19	271	53	11	7	—	911	—	31	—	—	7	13	79	11	17	—	—	7	19	43	—
93	29	17	7	13	23	67	11	223	349	7	—	59	—	—	—	263	7	11	17	—	—	479	53	7	—	83	1013	23	11	13
99	61	7	17	—	11	41	1367	157	7	37	13	29	—	—	787	7	—	31	271	17	19	23	7	13	617	—	11	—	—	7

	219 00	03	06	09	12	15	18	21	24	27	30	33	36	39	42	45	48	51	54	57	60	63	66	69	72	75	78	81	84	87
01	11	19	7	—	59	13	101	—	61	7	773	11	—	17	—	—	7	53	13	—	19	467	11	7	151	—	67	107	—	—
07	173	7	—	79	167	—	—	23	7	11	—	673	13	1019	17	7	29	43	1039	—	11	—	7	1163	293	13	31	151	—	7
11	1289	—	59	23	11	7	—	—	13	17	61	—	7	19	31	11	—	547	—	7	—	13	—	79	683	113	7	223	—	151
13	7	23	—	89	19	—	13	7	31	—	101	—	373	47	7	17	727	—	11	13	353	7	—	19	23	—	307	29	7	11
17	—	—	11	41	7	19	1217	73	—	—	17	7	53	11	193	13	809	—	7	—	23	439	139	—	11	7	821	17	13	197
19	13	1471	83	761	569	11	7	271	769	29	—	—	37	7	397	19	11	—	23	89	7	31	—	193	59	73	13	7	—	43
23	11	227	47	7	79	—	—	—	—	13	7	11	41	1429	23	257	19	7	229	—	109	1481	11	269	7	—	29	103	17	—
29	67	—	7	13	—	—	547	—	19	7	757	1039	17	—	—	—	7	659	131	—	11	41	31	7	367	157	1399	19	37	13
31	—	11	29	241	7	103	23	—	—	37	—	7	11	521	13	—	31	877	7	—	—	—	1409	11	41	7	487	13	—	23
37	23	—	17	7	43	—	397	137	13	—	7	—	—	29	97	—	541	7	101	17	—	11	571	23	7	—	37	—	—	19
41	7	29	619	1171	13	11	71	7	43	—	—	19	—	—	7	79	11	13	—	23	—	7	—	—	—	37	1181	11	7	103
43	—	41	7	17	—	269	37	—	11	7	43	31	—	—	—	13	7	23	—	11	17	19	73	7	29	79	157	47	13	107
47	—	—	—	11	—	37	7	41	139	—	227	13	29	7	11	17	—	—	163	107	7	—	19	313	13	11	—	7	—	—
49	197	7	53	73	17	—	11	103	7	13	41	23	—	19	107	7	43	11	59	—	—	17	7	37	31	109	—	1237	11	7
53	113	11	—	797	107	7	1153	23	181	109	—	—	7	—	19	—	17	613	13	7	43	197	37	11	—	167	7	—	—	59
59	17	23	37	—	7	29	19	89	—	223	11	7	13	—	239	643	59	17	7	—	67	11	—	—	23	7	43	—	311	—
61	313	—	11	191	—	—	7	—	1451	—	13	1481	—	7	—	439	19	449	—	31	7	—	23	13	11	—	47	7	29	—
67	11	31	751	53	13	7	223	17	19	61	29	11	7	—	—	359	23	13	—	7	—	—	11	—	17	—	7	19	101	—
71	13	—	7	—	587	503	11	79	—	7	131	—	23	13	83	47	7	11	—	17	31	97	61	7	383	757	13	29	11	1153
73	19	311	349	1123	7	41	—	67	17	11	23	7	—	—	31	113	1231	37	7	19	11	29	—	127	13	7	—	1373	—	1319
77	—	7	31	17	11	271	23	13	7	29	—	41	—	647	293	7	37	—	113	—	13	—	7	—	—	337	11	751	—	7
79	—	89	—	7	23	13	619	11	1087	17	7	19	59	—	41	—	—	7	11	277	—	613	227	—	7	47	17	23	557	11
83	7	13	11	—	17	—	—	7	353	—	991	—	19	11	7	31	—	73	1453	139	29	7	389	23	11	179	181	13	7	—
89	11	—	29	71	19	17	7	967	13	—	59	11	—	7	47	503	53	23	79	97	7	13	11	19	—	—	233	7	31	41
91	—	7	—	11	—	541	13	157	7	—	607	17	293	251	11	7	73	—	919	13	—	997	7	1249	1097	11	61	—	17	7
97	7	11	467	—	31	1439	19	7	431	23	—	37	11	13	7	61	—	173	251	283	83	7	—	11	47	19	13	149	7	17

	219 01	04	07	10	13	16	19	22	25	28	31	34	37	40	43	46	49	52	55	58	61	64	67	70	73	76	79	82	85	88
01	709	457	643	—	7	23	41	11	211	13	37	7	—	1091	—	353	—	—	7	—	71	—	13	31	17	7	19	—	23	11
03	—	—	283	23	61	53	7	13	47	41	11	71	—	7	419	83	—	19	29	59	7	11	—	251	149	—	23	7	37	383
07	—	—	103	7	1229	11	29	—	17	197	7	109	—	47	73	41	11	7	19	397	—	—	23	761	7	17	—	11	—	13
09	29	13	1097	109	859	7	59	167	11	19	83	1291	7	257	13	863	487	1061	41	7	23	149	—	53	—	—	7	13	19	29
13	419	—	7	11	313	139	61	37	163	7	13	—	—	—	11	—	7	29	31	149	—	—	—	7	41	11	17	1021	—	19
19	31	7	19	—	13	—	1259	907	7	157	17	—	11	—	—	7	149	13	607	—	—	19	7	11	37	173	—	17	29	7
21	83	71	13	7	11	37	53	47	23	—	7	—	19	—	—	11	17	7	—	1297	79	911	29	—	7	31	11	167	13	233
27	17	—	7	—	19	—	439	31	43	7	—	653	149	11	—	233	7	17	—	—	—	61	13	7	11	23	59	—	—	—
31	—	67	113	—	—	13	7	719	11	—	41	73	17	7	577	—	—	283	13	11	7	23	—	107	19	—	31	7	431	17
33	11	7	37	13	491	—	293	1399	7	149	61	11	—	41	43	7	13	—	17	23	31	—	7	769	—	—	—	823	—	7
37	71	37	—	29	—	7	11	149	31	—	—	1051	7	17	—	23	19	11	43	7	—	79	—	61	59	13	7	47	11	353
39	7	—	17	107	—	127	43	7	113	11	13	—	—	23	7	—	—	103	1051	17	11	7	41	13	827	773	19	389	7	1327
43	—	197	193	397	7	937	13	—	19	23	457	7	61	97	17	11	787	—	7	13	—	31	1213	—	43	7	11	19	41	—
49	13	61	11	7	857	823	—	—	—	—	7	—	—	11	389	17	139	7	167	19	—	—	—	—	7	29	13	73	277	193
51	149	23	—	—	17	7	—	—	71	—	19	13	7	—	—	89	11	113	257	7	179	17	163	743	13	—	7	11	31	19
57	—	29	19	11	7	13	—	—	41	—	31	7	—	457	11	1069	1151	479	7	103	59	19	17	521	—	7	73	61	223	109
61	17	7	293	19	1049	1103	673	—	7	11	47	97	89	109	13	7	—	17	29	—	11	67	7	1031	—	907	—	13	239	7
63	67	11	—	7	—	109	17	59	—	—	7	—	11	19	829	—	61	7	—	—	347	859	—	11	7	13	53	281	139	—
67	7	17	137	—	181	43	—	7	13	373	—	31	37	79	7	—	—	83	11	—	—	7	—	41	—	67	1171	733	7	11
69	—	—	7	—	67	19	13	17	—	7	11	—	—	—	—	617	7	241	739	13	47	11	1367	7	17	431	41	—	—	23
73	—	—	13	53	—	11	7	—	—	—	—	29	83	7	199	13	11	—	61	17	7	—	223	191	31	19	—	7	13	37
79	41	—	139	11	463	7	31	61	—	13	103	—	7	743	11	—	—	19	—	7	17	53	13	401	71	11	7	1103	379	—
81	7	—	179	41	79	107	11	7	19	17	—	—	67	347	7	71	29	11	—	43	13	7	—	73	—	—	17	19	7	—
87	19	13	317	—	11	—	7	37	—	—	17	23	41	7	13	11	67	—	109	19	7	—	89	—	—	43	11	7	83	—
91	—	19	101	7	53	17	37	23	—	821	7	163	—	739	—	29	—	7	41	—	19	11	17	13	7	59	967	—	—	43
93	—	59	11	47	—	7	—	—	13	29	53	17	7	11	139	593	—	1361	619	7	67	13	61	83	11	—	7	—	17	97
97	191	23	7	—	13	79	17	97	11	7	—	1319	19	223	31	—	7	13	—	11	—	73	53	7	23	—	29	41	—	—
99	11	—	13	19	7	71	347	—	31	—	809	7	17	283	191	13	1031	—	7	—	29	—	11	887	67	7	269	179	13	17

	219 02	05	08	11	14	17	20	23	26	29	32	35	38	41	44	47	50	53	56	59	62	65	68	71	74	77	80	83	86	89
03	—	7	73	37	19	—	11	17	7	1097	271	13	—	499	—	7	—	11	23	617	1471	661	7	19	13	—	—	31	11	7
09	7	541	—	499	31	13	—	7	17	31	—	—	23	61	7	11	—	269	13	29	37	7	—	47	—	17	11	—	7	—
11	461	37	7	13	977	—	19	11	83	7	23	53	659	29	17	1109	7	—	11	—	127	59	71	7	—	19	—	97	1009	11
17	—	7	—	83	23	11	—	109	7	—	13	937	43	89	—	7	11	19	37	—	167	787	7	13	29	1277	79	11	—	7
21	11	—	—	—	31	7	13	593	—	—	17	11	7	113	—	—	43	37	19	7	—	137	11	23	—	727	7	17	811	571
23	7	—	—	11	13	—	29	7	—	19	—	—	241	967	7	—	17	13	43	—	1229	7	1321	523	233	11	1093	197	7	31
27	13	263	1291	—	7	—	53	—	419	11	19	7	—	13	101	311	367	23	7	191	11	71	43	29	—	7	13	—	17	19
29	17	11	—	193	—	181	7	79	—	179	233	13	11	7	—	23	—	17	—	113	7	—	—	11	13	97	—	7	229	599
33	—	—	19	7	—	29	47	11	—	—	7	23	17	—	37	653	101	7	11	—	13	19	113	227	7	—	89	79	43	11
39	277	13	7	179	257	11	67	—	41	7	—	181	31	17	13	—	7	—	101	61	—	—	263	7	359	—	—	11	23	347
41	379	—	17	23	7	599	31	—	11	—	29	7	13	797	—	59	47	—	7	11	109	—	—	19	277	7	23	433	113	71
47	47	433	59	7	89	683	11	239	1283	—	7	—	—	53	—	19	—	7	79	13	17	29	331	97	7	—	569	—	11	37
51	7	11	13	43	—	47	—	7	—	29	—	887	11	59	7	13	19	—	103	443	557	7	101	11	139	53	41	349	7	439
53	13	31	7	29	11	43	—	19	—	7	191	—	—	13	23	11	7	941	—	131	89	17	—	7	—	—	11	199	—	41
57	59	89	—	863	—	379	7	569	19	13	11	—	131	7	—	—	17	307	67	127	7	11	13	—	101	83	—	7	71	107
59	359	7	11	—	—	17	—	13	7	137	—	43	661	11	29	7	—	—	19	71	13	—	7	61	11	—	37	—	—	7
63	17	71	29	13	23	7	—	—	11	—	—	277	7	349	107	43	13	17	839	7	47	—	67	—	—	37	7	23	—	13
69	—	17	577	—	7	37	11	151	—	1063	13	7	41	29	163	31	313	11	7	—	103	23	—	13	—	7	53	—	11	181
71	—	61	19	—	—	67	7	17	13	11	—	389	401	7	—	41	—	271	—	23	7	13	—	37	17	—	691	7	—	983
77	—	—	13	37	—	7	—	11	17	67	79	73	7	19	47	13	179	811	11	7	401	281	31	—	41	17	7	—	13	11
81	181	—	7	17	251	83	29	59	1373	7	31	13	—	11	19	191	7	—	—	47	17	173	—	7	11	—	271	163	1229	—
83	29	—	163	113	7	11	173	23	647	13	1171	7	—	67	151	53	11	—	7	97	37	—	13	—	19	7	17	11	401	29
87	11	7	—	23	17	13	19	—	7	251	179	11	—	—	—	7	151	29	13	37	—	17	7	31	—	19	23	53	73	7
89	37	23	331	7	—	419	—	1187	317	421	7	29	—	211	11	379	13	7	1423	—	—	—	—	—	7	11	71	17	—	13
93	7	—	43	—	—	17	—	7	71	11	443	79	13	—	7	587	233	19	239	151	11	7	17	—	—	13	—	547	7	827
99	—	—	233	—	131	—	7	11	43	19	29	—	461	7	23	113	37	—	11	13	7	—	151	17	89	—	521	7	19	11

	219 90	93	96	219 99	220 02	05	08	11	14	17	20	23	26	29	32	35	38	41	44	47	50	53	56	59	62	65	68	71	74	77
01	7	13	—	11	29	37	23	7	—	19	137	827	—	1289	7	47	—	17	139	—	—	7	79	401	43	11	1327	13	7	23
07	23	11	241	—	—	53	7	—	13	—	—	127	11	7	313	29	—	—	17	467	7	13	37	11	—	—	461	7	61	587
11	251	—	19	7	13	41	—	11	1319	—	7	—	—	17	—	31	—	7	11	23	—	19	—	—	7	67	—	89	—	11
13	151	—	13	79	67	7	—	59	41	31	11	—	7	—	73	13	131	23	233	7	—	11	—	53	227	—	7	—	13	—
17	389	37	7	—	—	11	—	431	—	7	241	13	—	19	17	101	7	—	59	577	—	257	—	7	13	—	—	11	31	67
19	839	113	503	17	7	211	61	—	11	13	—	7	163	—	47	—	239	41	7	11	17	—	13	19	—	7	—	—	643	—
23	53	7	—	11	113	13	—	23	7	—	31	193	1223	—	11	7	773	101	13	47	—	—	7	41	19	11	—	—	—	7
29	7	11	—	47	79	127	409	7	61	43	—	—	11	—	7	251	17	331	53	83	1471	7	—	11	23	13	—	—	7	461
31	1201	29	7	—	11	17	—	19	—	7	13	43	—	—	79	11	7	31	—	—	—	71	17	7	53	163	11	59	—	47
37	701	7	11	41	13	—	17	—	7	—	103	73	29	11	59	7	23	13	19	—	67	359	7	17	11	523	241	149	—	7
41	13	17	563	—	107	7	—	181	11	41	—	—	7	13	151	—	1117	449	17	7	229	43	467	101	191	59	7	109	—	29
43	7	59	—	683	811	—	—	7	—	—	19	11	31	37	7	151	—	—	—	109	—	7	11	29	13	—	—	—	7	19
47	31	1063	17	109	7	1091	11	13	449	359	—	7	37	—	1031	79	173	11	7	17	13	1069	113	—	—	7	97	43	11	23
49	349	173	19	281	23	13	7	—	17	11	—	71	61	7	—	97	—	—	13	1321	7	19	—	—	—	17	211	7	47	43
53	23	13	—	7	11	641	379	491	137	73	7	523	829	31	13	11	—	7	—	149	17	—	19	23	7	61	11	13	743	37
59	601	103	7	—	17	167	719	1279	13	7	1019	—	929	11	19	—	7	23	313	—	—	13	—	7	11	—	31	—	139	101
61	—	—	—	—	7	11	13	—	53	—	17	7	89	—	257	23	11	—	7	13	31	59	—	787	19	7	—	11	71	809
67	13	71	31	7	43	421	—	37	59	23	7	17	149	13	11	83	19	7	137	—	—	593	—	743	7	11	13	47	17	457
71	7	—	809	—	1277	23	17	7	43	11	149	—	433	41	7	—	109	19	—	59	11	7	13	17	601	73	29	—	7	151
73	101	11	7	23	337	389	—	13	19	7	43	47	11	—	103	31	7	—	—	—	13	—	659	7	37	347	23	19	601	17
77	—	—	67	13	—	—	7	11	29	19	—	—	—	7	43	127	13	—	11	421	7	107	23	37	17	89	—	7	19	11
79	19	7	29	—	37	83	149	137	7	53	11	—	1129	17	13	7	43	79	61	19	23	11	7	1303	73	41	127	13	31	7
83	47	19	—	37	149	7	67	—	17	619	13	953	7	—	409	1109	11	—	—	7	19	53	97	13	—	17	7	11	—	—
89	479	29	—	11	7	—	—	—	—	17	23	7	19	—	11	—	—	13	7	—	37	—	1153	—	431	7	17	751	—	31
91	149	37	13	19	—	—	7	—	23	661	47	—	1103	7	—	13	103	11	347	331	7	241	19	31	29	—	179	7	11	—
97	131	139	23	113	11	7	29	—	71	13	53	41	7	—	19	11	17	—	37	7	439	109	13	293	—	23	7	—	79	1301

	219 91	94	219 97	220 00	03	06	09	12	15	18	21	24	27	30	33	36	39	42	45	48	51	54	57	60	63	66	69	72	75	78
01	89	—	7	73	—	13	113	—	—	7	11	17	487	59	—	19	7	37	13	223	97	11	53	7	31	—	—	—	17	241
03	17	227	11	13	7	—	19	—	181	97	101	7	—	11	—	1297	13	17	7	23	41	73	—	317	11	7	139	—	53	13
07	59	7	271	193	—	29	31	19	7	—	1321	—	13	—	617	7	89	—	—	11	—	683	7	157	263	13	19	137	199	7
09	11	17	73	7	1171	—	—	—	743	47	7	11	101	23	521	37	223	7	17	—	811	—	11	13	7	71	—	233	29	41
13	7	157	463	—	—	53	11	7	863	23	757	—	—	17	7	113	29	11	19	13	—	7	—	569	199	—	67	—	7	79
19	13	31	—	23	11	—	7	227	—	373	19	—	—	7	17	11	137	439	97	73	7	283	—	53	1291	—	11	7	—	19
21	—	7	61	17	—	—	41	11	7	59	—	13	37	619	281	7	101	—	11	—	17	29	7	—	13	—	31	—	1033	7
27	7	—	157	29	17	11	677	7	31	—	89	277	19	67	7	41	11	1423	13	—	79	7	967	821	—	—	—	11	7	37
31	11	13	179	—	7	137	53	59	—	103	—	7	199	19	13	—	17	83	7	—	29	41	11	—	—	7	—	13	37	—
33	—	—	733	11	19	17	7	223	—	37	—	—	13	7	11	—	—	67	251	—	7	31	17	19	41	11	89	7	509	—
37	17	593	29	7	163	19	983	89	13	11	7	—	83	659	—	—	97	7	—	479	11	13	409	367	7	317	—	—	—	271
39	937	11	—	31	—	7	13	787	—	—	—	—	7	443	307	19	—	293	173	7	—	67	101	11	337	29	7	167	—	23
43	—	17	7	—	199	—	—	11	—	7	331	509	821	29	71	13	7	—	11	—	881	79	31	7	677	23	—	—	13	11
49	43	7	17	—	31	11	—	41	7	13	—	103	47	—	1087	7	11	163	1459	17	—	—	7	1051	29	—	157	11	—	7
51	—	313	43	7	—	—	239	13	11	1049	7	—	229	53	—	73	—	7	19	11	13	—	277	37	7	17	101	—	83	31
57	29	13	7	37	137	—	11	971	43	7	19	23	79	—	13	—	7	11	—	41	—	1381	47	7	—	—	17	13	11	19
61	607	11	37	—	17	—	7	23	167	1427	13	19	11	7	—	—	—	29	—	131	7	17	—	11	997	41	173	7	—	—
63	—	7	19	571	11	23	47	653	7	1151	17	29	—	—	43	7	—	89	83	—	37	13	7	491	31	—	11	17	23	7
67	919	23	127	19	13	7	—	443	53	383	11	47	7	73	—	229	—	13	43	7	—	11	17	1097	23	227	7	347	29	433
69	7	263	11	—	—	107	31	7	311	197	—	17	547	11	7	13	—	—	367	983	43	7	23	59	11	—	—	—	7	631
73	—	1259	41	433	7	—	17	—	11	277	29	7	97	79	19	—	—	—	7	11	719	71	571	17	13	7	53	—	167	—
79	—	—	487	7	997	13	11	17	113	179	7	41	23	—	269	—	37	7	13	233	109	29	—	499	7	19	47	—	11	—
81	—	31	—	13	443	7	—	—	—	11	23	293	7	17	41	29	13	709	1093	7	11	—	263	—	1021	—	7	—	—	13
87	—	547	863	61	7	197	—	11	19	911	13	7	—	—	17	53	1217	283	7	—	—	—	—	13	—	7	29	19	—	11
91	23	7	11	499	—	257	13	127	7	17	73	67	—	11	29	7	61	113	—	13	353	523	7	23	11	863	17	53	19	7
93	19	43	71	7	13	11	—	—	29	563	7	—	—	421	—	17	11	7	127	19	47	23	—	—	7	281	—	11	73	—
97	7	19	1231	211	—	43	—	7	—	—	17	11	—	13	7	31	—	23	—	1103	19	7	11	—	563	29	13	17	7	—
99	41	—	7	11	47	—	941	43	—	7	317	13	—	—	11	23	7	59	131	29	—	229	—	7	13	11	—	—	103	727

	219 92	95	219 98	220 01	04	07	10	13	16	19	22	25	28	31	34	37	40	43	46	49	52	55	58	61	64	67	70	73	76	79
03	—	1367	—	—	—	79	7	13	—	11	37	17	19	7	—	431	—	103	—	67	7	—	—	—	—	401	113	7	17	1409
09	—	13	137	769	19	7	1297	11	97	109	31	613	7	1439	13	41	—	43	11	7	1481	89	197	19	307	—	7	13	23	11
11	7	17	67	23	31	—	991	7	37	—	11	—	13	—	7	—	—	829	17	43	61	7	233	137	1373	13	23	—	7	—
17	—	239	17	47	181	—	7	—	11	61	691	—	—	7	463	1279	607	31	761	11	7	199	179	29	—	19	—	7	—	—
21	—	—	13	7	1129	31	347	19	47	—	7	29	631	—	11	13	23	7	71	103	1483	—	61	—	7	11	19	—	13	43
23	13	—	—	17	—	7	11	1033	—	71	67	599	7	13	23	—	—	11	—	7	17	1087	—	—	59	—	7	—	11	223
27	977	11	7	599	37	—	97	—	—	7	23	61	11	379	—	17	7	—	19	1181	83	—	13	7	211	349	1259	1013	829	53
29	—	—	439	191	7	—	359	13	23	19	167	7	31	199	67	11	29	647	7	—	13	17	37	397	—	7	11	—	19	—
33	31	7	—	13	23	173	—	271	7	—	11	—	317	—	—	7	13	—	349	—	—	11	7	47	131	—	—	23	—	7
39	7	37	19	—	43	—	—	7	11	59	13	349	53	31	7	29	—	17	193	11	—	7	—	13	—	541	—	79	7	—
41	11	457	7	—	—	199	17	31	13	7	131	11	19	—	—	—	7	—	53	23	389	13	11	7	—	—	61	193	127	1061
47	—	7	13	73	19	—	263	17	7	11	1481	—	43	23	—	7	—	47	—	1429	11	—	7	19	17	—	67	—	13	7
51	83	293	17	269	11	7	—	389	29	23	421	13	7	263	107	11	43	521	—	7	—	—	47	—	13	71	7	—	61	—
53	7	47	29	—	61	487	241	7	17	13	—	157	—	—	7	19	37	—	11	—	239	7	13	—	—	17	83	911	7	11
57	1033	167	11	17	7	13	47	—	191	—	113	7	—	11	—	37	19	61	7	29	17	31	43	103	11	7	23	—	181	59
59	127	23	—	13	—	11	7	19	41	17	1231	—	—	7	1361	31	11	419	—	53	7	83	191	379	23	—	17	7	607	13
63	11	29	97	7	17	—	61	211	19	479	7	11	13	—	41	—	59	7	—	461	23	17	11	—	7	13	733	19	43	—
69	19	383	7	59	661	17	13	457	—	7	—	653	29	—	23	71	7	—	—	13	11	47	17	7	—	—	—	—	821	—
71	47	11	53	491	7	—	29	—	—	—	19	7	11	823	1193	—	—	13	7	1367	563	1237	577	11	—	7	41	1031	17	19
77	—	—	19	7	953	—	23	229	—	—	7	13	17	—	—	—	—	7	—	—	53	11	97	31	7	59	499	—	—	17
81	7	373	23	19	67	11	197	7	—	37	677	31	941	157	7	1447	11	73	919	691	13	7	19	1361	17	23	—	11	7	—
83	23	83	7	41	—	13	—	673	11	7	61	—	59	17	—	47	7	—	13	11	—	211	—	7	—	—	971	37	29	—
87	233	13	853	11	101	71	7	—	17	41	—	—	937	7	11	—	29	787	—	23	7	—	—	59	31	11	37	—	337	—
89	1453	7	—	53	—	19	11	37	—	—	29	43	13	—	—	7	73	11	31	677	137	—	7	—	19	13	107	—	11	7
93	109	11	—	—	47	7	19	—	—	17	59	1301	7	23	17	43	107	—	41	7	—	13	—	11	—	19	7	29	211	—
99	—	61	13	—	7	—	—	23	101	29	11	7	—	971	541	13	67	19	7	31	797	11	71	37	—	7	—	17	13	173

	22080	83	86	89	92	95	22098	22101	04	07	10	13	16	19	22
01 07 11 13 17	89 43 13 47 7	41 401 7 19 17	— 233 29 11 19	29 73 127 7 827	17 7 43 — —	7 17 — 293 47	11 317 — 17 23	131 — 593 179 7	— — 7 — 11	61 19 617 37 157	13 41 11 7 43	607 7 61 13 137	7 149 23 349 —	419 139 13 11 29	113 29 283 127 7
19 23 29 31 37	11 23 71 7 13	— 13 149 — —	7 17 41 449 —	79 67 17 — 37	23 149 11 — 61	13 — 7 41 11	149 7 29 13 7	17 853 67 7 19	— 1427 13 — —	7 — — 17 23	— — — 157 17	11 31 — 433 29	19 — 7 271 53	— 7 — — 7	— 13 — 7 41
41 43 47 49 53	11 1283 19 37 — 7	293 — 31 11 7	37 — 7 563 —	7 11 13 — 43	443 167 89 7 —	17 7 — — 251	— — 17 — —	— 13 — 883 11	19 71 — 619 7	13 — 7 331 227	7 137 29 19 13	11 17 — 7 19	577 7 — 11 1033	— 31 — 929 —	— 11 — 13 31
59 61 67 71 73	7 — — — 7	113 337 7 11 107	— 7 23 47 503	19 197 31 101 13	13 223 — 193 11	11 521 19 7 461	41 67 11 19 1451	7 — 113 — 7	17 11 7 53 —	43 7 13 373 —	23 — 61 17 139	— 43 — 709 —	157 227 — 7 131	127 19 — 37 73	7 17 37 — 7
77 79 83 89 91 97	— 17 — 13 — —	— 29 41 19 23 —	151 11 — 7 17 —	— 151 7 23 — 7	7 373 — — 7 43	101 — 151 — 71 13	601 7 13 11 — 31	29 — 79 — 181 11	— 19 11 151 37 —	— — 19 7 11 —	11 13 7 41 613 7	7 37 89 73 7 47	13 47 17 — 503 97	— 7 — 13 41 —	— 97 199 71 941 —

	25	28	31	34	37	40	43	46	49	52	55	58	61	64	67
01 07 11 13 17	31 11 7 257 359	233 23 31 523 —	11 13 17 7 191	— 7 — — 17	7 349 — 41 11	— — — 19 13	17 1061 11 541 7	23 17 7 223 1399	13 — — 17 449	— 109 — 7 —	— 7 1093 29 41	7 11 13 521 113	— 359 257 — —	11 19 37 — 7	— 37 7 449 23
19 23 29 31 37	— — 11 19 —	7 43 223 — 11	401 11 23 193 —	13 — 1229 11 281	1033 17 7 13 127	449 7 17 131 7	— 653 13 7 997	11 — 43 311 —	7 23 — 31 —	17 29 19 43 —	83 37 — — —	37 — 7 17 13	23 7 1187 1427 7	41 11 1061 7 —	107 89 — 11 1181
41 43 47 49 53	67 103 — 307 7	569 173 7 73 23	7 — — 59 563	— 19 — 7 11	31 7 19 761 337	41 13 11 23 89	271 — 1361 — 29	11 29 23 1373 7	— 41 7 11 13	7 139 373 263 17	— 11 — 7 409	179 7 — 31 —	19 — 317 13 —	23 17 197 337 59	97 — 13 17 7
59 61 67 71 73	59 13 7 — 11	11 7 107 — 13	13 103 11 — 1367	479 — 41 13 —	— 11 571 7 23	331 277 241 251 —	7 31 — 23 7	19 — 7 31 1109	— 7 — 11 43	181 127 19 41 59	17 — 23 19 —	733 29 — 7 11	11 — — 17 41	7 13 11 — 7	— — 7 379 13
77 79 83 89 91 97	23 — 167 — 53 313	— 113 — 7 — 61	19 17 7 11 — 7	7 67 29 — 7 11	307 103 11 — 17 1303	— 7 197 19 11 17	11 — — 487 307 103	269 — 59 83 — 19	— 13 — 7 29 —	— 11 7 211 13 7	7 367 — 167 7 37	53 821 491 13 67 547	43 7 83 37 47 —	17 — 19 11 229 311	— 31 17 29 73 11

	22081	84	87	90	93	96	22099	22102	05	08	11	14	17	20	23
01 03 07 09 13	7 — 11 823 17	13 127 — 7 —	11 7 — — 13	— — 1187 11 —	19 17 29 1103 —	— 11 — 17 7	— — 7 13 —	7 857 31 — 19	43 — 13 7 73	— 7 727 641 11	103 43 53 — 173	823 233 11 — —	83 13 — 317 7	11 — 7 — 1181	7 19 43 11 281
19 21 27 31 33	67 239 — — 113	17 — 13 — 379	31 353 29 7 433	59 1399 — 11 311	7 109 — — 7	557 229 7 — 23	1423 7 127 — 11	11 13 — 23 —	1237 — 11 67 13	13 19 31 7 17	1433 11 — 13 1481	7 163 23 347 7	103 71 7 337 19	1171 7 563 1039 29	41 — 13 11 —
37 39 43 49 51 57	41 53 7 127 11 7	7 — 467 109 7 53	— 13 181 61 — —	113 7 — — 13 67	13 11 — 347 947 23	73 — 17 13 1181 107	— — 257 7 97 —	1109 139 7 — 19 7	7 83 1117 31 7 251	— 353 41 89 — 11	31 7 11 131 23 13	71 — 13 269 11 1091	11 89 29 23 17 31	19 — 61 7 — 17	47 461 7 — — 7
61 63 67 69 73 79	19 101 13 757 11 43	773 — — 73 — 7	73 331 11 19 7 —	— — 7 89 19 —	7 13 41 97 59 809	— — — 7 127 23	13 7 — 61 37 —	— 11 — 31 13 —	17 — — — — 7	37 1163 17 71 7 11	— 19 7 1487 17 —	7 409 19 13 11 17	1069 79 523 7 47 —	53 7 11 — 41 79	— 17 661 229 109 13
81 87 91 93 97 99	17 1483 409 13 37 7	11 17 — 7 — 193	31 7 13 17 — —	7 839 31 53 11 17	37 419 227 79 179 137	19 — 11 — 7 —	101 13 7 — — 11	— — — 29 — 7	— 43 — 7 41 23	— 7 — 397 13 311	7 11 1303 101 23 31	— 199 47 — 59 41	11 — 43 — 7 61	— 59 7 13 — —	29 — — 23 11 7

	26	29	32	35	38	41	44	47	50	53	56	59	62	65	68
01 03 07 09 13	17 151 19 7 13	47 7 17 43 59	— — 151 — 17	79 59 61 107 347	719 31 929 13 7	— — 7 1039 11	7 17 13 89 31	29 71 11 7 —	19 7 107 — —	11 — — — —	31 13 283 11 23	— — 1367 47 7	13 11 7 29 —	7 79 1279 271 13	61 — 59 7 977
19 21 27 31 33	47 241 — — —	1453 — 733 7 37	811 23 53 541 11	7 1429 83 — 7	23 37 7 29 —	1483 7 19 17 79	71 11 337 19 13	13 331 61 — 31	151 83 191 7 947	— 17 — 73 163	7 181 17 11 7	29 — 7 — 17	193 7 13 — 307	— 19 433 31 11	11 — 263 53 71
37 39 43 49 51 57	7 11 367 1097 7 —	491 — 67 19 13 353	13 7 — 97 29 271	— 1409 23 13 — 19	— — — 11 71 59	— 269 1487 7 107 11	17 1049 7 79 41 7	7 23 17 — 7 —	11 19 31 17 — 13	23 7 13 — — 1447	101 — 109 107 — 397	641 11 — — 19 173	— 17 101 7 103 23	1049 13 7 71 — 7	7 — 223 47 7 —
61 63 67 69 73 79	11 — 97 17 — 7	29 — — 11 7 —	461 13 7 797 691 —	7 11 71 251 103 73	13 53 — 7 61 827	— 7 223 — 13 11	113 23 677 19 — —	— 1327 179 613 11 7	23 47 — 199 7 37	859 487 7 13 293 —	7 31 — — — 1123	11 — 13 7 31 —	739 7 29 11 17 13	67 — 47 — 1297 17	— 11 991 103 — 7
81 87 91 93 97 99	199 31 13 7 53 —	379 7 11 1237 31 71	7 73 19 — 139 11	659 17 — — 43 29	67 13 — 11 7 19	53 23 7 — 263 13	— 11 — — 379 7	47 293 — 7 13 157	11 7 61 — — —	7 — 59 — 29 —	13 29 — — 11 —	23 — — 13 7 —	— — 7 19 109 —	251 — 13 31 19 7	617 — 1109 7 — 599

	22082	85	88	91	94	22097	22100	03	06	09	12	15	18	21	24
03 09 11 17 21	— 359 647 11 269	11 937 397 — 7	— — 11 13 349	13 7 19 — 41	7 — 53 7 —	— 79 7 — —	29 — — 17 11	— — 467 59 —	521 1283 13 — 7	— 599 269 877 23	83 7 — — 29	7 31 29 7 13	11 19 7 — —	1063 1327 11 23 439	587 61 73 19 —
23 27 29 33 39	31 7 — 929 11	43 941 23 31 317	— 17 7 11 —	7 23 13 17 163	29 11 257 1031 17	661 13 53 71 7	19 — — 7 13	17 7 11 — 97	— 281 17 — 37	11 47 7 67 —	7 — 587 — 19	113 37 967 43 11	37 41 853 13 7	— — 31 7 67	239 7 — — 23
41 47 51 53 57	7 229 307 23 —	19 11 509 29 13	313 — 23 — 7	11 157 7 31 1373	13 — — 19 —	— — 37 7 11	83 7 17 — —	7 — 11 — 17	29 211 — — 79	107 — 31 821 7	17 167 7 11 —	— 13 — 773 —	23 11 59 7 293	— 7 19 — —	7 — 89 — 13
59 63 69 71 77	— 29 7 13 —	— 7 11 139 7	47 37 13 7 11	37 11 — — —	7 31 43 11 617	— — — 23 41	— 1061 — 43 —	907 47 7 — 13	11 7 19 59 7	— — 17 7 —	— — — 293 19	7 — 29 31 —	13 71 11 67 43	17 23 — 13 11	131 11 7 — —
81 83 87 89 93 99	— 7 79 569 139 23	— 13 107 17 97 239	53 19 — — — 7	13 761 19 — 7 53	29 — 7 113 11 —	7 73 — — — 47	47 31 11 7 23 19	— 7 — — 31 1301	11 53 389 13 241 29	1381 — — 11 — 7	— 109 13 23 7 1213	17 11 7 191 — 13	7 — 17 — — 443	— — — 7 17 11	397 7 — 37 19 17

	27	30	33	36	39	42	45	48	51	54	57	60	63	66	69
03 09 11 17 21	17 — 37 13 7	13 17 101 653 389	37 7 — — 11	7 — 317 7 17	193 283 7 409 401	19 — 59 47 —	599 11 13 — —	547 103 17 11 7	11 13 — 17 89	43 7 11 — 13	7 919 211 7 47	47 41 7 83 —	23 — 163 — —	— — — 13 11	13 — 41 — 7
23 27 29 33 39	— 11 29 983 419	227 79 7 — —	7 — 19 53 43	— 13 11 19 1091	— 17 433 — 7	11 173 1063 7 61	83 7 463 41 17	13 — 101 — 11	281 — 7 — 113	7 103 23 11 47	19 313 17 13 757	127 11 79 229 7	— 401 443 7 823	727 7 — 37 619	61 947 11 107 19
41 47 51 53 57	139 — 1307 — 211	1277 823 163 — 7	13 — 7 — 383	509 — 11 13 29	43 29 769 7 23	19 7 13 167 —	7 31 67 11 443	811 — 971 1223 31	— 11 17 19 7	631 13 7 53 17	11 43 23 269 67	37 — 571 7 —	17 7 — 73 11	7 17 131 — —	— 23 11 17 —
59 63 69 71 77	19 7 13 11 7	31 19 — 7 17	23 — 31 47 37	7 353 593 19 —	11 — 37 — —	829 191 — — 13	— 13 7 — 389	977 7 — 197 7	— — 11 7 —	61 — — — 11	7 11 73 53 —	499 233 17 11 107	— — 19 409 —	— 103 7 23 719	241 7 — 149 7
81 83 87 89 93 99	— — 29 709 11 149	13 23 181 47 — 7	— 17 11 — 7 —	23 43 7 17 83 —	7 — 907 31 71 281	— 67 41 7 131 31	1259 7 89 13 47 —	421 11 19 383 73 659	— 149 13 41 — 7	149 179 — 43 7 11	353 — 7 — — 19	7 — — 53 11 59	463 13 — 7 1087 —	17 7 11 59 43 —	13 347 17 — 23 —

	221 70	73	76	79	82	85	88	91	94	221 97	222 00	03	06	09	12
01	—	—	29	7	—	641	13	43	17	11	7	—	41	439	163
07	13	463	7	—	—	83	—	11	449	7	—	—	1063	13	487
11	—	29	11	—	17	23	7	—	—	13	53	—	79	7	179
13	83	7	89	23	—	11	59	13	7	19	17	31	229	—	107
17	11	—	—	13	107	7	127	—	173	1433	19	11	7	—	—
19	7	13	137	11	—	—	29	7	73	577	1481	17	571	—	7
23	—	97	19	241	7	—	17	—	—	11	13	7	31	—	919
29	—	—	197	7	13	29	491	11	907	61	7	53	37	19	—
31	1231	967	13	401	19	7	—	109	23	—	11	—	7	17	—
37	43	31	23	941	7	71	—	—	11	13	29	7	461	59	17
41	—	7	—	11	43	13	827	—	7	17	—	127	199	—	11
43	53	—	—	7	211	73	11	19	419	1031	7	1039	—	431	31
47	7	11	31	—	1201	—	191	7	19	29	17	59	11	1289	7
49	—	—	7	29	11	—	991	37	—	7	13	—	43	23	—
53	19	263	257	383	71	787	7	—	41	23	11	17	—	7	—
59	13	—	29	23	47	7	89	463	11	347	—	19	7	13	—
61	7	17	19	131	37	—	—	7	—	271	293	11	—	—	7
67	—	269	17	—	31	13	7	29	—	11	701	—	71	7	47
71	137	113	—	7	11	67	—	83	—	—	7	103	—	—	13
73	—	37	—	17	587	7	79	11	1249	—	—	—	7	—	—
77	37	193	7	41	—	31	19	—	13	7	—	1439	971	11	823
79	29	—	53	1307	7	11	13	547	1117	179	193	7	331	—	409
83	11	7	13	43	—	—	—	—	7	641	—	11	41	67	53
89	7	439	389	179	—	251	293	7	—	11	—	—	181	103	7
91	19	11	7	—	601	1217	17	13	—	7	1487	43	11	719	59
97	67	7	1093	53	29	—	—	17	7	—	11	19	—	83	13

	15	18	21	24	27	30	33	36	39	42	45	48	51	54	57
01	23	31	7	109	13	11	421	307	—	7	17	—	—	—	—
07	—	7	19	11	59	—	41	—	7	829	—	13	—	—	11
11	—	1291	31	19	107	7	17	13	—	11	131	1409	7	23	691
13	7	11	47	61	43	13	101	7	389	29	—	23	11	19	7
17	37	13	59	1129	7	1483	—	11	43	71	—	7	313	53	13
19	67	293	127	89	—	19	7	1097	97	31	11	1163	13	7	1229
23	—	23	—	7	—	11	19	—	13	199	7	757	—	643	43
29	89	—	7	11	—	199	—	641	79	7	31	307	739	—	11
31	13	41	53	103	7	—	11	—	19	—	683	7	101	13	821
37	19	—	181	7	11	—	97	13	—	73	7	—	67	269	101
41	7	19	—	13	—	31	23	7	809	59	11	17	29	359	7
43	17	13	7	—	23	—	29	127	—	7	1453	19	37	11	13
47	23	—	—	821	269	—	7	137	11	—	13	37	17	7	—
49	11	7	827	19	139	103	953	71	7	131	1091	11	31	1433	—
53	31	43	131	467	13	7	11	73	113	353	—	61	7	17	—
59	61	—	41	421	7	—	179	43	37	—	—	7	—	31	17
61	263	—	563	17	—	41	7	11	311	13	29	—	157	7	113
67	—	281	—	13	17	7	37	103	—	—	—	—	7	773	41
71	11	—	7	59	47	37	—	—	31	7	—	11	13	97	—
73	673	557	31	11	7	17	137	—	—	19	13	7	—	—	11
77	17	7	—	—	73	1489	13	—	7	11	19	79	—	853	—
79	389	11	163	7	13	—	17	—	223	—	7	—	11	83	23
83	7	17	19	31	—	569	—	7	—	—	23	1151	—	13	7
89	—	—	17	47	23	11	7	13	331	—	1069	97	443	7	157
91	37	7	23	83	19	13	—	29	7	41	31	—	521	—	—
97	7	601	43	107	71	929	11	7	479	17	—	—	13	47	7

	221 71	74	77	80	83	86	89	92	95	221 98	222 01	04	07	10	13
01	—	71	17	—	139	7	—	23	107	—	13	1019	7	881	—
03	7	41	751	19	67	23	—	7	11	379	769	—	37	1213	7
07	—	23	643	11	7	—	—	41	31	—	911	7	751	—	11
09	227	—	13	83	127	—	7	—	67	17	41	—	277	7	19
13	—	11	509	7	17	—	109	—	—	—	7	13	11	607	29
19	311	691	7	31	—	13	163	19	37	7	11	—	23	—	379
21	1489	—	11	13	7	—	193	—	59	79	23	7	977	11	—
27	11	29	503	7	23	223	37	631	—	19	7	11	17	239	1109
31	7	181	41	331	—	37	11	7	43	—	19	—	—	—	7
33	151	19	7	173	13	41	—	829	131	7	43	683	29	17	—
37	13	131	19	—	11	239	7	1429	17	761	79	31	257	7	43
39	257	7	739	37	—	31	521	11	7	—	47	13	19	199	17
43	—	—	11	523	—	7	—	13	—	17	107	23	7	11	—
49	11	13	—	317	7	19	31	367	151	—	17	7	—	499	13
51	31	79	59	11	—	199	7	—	—	61	—	157	13	7	11
57	17	11	—	—	431	7	13	19	—	47	—	—	7	31	127
61	59	31	7	101	—	1051	41	11	19	7	887	61	17	—	47
63	13	17	193	—	7	—	71	97	—	29	11	7	1051	13	23
67	19	7	67	—	—	11	—	1381	7	13	23	—	509	17	31
69	109	809	17	7	1289	—	—	13	11	—	7	373	79	—	37
73	7	—	—	11	23	83	67	7	29	443	1193	19	—	37	7
79	83	11	—	19	173	71	7	—	127	31	13	—	11	7	—
81	—	7	367	31	11	89	73	—	7	—	281	37	197	19	—
87	7	103	11	251	41	17	443	7	53	—	—	857	—	11	7
91	17	—	89	—	7	—	19	349	11	23	41	7	29	101	—
93	11	—	181	—	233	331	7	23	37	13	—	11	491	7	157
97	349	17	337	7	73	13	11	37	167	163	7	—	47	—	97
99	—	23	—	13	79	7	—	17	19	11	—	31	7	251	—

	16	19	22	25	28	31	34	37	40	43	46	49	52	55	58
01	53	11	857	—	7	—	29	—	13	601	67	7	11	—	89
03	29	191	—	—	11	31	7	19	43	443	17	103	—	7	613
07	103	—	13	7	659	17	—	241	19	23	7	—	43	179	67
09	13	—	11	—	—	7	1301	23	—	181	61	17	7	11	37
13	19	41	7	23	991	—	17	—	11	7	251	127	751	37	1097
19	211	7	—	13	—	—	11	17	7	523	29	19	61	617	—
21	661	13	19	7	29	317	—	53	89	11	7	37	—	17	13
27	937	179	7	—	1009	67	199	11	13	7	—	71	23	19	17
31	—	—	11	29	13	89	7	—	23	17	113	—	—	7	19
33	—	7	13	—	797	11	23	409	7	67	—	47	—	—	—
37	11	463	23	—	109	7	19	37	—	—	17	11	7	631	29
39	7	43	—	11	—	79	1283	7	29	13	271	—	281	59	7
43	47	—	—	—	7	13	—	—	499	11	71	7	263	—	73
49	227	—	—	7	37	—	—	11	1033	19	7	43	13	23	41
51	19	17	—	137	643	7	—	911	541	379	11	23	7	43	—
57	—	419	17	227	7	23	—	—	11	53	—	7	29	—	509
61	13	7	241	11	181	—	103	—	7	269	—	—	19	13	11
63	151	197	—	7	463	—	11	503	—	109	7	13	—	—	—
67	7	11	151	—	19	193	—	7	619	—	—	29	11	—	7
69	—	—	7	41	11	13	—	59	—	7	—	—	—	—	19
73	—	13	—	—	53	151	7	—	—	41	11	139	23	7	13
79	17	97	257	—	29	7	23	19	11	—	—	—	7	—	—
81	7	—	—	1151	23	577	13	7	383	151	—	11	227	—	7
87	13	31	—	233	1373	—	7	17	47	11	—	—	151	7	—
91	599	—	17	7	11	53	109	71	73	13	7	—	37	47	151
93	113	19	—	—	—	7	—	11	17	1291	1427	53	7	—	31
97	101	—	7	13	41	—	—	67	29	7	103	23	131	11	683
99	—	13	29	—	7	11	—	41	—	17	37	7	19	—	13

	221 72	75	78	81	84	87	90	93	96	221 99	222 02	05	08	11	14
03	239	—	7	53	11	29	283	307	181	7	—	—	13	127	—
09	43	7	11	17	37	—	13	—	7	563	—	263	31	11	23
11	—	83	43	7	13	11	31	353	191	17	7	19	23	—	—
17	—	97	7	11	197	467	23	317	41	7	17	13	89	67	11
21	613	37	23	—	19	17	7	13	—	11	109	—	43	7	41
23	23	7	109	29	—	13	—	—	7	—	53	17	11	479	19
27	593	13	71	—	—	7	17	11	397	89	673	—	7	—	13
29	7	379	—	—	—	47	19	7	—	107	11	—	13	—	7
33	—	61	29	1103	7	11	—	17	13	421	47	7	839	23	—
39	41	—	13	7	—	53	—	23	17	—	7	—	—	29	11
41	13	—	1163	41	137	7	11	29	—	19	71	53	7	13	17
47	—	19	491	89	7	131	277	13	—	—	139	7	41	37	—
51	—	7	19	13	—	—	29	—	7	47	11	—	37	647	367
53	29	13	11	7	31	61	409	—	149	—	7	—	19	11	13
57	7	—	—	—	1423	43	53	7	11	71	13	17	23	19	7
59	11	541	7	239	19	149	—	43	13	7	23	11	53	—	—
63	701	227	—	149	13	19	7	61	79	37	—	43	17	7	73
69	23	—	59	67	11	7	97	241	47	139	29	13	7	17	701
71	7	—	17	—	29	—	101	7	—	13	—	107	31	73	7
77	—	—	619	13	109	11	7	—	101	—	—	103	1187	7	457
81	11	—	—	7	1063	229	—	929	—	521	7	11	13	31	1451
83	—	—	47	11	17	7	—	31	—	23	13	59	7	—	11
87	—	—	7	37	97	23	13	47	877	7	227	19	—	—	29
89	61	11	19	23	7	17	523	71	29	349	—	7	11	233	659
93	13	7	137	19	277	461	—	11	7	59	—	1307	—	13	173
99	7	17	61	—	43	11	1181	7	41	—	661	167	613	967	7

	17	20	23	26	29	32	35	38	41	44	47	50	53	56	59
03	11	7	101	167	17	23	—	827	7	37	13	11	59	19	197
09	7	29	—	947	13	17	53	7	1367	11	—	—	47	167	7
11	—	11	7	—	—	—	61	37	251	7	193	17	11	673	149
17	79	7	—	—	31	—	29	19	7	13	11	109	17	251	23
21	—	157	—	—	—	7	—	17	19	149	23	—	7	—	71
23	7	—	41	13	37	71	47	7	11	107	359	317	—	17	7
27	19	577	—	11	7	29	149	53	17	797	101	7	13	—	11
29	137	1381	23	—	—	43	7	—	487	—	13	41	239	7	17
33	—	11	—	7	—	—	13	—	709	17	7	19	11	1373	103
39	13	—	7	19	71	313	197	—	139	7	11	—	—	13	101
41	—	211	11	223	7	47	—	—	—	—	—	7	61	11	67
47	11	61	641	7	691	13	353	23	—	—	7	11	727	—	53
51	7	13	—	23	811	1187	11	7	83	233	1103	—	17	229	7
53	—	17	7	—	89	—	41	—	—	7	—	—	13	—	29
57	—	1459	29	61	11	1277	7	—	13	—	—	—	41	7	37
59	307	7	17	—	47	—	13	11	7	—	1021	—	569	—	—
63	59	89	11	—	157	7	—	337	293	19	—	—	7	11	17
69	11	19	43	31	7	—	173	—	23	13	503	7	409	859	—
71	—	—	71	11	17	167	7	13	—	419	653	19	—	7	11
77	23	11	—	19	—	7	293	61	349	37	31	—	7	863	13
81	17	479	7	1471	19	—	—	11	37	7	13	—	—	—	43
83	383	349	—	—	7	—	17	—	13	83	11	7	233	—	19
87	67	7	—	—	13	11	—	59	7	61	163	31	—	23	113
89	—	—	13	7	83	31	19	17	11	—	7	23	—	—	73
93	7	—	17	11	67	37	379	7	—	—	29	13	—	449	7
99	683	11	283	17	449	13	7	47	67	1039	109	53	11	7	—

	222 60	63	66	69	72	75	78	81	84	87	90	93	96	222 99	223 02	05	08	11	14	17	20	23	26	29	32	35	38	41	44	47
01	—	7	13	53	—	—	—	—	7	431	61	79	11	353	19	7	—	31	1123	47	43	853	7	11	—	—	37	257	13	7
07	7	—	23	47	—	—	19	7	—	13	11	—	29	17	7	113	73	—	—	—	223	7	13	—	—	19	43	—	7	—
11	29	—	67	—	7	11	1429	19	17	—	1439	7	61	569	877	—	11	941	7	—	1489	23	163	173	101	7	19	11	239	29
13	41	—	—	13	—	—	7	—	11	—	1487	—	31	7	17	—	13	19	—	11	7	1033	—	29	—	—	97	7	1279	13
17	31	61	—	7	97	1129	41	—	—	17	7	29	13	—	11	23	269	7	19	—	—	—	37	1009	7	11	17	—	—	—
19	—	—	—	37	53	7	11	—	463	19	13	—	7	23	—	17	—	11	47	7	353	103	59	13	113	31	7	—	11	—
23	—	11	7	—	—	829	13	—	—	7	17	631	11	31	73	41	7	83	—	13	—	—	29	7	—	—	503	17	101	19
29	13	7	19	23	29	43	479	47	7	179	11	17	83	13	67	7	—	—	—	37	59	11	7	—	41	—	13	—	17	7
31	17	23	11	7	—	—	—	43	—	—	7	13	19	11	229	—	61	7	—	—	31	397	317	—	7	—	593	29	—	1297
37	11	17	7	—	19	13	1237	—	—	7	—	11	211	43	197	131	7	37	13	—	—	—	11	7	137	—	1289	353	—	967
41	—	13	83	—	239	19	7	379	131	—	—	1231	103	7	13	—	37	11	61	383	7	31	47	—	19	—	29	7	11	—
43	883	7	17	—	41	—	—	—	7	11	—	193	13	—	—	7	107	271	521	17	11	277	7	53	—	13	—	—	83	7
47	457	71	—	31	11	7	47	61	13	—	41	73	7	331	17	11	19	229	—	7	311	13	109	43	—	—	7	139	—	193
49	7	107	29	17	937	67	13	7	—	1153	1493	—	673	41	7	—	59	—	11	13	17	7	97	83	389	43	19	—	7	11
53	53	—	11	—	7	1381	—	—	19	—	733	7	—	11	—	13	31	823	7	29	—	—	—	293	11	7	271	19	13	43
59	11	29	—	7	—	317	—	—	227	13	7	11	—	—	59	439	17	7	53	19	—	47	11	—	7	491	—	—	41	31
61	47	283	137	11	—	7	823	13	983	71	19	37	7	67	11	—	—	23	—	7	13	587	17	31	29	11	7	—	1249	19
67	43	11	19	1249	7	31	17	—	83	101	953	7	11	—	13	643	—	67	7	—	97	19	179	11	—	7	—	13	37	1439
71	1171	7	307	19	43	41	—	11	7	—	13	—	557	—	463	7	—	—	11	127	—	131	7	13	31	—	1373	37	—	7
73	61	—	—	7	—	23	43	17	13	569	7	101	—	19	593	47	—	7	31	—	827	11	—	59	7	—	71	103	23	401
77	7	23	17	431	13	11	31	7	71	—	43	109	163	61	7	—	11	13	—	17	47	7	—	239	23	479	—	11	7	677
79	31	383	7	109	167	19	79	73	11	7	59	—	43	101	269	13	7	41	—	11	947	—	23	7	19	17	—	—	13	523
83	131	—	61	11	47	—	7	—	—	—	—	13	—	7	11	—	29	227	23	31	7	59	811	41	13	11	79	7	—	97
89	—	11	53	—	17	7	—	—	59	457	—	—	7	257	997	—	283	19	13	7	113	17	43	11	73	71	7	29	1193	—
91	7	257	89	13	11	—	271	7	19	367	17	—	—	—	7	11	13	101	—	—	227	7	37	—	43	139	11	17	7	13
97	19	947	11	29	23	—	7	239	31	—	13	17	—	7	281	—	571	61	89	19	7	797	157	13	11	—	53	7	17	—

	222 61	64	67	70	73	76	79	82	85	88	91	94	222 97	223 00	03	06	09	12	15	18	21	24	27	30	33	36	39	42	45	48
01	23	19	—	7	—	—	13	—	11	41	7	137	—	—	—	271	839	7	—	11	19	—	—	17	7	—	—	31	—	113
03	11	—	877	—	13	7	61	199	523	439	—	11	7	163	29	337	97	13	647	7	1193	23	11	—	—	173	7	1399	—	17
07	13	—	7	53	—	—	11	17	—	7	—	—	19	13	191	71	7	11	37	61	—	769	541	7	17	—	13	—	11	181
09	229	—	643	19	7	—	71	—	—	11	601	7	727	17	—	23	1181	—	7	—	11	41	19	101	13	7	—	—	191	—
13	137	7	—	43	11	167	—	13	7	—	—	23	—	29	907	7	373	547	47	197	13	53	7	19	139	17	11	41	—	7
19	7	13	11	—	31	23	—	7	—	17	—	—	751	11	7	19	1277	—	—	—	83	7	787	—	11	97	17	13	7	127
21	733	—	7	23	—	11	19	—	—	7	—	43	13	—	97	17	7	751	29	—	73	—	1447	7	1049	13	23	11	47	31
27	29	7	1069	11	—	—	13	41	7	79	53	31	47	37	11	7	17	19	173	13	23	—	7	61	59	11	—	—	419	7
31	—	—	13	—	1193	7	547	661	—	11	83	17	7	41	—	13	23	29	19	7	11	43	53	—	—	—	7	281	13	79
33	7	11	—	—	—	107	257	7	—	19	—	29	11	13	7	—	41	17	—	—	—	7	619	11	31	89	13	—	7	—
37	—	47	919	499	7	83	89	11	977	13	19	7	17	421	419	251	241	1063	7	67	1297	—	13	97	—	7	—	43	29	11
39	103	17	1279	1061	—	—	7	13	23	587	11	811	97	7	—	—	—	691	17	—	7	11	29	—	359	41	—	7	—	43
43	83	1153	19	7	23	11	—	—	—	37	7	383	743	17	61	—	11	7	239	—	251	19	89	67	7	31	131	11	—	13
49	—	311	7	11	271	—	211	31	—	7	13	197	359	19	11	1117	7	433	181	—	431	23	—	7	103	11	37	67	—	—
51	—	31	41	17	7	—	11	37	13	293	113	7	131	—	—	29	—	11	7	23	17	13	—	19	659	7	—	—	11	53
57	89	79	13	7	11	—	1361	743	557	229	7	41	283	23	31	11	83	7	59	—	—	17	139	—	7	—	11	839	13	61
61	7	—	31	—	—	—	53	7	43	23	11	13	349	—	7	73	17	41	223	—	—	7	—	37	13	467	—	—	7	59
63	—	—	7	—	37	17	—	19	29	7	43	83	53	11	67	—	7	127	61	113	41	—	13	7	11	1307	19	31	—	—
67	17	—	—	23	—	13	7	197	11	—	—	—	—	7	43	31	59	17	13	11	7	149	113	1319	53	29	23	7	163	71
69	11	7	—	13	—	—	17	61	7	31	—	11	—	—	73	7	13	—	19	29	71	37	7	17	23	281	—	—	521	7
73	19	17	71	59	821	7	11	29	—	313	281	—	7	89	1187	—	953	11	17	7	23	599	—	257	—	13	7	457	11	883
79	37	—	17	41	7	293	13	53	137	61	31	7	—	—	23	11	—	—	7	13	—	139	—	—	—	7	11	211	—	89
81	1117	181	19	241	13	599	7	11	17	47	829	613	23	7	149	277	163	13	11	—	7	19	—	—	—	17	67	7	43	11
87	409	191	—	—	859	7	23	109	139	17	71	13	7	19	971	41	11	31	—	7	569	—	127	29	13	673	7	11	—	23
91	11	587	7	461	17	31	1031	13	—	7	283	11	—	79	19	—	7	97	—	—	13	17	11	7	—	23	797	1129	—	191
93	23	—	—	11	7	13	97	89	149	—	17	7	—	—	11	37	367	—	7	269	—	—	—	23	19	7	—	17	—	163
97	—	7	151	227	—	17	19	607	7	11	59	—	173	—	13	7	937	—	31	23	11	829	7	1171	—	19	739	13	—	7
99	—	11	631	7	—	149	1187	—	47	379	7	17	11	61	53	—	19	7	—	557	—	239	823	11	7	13	—	71	17	—

	222 62	65	68	71	74	77	80	83	86	89	92	95	222 98	223 01	04	07	10	13	16	19	22	25	28	31	34	37	40	43	46	49
03	7	971	277	149	29	151	17	7	13	71	269	—	179	23	7	479	1069	19	11	359	—	7	967	17	—	1283	53	—	7	11
09	67	—	13	—	—	11	7	17	151	19	797	37	—	7	—	13	11	—	—	—	7	—	—	631	17	—	—	7	13	107
11	13	7	—	827	97	23	—	31	7	29	41	607	881	13	—	7	—	—	1087	11	109	—	7	47	107	—	13	73	23	7
17	7	—	—	113	—	—	11	7	73	37	911	19	151	—	7	53	257	11	—	41	13	7	23	—	—	—	—	—	7	733
21	—	11	263	13	7	79	113	—	29	17	617	7	11	—	151	—	13	59	7	487	—	229	—	11	563	7	17	53	—	13
23	179	13	29	19	11	—	7	—	331	—	839	—	—	7	13	11	23	131	—	139	7	—	19	—	677	—	11	7	41	—
27	—	—	1303	7	19	—	—	1217	1093	—	7	—	23	83	983	—	—	7	—	29	271	11	—	13	7	37	389	17	167	—
29	—	—	11	—	—	7	37	—	13	157	23	1223	7	11	19	31	17	—	151	7	—	13	47	—	11	1459	7	—	—	—
33	521	29	7	31	13	37	23	—	11	7	53	17	—	—	—	19	7	13	163	11	151	127	—	7	—	523	—	47	17	23
39	23	7	—	83	—	—	11	19	7	—	—	13	17	—	—	7	31	11	1013	607	67	61	7	23	13	—	19	—	11	7
41	—	17	43	7	—	73	29	—	409	11	7	—	1423	59	41	991	739	7	17	—	11	23	13	1069	7	179	79	—	173	83
47	59	—	7	13	761	—	163	11	43	7	—	—	103	—	1409	23	7	29	11	17	37	47	—	7	71	—	1433	151	19	11
51	—	103	11	101	—	29	7	—	433	577	19	23	13	7	17	313	—	—	773	37	7	—	73	373	11	13	47	7	67	19
53	37	7	—	17	127	11	—	67	7	23	13	661	—	—	43	7	11	53	—	83	17	349	7	13	227	—	107	11	29	7
57	11	—	19	73	523	7	13	401	—	193	47	11	7	—	—	17	29	—	43	7	—	19	11	131	31	—	7	79	23	53
59	7	337	—	11	13	89	283	7	—	—	29	67	19	—	7	—	—	13	31	163	43	7	—	613	—	11	23	983	7	—
63	13	107	1009	—	7	—	31	101	—	11	—	7	—	13	181	401	17	317	7	1249	11	421	23	71	43	7	13	29	367	379
69	17	—	89	7	—	19	109	11	79	29	7	—	53	347	—	41	23	7	11	31	13	—	—	401	7	47	—	61	659	11
71	349	—	479	29	47	7	17	59	929	—	11	787	7	31	23	19	191	—	13	7	—	11	937	17	—	233	7	631	—	—
77	167	1039	359	809	7	—	—	17	11	127	—	7	13	—	29	—	—	313	7	11	443	491	449	67	17	7	19	41	—	97
81	73	7	17	11	23	59	—	97	7	—	643	—	701	71	11	7	449	—	—	17	—	13	7	571	—	11	—	19	—	7
83	—	43	23	7	71	353	11	—	17	—	7	37	—	449	—	—	103	7	19	13	997	—	1117	—	7	17	181	67	11	—
87	7	11	13	17	281	43	347	7	—	—	37	—	11	29	7	13	—	199	—	19	17	7	—	11	47	—	701	31	7	173
89	13	367	7	47	11	—	—	29	653	7	19	—	—	13	173	11	7	—	617	23	167	31	—	7	—	541	11	59	37	19
93	—	—	—	—	17	769	7	—	47	13	11	19	—	7	—	23	—	101	389	109	7	11	13	439	29	—	683	7	—	—
99	79	241	—	13	—	7	29	37	11	23	—	—	7	1109	157	131	13	43	107	7	821	191	17	—	—	59	7	977	—	13

	223 50	53	56	59	62	65	68	71	74	77	80	83	86	89	92	95	223 98	224 01	04	07	10	13	16	19	22	25	28	31	34	37
01	29	23	569	19	11	73	7	229	—	—	67	13	1381	7	—	11	17	—	31	—	7	—	19	—	13	151	11	7	1439	29
07	17	—	11	—	—	7	—	—	157	71	1493	29	7	11	19	89	—	17	13	7	47	167	—	173	11	433	7	—	83	97
11	43	13	7	53	359	—	211	97	11	7	—	—	17	103	13	19	7	—	1213	11	—	—	73	7	—	47	—	13	29	17
13	11	17	43	857	7	59	19	—	—	53	—	7	13	31	—	181	137	—	7	61	—	—	11	83	—	7	—	131	457	733
17	593	7	—	73	—	—	11	19	7	47	29	139	89	17	—	7	59	11	673	227	131	13	7	—	—	—	19	743	11	7
19	509	—	17	7	29	—	13	—	43	11	7	—	—	263	—	—	929	7	83	13	11	73	67	—	7	—	31	53	—	23
23	7	—	13	59	11	163	—	7	71	37	—	—	43	619	7	11	1091	1171	19	—	263	7	1301	—	983	23	11	—	7	—
29	101	—	11	29	53	97	7	—	—	13	19	191	127	7	—	17	233	661	43	23	7	107	13	—	11	—	37	7	—	19
31	—	7	—	47	17	11	—	13	7	641	53	467	—	—	—	7	11	23	—	—	13	17	7	127	—	59	29	11	—	7
37	7	13	—	11	—	17	41	7	29	823	179	23	19	—	7	—	71	—	607	—	—	7	17	883	37	11	43	13	7	787
41	17	—	—	—	7	197	503	23	787	11	13	7	41	19	257	—	109	17	7	—	11	727	31	13	937	7	—	211	227	—
43	—	11	257	—	19	23	7	—	13	—	—	1319	11	7	1429	41	31	199	47	29	7	13	89	11	1187	61	—	7	23	—
47	—	17	—	7	13	19	101	11	—	—	7	—	—	—	—	113	—	7	11	—	—	41	1193	47	7	409	—	523	397	11
49	—	29	13	—	—	7	163	17	193	571	11	53	7	199	61	13	229	911	—	7	—	11	23	—	17	—	7	647	13	31
53	67	—	7	541	79	11	1109	47	101	7	—	13	—	—	—	71	7	31	23	17	37	—	139	7	13	137	193	11	—	—
59	29	7	269	11	67	13	881	—	7	863	101	—	23	—	11	7	61	—	13	—	17	—	7	—	113	11	641	19	571	7
61	1201	41	—	7	—	199	11	43	—	17	7	—	—	—	1193	—	13	7	19	59	—	—	487	29	7	719	17	—	11	13
67	—	47	7	211	11	29	31	—	—	7	13	479	53	43	647	11	7	383	1229	313	—	109	—	7	1201	709	11	17	—	19
71	23	719	—	—	997	17	7	—	829	—	11	19	67	7	101	79	41	43	—	13	7	11	17	23	53	31	—	7	367	—
73	127	7	11	—	13	—	—	743	7	—	509	17	—	11	271	7	29	13	107	31	—	19	7	439	11	79	—	769	17	7
77	13	—	—	19	29	7	17	31	11	547	211	—	7	13	37	—	67	23	—	7	283	311	19	17	—	41	7	—	—	—
79	7	31	173	107	—	761	—	7	—	1367	—	11	17	19	7	23	47	307	—	—	61	7	11	1453	13	43	—	29	7	17
83	—	—	—	283	7	—	11	13	139	—	89	7	397	73	19	29	—	11	7	257	13	47	71	271	17	7	—	—	11	43
89	421	13	31	7	11	23	19	—	17	—	7	37	827	—	13	11	—	7	—	—	101	—	61	—	7	17	11	13	23	—
91	—	617	1013	23	193	7	701	11	—	1481	—	—	7	59	17	—	19	—	11	7	29	—	—	401	—	13	7	31	—	11
97	43	367	29	—	7	11	13	67	19	31	109	7	223	—	41	17	11	—	7	13	23	—	—	827	211	7	149	11	—	—

	223 51	54	57	60	63	66	69	72	75	78	81	84	87	90	93	96	223 99	224 02	05	08	11	14	17	20	23	26	29	32	35	38
01	11	7	13	—	43	83	—	79	7	19	17	11	71	—	—	7	23	—	269	29	41	1283	7	103	101	263	677	17	13	7
03	13	—	137	7	89	—	43	241	—	347	7	67	—	13	11	919	17	7	953	19	239	1447	31	41	7	11	13	—	—	—
07	7	19	—	—	47	571	—	7	—	11	23	17	—	—	7	—	431	1237	—	—	11	7	13	499	—	37	53	—	7	41
09	17	11	7	—	31	113	37	13	23	7	—	19	11	—	—	67	7	17	821	—	13	—	—	7	29	353	61	—	73	—
13	277	89	853	13	23	37	7	11	113	—	—	—	17	7	1223	241	13	—	11	1483	7	163	1049	31	—	107	191	7	97	11
19	601	1049	71	499	19	7	41	—	—	53	13	—	7	17	—	149	11	89	79	7	—	23	37	13	—	103	7	11	61	—
21	7	757	17	37	61	107	—	7	11	41	127	—	—	1301	7	53	83	29	941	11	—	7	—	67	43	311	—	—	7	—
27	—	—	13	17	—	—	7	877	—	163	—	83	31	7	—	13	601	11	41	—	7	—	—	—	131	19	587	7	11	47
31	31	11	—	7	—	59	61	19	—	23	7	13	11	—	—	17	29	7	—	37	859	—	137	11	7	1123	19	383	—	1069
33	37	101	—	863	11	7	83	23	149	13	29	727	7	47	—	11	—	19	—	7	467	17	13	113	179	31	7	41	601	—
37	—	—	7	23	383	13	149	379	—	7	11	277	521	31	577	167	7	181	13	—	443	11	1321	7	—	619	23	29	—	79
39	—	23	11	13	7	17	73	31	227	19	1123	7	487	11	439	—	13	37	7	—	—	29	17	971	11	7	—	59	19	13
43	17	7	47	43	127	229	—	1259	7	29	19	137	13	433	211	7	37	17	179	11	23	—	7	—	—	13	31	311	53	7
49	7	17	19	—	—	139	11	7	31	43	41	757	—	—	7	—	—	11	17	13	29	7	653	73	97	59	—	307	7	331
51	71	59	7	—	13	—	—	17	—	7	61	43	19	41	29	—	7	13	—	—	11	661	—	7	17	—	—	—	—	—
57	311	7	241	—	19	—	23	11	7	101	631	13	—	—	—	7	—	43	11	—	293	137	7	19	13	17	—	—	233	7
61	—	47	11	17	389	7	353	13	—	—	—	439	7	11	—	599	—	977	647	7	13	43	277	337	11	23	7	—	41	53
63	7	79	263	73	—	11	179	7	—	17	—	37	—	—	7	19	11	71	13	—	—	7	673	23	—	—	17	11	7	307
67	11	13	—	599	7	—	1039	—	—	67	37	7	—	367	13	—	19	—	7	23	—	17	11	467	29	7	613	13	569	257
69	53	—	89	11	—	337	7	19	907	383	17	47	13	7	11	239	131	23	29	173	7	59	1013	419	—	11	19	7	37	43
73	179	877	—	7	—	17	29	269	13	11	7	—	53	23	—	251	47	7	—	317	11	13	17	—	7	359	—	19	83	31
79	19	73	7	—	673	647	17	11	1051	7	—	31	—	353	41	13	7	29	11	19	251	—	—	7	—	—	—	919	13	11
81	13	109	1103	—	7	23	—	71	—	103	11	7	17	13	773	1051	61	41	7	73	—	11	—	193	—	7	13	—	23	17
87	67	53	19	7	43	37	—	13	11	97	7	—	—	17	—	—	—	7	31	11	13	19	23	1279	7	—	41	—	—	—
91	7	—	—	11	37	953	31	7	17	331	29	—	—	53	7	47	13	—	23	—	—	7	19	—	163	11	757	173	7	13
93	31	13	7	139	29	—	11	—	443	7	43	937	173	19	13	197	7	11	—	53	—	101	37	7	71	127	—	13	11	—
97	41	11	—	—	—	—	7	61	83	17	13	347	11	7	19	557	—	73	—	31	7	29	—	11	491	—	17	7	—	67
99	—	7	37	41	11	19	—	167	7	—	23	103	—	31	293	7	43	—	181	271	—	13	7	79	19	47	11	1151	139	7

	223 52	55	58	61	64	67	70	73	76	79	82	85	88	91	94	223 97	224 00	03	06	09	12	15	18	21	24	27	30	33	36	39
03	103	31	—	29	13	7	19	1291	281	41	11	809	7	—	107	—	—	13	97	7	43	11	109	373	941	19	7	17	223	23
09	23	—	—	1427	7	—	—	—	11	—	—	7	—	59	29	—	523	19	7	11	—	—	—	23	13	7	43	—	17	—
11	11	—	—	—	79	—	7	433	19	13	—	11	—	7	71	—	67	17	373	409	7	23	11	—	83	89	907	7	43	—
17	19	17	487	13	—	7	499	—	—	11	—	61	7	103	—	23	13	—	17	7	11	31	1427	157	47	163	7	—	—	13
21	—	19	7	—	11	241	769	29	137	7	193	23	13	17	73	11	7	—	191	461	19	—	89	7	61	13	11	139	—	47
23	61	29	17	31	7	97	311	11	47	23	13	7	—	—	83	—	—	—	7	17	229	—	59	13	67	7	349	1129	—	11
27	—	7	11	887	41	23	13	—	7	—	293	—	19	11	17	7	—	617	29	13	233	—	7	—	11	—	—	199	23	7
29	—	467	—	7	13	11	577	41	—	59	7	—	29	37	139	79	11	7	—	349	17	53	19	—	7	—	23	11	67	1093
33	7	1423	61	—	19	—	233	7	167	—	—	11	37	13	7	17	571	1471	—	383	59	7	11	19	—	—	13	—	7	29
39	—	—	1381	—	103	569	7	13	409	11	—	29	677	7	97	19	17	31	167	199	7	—	41	229	127	—	557	7	47	37
41	557	7	—	97	53	13	19	47	7	—	37	31	11	—	23	7	89	—	13	—	479	71	7	11	—	19	107	283	61	7
47	7	—	—	197	619	—	17	7	23	191	11	107	13	—	7	—	29	19	—	593	—	7	53	17	31	13	79	37	7	59
51	—	17	—	157	7	11	—	1117	13	—	223	7	31	89	491	—	11	—	7	—	—	13	—	821	197	7	37	11	827	241
53	113	—	23	—	1321	463	7	17	11	19	73	331	503	7	—	—	59	103	277	11	7	—	47	547	17	23	—	7	19	577
57	—	—	13	7	—	941	37	199	41	—	7	—	97	—	11	13	—	7	—	17	71	23	449	—	7	11	—	47	13	19
59	13	19	—	59	431	7	11	79	17	29	—	41	7	13	—	—	109	11	—	7	19	—	397	233	37	17	7	—	11	—
63	109	11	7	17	467	151	67	31	61	7	313	47	11	449	59	23	7	41	—	—	17	19	13	7	1303	—	29	73	—	127
69	43	7	—	13	17	—	317	—	7	23	11	—	113	19	179	7	13	—	—	839	31	11	7	—	—	857	41	163	—	7
71	—	13	11	7	19	—	—	23	—	151	7	—	547	11	13	1061	—	7	457	103	—	37	503	19	7	181	73	13	71	41
77	11	23	7	227	—	47	53	73	13	7	—	11	151	29	397	19	7	—	79	—	—	13	11	7	23	—	—	31	17	277
81	37	29	307	41	13	—	7	—	283	401	47	1277	43	7	151	31	19	11	53	1319	7	83	—	17	1087	—	—	7	11	971
83	—	7	13	—	—	1097	41	19	7	11	59	557	17	131	43	7	7	881	23	421	11	—	7	251	29	—	19	—	13	7
87	—	—	—	—	11	7	131	17	19	1103	—	13	7	109	23	11	83	37	43	7	89	59	67	—	13	61	7	19	31	—
89	7	61	179	—	—	109	29	7	—	13	—	—	23	17	7	41	—	—	11	1009	43	7	13	—	877	—	—	113	7	11
93	19	53	11	107	7	13	157	—	17	227	31	7	1451	11	61	—	409	419	7	19	151	41	1061	29	11	7	67	—	—	1063
99	11	—	23	7	—	29	83	—	257	17	7	11	13	541	37	1309	277	7	—	53	—	—	11	31	7	13	17	—	—	719

	224 40	43	46	49	52	55	58	61	64	67	70	73	76	79	82	85	88	91	94	224 97	225 00	03	06	09	12	15	18	21	24	27
01	157	59	571	17	7	—	47	11	313	251	1499	7	1373	—	181	199	337	23	7	31	13	433	—	—	—	7	373	1471	29	11
07	61	13	439	7	17	11	563	—	367	43	7	23	163	41	13	—	11	7	191	239	37	17	19	1033	7	—	—	11	—	73
11	7	79	—	—	19	1433	—	7	—	67	13	11	—	43	7	—	17	443	—	37	31	7	11	13	—	—	53	29	7	—
13	37	89	7	11	659	17	—	199	13	7	73	79	823	—	11	43	7	—	—	251	—	13	17	7	—	11	941	—	23	103
17	17	23	31	151	13	71	7	—	—	11	293	239	223	7	233	19	373	13	103	43	7	107	307	—	23	—	47	7	41	881
19	773	7	13	29	151	47	17	1063	7	229	—	167	11	—	311	7	107	37	—	—	541	43	7	11	251	19	—	31	13	7
23	233	17	—	—	—	7	107	11	97	53	47	13	7	—	—	31	37	67	11	7	29	613	—	—	13	43	7	73	383	11
29	617	173	17	—	7	11	397	—	73	151	—	7	23	—	89	—	11	137	7	17	—	67	71	—	—	7	—	11	31	—
31	67	—	—	13	263	461	7	347	11	19	23	523	1291	7	37	—	13	61	—	11	7	197	31	—	307	17	73	7	19	13
37	811	19	109	—	23	7	11	29	257	17	13	—	7	151	—	—	—	11	139	7	19	—	—	13	1459	157	7	23	11	479
41	23	11	7	223	17	—	13	—	691	7	53	—	11	—	—	151	7	—	—	13	—	17	—	7	29	83	—	1097	—	67
43	317	739	43	79	7	—	569	—	67	797	17	7	19	1109	—	11	53	13	7	—	—	23	463	149	1433	7	11	17	59	—
47	13	7	167	131	—	17	29	—	7	277	11	—	71	13	—	7	—	23	151	—	83	11	7	79	73	—	13	811	53	7
49	29	227	11	7	19	—	—	—	43	—	7	13	67	11	—	23	—	7	1249	47	149	—	—	19	7	613	—	—	17	29
53	7	—	—	—	—	19	17	7	11	181	—	23	43	—	7	83	—	29	31	11	13	7	103	17	19	—	59	37	7	—
59	31	13	—	1429	79	23	7	17	47	41	83	53	—	7	13	149	19	11	43	—	7	—	167	107	17	—	—	7	11	71
61	103	7	—	23	73	—	—	19	7	11	383	211	13	17	79	7	—	53	107	1279	11	821	7	61	269	13	19	—	—	7
67	7	—	—	107	29	37	13	7	—	—	—	149	61	197	7	—	—	659	11	13	23	7	—	929	67	863	43	1181	7	11
71	19	—	11	113	7	157	—	283	—	17	1201	7	467	11	—	13	23	—	7	19	277	29	—	47	11	7	17	41	13	421
73	13	61	47	—	—	11	7	—	149	541	19	—	—	7	23	17	11	173	1201	—	7	181	37	131	97	—	13	7	67	19
77	11	—	73	7	—	—	149	47	31	13	7	11	53	—	61	79	131	7	—	71	367	37	11	—	7	257	—	17	—	281
79	607	1321	19	11	1039	7	241	13	23	59	71	—	7	257	11	991	17	—	53	7	13	19	—	—	—	11	7	—	157	—
83	337	37	7	13	23	—	239	—	—	7	—	17	113	457	29	—	7	—	—	—	11	31	19	7	179	127	1289	23	17	13
89	149	7	—	31	—	43	—	11	7	—	13	—	17	41	19	7	227	—	11	191	—	23	7	13	359	29	103	—	—	7
91	—	17	—	7	109	19	79	43	13	—	7	83	—	—	—	—	41	7	17	23	—	11	97	1399	7	—	—	71	31	61
97	71	29	7	887	103	—	83	857	11	7	31	—	—	23	461	13	7	—	61	11	1129	—	1453	7	—	41	—	653	13	59

	224 41	44	47	50	53	56	59	62	65	68	71	74	77	80	83	86	89	92	95	224 98	225 01	04	07	10	13	16	19	22	25	28
01	587	—	67	11	—	1151	7	—	—	23	—	13	1297	7	11	37	—	19	29	193	7	—	349	—	13	11	—	7	89	31
03	829	7	—	17	701	197	11	23	7	13	—	271	29	859	—	7	47	11	1153	43	17	—	7	31	619	—	—	19	11	7
07	29	11	—	23	—	7	67	79	607	19	107	31	7	1049	137	17	347	—	13	7	61	47	311	11	509	787	7	59	19	29
09	7	23	41	13	11	31	1049	7	—	263	—	—	—	37	7	11	13	71	701	19	97	7	—	29	23	43	11	—	7	13
13	1231	19	643	—	7	47	179	—	41	61	11	7	13	—	53	827	17	—	7	—	19	11	—	233	31	7	—	—	—	43
19	17	59	—	7	—	—	13	—	11	233	7	829	19	—	23	73	—	7	173	11	—	—	29	947	7	239	1327	—	—	37
21	11	197	—	19	13	7	17	953	—	709	37	11	7	—	167	47	29	13	257	7	41	—	11	17	137	593	7	—	227	—
27	43	—	353	53	7	—	23	17	—	11	—	7	—	31	19	211	—	—	7	—	11	487	409	59	13	7	—	29	79	23
31	—	7	17	—	11	—	—	13	7	—	—	881	617	389	—	7	—	—	313	17	13	—	7	—	—	23	11	—	673	7
33	23	67	—	7	—	13	19	11	17	29	7	—	—	61	—	—	1019	7	11	1259	283	53	1091	23	7	17	31	—	883	11
37	7	13	11	17	947	—	37	7	—	433	43	911	—	11	7	—	541	163	—	23	17	7	211	839	11	—	19	13	7	431
39	—	—	7	283	—	11	41	—	31	7	601	—	13	—	47	—	7	19	467	673	29	—	223	7	37	13	17	11	—	599
43	11	647	347	—	17	—	7	1277	13	241	—	11	41	7	109	61	43	—	19	47	7	13	11	37	—	—	—	7	991	79
49	1289	239	13	37	61	7	853	23	1031	11	19	—	7	941	—	13	53	593	83	7	11	41	17	—	—	—	7	751	13	19
51	7	11	—	31	—	23	—	7	—	—	103	17	11	13	7	—	—	—	127	179	19	7	53	11	41	317	13	—	7	47
57	—	37	337	—	—	—	7	13	—	1487	11	113	17	7	71	773	31	59	—	643	7	11	23	—	29	383	—	7	—	17
61	37	—	—	7	31	11	—	17	83	271	7	—	29	19	101	—	11	7	23	—	1109	—	—	—	7	97	1307	11	59	13
63	—	13	383	—	19	7	29	359	11	—	—	—	7	17	13	—	23	1021	37	7	—	67	—	19	607	241	7	13	563	31
67	—	631	7	11	173	19	823	41	17	7	13	—	23	—	11	59	7	31	283	—	—	—	883	7	19	11	89	109	—	—
69	977	79	—	1303	7	881	11	—	13	—	23	7	103	—	17	19	—	11	7	109	113	13	—	53	—	7	691	73	11	83
73	—	7	59	43	13	29	23	—	7	17	—	—	11	71	—	7	19	13	101	1013	1409	61	7	11	—	—	17	—	311	7
79	7	—	—	431	—	—	—	7	19	43	11	13	31	1163	7	—	29	47	—	1489	101	7	—	23	13	41	—	17	7	199
81	509	179	7	1181	89	—	31	—	—	7	29	43	97	11	—	—	7	—	19	83	—	23	13	7	11	—	—	271	41	113
87	11	7	—	13	223	—	1051	1117	7	1381	19	11	37	—	83	7	13	17	389	31	89	29	7	421	53	—	499	47	—	7
91	251	89	41	71	—	7	11	31	—	29	1447	19	7	131	107	—	—	11	—	7	1051	43	59	281	101	13	7	293	11	17
93	7	17	19	29	929	41	—	7	809	17	13	47	—	229	7	—	499	—	17	211	11	7	—	13	73	61	—	1051	7	37
97	137	53	1259	19	7	23	13	—	991	59	1153	7	—	17	157	11	47	89	7	13	29	97	19	181	—	7	11	43	23	—
99	—	—	17	23	13	73	7	11	109	37	97	—	1217	7	29	—	—	13	11	17	7	137	—	—	349	191	23	7	127	11

	224 42	45	48	51	54	57	60	63	66	69	72	75	78	81	84	87	90	93	96	224 99	225 02	05	08	11	14	17	20	23	26	29
03	13	—	11	7	709	727	859	163	37	—	7	—	—	11	17	—	1087	7	—	53	41	—	23	—	7	—	13	61	101	911
09	11	—	7	311	257	103	19	13	—	7	—	11	—	29	277	17	7	—	—	409	13	—	11	7	313	19	—	—	1423	41
11	—	331	—	11	7	13	37	29	1327	31	47	7	—	733	11	157	19	—	7	—	173	17	367	—	—	7	—	—	—	—
17	41	11	379	7	43	17	—	167	19	1423	7	89	11	—	359	547	1103	7	29	—	241	73	17	11	7	13	—	19	71	—
21	7	199	—	—	23	—	29	7	13	19	31	—	331	983	7	67	59	17	11	—	53	7	37	—	79	251	131	23	7	11
23	19	71	7	37	31	—	13	—	397	7	11	—	691	—	—	—	7	167	103	13	—	11	337	7	—	23	53	89	—	29
27	—	17	13	59	—	11	7	103	89	—	—	227	383	7	43	13	11	29	17	67	7	23	139	31	—	—	661	7	13	—
29	13	7	211	101	—	631	181	17	7	47	—	19	131	13	—	7	43	31	41	11	37	281	7	—	17	—	13	167	—	7
33	—	—	17	11	353	7	281	379	—	13	761	757	7	—	11	23	107	97	—	7	43	293	13	67	41	11	7	71	29	—
39	71	11	179	13	7	—	—	—	907	23	29	7	11	—	—	—	13	157	7	449	17	53	61	11	859	7	43	67	—	13
41	397	13	—	—	11	127	7	23	—	17	439	—	31	7	13	11	449	37	73	—	7	163	229	239	47	—	11	7	43	—
47	997	23	11	—	41	7	19	449	13	101	17	307	7	11	—	29	757	1307	269	7	—	13	113	—	11	19	7	17	—	—
51	61	449	7	29	13	17	—	19	11	7	41	353	—	31	—	97	7	13	109	11	23	641	17	7	—	113	19	1259	—	—
53	11	—	13	—	7	1163	—	31	71	—	53	7	—	41	37	13	—	19	7	—	491	191	11	—	571	7	29	—	13	—
57	—	7	1019	—	—	263	11	—	7	269	—	13	—	37	23	7	73	11	19	41	—	173	7	17	13	229	31	179	11	7
59	—	—	—	7	—	—	173	—	29	11	7	—	17	101	787	—	—	7	67	—	11	—	13	47	7	131	61	—	19	17
63	7	—	—	—	11	13	83	7	23	677	19	103	937	—	7	11	—	—	13	—	—	7	769	—	17	29	11	409	7	19
69	—	83	11	193	883	53	7	29	17	—	37	—	13	7	—	—	—	1123	353	—	7	19	—	—	11	13	263	7	61	223
71	23	7	97	—	61	11	59	—	7	—	13	53	19	—	17	7	11	101	677	587	139	359	7	13	—	—	67	11	37	7
77	7	—	1123	11	13	271	—	7	37	—	—	—	29	107	7	17	829	13	137	101	761	7	47	19	103	11	223	347	7	53
81	13	181	—	107	7	19	61	37	79	11	17	7	—	13	41	—	31	—	7	—	11	—	379	241	19	7	13	17	—	29
83	—	11	—	—	—	—	7	—	—	89	31	13	11	7	331	19	17	41	79	—	7	101	443	11	13	37	199	7	—	—
87	—	—	229	7	127	—	53	11	—	179	7	17	—	—	271	—	19	7	11	—	13	691	—	41	7	353	—	—	17	11
89	17	—	503	—	—	7	743	19	—	479	11	619	7	293	—	127	—	17	13	7	509	11	199	31	—	89	7	—	23	1117
93	113	13	7	421	37	11	89	—	19	7	—	31	17	1399	13	919	7	—	—	139	223	397	29	7	23	331	887	11	—	17
99	19	7	—	11	29	—	—	—	7	—	739	1451	—	17	11	7	1283	—	23	19	1229	13	7	—	31	11	47	—	389	7

	225 30	33	36	39	42	45	48	51	54	57	60	63	66	69	72	75	78	81	84	87	90	93	96	225 99	226 02	05	08	11	14	17
01	19	631	7	13	—	—	—	17	173	7	11	809	—	—	149	41	7	67	73	19	31	11	—	7	17	—	—	29	89	13
07	101	7	31	271	23	—	947	47	7	29	13	19	227	733	—	7	107	59	—	11	71	67	7	13	41	17	641	23	—	7
11	23	—	71	11	—	7	13	—	—	149	967	—	7	—	11	—	191	—	241	7	17	31	631	23	—	11	7	—	59	587
13	7	107	53	19	13	—	11	7	149	17	—	—	—	—	7	31	—	11	331	—	29	7	19	—	821	67	17	139	7	—
17	13	11	—	31	7	—	37	701	29	—	—	7	11	13	53	59	73	23	7	—	163	17	1289	11	—	7	13	—	1093	—
19	97	41	29	—	11	149	7	—	—	61	17	13	—	7	19	11	—	—	—	137	7	563	47	—	13	—	11	7	31	67
23	—	—	59	7	—	17	401	13	431	—	7	23	—	—	569	19	31	7	227	29	13	11	17	37	7	—	—	47	109	331
29	149	13	7	37	109	23	17	19	11	7	—	47	—	821	13	—	7	—	—	11	—	—	—	7	—	—	19	13	23	31
31	11	103	181	23	7	—	—	—	101	—	—	7	13	—	257	—	883	19	7	41	—	37	11	31	29	7	23	—	643	17
37	—	37	—	7	113	31	13	191	—	11	7	59	—	17	—	233	—	7	—	13	11	47	79	—	7	587	83	71	19	—
41	7	—	13	—	11	—	773	7	17	71	19	—	269	43	7	11	23	353	127	—	—	7	59	29	31	17	11	487	7	19
43	13	19	7	503	—	47	761	11	239	7	—	—	101	13	17	43	7	29	11	—	19	83	—	7	727	409	13	—	223	11
47	—	1021	11	67	—	29	7	—	—	13	23	—	577	7	—	—	977	37	—	43	7	19	13	107	11	—	17	7	—	859
49	31	7	—	79	53	11	—	13	7	—	—	—	19	113	101	7	11	—	107	251	13	43	7	—	—	—	383	11	29	7
53	11	—	—	13	23	7	—	67	107	—	17	11	7	19	229	—	13	109	—	7	—	—	11	79	—	43	7	17	61	13
59	—	31	—	—	7	19	1093	—	—	11	13	7	1069	—	37	—	—	61	7	157	11	23	223	13	19	7	—	29	17	73
61	17	11	193	1231	47	431	7	—	13	—	89	—	11	7	131	19	—	17	59	23	7	13	113	11	691	—	31	7	—	251
67	—	17	13	29	—	7	337	19	31	—	11	—	7	23	79	13	—	—	17	7	101	11	419	—	—	—	7	97	13	193
71	43	—	7	—	197	11	—	89	19	7	839	13	167	17	409	—	7	53	863	67	29	—	—	7	13	—	181	11	—	—
73	41	151	17	—	7	1327	—	23	11	13	—	7	—	—	29	643	—	—	7	11	157	31	13	53	—	7	631	—	—	37
77	19	7	29	11	1201	13	41	1361	7	31	467	—	—	499	11	7	—	—	13	19	349	—	7	67	47	11	23	—	37	7
79	—	23	67	7	151	—	11	593	43	37	7	—	1201	293	1091	—	13	7	—	—	17	61	109	503	7	29	—	239	11	13
83	7	11	—	499	—	683	109	7	37	—	163	19	11	29	7	17	—	—	—	—	23	7	31	11	461	13	73	67	7	877
89	197	—	563	19	31	—	7	73	—	151	11	—	—	7	23	1321	17	587	43	13	7	11	19	61	29	37	—	7	127	—
91	—	7	11	191	13	17	37	—	7	313	67	1429	23	11	—	7	853	13	29	—	43	—	7	1459	11	73	—	41	101	7
97	7	—	47	—	—	19	17	7	433	—	—	11	—	151	7	—	137	89	1049	1069	—	7	11	17	13	277	43	—	7	23

	225 31	34	37	40	43	46	49	52	55	58	61	64	67	70	73	76	79	82	85	88	91	94	225 97	226 00	03	06	09	12	15	18
01	—	17	23	613	7	—	11	13	—	211	59	7	947	—	—	151	797	11	7	179	13	233	37	71	—	7	79	1171	11	—
03	23	1451	—	37	41	13	7	17	719	11	269	29	—	7	71	617	19	—	13	—	7	—	—	23	17	—	—	7	—	—
07	113	13	17	7	11	—	—	233	—	293	7	557	31	—	13	11	193	7	151	17	937	—	—	73	7	673	11	13	29	—
09	241	—	—	239	—	7	31	11	17	1409	139	109	7	41	—	—	—	23	11	7	37	761	29	—	—	13	7	19	—	11
13	—	269	7	17	73	1129	1439	79	13	7	29	—	—	11	—	181	7	—	83	37	17	13	47	7	11	31	—	—	19	967
19	11	7	13	983	17	43	47	23	7	113	—	11	277	71	—	7	809	487	—	—	19	17	7	—	151	521	—	—	13	7
21	13	31	—	7	71	23	59	43	53	—	7	19	—	13	11	29	701	7	—	—	—	97	191	211	7	11	13	17	23	367
27	—	11	7	19	—	—	—	13	89	7	—	17	11	43	31	113	7	—	—	—	13	839	19	7	—	—	29	—	17	—
31	229	179	31	13	19	41	7	11	373	139	—	—	—	7	29	599	13	43	11	—	7	47	—	17	—	—	761	7	—	11
33	47	7	677	—	167	1301	—	—	7	—	11	599	17	359	13	7	23	—	397	43	—	11	7	653	89	—	337	13	79	7
37	—	73	571	53	227	7	—	17	109	—	13	—	7	37	41	19	11	337	827	7	—	—	331	13	17	29	7	11	263	—
39	7	—	—	373	577	419	19	7	11	31	23	173	—	17	7	—	—	41	—	11	—	7	—	—	83	19	59	401	7	—
43	67	359	103	11	7	—	23	19	17	823	307	7	—	313	11	—	—	13	7	—	—	53	443	41	—	7	19	113	31	23
49	23	11	—	7	67	—	503	—	—	17	7	13	11	—	137	—	—	7	19	199	47	—	557	11	7	—	17	191	—	79
51	59	—	751	829	11	7	—	—	—	13	397	61	7	—	83	11	983	—	383	7	1009	23	13	—	—	—	7	1109	19	—
57	43	19	11	13	7	—	211	—	37	83	53	7	307	11	317	23	13	31	7	443	19	127	541	29	11	7	157	389	—	13
61	—	7	19	137	43	31	—	37	7	41	79	17	13	61	—	7	—	—	—	11	—	19	7	—	601	13	—	751	17	7
63	11	293	—	7	83	29	43	—	1481	23	7	11	19	109	47	89	73	7	547	—	79	743	11	13	7	37	887	577	53	—
67	7	457	61	—	521	23	11	7	—	—	43	—	17	19	7	—	67	11	31	13	139	7	29	—	37	131	—	—	7	17
69	—	17	7	23	13	37	—	—	—	7	—	—	31	—	179	313	7	13	17	1061	11	41	—	7	—	1439	23	—	—	349
73	13	—	—	47	11	19	7	463	—	1447	—	—	89	7	—	11	43	—	—	—	7	1021	23	491	19	—	11	7	—	107
79	—	—	11	—	131	7	103	13	179	229	—	—	7	11	17	29	19	—	59	7	13	37	43	53	11	167	7	71	89	811
81	7	—	37	17	457	11	499	7	—	29	—	857	—	47	7	349	11	61	13	1223	17	7	—	—	43	—	19	11	7	53
87	—	—	137	11	17	—	7	41	23	—	379	1187	13	7	11	—	—	—	19	37	7	17	197	—	—	11	109	7	—	—
91	19	—	47	7	23	—	53	—	13	11	7	743	—	41	—	—	17	7	37	19	11	13	—	769	7	—	1061	23	—	—
93	—	11	23	—	839	7	13	557	113	977	19	67	7	97	1213	—	41	193	—	7	487	—	17	11	—	23	7	59	47	19
97	17	—	7	—	641	—	139	11	61	7	—	19	1283	—	—	13	7	17	11	29	—	23	41	7	53	1381	223	—	13	11
99	13	—	19	—	7	263	17	—	71	—	11	7	47	13	59	31	37	—	7	23	—	11	89	17	331	7	13	163	—	157

	225 32	35	38	41	44	47	50	53	56	59	62	65	68	71	74	77	80	83	86	89	92	95	225 98	226 01	04	07	10	13	16	19
03	—	7	—	19	—	11	—	—	7	13	257	73	263	—	—	7	11	47	17	—	127	—	7	191	—	59	83	11	—	7
09	7	47	17	11	—	173	—	7	—	23	457	1453	29	79	7	—	13	131	1483	17	113	7	97	577	—	11	—	—	7	13
11	739	13	7	—	—	19	11	23	17	7	31	43	—	37	13	229	7	11	139	337	—	103	—	7	19	17	263	13	11	—
17	683	7	311	131	11	181	619	353	7	17	—	41	61	—	367	7	19	29	—	—	—	13	7	31	23	—	11	67	—	7
21	—	—	—	—	13	7	—	—	—	239	11	31	7	—	653	—	47	13	—	7	23	11	919	397	—	61	7	73	—	37
23	7	61	11	127	79	31	—	7	19	1493	17	107	—	11	7	13	—	—	23	389	41	7	—	43	11	—	—	17	7	863
27	47	107	—	163	7	17	83	449	11	19	—	7	—	491	23	179	29	—	7	11	97	—	17	—	13	7	41	43	19	—
29	11	283	461	—	449	—	7	709	59	13	29	11	23	7	53	71	—	—	31	19	7	—	11	103	—	—	47	7	17	41
33	1427	19	—	7	193	13	11	—	23	157	7	—	103	1009	607	—	—	7	13	59	19	439	—	17	7	—	37	29	11	—
39	137	—	7	41	11	79	37	17	—	7	89	—	13	—	—	11	7	—	—	31	—	—	733	7	17	13	11	653	—	1249
41	23	443	—	19	7	233	41	11	887	563	13	7	—	17	—	79	—	167	7	1427	—	137	19	13	37	7	—	359	109	11
47	—	—	—	7	13	11	1019	97	127	—	7	911	—	431	17	41	11	7	61	—	199	313	—	181	7	47	31	11	59	139
51	7	—	29	37	—	67	1237	7	43	17	—	11	—	13	7	19	463	—	—	457	251	7	11	—	—	547	13	53	7	163
53	—	317	7	11	163	223	19	61	31	7	43	13	83	419	11	17	7	1123	—	—	1181	37	—	7	13	11	—	—	—	673
57	—	—	—	—	—	—	7	13	—	11	17	—	—	7	43	—	79	—	—	191	7	—	241	—	—	251	19	7	239	181
59	—	7	59	—	73	13	197	29	7	—	—	—	11	271	941	7	17	19	13	281	317	31	7	11	229	—	79	479	23	7
63	37	13	—	139	71	7	—	11	—	31	53	17	7	59	13	—	97	—	11	7	43	953	—	—	23	—	7	13	17	11
69	59	89	127	107	7	11	29	41	13	—	19	7	17	—	547	373	11	37	7	—	101	13	31	—	509	7	43	11	53	17
71	29	17	—	1319	199	—	7	79	11	—	41	—	1129	7	—	—	23	109	17	11	7	—	—	—	991	—	—	7	43	29
77	13	1193	17	—	—	7	11	1291	—	193	23	29	7	13	173	37	1297	11	647	7	73	521	59	—	61	149	7	—	11	31
81	—	11	7	491	367	—	23	—	—	7	—	53	11	19	17	—	7	31	683	—	—	—	13	7	101	41	293	193	29	23
83	—	73	227	17	7	—	—	13	311	59	191	7	827	61	—	11	—	53	7	113	13	709	29	19	—	7	11	23	41	103
87	23	7	—	13	239	19	677	—	7	—	11	1399	—	—	—	7	13	—	103	—	59	11	7	23	19	—	61	1129	47	7
89	—	13	11	7	17	—	—	47	67	—	7	389	37	11	13	19	409	7	79	149	—	17	—	—	7	—	797	13	—	71
93	7	131	41	337	—	—	—	7	11	661	13	37	31	—	7	61	17	23	73	11	—	7	317	13	—	—	—	—	7	—
99	17	—	—	29	13	—	7	—	19	—	—	23	53	7	109	—	1303	11	181	197	7	211	173	997	—	31	—	7	11	[illegible]

	226 20	23	26	29	32	35	38	41	44	47	50	53	56	59	62
01	7	107	11	23	—	811	—	7	19	1487	—	17	13	11	7
07	11	61	457	31	229	—	7	53	29	—	617	11	17	7	89
11	41	19	13	7	677	73	11	17	157	269	7	113	—	—	61
13	13	—	239	41	—	7	179	—	47	11	311	19	7	13	23
17	—	479	7	61	11	—	—	29	17	7	23	89	19	37	—
19	283	29	—	19	7	—	211	11	23	—	—	7	41	677	17
23	179	7	11	13	19	509	563	229	7	17	433	—	—	11	—
29	7	—	—	163	—	701	—	7	—	937	13	11	97	211	7
31	—	83	7	11	241	—	19	47	13	7	1307	—	—	607	11
37	17	7	13	—	—	29	31	61	7	—	487	67	11	23	—
41	401	829	—	53	41	7	—	11	107	23	1301	13	7	—	617
43	7	17	—	107	—	1171	—	7	—	13	11	971	—	—	7
47	1087	659	89	23	7	11	—	31	401	61	19	7	—	17	—
49	—	19	17	13	—	37	7	—	11	—	—	457	359	7	59
53	—	—	19	7	37	—	647	—	—	—	7	47	13	—	11
59	359	11	7	—	53	—	13	1117	1103	7	443	349	11	19	23
61	—	—	37	43	7	—	—	—	839	—	53	7	23	179	613
67	—	—	11	7	71	17	23	263	—	31	7	13	157	11	—
71	7	257	23	—	79	577	227	7	11	—	47	—	—	43	7
73	11	113	7	—	—	13	17	19	137	7	103	11	89	29	79
77	109	13	313	—	113	53	7	—	19	—	31	—	—	7	13
79	739	7	—	—	31	—	—	17	7	11	—	53	13	—	251
83	19	947	17	71	11	7	97	—	13	89	107	131	7	23	—
89	641	67	11	17	7	31	59	23	83	47	173	7	167	11	—
91	13	—	19	373	433	11	7	—	181	17	1123	—	103	7	—
97	101	—	563	11	397	7	41	13	—	—	17	71	7	19	11

	65	68	71	74	77	80	83	86	89	92	95	226 98	227 01	04	07
01	—	—	37	269	—	—	7	127	263	11	13	23	19	7	43
07	—	827	479	—	13	7	83	11	277	47	—	—	7	—	17
11	13	23	7	1481	53	19	313	31	491	7	29	103	—	11	47
13	739	31	283	—	7	11	439	509	73	661	53	7	—	—	—
17	11	7	—	—	443	67	—	13	7	—	17	11	—	191	—
19	—	173	113	7	—	13	—	19	—	—	7	—	233	1129	11
23	7	13	31	29	—	113	—	7	19	11	1213	17	23	—	7
29	19	—	—	59	—	53	7	11	13	1277	—	—	17	7	29
31	—	7	—	61	23	—	13	—	7	31	11	53	—	37	1187
37	7	—	17	107	—	73	—	7	11	—	—	131	—	13	7
41	101	163	—	11	7	61	139	29	—	13	31	7	—	—	11
43	67	29	—	17	31	—	7	13	—	197	37	—	59	7	1087
47	283	11	101	7	1489	419	53	—	71	37	7	23	11	—	19
49	—	13	—	1447	11	7	239	—	—	23	967	—	7	—	13
53	29	401	7	73	101	23	19	41	499	7	11	—	—	421	163
59	17	7	—	1259	13	887	37	—	7	401	181	29	—	—	—
61	11	—	13	7	137	29	17	557	19	61	7	11	31	241	281
67	19	317	7	373	37	—	811	17	727	7	257	—	271	53	23
71	—	19	17	37	11	13	7	—	83	109	23	61	—	7	—
73	43	7	919	13	—	—	59	11	7	—	607	19	—	1483	—
77	61	683	11	17	23	7	—	—	—	—	107	—	7	11	—
79	7	37	23	19	1399	11	43	7	—	17	13	—	—	89	7
83	11	—	631	—	7	—	13	673	31	—	43	7	—	—	101
89	13	1049	—	7	233	17	—	1201	29	11	7	—	313	13	199
91	—	11	29	431	—	7	19	—	—	251	79	13	7	23	—
97	191	—	—	—	7	13	—	23	—	523	11	7	17	29	83

	226 21	24	27	30	33	36	39	42	45	48	51	54	57	60	63
01	31	443	7	13	97	17	—	—	—	7	—	421	41	109	19
03	—	11	43	47	7	19	79	—	61	—	29	7	11	—	13
07	1429	7	1433	—	—	463	17	11	7	37	13	743	23	31	—
09	1451	—	59	7	101	1187	—	31	13	—	7	73	17	809	103
13	7	—	—	103	13	11	23	7	—	29	61	—	43	59	7
19	23	709	97	11	—	—	7	79	17	19	1367	13	823	7	11
21	19	7	31	523	—	599	11	1087	7	13	131	—	—	—	17
27	7	823	—	13	11	—	—	7	233	—	41	19	—	—	7
31	71	199	109	31	7	103	—	—	53	—	11	7	13	29	—
33	—	151	11	19	197	—	7	29	67	23	13	—	101	7	53
37	97	—	887	7	19	23	13	733	11	1217	7	17	—	—	—
39	11	37	179	23	13	7	—	—	—	—	31	11	7	—	19
43	13	—	7	181	1361	—	11	59	—	7	—	—	17	13	—
49	—	7	41	461	11	43	73	13	7	53	—	31	—	17	223
51	197	—	17	7	167	13	653	11	—	79	7	29	—	401	23
57	47	—	7	17	—	11	—	109	23	7	571	223	13	43	41
61	11	—	—	—	23	47	7	71	13	—	19	11	—	7	37
63	31	7	23	11	17	271	13	1409	7	—	—	—	113	—	11
67	439	—	13	—	277	7	601	—	—	11	53	—	7	—	59
69	7	11	—	—	—	17	—	7	—	61	601	—	11	13	7
73	17	31	809	29	7	223	929	11	—	13	—	7	787	19	271
79	409	17	683	7	47	11	41	—	281	23	7	61	—	—	29
81	419	13	73	—	—	7	1039	17	11	37	313	239	7	1013	13
87	43	23	347	—	7	—	11	19	13	179	59	7	269	—	47
91	—	7	67	17	13	—	83	29	7	31	479	367	11	197	71
93	997	29	13	7	11	71	37	—	—	17	7	—	—	—	1117
97	7	83	79	47	17	37	67	7	59	—	11	13	—	—	7
99	53	—	7	—	257	—	829	—	—	7	17	—	23	11	193

	66	69	72	75	78	81	84	87	90	93	96	226 99	227 02	05	08
01	—	7	563	23	—	11	199	17	7	47	—	—	—	137	13
03	41	23	—	7	359	—	—	229	11	19	7	—	13	17	—
07	7	—	199	11	—	1013	41	7	13	—	19	59	29	—	7
09	157	19	7	—	83	179	11	617	—	7	683	—	37	71	17
13	353	11	13	727	—	293	7	613	1163	17	—	31	11	7	23
19	—	89	—	43	163	7	67	—	23	13	11	457	7	19	197
21	7	—	11	—	19	43	23	7	337	37	—	181	907	11	7
27	11	13	—	71	—	853	7	59	—	—	29	11	73	7	13
31	—	41	—	7	—	—	11	353	—	—	7	—	17	—	67
33	—	17	47	—	41	7	37	19	13	11	—	173	7	31	457
37	—	31	7	79	11	37	—	47	19	7	41	53	61	17	—
39	—	137	13	29	7	—	1433	11	—	—	—	7	—	41	—
43	19	7	11	—	1327	—	—	23	7	—	73	13	757	11	17
49	7	23	29	—	263	13	—	7	—	—	397	11	—	—	7
51	53	47	7	11	17	67	—	941	131	7	307	499	—	—	11
57	37	7	—	31	173	17	401	29	7	67	13	359	11	19	769
61	17	—	43	—	643	7	13	11	—	—	—	—	7	419	19
63	7	151	—	—	13	19	17	7	41	107	11	1229	—	67	7
67	13	17	397	151	7	11	19	73	43	311	331	7	—	13	41
69	29	53	751	97	23	79	7	17	11	101	43	13	—	7	1291
73	23	—	17	7	—	47	83	13	379	71	7	—	751	53	11
79	—	11	7	17	—	157	857	—	—	7	137	241	11	37	13
81	19	—	—	587	7	109	—	103	59	17	151	7	13	101	487
87	1163	97	11	7	29	577	13	1361	—	23	7	19	139	11	127
91	7	—	13	—	47	17	59	7	11	41	37	—	19	—	7
93	11	—	7	19	1193	—	157	—	953	7	1097	11	41	13	—
97	—	257	—	29	19	—	7	31	—	13	167	521	—	7	—
99	61	7	—	73	449	—	641	13	7	11	—	1319	17	—	19

	226 22	25	28	31	34	37	40	43	46	49	52	55	58	61	64
03	29	41	1051	137	31	13	7	337	11	—	67	19	53	7	—
09	—	227	23	19	71	7	11	—	—	197	41	29	7	—	67
11	7	449	—	1097	—	29	293	7	—	11	13	31	17	19	7
17	37	53	—	—	13	19	7	11	—	—	199	—	83	7	991
21	13	—	11	7	29	—	19	—	17	619	7	—	31	11	853
23	—	67	—	1291	—	7	31	83	—	—	—	13	7	241	17
27	11	157	7	1063	—	197	—	13	—	7	1453	11	1459	173	—
29	—	—	83	11	7	13	127	—	19	29	373	7	521	—	11
33	—	7	—	43	—	41	547	31	7	11	17	419	191	—	13
39	7	19	293	—	—	—	109	7	13	43	—	17	139	37	7
41	17	—	7	—	—	—	13	—	—	7	11	19	—	67	31
47	13	7	—	19	—	967	239	—	7	1237	23	37	73	13	—
51	47	29	—	11	19	7	23	—	149	13	37	—	7	17	11
53	7	211	17	53	23	—	11	7	641	31	1063	127	593	107	7
57	23	11	—	13	7	149	—	—	—	—	653	7	11	—	17
59	277	13	—	17	11	—	7	—	37	—	47	509	1297	7	13
63	251	—	149	7	—	—	487	19	211	41	7	347	163	—	—
69	—	—	7	—	13	29	—	389	11	7	—	23	—	131	—
71	11	773	13	—	7	17	89	331	1213	19	—	7	797	947	—
77	163	19	—	7	43	—	17	79	241	11	7	181	—	—	—
81	7	17	19	59	11	13	—	7	43	1399	953	—	—	997	7
83	307	613	7	13	—	157	193	11	—	7	43	277	19	—	257
87	31	37	11	1009	41	—	7	73	71	29	—	—	13	7	43
89	607	7	—	29	19	11	—	41	7	1499	13	—	433	163	23
93	11	—	281	17	83	7	13	—	79	233	23	11	7	31	—
99	13	113	29	1010	7	107	—	67	—	11	127	7	—	13	—

	67	70	73	76	79	82	85	88	91	94	226 97	227 00	03	06	09
03	389	43	—	13	11	7	—	17	—	317	97	—	7	61	29
09	—	107	11	47	7	—	383	19	17	—	13	7	—	11	149
11	—	—	59	—	—	11	7	283	13	43	—	—	—	7	17
17	—	29	13	11	—	7	—	41	79	19	149	103	7	47	11
21	59	503	7	433	—	—	71	67	97	7	17	13	—	41	—
23	73	11	37	—	7	—	1303	149	163	13	419	7	41	131	1151
27	29	7	19	809	421	13	131	11	7	263	31	17	—	—	709
29	17	—	229	7	31	—	61	—	—	—	7	673	19	23	—
33	7	577	149	—	—	11	241	7	—	23	—	29	13	19	7
39	—	593	103	11	269	19	7	—	61	—	—	503	—	7	11
41	89	7	17	1021	13	53	11	—	7	—	569	383	—	—	—
47	7	—	43	17	11	—	—	7	643	—	983	13	31	107	7
51	31	—	1289	107	7	523	43	13	19	—	11	7	937	71	23
53	—	—	11	—	17	13	7	—	43	29	1471	47	23	7	—
57	19	13	1061	7	97	—	—	137	11	—	7	113	37	31	13
59	11	313	167	461	487	7	23	31	—	—	19	11	7	—	43
63	17	79	7	—	109	—	11	—	13	7	—	19	223	—	83
69	—	7	13	19	11	—	1087	—	7	37	—	439	337	—	59
71	13	—	31	7	—	—	41	11	—	223	7	—	1091	13	173
77	—	127	7	—	—	11	—	13	17	7	—	23	157	—	—
81	11	1409	—	13	—	—	7	23	—	—	641	11	29	7	—
83	—	7	—	11	—	23	29	211	7	17	239	71	—	—	11
87	—	23	181	223	17	7	—	—	233	11	13	467	7	—	—
89	7	11	281	929	37	—	—	7	13	47	17	463	11	—	7
93	97	—	53	37	7	17	—	11	103	19	251	7	—	—	47
99	379	19	—	7	271	11	17	41	59	—	7	13	23	167	953

	227 10	13	16	19	22	25	28	31	34	37	40	43	46	49	52	55	58	61	64	67	70	73	76	79	82	85	88	91	94	97
01	—	—	1061	—	—	7	293	—	13	—	47	331	7	—	—	17	11	—	—	7	—	13	31	—	37	29	7	11	—	59
07	181	—	13	11	7	41	97	29	19	683	—	7	73	23	11	13	17	—	7	—	1217	—	—	—	—	7	—	19	13	—
11	—	7	811	37	—	139	—	971	7	11	—	13	137	71	—	7	109	431	—	167	11	—	7	31	13	719	—	59	17	7
13	17	11	—	7	71	—	409	23	109	13	7	43	11	—	41	—	—	7	29	19	—	37	13	11	7	47	—	—	—	491
17	7	19	647	23	—	13	29	7	967	1451	—	241	17	—	7	43	251	—	11	953	19	7	—	—	—	—	23	—	7	11
19	29	17	7	13	—	—	—	—	271	7	11	19	191	53	—	239	7	43	17	1093	307	11	—	7	23	—	257	—	—	13
23	37	59	257	—	—	11	7	521	827	1061	73	743	13	7	47	97	11	29	31	—	7	43	269	61	1423	13	—	7	—	41
29	31	79	293	11	19	7	13	239	107	—	131	—	7	89	11	—	349	37	—	7	797	—	—	19	—	11	7	43	29	223
31	7	179	1063	17	13	1423	11	7	—	73	—	79	23	—	7	—	—	11	—	827	17	7	29	59	47	31	—	337	7	43
37	—	—	—	—	11	—	7	31	47	41	59	13	383	7	53	11	—	—	181	—	7	17	—	1439	13	19	11	7	367	23
41	—	—	23	7	—	109	67	13	1321	229	7	—	—	47	37	41	17	7	83	—	13	11	—	—	7	23	19	—	1217	—
43	23	—	11	373	269	7	—	—	—	—	677	71	7	11	—	29	—	19	13	7	31	—	17	23	11	—	7	61	347	—
47	17	13	7	29	797	—	1301	73	11	7	67	—	79	83	13	197	7	17	19	11	—	617	—	7	41	769	—	13	—	613
49	11	—	31	1213	7	—	17	89	—	19	—	7	13	—	431	—	61	23	7	—	857	—	11	17	—	7	29	41	19	—
53	—	7	331	—	—	1091	11	—	7	53	19	37	—	23	29	7	—	11	17	—	223	13	7	199	127	—	227	—	11	7
59	7	41	13	31	11	—	—	7	—	—	71	97	47	—	7	11	—	113	61	17	179	7	—	131	—	29	11	53	7	—
61	13	71	7	79	41	23	—	11	17	7	877	—	19	13	389	—	7	59	11	29	—	347	—	7	—	17	13	—	23	11
67	—	7	509	—	19	11	463	13	7	17	31	—	—	41	409	7	11	—	—	491	13	—	7	19	83	1123	17	11	—	7
71	11	389	131	13	17	7	241	—	—	—	53	11	7	—	—	59	13	—	23	7	—	17	11	439	19	37	7	47	—	13
73	7	13	—	11	—	67	37	7	191	859	17	167	29	547	7	19	23	1399	71	83	719	7	41	31	331	11	421	13	7	—
77	29	—	59	—	7	17	271	199	—	11	13	7	23	—	193	643	19	233	7	1109	11	—	17	13	—	7	—	397	41	29
79	163	11	—	73	863	31	7	19	13	67	23	17	11	7	79	103	—	—	211	—	7	13	61	11	317	1471	19	7	17	419
83	—	—	—	7	13	263	17	11	19	—	7	29	—	359	—	—	1063	7	11	—	—	—	37	17	7	173	401	19	157	11
89	19	43	7	—	829	11	31	17	—	7	—	13	—	181	—	419	7	71	229	19	73	—	29	7	13	211	47	11	—	661
91	31	—	547	43	7	47	659	461	11	13	19	7	—	17	139	—	29	53	7	11	37	23	13	109	—	7	—	281	—	19
97	37	—	19	7	—	—	11	347	—	43	7	941	127	31	17	23	13	7	353	73	—	19	131	599	7	79	733	29	11	13

	227 11	14	17	20	23	26	29	32	35	38	41	44	47	50	53	56	59	62	65	68	71	74	77	80	83	86	89	92	95	98
01	7	11	61	19	—	101	103	7	—	17	—	23	11	43	7	29	1069	—	367	1213	—	7	19	11	—	13	17	89	7	557
03	53	—	7	557	11	—	—	157	—	7	13	599	—	19	—	11	7	37	—	137	47	—	—	7	—	67	11	191	1019	631
07	—	—	821	599	877	23	7	71	—	—	11	—	53	7	19	—	37	839	173	13	7	11	569	—	—	47	29	7	23	—
09	257	7	11	23	13	19	79	—	7	251	—	—	—	11	—	7	17	13	53	—	29	43	7	1063	11	181	23	97	61	7
13	13	113	983	—	—	7	19	—	11	47	461	17	7	13	—	—	—	73	—	7	—	—	23	433	—	19	7	31	17	—
19	—	—	643	—	7	—	11	13	103	31	193	7	17	37	—	—	23	11	7	29	13	577	571	—	71	7	1427	967	11	17
21	139	17	—	31	—	13	7	113	19	11	—	—	41	7	23	71	73	127	13	47	7	89	409	—	229	349	829	7	1451	239
27	19	—	17	47	191	7	389	11	23	—	—	37	7	—	—	179	31	79	11	7	—	41	—	—	29	13	7	1213	—	11
31	43	19	7	59	23	—	—	—	13	7	37	173	29	11	17	101	7	—	89	311	19	13	—	7	11	—	83	23	131	1033
33	—	—	23	17	7	11	13	811	—	—	281	7	—	367	—	—	11	—	7	13	17	103	—	—	521	7	499	11	37	31
37	11	7	13	67	—	1319	43	1447	7	179	103	11	19	283	71	7	—	31	—	113	359	23	7	29	739	—	971	37	13	7
39	13	—	53	7	17	71	—	—	37	1493	7	31	—	13	11	—	499	7	47	23	—	17	19	1069	7	11	13	—	—	—
43	7	—	—	227	19	29	—	7	—	11	—	127	43	—	7	23	17	—	79	101	11	7	13	19	—	—	—	—	7	—
49	17	97	—	13	619	—	7	11	—	23	—	67	31	7	—	19	13	17	11	—	7	101	491	59	37	—	—	7	113	11
51	—	7	—	503	—	37	17	23	7	—	11	—	61	1193	13	7	41	—	—	1453	43	11	7	17	107	19	701	13	149	7
57	7	23	757	53	—	—	—	7	11	79	997	139	467	—	7	—	461	19	—	11	199	7	37	191	17	41	43	—	7	—
61	—	83	17	11	7	457	193	31	—	29	263	7	—	1373	11	53	—	13	7	17	23	37	47	149	—	7	—	—	479	79
63	—	31	13	29	991	431	7	929	17	19	—	—	—	7	—	13	199	11	23	643	7	53	149	—	853	17	—	7	11	73
67	269	11	—	7	229	—	47	—	—	—	7	13	11	—	23	—	127	7	—	—	17	71	—	11	7	89	—	101	—	19
69	971	19	41	787	11	7	593	401	—	13	73	—	7	503	29	11	163	—	569	7	19	—	13	—	263	103	7	127	—	—
73	839	—	7	—	17	13	—	—	23	7	11	—	157	683	103	373	7	149	13	—	131	11	109	7	389	487	233	67	449	101
79	601	7	23	—	—	17	421	—	7	547	139	—	13	19	149	7	53	41	—	11	—	47	7	—	—	13	—	73	313	7
81	11	—	—	7	19	211	131	29	439	31	7	11	83	149	739	—	37	7	61	97	41	—	11	13	7	—	—	—	17	71
87	101	79	7	—	13	919	—	61	619	7	149	—	17	43	67	19	7	13	29	89	11	—	31	7	239	557	73	103	563	17
91	13	449	—	113	11	—	7	17	149	347	31	—	211	7	—	11	19	43	—	1277	7	79	257	—	17	—	11	7	—	1283
93	29	7	83	181	31	53	—	11	7	277	257	13	—	17	—	7	—	—	11	43	1129	—	7	—	13	—	19	—	601	7
97	373	—	11	41	—	7	—	13	17	61	719	—	7	11	677	—	89	29	1487	7	13	463	—	31	11	17	7	19	71	—
99	7	—	—	881	101	11	41	7	—	113	229	29	241	59	7	1033	11	31	13	71	173	7	67	53	227	43	283	11	7	—

	227 12	15	18	21	24	27	30	33	36	39	42	45	48	51	54	57	60	63	66	69	72	75	78	81	84	87	90	93	96	99
03	11	13	79	—	7	31	151	—	—	17	—	7	41	—	13	—	1223	—	7	19	353	—	11	419	23	7	17	13	29	37
09	53	1361	347	7	—	73	281	—	13	11	7	19	—	317	—	167	269	7	23	—	11	13	—	—	7	—	—	17	691	193
11	1051	11	19	359	29	7	13	—	101	—	151	—	7	577	47	233	17	—	113	7	—	19	—	11	41	523	7	37	—	—
17	13	233	—	—	7	1409	—	37	613	71	11	7	—	13	1031	29	631	17	7	1091	277	11	—	—	53	7	13	—	—	821
21	—	7	—	29	43	11	23	1367	7	13	—	—	17	31	19	7	11	1123	163	—	—	—	7	—	—	137	61	11	173	7
23	—	17	61	7	23	19	43	13	11	—	7	—	101	173	—	—	151	7	17	11	13	181	—	79	7	461	29	23	653	47
27	7	53	—	11	—	—	19	7	641	—	43	523	—	17	7	61	13	991	151	1249	103	7	—	23	109	11	31	757	7	13
29	—	13	7	—	37	—	11	53	29	7	41	839	43	47	13	479	7	11	—	17	31	23	1151	7	—	—	71	13	11	389
33	67	11	73	37	61	—	7	—	31	769	13	1093	11	7	17	—	41	19	47	53	7	151	—	11	83	29	—	7	—	—
39	—	853	47	1217	13	7	223	29	331	19	11	23	7	—	—	17	389	13	107	7	37	11	43	—	79	41	7	—	19	787
41	7	29	11	—	17	541	—	7	1297	23	—	—	—	11	7	13	—	1303	101	19	823	7	—	—	11	151	—	977	7	311
47	11	89	773	23	281	17	7	193	53	13	—	11	29	7	—	—	71	421	37	61	7	—	11	587	137	—	23	7	31	263
51	17	—	41	7	—	13	11	—	—	83	7	—	19	—	—	487	31	7	13	—	53	—	23	541	7	193	—	—	11	29
53	103	—	947	13	—	7	17	241	61	11	31	97	7	197	59	79	13	89	379	7	11	—	19	17	—	—	7	—	—	13
57	—	17	7	127	11	—	503	—	1231	7	—	29	13	109	—	11	7	—	17	—	883	61	—	7	337	13	11	409	—	31
59	1009	59	—	1013	7	29	—	11	—	—	13	7	—	137	19	37	—	73	7	139	—	467	—	13	17	7	457	47	1489	11
63	—	7	11	43	—	179	13	—	7	—	23	31	59	11	37	7	619	919	277	13	41	1117	7	659	11	857	—	—	—	7
69	7	—	—	17	23	113	—	7	—	43	—	11	1153	13	7	—	47	—	—	—	17	7	11	379	31	—	13	23	7	41
71	—	—	7	11	—	—	—	167	—	7	—	13	37	—	11	—	7	19	31	157	83	—	—	7	13	11	17	29	101	397
77	31	7	—	—	311	13	—	67	7	19	17	113	11	307	—	7	—	43	13	23	257	59	7	11	—	61	47	17	19	7
81	—	13	—	1439	53	7	41	11	127	—	19	1459	7	709	13	23	—	281	11	7	107	43	17	—	—	743	7	13	37	11
83	7	19	—	—	—	1279	—	7	59	37	11	17	13	23	7	107	1321	—	109	127	19	7	—	43	131	13	—	167	7	569
87	—	31	19	—	7	11	17	293	13	23	—	7	—	—	1307	41	11	131	7	59	—	13	53	17	—	7	—	11	—	277
89	107	227	29	61	103	83	7	23	11	—	—	—	17	7	1103	67	—	—	41	11	7	397	—	—	89	1367	31	7	53	17
93	1031	—	13	7	—	89	59	17	—	—	7	—	—	19	11	13	61	7	—	29	191	193	71	113	7	11	23	—	13	—
99	251	11	7	—	—	19	311	—	17	7	367	—	11	—	647	587	7	—	—	—	23	89	13	7	19	17	1091	31	103	383

	228 00	03	06	09	12	15	18	21	24	27	30	33	36	39	42	45	48	51	54	57	60	63	66	69	72	75	78	81	84	87
01	113	73	17	7	13	19	457	41	11	97	7	—	23	61	137	—	271	7	—	11	683	—	—	31	7	—	109	47	71	131
07	53	71	7	17	—	31	11	1103	—	7	431	13	347	—	—	157	7	11	43	79	17	—	211	7	13	—	—	—	11	23
11	—	11	23	—	—	163	7	13	461	—	37	277	11	7	—	17	47	19	73	—	7	199	41	11	31	23	—	7	757	—
13	23	7	67	137	11	13	—	1429	7	113	—	—	103	101	—	7	1447	29	13	571	—	17	7	23	43	41	11	19	37	7
17	47	13	419	—	61	7	31	659	83	19	11	—	7	—	13	487	17	199	97	7	—	11	—	499	937	859	7	13	19	211
19	7	—	11	107	—	17	67	7	37	—	—	—	13	11	7	101	547	23	71	19	1021	7	17	1249	11	13	47	—	7	—
23	17	19	—	83	7	1367	—	37	11	167	191	7	—	23	—	337	29	17	7	11	19	13	—	283	—	7	—	—	317	—
29	—	17	13	7	—	—	11	23	41	199	7	1307	19	53	—	13	593	7	17	167	1033	113	—	109	7	—	1429	29	11	1069
31	13	—	—	19	—	7	—	17	—	11	—	41	7	13	67	109	—	—	89	7	11	29	19	389	17	—	7	1279	23	—
37	641	—	—	29	7	43	163	11	17	—	—	7	—	—	19	—	—	691	7	83	13	101	23	509	—	7	263	113	643	11
41	—	7	11	13	839	1019	251	—	7	43	389	1223	491	11	—	7	13	—	23	—	17	37	7	137	11	331	41	31	—	7
43	941	13	37	7	—	11	19	673	229	17	7	43	593	—	13	457	11	7	—	—	367	31	67	101	7	19	17	11	619	41
47	7	37	29	—	17	241	509	7	—	31	13	11	23	—	7	43	653	—	—	—	—	7	11	13	—	—	19	503	7	—
49	1259	191	7	11	—	271	523	—	13	7	17	293	—	59	11	—	7	19	157	37	53	13	—	7	—	11	67	17	—	—
53	—	701	1301	41	13	17	7	71	—	11	463	139	79	7	97	1277	251	13	19	359	7	43	17	—	59	107	883	7	617	23
59	23	—	173	—	31	7	17	11	—	—	19	13	7	257	271	701	—	—	11	7	—	251	—	17	13	—	7	43	1301	11
61	7	19	—	53	109	107	—	7	47	13	11	—	17	313	7	41	37	—	29	773	19	7	13	—	—	61	—	—	7	17
67	29	—	—	13	—	—	7	677	11	—	—	31	19	7	61	23	13	—	103	11	7	53	137	139	41	89	1109	7	—	13
71	—	233	—	7	593	—	89	103	17	739	7	23	13	19	11	571	—	7	823	1049	659	457	—	79	7	11	—	61	—	—
73	—	97	—	61	19	7	11	—	—	23	13	29	7	37	17	—	—	11	—	7	59	—	433	13	31	887	7	—	11	—
77	67	11	7	—	—	19	13	293	—	7	—	—	11	1021	—	179	7	461	—	13	157	—	89	7	19	—	17	131	23	241
79	—	41	113	23	7	—	31	47	541	443	127	7	—	463	—	11	—	13	7	—	191	—	29	—	—	7	11	431	—	599
83	13	7	—	—	67	61	—	41	7	73	11	193	47	13	71	7	19	1481	59	1493	—	11	7	—	—	31	13	17	1129	7
89	7	109	—	—	401	59	131	7	11	37	97	17	709	1409	7	—	23	—	—	11	13	7	139	—	—	1283	541	19	7	149
91	11	31	7	691	—	13	—	857	73	7	—	11	—	—	23	29	7	17	13	41	—	157	11	7	—	—	—	37	149	1373
97	—	7	283	179	—	53	47	37	7	11	19	569	13	—	31	7	89	337	17	—	11	167	7	349	181	13	29	59	41	7

	228 01	04	07	10	13	16	19	22	25	28	31	34	37	40	43	46	49	52	55	58	61	64	67	70	73	76	79	82	85	88
01	241	—	31	—	11	7	37	—	13	—	1201	19	7	17	29	11	67	53	257	7	401	13	—	149	—	73	7	23	1433	—
03	7	—	17	—	233	1031	13	7	29	61	263	—	—	—	7	127	349	977	11	13	113	7	103	53	37	23	199	31	7	11
07	—	—	11	19	7	—	73	—	97	—	367	7	—	11	17	13	83	263	7	433	67	23	19	37	11	7	359	—	13	—
09	13	59	—	17	37	11	7	1193	—	31	—	—	—	7	1217	197	11	227	—	23	7	47	199	—	73	373	13	7	—	—
13	11	—	563	7	—	1087	—	29	—	13	7	11	59	—	19	17	—	7	—	—	631	71	11	—	7	—	47	—	31	89
19	61	43	7	13	641	—	19	347	139	7	31	—	—	—	149	317	7	—	29	131	11	223	409	7	—	19	79	991	67	13
21	443	11	643	43	7	17	—	23	—	971	1511	7	11	149	13	1171	19	—	7	—	997	1327	17	11	53	7	—	13	97	—
27	—	23	359	7	—	131	17	89	13	43	7	67	—	—	—	1427	193	7	37	1319	47	11	163	17	7	—	61	19	—	71
31	7	17	191	73	13	11	307	7	149	19	419	29	—	43	7	—	11	13	17	463	23	7	167	—	241	47	—	11	7	—
33	19	—	7	—	47	29	199	17	11	7	373	—	—	—	1061	13	7	79	23	11	139	73	83	7	17	—	227	1223	13	—
37	347	19	17	11	89	149	7	829	—	47	—	13	—	7	11	—	—	—	31	17	7	—	29	1151	13	11	—	7	61	107
39	997	7	73	—	61	367	11	761	7	13	—	19	23	181	—	7	29	11	311	67	—	43	7	—	107	17	97	—	11	7
43	31	11	149	17	29	7	59	—	23	587	557	—	7	—	37	41	—	61	13	7	17	—	1217	11	—	43	7	—	71	—
49	373	71	23	617	7	277	61	—	—	—	11	7	13	31	127	29	—	—	7	73	—	11	—	19	41	7	569	—	197	—
51	23	—	11	47	173	—	7	31	53	29	13	—	37	7	19	613	—	—	—	647	7	421	439	13	11	127	—	7	59	277
57	11	1279	83	—	13	7	19	—	137	1097	701	11	7	—	—	59	—	13	73	7	29	—	11	—	97	19	7	—	17	37
61	13	41	7	—	—	—	11	19	29	7	769	131	761	13	863	787	7	11	71	—	311	191	1423	7	233	—	13	—	11	—
63	—	—	29	197	7	—	139	389	281	11	467	7	17	449	89	—	—	19	7	—	11	61	—	—	13	7	—	—	—	17
67	—	7	—	53	11	—	43	13	7	—	41	163	1327	59	—	7	109	—	19	29	13	31	7	47	17	—	11	—	337	7
69	—	—	47	7	449	13	647	11	43	19	7	937	193	17	—	31	353	7	11	—	—	—	269	—	7	—	37	1483	19	11
73	7	13	11	31	—	—	—	7	17	1181	19	89	43	11	7	—	73	—	1279	41	—	7	—	61	11	17	—	13	7	19
79	11	67	19	—	—	37	7	1171	13	17	79	11	29	7	—	—	31	—	23	103	7	13	11	523	163	—	17	7	41	—
81	317	7	181	11	—	157	13	—	7	359	31	853	19	859	11	7	23	47	—	13	43	—	7	37	—	11	107	—	—	7
87	7	11	751	37	19	—	—	7	—	59	23	107	11	13	7	—	17	29	—	317	—	7	—	11	—	—	13	—	7	—
91	—	107	37	1093	7	19	23	11	181	13	—	7	751	563	—	—	379	—	7	—	59	—	13	313	19	7	—	—	17	11
93	17	79	127	—	23	31	7	13	41	401	11	—	163	7	167	19	71	17	431	—	7	11	—	—	—	733	—	7	29	—
97	23	—	673	7	541	11	601	59	—	—	7	—	17	67	41	—	11	7	—	37	—	79	—	23	7	743	571	11	—	13
99	37	13	659	—	421	7	1277	19	11	—	29	—	7	233	13	769	47	41	17	7	—	23	—	—	167	—	7	13	853	947

	228 02	05	08	11	14	17	20	23	26	29	32	35	38	41	44	47	50	53	56	59	62	65	68	71	74	77	80	83	86	89
03	—	—	7	11	—	53	31	—	19	7	13	179	—	17	11	—	7	23	601	83	—	47	—	7	1009	11	—	19	—	61
09	19	7	79	—	13	43	137	157	7	29	433	23	11	—	17	7	37	13	61	19	811	67	7	11	—	389	—	827	463	7
11	67	1181	13	7	11	—	71	43	193	23	7	—	79	31	929	11	59	7	97	—	17	—	569	—	7	521	11	137	13	19
17	797	—	7	23	17	—	—	127	—	7	947	617	229	11	29	47	7	—	1019	—	331	17	13	7	11	313	23	1381	173	1039
21	—	—	29	19	83	13	7	—	11	41	73	677	197	7	31	101	17	43	13	11	7	317	19	—	—	661	181	7	283	67
23	11	7	—	13	1297	17	—	—	7	—	109	11	41	19	—	7	13	—	—	43	23	—	7	71	—	29	379	—	73	7
27	17	59	—	—	47	7	11	631	—	607	—	283	7	29	19	167	23	11	41	7	733	—	—	43	53	13	7	31	11	—
29	7	953	509	139	—	19	17	7	409	11	13	37	67	107	7	619	97	—	—	—	11	7	61	13	19	43	—	613	7	—
33	911	17	—	107	7	239	13	—	271	31	23	7	—	—	881	11	131	—	7	13	—	—	—	—	29	7	11	41	—	43
39	13	127	11	7	23	—	29	53	197	89	7	—	—	11	241	1237	—	7	—	17	—	101	31	719	7	—	13	23	1063	—
41	29	277	23	103	79	7	—	—	17	—	59	13	7	53	—	83	11	211	—	7	67	173	—	503	13	17	7	11	—	29
47	19	—	—	11	7	13	—	41	—	17	83	7	227	—	11	113	—	—	7	19	953	907	—	109	67	7	17	—	971	31
51	151	7	61	—	17	—	263	109	7	11	157	—	—	41	13	7	1097	31	113	—	11	17	7	643	37	101	—	13	29	7
53	—	11	709	7	193	37	43	397	—	181	7	19	11	23	1069	659	41	7	—	—	1459	—	29	11	7	13	271	17	67	—
57	7	421	—	151	37	17	—	7	13	23	29	353	19	—	7	—	—	—	11	—	—	7	17	977	307	223	—	101	7	11
59	83	—	7	19	29	103	13	23	401	7	11	17	43	1303	53	79	7	—	—	13	263	11	19	7	31	41	—	—	17	577
63	1013	311	13	23	19	11	7	859	1453	—	647	—	31	7	1471	13	11	—	227	233	7	29	373	17	—	137	23	7	13	101
69	89	37	—	11	73	7	—	17	773	13	683	331	7	191	11	19	—	—	—	7	23	607	13	1229	17	11	7	—	59	71
71	7	809	41	1409	59	—	11	7	881	—	151	—	47	17	7	107	—	11	23	31	13	7	73	—	43	19	29	191	7	541
77	101	13	281	73	11	—	7	103	29	1499	1093	41	23	7	13	11	661	19	—	—	7	—	—	—	—	—	11	7	—	421
81	179	47	59	7	—	—	—	—	23	17	7	—	—	—	—	151	223	7	19	—	31	11	—	13	7	29	17	53	—	443
83	—	241	11	—	439	7	23	—	13	19	97	—	7	11	31	17	37	757	—	7	41	13	—	—	11	607	7	47	19	23
87	—	—	7	137	13	1153	67	29	11	7	17	127	—	139	—	37	7	13	151	11	73	491	173	7	—	23	41	17	—	19
89	11	19	13	—	7	—	—	79	239	—	71	7	—	223	—	13	17	—	7	151	19	—	11	23	59	7	—	31	13	41
93	—	7	19	43	—	—	11	—	7	241	53	13	—	157	—	7	47	11	29	23	—	19	7	—	13	353	877	79	11	7
99	7	727	—	41	11	13	—	7	—	43	1373	359	17	19	7	11	—	—	13	97	349	7	59	—	151	179	11	—	7	17

	228 90	93	96	228 99	229 02	05	08	11	14	17	20	23	26	29	32
01	11	7	—	—	991	23	17	157	7	197	—	11	—	13	1117
07	7	281	1423	407	—	19	31	7	167	11	613	—	—	89	7
11	641	151	17	13	7	—	19	227	821	79	853	7	337	673	257
13	—	13	59	307	—	277	7	11	17	83	97	463	47	7	13
17	53	41	11	7	29	—	—	31	—	—	7	—	23	11	941
19	43	31	883	—	41	7	53	—	13	17	23	61	7	—	—
23	11	47	7	—	13	—	23	151	571	7	41	11	—	—	37
29	23	7	31	—	73	17	—	1451	7	11	43	13	347	61	71
31	—	11	839	7	—	71	—	—	97	13	7	17	11	271	—
37	—	197	7	13	89	—	521	53	—	7	11	—	17	211	151
41	47	79	—	263	19	11	7	17	103	167	—	23	13	7	281
43	661	7	—	—	—	—	—	—	7	23	13	79	—	17	19
47	857	29	—	11	71	7	13	59	17	—	31	—	7	—	11
49	7	—	—	23	13	107	11	7	41	—	47	419	367	—	7
53	13	11	53	—	7	1289	109	19	719	17	—	7	11	13	41
59	—	—	—	7	—	31	139	13	—	311	7	—	79	—	149
61	73	709	11	—	67	7	—	631	127	19	229	—	7	11	23
67	11	19	—	37	7	43	1069	—	23	47	149	7	13	—	—
71	31	7	19	53	23	—	11	1307	7	43	—	—	17	701	47
73	—	17	23	7	131	—	13	149	313	11	7	43	19	479	—
77	7	59	13	599	11	149	251	7	—	41	173	71	103	17	7
79	13	—	7	—	19	101	223	11	—	7	—	109	41	13	349
83	—	787	11	211	—	19	7	—	89	13	—	251	653	7	17
89	11	83	—	13	53	7	—	—	31	23	1459	11	7	47	1471
91	7	13	31	11	17	—	1231	7	—	101	53	—	—	863	7
97	199	11	—	269	379	17	7	—	13	—	1187	101	11	7	37

	35	38	41	44	47	50	53	56	59	62	65	68	71	74	77
01	7	—	191	41	83	—	—	7	17	31	43	13	—	23	7
07	59	173	1291	37	—	11	7	23	53	17	73	—	41	7	—
11	11	13	37	7	17	—	97	29	—	71	7	11	283	—	13
13	71	19	—	11	31	7	—	61	—	—	17	—	7	293	11
17	137	—	7	101	863	17	179	907	13	7	—	—	509	929	—
19	37	11	103	—	7	—	13	—	—	—	—	7	11	167	—
23	29	7	13	53	—	31	17	11	7	61	359	89	223	19	23
29	7	—	317	—	41	11	—	7	23	13	—	29	853	—	7
31	—	—	7	—	—	29	23	13	11	7	137	1087	31	17	—
37	23	7	—	43	103	773	11	19	7	—	149	—	—	—	13
41	—	11	—	1487	29	7	—	43	19	17	13	101	7	31	—
43	7	829	151	491	11	89	1103	7	13	43	53	47	1063	61	7
47	19	—	67	223	7	73	823	—	—	—	11	7	233	23	—
49	—	—	11	—	149	151	7	109	—	29	19	23	—	7	—
53	47	607	89	7	257	—	67	23	11	263	7	13	—	241	167
59	—	23	7	19	61	13	11	—	29	7	67	83	17	761	—
61	113	17	29	13	7	—	—	79	37	11	47	7	277	19	—
67	—	—	17	7	—	19	—	11	599	389	7	—	1483	29	151
71	7	29	11	1187	—	—	13	7	—	—	—	—	23	11	7
73	163	199	7	17	13	11	349	—	103	7	23	—	467	—	71
77	11	—	—	—	37	—	7	—	79	—	—	11	29	7	—
79	—	7	43	11	17	—	29	787	7	47	827	13	53	—	11
83	23	—	503	41	—	7	43	13	137	11	773	31	7	—	47
89	17	13	857	—	7	29	—	11	—	89	61	7	41	71	13
91	—	—	193	—	71	463	7	—	571	67	11	19	13	7	43
97	31	293	683	19	—	7	13	17	11	23	29	499	7	53	—

	228 91	94	228 97	229 00	03	06	09	12	15	18	21	24	27	30	33
01	17	—	467	7	13	1447	—	11	59	—	7	97	—	29	—
03	97	167	13	—	139	7	17	29	421	—	11	—	7	73	—
07	181	17	7	—	1201	11	—	127	109	7	131	13	47	41	23
09	109	—	19	1091	7	—	499	17	11	13	31	7	23	661	—
13	457	7	17	11	163	13	29	—	7	379	37	—	—	—	11
19	7	11	23	17	283	—	619	7	263	97	—	31	11	977	7
21	23	1009	7	—	11	19	47	61	37	7	13	29	1283	383	—
27	—	7	11	457	13	—	—	—	7	—	17	—	53	11	—
31	13	—	59	—	193	7	31	—	11	61	29	113	7	13	107
33	7	—	647	—	29	37	—	7	19	107	—	11	—	109	7
37	271	—	167	—	7	—	11	13	1373	19	67	7	—	—	191
39	19	1097	—	—	—	13	7	—	—	11	293	—	17	7	983
43	—	13	—	7	11	—	—	17	73	929	7	1409	167	449	13
49	—	37	7	—	449	—	89	211	13	7	269	—	19	11	29
51	—	449	—	19	7	11	13	73	29	—	241	7	—	61	17
57	13	67	61	7	47	227	41	—	—	43	7	—	967	13	11
61	7	—	—	359	487	421	23	7	53	11	17	—	41	43	7
63	—	11	7	31	23	67	19	13	—	7	—	—	11	—	53
67	23	—	—	13	61	73	7	11	—	—	—	17	—	7	—
69	17	7	821	—	—	743	—	—	7	67	11	—	29	—	13
73	29	—	—	97	31	7	—	—	—	137	13	227	7	1039	83
79	—	107	—	11	7	1223	—	181	47	53	19	7	37	17	11
81	—	19	13	—	293	29	7	—	—	23	—	31	—	7	227
87	283	131	461	17	11	7	—	—	61	13	37	233	7	71	251
91	43	97	7	—	29	13	—	163	—	7	11	—	31	19	—
93	—	113	11	13	7	173	31	239	317	—	—	7	—	11	—
97	—	7	1123	—	113	19	43	47	7	809	53	—	13	263	—
99	11	73	751	7	773	17	—	37	43	29	7	11	59	563	23

	36	39	42	45	48	51	54	57	60	63	66	69	72	75	78
01	433	—	7	11	19	23	—	419	—	7	653	251	503	47	11
03	13	499	83	23	7	—	11	—	17	109	1381	7	—	13	19
07	79	7	1093	17	—	—	—	677	7	13	277	—	11	239	—
09	101	41	—	7	11	877	19	13	—	17	7	—	103	—	61
13	7	103	431	13	17	—	283	7	53	211	11	—	—	1201	7
19	89	—	29	—	—	17	7	—	11	367	13	—	37	7	—
21	11	7	—	1109	101	—	641	—	7	19	—	11	—	—	73
27	7	19	13	31	—	743	101	7	—	11	37	977	17	1489	7
31	—	479	19	103	7	—	109	17	317	37	911	7	—	139	263
33	—	389	1433	—	—	809	7	11	101	13	—	1451	19	7	97
37	—	—	11	7	31	13	29	449	17	821	7	47	73	11	257
39	29	71	79	13	19	7	307	37	—	59	101	—	7	23	17
43	11	1151	7	1229	—	19	37	—	1427	7	—	11	13	—	—
49	—	7	—	23	571	103	13	59	7	11	17	673	—	1103	—
51	359	11	—	7	13	47	—	19	281	—	7	113	11	739	101
57	17	—	7	271	29	1259	31	587	—	7	11	13	—	79	—
61	19	—	—	241	—	11	7	13	—	73	—	67	17	7	23
63	41	7	397	797	419	13	541	—	7	—	19	—	23	811	—
67	37	13	—	11	43	7	41	31	23	—	307	19	7	17	11
69	7	31	17	59	47	—	11	7	71	41	97	107	13	223	7
73	—	11	23	19	7	—	—	—	13	47	43	7	11	—	17
79	131	59	13	7	—	—	—	127	—	1319	7	—	193	211	19
81	13	—	11	947	17	7	—	257	—	—	233	941	7	11	—
87	11	29	1453	47	7	17	67	13	97	31	—	7	439	—	—
91	17	7	—	13	—	173	11	23	7	179	—	269	—	—	89
93	—	13	1033	7	41	23	17	—	19	11	7	823	29	—	13
97	7	17	443	457	11	227	157	7	—	19	13	37	—	—	7
99	19	53	7	1163	31	83	277	11	13	7	—	—	317	41	67

	228 92	95	228 98	229 01	04	07	10	13	16	19	22	25	28	31	34
03	7	—	—	1021	—	—	11	7	229	—	23	467	43	—	7
09	13	17	41	997	11	461	7	839	19	—	59	—	—	7	587
11	—	7	23	401	37	41	1153	11	7	—	83	13	179	—	31
17	7	191	—	—	109	11	—	7	17	—	19	401	79	29	7
21	11	13	71	17	7	—	179	131	277	—	—	7	1061	—	13
23	83	37	19	11	—	383	7	353	—	17	127	—	13	7	11
27	37	331	557	7	17	—	647	—	13	11	7	139	29	—	—
29	47	11	—	1051	—	7	13	23	—	—	17	—	7	19	691
33	—	491	7	23	223	17	—	11	1097	7	31	—	53	79	19
39	—	7	—	—	59	11	17	373	7	13	—	67	937	—	—
41	337	223	—	7	—	1129	—	13	11	41	7	—	17	—	73
47	—	13	7	—	79	—	11	—	19	7	29	—	23	17	13
51	—	11	1031	—	47	—	7	—	17	19	13	89	11	7	181
53	19	7	347	—	11	443	23	—	7	61	—	461	31	59	37
57	31	19	23	233	13	7	479	1213	—	17	11	37	7	—	1009
59	7	193	11	29	—	593	131	7	—	—	—	19	—	11	7
63	—	41	—	1399	7	79	—	569	11	—	17	7	19	31	—
69	61	101	29	7	19	13	11	—	37	127	7	17	—	23	53
71	17	—	—	13	—	7	109	761	211	11	67	23	7	41	19
77	43	17	31	—	7	23	19	11	—	1303	13	7	—	47	67
81	—	7	11	—	43	37	13	19	7	73	199	349	—	11	—
83	691	—	17	7	13	11	43	59	—	—	7	283	103	—	—
87	7	103	47	31	349	157	29	7	661	—	43	11	—	13	7
89	29	179	7	11	61	—	233	—	73	7	—	13	43	1427	11
93	1321	—	37	181	—	41	7	13	139	11	19	—	23	7	127
99	307	13	19	109	—	7	23	11	—	—	—	101	7	—	13

	37	40	43	46	49	52	55	58	61	64	67	70	73	76	79
03	—	19	11	313	13	163	7	—	59	1429	641	29	127	7	—
09	11	—	—	17	647	7	—	47	37	439	181	11	7	131	—
11	7	—	—	11	—	43	457	7	89	13	23	—	—	107	7
17	853	11	53	13	23	71	7	—	—	167	17	43	11	7	19
21	23	—	—	7	—	17	—	11	193	601	7	—	13	103	53
23	—	47	373	617	59	7	19	—	41	29	11	17	7	601	—
27	—	61	7	—	281	11	13	19	—	7	—	—	—	31	41
29	—	421	719	37	7	313	163	31	11	197	—	7	17	113	1153
33	13	7	37	11	71	—	—	17	7	—	—	23	—	13	11
39	7	11	137	239	—	23	—	7	17	157	19	—	11	97	7
41	37	19	7	23	11	13	—	—	139	7	—	—	—	29	17
47	127	7	11	41	631	61	—	479	7	—	—	59	13	11	547
51	—	—	43	31	67	7	—	397	11	41	17	—	7	19	—
53	7	—	677	439	19	—	13	7	643	269	157	11	41	—	7
57	—	—	13	1087	7	19	11	61	43	59	23	7	83	—	—
59	13	—	—	—	179	—	7	—	23	11	31	—	—	7	37
63	269	509	—	7	11	29	683	83	—	13	7	71	17	37	43
69	1019	1481	7	13	1499	—	—	—	19	7	349	31	—	11	—
71	—	13	17	—	7	11	1223	619	—	1013	29	7	—	—	13
77	—	—	—	7	—	59	89	41	13	563	7	61	419	23	11
81	7	71	541	47	13	—	31	7	163	11	—	19	157	41	7
83	31	11	7	29	17	233	—	23	37	7	—	79	11	953	—
87	53	379	—	19	—	1283	7	11	—	—	—	13	—	7	—
89	—	7	859	—	131	17	53	67	7	13	11	521	491	19	29
93	17	31	29	—	—	7	—	97	691	523	347	—	7	—	19
99	—	17	47	11	7	1423	19	43	433	113	73	7	13	29	11

	229 80	83	86	89	92	95	229 98	230 01	04	07	10	13	16	19	22	25	28	31	34	37	40	43	46	49	52	55	58	61	64	67
01	211	67	19	11	317	727	7	487	37	13	17	—	—	7	11	181	587	1091	953	—	7	19	13	—	541	11	229	7	53	41
07	—	11	—	13	29	7	409	31	257	—	149	17	7	19	509	23	13	137	—	7	103	—	—	11	131	37	7	—	17	13
11	—	—	7	41	113	43	17	11	149	7	—	23	13	193	19	—	7	131	11	467	—	29	—	7	37	13	31	239	839	11
13	—	—	—	1217	7	19	41	43	—	23	11	7	17	353	383	29	139	641	7	—	31	11	193	13	19	7	199	109	—	17
17	1223	7	877	29	37	11	13	17	7	79	—	43	41	1229	—	7	11	—	547	13	—	—	7	53	17	19	421	11	23	7
19	—	127	31	7	13	—	137	331	11	—	7	—	—	17	—	41	19	7	59	11	—	—	37	419	7	1123	23	—	739	53
23	7	157	149	11	311	—	—	7	17	367	—	71	—	13	7	—	457	19	47	—	—	7	23	127	823	11	13	—	7	59
29	—	11	47	31	—	—	7	13	—	17	—	103	11	7	—	373	23	—	331	—	7	83	—	11	1259	29	17	7	19	281
31	19	7	—	229	11	13	191	—	7	—	—	239	53	823	23	7	1433	653	13	19	61	67	7	—	157	43	11	—	31	7
37	7	29	11	—	983	107	—	7	23	61	31	19	13	11	7	—	17	—	—	71	—	7	—	—	11	13	—	269	7	—
41	—	71	—	239	7	—	—	41	11	73	—	7	19	—	971	1153	—	47	7	11	97	13	61	739	109	7	659	23	17	31
43	11	—	23	19	181	859	7	—	—	97	41	11	29	7	—	—	37	17	1289	13	7	—	11	31	103	23	349	7	113	67
47	29	47	13	7	19	—	11	53	—	—	7	31	17	103	853	13	41	7	269	883	389	23	—	19	7	257	137	—	11	17
49	13	17	199	—	—	7	89	—	73	11	—	79	7	13	19	1013	131	173	17	7	11	—	307	29	503	—	7	47	—	599
53	61	83	7	—	11	—	557	—	587	7	181	29	577	17	—	11	7	—	71	—	—	599	13	7	31	41	11	—	—	—
59	—	7	11	13	—	617	31	19	7	23	43	191	37	11	17	7	13	—	97	683	—	563	7	709	11	73	19	—	869	7
61	31	13	—	7	1429	11	1321	23	263	—	7	—	43	1103	13	—	11	7	—	1459	17	967	83	—	7	191	61	11	1489	—
67	269	23	7	11	17	41	—	—	13	7	37	127	379	31	11	61	7	83	43	—	997	13	79	7	23	11	47	29	19	109
71	—	31	—	67	13	—	7	509	71	11	19	41	281	7	443	29	17	13	—	271	7	1117	43	487	—	173	53	7	61	19
73	—	7	13	—	61	17	—	—	7	29	47	337	11	—	41	7	907	—	23	59	19	—	7	11	43	137	31	37	13	7
77	17	—	19	—	151	7	1277	11	101	—	—	13	7	—	23	47	97	17	11	7	41	19	239	1429	13	881	7	593	43	11
79	7	—	—	79	587	97	17	7	31	13	11	647	19	139	7	—	—	—	1279	—	29	7	13	17	—	467	499	—	7	131
83	1439	17	—	—	7	11	37	151	23	53	101	7	—	19	—	643	11	59	7	—	937	521	73	79	1091	7	—	11	181	41
89	—	—	17	7	59	19	113	—	—	31	7	—	13	—	11	67	—	7	—	17	—	—	—	37	7	11	—	53	223	293
91	23	—	—	31	37	7	11	227	17	47	13	151	7	29	—	19	127	11	257	7	331	73	—	13	—	17	7	—	11	89
97	—	—	73	97	7	43	239	19	—	17	—	7	113	—	79	11	31	13	7	—	—	37	859	—	29	7	11	—	313	—

	229 81	84	87	90	93	96	229 99	230 02	05	08	11	14	17	20	23	26	29	32	35	38	41	44	47	50	53	56	59	62	65	68
01	13	7	109	—	17	—	—	—	7	43	11	—	29	13	—	7	101	1231	—	103	37	11	7	67	—	283	13	19	907	7
03	—	37	11	7	—	—	29	—	761	—	7	13	—	11	—	1097	53	7	19	—	—	—	197	—	7	389	—	17	827	31
07	7	251	—	461	1039	17	—	7	11	811	—	—	—	227	7	43	—	31	101	11	13	7	17	29	41	—	523	67	7	47
09	11	—	7	257	—	13	67	—	47	7	19	11	—	—	—	—	7	29	13	277	151	113	11	7	163	—	—	41	17	19
13	73	13	—	1307	—	29	7	191	—	—	127	19	61	7	13	79	—	11	—	223	7	43	151	17	23	—	1213	7	11	107
19	—	41	—	19	11	7	—	17	13	—	—	53	7	—	107	11	29	—	23	7	541	13	19	569	17	151	7	43	—	83
21	7	167	479	—	41	821	13	7	157	107	29	—	691	17	7	37	23	53	11	13	89	7	—	47	—	—	151	—	7	11
27	13	—	443	397	—	11	7	47	—	241	23	167	—	7	17	941	11	—	67	31	7	29	—	—	19	—	13	7	—	151
31	11	449	—	7	857	523	19	31	—	13	7	11	47	1129	—	—	73	7	—	41	1181	251	11	293	7	19	17	769	—	23
33	53	31	631	11	23	7	—	13	211	—	929	593	7	71	11	17	19	563	—	7	13	167	41	257	—	11	7	23	1409	1229
37	23	193	7	13	—	—	—	313	401	7	17	37	53	757	83	127	7	19	59	1423	11	653	353	7	—	—	251	17	41	13
39	—	11	557	—	7	61	—	—	19	—	193	7	11	263	13	73	17	—	7	1439	—	23	47	11	—	7	67	13	677	37
43	—	7	29	439	173	59	233	11	7	19	13	17	—	—	—	7	401	23	11	—	263	—	7	13	229	—	191	47	17	7
49	7	19	—	—	13	11	—	7	37	1151	157	23	17	29	7	31	11	13	787	—	19	7	—	—	401	—	—	11	7	17
51	—	17	7	71	337	—	—	29	11	7	—	19	1427	—	607	13	7	—	17	11	109	—	137	7	—	—	37	59	13	—
57	181	7	17	19	—	—	11	919	7	13	197	367	—	1237	59	7	719	11	29	17	—	47	7	1471	—	83	23	89	11	7
61	—	11	—	593	19	7	29	—	89	—	31	—	7	619	17	—	107	617	13	7	127	—	23	11	—	59	7	—	—	71
63	7	59	—	13	11	47	—	7	—	313	—	107	73	131	7	11	13	—	—	727	17	7	61	37	—	1231	11	173	7	13
67	67	107	71	191	7	—	97	—	113	139	11	7	13	—	—	17	23	29	7	—	1103	11	37	31	89	7	—	—	—	—
69	863	—	11	37	17	101	7	—	659	—	13	29	1181	7	23	83	—	31	—	643	7	17	1297	13	11	19	—	7	—	823
73	41	229	37	7	67	31	13	19	11	541	7	—	461	997	53	647	17	7	—	11	1361	857	—	863	7	811	19	103	29	73
79	13	43	7	—	23	479	11	—	67	7	29	—	—	13	—	—	7	11	19	37	—	—	607	7	397	47	13	23	11	79
81	37	—	23	43	7	83	17	—	—	11	71	7	31	557	—	—	—	491	7	569	11	59	—	17	13	7	97	431	19	—
87	83	19	—	7	—	13	809	11	59	43	7	101	—	—	—	29	—	7	11	23	19	41	—	113	7	31	—	163	—	11
91	7	13	11	29	—	1327	887	7	—	—	79	—	241	11	7	23	37	421	—	17	—	7	—	—	11	—	113	13	7	103
93	—	—	7	—	379	11	1481	31	17	7	—	—	13	23	683	43	7	—	—	47	79	53	—	7	—	13	29	11	61	—
97	11	1013	433	17	—	—	7	—	13	23	—	11	—	7	29	89	397	—	—	43	7	13	11	197	47	1433	31	7	—	—
99	71	7	373	11	19	839	13	23	7	17	—	—	211	—	11	7	—	61	—	13	31	43	7	19	97	11	17	—	107	7

	229 82	85	88	91	94	229 97	230 00	03	06	09	12	15	18	21	24	27	30	33	36	39	42	45	48	51	54	57	60	63	66	69
03	—	—	13	23	17	7	—	73	31	11	983	—	7	37	—	13	—	—	107	7	11	17	—	—	19	29	7	—	13	1249
09	—	307	283	107	7	17	109	11	—	13	—	7	239	41	727	—	19	—	7	61	23	31	13	—	—	7	71	—	67	11
11	—	29	751	—	251	—	7	13	—	—	11	17	—	7	—	31	41	71	23	101	7	11	53	—	—	—	19	7	17	—
17	887	13	47	—	571	7	—	—	11	89	—	67	7	—	13	—	—	751	19	7	—	101	97	—	337	41	7	13	31	17
21	19	367	7	11	733	463	—	17	23	7	13	—	—	59	11	337	7	—	—	19	199	—	311	7	17	11	1289	37	—	29
23	—	431	43	307	7	53	11	—	13	—	19	7	79	17	251	67	487	11	7	—	—	13	—	29	557	7	—	587	11	19
27	59	7	23	487	13	—	43	37	7	—	—	19	11	1381	967	7	71	13	—	—	193	—	7	11	479	17	—	—	—	7
29	23	881	13	7	11	29	—	71	43	293	7	1009	—	127	17	11	—	7	—	67	—	19	73	23	7	37	11	—	13	193
33	7	113	—	19	—	—	139	7	41	17	11	13	43	829	7	197	157	83	601	23	—	7	19	—	13	—	17	—	7	233
39	53	179	—	—	29	13	7	691	11	797	17	131	83	7	19	233	347	41	13	11	7	461	—	359	31	61	—	7	—	163
41	11	7	—	13	163	19	53	113	7	59	—	11	—	401	—	7	13	521	31	379	41	—	7	79	19	911	—	29	—	7
47	7	1151	37	—	—	23	—	7	463	11	13	—	—	277	7	107	19	17	139	—	11	7	1153	13	53	—	43	1031	7	41
51	199	23	83	61	7	107	13	59	—	—	—	7	17	—	—	11	349	19	7	13	—	47	—	223	23	7	11	409	—	17
53	47	17	—	509	13	—	7	11	19	—	1511	227	1291	7	—	—	89	13	11	37	7	—	23	—	1151	—	—	7	83	11
57	13	31	11	7	331	47	—	—	29	19	7	1069	—	11	173	—	—	7	23	113	—	431	—	71	7	419	13	—	19	—
59	19	967	17	—	1229	7	41	53	—	—	—	13	7	—	71	857	11	—	367	7	223	—	433	83	13	181	7	11	421	59
63	11	19	7	—	—	—	—	13	109	7	821	11	23	89	17	167	7	1487	—	29	13	—	11	7	—	—	—	—	—	617
69	277	7	—	—	—	43	23	197	7	13	—	—	19	—	13	7	193	73	—	229	11	41	7	—	131	167	1193	13	113	7
71	1021	11	—	7	17	—	—	43	—	—	7	—	11	83	—	79	97	7	233	—	—	17	19	11	7	13	—	23	—	—
77	1231	—	7	31	71	17	13	—	53	7	11	1163	—	37	19	467	7	—	—	13	227	11	17	7	149	—	331	709	—	—
81	17	59	13	131	—	11	7	173	383	61	—	—	37	7	—	13	11	17	—	—	7	—	31	29	—	—	—	7	13	—
83	13	7	263	83	—	—	17	89	7	—	—	223	—	13	47	7	31	29	1193	11	—	149	7	17	—	19	13	461	1423	7
87	1289	17	—	11	31	7	—	19	179	13	—	23	7	67	11	—	79	—	17	7	—	109	13	43	—	11	7	—	311	37
89	7	—	—	—	—	—	11	7	—	23	37	—	—	109	7	977	—	11	149	—	13	7	1381	59	17	43	79	—	7	31
93	—	11	17	13	7	23	103	107	—	37	—	7	11	307	73	—	13	31	7	17	1319	—	—	11	613	7	227	—	23	13
99	281	—	241	7	—	223	1453	—	337	—	7	—	—	149	463	—	1483	7	1493	—	17	11	23	13	7	41	37	29	547	19

	230 70	73	76	79	82	85	88	91	94	230 97	231 00	03	06	09	12	15	18	21	24	27	30	33	36	39	42	45	48	51	54	57
01	227	173	—	857	7	13	11	881	43	71	19	7	677	—	17	37	97	11	7	—	101	29	—	113	761	7	31	59	11	19
07	199	—	19	7	11	—	—	383	23	—	7	1327	13	—	43	11	53	7	—	—	—	19	101	—	7	13	11	—	—	—
11	7	73	—	19	23	109	83	7	13	—	11	—	541	—	7	157	—	1019	43	—	29	7	19	89	139	59	7	17	7	137
13	619	59	7	—	—	—	13	—	—	7	691	1427	37	11	29	—	7	41	—	13	43	31	—	7	11	23	71	—	—	1321
17	1291	83	13	163	47	—	7	—	11	31	193	17	59	7	19	13	—	467	1489	11	7	23	—	41	43	97	—	7	13	389
19	11	7	1039	31	—	19	—	953	7	293	—	11	61	13	97	7	—	17	—	23	107	397	7	941	19	29	13	83	229	7
23	271	1093	—	—	—	7	11	—	67	13	107	53	7	29	—	23	—	11	137	7	719	—	13	233	1087	19	7	—	11	17
29	41	367	—	13	7	—	631	—	37	23	—	7	67	17	61	11	13	19	7	47	911	131	—	—	29	7	11	—	863	13
31	—	13	17	41	—	—	7	11	19	577	349	—	709	7	13	—	71	83	11	17	7	59	—	—	—	409	37	7	1303	11
37	19	23	—	17	—	7	37	131	13	—	109	31	7	397	—	—	11	—	191	7	17	13	1009	599	23	463	7	11	137	29
41	11	19	7	—	13	37	—	877	—	7	139	11	53	1471	89	17	7	13	41	59	19	1511	11	7	—	587	—	—	509	163
43	—	479	13	11	7	—	—	43	167	—	—	7	—	47	11	13	—	179	7	257	857	17	—	37	31	7	—	1049	13	61
47	—	7	173	599	—	293	59	—	7	11	1109	13	19	1049	23	7	17	—	47	—	11	—	7	—	13	—	439	41	29	7
49	653	11	83	7	197	17	31	461	—	13	7	—	11	43	—	—	—	7	61	—	1231	—	13	11	7	809	—	—	557	103
53	7	79	37	—	19	13	—	7	23	—	29	179	1013	—	7	—	—	17	11	—	—	7	—	19	—	31	337	271	7	11
59	—	17	23	—	41	11	7	31	1153	—	113	—	13	7	409	19	11	—	17	37	7	29	—	43	—	13	—	7	769	—
61	23	7	—	293	—	—	19	17	7	—	13	67	47	73	283	7	—	811	419	11	—	181	7	13	17	19	499	—	—	7
67	7	—	59	—	13	—	11	7	17	839	—	—	—	653	7	67	41	11	367	157	131	7	—	—	89	17	29	—	7	1097
71	13	11	31	17	7	89	—	613	—	—	461	7	11	13	29	—	37	383	7	97	17	197	41	11	—	7	13	181	—	—
73	—	—	53	—	11	—	7	491	29	17	1019	13	347	7	127	11	—	—	1439	67	7	—	79	—	13	41	11	7	19	—
77	59	—	—	7	17	577	263	13	—	167	7	73	—	—	53	31	1301	7	—	691	13	11	71	—	7	29	—	—	—	19
79	43	19	11	—	7	7	1481	—	1237	31	17	47	7	11	37	937	—	—	13	7	19	—	—	67	11	113	7	17	23	73
83	—	13	7	—	43	17	—	29	11	7	—	1171	1283	37	13	—	7	523	853	11	—	19	17	7	23	—	—	13	31	83
89	47	7	—	—	269	—	11	433	7	—	31	—	—	19	—	7	—	11	23	—	109	13	7	17	83	—	61	263	11	7
91	—	—	61	7	19	347	13	271	—	11	7	37	17	—	191	—	23	7	173	13	11	—	797	19	7	—	47	359	—	17
97	13	—	7	71	—	—	—	11	—	7	23	613	—	13	229	19	7	31	11	127	41	53	449	7	—	281	13	1103	37	11

	230 71	74	77	80	83	86	89	92	95	230 98	231 01	04	07	10	13	16	19	22	25	28	31	34	37	40	43	46	49	52	55	58
01	983	331	11	—	61	31	7	59	17	13	281	29	—	7	83	47	19	—	179	—	7	—	13	701	11	17	41	7	577	23
03	—	7	—	—	23	11	—	13	7	—	181	193	—	449	17	7	11	—	353	239	13	—	7	—	43	—	19	11	—	7
07	11	—	211	13	457	7	—	37	19	17	—	11	7	197	107	97	13	1319	31	7	—	—	11	23	103	1021	7	19	43	13
09	7	13	—	11	53	—	797	7	1093	107	1069	673	31	—	7	17	29	—	19	—	71	7	157	313	—	11	—	13	7	59
13	19	67	71	41	7	131	—	709	—	11	13	7	—	—	809	—	53	23	7	19	11	—	409	13	37	7	173	17	89	419
19	—	—	307	7	13	67	—	11	—	109	7	17	41	31	47	29	1061	7	11	191	827	—	373	—	7	—	467	59	17	11
21	17	109	13	59	—	7	179	31	61	23	11	—	7	—	—	13	—	17	—	7	571	11	37	331	127	79	7	1423	13	269
27	—	17	37	23	7	43	89	—	11	13	71	7	619	19	137	947	211	373	7	11	29	—	13	73	41	7	23	—	337	257
31	179	7	379	11	233	13	—	—	7	43	61	—	—	17	11	7	—	53	13	337	269	—	7	967	1367	11	—	—	347	7
33	277	419	17	7	73	19	11	—	47	113	7	43	—	983	—	83	13	7	1031	17	23	—	89	53	7	—	—	—	11	13
37	7	11	563	89	151	—	19	7	—	—	—	647	11	47	7	43	23	67	37	29	—	7	487	11	157	13	79	—	7	1187
39	—	41	7	17	11	151	—	—	281	7	13	—	—	29	23	11	7	43	—	661	17	—	829	7	—	131	11	71	—	—
43	53	29	157	31	421	197	7	41	—	71	11	97	—	7	—	17	907	19	127	13	7	11	109	—	883	—	—	7	103	—
49	13	—	73	—	23	7	251	79	11	19	151	—	7	13	—	37	17	—	53	7	317	59	659	479	—	67	7	23	19	—
51	7	—	23	—	67	17	29	7	—	859	31	11	—	—	7	—	971	79	1297	19	73	7	11	—	13	23	—	433	7	43
57	—	73	—	61	—	13	7	—	67	11	—	19	—	7	151	—	—	29	13	23	7	233	907	17	547	283	—	7	41	—
61	—	13	397	7	11	29	101	—	307	97	7	31	19	—	13	11	61	7	17	—	—	—	521	—	7	1151	11	13	443	—
63	—	127	—	19	227	7	—	11	283	—	967	—	7	23	—	311	457	151	11	7	—	1187	19	—	17	13	7	—	29	11
67	—	—	7	971	19	61	—	—	13	7	—	241	—	11	347	—	7	—	73	17	1427	13	—	7	11	—	199	47	—	37
69	409	—	769	—	7	11	13	23	17	—	29	7	—	179	19	—	11	59	7	13	151	—	—	271	—	7	—	11	79	89
73	11	7	13	17	139	—	31	503	7	37	89	11	—	1117	331	7	71	653	—	—	17	281	7	—	—	—	23	29	13	7
79	7	—	53	—	17	—	239	7	439	11	227	—	101	—	7	59	571	379	199	31	11	7	13	—	—	151	19	157	7	139
81	—	11	7	29	467	—	463	13	53	7	17	—	11	31	—	—	7	19	23	—	13	47	277	7	67	461	151	17	—	—
87	—	7	1321	193	—	47	127	—	7	19	11	17	23	227	13	7	139	223	727	1033	—	11	7	—	37	683	31	13	17	7
91	—	137	29	229	—	7	17	1229	23	—	13	—	7	353	31	73	11	503	107	7	1213	193	61	13	—	—	7	11	127	19
93	7	19	547	757	37	—	23	7	11	—	—	—	17	107	7	541	—	—	269	11	19	7	137	—	59	29	293	97	7	17
97	—	587	19	11	7	97	41	17	1459	—	79	7	—	29	11	—	1483	13	7	—	—	19	—	—	17	7	—	31	—	—
99	23	—	13	—	—	—	7	29	1291	41	163	59	19	7	73	13	109	11	701	—	7	31	—	23	821	—	—	7	11	719

	230 72	75	78	81	84	87	90	93	96	230 99	231 02	05	08	11	14	17	20	23	26	29	32	35	38	41	44	47	50	53	56	59
03	61	11	199	7	—	113	—	—	17	31	7	13	11	19	307	41	991	7	—	23	37	53	59	11	7	17	—	211	461	—
09	37	43	7	—	1031	13	29	83	—	7	11	—	337	23	—	139	7	89	13	—	353	11	31	7	19	—	17	503	149	359
11	29	79	11	13	7	317	—	1487	223	—	—	7	883	11	—	17	13	—	7	281	—	—	227	163	11	7	61	41	—	13
17	11	—	139	7	—	23	181	19	1361	43	7	11	271	—	—	61	17	7	—	47	179	1217	11	13	7	—	19	—	23	31
21	7	23	—	—	607	—	11	7	19	—	—	17	1033	43	7	—	—	11	—	13	557	7	53	—	23	—	101	19	7	421
23	17	—	7	47	13	—	—	—	409	7	—	31	—	—	103	37	7	13	19	—	11	149	23	7	509	—	—	139	53	109
27	13	—	79	103	11	—	7	—	47	—	29	191	17	7	37	11	—	61	23	19	7	271	—	113	1237	—	11	7	101	17
29	—	7	1109	211	29	59	—	11	7	263	19	13	79	41	1433	7	23	751	11	—	523	43	7	97	13	191	—	—	—	7
33	—	97	11	859	569	7	61	13	—	—	—	19	7	11	67	367	59	193	—	7	13	29	—	—	11	43	7	751	73	641
39	11	13	947	19	7	107	23	—	89	73	211	7	229	149	13	—	577	1361	7	—	—	—	11	47	—	7	—	13	41	23
41	107	—	47	11	23	—	7	—	83	157	—	—	13	7	11	—	103	—	—	31	7	—	241	—	619	11	29	7	—	37
47	—	11	179	83	17	7	13	—	29	37	1223	—	7	—	167	—	601	—	1277	7	—	17	—	11	19	59	7	—	—	—
51	43	661	7	—	—	41	19	11	37	7	863	—	163	—	—	13	7	23	11	—	31	1429	—	7	601	19	67	1439	13	11
53	13	—	43	101	7	17	149	—	41	251	11	7	53	13	31	23	19	47	7	29	—	11	17	—	167	7	13	1051	601	—
57	17	7	31	827	149	11	43	29	7	13	127	23	—	761	41	7	11	17	1493	1499	257	—	7	59	53	37	—	11	—	7
59	—	29	89	7	79	101	17	13	11	23	7	—	1447	—	251	463	233	7	103	11	13	127	307	17	7	—	—	19	—	—
63	7	17	—	11	—	23	47	7	—	19	59	—	43	—	7	31	13	—	17	—	547	7	499	41	79	11	—	—	7	13
69	29	11	17	—	—	—	7	53	—	—	13	157	11	7	—	—	—	—	43	17	7	—	23	11	383	—	—	7	31	29
71	719	7	—	37	11	73	853	—	7	101	389	19	—	53	—	7	47	67	229	137	23	13	7	29	251	17	11	—	239	7
77	7	—	11	19	31	29	—	7	—	17	—	101	—	11	7	13	409	107	—	59	37	7	19	—	11	—	17	61	7	251
81	—	—	—	—	7	47	—	107	11	41	23	7	1163	—	373	109	829	—	7	11	239	17	29	19	13	7	—	71	97	—
83	11	1009	107	—	—	—	7	109	23	13	17	11	41	7	19	199	29	31	71	—	7	191	11	887	1109	67	127	7	—	—
87	71	443	—	7	23	13	11	331	53	743	7	1231	—	—	—	19	641	7	13	—	859	229	17	—	7	83	307	23	11	61
89	—	—	23	13	379	7	19	—	—	11	—	17	7	113	53	47	13	37	—	7	11	41	—	853	139	19	7	29	17	13
93	359	—	7	—	11	—	17	19	—	7	—	—	13	—	—	11	7	283	31	787	47	23	971	7	563	13	11	41	—	—
99	31	7	11	—	47	43	13	17	7	—	643	103	—	11	—	7	—	71	19	13	419	—	7	—	11	257	29	—	—	7

	231 60	63	66	69	72	75	78	81	84	87	90	93	96	231 99	232 02	05	08	11	14	17	20	23	26	29	32	35	38	41	44	47
01	383	13	7	1237	937	—	—	23	67	7	41	643	83	—	13	61	7	—	17	—	11	43	37	7	—	563	—	13	103	—
07	331	7	17	647	61	—	—	11	7	31	19	853	67	—	—	7	—	1439	11	17	107	13	7	71	23	251	359	43	379	7
11	—	37	11	—	13	7	—	—	—	—	107	19	7	11	17	—	—	13	733	7	23	233	293	—	11	41	7	101	31	—
13	7	349	13	17	53	11	—	7	79	829	—	191	—	29	7	13	11	97	23	37	17	7	31	163	—	1283	—	11	7	281
17	11	29	—	19	7	113	61	233	—	89	31	7	131	—	23	17	53	—	7	139	457	47	11	—	13	7	—	—	79	101
19	47	317	181	11	17	—	7	—	157	13	—	—	23	7	11	—	1217	59	877	757	7	17	13	1087	29	11	—	7	—	509
23	43	—	41	7	—	13	73	193	23	11	7	—	29	263	19	467	17	7	13	103	11	599	71	31	7	89	—	—	59	463
29	17	—	7	307	—	31	19	11	181	7	—	41	13	—	113	37	7	17	11	1427	829	977	—	7	—	13	97	—	269	11
31	23	—	—	983	7	53	17	127	43	—	11	7	—	991	41	47	19	29	7	79	—	11	—	13	—	7	—	263	67	—
37	—	—	101	7	13	569	1129	17	11	—	7	—	31	37	43	617	—	7	1049	11	113	—	—	41	7	257	—	19	29	661
41	7	257	17	11	47	—	—	7	859	19	—	—	37	13	7	367	29	173	43	17	—	7	73	61	179	11	13	677	7	41
43	19	—	7	71	101	307	11	1399	17	7	29	13	313	—	—	—	7	11	—	19	43	641	523	7	13	17	499	—	11	—
47	53	11	1447	17	1451	139	7	13	421	—	157	607	11	7	—	—	—	—	941	—	7	—	—	11	43	131	—	7	—	37
49	41	7	1021	727	11	13	53	31	7	17	37	19	—	97	47	7	499	—	13	—	181	29	7	—	1303	—	11	—	23	7
53	683	13	—	317	17	7	41	—	—	29	11	—	7	—	13	—	89	—	53	7	397	11	59	—	23	109	7	13	—	71
59	—	79	67	47	7	17	1163	—	11	59	—	7	—	—	—	41	—	—	7	11	29	13	17	19	—	7	37	—	—	457
61	11	—	31	—	311	—	7	37	167	—	101	11	179	7	19	607	23	139	41	13	7	—	11	—	—	—	1483	7	17	47
67	13	43	—	—	—	7	19	53	—	11	23	97	7	13	293	31	61	—	167	7	11	—	—	—	37	19	7	41	—	17
71	73	—	7	31	11	43	23	17	—	7	67	—	397	29	811	11	7	—	47	53	—	359	13	7	17	—	11	—	—	23
73	—	—	911	—	7	61	—	11	797	—	71	7	881	17	101	271	—	19	7	—	13	—	—	—	—	7	—	23	31	11
77	23	7	11	13	83	—	127	137	7	—	—	43	79	11	67	7	13	673	19	347	—	—	7	23	11	17	—	—	1117	7
79	—	13	—	7	41	11	—	241	733	19	7	—	—	43	13	—	11	7	29	449	—	23	79	461	7	577	89	11	19	—
83	7	—	53	433	—	239	29	7	—	17	13	11	1301	449	7	—	59	23	67	—	37	7	11	13	271	—	17	—	7	19
89	37	463	19	59	13	—	7	—	—	11	17	23	—	7	761	241	73	13	1289	41	7	19	67	43	331	281	—	7	1373	107
91	71	7	13	79	113	31	—	—	7	23	—	29	11	443	—	7	17	137	37	—	83	467	7	11	107	43	53	—	13	7
97	7	1087	—	23	19	67	227	7	641	13	11	263	—	—	7	73	—	17	31	431	521	7	13	19	—	59	23	47	7	197

	231 61	64	67	70	73	76	79	82	85	88	91	94	231 97	232 00	03	06	09	12	15	18	21	24	27	30	33	36	39	42	45	48
01	—	631	1109	53	7	11	31	647	—	—	29	7	17	—	—	181	11	269	7	167	—	—	23	—	19	7	71	11	—	17
03	31	17	373	13	29	103	7	97	11	53	83	47	59	7	157	19	13	71	17	11	7	—	127	—	101	971	491	7	—	13
07	—	—	—	7	79	41	—	701	—	—	7	—	13	17	11	863	19	7	—	31	—	29	—	59	7	11	—	109	—	167
09	43	1429	17	—	947	7	11	19	41	—	13	—	7	31	23	29	—	11	—	7	—	—	1471	13	—	—	7	53	11	—
13	47	11	7	29	43	347	13	277	19	7	23	—	11	61	17	307	7	—	839	13	—	701	—	7	—	—	193	19	—	103
19	13	7	61	1033	23	—	—	443	7	—	11	37	971	13	29	7	71	—	—	19	—	11	7	41	239	113	13	23	199	7
21	—	—	11	7	17	97	—	71	29	—	7	13	43	11	—	227	547	7	313	—	—	17	653	—	7	23	41	181	—	19
27	11	827	7	811	—	13	—	773	—	7	311	11	—	1433	139	—	7	307	13	23	—	19	11	7	857	67	317	127	53	887
31	17	13	1013	19	331	—	7	29	37	31	1201	—	—	7	13	23	157	11	—	229	7	—	19	—	—	—	137	7	11	73
33	—	7	241	31	443	487	17	1487	7	11	—	—	13	19	1297	7	—	61	1201	173	11	197	7	17	43	13	37	—	—	7
37	367	17	—	—	11	7	71	—	13	23	73	—	7	823	19	11	107	59	17	7	—	13	31	—	—	37	7	—	43	1163
39	7	179	353	97	—	19	13	7	89	47	709	53	29	—	7	—	31	—	11	13	911	7	1091	—	17	1321	—	617	7	11
43	29	107	11	23	7	37	19	739	—	—	241	7	199	11	47	13	—	—	7	17	—	—	367	53	11	7	23	1039	13	29
49	11	—	1123	7	—	89	991	—	61	13	7	11	311	139	541	—	937	7	509	1237	17	127	11	71	7	379	—	41	149	797
51	—	—	293	11	193	7	—	13	19	17	—	31	7	—	11	—	569	197	23	7	13	691	191	1451	47	11	7	19	—	—
57	19	11	—	—	7	43	—	211	47	353	17	7	11	59	13	—	29	79	7	19	37	—	—	11	31	7	179	13	—	131
61	103	7	—	67	29	17	1097	11	7	43	13	—	31	47	—	7	—	83	11	37	19	953	7	13	53	383	911	—	317	7
63	37	—	421	7	—	631	23	41	13	—	7	17	—	—	—	269	181	7	—	—	—	11	—	61	7	73	241	29	17	23
67	7	977	23	—	13	11	17	7	—	—	463	59	19	41	7	29	11	13	1151	149	179	7	—	17	—	23	593	11	7	—
69	23	—	7	19	71	—	73	1327	11	7	—	—	17	197	137	13	7	37	149	11	—	167	19	7	—	—	—	—	13	17
73	—	131	—	11	19	1009	7	17	—	113	97	13	773	7	11	—	37	—	79	23	7	43	41	19	13	11	29	7	47	—
79	—	11	83	—	401	7	—	—	17	—	—	—	7	23	61	19	—	887	13	7	31	—	—	11	—	17	7	43	229	—
81	7	—	29	13	11	173	19	7	—	863	—	23	149	107	7	11	13	—	1229	—	59	7	593	—	—	19	11	—	7	13
87	1019	—	11	—	—	23	7	59	179	79	13	—	—	7	—	17	—	19	—	—	7	—	47	13	11	829	—	7	23	1301
91	653	23	167	7	—	—	13	149	11	—	7	251	—	—	—	31	—	7	19	11	401	—	—	67	7	—	349	17	89	79
93	11	—	67	73	13	7	47	—	—	19	109	11	7	463	53	103	17	13	83	7	—	—	11	353	29	—	7	659	19	61
97	13	—	7	—	103	59	11	—	—	7	19	17	29	13	—	—	7	11	23	349	71	—	—	7	—	—	13	67	11	19
99	17	19	919	149	7	151	29	383	—	11	907	7	1367	83	—	—	23	17	7	—	11	131	31	—	13	7	—	193	37	—

	231 62	65	68	71	74	77	80	83	86	89	92	95	231 98	232 01	04	07	10	13	16	19	22	25	28	31	34	37	40	43	46	49
03	—	7	19	541	11	659	—	13	7	743	31	—	17	173	131	7	—	331	—	281	13	19	7	29	—	—	11	37	509	7
09	7	13	11	—	1171	29	23	7	—	53	151	—	—	11	7	—	—	—	163	—	61	7	1013	31	11	233	47	13	7	23
11	131	—	7	83	19	11	491	—	—	7	431	151	13	—	59	53	7	31	769	17	—	1163	89	7	—	13	787	11	29	307
17	73	7	—	11	743	37	13	—	7	—	29	—	—	577	11	7	—	—	67	13	17	23	7	109	373	11	—	—	—	7
21	157	—	13	—	37	7	—	109	409	11	—	—	7	1319	—	13	19	23	31	7	11	79	—	—	—	—	7	29	13	1091
23	7	11	—	—	17	—	163	7	—	—	593	211	11	13	7	23	—	151	—	—	47	7	37	11	—	199	13	1237	7	1223
27	31	613	379	—	7	107	173	11	19	13	53	7	547	—	—	1481	17	73	7	151	—	37	13	—	—	7	653	19	563	11
29	107	—	37	29	47	17	7	13	1493	23	11	1523	—	7	277	—	53	—	19	103	7	11	17	157	41	31	67	7	—	—
33	17	37	79	7	—	11	—	—	103	47	7	—	967	31	373	1021	11	7	211	19	29	1367	151	191	7	—	—	11	23	13
39	—	17	7	11	—	1297	—	367	127	7	13	19	751	—	11	—	7	—	17	491	—	1307	23	7	—	11	31	1019	—	883
41	263	41	19	43	7	—	11	17	13	373	—	7	—	89	1453	—	—	11	7	47	23	13	239	193	17	7	151	421	11	—
47	—	571	13	7	11	—	—	29	17	43	7	137	109	19	23	11	37	7	—	—	—	103	397	283	7	17	11	409	13	89
51	7	277	593	17	61	—	59	7	47	—	11	13	499	43	7	37	41	1489	719	1499	17	7	—	—	13	83	257	—	7	53
53	233	—	7	—	—	19	283	—	23	7	—	—	—	11	257	31	7	—	29	41	—	263	13	7	11	277	17	—	—	—
57	67	—	499	31	17	13	7	—	11	—	—	1051	727	7	229	317	—	—	13	11	7	17	—	—	—	19	89	7	263	—
59	11	7	23	13	167	—	—	439	7	—	17	11	379	37	191	7	13	113	47	—	—	43	7	643	—	23	863	17	31	7
63	97	557	—	157	67	7	11	71	—	577	101	353	7	127	197	83	31	11	601	7	113	23	17	47	—	13	7	503	11	337
69	1279	211	41	—	7	—	13	47	67	19	83	7	101	—	1213	11	691	—	7	13	—	—	—	17	79	7	11	293	19	31
71	19	—	59	—	13	41	7	11	61	521	37	337	17	7	—	661	241	13	11	19	7	—	29	31	167	109	113	7	647	11
77	1063	53	—	757	29	7	—	23	—	223	—	13	7	17	41	71	11	47	—	7	89	—	733	—	13	—	7	11	541	73
81	11	89	7	23	439	79	827	13	17	7	61	11	19	53	—	1031	7	—	353	—	13	29	11	7	31	17	23	—	—	—
83	281	23	43	11	7	13	397	37	1153	401	73	7	—	—	11	29	347	—	7	53	—	—	19	41	23	7	83	431	—	1429
87	—	7	521	29	19	—	31	—	7	11	—	269	—	631	13	7	—	89	101	191	11	163	7	19	1123	—	17	13	769	7
89	31	11	587	7	419	—	—	—	43	251	7	467	11	457	19	17	—	7	23	—	229	83	59	11	7	13	29	1249	349	127
93	7	—	—	223	—	167	—	7	13	491	17	—	43	—	7	19	179	—	11	31	101	7	1433	37	67	—	—	17	7	11
99	—	31	13	37	—	11	7	19	23	137	—	17	857	7	53	13	11	—	43	—	7	47	101	277	421	29	19	7	13	—

	232 50	53	56	59	62	65	68	71	74	77	80	83	86	89	92	95	232 98	233 01	04	07	10	13	16	19	22	25	28	31	34	37
01	7	11	1153	—	401	17	409	7	—	—	13	241	11	1021	7	139	—	—	47	29	71	7	17	11	659	—	19	251	7	37
07	—	29	47	—	13	—	7	—	—	37	11	—	401	7	—	—	—	13	19	197	7	11	157	17	113	—	631	7	—	—
11	13	17	659	7	—	11	167	47	37	—	7	—	179	13	73	599	11	7	17	19	523	53	103	223	7	—	13	11	419	31
13	59	859	—	43	—	7	—	17	11	—	19	13	7	—	—	—	—	1181	—	7	401	827	—	31	13	—	7	53	1117	19
17	29	—	7	11	41	—	397	13	—	7	439	19	—	569	11	—	7	—	431	17	13	641	1279	7	83	11	—	127	503	29
19	103	—	19	—	7	13	11	41	17	43	71	7	—	61	89	—	—	11	7	—	223	19	109	29	—	7	797	—	11	—
23	—	7	—	17	53	37	109	—	7	—	347	29	11	41	13	7	307	—	—	83	17	—	7	11	23	—	61	13	79	17
29	7	1447	—	101	17	313	31	7	13	—	11	89	587	467	7	61	1049	1487	23	43	337	7	29	—	103	—	—	—	7	647
31	31	139	7	37	1327	19	13	—	227	7	17	—	—	11	—	251	7	373	—	13	59	43	233	7	11	41	—	17	53	—
37	11	7	67	331	977	1399	499	59	7	—	23	11	—	13	863	7	19	173	307	79	37	—	7	—	—	—	13	29	17	[illegible]
41	857	31	157	347	83	7	11	101	—	13	137	—	7	—	—	29	991	11	59	7	—	47	13	17	—	—	7	67	11	[illegible]
43	7	—	41	—	23	283	67	7	19	11	73	53	17	389	7	853	97	—	263	691	11	7	617	877	487	251	31	19	7	17
47	23	311	—	13	7	47	—	17	41	19	—	7	281	—	31	11	13	—	7	109	—	661	—	23	17	7	11	—	19	13
49	19	13	463	1361	—	89	7	11	31	—	67	41	—	7	13	—	—	37	11	19	7	23	—	—	—	83	—	7	211	11
53	43	19	11	7	1453	—	—	—	17	—	7	101	—	11	673	—	37	7	1019	—	19	—	—	13	7	17	383	31	449	367
59	11	1231	7	383	13	223	43	787	73	7	619	11	19	101	—	—	7	13	—	29	47	61	11	7	—	97	17	293	—	[illegible]
61	—	—	13	11	7	673	1013	197	43	23	173	7	53	29	11	13	449	—	7	—	—	—	19	269	1223	7	73	—	13	[illegible]
67	—	11	223	7	—	—	421	71	—	13	7	79	11	—	19	—	17	7	859	547	1303	—	13	11	7	—	23	—	—	[illegible]
71	7	449	—	41	31	13	—	7	641	—	—	17	29	—	7	19	—	101	11	—	283	7	23	227	353	433	—	277	7	[illegible]
73	17	1259	7	13	953	83	19	—	—	7	11	37	947	—	47	131	7	17	—	191	23	11	233	7	109	19	67	—	—	[illegible]
77	—	—	—	283	—	11	7	19	109	—	37	—	13	7	—	—	11	31	1039	47	7	—	—	29	43	13	19	7	—	[illegible]
79	83	7	367	197	—	—	563	179	7	569	13	31	97	53	23	7	—	19	17	11	683	—	7	13	71	61	43	—	37	[illegible]
83	—	439	571	11	—	7	13	—	—	127	23	419	7	17	11	—	—	857	19	7	593	41	199	997	197	11	7	37	—	[illegible]
89	13	11	—	919	7	557	—	37	1301	—	19	7	11	13	17	643	29	877	7	—	—	163	—	11	—	7	13	23	149	[illegible]
91	1291	19	23	17	11	311	7	—	59	1109	29	13	—	7	—	11	—	—	—	743	7	—	—	953	13	23	11	7	89	[illegible]
97	—	41	11	29	17	7	157	—	—	—	97	—	7	11	53	—	593	—	13	7	—	17	—	—	11	—	7	—	—	[illegible]

	232 51	54	57	60	63	66	69	72	75	78	81	84	87	90	93	96	232 99	233 02	05	08	11	14	17	20	23	26	29	32	35	38
01	67	13	7	997	37	43	59	31	11	7	199	—	229	19	13	23	7	—	—	11	197	73	149	7	191	89	53	13	—	—
03	11	31	—	29	7	17	—	43	773	163	41	7	13	23	—	—	839	—	7	757	—	149	11	19	—	7	—	—	47	[illegible]
07	17	7	73	—	67	19	11	—	7	23	—	43	—	337	127	7	41	11	137	149	29	13	7	881	19	—	179	—	11	[illegible]
09	613	241	37	7	—	389	13	23	—	11	7	—	47	43	29	19	331	7	149	13	11	—	409	17	7	127	181	479	59	—
13	7	17	13	23	11	—	—	7	67	53	—	—	—	71	7	11	19	43	17	97	—	7	1523	—	—	41	11	83	7	—
19	131	47	11	—	—	701	7	137	19	13	—	479	67	7	—	31	197	257	37	17	7	—	13	43	11	1439	59	7	659	—
21	101	7	59	—	1039	11	—	13	7	31	1217	—	149	631	487	7	11	—	19	89	13	—	7	263	—	17	107	11	137	[illegible]
27	7	13	101	11	—	41	—	7	—	17	19	47	23	—	7	191	37	—	29	—	—	7	31	—	—	11	17	13	7	[illegible]
31	59	103	643	71	7	607	29	149	23	11	13	7	83	—	—	37	47	97	7	127	11	17	467	13	569	7	—	—	—	[illegible]
33	29	11	19	—	31	—	7	—	13	139	17	1103	11	7	41	317	53	73	229	—	7	13	—	11	—	79	—	7	—	[illegible]
37	47	—	23	7	13	17	—	11	479	853	7	409	197	—	—	—	—	7	11	—	41	967	17	31	7	23	—	—	53	[illegible]
39	23	—	13	67	593	7	101	—	—	157	11	17	7	19	—	13	283	31	—	7	—	11	59	23	—	241	7	—	13	[illegible]
43	—	149	7	269	43	11	17	—	1193	7	—	13	37	113	19	293	7	457	—	23	71	—	—	7	13	—	727	11	29	[illegible]
49	—	7	—	11	—	13	19	17	7	—	29	53	859	23	11	7	—	—	13	—	59	229	7	—	17	11	79	223	—	[illegible]
51	41	271	127	7	29	1481	11	—	—	—	7	23	31	17	1069	61	13	7	—	113	—	—	—	83	7	—	—	173	11	[illegible]
57	1193	193	7	—	11	23	—	—	19	7	13	311	101	293	17	11	7	563	43	941	457	281	1451	7	223	31	11	19	23	[illegible]
61	227	23	—	29	—	—	7	79	613	17	11	1303	—	7	691	41	—	61	—	13	7	11	43	—	23	—	17	7	19	[illegible]
63	19	7	11	—	13	—	—	31	7	47	257	—	—	11	101	7	103	13	41	19	—	—	7	277	11	—	29	1489	107	[illegible]
67	13	19	—	—	—	7	37	1087	11	—	17	157	7	13	29	—	—	317	23	7	19	1091	—	89	41	—	7	17	43	[illegible]
69	7	—	97	227	—	—	431	7	29	—	—	11	—	107	7	—	17	359	53	—	31	7	11	67	13	661	—	41	7	[illegible]
73	—	617	—	107	7	—	11	13	31	523	—	7	19	—	283	547	433	11	7	—	13	1511	619	37	—	7	137	59	11	[illegible]
79	71	13	—	7	11	359	23	29	—	—	7	—	17	311	13	11	—	7	79	—	1117	31	—	19	7	—	11	13	—	[illegible]
81	—	17	523	—	23	7	683	11	47	367	—	73	7	—	19	31	1373	—	11	7	101	37	—	199	—	13	7	23	79	[illegible]
87	97	37	17	—	7	11	13	263	1493	—	61	7	29	41	—	—	11	89	7	13	—	23	101	383	—	7	—	11	31	[illegible]
91	11	7	13	—	547	131	—	19	7	43	977	11	—	—	17	7	31	23	—	41	—	1433	7	61	—	—	19	673	13	[illegible]
93	13	—	—	7	181	—	—	—	71	79	7	43	227	13	11	23	397	7	37	—	17	347	41	29	7	11	13	—	—	[illegible]
97	7	127	—	—	137	211	1093	7	—	11	379	23	61	—	7	17	—	37	19	419	11	7	13	233	—	—	—	—	7	[illegible]
99	—	11	7	—	17	29	139	13	—	7	59	199	11	173	—	—	7	43	673	—	13	17	1009	7	—	137	101	73	19	[illegible]

	232 52	55	58	61	64	67	70	73	76	79	82	85	88	91	94	232 97	233 00	03	06	09	12	15	18	21	24	27	30	33	36	39
03	—	61	—	13	—	23	7	11	—	97	19	31	47	7	53	193	13	—	11	—	7	43	29	—	—	—	431	7	23	11
09	17	—	19	—	29	7	113	71	59	—	13	—	7	571	37	—	11	17	227	7	107	19	23	13	31	109	7	11	—	—
11	7	—	—	199	229	1117	17	7	11	—	—	461	19	809	7	107	239	109	31	11	23	7	47	17	503	—	619	29	7	43
17	31	—	13	53	19	—	7	17	89	29	—	—	37	7	123	13	61	11	—	211	7	227	103	19	17	131	—	7	11	97
21	223	11	17	7	—	19	73	97	239	—	7	13	11	67	761	53	—	7	131	17	83	173	167	11	7	—	29	—	—	61
23	521	79	—	137	11	7	173	—	17	13	1447	—	7	31	701	11	1459	59	443	7	29	53	13	—	73	17	7	—	179	37
27	—	31	7	17	23	13	—	229	29	7	11	251	—	1129	911	83	7	67	13	—	17	11	499	7	—	1373	211	23	37	—
29	397	—	11	13	7	73	—	19	—	17	—	7	—	11	971	—	13	271	7	—	379	47	—	—	11	7	17	—	701	13
33	41	7	—	—	17	—	—	61	7	—	83	—	13	—	31	7	251	281	—	11	331	17	7	1399	113	13	47	19	181	7
39	7	29	59	307	—	17	11	7	—	41	47	—	—	103	7	23	53	11	1103	13	613	7	17	—	—	37	271	31	7	—
41	—	293	7	—	13	71	37	—	—	7	19	17	41	23	1087	1439	7	13	—	—	11	31	53	7	29	491	—	919	17	19
47	347	7	19	31	—	—	29	11	7	1499	659	13	17	—	353	7	—	269	11	—	47	19	7	37	13	509	83	—	—	7
51	—	151	11	19	—	7	—	13	—	—	—	421	7	11	1423	—	—	157	439	7	13	367	19	29	11	47	7	41	—	—
53	7	23	73	37	47	11	—	7	—	—	179	59	67	17	7	89	11	29	13	—	—	7	71	—	23	97	103	11	7	—
57	11	13	37	97	7	29	—	107	17	47	383	7	—	79	13	103	139	53	7	—	23	—	11	241	61	7	463	13	—	—
59	61	—	107	11	—	19	7	—	337	—	—	—	13	7	11	163	67	131	23	—	7	823	—	53	19	11	—	7	29	31
63	—	—	1051	7	41	—	19	151	13	11	7	—	89	61	23	—	29	7	—	37	11	13	653	313	7	19	17	109	—	397
69	53	43	7	109	—	—	—	11	23	7	17	—	—	41	—	13	7	19	11	263	487	71	—	7	47	283	—	17	13	11
71	13	—	—	43	7	—	23	—	19	1277	11	7	71	13	—	281	17	37	7	349	—	11	—	97	31	7	13	19	103	23
77	17	83	991	7	167	1171	31	13	11	43	7	239	349	821	151	—	601	7	59	11	13	—	137	23	7	41	1151	—	61	997
81	7	19	—	11	—	—	—	7	—	307	—	727	17	43	7	1009	13	1807	—	23	19	7	787	—	601	11	—	—	7	13
83	1033	13	7	—	—	59	11	—	—	7	—	19	—	1093	13	43	7	11	17	31	—	—	1249	7	—	—	—	13	11	71
87	929	11	29	239	—	79	7	31	113	—	13	71	11	7	—	271	59	—	—	43	7	—	—	11	—	—	—	7	773	761
89	—	7	17	19	11	—	61	53	7	—	—	23	—	—	1163	7	193	—	—	17	151	13	7	311	167	29	11	—	—	7
93	173	257	821	59	13	7	941	23	41	—	11	1471	7	29	17	1483	109	13	983	7	31	11	151	19	107	43	7	139	—	—
99	—	23	31	—	7	—	—	—	11	107	37	7	—	397	—	17	—	41	7	11	—	—	—	461	13	7	—	—	71	—

	233 40	43	46	49	52	55	58	61	64	67	70	73	76	79	82	85	88	91	94	233 97	234 00	03	06	09	12	15	18	21	24	27
01	—	—	521	—	11	7	13	—	467	17	—	883	7	—	53	11	23	—	29	7	—	313	661	97	—	89	7	—	—	31
07	13	—	11	103	7	61	—	19	—	—	17	7	—	11	—	—	37	—	7	47	—	73	—	541	11	7	13	17	—	29
11	1447	7	151	—	—	17	23	—	7	13	197	—	647	—	43	7	71	29	61	11	—	1087	7	—	47	—	1033	19	131	7
13	11	239	73	7	23	1097	—	13	—	41	7	11	—	—	—	211	43	7	19	—	13	—	11	67	7	83	337	23	17	59
17	7	—	137	13	—	151	11	7	47	53	919	—	31	271	7	41	13	11	—	19	43	7	—	17	—	563	—	103	7	13
19	—	13	7	113	—	—	31	—	127	7	19	—	17	37	13	53	7	—	41	—	11	23	29	7	—	311	—	13	—	17
23	—	163	—	—	11	—	7	17	151	389	13	19	37	7	1307	11	—	23	—	73	7	191	211	13	17	31	11	7	—	—
29	73	—	11	19	13	7	71	31	17	139	—	23	7	11	59	769	157	13	—	7	—	29	19	47	11	17	7	—	79	37
31	7	31	13	1399	—	11	1091	7	—	23	37	547	113	19	7	13	11	—	73	—	269	7	61	—	433	—	479	11	7	—
37	—	—	673	11	41	19	7	—	—	13	193	61	—	7	11	17	53	—	1153	97	7	—	13	—	19	11	23	7	—	109
41	313	43	31	7	—	13	19	863	—	11	7	269	—	89	29	—	449	7	13	—	11	—	23	71	7	19	37	17	53	—
43	61	11	—	13	—	7	—	37	29	—	—	—	7	41	71	—	13	47	151	7	23	113	1019	11	—	587	7	31	—	13
47	—	67	7	—	—	—	37	11	—	7	—	17	13	61	—	31	7	19	11	41	151	—	47	7	113	13	—	163	17	11
49	17	47	163	—	7	—	—	—	19	31	11	7	191	—	23	—	—	17	7	29	239	11	41	13	37	7	1279	19	643	617
53	977	7	61	—	—	11	13	29	7	19	23	53	17	43	409	7	11	907	503	13	131	59	7	37	1439	313	—	11	19	7
59	7	19	1451	11	23	211	1459	7	59	67	31	—	239	13	7	—	263	569	29	43	19	7	—	—	283	11	13	23	7	53
61	—	—	7	—	31	—	11	89	—	7	251	13	29	977	—	163	7	11	—	17	—	37	—	7	13	23	—	151	11	241
67	47	7	313	17	11	13	331	181	7	149	—	—	—	—	—	7	—	31	13	23	17	—	7	29	107	—	11	43	877	7
71	37	13	109	1453	19	7	—	149	—	—	11	29	7	73	13	17	—	67	257	7	—	11	821	19	—	—	7	13	503	—
73	7	—	11	677	17	29	61	7	—	107	—	79	13	11	7	97	—	41	37	—	251	7	—	—	11	13	—	—	7	—
77	—	—	311	71	7	—	—	—	11	23	281	7	—	181	179	19	17	37	7	11	89	13	29	41	223	7	—	83	59	—
79	11	1289	—	149	59	17	7	23	—	773	—	11	31	7	389	47	29	—	173	13	7	631	11	—	383	19	41	7	—	—
83	17	149	13	7	29	809	11	19	61	—	7	1061	—	—	—	13	—	7	443	—	47	—	83	—	7	67	19	269	11	—
89	41	17	7	—	11	431	43	—	—	7	—	—	79	31	37	11	7	83	17	823	23	677	13	7	97	—	11	—	983	67
91	—	—	—	41	7	—	—	11	43	19	—	7	—	97	—	643	367	—	7	53	13	563	79	127	17	7	739	—	19	11
97	—	13	179	7	—	11	1297	109	17	439	7	—	23	103	13	443	11	7	421	—	19	—	—	61	7	17	—	11	73	—

	233 41	44	47	50	53	56	59	62	65	68	71	74	77	80	83	86	89	92	95	233 98	234 01	04	07	10	13	16	19	22	25	28
01	7	—	19	17	163	—	1129	7	23	—	13	11	—	1291	7	223	—	619	41	47	17	7	11	13	—	—	173	—	7	547
03	821	—	7	11	—	227	23	1367	13	7	571	59	19	—	11	—	7	467	167	—	43	13	—	7	—	11	17	—	71	23
07	—	—	23	47	13	—	7	—	353	11	71	89	1097	7	53	—	719	13	—	29	7	17	59	79	43	23	—	7	37	—
09	23	7	13	—	19	1307	—	—	7	37	17	97	11	29	113	7	1283	1123	139	—	53	709	7	11	—	—	43	17	13	7
13	269	29	1409	31	661	7	—	11	37	59	487	13	7	1091	61	463	107	113	11	7	1093	739	17	257	13	—	7	89	—	11
19	157	107	181	61	7	11	17	73	—	509	—	7	29	23	229	—	11	1489	7	277	—	—	—	17	863	7	—	11	109	—
21	307	—	193	13	—	859	7	19	11	—	31	23	17	7	79	233	13	—	71	11	7	—	—	113	373	73	19	7	67	13
27	—	43	431	1021	173	7	11	—	—	97	13	577	7	17	227	—	41	11	19	7	283	53	—	13	—	1061	7	—	11	61
31	19	11	7	701	631	29	13	101	17	7	1153	31	11	191	—	—	7	139	1493	13	1231	—	37	7	23	17	947	—	919	59
33	127	157	643	37	7	31	—	43	83	271	19	7	47	1381	17	11	—	13	7	—	—	89	23	—	—	7	11	191	29	19
37	13	7	37	—	131	—	103	547	7	17	11	19	—	13	373	7	29	47	23	167	467	11	7	73	31	—	13	—	—	7
39	—	—	11	7	53	—	443	61	71	—	7	13	347	11	181	17	23	7	31	331	37	19	—	359	7	79	—	—	—	—
43	7	47	—	19	73	521	31	7	11	—	17	101	23	—	7	—	53	43	89	11	13	7	19	1013	—	—	—	17	7	167
49	523	13	67	241	307	—	7	947	41	29	—	17	173	7	13	349	—	11	137	31	7	281	1201	43	—	839	293	7	11	23
51	17	7	—	29	23	19	79	—	7	11	—	41	13	31	—	7	—	17	—	103	11	—	7	227	19	13	1187	23	107	7
57	7	17	397	—	191	53	13	7	—	199	—	739	59	107	7	—	19	—	11	13	41	7	—	—	811	1483	31	—	7	11
61	47	349	11	107	7	—	571	137	—	—	67	7	—	11	31	13	97	19	7	—	73	—	431	59	11	7	41	127	13	353
63	13	—	17	—	—	11	7	—	19	—	—	—	89	7	37	23	11	—	—	17	7	1451	—	53	61	29	13	7	137	41
67	11	73	—	7	—	—	—	79	1019	13	7	11	433	29	17	—	193	7	379	101	—	857	11	229	7	727	—	31	19	227
69	19	199	—	11	—	7	—	13	—	23	47	719	7	61	11	71	—	79	—	7	13	31	—	—	—	11	7	—	89	—
73	53	19	7	13	43	23	317	577	—	7	103	659	—	853	757	17	7	1429	67	509	11	101	—	7	29	—	61	613	23	13
79	—	7	—	—	1151	—	29	11	7	1249	13	—	19	—	97	7	17	661	11	—	—	—	7	13	—	83	—	241	881	7
81	29	67	—	7	—	17	211	—	13	—	7	—	43	—	—	41	31	7	—	59	23	11	17	971	7	47	—	1361	37	29
87	—	367	7	419	277	67	17	—	11	7	—	29	311	487	19	13	7	—	43	11	—	—	—	7	41	—	—	—	13	31
91	487	17	239	11	281	—	7	37	983	181	23	13	103	7	11	19	709	31	17	113	7	—	43	—	13	11	—	7	29	827
93	1327	7	—	89	—	—	11	17	7	13	—	31	—	—	653	7	73	11	863	—	—	—	7	367	17	19	—	—	11	7
97	229	11	17	—	23	7	—	19	—	—	29	—	7	—	139	—	—	—	13	7	107	461	—	11	37	—	7	23	43	101
99	7	41	23	13	11	37	1427	7	17	79	1181	167	197	67	7	11	13	19	1223	61	647	7	71	1109	31	17	11	1093	7	13

	233 42	45	48	51	54	57	60	63	66	69	72	75	78	81	84	87	90	93	96	233 99	234 02	05	08	11	14	17	20	23	26	29
03	89	—	—	17	7	83	157	41	787	—	11	7	13	—	—	—	733	—	7	109	17	11	—	—	—	7	—	1213	113	47
09	83	—	53	7	17	—	13	—	11	131	7	—	193	47	73	23	41	7	—	11	—	17	499	397	7	31	929	—	—	19
11	11	19	37	—	13	7	—	—	53	—	17	11	7	23	—	277	—	13	—	7	19	67	11	—	—	271	7	17	—	157
17	59	31	101	—	7	43	—	23	29	11	—	7	19	73	269	—	1013	—	7	37	11	83	881	47	13	7	53	463	17	239
21	401	7	499	23	11	—	17	13	7	43	—	59	—	19	—	7	—	—	37	—	13	—	7	17	—	29	11	181	47	7
23	—	23	—	7	19	13	—	11	—	—	7	43	17	—	31	—	83	7	11	29	—	983	—	19	7	223	421	103	—	11
27	7	13	11	53	—	19	—	7	401	127	—	—	47	11	7	43	103	—	—	—	23	7	—	—	11	—	—	13	7	509
29	—	29	7	607	503	11	101	1229	—	7	89	83	13	17	283	19	7	43	23	—	127	571	1171	7	109	13	—	11	419	71
33	11	467	277	—	—	—	7	—	13	—	—	11	167	7	23	31	19	—	29	—	7	13	11	—	—	17	—	7	—	—
39	29	—	13	—	137	7	—	89	19	11	967	—	7	563	419	13	—	1031	—	7	11	1511	107	337	401	197	7	19	13	29
41	7	11	—	61	—	1093	23	7	457	1499	73	—	11	13	7	17	—	107	19	191	—	7	31	11	349	137	13	461	7	23
47	23	—	107	—	31	29	7	13	131	—	11	—	79	7	503	—	17	349	307	71	7	11	—	23	—	—	—	7	97	19
51	—	71	823	7	877	11	97	347	193	829	7	17	—	—	127	—	11	7	—	23	—	—	29	31	7	—	—	11	17	13
53	17	13	19	—	769	7	—	—	11	113	37	—	7	—	13	857	29	17	311	7	—	19	521	1021	—	127	7	13	53	—
57	—	—	7	11	29	31	41	67	73	7	13	607	17	23	11	—	7	211	—	557	—	109	19	7	—	11	47	—	—	17
59	—	17	751	349	7	47	11	—	13	41	157	7	—	19	271	727	101	11	7	997	—	13	—	—	—	7	73	29	11	—
63	—	7	—	641	13	53	—	23	7	1123	47	67	11	17	19	7	181	13	31	—	103	—	7	11	—	—	37	—	—	7
69	7	23	811	433	97	—	19	7	491	—	11	13	—	—	7	67	251	—	—	—	—	7	—	53	13	19	29	751	7	—
71	1051	59	7	17	887	179	733	223	—	7	—	—	—	11	—	607	7	—	—	839	17	593	13	7	11	31	—	41	—	53
77	11	7	29	13	17	379	1487	31	7	241	1031	11	1453	787	—	7	13	1249	—	—	—	17	7	139	—	—	71	29	—	7
81	—	41	—	37	—	7	11	—	71	19	263	61	7	—	131	227	17	11	—	7	617	—	103	67	79	13	7	—	11	—
83	7	—	67	—	41	17	479	7	383	11	13	163	53	29	7	—	373	457	—	19	11	7	17	13	97	719	109	797	7	—
87	17	19	97	—	7	991	13	257	31	107	41	7	157	1277	1171	11	233	17	7	13	19	—	—	439	53	7	11	67	—	23
89	103	37	31	269	13	—	7	11	367	—	601	19	—	7	—	1039	—	13	11	47	7	59	577	17	29	1063	101	7	599	11
93	13	17	11	7	193	79	—	—	1237	—	7	—	19	11	—	1163	239	7	17	41	599	31	—	23	7	71	13	—	1447	—
99	11	43	7	31	19	409	373	13	47	7	—	11	—	593	1481	—	7	23	653	17	13	73	11	7	103	691	—	—	41	1259

	234 30	33	36	39	42	45	48	51	54	57	60	63	66	69	72	75	78	81	84	87	90	93	96	234 99	235 02	05	08	11	14	17
01	—	101	13	7	19	47	37	11	—	23	7	193	149	17	—	13	79	7	11	—	—	—	421	19	7	59	197	—	13	11
07	83	—	7	23	71	11	467	461	163	7	109	41	31	971	17	19	7	601	233	—	1087	—	13	7	—	—	23	11	29	1129
11	11	—	—	359	859	13	7	149	269	17	199	11	—	7	53	—	19	41	13	1049	7	229	11	59	—	601	17	7	479	1031
13	—	7	—	11	233	101	149	19	7	—	29	—	1049	—	11	7	13	181	223	—	23	—	7	—	97	11	19	89	449	7
17	—	1709	37	—	149	7	199	—	19	11	17	541	7	31	—	1231	23	79	67	7	11	—	449	—	—	13	7	17	113	839
19	7	11	—	149	47	—	—	7	641	947	13	1381	11	283	7	167	17	—	19	449	37	7	197	11	—	503	73	79	7	41
23	19	149	199	71	7	—	13	11	157	29	23	7	—	449	293	—	—	—	7	13	—	—	67	181	89	7	31	61	17	11
29	13	—	43	7	23	11	239	—	31	—	7	19	17	13	—	53	11	7	—	—	29	—	613	997	7	—	13	11	883	17
31	—	17	19	487	43	7	41	—	11	—	103	13	7	—	29	1459	—	37	17	7	—	19	97	109	13	23	7	1489	397	—
37	—	271	17	47	7	13	11	227	179	67	43	7	293	19	—	31	—	11	7	17	857	—	—	—	—	7	—	—	11	631
41	967	7	—	31	—	73	607	—	7	467	1063	131	11	29	13	7	—	59	—	—	—	41	7	11	—	—	—	13	—	7
43	401	—	—	7	11	19	211	29	—	—	7	—	13	23	37	11	43	7	89	—	17	—	—	73	7	13	11	229	31	—
47	7	431	179	997	59	127	19	7	13	23	11	—	1181	37	7	17	31	521	—	—	43	7	83	—	29	19	—	—	7	—
49	—	—	7	—	17	421	13	23	401	7	31	—	103	11	—	—	7	67	29	13	61	17	43	7	11	—	311	—	71	—
53	—	103	13	23	—	—	7	—	11	—	71	283	—	7	—	13	17	19	491	11	7	—	—	47	269	1259	23	7	13	31
59	17	—	137	113	—	7	11	41	—	13	37	31	7	—	107	—	—	11	—	7	23	73	13	—	—	—	7	—	11	—
61	7	—	—	1531	—	31	17	7	—	11	41	29	109	59	7	—	227	—	23	19	11	7	991	17	401	67	—	827	7	—
67	59	13	—	—	—	661	7	11	37	113	347	19	23	7	13	—	619	47	11	41	7	—	29	53	17	—	—	7	271	11
71	61	43	11	7	—	—	31	37	23	1163	7	59	19	11	—	139	—	7	—	17	—	—	47	13	7	41	1097	—	311	—
73	31	47	809	19	29	7	23	307	13	89	197	823	7	—	—	—	11	383	—	7	1187	13	19	—	373	17	7	11	41	23
77	11	79	7	17	13	151	47	43	—	7	233	11	—	—	—	—	7	13	—	31	17	29	11	7	37	23	—	661	—	1319
79	23	191	13	11	7	37	53	—	—	17	131	7	157	31	11	13	337	—	7	—	—	263	—	23	—	7	17	101	13	—
83	—	7	41	29	17	1117	89	337	7	11	547	13	839	43	—	7	—	71	53	23	11	17	7	557	13	—	—	97	263	7
89	7	—	1453	—	1097	13	—	7	503	109	—	41	631	23	7	1483	887	—	11	43	439	7	17	1523	—	—	19	317	7	11
91	47	109	7	13	61	251	197	59	29	7	11	17	151	83	41	—	7	19	—	—	—	11	313	7	—	—	—	113	17	13
97	677	7	277	—	—	23	853	53	7	19	13	—	17	—	—	7	883	—	—	11	—	31	7	13	163	71	107	43	19	7

	234 31	34	37	40	43	46	49	52	55	58	61	64	67	70	73	76	79	82	85	88	91	94	234 97	235 00	03	06	09	12	15	18
01	1301	23	1123	11	—	7	13	17	—	31	19	307	7	—	11	773	107	151	37	7	—	569	—	—	17	11	7	—	—	19
03	7	19	1229	31	13	—	11	7	1493	—	881	107	1303	17	7	47	—	11	103	1409	19	7	23	281	—	53	—	233	7	—
07	13	11	19	311	7	—	191	103	17	—	—	7	11	13	157	73	—	—	7	—	47	19	31	11	—	7	13	—	—	257
09	41	—	197	79	11	523	7	—	—	—	211	13	19	7	17	11	23	257	353	—	7	151	—	131	13	—	11	7	—	359
13	29	—	53	7	31	1459	41	13	1171	17	7	—	23	19	—	37	131	7	677	—	13	11	109	79	7	—	17	349	—	29
19	761	13	7	—	—	19	23	—	11	7	17	29	—	89	13	41	7	31	431	11	53	—	—	7	19	59	151	13	—	23
21	11	59	131	199	7	29	—	283	43	1433	61	7	13	37	47	19	17	—	7	173	103	379	11	—	—	7	53	23	239	—
27	17	953	67	7	—	—	13	19	557	11	7	433	—	181	43	—	29	7	809	13	11	23	—	1217	7	353	19	41	167	—
31	7	313	13	47	11	—	349	7	19	—	883	—	17	—	7	11	—	23	43	197	239	7	—	—	—	—	11	19	7	17
33	13	17	7	—	—	71	31	11	—	7	37	409	—	13	439	23	7	—	11	—	43	—	179	7	—	—	13	29	—	11
37	19	41	11	—	—	113	7	1021	—	13	—	23	139	7	—	29	229	—	479	19	7	53	13	907	11	31	379	7	1237	—
39	—	7	17	127	41	11	—	13	7	23	19	73	—	47	—	7	11	—	—	17	13	59	7	839	—	461	43	11	107	7
43	11	701	—	13	383	7	—	31	—	—	41	11	7	—	17	79	13	307	47	7	—	673	11	—	619	83	7	173	23	13
49	331	—	47	19	7	—	37	—	29	11	13	7	263	—	113	17	—	157	7	41	11	1129	19	13	—	7	163	337	73	719
51	1201	11	29	—	17	—	7	311	13	137	53	617	11	7	31	131	61	—	67	—	7	13	41	11	37	463	—	7	47	907
57	—	43	13	313	37	7	79	—	97	337	11	1373	7	29	23	13	—	—	829	7	113	11	17	—	19	—	7	31	13	—
61	17	29	7	37	—	11	19	—	433	7	23	13	347	103	—	31	7	17	61	—	—	71	587	7	13	19	79	11	461	167
63	—	1031	—	659	7	709	17	43	11	13	761	7	71	—	163	—	19	569	7	11	—	37	13	17	29	7	67	—	59	—
67	1409	7	—	11	23	13	—	61	7	—	—	43	29	—	11	7	223	19	13	1297	37	811	7	—	109	11	1153	23	31	7
69	—	37	23	7	919	173	11	17	19	—	7	53	—	43	—	59	13	7	—	557	1451	911	31	—	7	23	—	19	11	13
73	7	11	17	—	1249	—	—	7	—	19	31	—	11	193	7	271	1487	43	—	17	1283	7	—	11	359	13	59	521	7	829
79	—	19	—	17	—	29	7	—	181	487	11	71	—	7	—	23	47	37	—	13	7	11	—	31	—	—	—	7	—	137
81	691	7	11	647	13	769	—	389	7	17	139	19	—	11	571	7	—	13	—	821	—	83	7	—	11	43	17	—	29	7
87	7	—	—	19	—	73	—	7	1447	—	17	11	53	127	7	37	83	1103	587	409	1471	7	11	239	13	—	47	17	7	443
91	41	397	—	23	7	17	11	13	227	—	—	7	—	173	37	97	—	11	7	—	13	191	17	19	53	7	23	29	11	—
93	61	23	—	41	97	13	7	131	—	11	47	17	31	7	19	—	1061	—	13	71	7	29	59	—	23	773	—	7	17	109
97	31	13	269	7	11	—	17	—	821	29	7	863	499	61	13	11	—	7	—	—	23	—	73	17	7	—	11	13	—	—
99	43	613	—	29	223	7	19	11	—	59	827	227	7	241	541	367	—	—	11	7	181	—	—	—	—	13	7	929	—	11

	234 32	35	38	41	44	47	50	53	56	59	62	65	68	71	74	77	80	83	86	89	92	95	234 98	235 01	04	07	10	13	16	19
03	—	101	7	73	43	—	1361	17	13	7	—	37	—	11	23	—	7	—	41	—	29	13	—	7	11	—	19	—	—	—
09	11	7	13	101	—	—	—	59	7	—	43	11	67	97	—	7	1033	853	19	—	—	241	7	743	—	17	31	41	13	7
11	13	167	73	7	113	—	23	937	233	19	7	179	43	13	11	—	—	7	127	—	31	89	—	—	7	11	13	823	19	23
17	23	11	7	—	—	—	—	13	—	7	—	167	11	311	1321	17	7	61	43	709	13	139	349	7	491	—	37	—	—	59
21	719	—	19	13	41	179	7	11	53	—	17	—	—	7	—	—	13	—	11	23	7	19	43	577	29	37	109	7	1409	11
23	—	7	977	—	1481	—	37	41	7	—	11	—	19	113	13	7	17	23	29	1091	79	11	7	—	43	—	71	13	433	7
27	73	—	109	31	—	7	29	—	71	101	13	17	7	19	—	—	11	263	—	7	337	373	107	13	67	389	7	11	17	47
29	7	—	433	59	19	1213	137	7	11	859	653	23	—	—	7	877	41	17	73	11	443	7	—	19	—	761	—	269	7	29
33	—	—	—	11	7	19	—	23	61	431	421	7	17	47	11	—	31	13	7	1499	—	103	37	157	19	7	—	353	67	17
39	—	11	37	7	—	683	—	—	257	53	7	13	11	17	—	311	19	7	269	383	139	79	523	11	7	71	227	—	29	31
41	—	—	17	—	11	7	—	19	—	13	—	67	7	—	—	11	71	163	211	7	37	—	13	31	—	—	7	409	—	—
47	37	—	11	13	7	31	—	47	229	1123	701	7	—	11	—	67	13	—	7	—	17	—	1289	59	11	7	—	—	89	13
51	19	7	79	—	677	—	373	—	7	43	401	—	13	—	—	7	283	101	83	11	—	29	7	103	31	13	953	—	563	7
53	11	—	157	7	17	—	—	109	241	—	7	11	61	—	—	29	—	7	31	67	—	17	11	13	7	—	—	—	—	19
57	7	1381	—	29	—	193	11	7	—	—	53	19	—	83	7	43	17	11	401	13	647	7	167	—	—	61	131	—	7	23
59	31	61	7	—	13	17	71	277	—	7	—	—	—	677	193	—	7	13	179	—	11	19	17	7	547	739	29	23	127	97
63	13	523	1319	19	11	367	7	97	59	—	239	229	—	7	29	11	241	17	379	31	7	43	19	23	—	—	11	7	53	—
69	—	17	11	61	—	7	139	13	—	—	—	47	7	11	19	137	409	23	17	7	13	—	—	101	11	29	7	43	233	—
71	7	—	751	89	—	11	431	7	191	—	—	443	1249	—	7	23	11	—	13	29	—	7	—	71	17	—	31	11	7	43
77	127	29	1033	11	107	—	7	—	17	23	—	37	13	7	11	—	19	53	1097	89	7	47	599	149	83	11	1229	7	569	61
81	89	317	—	7	109	23	163	659	13	11	7	—	41	257	599	—	—	7	29	293	11	13	127	—	7	—	47	31	23	53
83	—	11	—	23	59	7	13	—	19	17	599	1511	7	—	727	41	—	—	61	7	149	31	919	11	—	137	7	19	37	197
87	29	251	7	—	17	—	—	11	211	7	47	—	—	313	—	13	7	983	11	—	317	17	23	7	79	199	1051	37	13	11
89	13	—	—	31	7	—	113	61	37	—	11	7	1151	13	83	—	—	149	7	19	23	11	—	29	41	7	13	17	281	—
93	—	7	59	—	181	11	251	37	7	13	73	29	53	281	—	7	11	389	—	163	19	199	7	—	1103	—	331	11	—	7
99	7	193	—	11	31	67	17	7	—	61	23	251	19	191	7	733	13	199	131	—	271	7	29	17	37	11	—	491	7	13

	235 20	23	26	29	32	35	38	41	44	47	50	53	56	59	62	65	68	71	74	77	80	83	86	89	92	95	235 98	236 01	04	07
01	17	7	23	—	109	—	—	53	7	—	11	13	19	37	479	7	29	17	1163	—	431	11	7	—	13	23	—	—	911	7
07	7	17	1367	1049	19	13	47	7	11	127	1069	—	991	31	7	367	79	283	13	11	—	7	41	19	—	53	67	29	7	—
11	—	13	—	11	7	19	421	—	101	—	—	7	307	17	11	23	137	1103	7	61	—	—	83	—	19	7	193	13	41	37
13	283	347	17	—	467	757	7	263	—	29	37	1453	13	7	—	19	—	11	71	17	7	311	1361	—	—	13	31	7	11	—
17	71	11	53	7	—	—	—	601	13	23	7	—	11	—	17	571	19	7	—	—	—	13	—	11	7	257	29	—	—	373
19	139	983	—	17	11	7	13	19	31	271	—	601	7	89	—	11	433	—	—	7	17	47	1277	—	—	—	7	37	—	—
23	—	—	7	23	—	41	—	—	19	7	11	941	83	197	1129	13	7	79	—	601	53	11	—	7	—	109	23	19	13	—
29	19	7	131	97	1093	—	37	83	7	13	47	—	—	59	41	7	17	71	271	11	23	—	7	229	—	293	—	1381	383	7
31	11	157	—	7	163	17	—	13	71	—	7	11	587	29	127	—	—	7	23	—	13	—	11	61	7	1021	—	—	661	19
37	—	13	7	—	37	503	17	—	79	7	—	—	23	113	13	103	7	541	—	—	11	19	—	7	29	—	41	13	83	199
41	—	17	—	19	11	797	7	—	23	197	13	1367	29	7	373	11	113	251	17	—	7	53	19	13	—	47	11	7	79	107
43	—	7	—	269	47	181	23	11	7	—	—	1321	1439	19	379	7	—	163	11	—	—	13	7	83	17	71	—	53	—	7
47	41	97	11	—	13	7	241	71	67	47	—	—	7	11	19	—	829	13	1493	7	37	211	251	29	11	23	7	—	967	73
49	7	37	13	41	89	11	—	7	17	59	173	31	1511	—	7	13	11	29	83	—	—	7	113	23	19	17	—	11	7	—
53	11	—	—	17	7	29	19	—	127	41	73	7	67	433	109	—	863	—	7	23	17	—	11	—	13	7	809	251	643	—
59	229	89	43	7	17	13	103	59	—	11	7	—	31	23	—	131	29	7	13	379	11	17	53	1237	7	—	461	1289	—	—
61	—	11	—	13	43	7	31	—	19	73	17	23	7	199	317	71	13	523	257	7	733	41	—	11	—	—	7	17	53	13
67	19	131	401	83	7	23	—	—	—	199	11	7	683	337	—	37	—	—	7	19	307	11	241	13	—	7	157	—	17	59
71	1451	7	—	—	337	11	13	31	7	29	1471	653	—	—	37	7	11	347	173	13	19	—	7	17	23	991	73	11	101	7
73	—	31	—	7	13	199	—	61	11	—	7	19	17	—	1033	—	43	7	47	11	—	—	23	181	7	503	—	—	179	17
77	7	197	—	11	41	—	—	7	103	277	139	—	19	13	7	313	773	1123	23	827	29	7	—	47	17	11	13	59	7	1451
79	—	199	7	19	—	71	11	41	—	7	—	13	37	17	29	967	7	11	401	97	1327	—	19	7	13	73	659	311	11	53
83	—	11	29	109	19	577	7	13	17	61	—	37	11	7	59	—	—	—	—	397	7	691	179	11	1069	17	43	7	—	181
89	509	13	—	—	659	7	23	—	—	17	11	—	7	29	13	19	107	—	1021	7	443	11	41	359	653	349	7	13	37	23
91	7	101	11	877	23	—	19	7	—	31	569	107	13	11	7	17	—	47	1039	—	—	7	71	—	11	13	—	23	7	379
97	11	47	487	101	—	—	7	—	—	—	—	11	—	7	131	—	17	19	29	13	7	23	11	59	61	271	37	7	—	—

	235 21	24	27	30	33	36	39	42	45	48	51	54	57	60	63	66	69	72	75	78	81	84	87	90	93	96	235 99	236 02	05	08
01	—	43	13	7	73	—	11	131	—	—	7	17	79	—	239	13	—	7	19	—	277	—	—	—	7	37	—	—	11	311
03	13	—	41	43	31	7	37	—	—	11	59	—	7	13	—	23	—	17	211	7	11	—	73	67	—	—	7	—	19	29
07	—	1453	7	347	11	37	1307	43	41	7	19	23	17	709	—	11	7	29	—	—	1259	59	13	7	—	83	11	—	577	17
09	587	17	61	73	7	—	769	11	109	23	—	7	71	53	491	—	47	31	7	—	13	—	367	37	631	7	307	67	—	11
13	—	7	11	13	179	23	—	—	7	—	—	1039	103	11	—	7	13	41	191	—	83	19	7	—	11	53	97	787	23	7
19	7	1063	37	397	61	47	—	7	859	—	13	11	—	19	7	83	—	—	31	43	73	7	11	13	—	—	41	—	7	1181
21	251	127	7	11	19	—	1487	433	13	7	—	101	31	—	11	—	7	241	89	—	17	13	—	7	857	11	—	1117	—	41
27	37	7	13	—	17	251	—	—	7	673	863	293	11	101	23	7	—	59	—	73	—	17	7	11	113	31	—	43	13	7
31	—	593	151	29	79	7	—	11	—	—	23	13	7	31	103	89	17	—	11	7	47	—	929	—	13	241	7	113	59	11
33	7	—	971	151	59	17	41	7	23	13	11	—	—	97	7	101	—	37	—	61	—	7	13	—	—	—	19	509	7	—
37	17	67	643	107	7	11	281	691	19	—	—	7	41	419	29	59	11	17	7	—	—	881	—	331	337	7	31	11	71	463
39	—	211	23	13	607	—	7	—	11	191	—	—	—	7	—	41	13	101	19	11	7	—	—	17	—	23	83	7	—	13
43	19	17	59	7	—	67	—	139	31	53	7	—	13	—	11	—	—	7	17	19	—	23	—	—	7	11	571	—	—	—
49	—	11	7	—	257	—	13	29	211	7	61	19	11	37	—	23	7	—	—	13	739	31	97	7	—	—	—	53	127	—
51	—	29	19	—	7	—	—	—	17	89	—	7	151	23	—	11	73	13	7	—	—	19	—	—	59	7	11	853	—	—
57	—	41	11	7	521	—	—	23	269	17	7	13	29	11	43	151	641	7	617	139	—	1181	227	101	7	89	17	197	31	47
61	7	1217	—	23	17	—	89	7	11	163	37	179	—	701	7	—	31	67	43	11	13	7	59	—	1249	—	23	709	7	29
63	11	23	7	—	491	13	79	—	—	7	17	11	—	47	—	—	7	—	13	—	43	—	11	7	19	61	—	17	37	103
67	127	13	—	233	1459	17	7	181	743	59	137	29	607	7	13	557	41	11	47	—	7	67	17	—	43	19	79	7	11	31
69	67	7	383	—	—	29	379	1447	7	11	—	17	13	—	61	7	19	263	23	41	11	151	7	31	—	13	43	101	17	7
73	—	—	47	—	11	7	17	37	13	—	—	31	7	—	23	11	—	19	—	7	107	13	29	17	263	41	7	61	227	—
79	457	—	11	331	7	107	—	17	23	19	193	7	499	11	—	13	61	—	7	—	—	373	—	—	11	7	151	—	13	67
81	13	—	—	743	809	11	7	—	67	1171	—	—	47	7	—	—	11	53	31	19	7	1129	—	313	—	—	13	7	953	23
87	23	43	—	11	—	7	—	13	—	29	163	19	7	173	11	—	71	—	—	7	13	—	37	23	229	11	7	349	431	—
91	—	47	7	13	—	43	—	109	—	7	—	41	19	—	—	—	7	491	—	23	11	37	617	7	—	1319	17	—	—	13
93	53	11	37	19	7	191	—	43	—	137	739	7	11	31	13	17	67	23	7	197	29	883	19	11	—	7	—	13	—	73
97	733	7	—	59	19	—	1009	11	7	—	13	43	53	23	—	7	—	—	11	1031	41	—	7	13	—	181	—	17	—	7
99	—	661	29	7	—	—	233	—	13	—	7	23	—	43	19	—	17	7	53	37	61	11	—	41	7	331	31	523	79	—

	235 22	25	28	31	34	37	40	43	46	49	52	55	58	61	64	67	70	73	76	79	82	85	88	91	94	235 97	236 00	03	06	09
03	7	463	—	—	13	11	373	7	823	1231	311	17	271	—	7	19	11	13	37	29	—	7	103	—	—	131	—	11	7	41
09	47	23	541	11	139	—	7	19	—	1019	—	13	17	7	11	269	—	281	179	—	7	173	61	43	13	11	19	7	—	17
11	41	7	—	641	—	283	11	—	7	13	—	131	59	1301	—	7	37	11	17	1423	613	31	7	—	29	43	47	—	11	7
17	7	229	17	13	11	—	29	7	389	19	47	—	109	359	7	11	13	107	—	17	983	7	467	71	433	—	11	277	7	13
21	61	—	313	—	7	71	193	107	—	457	11	7	13	83	17	41	647	—	7	—	—	11	31	29	103	7	—	—	—	19
23	—	19	11	17	—	—	7	73	—	—	13	631	239	7	—	193	31	29	41	—	7	769	—	13	11	—	—	7	607	1063
27	—	359	19	7	31	29	13	461	11	—	7	—	37	—	—	17	—	7	149	11	—	19	—	1523	7	1163	—	587	1321	23
29	11	167	53	—	13	7	179	241	181	1499	—	11	7	—	—	797	—	13	—	7	79	17	11	—	—	47	7	23	29	31
33	13	—	7	83	43	1181	11	811	—	7	—	—	383	13	53	149	7	11	137	—	89	887	71	7	73	1303	13	313	11	37
39	17	7	67	647	11	19	—	13	7	37	43	—	97	—	47	7	—	17	—	—	13	—	7	—	19	—	11	29	61	7
41	—	79	—	7	41	13	17	11	—	—	7	149	43	—	223	19	157	7	11	—	—	29	—	17	7	109	127	37	347	11
47	—	109	7	29	73	11	31	17	149	7	—	977	13	41	311	281	7	—	43	83	—	—	263	7	17	13	19	11	137	1193
51	11	271	17	881	59	23	7	—	13	—	67	11	71	7	—	53	331	—	1091	17	7	13	11	—	—	31	1009	7	23	47
53	163	7	139	11	—	149	13	—	7	—	—	557	—	—	11	7	1319	—	19	13	877	53	7	587	37	11	23	—	—	7
57	19	—	13	17	—	7	619	31	223	11	97	—	7	47	67	13	—	—	—	7	11	73	23	37	107	179	7	—	13	—
59	7	11	149	—	37	—	—	7	701	17	19	—	11	13	7	887	—	137	571	107	23	7	—	11	—	29	13	139	7	19
63	149	—	73	37	7	227	—	11	—	13	—	7	233	29	—	—	23	—	7	—	31	17	13	—	—	7	389	—	613	11
69	—	—	31	7	401	11	—	199	599	—	7	353	167	—	—	953	11	7	157	—	37	1187	17	239	7	—	—	11	47	13
71	59	13	1019	709	599	7	137	47	11	211	61	17	7	19	13	—	—	—	29	7	359	—	53	—	—	499	7	13	17	—
77	29	—	23	—	7	19	11	257	13	31	—	7	17	179	347	499	—	11	7	—	191	13	—	79	19	7	163	—	11	17
81	173	7	—	181	13	—	19	17	7	43	463	—	11	229	1061	7	211	13	73	71	401	23	7	11	17	19	139	—	31	7
83	389	—	13	7	11	53	—	307	103	67	7	29	—	17	521	11	19	7	—	23	—	—	31	—	7	—	11	541	13	—
87	7	61	—	—	—	—	—	7	17	131	11	13	751	—	7	23	1489	19	353	1117	197	7	—	—	13	17	—	47	7	—
89	—	—	7	1051	31	1193	47	239	19	7	—	1259	—	11	17	37	7	43	—	337	59	89	13	7	11	—	—	19	97	233
93	41	101	89	—	1291	13	7	641	11	17	29	47	857	7	37	—	461	1051	13	11	7	43	—	31	79	—	17	7	19	733
99	53	19	—	23	—	7	11	521	313	41	17	109	7	—	877	—	—	11	59	7	19	29	—	811	—	13	7	17	11	—

	236 10	13	16	19	22	25	28	31	34	37	40	43	46	49	52	55	58	61	64	67	70	73	76	79	82	85	88	91	94	97
01	43	19	11	653	17	—	7	13	—	373	—	—	—	7	—	29	1051	271	23	—	7	17	—	73	11	—	—	7	83	1283
07	11	13	—	1171	73	7	43	—	677	—	191	11	7	—	13	71	103	113	—	7	—	487	11	47	1031	1399	7	13	1013	—
11	17	127	7	—	313	103	11	53	23	7	13	643	—	19	29	—	7	11	277	—	113	67	59	7	—	—	271	281	11	—
13	67	41	1223	—	7	193	17	47	13	11	—	7	43	53	—	199	79	37	7	257	11	13	379	17	—	7	61	31	—	23
17	—	7	23	—	11	19	—	41	7	59	—	—	47	—	—	7	37	13	17	109	739	73	7	193	19	23	11	—	823	7
19	23	457	13	7	67	433	—	11	1493	31	7	109	—	83	1523	13	653	7	11	29	—	463	—	23	7	409	113	307	13	11
23	7	—	11	353	911	241	97	7	—	881	223	13	—	11	7	—	19	—	—	17	877	7	43	—	11	—	677	—	7	67
29	11	601	—	17	—	13	7	103	19	1103	31	11	—	7	683	523	—	61	13	283	7	—	11	—	—	41	—	7	43	107
31	—	7	—	11	31	601	47	223	7	17	1453	23	29	727	11	7	13	—	19	—	139	—	7	—	107	11	17	79	41	7
37	7	11	—	—	557	23	313	7	523	107	13	37	11	—	7	—	67	31	619	263	—	7	71	11	—	—	97	17	7	19
41	—	23	41	—	7	17	13	11	—	—	37	7	89	—	—	—	59	—	7	13	661	—	17	743	23	7	263	137	—	11
43	—	—	19	—	13	29	7	1259	79	—	11	17	—	7	—	1181	179	13	—	—	7	11	23	809	109	173	—	7	17	601
47	13	223	1039	7	—	11	17	457	109	53	7	41	—	13	409	—	11	7	23	—	233	—	19	17	7	229	13	11	79	—
49	109	—	—	479	—	7	271	—	11	—	—	13	7	19	41	53	23	73	1423	7	—	61	—	—	13	281	7	—	—	17
53	31	—	7	11	29	467	233	13	—	7	47	—	23	—	11	—	7	773	—	139	13	71	—	7	17	11	—	53	—	241
59	257	7	97	—	439	—	19	—	7	79	1223	127	11	31	13	7	—	353	—	193	—	509	7	11	37	17	—	13	—	7
61	1109	113	577	7	11	37	89	31	—	29	7	—	13	617	17	11	19	7	157	79	47	—	103	683	7	13	11	23	193	—
67	41	—	7	319	47	211	13	—	19	7	—	—	—	13	—	17	7	197	173	13	29	23	37	7	11	—	137	19	—	71
71	—	61	13	89	—	—	7	—	11	19	17	71	251	7	—	13	349	23	569	11	7	37	—	—	—	83	—	7	13	1129
73	11	7	29	1093	—	—	—	431	7	41	113	11	—	13	73	7	17	—	—	19	—	647	7	—	—	1087	13	—	—	7
77	97	19	229	—	—	7	11	—	727	23	—	17	7	113	—	41	107	11	—	7	19	31	13	—	353	—	7	887	11	641
79	7	—	709	277	—	359	—	7	829	11	—	19	—	29	7	31	—	17	41	37	11	7	—	233	103	—	163	61	7	—
83	757	29	67	13	7	23	167	491	743	—	1031	7	17	403	—	11	13	—	7	367	—	227	251	—	41	7	11	—	23	13
89	—	71	11	7	19	—	67	—	47	—	7	191	29	11	—	—	31	7	—	—	157	—	23	13	7	—	173	251	—	53
91	—	859	17	—	43	7	29	—	13	883	31	79	7	—	19	—	11	—	—	7	23	13	—	179	227	191	7	11	293	—
97	53	—	13	11	7	757	19	—	—	—	43	7	401	89	11	13	241	29	7	—	17	—	479	31	—	7	103	—	13	257

	236 11	14	17	20	23	26	29	32	35	38	41	44	47	50	53	56	59	62	65	68	71	74	77	80	83	86	89	92	95	98
01	83	7	—	—	59	29	—	19	7	11	23	13	53	—	43	7	—	1179	71	—	11	—	7	47	13	—	19	—	1361	7
03	—	11	47	7	17	31	673	—	23	13	7	181	11	37	277	—	43	7	53	457	401	17	13	11	7	—	83	—	29	89
07	7	—	163	—	23	13	479	7	—	—	89	—	37	—	7	—	17	—	11	41	43	7	—	269	31	419	—	23	7	11
09	—	977	7	13	—	17	—	—	229	7	11	—	—	—	—	503	7	—	31	—	1153	11	17	7	—	23	59	—	19	73
13	17	—	—	—	1279	11	7	—	—	73	19	—	13	7	—	—	11	17	—	173	7	23	67	—	—	13	43	7	41	19
19	—	17	19	11	—	7	13	—	71	29	—	131	7	53	11	23	439	103	17	7	—	19	47	613	59	11	7	—	—	—
21	7	47	—	29	13	67	11	7	73	1291	—	61	19	23	7	—	—	11	—	53	—	7	—	929	17	389	557	37	7	223
27	61	—	—	139	11	269	7	23	17	67	—	13	—	7	29	11	97	—	—	—	7	—	271	19	13	17	11	7	—	—
31	683	43	29	7	—	19	37	13	—	—	7	1297	389	61	31	—	641	7	101	—	13	11	—	157	7	71	23	—	163	—
33	—	23	11	43	1531	7	1373	—	31	17	—	—	7	11	569	19	47	41	13	7	89	—	293	—	11	29	7	—	139	181
37	307	13	7	239	17	—	73	43	11	7	1213	—	173	29	13	—	7	—	—	11	23	17	1511	7	—	—	—	13	—	—
39	11	197	643	113	7	—	—	19	—	43	17	7	13	1459	79	—	373	67	7	1471	53	31	11	—	73	7	19	17	—	—
43	359	7	137	37	—	17	11	491	7	31	257	193	—	43	23	7	211	11	—	—	—	13	7	—	29	97	433	19	11	7
49	7	431	13	—	11	—	17	7	23	587	—	—	277	—	7	11	761	967	59	19	37	7	31	17	101	—	11	149	7	—
51	13	37	7	41	—	—	23	11	167	7	19	241	17	13	—	47	7	61	11	—	—	43	769	7	1483	67	13	—	109	11
57	23	7	19	—	109	11	61	13	7	—	131	29	41	17	—	7	11	229	37	733	13	19	7	23	—	79	—	11	—	7
61	11	—	877	13	47	7	—	—	17	—	—	11	7	—	223	1259	13	31	41	7	107	149	11	97	—	17	7	—	29	13
63	7	13	463	11	—	251	—	7	—	683	—	31	97	19	7	107	—	23	1213	281	149	7	29	71	661	11	—	13	7	—
67	—	—	499	—	7	71	—	—	61	11	13	7	—	23	19	—	313	—	7	—	11	—	—	13	113	7	17	41	83	—
69	107	11	73	1009	29	19	7	1321	13	317	251	23	11	7	47	17	—	149	349	547	7	13	419	11	19	1033	347	7	—	997
73	43	—	—	7	13	—	19	11	89	—	7	701	31	—	37	149	53	7	11	47	229	29	239	83	7	19	79	17	1201	11
79	—	23	7	29	41	11	43	1109	419	7	—	13	59	—	197	1373	7	19	83	73	—	97	71	7	13	31	—	11	17	929
81	17	101	—	887	7	—	—	41	11	13	97	7	37	71	—	—	—	17	7	11	251	—	13	61	—	7	29	19	173	47
87	19	17	787	7	233	53	11	509	29	997	7	—	61	47	43	641	13	7	17	19	—	—	659	131	7	251	521	257	11	13
91	7	11	151	—	523	—	149	7	83	—	—	—	11	17	7	1187	131	53	43	167	19	7	41	11	—	13	—	—	7	199
93	139	61	7	151	11	101	239	—	307	7	13	19	—	—	31	11	7	797	313	17	43	59	—	7	—	41	11	727	—	263
97	659	—	31	83	389	151	7	29	37	1471	11	67	19	7	17	1069	—	—	163	13	7	11	—	—	43	199	—	7	—	23
99	—	7	11	17	13	—	151	101	7	283	—	—	—	11	—	7	—	13	89	127	17	991	7	337	11	139	37	23	47	7

	236 12	15	18	21	24	27	30	33	36	39	42	45	48	51	54	57	60	63	66	69	72	75	78	81	84	87	90	93	96	99
03	13	—	—	61	19	7	1151	—	11	—	—	317	7	13	337	17	73	—	29	7	—	199	107	19	—	37	7	—	—	—
09	29	—	—	—	7	37	11	13	41	—	137	7	—	—	109	19	17	11	7	67	13	—	—	—	—	7	881	103	11	29
11	—	797	107	—	—	13	7	—	409	11	—	41	151	7	—	23	—	—	13	83	7	—	17	29	53	19	1367	7	—	61
17	353	43	67	37	31	7	17	11	—	23	293	—	7	101	83	151	—	19	11	7	41	367	—	17	—	13	7	47	59	11
21	—	17	7	1459	—	23	—	157	13	7	—	—	307	11	—	—	7	151	17	1499	—	13	29	7	11	443	41	67	23	79
23	271	1103	—	23	7	11	13	17	—	19	—	7	429	577	—	59	11	31	7	13	37	—	—	1009	17	7	23	11	19	41
27	11	7	13	193	29	31	—	—	7	—	19	11	859	73	—	7	47	971	—	17	61	439	7	—	283	—	59	683	13	7
29	13	19	59	7	83	—	—	1013	17	89	7	139	193	13	11	131	—	7	—	227	19	151	—	—	7	11	13	29	331	—
33	7	199	19	17	—	—	—	7	131	11	79	311	—	59	7	29	23	43	31	—	11	7	13	151	—	—	—	109	7	1109
39	31	—	53	13	17	827	7	11	—	—	23	1427	41	7	—	281	13	239	11	—	7	17	727	43	—	1447	29	7	—	11
41	—	7	1097	—	19	419	—	397	7	—	11	463	—	839	13	7	1327	509	67	673	29	11	7	19	—	31	359	13	—	7
47	7	79	23	—	929	—	—	7	11	—	—	17	—	491	7	19	827	—	—	11	881	7	59	101	41	23	53	—	7	127
51	509	269	—	11	7	—	17	557	—	107	73	7	—	37	11	—	19	13	7	29	—	23	173	17	—	7	31	—	—	—
53	—	991	13	—	107	—	7	19	—	59	599	167	17	7	353	13	—	11	—	23	7	—	1429	—	829	47	19	7	11	17
57	—	11	599	7	—	—	569	17	19	—	7	13	11	1481	—	23	—	7	—	—	59	—	—	11	7	—	61	19	787	—
59	43	41	31	—	11	7	—	—	821	13	383	37	7	17	—	11	—	71	19	7	—	167	13	—	29	—	7	101	131	1039
63	19	—	7	—	43	13	—	41	17	7	11	—	29	563	47	61	7	907	13	19	263	11	—	7	—	17	—	—	347	137
69	—	7	181	23	61	—	—	571	7	17	43	19	13	—	—	7	41	—	—	11	—	—	7	29	—	13	17	37	373	7
71	11	23	19	7	1033	—	701	131	37	—	7	11	43	257	—	17	—	7	—	41	977	19	11	13	7	—	—	—	31	59
77	173	—	7	937	13	—	—	71	47	7	31	157	—	19	593	311	7	13	23	1307	11	449	—	7	—	37	—	233	29	—
81	13	—	167	—	11	—	7	337	—	—	—	17	—	7	19	11	29	1237	191	331	7	347	43	—	37	853	11	7	17	31
83	17	7	—	59	—	19	73	11	7	—	29	13	23	233	863	7	—	17	11	61	421	—	7	31	13	—	269	—	53	7
87	293	113	11	—	37	7	19	13	23	97	—	31	7	11	59	—	—	—	—	7	13	139	797	—	11	19	7	29	43	17
89	7	17	613	449	—	11	23	7	61	163	—	—	—	103	7	—	11	—	13	—	—	7	37	47	71	241	883	11	7	23
93	11	13	23	—	7	53	71	—	67	29	—	7	439	47	13	541	419	19	7	—	—	37	11	73	31	7	—	13	47	—
99	1049	37	—	7	73	—	31	—	13	11	7	—	47	619	17	229	—	7	223	23	11	13	—	53	7	—	—	389	19	—

237	00	03	06	09	12	15	18	21	24	27	30	33	36	39	42	45	48	51	54	57	60	63	66	69	72	75	78	81	84	87
01 07 11 13 17	53 — 7 983 13	— 19 23 11 —	31 — 19 7 1097	13 7 31 743 —	7 — 17 13 127	11 23 — 109 17	— 353 13 163 7	— 37 7 29 11	17 433 191 — —	19 17 11 7 61	— 7 73 17 103	7 — — 643 71	71 281 — 11 1171	43 — 29 — 7	29 11 7 — 383	229 31 — 1151 —	11 1297 — 7 31	227 7 — 13 173	7 53 — 751 11	— 43 13 — 137	823 19 11 — 7	— 439 7 103 —	613 — — 23 17	1399 13 43 7 37	— 7 23 37 29	7 11 1013 43 409	— 17 239 89 13	11 — — 17 7	19 23 7 31 751	13 109 — 71 11
19 23 29 31 37	— — 521 43 —	7 — 13 37 89	71 — — — 53	181 37 11 431 —	19 — 7 23 11	1531 7 479 31 7	— 17 23 7 13	— 13 17 19 41	7 — 137 — —	73 1471 181 — —	11 709 — 239 —	13 — 7 29 —	907 7 59 13 7	— 47 — 7 61	59 107 11 271 17	7 — — — 11	23 11 19 — —	— 401 29 11 647	29 131 7 — 19	— 7 311 71 7	241 13 37 7 971	11 — — — 23	7 — — 101 29	19 17 — 47 277	13 19 17 61 101	131 59 7 13 73	881 7 73 19 7	— 11 13 7 79	17 — 71 11 821	7 31 23 97 —
41 43 47 49 53	19 13 — 11 7	947 — 7 313 31	7 11 — 19 1123	— — — 7 13	233 7 — 293 61	433 — 937 607 23	31 73 — — 11	1423 337 601 13 7	— — 7 59 —	7 — 13 23 —	11 19 17 7 83	67 7 19 11 17	47 43 571 — 197	41 11 — 31 —	53 113 349 1069 7	13 17 7 29 —	7 41 43 17 13	23 89 113 7 11	769 7 71 43 929	19 — 11 383 59	83 53 — 13 —	11 59 29 19 7	— — 7 11 19	7 — 677 — 73	— 11 907 7 —	281 7 877 41 —	17 13 — 223 967	191 — 17 97 47	13 — — 101 7	223 19 7 — 13
59 61 67 71 73	349 — 7 11 —	— 7 139 107 29	— 41 13 — —	467 307 73 97 11	11 — — 7 53	83 19 11 179 47	7 — 67 — 7	1009 11 7 29 233	— 7 — 197 19	— — 461 31 13	13 — — 23 67	47 179 41 7 —	17 37 — 673 439	7 211 — — 7	19 — 7 17 11	11 7 13 — 59	— 421 11 103 —	— 131 — 19 223	— 11 191 7 —	— — 17 — —	7 23 617 211 7	— 13 7 — 83	23 7 — 11 13	13 — — — 311	— 19 — 13 —	— 1187 97 7 11	11 71 83 47 139	7 353 41 — 7	43 — 7 37 —	17 7 37 — —
77 79 83 89 91 97	293 19 29 17 73 463	— 11 19 7 — 83	— 23 7 — 283 7	7 13 — 41 7 37	23 17 31 197 13 —	13 7 89 11 29 239	— — — 13 17 11	487 — 11 307 — 17	37 — 281 7 11 223	11 — 7 — 163 7	7 — 61 — 7 —	557 317 — 29 31 13	379 7 13 19 — —	607 — 59 — 23 157	— 67 1483 — — 19	17 — — 7 — 41	53 13 7 11 373 7	7 — — 17 7 11	13 — 11 103 — —	— 7 — 13 11 —	11 — 19 — 109 —	61 17 23 89 — —	31 53 — 7 19 59	631 11 7 — 17 7	7 83 — 1091 7 13	71 23 13 47 — 61	41 7 — — 149 67	23 — 137 11 — —	19 — — 109 — 11	541 13 11 7 — —

237	01	04	07	10	13	16	19	22	25	28	31	34	37	40	43	46	49	52	55	58	61	64	67	70	73	76	79	82	85	88
01 03 07 09 13	919 — 53 7 —	11 7 13 — 509	17 — 131 11 223	23 — 17 47 107	29 11 — — 7	313 13 7 — 71	7 19 373 53 359	13 691 19 7 31	— 7 — — 11	1033 59 — 17 1187	1427 — 11 — 113	— — — — 7	11 139 7 13 79	7 1327 — 11 317	— 61 13 7 23	19 7 29 89 149	181 — 167 73 61	73 — — 19 251	— 13 107 23 7	17 47 7 31 11	7 37 17 — —	41 97 11 7 13	1381 7 — 379 569	11 — — 71 659	617 23 47 11 127	— 17 31 13 7	23 11 7 17 29	7 29 13 337 1009	— 107 — 7 —	— 7 — 1427 383
19 21 27 31 33	191 13 23 311 103	263 19 — 7 13	13 29 47 11 —	7 — 79 13 7	857 43 7 67 19	17 7 — — 11	11 23 — 149 1217	41 — 11 17 127	23 — 149 7 881	— 11 467 227 31	7 41 43 — 7	719 17 7 — 547	89 7 17 — 173	421 13 29 11 17	— 31 37 43 13	13 137 263 7 —	37 113 59 13 11	7 — 211 — 7	1319 47 7 541 461	— 7 41 23 —	31 11 13 — 61	— — 1429 647 —	17 — 401 7 131	— — 23 79 19	7 — 1019 11 7	607 — 7 41 53	883 7 — 1063 1489	— — 31 59 11	11 17 367 83 41	19 23 11 7 607
37 39 43 49 51 57	7 179 149 — 7 17	271 1187 59 23 — —	— 7 41 499 103 349	149 11 653 89 347 13	— 257 13 1327 — 1163	19 — 181 7 — 173	— 29 7 47 277 7	7 — 23 11 7 —	17 13 — 19 37 11	— 7 11 269 13 —	13 — 31 17 11 19	11 23 163 13 383 1061	29 227 67 7 — 127	23 877 7 83 — 7	7 11 — 1249 7 1523	131 19 — — 107 97	257 7 19 67 17 13	— 47 13 — 31 17	241 269 83 11 19 —	— 863 — 7 997 11	43 — 7 53 593 7	7 13 — — 7 —	11 31 47 353 13 —	13 7 29 31 59 41	19 — 103 13 — —	17 11 1531 1193 809 37	587 — 17 7 53 389	— 631 7 17 1259 7	7 — — — 7 509	127 311 — 11 73 13
61 63 67 69 73 79	439 47 31 41 13 7	43 17 11 — 7 37	71 19 7 17 101 29	7 43 19 29 — 113	— 571 37 7 457 53	— 7 47 — — —	— 11 13 — 41 19	941 557 43 67 211 7	— — 59 167 7 11	— 53 7 43 — —	7 43 — — 11 —	19 — 509 7 199 313	13 7 11 163 — 593	— — 17 19 13 173	11 — 4217 1109 17 7	79 503 199 11 7 17	653 — 7 233 661 —	7 11 — 13 — 23	31 17 157 7 — 1061	199 7 13 17 71 11	— — — — 29 13	47 19 53 — 11 7	139 587 19 37 7 1201	1231 13 7 — 23 —	7 739 — 83 97 —	11 79 1361 7 — 19	103 7 — 11 13 31	29 — 73 23 — 227	1453 11 67 — 61 7	17 83 23 — 7 653
81 87 91 93 97 99	11 709 17 7 — 13	— 7 1193 443 17 —	7 31 773 563 11 107	1481 — — 23 31 —	17 59 11 83 7 41	13 17 7 — 53 11	719 103 — 13 29 7	73 29 79 7 107 17	— 7 13 593 — —	7 11 19 — — 1123	53 — 631 — 101 1229	11 — 337 97 7 19	1511 13 7 1459 811 137	— 283 241 193 11 7	83 883 — 7 — —	23 7 11 31 13 —	7 1423 1181 37 — 11	59 1451 17 79 563 —	13 331 367 11 7 113	37 67 7 13 47 239	31 11 — 1039 19 7	17 307 13 7 1277 61	11 7 97 — 23 911	7 137 701 17 — 73	— 421 29 — 11 17	29 13 269 — 7 —	— 197 7 23 — 13	293 19 — — — 7	167 53 19 7 13 31	89 7 — 11 331 29

237	02	05	08	11	14	17	20	23	26	29	32	35	38	41	44	47	50	53	56	59	62	65	68	71	74	77	80	83	86	89
03 09 11 17 21	11 317 971 — 7	— 163 11 — 61	17 7 — 23 47	7 13 — 7 419	379 19 7 29 13	— — — 31 11	173 43 — 19 491	— — 269 — 7	109 409 23 13 883	13 7 17 1499 37	7 23 — 7 —	11 239 7 431 283	19 37 11 53 —	1399 — 47 — —	479 101 13 43 7	191 757 251 — 277	23 7 — 673 11	7 — 419 7 13	— 79 7 — 43	17 41 983 — —	— 11 89 251 359	113 157 223 11 7	11 — 29 — 17	53 7 11 — —	7 991 — 7 31	— 673 7 19 —	71 — 17 727 19	— 263 13 17 11	211 29 79 — 7	547 13 241 — —
23 27 29 33 39	— 821 31 193 —	— 67 7 11 31	7 769 — — 19	— 11 — — 23	— — 211 1013 7	1301 41 — 7 —	— 7 11 37 71	71 — 37 17 547	11 619 7 — 17	7 — 13 23 67	103 — — 19 11	17 13 — — 7	— 347 17 7 13	367 7 23 — 433	257 11 — 29 —	13 23 7 — 1487	7 127 457 — —	19 — 11 47 —	31 19 467 13 7	11 139 — 7 —	43 7 — 599 —	293 109 — — 11	157 — 7 101 397	7 17 373 11 37	— 13 — 17 101	251 11 — 719 7	— 37 29 7 23	37 7 61 163 193	13 — 11 — 1153	173 79 7 19 59
41 47 51 53 57	— 11 13 — 29	23 29 — 37 7	11 — 7 113 157	— — 59 41 —	37 13 739 7 11	59 7 19 229 113	7 577 11 — 83	641 — 61 43 13	— 31 53 373 7	— — 7 11 31	13 — 17 — 109	89 11 83 7 17	19 7 131 23 997	7 — 13 — —	17 — 23 53 397	499 17 — 19 7	— — 7 17 19	— 13 11 — 313	— 23 29 7 1229	29 7 379 787 —	7 — 37 11 13	— 37 127 31 67	— 11 — 859 7	13 19 7 269 —	11 — 19 13 89	— — — 7 —	31 7 13 109 11	7 89 17 449 —	— 199 11 — 17	439 557 — — 7
59 63 69 71 77	17 7 11 449 7	— 13 — 7 11	109 11 79 17 19	7 103 449 11 17	— 991 31 71 317	13 — 829 — 193	23 271 7 13 197	11 7 — — 7	— 19 13 7 199	— — 53 — 137	7 — — 19 —	761 29 11 61 23	41 17 — 79 11	43 11 7 563 13	103 7 113 11 7	1103 73 47 7 151	— 409 — 29 103	7 37 1303 23 83	11 41 503 — 89	1171 — 19 13 —	199 — 7 — 17	— 7 13 — 7	— 31 11 7 —	29 — 43 643 11	7 11 641 — —	59 23 — 11 47	19 439 — — 13	— 13 7 — 29	163 7 — — 7	11 17 67 7 —
81 83 87 89 93 99	— 419 — 43 17 —	— 97 23 13 — 7	— 191 61 — 7 167	19 — 7 — 11 241	7 17 163 — 43 13	103 23 11 7 431 157	— 7 — 31 19 —	11 13 863 83 — 31	— — — 11 29 7	13 29 — — 7 —	— 11 7 389 13 43	7 — 37 131 293 617	97 37 31 7 — 11	61 7 41 — 227 —	1433 — 19 13 11 887	17 109 89 571 179 7	761 67 11 41 7 487	151 — 7 — 17 13	7 151 — 701 23 17	— 313 181 7 — 29	521 7 151 29 — 71	— 11 1109 151 — —	13 — 839 17 41 7	109 317 — 79 7 11	— 31 7 19 — —	7 263 — — 11 —	523 1049 29 7 1117 151	197 7 11 13 157 —	— 23 503 431 37 —	11 379 13 37 — 7

	23790	93	96	23799	23802	05	08	11	14	17	20	23	26	29	32	35	38	41	44	47	50	53	56	59	62	65	68	71	74	77
01	—	877	7	31	23	41	—	—	11	7	—	—	13	29	223	—	7	19	—	11	1429	157	—	7	103	13	43	23	—	17
07	—	7	181	67	—	79	11	—	7	19	47	—	—	17	37	7	31	11	—	13	619	23	7	—	29	—	71	—	11	7
11	53	11	13	151	31	7	—	383	17	131	19	179	7	37	107	13	—	23	—	7	41	59	—	11	—	17	7	—	13	19
13	7	19	—	421	11	457	29	7	—	107	307	—	—	13	7	11	—	173	113	—	19	7	271	41	139	—	11	61	7	31
17	853	—	19	167	7	—	151	—	59	13	11	7	1051	—	883	—	—	31	7	349	191	11	13	29	—	7	17	—	—	41
19	647	43	11	751	1279	—	7	13	1151	23	137	31	19	7	—	17	61	29	—	1051	7	—	—	—	11	47	103	7	—	509
23	—	—	—	7	—	23	79	127	11	151	7	—	349	19	163	73	13	7	1439	11	—	—	337	101	7	71	—	17	23	13
29	83	53	7	—	—	19	11	919	—	7	13	17	31	1481	47	811	7	11	61	—	109	—	23	7	19	101	1531	37	11	—
31	17	—	—	—	7	—	31	53	13	11	29	7	109	43	73	19	461	17	7	67	11	13	557	—	739	7	83	673	—	911
37	—	17	13	7	59	—	—	11	—	—	7	—	—	—	23	13	151	7	11	31	181	29	—	67	7	37	19	—	13	11
41	7	—	11	—	—	—	—	7	19	29	23	13	1031	11	7	59	—	79	151	577	—	7	131	43	11	1523	331	19	7	47
43	937	31	7	29	839	11	71	—	23	7	139	191	383	—	409	347	7	—	19	17	149	—	13	7	157	43	439	11	197	521
47	11	—	53	1367	23	13	7	—	97	673	719	11	73	7	17	239	—	269	13	19	7	151	11	—	—	—	181	7	—	43
49	257	7	23	11	—	227	1543	—	7	—	19	83	—	709	11	7	13	149	733	—	17	—	7	127	179	11	107	—	—	7
53	613	41	29	—	—	7	—	—	—	11	563	19	7	—	—	17	107	—	593	7	11	23	—	—	151	13	7	401	—	—
59	89	37	—	19	7	71	13	11	587	109	41	7	149	29	691	23	17	1277	7	13	311	953	19	—	61	7	—	151	47	11
61	43	83	101	173	13	17	7	29	347	31	11	59	1307	7	—	—	431	13	—	37	7	11	17	—	197	547	—	7	97	487
67	—	373	113	1481	101	7	17	23	11	53	479	13	7	919	593	—	—	601	29	7	571	419	31	17	13	—	7	—	—	—
71	421	17	7	11	—	113	19	13	137	7	31	—	—	193	11	—	7	127	17	—	13	53	71	7	—	11	23	—	41	467
73	29	23	—	—	7	13	11	17	—	—	—	7	43	71	227	—	19	11	7	79	—	313	47	283	17	7	—	53	11	29
77	—	7	17	149	157	67	—	419	7	—	1181	—	11	—	13	7	43	19	1291	17	23	103	7	11	—	—	—	13	—	7
79	—	347	149	7	11	1031	47	—	17	181	7	29	13	—	547	11	641	7	23	397	197	131	—	—	7	13	11	19	61	677
83	7	—	—	17	53	31	331	7	13	19	11	47	359	733	7	1103	—	—	—	—	17	7	43	—	—	1039	—	—	7	229
89	179	19	13	—	17	—	7	—	11	—	29	—	37	7	41	13	1489	257	31	11	7	17	53	—	—	73	—	7	13	59
91	11	7	—	71	29	59	23	—	7	—	17	11	31	13	—	7	—	41	1471	317	113	47	7	—	—	—	13	17	53	7
97	7	—	—	19	—	47	—	7	—	11	37	17	—	107	7	29	197	—	—	—	11	7	19	23	73	31	41	—	7	773

	23791	94	23797	23800	03	06	09	12	15	18	21	24	27	30	33	36	39	42	45	48	51	54	57	60	63	66	69	72	75	78
01	787	79	97	13	7	53	17	—	61	37	47	7	—	31	—	11	13	163	7	23	139	67	—	17	—	7	11	—	—	13
03	67	13	—	—	—	73	7	11	—	241	—	53	17	7	13	659	101	23	11	—	7	523	—	—	311	—	29	7	331	11
07	41	521	11	7	173	—	—	17	—	—	7	—	—	11	29	19	—	7	83	1193	—	283	383	13	7	67	31	—	—	—
09	271	1373	593	41	67	7	19	37	13	983	—	23	7	17	—	269	11	439	101	7	31	13	—	—	—	19	7	11	349	53
13	11	—	7	—	13	—	37	19	17	7	239	11	—	83	—	—	7	13	—	—	—	199	11	7	—	17	19	131	—	67
19	97	7	317	73	739	—	53	29	7	11	—	13	79	—	1129	7	—	199	19	71	11	31	7	37	13	233	17	127	461	7
21	1321	11	—	7	37	—	—	—	—	13	7	1193	11	131	349	17	—	7	—	—	—	41	13	11	7	211	—	—	19	—
27	523	19	7	13	1117	—	563	349	—	7	11	1039	29	179	—	1223	7	661	163	47	19	11	—	7	101	—	191	173	31	13
31	29	—	19	—	181	11	7	—	709	199	1301	17	13	7	61	—	11	823	433	—	7	19	257	—	47	13	167	7	17	29
33	17	7	—	47	—	—	827	467	7	997	13	577	19	—	—	7	—	17	—	11	67	—	7	13	83	353	101	71	—	7
37	37	—	—	11	41	7	13	53	47	71	431	29	7	19	11	—	137	347	—	7	107	1409	389	79	109	11	7	—	—	17
39	7	17	313	293	13	29	11	7	401	—	127	421	—	53	7	107	109	11	17	59	—	7	—	19	67	—	—	23	7	—
43	13	11	643	—	7	19	487	—	—	1249	1429	7	11	13	—	—	—	37	7	—	887	859	29	11	19	7	13	—	—	—
49	—	—	43	7	29	137	977	13	1471	—	7	—	—	—	17	—	19	7	631	—	13	11	41	47	7	421	71	—	827	97
51	—	—	11	17	43	7	—	19	89	83	—	—	7	11	79	23	181	71	13	7	17	—	—	—	11	41	7	29	233	—
57	11	—	—	1063	7	—	—	61	211	23	43	7	13	113	53	—	613	—	7	977	—	17	11	—	89	7	—	761	659	—
61	19	7	—	557	127	23	11	607	7	—	157	—	—	463	43	7	17	11	—	19	61	13	7	—	719	—	29	251	11	7
63	233	1381	41	7	—	17	13	—	1013	11	7	—	37	31	821	127	43	7	877	13	11	—	17	—	7	—	23	1033	—	19
67	7	31	13	773	11	—	659	7	29	61	467	19	241	109	7	11	71	17	—	881	43	7	23	—	397	—	11	97	7	—
69	13	47	7	—	—	109	17	11	—	7	—	41	—	13	887	73	7	—	11	—	23	19	43	7	—	79	13	—	—	11
73	—	17	11	19	—	—	7	—	—	13	—	—	379	7	31	—	23	41	17	29	7	197	13	1223	11	113	43	7	37	—
79	11	29	17	13	—	7	67	577	37	—	23	11	7	1433	19	—	13	—	—	7	163	1019	11	—	—	—	7	31	—	13
81	7	13	—	11	269	19	79	7	17	—	—	—	—	—	7	—	47	107	—	—	—	7	191	373	19	11	37	13	7	41
87	47	11	23	31	—	1487	7	—	13	17	—	—	11	7	97	89	19	743	—	643	7	13	—	11	1201	23	17	7	241	211
91	—	43	—	7	13	37	313	11	—	—	7	—	937	—	67	419	—	7	11	—	—	17	31	29	7	829	61	—	—	11
93	479	—	13	43	—	7	41	619	19	—	11	103	7	673	—	13	31	29	109	7	59	11	1303	37	—	317	7	17	13	1279
97	103	193	7	139	31	11	—	43	421	7	367	13	41	373	—	23	7	—	67	—	1033	173	17	7	13	271	83	11	19	—
99	19	—	—	37	7	503	173	59	11	13	193	7	433	23	71	41	—	79	7	11	—	—	13	—	—	7	—	—	17	31

	23792	95	23798	23801	04	07	10	13	16	19	22	25	28	31	34	37	40	43	46	49	52	55	58	61	64	67	70	73	76	79
03	—	7	37	11	61	13	17	—	7	23	—	181	—	43	11	7	29	31	13	607	19	41	7	17	137	11	—	—	89	7
09	7	11	—	23	47	59	677	7	—	—	73	53	11	197	7	283	83	1063	—	37	—	7	—	11	17	13	23	29	7	—
11	37	23	7	19	11	67	—	—	509	7	13	—	—	17	—	11	7	53	—	—	—	29	19	7	23	127	11	—	73	—
17	—	7	11	29	13	—	31	—	7	67	—	263	—	11	17	7	—	13	23	61	257	331	7	607	11	499	—	43	79	7
21	13	—	887	—	—	7	83	41	11	17	—	—	7	13	23	19	37	1493	263	7	29	97	997	—	107	31	7	379	—	863
23	7	1231	1061	—	—	853	19	7	61	277	41	11	23	67	7	17	—	—	—	31	269	7	11	181	43	19	—	179	7	—
27	281	83	29	47	7	—	11	13	23	107	17	7	53	—	—	227	41	11	7	167	13	61	—	—	131	7	19	17	11	—
29	251	31	743	—	107	13	7	—	—	11	199	—	—	7	37	103	17	19	13	41	7	71	—	137	—	29	1117	7	—	23
33	43	13	23	7	11	—	—	73	—	433	7	17	59	29	13	11	—	7	19	89	31	179	1361	—	7	23	11	13	17	79
39	—	229	7	131	—	—	43	—	13	7	19	—	17	11	—	—	7	—	47	23	—	13	463	7	11	—	—	353	1163	17
41	—	17	199	—	7	11	13	—	43	—	251	7	137	—	1019	449	11	23	7	13	19	—	853	241	443	7	—	11	1013	—
47	13	—	17	7	—	41	449	—	1093	31	7	23	19	13	11	251	—	7	—	17	79	59	—	1483	7	11	13	—	37	29
51	7	431	—	479	109	—	103	7	—	11	—	41	—	19	7	—	—	29	43	—	11	7	13	73	227	491	—	37	7	—
53	—	11	7	17	19	23	—	13	37	7	337	29	11	89	41	—	7	683	—	—	13	—	31	7	—	—	—	—	23	—
57	101	23	—	13	73	19	7	11	—	—	31	—	—	7	—	17	13	47	11	59	7	1153	—	163	19	—	1187	7	29	11
59	—	7	53	61	17	—	97	—	7	233	11	—	—	773	13	7	—	157	—	389	—	11	7	41	—	37	43	13	71	7
63	139	47	101	179	—	7	59	—	1427	—	13		7	—	53	—	11	—	23	7	—	79	—	13	37	—	7	11	1283	41
69	17	—	211	11	7	31	389	277	19	—	—	7	23	—	11	619	131	13	7	467	541	29	1511	—	—	7	89	19	1171	—
71	41	—	13	307	—	—	7	229	941	—	23	47	—	7	617	13	—	11	19	—	7	—	37	17	—	—	293	7	11	—
77	—	43	37	53	11	7	—	17	—	13	19	283	7	—	—	11	—	1049	71	7	839	1129	13	—	17	—	7	23	1109	19
81	23	37	7	1049	—	13	—	67	101	7	11	19	—	1483	29	41	7	—	13	17	—	11	—	7	—	—	59	733	179	127
83	—	167	11	13	7	1289	—	43	17	—	—	7	—	11	—	443	13	—	7	37	61	19	—	—	11	7	47	—	563	13
87	191	7	263	17	—	—	—	—	7	461	101	43	13	31	—	7	911	23	37	11	17	—	7	—	41	13	—	947	—	7
89	11	—	857	7	—	409	—	31	—	17	7	11	317	19	191	23	211	7	—	29	89	967	11	13	7	—	17	41	971	193
93	7	89	113	271	17	—	11	7	—	1021	137	23	101	79	7	47	223	11	277	13	—	7	61	—	—	—	31	—	7	83
99	13	41	—	—	11	17	7	307	31	—	—	61	—	7	101	11	53	73	29	67	7	—	17	43	83	19	11	7	23	131

	238 80	83	86	89	92	95	238 98	239 01	04	07	10	13	16	19	22	25	28	31	34	37	40	43	46	49	52	55	58	61	64	67
01	7	257	167	—	31	—	19	7	13	107	—	11	29	311	7	—	17	—	607	61	23	7	11	71	79	19	1489	—	7	—
07	17	701	13	—	97	—	7	1543	61	11	313	53	167	7	23	13	83	17	—	—	7	37	491	29	673	41	—	7	13	103
11	593	1061	173	7	11	31	43	—	—	—	7	13	17	521	233	11	—	7	19	337	37	61	—	53	7	—	11	197	—	17
13	—	17	—	—	—	7	—	11	23	13	—	47	7	1511	809	701	1063	1123	11	7	887	—	13	—	—	409	7	—	19	11
17	37	—	7	149	23	13	683	—	—	7	19	643	43	11	269	—	7	1307	13	—	—	—	29	7	11	79	461	23	379	19
19	—	19	17	13	7	11	83	787	211	977	—	7	31	59	43	—	11	—	7	17	19	—	73	—	277	7	827	11	—	13
23	11	7	19	1051	29	—	53	—	7	—	—	11	13	97	17	7	1489	37	43	—	—	19	7	433	59	13	—	—	—	7
29	7	—	—	—	317	—	13	7	—	11	67	59	—	19	7	17	659	41	557	13	11	7	—	197	43	—	607	—	7	347
31	—	11	7	751	13	—	—	31	—	7	47	—	11	23	89	37	7	13	—	1117	41	17	—	7	1151	61	43	—	383	—
37	—	7	—	71	719	17	113	23	7	—	11	13	—	—	61	7	157	—	751	229	29	11	7	193	13	—	107	—	429	7
41	17	73	—	23	—	7	—	13	29	113	—	89	7	167	409	—	11	17	67	7	13	—	—	—	—	—	7	11	751	—
43	7	23	29	61	—	13	17	7	11	—	—	107	37	53	7	421	541	233	13	11	59	7	—	17	23	47	19	367	7	—
47	137	13	1237	11	7	—	—	—	19	191	163	7	479	—	11	—	61	79	7	29	23	31	67	167	991	7	—	13	293	71
49	73	43	—	233	—	139	7	17	—	47	—	—	13	7	—	31	—	11	19	109	7	137	—	191	17	13	—	7	11	37
53	19	11	17	7	853	43	—	881	13	—	7	1069	11	—	23	127	641	7	59	17	—	13	229	11	7	487	67	—	37	421
59	—	—	7	17	—	59	—	—	23	7	11	19	29	647	313	13	7	73	223	—	17	11	—	7	967	1297	131	199	13	—
61	13	—	11	—	7	89	23	1021	79	17	31	7	491	11	53	—	—	—	7	—	—	19	1087	—	11	7	13	283	643	23
67	11	151	—	7	1277	—	37	13	47	—	7	11	131	19	—	223	73	7	—	43	13	89	11	23	7	1279	—	17	—	—
71	7	—	89	13	139	17	11	7	—	101	—	31	—	47	7	—	13	11	83	23	—	7	17	43	—	983	—	—	7	13
73	191	13	7	557	151	19	—	857	—	7	1409	17	239	—	13	—	7	23	—	—	11	587	—	7	19	43	—	13	17	97
77	647	—	—	809	11	—	7	41	—	53	13	101	1433	7	181	11	29	—	89	503	7	—	37	13	31	19	11	7	191	43
79	379	7	—	37	—	1193	—	11	7	—	29	23	17	—	—	7	19	—	11	79	—	13	7	47	—	883	—	71	107	7
83	—	1459	11	—	13	7	31	17	83	71	—	61	7	11	73	1487	41	13	107	7	—	—	—	257	11	—	7	29	41	659
89	11	23	—	83	7	—	—	199	17	19	—	7	47	839	—	101	241	—	7	31	263	311	11	719	13	7	—	—	11	—
91	19	881	887	11	103	—	7	—	271	13	—	967	—	7	11	—	—	433	1069	19	7	757	13	613	—	11	929	7	41	67
97	—	11	—	13	—	7	43	—	317	—	—	19	7	—	29	17	13	37	—	7	—	59	47	11	83	131	7	—	—	13

	238 81	84	87	90	93	96	238 99	239 02	05	08	11	14	17	20	23	26	29	32	35	38	41	44	47	50	53	56	59	62	65	68
01	—	347	7	—	991	191	—	11	283	7	17	—	13	—	31	383	7	271	11	101	—	281	499	7	443	13	—	17	53	11
03	—	—	—	19	7	41	47	797	31	—	11	7	43	—	—	61	17	743	7	83	293	11	19	13	—	7	677	317	89	—
07	223	7	113	641	19	11	13	—	7	89	—	17	499	29	—	7	11	367	—	13	823	101	7	19	—	359	631	11	17	7
09	17	—	1319	7	13	1487	103	29	11	—	7	29	—	—	19	167	419	7	43	11	—	31	151	—	7	97	937	23	—	73
13	7	937	499	11	—	—	59	7	137	31	—	53	17	13	7	19	71	61	397	883	41	7	43	23	29	11	13	—	7	17
19	1021	11	419	67	—	—	7	13	—	—	—	113	11	7	—	—	—	23	—	—	7	—	31	11	—	101	19	7	43	41
21	29	7	17	—	11	13	—	—	7	769	1237	37	—	—	463	7	31	19	13	17	—	—	7	—	1229	—	11	139	59	7
27	7	359	11	17	653	389	1327	7	103	19	—	29	13	11	7	59	257	113	137	509	17	7	79	97	11	13	—	—	7	31
31	907	97	211	—	7	23	41	743	11	—	19	7	53	547	1321	17	293	31	7	11	113	13	—	—	191	7	59	37	23	19
33	11	19	59	23	17	—	7	277	37	41	109	11	—	7	—	1523	691	—	53	13	7	17	11	373	—	311	23	7	—	—
37	89	139	13	7	1249	—	11	37	227	661	7	—	—	59	—	13	17	7	—	—	313	19	23	521	7	47	163	—	11	317
39	13	163	457	79	29	7	—	73	—	11	61	—	7	13	1009	181	—	131	41	7	11	563	17	—	31	37	7	—	—	—
43	17	—	7	—	11	—	—	—	—	7	131	241	31	19	—	11	7	17	—	67	379	29	13	7	37	—	11	—	—	113
49	1367	7	11	13	37	19	271	—	7	—	23	—	61	11	—	7	13	1213	17	—	—	181	7	67	11	31	167	1181	1109	7
51	409	13	67	7	—	11	—	17	23	587	7	—	—	139	13	19	11	7	719	31	—	—	37	—	7	—	29	11	863	—
57	—	31	7	11	41	—	67	19	13	7	—	709	443	—	11	191	7	—	277	—	—	13	—	7	—	11	19	—	199	947
61	—	37	193	17	13	—	7	109	19	11	41	—	541	7	—	—	—	13	—	673	7	23	—	211	1283	29	83	7	—	—
63	—	7	13	—	71	—	101	—	7	17	67	193	11	41	31	7	941	—	19	23	—	283	7	11	199	157	17	61	13	7
67	19	103	31	—	17	7	—	11	457	1123	—	13	7	—	53	23	—	787	11	7	—	17	107	431	13	263	7	137	—	11
69	7	29	—	157	283	—	—	7	101	13	11	—	—	23	7	—	61	107	47	—	53	7	13	421	271	1019	89	17	7	19
73	—	—	479	—	7	11	—	89	467	23	293	7	139	—	—	31	11	1381	7	—	463	73	17	47	—	7	—	11	41	61
79	29	—	43	7	—	277	17	47	—	—	7	83	13	1483	11	37	137	7	61	—	1187	—	19	17	7	11	23	1543	31	29
81	—	23	281	53	43	7	11	883	359	131	13	457	7	19	103	—	59	11	—	7	73	—	31	13	23	—	7	577	11	17
87	—	73	691	59	7	19	79	937	41	—	43	7	109	17	101	11	353	13	7	1181	—	53	—	877	19	7	11	1021	—	—
91	13	7	311	163	—	137	19	—	7	1399	11	—	37	13	23	7	—	—	—	1409	71	11	7	31	—	17	13	157	—	7
93	661	47	11	7	199	—	—	1493	433	—	7	13	23	11	17	179	19	7	1201	—	—	173	—	127	7	—	137	83	—	227
97	7	59	—	—	29	31	47	7	11	17	619	1117	797	113	7	—	—	19	73	11	13	7	223	41	—	691	17	251	7	37
99	11	—	7	443	53	13	23	—	19	7	37	11	—	—	317	17	7	89	13	—	—	—	11	7	—	499	41	19	599	23

	238 82	85	88	91	94	238 97	239 00	03	06	09	12	15	18	21	24	27	30	33	36	39	42	45	48	51	54	57	60	63	66	69
03	577	13	23	—	—	103	7	79	269	19	17	—	997	7	13	29	53	11	37	1499	7	—	661	—	—	23	43	7	11	—
09	31	19	563	—	11	7	—	—	13	—	71	17	7	617	89	11	1279	457	233	7	19	13	113	139	61	193	7	—	17	523
11	7	71	1433	41	599	499	13	7	—	—	59	19	83	439	7	—	—	17	11	13	29	7	101	229	—	31	257	—	7	11
17	13	17	29	19	107	11	7	31	—	—	139	23	41	7	173	—	11	1471	17	—	7	449	19	—	37	197	13	7	113	—
21	11	43	61	7	19	—	—	23	59	13	7	11	1277	17	—	73	—	7	41	29	—	479	11	19	7	—	31	71	181	—
23	—	131	17	11	37	7	—	13	—	—	307	—	7	29	11	47	—	829	71	7	13	41	—	53	419	11	7	—	23	—
27	71	23	7	13	—	433	449	43	31	7	—	—	—	—	17	19	7	—	—	—	11	—	271	7	23	—	229	41	—	13
29	—	11	31	17	7	—	19	—	89	43	223	7	11	461	13	—	—	163	7	—	17	37	23	11	29	7	—	13	61	1277
33	53	7	—	677	47	—	—	11	7	263	13	—	29	43	—	7	317	877	11	—	37	31	7	13	—	337	19	—	—	7
39	7	—	—	31	13	11	709	7	157	103	—	—	23	—	7	389	11	13	19	43	—	7	109	29	881	—	—	11	7	79
41	229	523	7	—	59	17	61	41	11	7	23	—	677	—	47	13	7	29	37	11	—	43	17	7	53	—	—	—	13	—
47	—	7	733	193	23	—	11	233	7	13	31	—	—	—	—	7	41	11	—	—	19	647	7	17	331	—	—	23	11	7
51	23	11	19	47	—	7	—	—	61	—	79	691	7	239	307	—	29	—	13	7	97	19	41	11	67	859	7	1367	—	31
53	7	223	1481	13	11	503	—	7	—	97	29	73	19	281	7	11	13	197	—	347	79	7	103	31	17	41	11	—	7	13
57	—	—	17	229	7	—	—	71	311	—	11	7	13	19	37	—	1439	23	7	17	—	11	821	—	971	7	—	29	67	83
59	—	—	11	113	19	31	7	67	17	853	13	—	—	7	—	23	409	1259	—	—	7	29	—	13	11	17	569	7	—	—
63	43	—	—	7	—	19	13	1097	11	29	7	23	—	—	—	173	—	7	47	11	17	—	—	—	7	—	—	127	73	149
69	13	—	7	823	17	23	11	569	41	7	—	37	329	13	—	1049	7	11	97	83	29	17	59	7	71	—	13	—	11	—
71	31	277	—	23	7	251	—	19	43	11	17	7	61	197	29	67	—	241	7	—	11	—	—	137	13	7	19	17	47	37
77	—	61	—	7	439	13	—	11	73	37	7	17	47	31	43	—	—	7	11	67	23	617	149	—	7	29	53	—	17	11
81	7	13	11	—	—	—	17	7	37	83	—	157	—	11	7	—	23	47	43	19	149	7	—	17	11	241	41	13	7	—
83	—	—	7	—	—	11	227	29	487	7	19	—	13	—	23	251	7	631	—	149	43	113	811	7	211	13	31	11	—	17
87	11	47	—	53	83	409	7	17	13	—	23	11	857	7	31	—	97	149	—	—	7	13	11	349	17	37	281	7	—	—
89	821	7	19	11	331	71	13	—	7	53	—	—	—	17	11	7	149	—	29	13	251	19	7	—	—	11	43	47	397	7
93	—	—	13	19	23	7	29	1373	17	11	—	1019	7	—	149	13	349	193	353	7	11	53	19	—	109	17	7	23	13	59
99	109	439	—	941	7	—	—	11	—	13	359	7	41	79	19	331	47	29	7	1361	—	23	13	179	—	7	17	—	641	11

	239 70	73	76	79	82	85	88	91	94	239 97	240 00	03	06	09	12	15	18	21	24	27	30	33	36	39	42	45	48	51	54	57
01	—	251	—	11	13	7	67	97	1549	43	—	29	7	23	11	—	53	13	—	7	17	—	59	101	193	11	7	41	983	—
07	—	11	173	—	7	—	19	23	—	59	67	7	11	—	—	43	—	—	7	—	—	17	29	11	13	7	—	—	37	—
11	—	7	47	23	—	769	31	11	7	—	29	—	569	113	—	7	17	683	11	43	13	—	7	—	—	409	19	37	431	7
13	31	23	—	7	29	13	1439	—	37	—	7	73	—	1259	67	—	211	7	13	127	—	11	17	—	7	89	—	101	47	317
17	7	13	—	—	131	11	89	7	109	—	41	53	443	—	7	—	11	17	19	31	23	7	719	103	367	43	1523	11	7	163
19	109	—	7	223	163	79	17	—	11	7	—	643	13	31	—	29	7	53	23	11	—	—	—	7	709	13	—	43	19	101
23	839	17	191	11	—	—	7	1193	13	647	19	—	—	7	11	229	1013	47	17	41	7	13	89	211	37	11	—	7	73	19
29	857	11	13	353	37	7	1289	—	23	71	173	—	7	—	29	13	107	199	1009	7	—	19	—	11	—	—	7	269	13	—
31	7	1051	—	—	11	1487	23	7	17	443	—	107	19	13	7	11	59	163	—	—	263	7	37	—	523	17	11	47	7	23
37	23	233	11	59	19	—	7	13	73	17	—	47	257	7	—	—	79	1151	53	29	7	31	1051	19	11	1319	17	7	—	—
41	—	37	—	7	17	19	43	29	11	31	7	193	317	83	59	—	13	7	—	11	397	17	1129	—	7	—	71	—	—	13
43	11	13	733	31	—	7	239	—	41	577	17	11	7	109	13	19	89	23	977	7	193	—	11	1483	131	—	7	13	—	827
47	47	59	7	—	—	17	11	743	83	7	13	—	43	23	41	—	7	11	29	—	—	—	17	7	—	73	—	—	11	—
49	—	53	—	—	7	—	—	19	13	11	769	7	29	—	43	—	31	41	7	367	11	13	467	61	881	7	19	—	17	—
53	29	7	431	83	11	—	17	23	7	—	—	—	97	53	—	7	311	13	43	—	—	191	7	17	—	1367	11	19	751	7
59	7	23	11	443	—	—	211	7	281	—	157	13	397	11	7	37	71	31	127	19	1283	7	—	—	11	61	—	547	7	89
61	—	61	7	—	—	11	—	71	—	7	19	31	—	17	—	—	7	—	—	—	—	—	13	7	83	139	43	11	—	19
67	809	7	19	11	—	—	—	—	7	797	—	—	—	37	11	7	13	349	—	83	821	19	7	739	31	11	109	971	107	7
71	—	—	919	19	29	7	163	—	59	11	97	1021	7	—	53	—	—	857	107	7	11	—	19	—	229	13	7	—	79	103
73	7	11	109	113	—	—	31	7	569	47	13	157	11	19	7	17	271	—	337	—	53	7	—	11	71	563	173	29	7	—
77	—	—	—	73	7	—	13	11	—	337	17	7	67	1483	19	29	547	—	7	13	—	—	—	—	457	7	—	17	373	11
79	691	43	1447	349	13	19	7	103	—	29	11	839	191	7	—	—	17	13	—	31	7	11	—	89	19	239	—	7	419	61
83	13	—	—	7	89	11	19	31	1277	37	7	17	1279	13	971	—	11	7	—	163	—	—	499	23	7	19	13	11	17	283
89	137	601	7	11	—	577	—	13	29	7	—	43	17	—	11	53	7	19	739	—	13	—	—	7	—	11	37	211	59	17
91	—	17	29	—	7	13	11	37	19	—	661	7	823	43	31	23	—	11	7	—	—	53	—	197	—	7	—	19	11	—
97	19	—	17	7	11	—	281	41	—	23	7	313	13	29	389	11	—	7	—	17	311	113	—	379	7	13	11	31	—	—

	239 71	74	77	80	83	86	89	92	95	239 98	240 01	04	07	10	13	16	19	22	25	28	31	34	37	40	43	46	49	52	55	58
01	7	19	59	—	—	23	—	7	13	61	11	263	1481	41	7	31	269	—	—	709	19	7	—	37	113	601	1117	1531	7	593
03	—	—	7	17	37	—	13	67	983	7	137	19	—	11	—	—	7	—	73	13	17	—	227	7	11	43	23	—	97	601
07	—	389	13	37	—	—	7	—	11	—	—	—	19	7	—	13	53	191	463	11	7	—	23	509	1451	853	—	7	13	43
09	11	7	241	19	17	941	29	47	7	—	—	11	—	13	89	7	317	—	—	197	23	17	7	—	59	41	13	—	—	7
13	—	79	—	683	19	7	11	—	617	13	31	—	7	—	277	829	17	11	953	7	37	—	13	19	—	—	7	—	11	—
19	17	757	—	13	7	29	—	1231	—	307	23	7	—	—	677	11	13	17	7	—	—	—	59	31	487	7	11	173	227	13
21	43	13	41	—	—	53	7	11	23	—	421	409	173	7	13	—	809	31	11	67	7	71	47	17	1381	19	97	7	29	11
27	—	151	23	—	109	7	43	17	13	727	29	41	7	383	181	73	11	19	199	7	—	13	139	53	17	23	7	11	—	541
31	11	131	7	151	13	1373	—	—	—	7	43	11	79	—	271	61	7	13	19	17	—	23	11	7	421	—	—	29	1087	—
33	—	331	13	11	7	—	757	229	17	19	233	7	31	103	11	13	223	—	7	23	41	29	79	—	—	7	—	67	13	—
37	31	7	103	17	61	—	151	—	7	11	19	13	659	—	37	7	43	1493	—	—	11	1103	7	—	13	277	41	293	1543	7
39	—	11	1481	7	—	89	53	151	—	13	7	71	11	23	—	—	—	7	43	—	19	47	13	11	7	31	17	—	—	41
43	7	613	19	101	17	13	563	7	—	23	—	83	331	31	7	179	157	593	11	137	29	7	43	—	1123	—	47	—	7	11
49	409	—	29	23	—	11	7	—	—	163	47	37	13	7	461	313	11	—	—	—	7	139	17	79	—	13	23	7	43	503
51	—	7	199	—	19	113	41	1493	7	1123	13	17	73	151	359	7	127	109	1291	11	31	—	7	13	23	29	367	—	17	7
57	7	71	31	—	13	—	11	7	61	37	—	857	17	593	7	19	151	11	23	—	47	7	97	661	—	887	—	83	7	17
61	13	11	359	—	7	—	—	17	37	101	—	7	11	13	23	307	19	—	7	53	—	31	163	11	17	7	13	—	—	73
63	653	—	107	179	11	911	7	19	787	619	—	13	23	7	79	11	431	—	29	151	7	—	83	1171	13	53	11	7	—	—
67	—	—	1069	7	—	67	29	13	17	47	7	101	—	173	—	—	—	7	—	—	13	11	997	—	7	17	167	19	197	—
69	29	859	11	181	—	7	23	1163	193	—	—	—	7	11	17	—	—	83	13	7	—	—	151	—	11	—	7	—	31	23
73	19	13	7	—	727	37	103	—	11	7	127	—	—	101	13	—	7	29	—	11	—	1091	—	7	151	23	17	13	—	—
79	—	7	1229	271	—	—	11	41	7	181	17	19	—	67	109	7	263	11	—	23	53	13	7	—	47	—	113	17	11	7
81	—	—	19	7	401	—	13	83	—	11	7	—	827	653	—	1231	17	7	541	13	11	19	29	31	7	61	53	439	89	—
87	13	—	7	—	29	31	—	11	71	7	—	23	401	13	61	499	7	17	11	41	37	—	599	7	—	—	13	1061	—	11
91	—	—	11	53	—	379	7	23	103	13	—	941	17	7	19	1439	—	—	587	37	7	29	13	383	11	41	—	7	—	17
93	37	7	—	61	1009	11	79	13	7	53	599	1283	—	523	—	7	11	—	17	59	13	241	7	—	19	73	—	11	23	7
97	11	23	599	13	1201	7	19	—	—	—	—	11	7	17	487	127	13	—	—	7	1327	53	11	47	23	19	7	—	1549	13
99	7	13	17	11	67	—	59	7	—	1499	347	491	1201	131	7	1153	19	37	449	17	157	7	23	—	—	11	29	13	7	1129

	239 72	75	78	81	84	87	90	93	96	239 99	240 02	05	08	11	14	17	20	23	26	29	32	35	38	41	44	47	50	53	56	59
03	—	—	41	—	7	61	131	47	409	11	13	7	449	—	17	—	37	19	7	31	11	307	419	13	439	7	—	109	1201	67
09	—	31	43	7	13	227	1087	11	257	19	7	41	23	887	—	17	—	7	11	—	—	—	—	73	7	29	149	97	19	11
11	19	—	13	—	17	7	—	479	—	—	11	—	7	—	37	13	97	47	—	7	—	11	317	—	—	149	7	—	13	173
17	—	29	563	347	7	17	—	—	11	13	43	7	—	—	587	71	67	—	7	11	61	—	13	41	—	7	59	23	53	—
21	17	7	—	11	179	13	47	239	7	—	—	—	19	613	11	7	89	17	13	—	127	—	7	23	—	11	—	31	—	7
23	353	—	—	7	—	139	11	—	167	61	7	37	29	59	—	379	13	7	859	149	67	23	19	17	7	—	919	1631	11	13
27	7	11	—	811	19	53	—	7	—	31	37	1213	11	—	7	—	—	23	17	—	43	7	61	11	59	13	—	—	7	29
29	41	—	7	31	11	383	—	17	—	7	13	53	907	1039	19	11	7	—	167	233	—	277	43	7	17	229	11	409	37	—
33	157	1151	17	—	—	137	7	—	—	—	11	23	—	7	71	19	109	—	—	13	7	11	31	53	947	—	43	7	—	443
39	13	73	—	17	31	7	—	19	11	—	431	149	7	13	83	41	—	619	—	7	17	809	29	—	1151	163	7	—	23	179
41	7	—	101	23	—	131	—	7	—	17	89	11	—	1217	7	—	29	19	41	73	1279	7	11	157	13	37	17	—	7	31
47	73	157	—	—	101	13	7	149	—	11	17	31	53	7	—	47	241	613	13	1301	7	—	71	—	1009	—	61	7	19	223
51	—	13	—	7	11	17	1039	89	277	—	7	—	—	257	13	11	23	7	—	—	47	—	17	—	7	—	11	13	—	19
53	193	19	—	43	149	7	101	11	—	29	—	17	7	163	23	61	—	—	11	7	19	—	37	313	31	13	7	—	17	11
57	677	41	7	—	47	331	17	43	13	7	23	—	31	11	—	1489	7	73	59	271	773	13	877	7	11	—	29	1049	61	109
59	—	149	37	—	7	11	13	—	23	43	—	7	17	—	353	173	11	179	7	13	29	109	—	—	—	7	479	11	359	17
63	11	7	13	521	23	59	1049	17	7	293	41	11	—	19	—	7	103	61	—	167	—	71	7	223	17	31	—	23	13	7
69	7	—	—	—	653	19	61	7	17	11	479	179	—	—	7	439	359	—	37	29	11	7	13	—	19	17	—	—	7	167
71	373	11	7	—	—	571	397	13	—	7	—	—	11	29	17	19	7	487	131	23	13	43	41	7	—	—	—	59	181	—
77	—	7	463	—	—	—	1531	19	7	—	11	—	883	23	13	7	37	89	—	269	—	11	7	643	29	—	19	13	—	7
81	349	—	31	—	—	7	—	—	19	23	13	71	7	—	67	37	11	—	103	7	—	—	—	13	571	59	7	11	107	—
83	7	59	71	—	—	83	29	7	11	—	—	281	—	47	7	1019	17	—	19	11	673	7	—	107	—	—	157	31	7	—
87	19	—	79	11	—	41	—	—	—	311	269	7	59	107	11	31	—	13	7	19	—	—	—	29	137	7	23	—	7	—
89	17	23	13	—	157	—	7	—	41	31	19	—	79	7	—	13	—	11	101	509	7	—	—	727	23	—	—	7	11	19
93	43	11	47	7	—	29	—	1153	631	—	7	13	11	991	41	383	—	7	257	811	23	—	67	11	7	233	—	—	31	17
99	—	71	7	19	—	13	43	—	—	7	11	233	61	17	23	337	7	97	13	—	103	11	19	7	191	613	67	—	563	37

	240 60	63	66	69	72	75	78	81	84	87	90	93	96	240 99	241 02	05	08	11	14	17	20	23	26	29	32	35	38	41	44	47
01	13	569	131	7	—	137	11	17	739	191	7	—	—	13	—	1009	641	7	37	73	61	—	19	139	7	277	13	—	11	23
07	23	—	7	863	11	—	41	13	17	7	787	—	—	—	19	11	7	—	109	31	13	29	1381	7	211	17	11	—	43	563
11	881	1153	109	13	—	67	7	31	83	29	11	—	41	7	79	19	13	—	389	23	7	11	61	181	—	—	863	7	—	13
13	239	7	11	29	103	—	19	—	7	17	281	—	—	11	13	7	—	23	—	907	—	631	7	727	11	19	17	13	—	7
17	479	419	—	47	17	7	—	19	11	67	13	61	7	23	37	—	107	73	911	7	29	17	—	13	—	—	7	—	—	—
19	7	1069	—	—	—	—	269	7	13	197	17	11	59	233	7	—	379	19	317	1289	—	7	11	821	41	—	—	17	7	47
23	61	43	29	739	7	17	11	23	1187	—	—	7	277	67	653	—	367	11	7	547	—	—	17	59	—	7	—	—	11	131
29	—	23	—	7	11	—	17	43	89	—	7	13	163	29	191	11	—	7	47	—	—	227	—	17	7	79	11	—	373	19
31	313	19	—	101	—	7	97	11	—	13	—	797	7	353	1213	131	—	—	11	7	19	—	13	53	—	—	7	—	191	11
37	67	251	167	13	7	11	1091	109	—	37	41	7	19	17	71	43	11	487	7	—	—	—	31	373	227	7	1117	11	47	13
41	11	7	1303	—	487	521	29	—	7	—	31	11	13	19	73	7	41	229	—	43	—	—	7	—	—	13	197	653	61	7
43	29	—	—	7	19	—	53	101	1217	83	7	263	47	1051	11	349	79	7	283	41	953	43	—	13	7	11	37	127	—	29
47	7	317	—	—	—	19	13	7	193	11	113	—	461	—	7	97	—	29	53	13	11	7	—	31	19	37	17	1051	7	23
49	1187	11	7	173	13	—	37	—	67	7	571	29	11	73	—	17	7	13	—	239	353	—	167	7	53	—	—	23	41	—
53	13	47	157	137	—	31	7	11	139	293	17	—	181	7	211	—	19	59	11	887	7	769	—	23	—	—	13	7	29	11
59	859	53	41	—	59	7	811	13	19	—	29	17	7	751	977	—	11	23	31	7	13	827	37	—	—	—	7	11	17	571
61	7	1447	—	37	29	13	503	7	11	—	—	47	31	101	7	23	67	17	13	11	109	7	269	—	—	157	—	79	7	—
67	—	17	43	157	—	—	7	293	1259	23	19	—	13	7	41	29	—	11	17	463	7	61	—	389	—	13	59	7	11	19
71	47	11	—	7	—	23	43	—	13	—	7	19	11	17	—	—	307	7	—	37	41	13	—	11	7	1031	—	—	23	—
73	37	—	17	23	11	7	13	31	43	—	61	—	7	59	—	11	877	101	883	7	—	19	1129	41	67	—	7	179	211	347
77	131	359	7	19	—	—	—	223	613	7	11	—	43	167	17	13	7	—	197	—	—	11	19	7	59	—	31	—	13	41
79	13	—	11	17	7	—	1093	—	29	433	47	7	—	11	43	—	503	37	7	101	17	—	—	1223	11	7	13	—	67	—
83	—	7	—	—	313	—	—	1321	7	13	191	59	61	—	19	7	23	311	43	11	53	179	7	167	383	29	—	73	541	7
89	7	61	—	13	193	233	11	7	73	79	23	—	—	1033	7	—	13	11	—	139	—	7	—	467	43	19	83	157	7	13
91	—	13	7	—	619	17	—	1283	23	7	—	—	199	193	13	31	7	—	461	79	11	—	17	7	—	47	43	13	—	—
97	—	7	23	—	—	—	17	11	7	47	509	—	29	—	1291	7	—	—	11	—	59	13	7	17	—	23	503	19	31	7

	240 61	64	67	70	73	76	79	82	85	88	91	94	240 97	241 00	03	06	09	12	15	18	21	24	27	30	33	36	39	42	45	48
01	29	17	11	—	13	7	1013	—	—	19	71	—	7	11	47	—	31	13	17	7	107	23	89	—	11	—	7	—	19	29
03	7	71	13	—	199	11	—	7	—	179	31	37	613	271	7	13	11	—	—	19	131	7	—	29	17	—	947	11	7	—
07	11	19	17	103	7	107	571	601	—	401	37	7	883	131	683	23	—	—	7	17	19	—	11	—	13	7	443	—	—	31
09	107	43	—	11	—	29	7	1493	17	13	—	19	—	7	11	347	1523	—	1031	1553	7	—	13	31	47	11	—	7	37	101
13	587	41	263	7	53	13	67	—	—	11	7	31	19	673	—	—	1237	7	13	601	11	461	29	1451	7	—	—	37	—	47
19	71	79	7	23	17	139	109	11	353	7	41	43	13	47	491	617	7	—	11	1249	—	17	53	7	31	13	23	—	163	11
21	—	23	—	163	7	1453	383	947	233	113	11	7	431	41	19	—	89	—	7	—	359	11	—	13	23	7	—	17	53	881
27	31	227	—	7	13	37	19	—	11	29	7	17	—	—	59	—	—	7	23	11	—	311	41	47	7	19	—	1087	17	—
31	7	887	—	11	37	53	17	7	359	419	—	—	—	13	7	—	—	71	67	31	—	7	—	17	—	11	13	—	7	1423
33	—	59	7	—	—	—	11	47	71	7	—	13	17	31	127	389	7	11	113	—	29	137	37	7	13	43	—	97	11	17
37	941	11	73	439	—	97	7	13	23	—	—	—	11	7	—	353	—	541	19	—	7	37	67	11	17	—	131	7	1009	43
39	—	7	29	929	11	13	23	—	7	19	1423	61	83	17	—	7	—	—	13	277	73	—	7	683	—	—	11	—	19	7
43	797	13	23	761	—	7	—	103	17	—	11	677	7	—	13	—	—	—	—	7	—	11	107	—	61	17	7	13	—	19
49	—	29	19	—	7	131	53	71	11	17	—	7	997	61	41	—	—	443	7	11	1447	13	—	311	—	7	17	31	—	—
51	11	467	83	79	—	—	7	89	727	67	227	11	19	7	—	17	179	23	—	13	7	31	11	—	29	97	—	7	—	—
57	13	—	181	31	19	7	29	—	59	11	—	23	7	13	—	—	17	—	367	7	11	—	149	19	—	—	7	461	—	467
61	—	—	7	509	11	19	277	23	—	7	43	17	457	379	—	11	7	281	829	59	149	—	13	7	19	239	11	—	17	—
63	17	—	—	139	7	23	—	11	—	—	—	7	43	173	443	19	31	17	7	149	13	47	—	—	397	7	—	—	23	11
67	41	7	11	13	31	29	59	53	7	503	—	—	17	11	—	7	13	149	—	—	89	—	7	1511	11	191	47	569	—	7
69	—	13	—	7	523	11	607	19	—	—	7	—	—	37	13	499	11	7	17	—	241	67	23	97	7	1489	19	11	29	31
73	7	97	—	—	491	163	167	7	19	41	13	11	37	17	7	331	29	31	23	409	599	7	11	13	—	53	—	19	7	353
79	19	—	—	—	13	1399	7	—	599	11	283	103	23	7	17	73	167	13	41	19	7	—	—	193	—	—	1013	7	43	37
81	433	7	13	17	599	71	1409	—	7	239	19	811	11	—	—	7	397	659	—	—	17	29	7	11	31	479	—	—	13	7
87	7	151	19	29	17	—	31	7	—	13	11	—	313	761	7	—	773	—	—	107	181	7	13	617	1237	79	—	23	7	—
91	23	239	191	19	7	11	541	263	443	47	—	7	—	59	—	1489	11	—	7	1499	29	—	19	23	83	7	37	11	—	1549
93	647	719	—	13	107	17	7	37	11	1499	—	—	157	7	29	—	13	—	—	11	7	23	17	379	103	—	—	7	—	13
97	17	1021	29	7	41	—	37	31	137	929	7	89	13	103	11	—	—	7	—	83	—	109	—	—	7	11	181	1289	—	—
99	—	31	—	—	—	7	11	41	397	—	13	113	7	109	139	23	—	11	229	7	—	263	—	13	19	29	7	—	11	137

	240 62	65	68	71	74	77	80	83	86	89	92	95	240 98	241 01	04	07	10	13	16	19	22	25	28	31	34	37	40	43	46	49
03	281	11	7	—	—	—	13	—	—	7	—	23	11	29	83	—	7	347	17	13	31	457	—	7	47	19	79	89	263	503
09	13	7	17	37	1061	23	—	—	7	83	11	—	151	13	173	7	—	19	761	17	—	11	7	433	29	61	13	53	23	7
11	463	61	11	7	—	—	—	—	17	59	7	13	71	11	401	—	—	7	29	163	113	37	—	—	7	17	23	19	—	—
17	11	37	7	—	—	13	757	—	1153	7	—	11	—	—	—	—	7	79	13	19	23	383	11	7	457	1297	17	1249	239	29
21	37	13	—	61	17	211	7	59	367	823	53	67	1063	7	13	—	23	11	151	193	7	17	—	47	—	—	—	7	11	—
23	373	7	41	233	—	—	661	137	7	11	17	19	13	—	23	7	53	97	37	151	11	89	7	—	—	13	109	17	193	7
27	—	101	89	—	11	7	1471	47	13	73	23	71	7	—	1487	11	—	37	—	7	239	13	17	127	—	—	7	409	29	—
29	7	—	71	19	31	179	13	7	23	181	—	17	—	577	7	—	—	563	11	13	83	7	19	569	—	787	1307	73	7	11
33	—	701	11	101	7	—	17	173	863	—	29	7	—	11	—	13	—	41	7	67	—	773	—	17	11	7	349	23	13	—
39	11	—	43	7	569	31	—	17	—	13	7	11	—	557	37	19	313	7	—	349	—	23	11	67	7	—	41	59	71	439
41	—	47	67	11	43	7	19	13	167	683	83	—	7	17	11	29	—	53	—	7	13	—	1483	283	293	11	7	—	151	41
47	1163	11	—	—	7	83	67	257	—	79	43	7	11	23	13	—	269	19	7	1063	—	—	—	11	197	7	29	13	641	—
51	31	7	—	41	311	349	73	11	7	17	13	37	251	317	29	7	631	—	11	103	1093	—	7	13	—	—	17	137	127	7
53	53	—	277	7	1487	—	41	23	13	19	7	1049	89	—	—	17	43	7	1061	1013	1277	11	—	—	7	31	—	—	19	37
57	7	—	421	23	13	11	—	7	—	—	17	101	41	31	7	1283	11	13	71	—	43	7	—	587	97	29	23	11	7	19
59	47	19	7	—	—	73	1181	31	11	7	—	—	—	97	67	13	7	673	53	11	19	757	43	7	23	367	487	181	13	—
63	—	1289	19	11	—	47	7	29	37	89	79	13	—	7	11	193	137	157	—	—	7	19	251	—	13	11	31	7	17	—
69	127	11	1373	—	—	7	—	113	31	—	—	—	7	19	23	101	—	647	13	7	293	59	73	11	—	37	7	251	107	17
71	7	17	31	13	11	—	37	7	—	—	—	127	23	61	7	11	13	—	17	—	—	7	67	19	—	—	11	—	7	13
77	—	41	11	—	229	859	7	271	107	163	13	97	179	7	1399	19	—	433	157	17	7	73	—	13	11	—	67	7	109	23
81	1193	43	23	7	47	—	13	41	11	—	7	29	109	—	17	61	19	7	199	11	691	79	37	233	7	23	—	877	—	—
83	11	—	73	17	13	7	—	19	—	—	41	11	7	—	—	—	197	13	293	7	17	337	11	23	—	—	7	1091	31	—
87	13	829	7	307	61	379	11	43	19	7	139	1481	337	13	199	17	[illegible]	11	241	23	—	101	29	7	257	71	13	19	11	167
89	—	1123	53	—	7	227	677	—	—	11	31	7	257	—	47	137	29	23	7	41	11	17	113	—	13	7	—	—	—	—
93	19	7	79	—	11	127	—	13	7	—	199	—	—	23	53	7	17	—	—	19	13	—	7	101	—	41	11	—	59	7
99	7	13	11	47	—	—	199	7	919	—	—	19	907	11	7	29	89	17	—	43	—	7	—	269	11	101	—	13	7	—

	241 50	53	56	59	62	65	68	71	74	77	80	83	86	89	92	95	241 98	242 01	04	07	10	13	16	19	22	25	28	31	34	37
01	47	7	113	571	71	—	163	31	7	11	—	17	109	67	83	7	—	463	967	—	11	59	7	—	—	37	107	347	17	7
07	7	331	—	13	—	37	—	7	59	83	—	97	17	—	7	—	13	41	11	—	29	7	19	—	—	409	—	53	7	11
11	101	107	11	1427	7	1109	73	17	29	193	229	7	13	11	563	613	—	—	7	59	131	—	571	19	11	7	—	1091	—	—
13	—	223	29	—	43	11	7	383	373	—	13	113	—	7	19	47	11	—	193	163	7	67	37	13	73	—	41	7	—	61
17	11	211	101	7	53	—	13	—	17	—	7	11	331	241	79	19	709	7	—	13	47	31	11	—	7	17	293	—	—	23
19	—	—	37	11	13	7	19	—	—	103	43	—	7	29	11	31	—	13	61	7	347	—	1427	—	79	11	7	23	—	439
23	13	29	7	31	47	937	557	19	—	7	617	643	631	13	43	—	7	—	—	—	11	607	53	7	—	—	13	179	1069	587
29	257	7	—	641	—	239	101	11	7	41	17	—	29	487	—	7	31	23	11	457	13	—	7	113	—	1163	—	17	—	7
31	—	109	—	7	—	13	29	—	—	19	7	71	41	89	47	23	17	7	13	269	—	11	43	—	7	—	317	—	19	—
37	17	19	7	—	139	283	—	683	11	7	—	53	13	347	—	211	7	17	199	11	19	41	727	7	—	13	—	—	43	89
41	103	907	19	11	—	23	7	—	13	—	89	31	17	7	11	37	157	1061	97	761	7	13	—	53	—	11	439	7	23	17
43	1447	7	73	23	—	31	11	97	7	—	1291	—	19	—	199	7	229	11	17	13	—	—	7	—	—	—	23	659	11	7
47	59	11	13	—	—	7	79	359	—	—	71	—	7	17	—	13	29	1153	107	7	—	—	23	11	31	—	7	—	13	—
49	7	71	17	1151	11	853	—	7	1531	701	29	—	337	13	7	11	79	277	31	17	23	7	—	19	61	587	11	—	7	719
53	227	43	—	67	7	19	31	—	163	13	11	7	37	—	17	—	23	1493	7	73	—	11	13	463	19	7	83	29	—	—
59	73	—	47	7	—	719	—	43	11	29	7	—	—	41	—	17	13	7	—	11	293	83	—	—	7	—	61	71	—	13
61	11	13	61	29	17	7	—	19	23	43	37	11	7	31	13	—	41	191	71	7	—	17	11	181	—	—	7	13	47	929
67	991	379	23	751	7	17	—	1493	13	11	—	7	47	—	29	43	—	—	7	—	11	13	17	263	—	7	31	37	643	257
71	17	7	29	283	11	257	—	53	7	—	—	83	—	751	31	7	—	13	—	19	101	23	7	—	127	137	11	521	457	7
73	—	251	13	7	—	433	17	11	31	—	7	—	—	53	—	13	—	7	11	23	—	43	—	17	7	29	—	787	13	11
77	7	17	11	233	103	—	37	7	—	227	—	13	—	11	7	23	73	71	17	67	—	7	101	653	11	43	—	31	7	—
79	—	—	7	97	113	11	251	17	71	7	—	—	—	23	331	—	7	—	—	—	1097	19	13	7	17	—	463	11	953	59
83	11	83	17	19	—	13	7	113	41	23	—	11	—	7	137	—	—	727	13	17	7	—	11	37	29	131	269	7	79	149
89	1319	—	—	17	—	7	29	1129	53	11	673	—	7	863	19	—	47	41	797	7	11	—	31	—	—	13	7	59	—	—
91	7	11	—	59	173	19	67	7	61	17	13	131	11	113	7	107	31	103	617	1021	41	7	83	11	19	71	17	—	7	29
97	107	37	43	—	13	—	7	983	—	—	11	29	—	7	1429	—	19	13	23	79	7	11	149	—	137	907	47	7	—	31

	241 51	54	57	60	63	66	69	72	75	78	81	84	87	90	93	96	241 99	242 02	05	08	11	14	17	20	23	26	29	32	35	38
01	13	59	—	7	—	11	43	—	—	—	7	—	—	13	23	—	11	7	227	—	149	419	17	167	7	683	13	11	29	—
03	—	139	—	—	—	7	—	—	11	421	47	13	7	521	67	—	487	1163	37	7	233	—	29	223	13	1489	7	19	17	—
07	1373	—	7	11	—	—	17	13	23	7	29	—	43	—	11	47	7	37	659	—	13	—	—	7	71	11	—	1291	19	—
09	19	—	557	—	7	13	11	83	1213	691	—	7	17	137	43	53	109	11	7	19	—	227	383	59	31	7	139	—	11	17
13	109	7	23	—	—	—	—	17	7	—	97	389	11	—	13	7	—	—	43	—	19	29	7	11	17	23	211	13	431	7
19	7	601	—	29	281	—	521	7	13	1123	11	149	19	—	7	—	—	223	—	23	—	7	1451	337	43	17	277	—	7	73
21	719	313	7	19	179	601	13	—	—	7	149	—	—	11	17	—	7	23	353	13	491	—	19	7	11	—	29	239	—	—
27	11	7	89	61	—	71	—	149	7	—	397	11	37	13	19	7	53	601	911	—	1553	103	7	—	—	—	13	—	73	7
31	157	—	997	1279	—	7	11	23	97	13	17	37	7	991	—	19	61	11	—	7	31	379	13	1289	509	29	7	17	11	—
33	7	41	—	131	149	23	719	7	—	11	271	619	—	—	7	733	17	107	89	29	11	7	—	—	47	19	313	—	7	37
37	—	23	31	13	7	61	127	19	—	—	—	7	—	109	263	11	13	—	7	401	—	743	—	—	23	7	11	—	17	13
39	17	13	107	—	1453	109	7	11	47	37	41	—	139	7	13	—	—	17	11	—	7	—	23	157	641	353	—	7	—	11
43	—	—	11	7	71	43	—	—	37	—	7	53	17	11	—	31	41	7	19	271	373	—	—	13	7	—	73	401	59	17
49	11	—	7	1019	13	—	97	73	347	7	19	11	23	17	1487	59	7	13	—	—	—	—	11	7	911	37	—	—	31	19
51	—	19	13	11	7	223	37	—	—	—	23	7	1321	43	11	13	743	—	7	17	19	—	31	29	—	7	503	331	13	—
57	53	11	281	7	23	29	73	47	—	13	7	—	11	—	197	101	569	7	—	43	17	419	13	11	7	—	—	23	173	—
61	7	1291	41	—	—	13	421	7	67	113	—	127	47	19	7	17	853	—	11	83	1301	7	29	23	1213	—	109	479	7	11
63	277	—	7	13	17	41	—	863	1459	7	11	—	449	—	—	167	7	31	53	—	—	11	127	7	59	43	97	467	—	13
67	—	347	37	—	29	11	7	—	677	131	733	41	13	7	83	953	11	23	—	—	7	—	—	73	19	13	233	7	—	43
69	307	7	—	449	—	17	—	739	7	191	13	59	—	—	41	7	389	—	—	11	37	—	7	13	—	89	—	29	—	7
73	17	—	1171	11	73	7	13	—	439	83	—	23	7	—	11	29	19	17	31	7	41	—	59	—	107	11	7	47	1531	—
79	13	11	—	389	7	23	743	—	19	59	1217	7	11	13	—	—	—	—	7	—	67	947	89	11	311	7	13	19	23	41
81	43	839	193	23	11	—	7	17	—	1543	—	13	—	7	547	11	—	37	19	53	7	173	—	101	13	31	11	7	—	1031
87	41	—	11	67	157	7	43	31	17	1499	19	277	7	11	—	61	—	—	13	7	23	47	239	—	11	17	7	127	1283	19
91	—	13	7	17	—	1097	41	—	11	7	43	19	—	—	13	79	7	—	1009	11	17	—	—	7	—	—	31	13	61	—
93	11	743	19	—	7	47	197	67	—	17	829	7	13	29	23	—	—	1187	7	1381	31	19	11	—	557	7	17	101	—	131
97	—	7	947	19	17	—	11	—	7	—	23	1361	823	37	53	7	43	11	1193	—	257	13	7	397	887	—	—	197	11	7
99	293	—	31	7	—	59	13	313	23	11	7	67	—	19	241	83	89	7	41	13	11	1297	97	—	7	—	—	17	191	101

	241 52	55	58	61	64	67	70	73	76	79	82	85	88	91	94	241 97	242 00	03	06	09	12	15	18	21	24	27	30	33	36	39
03	7	—	13	—	11	17	61	7	—	—	—	683	29	—	7	11	59	883	71	433	—	7	17	491	41	—	11	23	7	173
09	—	131	11	31	—	—	7	—	—	13	37	—	1093	7	163	—	—	—	—	619	7	23	13	17	11	19	79	7	43	—
11	1201	7	197	53	47	11	307	13	7	—	1193	—	17	1511	383	7	11	29	—	23	13	—	7	—	—	—	271	11	31	7
17	7	13	439	11	41	—	—	7	19	—	31	—	1451	17	7	—	—	1223	179	—	97	7	—	67	1201	11	71	13	7	—
21	—	—	727	977	7	—	—	37	17	11	13	7	—	1327	—	—	29	—	7	—	11	859	—	13	—	7	—	163	19	31
23	19	11	163	—	—	191	7	23	13	—	29	—	11	7	17	—	73	79	887	19	7	13	—	11	—	37	—	7	311	157
27	367	19	113	7	13	—	—	11	139	17	7	31	179	—	181	919	193	7	11	41	19	—	173	59	7	—	17	29	—	11
29	491	23	13	47	53	7	—	89	401	—	11	19	7	281	479	13	977	421	827	7	—	11	41	521	23	193	7	283	13	—
33	—	—	7	—	37	11	—	397	47	7	17	13	19	647	—	—	7	—	—	197	23	—	367	7	13	71	127	11	41	97
39	—	7	—	11	19	13	31	—	7	—	307	17	—	227	11	7	199	—	13	503	29	37	7	19	—	11	—	—	17	7
41	17	—	37	7	—	—	11	—	379	—	7	—	23	257	19	—	13	7	47	—	139	—	—	1049	7	—	—	223	11	13
47	103	17	7	—	11	53	19	—	41	7	13	—	593	31	1129	11	7	113	17	37	—	—	—	7	—	19	11	61	163	23
51	647	31	23	151	—	—	7	19	199	—	11	313	—	7	41	71	—	53	37	13	7	11	487	1453	—	23	19	7	—	—
53	23	7	11	—	13	653	59	29	7	79	1033	—	307	11	1289	7	61	13	137	17	—	—	7	23	11	571	31	—	443	7
57	13	—	317	—	199	7	151	—	11	157	—	—	7	13	17	1031	1013	59	19	7	277	223	83	41	29	—	7	701	107	61
59	7	—	—	17	—	61	613	7	31	19	509	11	—	—	7	271	37	23	29	—	17	7	11	107	13	—	41	—	7	269
63	53	709	—	—	7	—	11	13	—	67	19	7	—	23	—	17	—	11	7	139	13	317	47	1019	—	7	281	31	11	19
69	41	13	19	7	11	71	47	23	283	31	7	197	83	67	13	11	17	7	53	—	269	19	881	—	7	97	11	13	—	—
71	—	—	—	31	43	7	139	11	—	—	73	29	7	37	97	—	—	—	11	7	79	193	17	—	53	13	7	569	23	11
77	421	191	521	—	7	11	13	—	1423	—	43	7	41	59	127	—	11	—	7	13	—	—	23	17	—	7	419	11	797	577
81	11	7	13	263	31	19	131	251	7	—	29	11	223	—	43	7	307	211	17	—	—	47	7	643	19	—	389	73	13	7
83	13	29	857	7	29	523	—	17	—	—	7	359	—	13	11	19	23	7	257	151	—	41	61	—	7	11	13	—	83	31
87	7	757	17	1033	—	47	—	7	73	11	547	59	23	—	7	—	19	31	—	17	11	7	13	97	—	67	—	41	7	1039
89	593	11	7	—	67	617	—	13	17	7	23	31	11	659	—	29	7	263	—	—	13	—	43	7	—	17	19	37	—	293
93	—	—	—	13	—	139	7	11	19	167	—	467	—	7	—	—	13	251	11	—	7	—	—	839	61	—	37	7	103	11
99	19	173	53	1063	17	7	37	—	127	—	13	661	7	61	29	—	11	—	—	7	47	17	251	13	—	1171	7	11	239	—

	242 40	43	46	49	52	55	58	61	64	67	70	73	76	79	82	85	88	91	94	242 97	243 00	03	06	09	12	15	18	21	24	27
01	19	11	211	773	349	13	7	691	29	263	—	—	11	7	97	17	269	47	13	19	7	61	—	11	—	—	1433	7	157	1303
07	383	47	151	—	—	7	157	—	89	23	11	19	7	73	—	653	17	—	71	7	—	11	—	127	—	13	7	1361	41	223
11	71	103	7	251	151	11	47	29	13	7	167	17	19	—	163	43	7	1493	—	191	—	13	—	7	—	—	—	11	17	—
13	17	29	—	19	7	151	13	—	11	229	491	7	—	139	—	53	197	17	7	11	—	—	19	—	59	7	23	—	241	37
17	—	7	13	11	19	89	193	151	7	—	173	—	17	359	11	7	67	—	29	—	167	43	7	19	—	11	83	53	13	7
19	13	17	—	7	181	41	11	—	151	37	7	59	29	13	19	193	31	7	17	109	23	823	419	43	7	—	13	—	11	—
23	7	11	619	109	31	—	257	7	37	13	151	41	11	17	7	19	23	71	521	—	67	7	13	11	—	—	—	43	7	29
29	—	—	—	13	—	47	7	19	419	59	11	29	229	7	17	—	13	31	251	—	7	11	499	—	67	37	19	7	—	13
31	733	7	11	17	—	29	37	—	7	—	73	31	197	11	13	7	53	19	683	—	17	—	7	41	11	149	—	13	107	7
37	7	677	23	—	17	79	—	7	13	19	97	11	—	107	7	47	29	151	—	1327	397	7	11	37	31	23	—	—	7	—
41	337	—	43	107	7	—	11	71	—	—	19	7	31	313	—	—	17	11	7	151	47	23	37	491	—	7	—	73	11	19
43	41	19	13	37	43	17	7	—	—	11	—	67	—	7	—	13	103	—	59	23	7	—	17	227	631	—	—	7	13	—
47	17	83	19	7	11	103	41	241	43	—	7	13	—	—	223	11	109	7	61	577	—	19	151	—	7	31	11	—	—	59
49	127	—	—	—	—	7	17	11	109	13	43	—	7	23	—	67	149	53	11	7	37	1217	13	17	139	673	7	83	163	11
53	1543	17	7	—	—	13	79	31	—	7	—	113	89	11	43	41	7	—	13	37	797	743	127	7	11	151	29	1459	—	53
59	11	7	17	23	—	19	137	283	7	1051	—	11	13	347	—	7	—	1367	—	17	31	—	7	983	19	13	23	—	89	7
61	53	23	29	7	—	1069	619	701	17	—	7	193	1097	—	11	19	1051	7	103	1151	—	727	43	13	7	11	173	41	677	151
67	491	11	7	—	13	—	211	19	—	7	—	883	11	29	—	313	7	13	23	—	1031	701	61	7	887	59	17	31	43	47
71	13	29	757	—	17	73	7	11	19	—	383	—	1483	7	23	31	131	79	11	—	7	17	—	139	431	197	13	7	—	11
73	—	7	167	—	41	71	89	83	7	31	11	13	23	47	37	7	137	367	19	—	—	11	7	73	13	—	113	17	523	7
77	19	—	149	991	163	7	347	13	23	—	41	157	7	37	1019	—	11	—	47	7	13	229	17	59	61	—	7	11	31	113
79	7	53	83	751	73	13	23	7	11	—	19	17	167	41	7	107	—	1381	13	11	103	7	31	—	—	—	—	—	7	19
83	—	13	23	11	7	107	17	—	829	103	31	7	—	53	11	1033	—	—	7	41	389	263	—	17	—	7	479	13	—	1217
89	—	11	61	7	71	29	—	17	13	—	7	—	11	—	523	97	—	7	—	23	—	13	19	11	7	—	571	811	41	179
91	—	—	—	—	11	7	13	809	—	43	—	181	7	17	—	11	—	23	233	7	—	239	—	—	—	487	7	1229	[illegible]	—
97	13	1481	11	—	7	19	—	523	37	277	29	7	821	11	17	43	—	953	7	59	73	—	103	—	11	7	13	211	61	863

	242 41	44	47	50	53	56	59	62	65	68	71	74	77	80	83	86	89	92	95	242 98	243 01	04	07	10	13	16	19	22	25	28
01	101	7	241	—	—	41	19	23	7	13	—	103	—	239	53	7	—	181	31	11	1223	71	7	1021	—	19	17	29	—	7
03	11	73	1063	7	541	23	59	13	41	1123	7	11	31	—	—	17	19	7	—	79	13	29	11	—	7	37	853	47	23	337
07	7	23	101	13	761	307	11	7	1061	29	17	—	1409	97	7	607	13	11	1163	281	337	7	593	—	23	43	1423	17	7	13
09	1013	13	7	29	257	37	61	—	19	7	—	47	173	89	13	131	7	41	—	—	11	431	23	7	857	31	—	13	547	—
13	—	821	—	1429	11	—	7	457	131	19	13	17	—	7	—	11	47	757	23	61	7	971	541	13	641	137	11	7	17	83
19	47	19	11	—	13	7	101	—	61	—	89	71	7	11	157	53	—	13	—	7	19	37	107	167	11	1087	7	—	331	17
21	7	17	13	—	461	11	—	7	—	—	23	19	—	—	7	13	11	73	17	607	31	7	—	293	—	29	47	11	7	181
27	67	—	17	11	23	—	7	29	—	13	47	—	—	7	11	—	251	547	—	17	7	—	13	109	—	11	—	7	1193	733
31	23	79	463	7	19	13	43	109	661	11	7	—	—	113	17	47	—	7	13	—	11	31	—	19	7	67	241	1523	71	617
33	59	11	317	13	53	7	—	—	43	—	211	79	7	—	19	31	13	—	29	7	17	23	—	11	—	—	7	449	—	13
37	—	71	7	31	—	—	29	11	—	7	—	59	13	—	619	17	7	23	11	1069	139	449	1129	7	569	13	—	—	—	11
39	29	—	—	—	7	499	19	1019	67	941	11	7	61	907	43	23	37	—	7	113	—	11	53	13	137	7	251	—	31	29
43	409	7	—	—	83	11	13	19	7	97	—	23	449	—	101	7	11	29	43	13	599	131	7	787	—	61	19	11	—	7
49	7	89	281	11	—	23	227	7	599	557	593	307	79	13	7	—	101	17	19	293	—	7	—	—	43	11	13	607	7	31
51	449	1033	7	23	599	53	11	131	—	7	—	13	—	37	761	—	7	11	—	—	59	—	29	7	13	83	23	—	11	—
57	—	7	353	1453	11	13	—	17	7	227	—	631	109	—	—	7	239	—	13	263	19	—	7	53	17	—	11	—	—	7
61	—	13	17	983	—	7	—	97	331	397	11	—	7	41	13	—	23	167	59	7	101	11	—	—	31	—	7	13	—	37
63	7	379	11	79	—	—	593	7	17	—	37	—	13	11	7	29	41	293	31	107	—	7	—	—	11	13	71	—	7	61
67	53	1399	—	17	7	59	31	—	11	37	23	7	937	19	127	—	1301	—	7	11	17	13	41	79	—	7	—	—	269	401
69	11	43	367	—	19	—	7	—	23	17	83	11	—	7	—	487	443	—	61	13	7	—	11	19	223	41	17	7	67	—
73	—	1427	13	7	17	19	11	191	—	—	7	—	—	—	29	13	271	7	53	31	—	17	—	317	7	—	37	23	11	1061
79	211	31	7	853	11	17	37	—	—	7	—	43	—	—	—	11	7	—	—	1499	61	23	13	7	1279	29	11	—	47	349
81	83	—	41	—	7	—	—	11	163	1499	1163	7	—	43	59	167	71	1297	7	23	13	1559	337	1063	37	7	19	89	17	11
87	281	13	1213	7	37	11	179	53	31	—	7	41	17	23	13	—	11	7	19	43	1013	—	—	311	7	167	—	11	—	17
91	7	—	—	37	—	677	—	7	—	23	13	11	59	293	7	349	—	41	29	19	557	7	11	13	17	—	257	31	7	277
93	617	—	7	11	881	—	911	23	13	7	19	—	29	17	11	223	7	—	587	—	41	13	47	7	—	11	193	—	919	19
97	29	269	67	23	13	—	7	521	17	11	443	19	—	7	199	71	—	13	—	643	7	661	683	—	227	17	23	7	—	29
99	—	7	13	31	—	—	47	—	7	—	359	—	11	—	17	7	—	—	—	—	569	19	7	11	23	79	—	1039	13	7

	242 42	45	48	51	54	57	60	63	66	69	72	75	78	81	84	87	90	93	96	242 99	243 02	05	08	11	14	17	20	23	26	29
03	37	349	53	19	—	7	67	11	—	17	199	13	7	—	—	—	229	139	11	7	23	—	19	953	13	73	7	239	467	11
09	—	569	—	41	7	11	73	—	—	223	17	7	809	439	19	113	11	37	7	1103	53	211	29	103	—	7	61	11	—	—
11	43	—	61	13	139	19	7	443	11	—	—	673	23	7	109	—	13	—	89	11	7	47	—	71	19	—	53	7	457	13
17	17	103	1229	—	—	7	11	1459	—	1021	13	31	7	—	—	37	19	11	—	7	—	113	—	13	—	—	7	29	11	23
21	541	11	7	53	61	271	13	787	—	7	43	—	11	281	37	29	7	19	67	13	1039	41	83	7	113	23	167	—	—	17
23	23	17	—	263	7	—	—	101	19	29	331	7	43	—	283	11	—	13	7	—	—	—	173	23	31	7	11	19	821	—
27	13	7	—	191	617	131	—	79	7	19	11	—	31	13	—	7	43	83	—	23	—	11	7	—	523	103	13	1307	19	7
29	19	67	11	7	—	—	31	—	241	101	7	13	37	11	733	—	—	7	43	17	29	97	—	1259	7	—	269	53	59	—
33	7	19	—	73	—	—	—	7	11	—	163	37	83	23	7	—	—	—	—	11	13	7	43	307	—	31	67	373	7	—
39	1049	13	—	—	53	—	7	23	—	47	—	109	19	7	13	17	241	11	1213	29	7	—	—	—	—	—	59	7	11	127
41	—	7	59	19	17	23	—	—	7	11	41	—	13	29	—	7	—	—	937	—	11	17	7	271	—	13	—	317	23	7
47	7	—	401	71	—	17	13	7	—	—	—	—	—	67	7	101	—	347	11	13	691	7	17	107	29	89	37	769	7	11
51	17	157	11	523	7	—	89	—	—	—	61	7	29	11	—	13	409	17	7	73	—	—	—	—	11	7	619	—	13	283
53	13	—	—	47	—	11	7	439	107	—	401	1093	661	7	—	—	11	67	—	—	7	827	461	17	—	19	13	7	41	311
57	11	17	181	7	—	37	—	19	47	13	7	11	23	—	—	31	—	7	17	233	—	—	11	29	7	—	19	—	—	71
59	—	—	—	11	—	7	—	13	877	31	23	53	7	—	11	337	—	19	73	7	13	67	59	37	17	11	7	197	—	421
63	—	—	7	13	353	29	23	—	1361	7	—	701	—	—	571	1231	7	—	19	17	11	—	37	7	109	—	1151	—	31	13
69	23	7	37	17	—	—	1433	11	7	—	13	41	—	—	139	7	29	383	11	137	17	—	7	13	—	701	—	659	—	7
71	89	19	47	7	31	113	587	103	13	17	7	—	1429	—	41	—	—	7	—	—	19	11	—	101	7	613	17	—	—	67
77	37	139	7	61	—	—	—	—	11	7	17	1277	19	1511	181	13	7	31	193	11	79	29	—	7	257	101	—	17	13	—
81	257	277	229	11	1217	17	7	—	137	29	—	13	857	7	11	—	61	—	—	631	7	—	17	—	13	11	97	7	—	41
83	—	7	1303	29	19	—	11	—	7	13	1549	17	—	191	113	7	—	11	167	—	179	839	7	19	349	277	139	101	11	7
87	—	11	—	719	—	7	17	—	1297	—	—	—	7	89	—	—	37	113	13	7	29	—	47	11	19	—	7	—	23	—
89	7	47	1409	13	11	1291	239	7	313	103	—	—	17	—	7	11	13	349	997	199	—	7	233	—	—	107	11	71	7	13
93	31	1181	29	—	7	—	41	17	—	71	11	7	13	109	179	107	19	—	7	503	—	11	23	929	17	7	—	59	—	89
99	107	—	43	7	—	—	13	—	11	467	7	—	—	29	59	41	23	7	353	11	—	271	883	1511	7	17	113	19	1009	—

	243 30	33	36	39	42	45	48	51	54	57	60	63	66	69	72	75	78	81	84	87	90	93	96	243 99	244 02	05	08	11	14	17
01	—	13	17	—	7	—	397	29	19	31	149	7	—	—	13	11	179	—	7	17	59	—	443	—	—	7	11	13	—	[illegible]
07	19	—	11	7	—	—	101	59	13	—	7	389	—	11	—	—	967	7	29	19	17	13	31	—	7	23	—	—	—	[illegible]
11	7	19	823	79	13	149	29	7	11	—	31	—	—	1187	7	17	587	13	37	11	19	7	499	47	—	173	97	—	7	[illegible]
13	11	—	7	191	17	487	—	41	101	7	173	11	—	79	—	13	7	103	—	23	—	17	11	7	—	—	127	83	13	[illegible]
17	73	—	149	—	—	59	7	47	—	181	—	13	19	7	71	23	17	11	—	—	7	—	797	31	13	—	—	7	11	—
19	257	7	461	19	1487	17	311	—	7	11	89	29	113	23	—	7	37	31	73	61	11	—	7	—	—	1303	—	—	107	[illegible]
23	17	—	499	193	11	7	241	293	769	23	—	659	7	—	—	11	593	17	13	7	269	—	41	19	—	—	7	—	29	—
29	157	17	11	23	7	—	1361	89	877	—	29	7	13	11	79	19	443	719	7	271	431	61	47	—	11	7	23	—	263	—
31	571	23	—	—	29	11	7	17	307	—	13	229	31	7	59	—	11	941	277	103	7	113	71	13	17	19	—	7	—	563
37	—	59	41	11	13	7	—	83	17	—	—	43	7	—	11	29	101	13	23	7	—	181	509	157	—	11	7	1163	—	—
41	13	—	7	17	673	461	—	139	41	7	109	—	59	13	23	43	7	1087	19	571	11	—	—	7	—	—	13	233	283	[illegible]
43	1021	11	83	1117	7	79	—	31	—	17	37	7	11	443	1511	73	47	43	7	1427	—	1213	53	11	13	7	17	—	19	[illegible]
47	—	7	1259	251	17	509	167	11	7	37	19	283	—	233	29	7	—	41	11	911	13	17	7	163	—	79	31	181	131	[illegible]
49	47	19	—	7	—	13	23	—	29	—	7	97	71	—	647	821	—	7	13	523	19	11	—	43	7	61	—	17	—	[illegible]
53	7	13	19	—	—	11	—	7	31	—	67	—	—	—	7	631	11	—	—	1009	1279	7	17	—	—	23	37	11	7	[illegible]
59	—	—	—	11	—	—	7	29	13	733	—	173	307	7	11	—	—	53	—	23	7	13	997	17	—	11	383	7	—	—
61	—	7	359	61	19	257	11	—	7	557	—	163	17	769	211	7	79	11	—	13	—	281	7	19	37	—	—	—	11	[illegible]
67	7	647	71	—	11	—	41	7	193	97	—	23	29	13	7	11	—	431	1019	—	—	7	—	103	—	1091	11	—	7	—
71	29	—	43	37	7	61	59	23	17	13	11	7	41	—	—	—	19	353	7	397	—	11	13	251	—	7	193	191	643	[illegible]
73	107	67	11	389	43	23	7	13	—	—	31	—	479	7	17	41	—	—	—	—	7	37	—	29	11	—	19	7	23	—
77	—	23	997	7	—	—	317	151	11	17	7	29	—	—	—	—	13	7	53	11	37	41	—	—	7	—	17	19	71	[illegible]
79	11	13	—	—	—	7	—	—	127	367	43	11	7	—	13	17	233	—	19	7	229	—	11	31	41	—	7	13	59	—
83	19	73	7	1153	173	—	11	—	227	7	13	31	—	859	43	—	7	11	23	19	—	487	29	7	83	317	—	17	11	919
89	—	7	—	47	11	—	—	—	7	—	—	17	23	151	103	7	181	13	—	83	43	—	7	—	31	—	11	—	17	[illegible]
91	17	41	13	7	—	263	983	11	79	61	7	227	719	67	151	13	—	7	11	—	—	19	43	—	7	—	337	29	13	[illegible]
97	31	17	7	709	23	11	131	—	383	7	41	1543	167	19	113	37	7	67	17	491	—	223	13	7	—	53	271	11	43	1409

	243 31	34	37	40	43	46	49	52	55	58	61	64	67	70	73	76	79	82	85	88	91	94	243 97	244 00	03	06	09	12	15	18
01	11	—	127	—	1249	13	7	—	—	83	563	13	—	7	19	509	41	113	13	31	7	89	11	23	—	1237	29	7	751	—
03	—	7	17	11	281	19	—	—	7	—	257	1181	—	31	11	7	13	—	—	17	29	23	7	—	19	11	263	103	—	[illegible]
07	61	31	47	397	83	7	19	73	29	11	—	—	7	—	17	—	103	23	—	7	11	—	107	—	179	13	7	—	157	—
09	7	11	29	17	193	—	929	7	53	—	13	—	11	—	7	23	19	107	—	79	17	7	59	11	283	67	31	—	7	—
13	—	43	—	—	7	—	13	11	71	—	—	7	—	163	31	17	1303	19	7	13	53	—	193	941	—	7	113	449	419	11
19	13	29	41	7	—	11	—	43	—	19	7	—	—	13	97	—	11	7	449	—	59	389	—	—	7	109	13	11	19	—
21	19	—	—	23	1103	7	1289	—	11	37	—	13	7	853	—	61	139	109	—	7	83	31	17	—	13	—	7	—	—	[illegible]
27	—	163	—	31	7	13	11	157	—	53	239	7	479	569	41	43	71	11	7	131	23	—	599	17	—	7	37	47	11	229
31	449	7	653	—	73	181	—	—	7	—	—	829	11	167	13	7	23	61	17	43	41	53	7	11	—	37	227	13	199	[illegible]
33	419	—	—	7	11	521	37	17	—	379	7	47	13	—	23	11	31	7	1039	—	—	43	19	41	7	13	11	53	541	[illegible]
37	7	79	17	—	19	29	61	7	13	—	11	1097	97	—	7	—	47	281	—	17	—	7	—	19	199	43	—	—	7	[illegible]
39	—	97	7	73	—	83	13	1277	17	7	—	79	—	11	19	—	7	—	691	13	331	739	—	7	11	17	1103	43	29	[illegible]
43	47	—	13	17	23	421	7	—	11	463	—	431	—	7	—	13	29	31	647	11	7	—	37	—	307	—	—	7	13	—
49	191	601	37	—	17	7	11	19	233	13	1231	—	7	—	59	653	199	11	823	7	73	17	13	—	107	—	7	29	11	—
51	7	—	139	—	—	601	89	7	—	11	17	857	241	173	7	1217	—	19	311	23	11	7	661	127	31	839	—	17	7	[illegible]
57	37	13	43	29	107	—	7	11	—	19	61	17	—	7	13	—	313	601	11	73	7	—	79	71	487	—	307	7	17	11
61	—	—	11	7	—	53	17	—	499	23	7	487	—	11	367	67	739	7	383	—	29	—	103	13	7	31	—	547	—	19
63	73	19	—	—	577	7	—	23	13	—	—	53	7	1297	29	—	11	37	—	7	19	13	1553	59	—	47	7	11	—	17
67	11	—	7	23	13	1433	—	17	—	7	113	11	43	349	137	—	7	13	—	67	—	19	11	7	17	—	23	—	653	—
69	103	23	13	11	7	—	—	757	—	47	59	7	19	17	11	13	359	197	7	83	1021	251	1129	—	23	7	—	—	13	53
73	199	7	—	—	131	—	349	401	7	11	337	13	1301	19	47	7	—	73	43	1499	11	59	7	67	13	17	—	109	—	7
79	7	1549	31	109	359	13	53	7	59	17	41	—	317	37	7	401	547	673	11	113	—	7	491	—	19	—	17	67	7	11
81	331	907	7	13	—	—	67	—	431	7	11	233	23	41	—	17	7	—	29	—	—	11	—	7	47	—	43	31	—	13
87	29	7	103	—	—	—	23	19	7	31	13	37	—	89	79	7	17	541	—	11	257	—	7	13	—	113	19	577	97	7
91	101	—	23	11	1019	7	13	—	19	607	37	17	7	47	11	—	163	29	—	7	821	—	—	—	—	11	7	19	17	61
93	7	—	1087	71	13	61	11	7	347	—	1319	29	—	137	7	—	—	11	19	—	1171	7	31	23	—	—	—	—	7	89
97	13	11	101	—	7	547	—	53	—	—	31	7	11	13	73	—	—	757	7	19	—	—	127	11	293	7	13	37	29	17
99	383	17	479	—	11	—	7	617	37	809	19	13	1249	7	—	11	—	23	17	643	7	—	29	47	13	—	11	7	—	19

	243 32	35	38	41	44	47	50	53	56	59	62	65	68	71	74	77	80	83	86	89	92	95	243 98	244 01	04	07	10	13	16	19
03	—	—	—	7	101	41	—	13	—	—	7	19	181	17	—	59	109	7	—	—	13	11	—	31	7	53	89	691	47	71
09	577	13	7	19	97	31	101	23	11	7	—	43	47	907	13	—	7	—	—	11	313	29	19	7	37	—	467	13	281	—
11	11	347	811	17	7	23	—	—	523	—	—	7	13	19	—	29	421	41	7	—	17	—	11	—	—	7	67	—	23	887
17	—	283	—	7	17	19	13	373	839	11	7	—	31	1061	53	—	—	7	—	13	11	17	23	83	7	619	29	—	—	461
21	7	—	13	227	11	—	19	7	—	—	101	73	953	—	7	11	17	—	23	71	—	7	1373	43	—	19	11	47	7	811
23	13	—	7	—	—	17	47	11	29	7	71	59	—	13	—	641	7	1523	11	907	89	439	17	7	97	31	13	—	733	71
27	17	37	11	—	1201	—	7	—	—	13	1439	47	23	7	—	881	—	17	—	—	7	—	13	—	11	29	197	7	223	43
29	61	7	—	41	—	11	17	13	7	—	23	—	1201	83	—	7	11	—	—	29	43	109	7	17	239	257	—	11	—	7
33	11	17	—	13	—	7	23	29	—	19	—	11	7	61	101	191	13	89	17	7	179	607	11	577	853	—	7	587	19	13
39	23	19	17	—	7	—	—	—	31	11	13	7	211	107	1223	157	401	—	7	17	11	277	—	13	—	7	47	53	—	677
41	43	11	31	83	—	47	7	—	13	113	127	19	11	7	—	—	37	—	389	193	7	13	97	11	569	17	—	7	—	—
47	—	859	13	19	—	7	43	353	419	17	11	—	7	—	1471	13	317	199	59	7	—	11	19	29	—	607	7	—	13	397
51	—	1553	7	31	17	11	—	—	67	7	43	13	1171	—	—	—	7	—	79	223	101	17	263	7	13	—	71	11	367	[illegible]
53	—	—	—	—	7	29	—	73	11	13	17	7	43	37	19	227	53	61	7	11	47	—	13	—	229	7	—	17	31	349
57	137	7	431	11	41	13	163	—	7	—	—	—	37	691	11	7	31	—	13	—	—	113	7	733	—	11	—	—	23	7
59	239	379	241	7	47	433	11	41	1309	199	7	17	—	—	1063	521	13	7	43	659	97	137	349	587	7	19	23	89	11	13
63	7	11	179	59	29	—	17	7	89	47	883	—	11	41	7	—	67	887	197	61	—	7	23	11	73	13	19	—	7	31
69	727	—	—	—	1297	73	7	17	61	37	11	31	991	7	—	29	23	347	19	13	7	11	41	1307	17	149	101	7	43	79
71	—	7	11	1301	13	31	1459	71	7	19	137	—	269	11	23	7	—	13	—	47	271	—	7	73	11	41	—	37	19	7
77	7	19	641	47	73	409	—	7	23	—	—	11	59	—	7	—	—	—	31	—	19	7	11	—	13	107	—	—	7	1301
81	911	103	19	269	7	1033	11	13	29	17	79	7	293	457	197	107	—	11	7	449	43	19	—	59	—	7	17	23	11	271
83	31	229	23	—	—	13	7	67	131	11	107	509	19	7	761	17	—	—	13	1283	7	353	571	61	37	23	—	7	—	1439
87	107	13	491	7	11	—	71	109	41	127	7	191	53	19	13	11	149	7	359	29	83	23	1321	37	7	—	11	13	433	—
89	619	307	—	—	19	7	—	11	—	281	1153	41	7	29	—	149	17	1069	11	7	127	139	—	19	—	13	7	—	401	41
93	—	29	7	37	—	19	—	—	13	7	—	17	—	11	1489	23	7	41	—	683	—	13	—	7	11	61	—	97	17	727
99	11	7	13	103	229	—	—	47	7	23	83	11	17	—	31	7	19	—	1291	419	37	79	[illegible]	71	—	—	41	463	13	7

	244 20	23	26	29	32	35	38	41	44	47	50	53	56	59	62	65	68	71	74	77	80	83	86	89	92	95	244 98	245 01	04	07
01	41	23	7	1277	47	—	17	11	—	7	13	—	—	131	487	401	7	283	11	673	103	89	61	7	23	53	—	223	827	11
07	283	7	83	—	13	11	—	17	7	41	1531	61	809	—	—	7	11	13	23	877	—	739	7	31	17	173	37	11	107	7
11	11	—	17	—	—	7	467	—	—	19	—	11	7	13	23	41	—	—	89	7	1307	—	11	631	61	37	7	271	29	—
13	7	947	71	11	—	31	37	7	17	167	647	13	23	107	7	—	—	1091	41	19	—	7	—	59	13	11	—	503	7	—
17	—	19	—	17	7	37	—	13	23	11	227	7	—	61	157	—	29	523	7	—	11	223	491	67	31	7	509	—	—	727
19	—	11	67	47	—	13	7	—	281	17	29	19	11	7	1171	191	—	163	13	167	7	241	103	11	—	—	17	7	733	23
23	1229	13	23	7	17	373	31	11	47	—	7	103	19	—	13	101	—	7	11	—	1237	17	37	1039	7	23	—	13	71	11
29	193	41	7	53	19	11	—	—	13	7	—	643	—	—	409	—	7	101	293	23	—	13	17	7	1193	233	—	11	109	241
31	373	1223	—	29	7	—	13	—	11	53	67	7	89	31	19	157	691	23	7	11	37	863	—	73	—	7	131	—	17	419
37	13	127	47	7	73	—	11	—	—	—	7	23	17	13	29	881	1087	7	—	—	829	1303	—	—	7	19	13	53	11	17
41	7	11	29	—	—	—	—	7	—	13	1093	709	11	103	7	419	—	—	71	41	—	7	13	11	17	97	19	—	7	83
43	113	1013	7	—	11	23	61	13	31	7	—	—	389	17	97	11	7	19	67	—	13	—	41	7	1033	29	11	—	23	991
47	—	23	139	13	53	—	7	—	17	421	11	—	—	7	—	439	13	—	19	61	7	11	—	101	23	17	—	7	41	13
49	761	7	11	—	59	79	—	29	7	19	53	—	—	11	13	7	—	47	461	433	—	31	7	—	11	—	1061	13	19	7
53	241	—	73	1559	1021	7	367	—	11	17	13	—	7	877	479	59	—	—	23	7	107	281	47	13	29	79	7	139	—	19
59	—	—	19	43	7	41	11	—	71	—	17	7	23	37	83	103	271	11	7	—	1373	19	31	97	—	7	—	17	11	—
61	29	73	13	89	883	43	7	—	41	11	23	197	19	7	139	13	17	—	1523	—	7	—	—	—	641	—	—	7	13	29
67	17	—	—	—	19	7	—	11	—	13	—	29	7	—	233	—	47	17	11	7	—	—	13	19	59	—	7	23	239	11
71	23	809	7	—	83	13	—	379	—	7	37	—	17	11	—	43	7	31	13	163	—	47	—	7	11	71	—	—	29	17
73	47	17	—	13	7	11	739	—	—	—	—	7	61	—	1471	19	11	43	7	—	—	23	29	—	—	7	41	11	37	23
77	11	7	—	—	—	47	1171	463	7	1223	29	11	13	17	—	7	19	23	967	173	239	43	7	193	—	13	—	37	313	7
79	101	61	17	7	29	457	—	19	37	541	7	—	467	—	11	23	—	7	—	17	—	—	—	13	7	11	19	113	1151	—
83	7	—	—	251	—	—	13	7	19	11	503	23	31	139	7	—	433	79	—	13	11	7	409	1423	241	—	—	19	7	—
89	13	—	1039	29	67	23	7	11	251	41	—	—	—	7	317	17	—	683	11	19	7	—	—	—	37	31	13	7	23	11
91	139	7	509	23	17	37	71	—	7	439	11	13	41	—	—	7	—	701	—	31	773	11	7	367	13	499	23	—	—	7
97	7	31	19	197	239	13	101	7	11	991	83	1307	—	1231	7	409	257	107	13	11	23	7	17	1433	—	139	—	181	7	61

	244 21	24	27	30	33	36	39	42	45	48	51	54	57	60	63	66	69	72	75	78	81	84	87	90	93	96	244 99	245 02	05	08
01	17	13	43	11	7	—	—	53	1031	—	—	7	67	677	11	449	23	17	7	—	31	37	19	—	197	7	—	13	79	59
03	—	—	37	751	43	59	7	—	101	1069	463	283	13	7	23	—	—	11	61	29	7	277	—	17	—	13	89	7	11	769
07	—	11	31	7	857	71	449	29	13	1009	7	457	11	751	19	—	59	7	17	47	—	13	269	11	7	53	—	—	1523	—
09	83	29	167	449	11	7	13	17	23	—	43	—	7	—	1511	11	127	—	751	7	—	811	677	859	17	—	7	31	599	—
13	—	—	7	47	23	—	19	911	—	7	11	—	—	—	43	13	7	97	29	17	61	11	—	7	—	19	—	23	13	—
19	29	7	—	17	181	—	199	—	7	13	—	—	73	41	—	7	—	19	—	11	17	23	7	571	67	—	—	—	31	7
21	11	479	113	7	599	919	347	13	19	17	7	11	—	47	53	1213	37	7	—	23	13	1013	11	29	7	59	17	19	193	659
27	19	13	7	—	31	29	—	67	—	7	17	73	59	23	13	—	7	1093	—	19	11	—	—	7	—	41	—	13	43	—
31	827	19	47	—	11	17	7	659	—	23	13	977	1303	7	—	11	—	137	—	—	7	—	17	13	1511	349	11	7	—	—
33	—	7	281	—	97	151	—	11	7	—	823	17	—	37	—	7	29	31	11	—	—	43	7	239	61	719	—	443	17	7
37	859	—	11	23	13	7	17	151	—	53	59	—	7	11	113	311	197	13	349	7	761	—	—	17	11	773	7	373	73	—
39	7	23	13	19	431	11	—	7	151	—	—	827	17	61	7	13	11	—	—	107	101	7	19	—	23	—	—	11	7	17
43	11	43	229	167	7	—	137	17	41	73	151	7	—	—	89	29	541	47	7	—	23	—	11	19	13	7	61	53	641	37
49	31	47	1091	7	349	13	—	43	17	11	7	691	—	97	23	19	131	7	13	277	11	857	83	113	7	17	29	—	—	71
51	—	11	97	13	—	7	19	—	73	43	433	—	7	—	17	—	13	—	—	7	29	—	—	11	101	19	7	37	—	13
57	439	—	29	103	7	—	23	31	—	211	11	7	—	929	—	17	53	19	7	911	—	11	—	13	157	7	101	67	—	23
61	1429	7	23	—	—	11	13	337	7	1439	17	—	79	—	661	7	11	59	19	13	—	443	7	—	—	23	31	11	53	7
63	23	—	157	7	13	673	—	—	11	19	7	—	—	29	—	—	17	7	1109	11	31	43	79	23	7	—	—	521	19	—
67	7	29	—	11	59	—	73	7	31	—	19	17	—	13	7	281	211	—	—	23	—	7	151	37	—	11	13	103	7	19
69	17	19	7	—	37	137	11	373	—	7	71	13	—	109	—	—	7	11	—	61	19	173	—	7	13	1223	47	43	11	593
73	—	11	19	37	—	89	7	13	197	—	—	53	11	7	—	—	—	421	—	601	7	19	—	11	431	151	179	7	—	17
79	—	13	—	31	479	7	523	23	1301	863	11	269	7	17	13	47	223	—	—	7	37	11	347	29	1021	911	7	13	151	53
81	7	37	11	191	19	23	241	7	1019	—	—	—	13	11	7	1283	—	29	—	17	—	7	1187	19	11	13	257	71	7	151
87	11	—	43	17	—	—	7	—	367	—	31	11	557	7	631	19	383	227	37	13	7	563	11	—	—	47	—	7	29	—
91	—	401	13	7	79	67	11	—	131	—	7	59	53	—	241	13	19	7	23	971	317	—	—	—	17	—	—	—	11	31
93	13	41	—	—	17	7	—	19	43	11	29	251	7	13	79	—	23	—	53	7	11	17	263	31	—	—	7	—	—	359
97	—	—	7	—	11	541	—	41	19	7	109	31	23	—	47	11	7	919	—	—	—	693	13	7	1229	137	11	19	—	263
99	—	—	73	127	7	17	—	11	83	—	23	7	—	—	43	37	251	71	7	199	13	29	17	—	—	7	—	157	—	11

	244 22	25	28	31	34	37	40	43	46	49	52	55	58	61	64	67	70	73	76	79	82	85	88	91	94	244 97	245 00	03	06	09
03	17	7	11	13	—	—	23	97	7	29	—	193	443	11	37	7	13	17	43	29	—	311	7	227	11	127	—	—	149	7
09	7	17	—	—	—	509	31	7	191	—	13	11	89	53	7	79	—	67	17	73	29	7	11	13	43	41	—	61	7	47
11	31	—	7	11	223	167	521	17	13	7	—	199	37	113	11	397	7	593	—	53	577	13	191	7	17	11	43	389	41	—
17	67	7	13	—	277	661	—	71	7	443	—	—	11	19	—	7	1123	1049	73	—	419	149	7	11	—	17	—	97	13	7
21	421	31	41	17	—	7	—	11	—	—	—	13	7	29	19	313	—	—	11	7	17	131	—	109	13	67	7	269	37	11
23	7	271	53	199	67	19	79	7	127	13	11	—	683	211	7	109	—	229	149	—	—	7	13	47	19	467	17	—	7	—
27	—	—	—	1109	7	11	19	257	37	—	487	7	—	107	31	1279	11	—	7	—	—	17	—	479	29	7	79	11	23	67
29	163	43	1367	13	—	—	7	47	41	379	17	103	—	7	41	149	13	—	29	11	7	—	—	557	71	—	23	7	—	13
33	103	347	—	7	—	17	29	157	937	—	7	—	13	149	11	233	73	7	—	—	41	—	17	—	7	11	1297	31	—	—
39	337	11	7	89	—	37	13	79	—	7	149	43	11	—	—	173	7	29	617	13	229	—	1201	7	—	59	281	191	19	41
41	19	59	—	31	7	—	1493	—	307	61	—	7	17	43	23	11	67	13	7	19	—	179	47	37	—	7	11	—	421	17
47	41	—	11	7	727	—	47	—	23	—	7	13	—	11	71	—	31	7	—	43	67	53	29	—	7	311	—	433	109	—
51	7	907	37	—	23	—	41	7	11	—	29	47	19	—	7	179	167	—	139	11	13	7	—	43	—	17	383	23	7	—
53	11	433	7	19	29	13	1399	757	—	7	—	11	181	—	17	—	7	—	13	—	37	—	11	7	67	23	163	—	271	31
57	61	13	563	383	19	—	7	—	—	17	613	—	—	7	13	41	577	11	79	37	7	23	—	19	359	—	47	7	11	43
59	37	7	—	—	53	139	263	—	7	11	—	31	13	—	19	7	—	—	41	23	11	47	7	—	317	13	439	293	67	7
63	—	—	277	29	11	7	—	—	13	—	17	1367	7	71	—	11	53	839	181	7	—	13	—	—	41	1103	7	17	—	—
69	113	1543	11	211	7	83	—	19	—	23	47	7	31	11	29	13	37	—	7	59	—	—	—	—	11	7	19	311	13	1327
71	13	—	—	179	233	11	7	23	29	79	107	—	1549	7	—	61	11	17	127	—	7	97	—	—	—	1447	13	7	—	89
77	359	17	467	11	41	7	43	13	—	19	—	—	7	—	11	—	—	109	17	7	13	71	—	—	23	11	7	—	19	691
81	101	109	7	13	139	—	—	29	—	7	19	—	—	17	—	—	7	53	—	—	11	—	—	7	433	47	89	—	397	13
83	311	11	17	—	7	—	—	—	461	—	—	7	11	41	13	787	331	103	7	17	19	83	—	11	—	7	—	13	59	373
87	—	7	19	193	823	—	61	11	7	47	13	137	—	277	17	7	43	1217	11	41	31	19	7	13	—	—	—	—	1031	7
89	—	—	—	7	1181	—	—	607	13	73	7	37	19	769	31	59	83	7	43	97	17	11	41	1559	7	—	197	1289	179	—
93	7	—	31	619	13	11	67	7	23	569	37	571	127	19	7	17	11	13	113	907	71	7	43	191	—	—	59	11	7	29
99	137	—	23	11	241	19	7	797	—	773	67	13	—	7	11	31	17	—	53	373	7	313	179	—	13	11	73	7	43	—

	245 10	13	16	19	22	25	28	31	34	37	40	43	46	49	52	55	58	61	64	67	70	73	76	79	82	85	88	91	94	97
01	7	43	—	239	547	19	13	7	—	—	11	31	139	107	7	73	37	23	—	13	—	7	971	—	19	—	71	17	7	—
07	13	—	79	—	—	47	7	43	11	—	—	17	257	7	—	—	19	—	—	11	7	—	—	281	31	103	13	7	17	—
11	—	—	359	7	29	463	17	23	281	13	7	43	31	—	11	—	—	7	7	—	—	—	13	17	7	11	41	419	—	—
13	709	401	311	—	113	7	11	13	19	—	—	1229	7	37	967	—	557	11	347	7	13	389	—	89	—	461	7	19	11	17
17	—	11	7	13	59	—	—	17	—	7	1481	—	11	73	—	29	7	43	179	83	827	—	—	7	17	31	—	457	19	13
19	19	13	—	—	7	—	229	—	—	29	683	7	—	17	13	11	71	131	7	19	47	—	23	1237	421	7	11	13	491	157
23	—	7	907	41	—	—	—	31	7	233	11	139	—	191	83	7	—	—	23	283	19	11	7	13	—	17	29	—	—	7
29	7	67	283	173	13	—	—	7	11	17	197	887	19	—	7	—	103	13	—	11	31	7	61	1171	—	163	17	—	7	43
31	11	—	7	19	—	—	—	503	—	7	23	11	—	59	31	13	7	—	—	—	—	1483	11	7	877	401	—	37	13	—
37	59	7	—	—	23	—	71	37	7	11	1381	—	—	29	19	7	17	97	—	47	11	—	7	139	41	—	—	23	—	7
41	23	29	—	—	11	7	37	—	—	53	73	17	7	—	79	11	1091	—	13	7	107	—	—	23	47	113	7	—	17	—
43	7	—	—	13	127	—	19	7	—	31	—	—	—	163	7	53	13	17	11	—	1153	7	137	—	29	19	—	—	7	11
47	179	—	11	—	7	107	197	19	47	—	—	7	13	11	239	—	—	23	7	—	—	—	—	37	11	7	19	53	31	17
49	107	17	661	263	37	11	7	—	—	73	13	—	919	7	907	23	11	19	17	—	7	—	31	13	—	—	61	7	—	—
53	11	829	811	7	—	71	13	41	—	157	7	11	787	17	—	—	1307	7	19	13	199	—	11	29	7	—	97	—	1223	—
59	13	—	7	431	—	23	—	—	—	7	19	—	1319	13	17	1447	7	277	—	—	11	67	139	7	661	79	13	89	23	19
61	67	11	47	17	7	—	—	59	—	131	83	7	11	—	—	—	53	31	7	41	17	—	1181	11	13	7	23	—	29	—
67	137	—	—	7	17	13	—	421	—	127	7	—	19	71	709	229	1427	7	13	—	23	11	—	—	7	73	—	503	41	—
71	7	13	—	1061	—	11	61	7	199	—	647	337	—	19	7	947	11	37	31	1229	167	7	547	—	97	—	881	11	7	67
73	83	227	7	—	19	17	73	—	11	7	—	—	13	97	23	619	7	47	491	11	—	29	17	7	419	13	—	449	—	—
77	17	—	41	11	199	19	7	—	13	29	23	53	433	7	11	—	937	17	877	269	7	13	47	293	19	11	907	7	—	—
79	—	7	193	29	271	41	11	—	7	—	—	1283	67	389	—	7	109	11	449	13	—	89	7	17	—	31	—	59	11	7
83	109	11	13	1051	23	7	47	—	—	—	419	41	7	31	37	13	19	1097	17	7	29	—	103	11	—	—	7	23	13	53
89	389	—	17	43	7	—	—	101	19	13	11	7	1217	271	463	—	—	79	7	17	41	11	13	313	1051	7	31	19	—	—
91	53	59	11	—	353	43	7	13	17	1259	61	97	37	7	127	283	47	—	19	23	7	293	73	41	11	17	—	7	—	—
97	11	13	31	73	—	7	—	29	—	17	19	11	7	23	13	367	—	—	53	7	71	—	11	—	67	577	7	13	—	19

	245 11	14	17	20	23	26	29	32	35	38	41	44	47	50	53	56	59	62	65	68	71	74	77	80	83	86	89	92	95	98
01	—	—	7	479	17	47	11	—	—	7	13	19	61	—	599	43	7	11	—	—	743	17	317	7	29	—	—	—	11	—
03	41	131	19	—	7	—	—	23	13	11	17	7	—	—	—	31	1187	43	7	—	11	13	—	—	—	7	—	17	67	109
07	547	7	599	19	11	17	29	—	7	137	—	—	991	101	—	7	—	13	113	—	73	43	7	349	1231	—	11	83	79	7
09	29	23	13	7	—	109	—	11	863	41	7	17	89	19	—	13	—	7	11	1019	881	59	—	43	7	—	37	—	13	11
13	7	73	11	—	—	613	17	7	127	239	—	13	373	11	7	41	31	29	241	71	23	7	83	17	11	37	773	43	7	—
19	11	—	—	251	47	13	7	17	—	79	—	11	—	7	23	—	359	83	13	59	7	1163	11	—	17	19	103	7	29	31
21	73	7	—	11	—	173	—	373	7	—	—	—	23	17	11	7	13	281	751	79	—	—	7	31	—	11	—	41	709	7
27	7	11	53	37	29	31	23	7	19	—	13	593	11	331	7	181	—	787	353	107	—	7	—	11	—	193	—	19	7	23
31	1531	41	23	211	7	191	13	11	—	17	—	7	—	251	53	263	—	73	7	13	431	29	—	—	31	7	17	229	19	11
33	19	—	—	—	13	—	7	—	137	—	11	—	167	7	131	17	653	13	31	19	7	11	—	23	—	—	1009	7	59	163
37	13	19	83	7	—	11	31	61	43	—	7	—	1153	13	—	157	11	7	251	23	19	181	—	101	7	227	13	11	103	487
39	31	223	673	89	—	7	—	1307	11	613	43	13	7	41	—	59	17	23	—	7	—	—	167	—	13	—	7	—	83	47
43	—	—	7	11	—	743	347	13	—	7	67	17	19	23	11	—	7	—	1451	31	13	577	607	7	—	11	59	383	17	—
49	89	7	—	—	19	—	—	23	7	709	—	439	11	59	13	7	37	—	47	—	43	—	7	11	—	29	—	13	41	7
51	—	17	379	7	11	23	—	—	1373	307	7	79	13	277	19	11	157	7	17	29	797	53	43	—	7	13	11	1439	23	653
57	743	29	7	—	—	241	13	233	31	7	—	61	—	11	37	—	7	199	—	13	271	149	23	7	11	19	607	—	43	—
61	1361	—	13	167	229	41	7	19	11	—	—	293	—	7	17	13	71	—	23	11	7	—	67	—	61	—	19	7	13	—
63	11	7	179	17	53	—	—	71	7	1499	859	11	29	13	827	7	23	19	149	409	17	31	7	—	197	—	13	131	—	7
67	29	—	—	1549	—	7	11	379	—	13	—	1063	7	61	41	17	53	11	19	7	131	—	13	463	—	—	7	367	11	29
69	7	—	—	31	17	67	877	7	113	11	23	37	239	941	7	149	—	41	—	—	11	7	53	29	—	—	317	691	7	—
73	277	43	61	13	7	—	23	—	—	—	19	7	7	149	—	11	13	137	7	1031	59	—	31	41	—	7	11	—	1033	13
79	17	601	11	7	31	—	71	43	257	769	7	73	97	11	—	—	—	7	157	—	—	19	29	13	7	—	509	37	—	—
81	761	97	—	79	101	7	17	—	13	43	103	47	7	67	—	—	11	113	—	7	197	13	—	17	1321	—	7	11	61	31
87	211	—	13	11	7	—	101	17	571	—	73	7	—	—	11	13	—	61	7	467	109	—	953	19	17	7	283	29	13	59
91	47	7	17	883	109	19	563	—	7	11	1291	13	—	—	—	7	139	613	—	17	11	179	7	71	13	601	—	—	—	7
93	367	11	—	7	—	37	61	—	17	13	7	—	11	1163	71	19	59	7	1063	157	—	43	13	11	7	17	47	—	281	601
97	7	149	—	17	37	13	353	7	—	317	97	277	31	281	7	739	19	1373	11	61	17	7	—	—	1511	43	29	59	7	11
99	149	—	7	13	—	—	31	19	151	7	11	1013	103	1471	79	—	7	379	1523	163	29	11	37	7	1553	67	17	43	997	13

	245 12	15	18	21	24	27	30	33	36	39	42	45	48	51	54	57	60	63	66	69	72	75	78	81	84	87	90	93	96	99
03	—	103	—	—	17	11	7	—	19	461	151	—	13	7	59	47	11	—	53	643	7	17	23	709	—	13	—	7	317	421
09	19	37	—	11	—	7	13	31	193	—	—	491	7	71	11	1049	23	1259	—	7	263	—	17	—	—	11	7	1429	107	—
11	7	31	—	—	13	137	11	7	1049	179	19	17	1031	29	7	—	—	11	349	37	311	7	173	107	—	47	—	—	7	19
17	1069	251	19	293	11	—	7	41	23	47	1109	13	17	7	31	11	101	151	—	—	7	19	—	59	13	79	11	7	—	17
21	—	—	31	7	23	—	43	13	241	—	7	401	29	41	47	83	—	7	—	53	13	11	19	—	7	1427	223	23	—	—
23	—	257	11	—	349	7	29	911	43	—	59	—	7	11	—	—	37	—	13	7	151	71	—	1289	11	23	7	31	—	—
27	127	13	7	71	—	73	—	283	11	7	83	—	43	—	13	31	7	829	—	11	—	23	41	7	—	17	—	13	211	541
29	11	61	1423	937	7	19	79	—	—	31	—	7	13	—	17	—	—	29	7	23	101	—	11	73	19	7	—	—	97	1453
33	—	7	53	67	—	29	11	—	7	17	313	—	—	—	61	7	—	11	43	809	353	13	7	—	—	19	17	401	11	7
39	7	—	13	61	11	103	—	7	163	23	17	—	37	47	7	11	29	19	—	—	53	7	—	—	43	131	11	17	7	197
41	13	—	7	—	31	739	331	11	19	7	29	71	—	13	1033	—	7	—	11	229	—	251	109	7	101	167	13	19	521	11
47	17	7	—	—	1399	11	359	13	7	719	37	41	—	—	—	7	11	17	—	19	13	29	7	47	23	—	97	11	389	7
51	11	19	73	13	97	7	—	733	—	29	7	11	7	113	137	67	13	41	—	7	19	163	11	—	—	1213	7	353	47	13
53	7	13	599	11	59	—	—	7	—	53	—	19	—	193	7	839	83	—	17	641	41	7	269	—	1447	11	—	13	7	—
57	—	—	—	1471	7	—	—	103	—	11	13	7	19	17	23	59	—	—	7	67	11	53	229	13	—	7	37	—	—	—
59	—	11	17	19	—	—	7	37	13	631	107	83	11	7	29	419	179	—	647	17	7	13	19	11	—	—	—	7	—	41
63	31	491	29	7	13	43	37	11	23	797	7	211	367	269	17	—	—	7	11	—	61	—	113	19	7	307	929	—	—	11
69	—	419	7	41	53	11	1409	—	223	7	179	13	—	29	—	17	7	563	73	109	761	—	—	7	13	23	—	11	523	613
71	23	83	—	727	7	677	19	29	11	13	53	7	—	43	—	—	—	—	7	11	103	17	13	23	59	7	239	—	113	181
77	—	—	857	7	—	17	11	—	947	79	7	59	—	137	—	41	13	7	29	43	31	37	17	—	7	157	311	307	11	13
81	7	11	—	—	—	1151	29	7	31	577	—	499	11	23	7	—	173	17	19	—	37	7	59	11	—	13	967	—	7	79
83	29	37	7	157	11	—	17	1231	431	7	13	23	—	—	67	11	7	—	263	—	—	47	97	7	41	43	11	—	19	29
87	37	17	—	1553	—	53	7	23	—	59	11	—	89	7	—	853	—	29	17	13	7	11	691	677	—	263	47	7	1151	19
89	—	7	11	181	13	23	—	17	7	1097	—	29	—	11	1567	7	—	13	37	—	19	1301	7	643	11	911	337	—	23	7
93	13	23	17	31	—	7	181	523	11	487	47	103	7	13	1069	73	659	37	—	7	—	19	—	53	23	—	7	—	29	—
99	—	1093	587	17	7	701	11	13	109	—	29	7	—	19	—	61	31	11	7	—	13	859	—	—	409	7	—	193	11	229

	246 00	03	06	09	12	15	18	21	24	27	30	33	36	39	42	45	48	51	54	57	60	63	66	69	72	75	78	81	84	87
01	367	—	11	—	29	7	—	193	—	—	23	419	7	11	17	13	—	593	53	7	191	79	41	37	11	541	7	—	13	—
07	11	67	—	37	7	19	—	139	131	13	811	7	61	—	—	17	239	101	7	—	43	1321	11	—	19	7	113	23	311	—
11	23	7	37	29	701	13	11	233	7	—	17	—	557	31	—	7	—	11	13	223	—	677	7	23	43	19	67	17	11	7
13	—	53	79	7	617	67	47	31	—	11	7	—	733	71	—	—	13	7	479	101	11	23	59	271	7	661	29	—	—	13
17	7	1531	—	—	11	41	283	7	239	—	977	17	13	53	7	11	109	19	701	37	743	7	79	—	—	13	11	—	7	—
19	17	73	7	—	307	—	—	11	19	7	13	—	—	—	137	23	7	17	11	53	31	101	—	7	—	—	197	19	—	11
23	1181	331	11	61	—	1409	7	—	31	19	199	23	17	7	41	—	—	—	173	13	7	—	—	—	11	29	353	7	19	17
29	11	19	—	79	—	7	89	29	421	593	—	11	7	13	1087	—	37	—	73	7	19	31	11	41	127	191	7	—	23	—
31	7	29	17	11	—	47	—	7	—	—	—	13	227	79	7	31	—	67	—	17	97	7	—	—	13	11	23	—	7	61
37	83	11	—	17	—	13	7	43	229	—	—	433	11	7	37	—	—	73	13	1523	7	67	19	11	233	269	1033	7	31	59
41	29	13	—	7	19	383	281	11	163	—	7	43	—	37	13	17	23	7	11	1453	—	—	809	19	7	—	631	13	1277	11
43	—	1093	—	41	17	7	—	61	—	—	11	401	7	43	19	—	59	—	139	7	47	11	773	29	—	13	7	—	—	101
47	659	157	7	—	—	11	—	733	13	7	23	29	613	—	79	19	7	43	227	—	61	13	—	7	—	47	1381	11	—	31
49	89	113	—	53	7	17	13	127	11	167	—	7	41	—	313	463	—	—	7	11	—	—	17	31	79	7	1319	397	—	67
53	17	7	13	11	23	—	—	19	7	47	37	31	—	181	11	7	—	17	41	—	—	163	7	43	—	11	19	23	13	7
59	7	11	—	—	29	743	457	7	337	13	1031	—	11	1487	7	—	—	—	17	71	1423	7	13	11	31	—	—	37	7	43
61	—	103	7	—	11	79	—	13	37	7	71	277	271	1153	73	11	7	—	31	23	13	941	—	7	17	691	11	29	19	167
67	31	7	11	47	53	499	449	1429	7	29	—	—	—	11	13	7	97	—	—	397	19	—	7	59	11	17	—	13	—	7
71	449	127	19	17	41	7	—	—	11	23	13	—	7	—	—	—	53	—	109	7	17	19	107	13	37	103	7	83	—	89
73	7	—	—	—	139	37	—	7	13	17	59	11	19	31	7	263	613	107	—	113	29	7	11	—	1489	181	17	71	7	—
77	167	31	—	23	7	—	11	107	29	71	—	7	73	19	1249	—	—	11	7	—	911	17	83	—	—	7	23	823	11	—
79	71	23	13	103	19	—	7	821	—	11	17	1531	—	7	—	13	41	—	47	283	7	211	37	19	23	—	31	7	13	139
83	—	137	521	7	11	17	131	67	59	—	7	13	—	—	31	11	967	7	—	29	23	37	17	47	7	97	11	—	149	1523
89	379	29	7	—	61	13	17	47	599	7	1109	67	83	11	23	—	7	53	13	—	167	—	359	7	11	149	71	31	211	—
91	1129	1051	907	13	7	11	—	19	487	—	197	7	17	—	1151	—	11	71	7	37	—	31	—	53	29	7	19	11	641	13
97	—	—	41	7	—	103	23	—	557	—	7	137	—	17	11	—	—	7	19	421	—	149	1051	13	7	11	1559	79	439	23

	246 01	04	07	10	13	16	19	22	25	28	31	34	37	40	43	46	49	52	55	58	61	64	67	70	73	76	79	82	85	88
01	7	491	23	—	829	—	13	7	17	11	—	—	—	659	7	457	—	—	313	13	11	7	31	29	—	17	—	—	7	—
03	23	11	7	397	13	157	53	367	179	7	19	41	11	—	17	—	7	13	149	61	—	1087	—	7	857	—	—	73	83	19
07	13	—	—	757	31	29	7	11	673	17	769	19	—	7	—	37	71	41	11	23	7	—	—	67	—	—	13	7	—	11
09	137	7	19	541	—	739	197	71	7	311	11	13	191	—	269	7	—	23	—	199	41	11	7	83	13	—	131	—	29	7
13	—	863	59	19	—	7	—	13	—	—	17	—	7	23	—	—	11	31	—	7	13	61	19	—	107	—	7	11	79	—
19	283	13	—	11	7	269	—	23	—	107	61	7	37	—	11	643	—	1117	7	—	—	47	239	—	—	7	—	13	17	787
21	17	—	—	—	107	19	7	53	757	149	67	199	13	7	89	—	—	11	577	839	7	29	127	—	19	13	—	7	11	—
27	—	17	197	29	11	7	13	199	83	—	37	43	7	431	67	11	19	—	17	7	313	—	23	—	73	53	7	—	—	1481
31	739	—	7	—	149	1021	113	157	—	7	11	89	41	17	139	13	7	19	23	—	29	11	59	7	163	31	—	179	13	—
33	13	—	11	83	7	73	797	—	19	103	337	7	487	11	29	41	23	43	7	17	907	—	193	—	11	7	13	19	433	223
37	—	7	29	—	—	—	1291	31	7	13	—	—	23	—	17	7	—	191	—	11	47	41	7	71	—	—	37	89	19	7
39	11	31	433	7	—	1033	239	13	53	—	7	11	113	173	61	—	—	7	—	19	13	—	11	43	7	29	293	—	271	443
43	7	19	—	13	47	—	11	7	—	—	—	—	241	29	7	17	13	11	—	—	19	7	73	—	457	—	—	43	7	13
49	23	983	31	73	11	—	7	677	—	137	13	—	19	7	—	11	17	1451	757	197	7	—	—	13	29	—	11	7	—	229
51	—	7	1117	19	37	17	—	11	7	—	—	103	167	—	47	7	—	—	11	—	263	13	7	—	—	109	—	31	613	7
57	7	109	13	181	71	11	17	7	—	31	41	79	—	—	7	13	11	727	—	1289	223	7	167	17	—	163	—	11	7	29
61	11	17	43	47	7	1559	—	—	251	179	—	7	—	—	—	19	41	29	7	409	37	53	11	—	13	7	—	—	31	—
63	919	37	353	11	43	359	7	17	191	13	—	29	—	7	11	—	—	—	—	41	7	—	13	757	17	11	—	7	241	47
67	37	—	17	7	1303	13	1367	19	43	11	7	—	—	251	577	197	461	7	13	17	11	127	293	443	7	41	19	331	23	—
69	809	11	1231	13	31	7	—	227	17	—	43	1039	7	47	—	—	13	19	37	7	61	71	29	11	—	17	7	—	41	13
73	67	—	7	17	53	101	—	11	1319	7	29	—	13	—	43	97	7	37	11	367	17	—	23	7	—	13	307	—	1153	11
79	—	7	41	167	17	11	13	101	7	—	19	—	—	—	—	7	11	—	—	13	43	17	7	251	313	683	—	11	—	7
81	—	19	—	7	13	41	389	—	11	353	7	223	59	283	23	29	—	7	997	11	19	—	43	349	7	881	—	17	47	—
87	—	—	7	79	127	1229	11	—	23	7	—	13	19	—	41	103	7	11	—	1277	—	181	—	7	13	653	29	479	11	373
91	31	11	—	—	23	53	7	13	397	—	59	101	11	7	29	211	73	47	863	—	7	—	1223	11	—	—	127	7	—	569
93	—	7	23	—	11	13	—	—	7	349	131	53	17	—	—	7	227	467	13	521	1433	—	7	19	—	23	11	191	89	7
97	—	13	—	131	—	7	—	17	941	89	11	37	7	31	13	—	67	311	1297	7	—	11	—	53	17	29	7	13	107	41
99	7	—	11	—	—	277	563	7	607	—	887	601	13	11	7	19	353	—	—	23	1049	7	179	107	11	13	61	47	7	37

	246 02	05	08	11	14	17	20	23	26	29	32	35	38	41	44	47	50	53	56	59	62	65	68	71	74	77	80	83	86	89
03	83	43	—	—	7	—	1049	29	11	1481	71	7	727	107	—	23	19	—	7	11	67	13	—	—	—	7	31	—	37	—
09	397	—	13	7	—	—	11	43	19	17	7	97	521	—	443	13	47	7	29	—	503	—	227	1181	7	—	17	19	11	—
11	13	—	31	67	61	7	59	23	853	11	—	—	7	13	373	17	—	491	19	7	11	83	461	139	1103	—	7	—	547	211
17	—	23	—	89	7	—	37	11	—	—	19	7	359	—	113	31	17	631	7	—	13	—	967	29	23	7	47	1193	617	11
21	71	7	11	13	59	37	61	—	7	—	—	17	821	11	—	7	13	113	—	43	23	101	7	937	11	769	—	1069	17	7
23	17	13	19	7	—	11	—	1381	—	1019	7	67	73	—	13	163	11	7	23	89	—	19	347	37	7	79	281	11	31	1307
27	7	—	—	19	373	—	137	7	103	97	13	11	17	—	7	47	31	—	—	641	467	7	11	13	389	43	—	719	7	17
29	—	17	7	11	179	—	83	—	13	7	31	—	23	19	11	67	7	547	17	—	1483	13	—	7	—	11	59	43	—	331
33	173	41	37	127	13	—	7	—	23	11	269	—	—	7	19	—	89	13	—	—	7	—	139	—	109	53	113	7	—	31
39	109	—	23	—	—	7	19	11	—	—	41	13	7	419	17	29	181	—	11	7	—	—	—	—	13	19	7	101	—	11
41	7	647	1399	17	431	31	—	7	—	13	11	—	—	41	7	347	19	1237	—	—	17	7	13	23	—	107	1571	—	7	97
47	233	—	43	13	17	167	7	1451	11	73	107	661	211	7	53	1181	13	23	31	11	7	17	41	191	—	71	—	7	1453	13
51	107	—	241	7	151	443	31	71	29	19	7	773	13	23	11	—	17	7	—	—	811	401	—	—	7	11	53	—	19	—
53	19	251	29	—	—	7	11	—	43	—	13	23	7	—	883	167	—	11	1201	7	—	—	17	13	47	569	7	929	11	—
57	17	11	7	653	—	1567	13	23	127	7	—	—	11	881	—	—	7	17	—	13	19	499	—	7	257	1021	73	—	—	47
59	101	—	—	1193	7	23	17	—	47	829	193	7	257	29	37	11	—	13	7	127	59	229	1217	17	—	7	11	97	23	109
63	13	7	—	—	163	41	569	73	7	53	11	499	19	13	—	7	—	—	17	—	—	11	7	311	23	—	13	—	193	7
69	7	499	17	—	19	—	—	7	11	1009	—	—	29	151	7	—	433	971	23	11	13	7	—	19	43	—	—	53	7	—
71	11	1097	7	—	101	13	29	313	17	7	421	11	—	1543	19	1361	7	41	13	359	—	—	11	7	—	17	43	—	79	—
77	—	7	—	1213	—	61	19	47	7	11	23	179	13	—	—	7	173	29	919	—	11	31	7	337	283	13	17	—	37	7
81	—	—	—	97	11	7	23	19	13	31	53	683	7	127	71	11	—	—	61	7	331	13	—	73	421	137	7	37	1013	23
83	7	89	—	31	23	71	13	7	37	79	17	—	—	—	7	—	53	19	11	13	151	7	—	1031	127	—	251	17	7	11
87	23	—	11	—	7	17	—	37	883	67	113	7	—	11	—	13	29	107	7	587	593	—	17	23	11	7	109	223	13	79
89	13	43	—	41	—	11	7	—	—	19	29	17	107	7	59	—	11	89	109	—	7	23	47	151	—	37	13	7	17	743
93	11	—	107	7	31	43	17	—	83	13	7	11	—	67	137	—	389	7	1231	—	491	1151	11	17	7	59	167	29	—	19
99	—	97	7	13	37	191	—	17	—	7	79	23	59	—	89	—	7	31	41	113	11	19	281	7	17	199	—	—	151	13

	246 90	93	96	246 99	247 02	05	08	11	14	17	20	23	26	29	32	35	38	41	44	47	50	53	56	59	62	65	68	71	74	77
01	83	17	19	7	—	11	—	—	47	—	7	13	251	31	1301	—	11	7	17	—	89	19	373	421	7	467	23	11	73	—
07	127	41	7	11	193	13	53	—	—	7	37	1279	—	19	11	1511	7	251	13	17	23	79	269	7	1489	11	31	—	—	353
11	—	13	29	97	929	151	7	41	263	11	109	607	—	7	13	—	23	89	53	—	7	241	101	—	331	—	—	7	—	1237
13	103	7	109	17	—	19	151	—	7	—	41	—	11	397	23	7	—	307	—	—	17	1061	7	11	19	13	443	37	—	7
17	43	—	1103	59	—	7	19	11	13	—	23	—	7	29	—	17	41	—	11	7	107	13	887	—	101	19	7	31	47	11
19	7	—	43	—	17	113	13	7	23	151	11	617	967	—	7	107	19	—	173	13	—	7	263	773	—	1439	—	71	7	—
23	1009	53	13	—	7	11	37	73	113	31	—	7	47	1447	409	13	11	19	7	—	—	239	79	1459	29	7	101	11	13	263
29	17	97	—	7	—	131	29	953	67	13	7	—	43	—	11	—	701	7	389	53	—	23	13	37	7	11	653	—	19	—
31	19	—	103	—	37	7	11	13	233	191	821	89	7	—	43	151	31	11	—	7	13	—	47	17	149	53	7	—	11	29
37	1019	13	—	—	7	41	47	17	—	—	—	7	—	23	13	11	—	71	7	—	43	37	1367	1039	17	7	11	13	163	31
41	—	7	17	353	—	257	—	853	7	23	11	41	19	197	—	7	67	31	277	17	37	11	7	13	43	—	103	—	29	7
43	863	37	11	7	—	239	419	23	13	—	7	31	449	11	41	499	887	7	149	—	271	13	19	113	7	17	43	677	1423	—
47	7	1097	—	17	13	337	449	7	11	—	29	—	431	—	7	—	149	13	487	11	17	7	—	19	89	—	23	—	7	—
49	11	23	7	449	29	499	421	—	—	7	—	11	—	139	19	13	7	491	37	—	883	47	11	7	23	137	17	61	13	199
53	—	919	—	—	17	—	7	—	179	—	—	13	31	7	79	19	71	11	193	577	7	17	—	607	13	587	47	7	11	41
59	1433	—	—	29	11	7	—	19	379	197	47	—	7	—	23	11	1039	857	13	7	421	523	17	—	853	31	7	—	67	61
61	7	43	89	13	—	61	59	7	—	53	—	17	23	—	7	37	13	19	11	31	—	7	463	—	181	—	29	—	7	11
67	—	31	107	383	109	11	7	43	29	19	13	67	17	7	523	—	11	199	89	281	7	—	599	13	71	—	—	7	19	17
71	11	73	23	7	59	349	13	17	—	1249	7	11	139	229	599	41	—	7	691	13	31	—	11	—	7	23	—	—	—	19
73	23	19	—	11	13	7	283	—	—	101	599	—	7	17	11	67	769	13	41	7	19	401	—	23	—	11	7	—	1283	211
77	13	149	7	1409	53	197	—	29	17	7	—	37	—	13	—	89	7	43	157	23	11	19	409	7	41	17	13	—	97	—
79	73	11	—	—	7	—	1153	—	661	199	53	7	11	—	17	127	—	23	7	43	971	587	—	11	13	7	59	31	643	37
83	523	7	1291	—	293	673	79	11	7	17	257	443	—	19	883	7	1021	—	11	—	13	—	7	43	—	—	17	307	37	7
89	7	13	269	—	1237	11	—	7	37	1481	17	—	173	263	7	—	11	73	—	—	—	7	—	—	19	109	727	11	7	29
91	59	199	7	47	41	23	—	919	11	7	—	61	13	1427	—	19	7	109	379	11	—	179	31	7	—	13	37	67	23	—
97	17	7	293	83	31	29	11	19	7	89	—	53	—	41	1091	7	73	11	—	13	—	—	7	193	—	—	19	263	11	7

	246 91	94	246 97	247 00	03	06	09	12	15	18	21	24	27	30	33	36	39	42	45	48	51	54	57	60	63	66	69	72	75	78
01	233	11	13	—	—	7	1051	—	19	127	113	223	7	61	—	13	1493	79	23	7	—	283	29	11	107	—	7	19	13	17
03	7	17	1039	—	11	—	—	7	—	227	103	—	—	13	7	11	23	31	17	101	127	7	41	37	—	89	11	79	7	53
07	19	—	61	421	7	31	89	—	—	13	11	7	23	17	1213	—	—	—	7	19	167	11	13	47	—	7	—	1051	41	—
09	239	—	11	37	107	1381	7	13	223	—	19	733	211	7	—	—	113	—	683	17	7	101	—	—	11	—	479	7	1327	19
13	317	—	37	7	—	173	23	47	11	—	7	19	137	313	17	29	13	7	31	11	—	631	89	—	7	337	—	—	463	13
19	23	67	7	19	—	41	11	—	1229	7	13	241	—	—	109	17	7	11	59	37	709	157	19	7	53	619	29	—	11	431
21	37	—	911	179	7	—	109	337	13	11	—	7	103	19	—	643	—	47	7	—	11	13	—	617	—	7	—	269	—	—
27	89	47	13	7	—	17	61	11	—	—	7	701	—	—	—	13	929	7	11	—	1483	—	17	1163	7	127	—	101	13	11
31	7	—	11	—	—	—	19	7	—	67	—	13	—	11	7	—	37	17	269	29	71	7	97	41	11	19	31	—	7	1093
33	409	—	7	233	—	11	17	—	—	7	563	71	1013	29	277	—	7	1321	—	79	31	—	13	7	—	701	41	11	173	101
37	11	17	397	—	—	13	7	—	31	139	193	11	—	7	—	557	—	19	13	—	7	—	11	—	—	53	—	7	23	—
39	157	7	31	11	—	—	—	17	7	131	311	137	811	—	11	7	13	—	—	193	—	—	7	—	17	11	23	19	179	7
43	41	881	17	103	1543	7	733	163	911	11	—	—	7	37	—	281	—	67	—	7	11	31	23	—	227	13	7	109	19	191
49	—	19	1279	17	7	47	13	11	53	41	71	7	59	—	—	83	23	509	7	13	17	67	179	29	809	7	769	—	751	11
51	67	71	883	—	13	43	7	—	—	17	11	19	41	7	23	389	—	13	—	—	7	11	—	61	—	—	17	7	31	—
57	—	—	—	19	67	7	—	—	11	587	17	13	7	—	419	47	103	503	—	7	—	41	19	—	13	277	7	17	29	619
61	—	79	7	11	19	17	—	13	73	7	1483	—	311	859	11	43	7	—	—	—	13	433	17	7	157	11	593	23	—	31
63	113	61	23	—	7	13	11	89	37	—	29	7	1237	—	19	—	—	11	7	—	—	59	1319	31	—	7	73	—	11	—
67	71	7	157	113	47	—	17	37	7	53	—	31	11	—	13	7	—	—	97	919	257	23	7	11	—	—	—	13	839	7
69	—	—	127	7	11	31	19	73	59	—	7	—	13	347	1031	11	1123	7	—	23	191	29	131	43	7	13	11	1187	571	17
73	7	—	641	61	41	—	241	7	13	29	11	—	1373	—	7	23	109	—	—	59	139	7	—	—	17	—	19	43	7	797
79	463	—	13	—	37	—	7	103	11	23	—	367	79	7	1297	13	—	71	19	11	7	1091	—	—	73	17	557	7	13	173
81	11	7	—	157	317	229	—	23	7	19	—	11	—	13	17	7	41	—	569	—	67	163	7	—	—	—	13	—	19	7
87	7	19	37	1459	—	97	347	7	409	11	647	83	977	31	7	17	53	—	61	331	11	7	—	73	23	29	—	337	7	47
91	619	31	19	13	7	—	—	577	1321	137	17	7	—	29	—	11	13	—	7	313	23	19	—	233	—	7	11	17	53	13
93	—	13	—	79	43	—	7	11	107	547	—	1049	19	7	13	59	17	1567	11	37	7	—	241	197	—	71	31	7	67	11
97	—	—	11	7	—	—	359	71	43	103	7	17	—	11	23	—	—	7	37	—	61	—	—	13	7	191	59	—	17	109
99	17	83	41	—	19	7	457	—	13	—	43	487	7	—	89	467	11	17	29	7	—	13	—	19	439	—	7	11	—	—

	246 92	95	246 98	247 01	04	07	10	13	16	19	22	25	28	31	34	37	40	43	46	49	52	55	58	61	64	67	70	73	76	79
03	11	1531	7	—	13	19	29	269	23	7	—	11	17	59	43	283	7	13	—	—	907	73	11	7	19	—	1303	31	131	17
09	59	7	23	—	79	157	—	—	7	11	—	13	—	17	—	7	19	29	251	—	11	—	7	167	13	23	911	—	—	7
11	23	11	17	7	683	601	367	19	—	13	7	29	11	257	79	71	761	7	—	17	41	563	13	11	7	—	19	—	—	—
17	53	73	7	13	—	571	—	389	137	7	11	—	127	37	271	—	7	23	19	—	17	11	29	7	61	—	907	—	43	13
21	19	47	67	—	31	11	7	—	—	1117	29	1187	13	7	—	17	11	—	673	19	7	439	—	—	—	13	971	7	251	1523
23	953	7	823	—	17	947	157	—	7	59	13	23	—	61	—	7	191	1171	53	11	—	17	7	13	—	—	233	47	—	7
27	503	241	—	11	—	7	13	23	631	—	—	19	7	—	11	79	17	31	73	7	59	29	—	271	571	11	7	—	383	37
29	7	—	19	523	13	17	11	7	—	673	37	31	233	—	7	29	1103	11	—	—	—	7	17	—	103	79	—	—	7	—
33	13	11	263	19	7	383	—	59	—	37	67	7	11	13	739	61	47	17	7	743	431	761	19	11	23	7	13	—	83	—
39	47	17	89	7	61	—	127	13	—	—	7	—	31	53	19	223	—	7	17	—	13	11	—	83	7	—	37	—	—	—
41	—	—	11	—	227	7	31	17	29	43	—	—	7	11	—	457	23	127	13	7	211	1231	71	—	11	359	7	181	—	59
47	11	1327	—	1187	7	541	—	—	17	—	23	7	13	—	743	43	19	241	7	29	—	—	11	757	37	7	103	181	—	—
51	—	7	617	17	—	1087	11	29	7	—	—	—	—	83	—	7	—	11	—	43	17	13	7	37	—	—	—	59	11	7
53	971	29	53	7	23	—	13	353	19	11	7	113	—	—	—	1549	—	7	257	13	11	43	691	109	7	—	17	19	941	131
57	7	—	13	37	11	—	—	7	83	19	227	—	—	—	7	11	—	137	29	—	31	7	—	23	1429	43	11	—	7	—
59	13	—	7	—	1069	67	—	11	61	7	17	—	29	13	31	—	7	79	11	19	53	23	—	7	163	47	13	17	—	17
63	29	19	11	83	—	17	7	401	—	13	877	127	433	7	—	347	41	23	—	199	7	61	13	—	11	389	—	7	1201	29
69	11	997	—	13	181	7	17	101	—	1033	61	11	7	—	47	31	13	103	—	7	—	457	11	17	—	41	7	487	197	13
71	7	13	—	11	—	29	—	7	277	23	307	283	17	67	7	167	—	431	37	293	521	7	19	59	83	11	—	13	7	17
77	—	11	43	23	739	—	7	—	13	239	59	—	11	7	19	—	29	67	—	83	7	13	31	11	47	167	23	7	79	103
81	—	—	41	7	13	—	43	11	17	1171	7	101	1487	—	647	19	547	7	11	227	109	59	23	—	7	17	—	—	—	11
83	—	—	13	197	31	7	19	—	43	—	11	73	7	—	17	13	137	—	—	7	23	11	—	641	457	19	7	29	13	—
87	163	239	7	199	1319	11	—	19	59	7	211	13	43	47	37	29	7	—	—	103	—	—	—	7	13	—	17	11	73	—
89	—	251	—	—	7	—	—	—	11	13	—	7	631	—	23	17	181	19	7	11	—	353	13	—	—	7	97	127	—	317
93	1217	7	—	11	97	13	—	—	7	—	17	157	—	—	11	7	53	—	13	479	41	—	7	643	311	11	29	17	73	7
99	7	11	—	—	23	547	167	7	29	73	19	17	11	163	7	293	61	1011	31	—	—	7	181	11	43	13	283	23	7	19

..	247 80	83	86	89	92	95	247 98	248 01	04	07	10	13	16	19	22	25	28	31	34	37	40	43	46	49	52	55	58	61	64	67
01	37	7	29	41	67	17	—	13	7	149	19	53	—	—	31	7	—	769	113	11	13	439	7	—	61	47	—	—	97	7
07	7	13	19	43	557	—	11	7	67	47	1301	—	41	23	7	107	—	11	461	—	1259	7	1307	17	—	—	—	13	7	53
11	—	11	—	19	7	107	—	43	—	23	13	7	11	—	47	31	37	83	7	—	—	—	19	11	—	7	61	103	397	229
13	107	193	61	127	11	—	7	17	13	31	—	379	67	7	223	11	—	—	419	—	7	13	89	199	17	—	11	7	137	—
17	—	149	17	7	13	1321	53	167	—	—	7	—	29	43	19	61	1327	7	—	17	—	11	—	—	7	127	23	41	31	—
19	149	23	11	1181	—	7	29	—	17	—	—	—	7	11	37	13	67	—	449	7	—	—	31	—	11	17	7	911	13	433
23	—	—	7	17	61	—	19	83	11	7	31	13	449	37	383	—	7	167	439	11	17	—	—	7	13	19	311	—	—	47
29	—	7	83	449	17	13	11	157	7	—	—	181	—	47	23	7	379	11	13	—	397	17	7	31	349	43	269	167	11	7
31	449	—	—	7	—	499	719	41	19	11	7	37	23	263	71	—	13	7	—	541	11	—	—	—	7	479	—	17	29	13
37	19	—	7	—	—	223	23	11	127	7	13	17	251	53	—	—	7	—	11	19	—	191	823	7	97	—	173	—	17	11
41	—	19	11	79	—	—	7	1553	—	479	349	—	—	7	701	241	—	—	31	13	7	179	41	17	11	23	467	7	47	773
43	23	7	—	199	13	11	1091	47	7	—	—	19	17	79	—	7	11	13	83	—	673	29	7	23	—	41	797	11	—	7
47	11	—	313	349	101	7	—	17	—	29	—	11	7	13	—	569	971	—	—	7	619	61	11	211	17	—	7	—	701	—
49	7	—	43	11	71	—	—	7	269	—	359	13	—	17	7	557	—	23	239	—	—	7	19	181	13	11	—	—	7	89
53	823	1453	—	—	7	—	43	13	17	11	61	7	—	23	—	—	1103	227	7	—	11	—	—	19	37	7	433	—	73	—
59	59	13	29	7	37	113	109	11	41	17	7	929	43	—	13	19	1493	7	11	281	—	—	617	—	7	—	17	13	—	11
61	151	—	—	83	599	7	19	—	631	179	11	41	7	127	43	17	—	—	—	7	31	11	37	—	79	13	7	73	23	—
67	—	—	31	151	7	—	13	29	11	—	—	7	439	457	563	—	17	19	7	11	41	197	23	277	677	7	—	—	—	—
71	181	7	13	11	—	151	67	—	7	53	157	17	101	—	11	7	—	—	19	659	683	31	7	—	29	11	41	829	13	7
73	13	—	—	7	89	79	11	827	991	19	7	103	229	13	61	31	23	7	29	37	97	47	—	—	7	—	13	461	11	41
77	7	11	—	31	—	—	29	7	151	13	19	853	11	—	7	137	257	1453	37	—	59	7	13	11	—	73	47	53	7	17
79	29	17	7	61	11	47	—	13	—	7	23	71	1061	—	—	11	7	—	17	739	13	—	—	7	—	—	11	353	31	29
83	—	89	19	13	—	—	7	59	—	—	11	151	233	7	67	—	13	29	—	109	7	11	—	113	—	719	271	7	—	13
89	23	131	1531	191	137	7	79	—	11	439	13	—	7	19	17	37	—	89	67	7	—	1093	—	13	107	283	7	—	29	31
91	7	43	—	17	19	73	317	7	13	709	—	11	181	103	7	41	53	191	97	107	17	7	11	19	269	137	557	—	7	59
97	—	67	13	—	17	31	7	43	—	11	—	347	—	7	—	13	59	281	151	—	7	17	—	401	41	317	—	7	13	167

..	247 81	84	87	90	93	96	247 99	248 02	05	08	11	14	17	20	23	26	29	32	35	38	41	44	47	50	53	56	59	62	65	68
01	—	1319	281	7	11	1543	—	—	—	47	7	13	37	163	739	11	17	7	181	1061	151	29	73	—	7	83	11	59	—	—
03	1151	—	—	59	467	7	—	11	—	13	1361	409	7	43	137	29	—	359	11	7	61	151	13	—	—	733	7	—	1373	11
07	17	—	7	29	—	13	31	—	19	7	—	53	127	11	59	—	7	17	13	373	83	1427	—	7	11	—	—	19	23	37
09	31	41	—	13	7	11	17	—	—	61	37	7	—	—	—	103	11	53	7	43	—	73	457	17	109	7	23	11	—	13
13	11	7	—	—	103	359	—	41	7	37	—	11	13	157	29	7	—	487	17	19	—	277	7	43	47	13	101	211	—	7
19	7	31	17	—	—	—	13	7	47	11	83	19	—	—	7	—	23	—	—	13	11	7	191	1193	—	29	37	—	7	43
21	53	11	7	1223	13	139	271	37	17	7	—	—	11	367	23	—	7	13	—	29	433	19	—	7	389	17	31	—	—	743
27	131	7	—	—	—	—	—	—	7	17	11	13	—	19	97	7	1231	103	47	—	—	11	7	—	13	—	17	223	41	7
31	73	1409	—	—	17	7	103	13	353	293	1009	389	7	173	19	271	11	127	29	7	13	17	—	37	1163	—	7	11	—	—
33	7	181	23	439	37	13	859	7	11	1109	17	—	29	—	7	1193	—	—	13	11	—	7	—	—	19	23	61	17	7	—
37	29	13	41	11	7	17	19	47	59	31	—	7	419	613	11	421	—	607	7	—	733	23	17	—	229	7	—	13	457	29
39	281	53	89	31	509	41	7	937	—	701	—	17	13	7	—	61	19	11	881	23	7	37	—	29	—	13	—	7	11	67
43	983	11	—	7	139	1187	17	71	13	—	7	29	11	53	—	23	—	7	—	1499	37	13	31	11	7	—	197	—	61	—
49	37	—	7	—	31	241	1549	17	103	7	11	—	—	—	—	13	7	61	—	743	41	11	29	7	17	—	—	131	13	139
51	13	47	11	751	7	101	647	23	—	—	313	7	1531	11	—	—	29	59	7	19	—	607	—	41	11	7	13	—	—	31
57	11	23	53	7	59	—	83	13	773	1117	7	11	—	131	17	71	139	7	751	409	13	283	11	179	7	—	839	29	—	—
61	7	1123	—	13	—	—	11	7	1567	17	1297	—	19	—	7	29	13	11	—	—	23	7	197	—	239	113	17	887	7	13
63	41	13	7	19	283	—	—	—	—	7	97	1217	1249	269	13	17	7	613	23	181	11	103	19	7	31	—	109	13	—	—
67	1033	79	59	67	11	—	7	—	—	307	13	1223	31	7	23	11	—	179	—	—	7	47	353	13	—	—	11	7	—	—
69	47	7	109	—	577	—	31	11	7	41	—	79	23	—	19	7	17	157	11	—	29	13	7	—	211	—	1087	—	281	7
73	—	—	11	293	13	7	683	67	23	—	—	17	7	11	71	19	—	13	191	7	347	—	523	—	11	31	7	—	17	—
79	11	—	23	43	7	—	1063	19	—	263	—	7	17	107	—	53	163	571	7	29	—	233	11	61	13	7	19	127	—	17
81	23	17	167	11	—	43	7	—	97	13	—	59	73	7	11	47	—	19	17	—	7	53	13	23	—	11	1423	7	—	37
87	—	11	17	13	—	7	—	—	—	19	—	43	7	947	31	1543	13	23	379	7	487	887	71	11	29	—	7	—	19	13
91	239	41	7	223	47	—	—	11	37	7	19	—	13	23	17	43	7	—	11	67	—	—	89	7	—	13	—	—	—	11
93	137	19	—	17	7	—	29	503	—	—	11	7	317	—	509	109	—	43	7	101	17	11	167	13	—	7	37	31	—	1571
97	331	7	19	389	1439	11	13	23	7	—	41	—	—	—	197	7	11	97	587	13	—	19	7	29	—	37	—	11	83	7
99	223	659	67	7	13	23	37	229	11	31	7	—	19	41	47	227	—	7	—	11	—	17	53	43	7	103	—	61	23	1097

..	247 82	85	88	91	94	247 97	248 00	03	06	09	12	15	18	21	24	27	30	33	36	39	42	45	48	51	54	57	60	63	66	69
03	7	23	—	11	541	29	—	7	977	—	809	—	1487	13	7	—	17	1019	—	41	—	7	—	79	23	11	13	43	7	199
09	17	11	—	47	—	19	7	13	1571	—	31	—	11	7	1153	307	29	17	23	643	7	—	37	11	19	199	—	7	41	59
11	—	7	1013	37	11	13	17	—	7	—	29	281	—	—	—	7	23	503	13	—	157	977	7	17	233	101	11	409	—	7
17	7	—	11	—	97	—	1093	7	—	—	23	—	13	11	7	—	—	31	—	—	37	7	331	53	11	13	19	101	7	71
21	—	—	17	59	7	31	23	61	11	29	—	7	109	89	—	107	103	199	7	11	137	13	1303	—	—	7	661	19	677	23
23	11	—	71	29	23	617	7	—	17	839	107	11	—	7	587	113	241	307	19	13	7	—	11	—	227	17	1399	7	—	101
27	19	—	13	7	277	—	11	601	43	—	7	499	827	199	41	13	—	7	31	19	17	—	—	23	7	—	—	1039	11	89
29	13	—	1487	—	—	7	53	—	193	11	19	601	7	13	29	857	313	37	131	7	11	23	67	—	—	59	7	503	47	19
33	31	499	7	569	11	—	197	619	251	7	—	19	—	97	43	11	7	23	53	601	—	17	13	7	241	—	11	—	71	929
39	—	7	11	13	521	17	1283	—	7	887	—	23	—	11	—	7	13	47	103	—	43	—	7	59	11	—	—	113	—	7
41	—	13	1459	7	653	11	491	29	461	23	7	17	—	19	13	—	11	7	—	83	—	877	43	1489	7	1031	—	11	17	613
47	61	—	7	11	1087	19	79	53	13	7	—	271	17	—	11	—	7	109	29	137	31	13	73	7	19	11	23	47	43	17
51	257	109	197	—	13	—	7	17	31	11	727	97	—	7	—	277	1109	13	71	53	7	307	23	251	17	19	79	7	—	—
53	29	7	13	73	—	191	—	263	7	71	—	37	11	17	659	7	19	337	—	—	23	373	7	11	—	53	383	1553	73	7
57	—	—	61	181	—	7	—	11	17	617	37	13	7	—	263	—	23	19	11	7	89	31	—	641	13	17	7	1063	251	11
59	7	157	331	383	83	1451	397	7	19	13	11	29	—	1321	7	31	—	653	—	59	—	7	13	—	139	—	—	19	7	149
63	47	43	53	31	7	11	—	79	—	17	23	7	—	1489	—	691	11	107	7	229	73	—	—	421	131	7	17	11	19	—
69	—	19	107	7	23	—	—	37	71	97	7	373	13	331	11	—	31	7	—	491	19	—	1201	—	7	11	—	17	—	—
71	—	173	23	—	29	7	11	163	—	43	13	19	7	1039	811	—	17	11	—	7	—	—	—	13	1327	23	7	—	11	—
77	17	761	—	19	7	37	61	41	—	—	—	7	—	—	89	11	—	13	7	23	149	863	19	31	—	7	11	953	—	541
81	13	7	113	29	19	—	—	919	7	—	11	31	17	13	—	7	233	—	79	43	313	11	7	19	—	71	13	—	—	7
83	103	17	11	7	—	31	—	—	—	53	7	13	821	11	19	—	41	7	17	179	163	43	37	—	7	47	29	—	79	97
87	7	—	233	157	—	—	—	7	11	23	367	89	—	17	7	19	67	73	—	11	13	7	41	—	31	43	907	—	7	—
89	11	—	7	—	—	13	19	23	29	7	139	11	—	59	149	167	7	1433	13	17	—	—	11	7	—	19	—	43	—	257
93	—	13	1229	23	—	257	7	19	—	173	—	113	149	7	13	—	—	11	—	127	7	—	—	—	59	29	19	7	11	—
99	947	821	—	631	11	7	761	29	13	149	503	59	7	—	—	11	—	137	19	7	23	13	—	1123	67	401	7	109	—	79

	248 70	73	76	79	82	85	88	91	94	248 97	249 00	03	06	09	12
01	11	29	—	13	853	509	7	37	317	17	43	11	23	7	41
07	307	—	1237	—	59	7	23	—	103	11	13	—	7	—	—
11	29	1151	7	67	11	17	13	—	—	7	211	19	401	809	—
13	23	—	19	73	7	499	1301	11	—	—	31	7	—	83	191
17	13	7	11	19	—	139	17	67	7	—	181	29	—	11	241
19	41	—	—	7	—	11	127	—	83	—	7	13	17	19	409
23	7	349	—	—	—	859	41	7	—	1559	—	11	—	23	7
29	37	13	—	823	29	89	7	23	17	11	—	—	53	7	13
31	61	7	79	—	—	23	1493	131	7	47	487	59	11	—	17
37	7	811	—	43	569	—	13	7	19	29	11	—	—	1531	7
41	127	—	13	911	7	11	—	43	—	19	17	7	587	—	599
43	13	53	67	—	263	229	7	—	11	43	599	127	103	7	—
47	—	19	599	7	—	—	163	—	29	13	7	17	23	43	11
49	17	—	29	—	41	7	11	13	47	—	23	19	7	79	283
53	109	11	7	13	—	—	23	137	—	7	41	503	11	47	31
59	23	7	—	—	19	—	1543	—	7	—	11	37	—	17	—
61	—	241	11	7	—	59	61	—	13	—	7	659	—	11	19
67	11	—	7	17	—	—	19	47	587	7	191	11	—	1013	373
71	—	97	—	59	—	1091	7	19	37	241	233	13	47	7	73
73	—	7	—	983	17	—	1277	163	7	11	257	977	251	—	571
77	43	379	—	—	11	7	—	883	—	—	307	—	7	109	211
79	7	1019	43	13	179	17	37	7	41	19	—	181	—	73	7
83	17	—	11	—	7	37	43	—	—	107	19	7	13	11	41
89	11	17	19	7	—	83	13	71	197	—	7	11	43	443	—
91	—	—	—	11	13	7	—	17	—	1193	—	—	7	839	11
97	—	11	—	29	7	—	31	—	17	—	827	7	11	—	139

	15	18	21	24	27	30	33	36	39	42	45	48	51	54	57
01	31	13	59	19	—	7	—	11	83	—	499	17	7	1171	13
07	499	43	163	83	7	11	71	73	13	37	—	7	17	31	19
11	11	7	—	173	13	43	877	17	7	719	23	11	479	227	29
13	1187	—	13	7	619	857	19	43	23	—	7	167	653	17	11
17	7	1493	—	—	23	401	157	7	17	11	—	13	1091	—	7
19	—	11	7	313	—	—	37	61	31	7	1423	—	11	43	17
23	—	193	—	—	277	13	7	11	—	17	—	—	—	7	—
29	41	—	257	787	—	7	—	—	—	31	17	—	7	—	137
31	7	19	139	31	73	307	—	7	11	211	13	—	29	23	7
37	17	—	107	691	13	—	7	23	—	—	—	439	19	7	743
41	13	11	167	7	31	—	—	1229	67	—	7	29	11	13	317
43	37	17	—	—	11	7	907	—	—	47	—	13	7	—	373
47	—	—	7	—	—	19	—	13	—	7	11	—	67	17	47
49	43	109	11	1307	7	13	—	179	—	113	97	7	—	11	—
53	—	7	—	—	29	—	—	—	7	1249	—	1433	71	1181	13
59	7	179	—	—	41	1171	11	7	13	157	43	701	31	—	7
61	1259	—	7	—	17	131	13	41	47	7	—	1063	43	—	37
67	13	7	137	67	—	17	193	11	7	79	19	547	—	13	—
71	17	—	11	223	1279	7	503	31	29	13	—	19	7	11	—
73	7	31	19	431	719	11	17	7	359	—	157	37	—	—	7
77	11	17	1193	13	7	—	821	859	1069	107	37	7	—	23	283
79	223	13	251	11	107	—	7	17	—	—	59	23	173	7	11
83	53	29	17	7	—	—	—	23	—	11	7	—	47	64[illegible]	19
89	—	23	7	17	13	—	19	11	41	7	—	—	29	—	—
91	1319	—	13	1087	7	1181	29	89	—	17	11	7	251	997	727
97	647	79	—	7	—	37	47	1223	11	13	7	83	233	211	73

	248 71	74	77	80	83	86	89	92	95	248 98	249 01	04	07	10	13
01	41	7	—	17	23	19	—	11	7	—	—	409	—	—	61
03	37	401	23	7	547	13	223	1009	113	17	7	1471	131	233	29
07	7	13	29	61	17	11	—	7	193	41	47	113	—	—	7
09	487	31	7	—	—	—	—	19	11	7	17	379	13	—	661
13	—	—	—	11	67	17	7	—	13	—	331	—	—	7	11
19	19	11	13	—	—	7	17	—	67	23	—	347	7	139	71
21	7	43	641	349	11	71	83	7	—	263	19	—	17	13	7
27	29	23	11	151	—	367	7	13	79	31	—	179	—	7	—
31	53	—	101	7	41	151	181	761	11	—	7	43	—	—	—
33	11	13	919	631	—	7	53	41	—	773	269	11	7	19	13
37	—	797	7	313	71	179	11	—	151	7	13	103	—	41	19
39	—	—	—	47	7	19	461	—	13	11	—	7	23	59	—
43	—	7	—	—	11	73	19	1549	7	79	17	151	—	—	—
49	7	53	11	877	193	31	—	7	101	—	563	13	431	11	7
51	17	457	7	271	73	11	173	53	19	7	163	—	71	193	—
57	19	7	41	11	—	37	523	1249	7	—	—	67	31	61	11
61	31	19	619	—	37	7	—	47	41	11	—	—	7	17	29
63	7	11	17	751	—	313	—	7	29	157	13	19	11	—	7
67	—	—	53	—	7	—	13	11	—	—	1061	7	19	31	17
69	229	113	37	17	13	23	7	31	53	—	11	—	—	7	—
73	13	23	—	7	19	11	—	29	—	—	7	—	673	13	173
79	1049	211	7	11	—	59	47	13	31	7	131	—	1327	83	11
81	1381	—	31	673	7	13	11	787	127	—	113	7	29	—	—
87	1129	1109	—	7	11	—	17	—	397	53	7	89	13	—	—
91	7	17	—	31	—	439	23	7	13	—	11	29	41	—	7
93	47	—	7	607	23	29	13	17	61	7	457	—	293	11	59
97	23	—	13	199	—	47	7	173	11	719	19	—	137	7	—
99	11	7	167	—	—	—	619	709	7	71	31	11	311	13	263

	16	19	22	25	28	31	34	37	40	43	46	49	52	55	58
01	7	53	—	11	37	13	—	7	953	19	31	47	23	—	7
03	19	—	7	13	31	173	11	53	787	7	23	17	—	1291	—
07	—	11	229	929	491	—	7	—	179	419	—	137	11	7	—
09	—	7	37	—	11	—	—	—	7	293	13	19	17	—	181
13	23	37	79	41	—	7	13	17	271	—	11	—	7	269	—
19	13	307	53	—	7	113	—	—	11	29	47	7	41	13	—
21	11	1051	97	29	—	—	7	—	53	—	401	11	31	7	17
27	281	1031	—	—	—	7	19	—	521	11	—	113	7	—	29
31	109	13	7	239	11	23	1459	19	—	7	17	—	937	31	13
33	1153	—	227	23	7	1093	1327	11	—	—	131	7	13	—	—
37	1289	7	11	53	1499	67	—	163	7	47	—	17	1231	11	983
39	17	41	—	7	43	11	13	29	229	19	7	277	—	37	—
43	7	521	13	211	—	167	—	7	31	59	19	11	17	—	7
49	—	—	19	—	641	—	7	—	227	11	23	—	—	7	43
51	29	7	17	47	—	1523	947	13	7	61	37	—	11	—	—
57	7	13	23	17	19	89	701	7	—	—	11	29	1009	—	7
61	—	—	1021	1039	7	11	73	307	—	181	13	7	199	83	—
63	67	—	—	—	17	59	7	37	11	—	31	—	—	7	71
67	61	—	41	7	13	—	37	—	83	—	7	—	421	—	11
69	—	397	13	751	29	7	11	19	—	151	—	103	7	23	—
73	17	11	7	59	199	53	1049	47	19	7	—	13	11	751	881
79	19	7	—	23	—	13	—	—	7	—	11	—	—	71	151
81	—	23	11	7	71	1447	1097	17	—	—	7	—	67	11	—
87	11	37	7	—	61	—	239	1439	17	7	13	11	59	103	—
91	37	1361	103	17	647	97	7	101	—	—	359	—	—	7	23
93	41	7	73	—	13	—	1019	79	7	11	—	—	23	19	83
97	13	31	367	71	11	7	41	29	23	101	59	373	7	13	19
99	7	29	—	—	—	19	23	7	—	41	17	13	—	—	7

	248 72	75	78	81	84	87	90	93	96	248 99	249 02	05	08	11	14
03	—	257	19	17	29	7	11	191	—	13	61	281	7	181	463
09	547	67	—	13	7	—	647	—	937	—	—	7	—	19	919
11	—	13	—	—	19	31	7	11	—	23	17	467	—	7	13
17	163	—	89	23	—	7	—	433	13	83	41	17	7	—	73
21	11	—	7	—	13	53	17	—	29	7	—	11	—	353	311
23	31	—	13	11	7	—	563	19	59	—	541	7	17	—	11
27	—	7	—	331	—	—	37	17	7	11	—	13	941	67	1277
29	—	11	829	7	—	97	373	677	139	13	7	—	11	17	23
33	7	29	—	47	389	13	59	7	17	—	23	—	73	223	7
39	227	601	41	37	23	11	7	—	—	17	—	19	13	7	31
41	67	7	19	—	419	41	29	—	7	281	13	73	53	47	337
47	7	37	571	97	13	149	11	7	—	—	—	—	—	19	7
51	13	11	43	149	7	29	113	139	379	31	—	7	11	13	19
53	17	103	59	31	11	19	7	179	67	89	241	13	107	7	—
57	149	—	107	7	223	—	19	13	43	23	7	631	17	59	—
59	—	17	11	—	719	7	1289	23	—	61	29	101	7	11	197
63	59	13	7	23	31	71	89	479	11	7	—	1033	97	17	13
69	—	7	163	683	—	263	11	79	7	19	—	61	—	739	17
71	19	—	857	7	—	—	13	—	—	11	7	31	227	—	—
77	13	193	7	1021	17	—	—	11	271	7	197	19	23	13	29
81	—	—	11	—	—	—	7	—	23	13	97	37	19	7	863
83	89	7	—	19	1063	11	23	13	7	1163	—	—	199	1229	937
87	11	—	23	13	19	7	83	59	—	661	1447	11	7	29	—
89	7	13	1429	11	—	73	17	7	199	37	1213	—	—	—	7
93	—	17	367	—	7	397	1097	31	37	11	13	7	71	593	—
99	—	—	17	7	13	—	29	11	97	—	7	—	—	23	—

	17	20	23	26	29	32	35	38	41	44	47	50	53	56	59
03	1129	—	11	—	7	17	19	13	—	89	—	7	149	11	31
09	11	13	1163	7	103	47	17	53	79	149	7	11	409	101	13
11	—	—	—	11	643	7	—	109	19	1061	—	71	7	53	11
17	19	11	—	31	7	29	13	—	—	1399	61	7	11	17	557
21	43	7	13	149	1291	—	139	11	7	—	—	37	—	—	431
23	13	—	43	7	41	23	—	197	—	—	7	19	—	13	17
27	7	23	977	461	29	11	43	7	53	13	41	—	19	509	7
29	—	71	7	19	271	—	—	13	11	7	—	1237	1279	41	53
33	89	61	67	11	19	—	7	—	37	—	17	191	43	7	11
39	79	11	—	1303	109	7	67	317	193	—	13	17	7	271	397
41	7	1367	1549	197	11	1579	19	7	13	—	23	163	—	59	7
47	59	17	11	739	23	919	7	131	809	—	331	—	107	7	—
51	23	—	107	7	—	41	—	—	11	—	7	13	—	17	67
53	11	239	17	37	487	7	709	—	41	13	—	11	7	29	601
57	—	29	7	—	—	13	11	31	—	7	19	79	353	—	17
59	—	19	191	13	7	—	—	—	71	11	89	7	73	199	1559
63	113	7	19	241	11	137	—	61	7	—	53	23	13	233	—
69	7	—	11	839	1427	23	13	7	—	—	—	521	1321	11	7
71	101	—	7	23	13	11	113	43	—	7	491	—	47	1553	347
77	—	7	101	11	263	277	17	—	7	31	—	13	607	43	11
81	163	17	283	251	193	7	229	13	463	11	—	53	7	131	—
83	7	11	—	379	101	13	421	7	1123	73	29	61	11	67	7
87	—	13	17	79	7	311	—	11	19	173	23	7	—	37	13
89	61	89	—	157	31	—	7	347	17	—	11	47	13	7	107
93	19	—	—	7	23	11	109	967	13	29	7	449	461	61	—
99	47	331	7	11	17	31	—	73	379	7	37	19	53	349	11

	249 60	63	66	69	72	75	78	81	84	87	90	93	96	249 99
01	29	139	277	11	7	23	—	19	503	—	809	7	13	17
07	—	11	—	7	—	337	13	—	—	—	7	29	11	—
11	7	47	13	—	—	—	—	7	293	17	97	—	131	157
13	13	—	7	61	—	—	953	1031	—	7	11	31	—	13
17	773	—	103	—	—	11	7	1543	41	13	17	19	23	7
19	163	7	19	—	29	53	167	13	7	331	23	41	—	—
23	139	—	43	11	743	7	23	—	—	—	—	17	7	—
29	23	11	—	29	7	59	401	37	43	1117	13	7	11	193
31	—	17	107	223	11	19	7	—	13	—	43	173	—	7
37	241	31	11	—	461	7	53	—	29	—	47	—	7	11
41	—	211	7	41	37	—	73	89	11	7	—	13	—	—
43	11	283	—	17	7	383	41	—	19	13	101	7	—	—
47	277	7	31	127	281	13	11	29	7	19	83	691	41	—
49	19	29	37	7	17	73	—	547	—	11	7	131	101	—
53	7	19	293	79	11	83	103	7	—	—	—	61	13	—
59	17	1109	11	463	—	67	7	461	233	—	—	139	19	7
61	—	7	821	19	13	11	17	229	7	979	—	647	—	541
67	7	41	—	11	31	29	—	7	23	—	181	13	—	—
71	331	—	17	907	7	—	—	13	103	11	1013	7	—	67
73	—	11	23	—	107	13	7	—	17	43	41	—	11	7
77	—	13	—	7	29	31	—	11	1129	1553	7	179	173	43
79	—	—	577	—	61	7	—	—	569	17	11	83	7	37
83	—	—	7	571	17	11	59	—	13	7	—	—	37	—
89	31	7	13	11	—	17	61	977	7	23	19	—	—	—
91	13	19	—	7	67	—	11	23	349	53	7	17	1093	13
97	—	23	7	163	11	41	—	13	67	7	683	881	17	—

	250 02	05	08	11	14	17	20	23	26	29	32	35	38	41	44	47
01	11	1103	31	—	7	89	—	—	557	43	—	7	19	—	23	29
07	17	67	—	7	19	13	—	433	23	11	7	—	139	1193	—	31
11	7	13	89	31	11	19	—	7	113	347	—	—	17	61	7	11
13	—	17	7	—	—	67	59	11	29	7	—	—	13	47	—	19
17	409	271	11	71	—	251	7	—	13	—	—	163	—	7	—	—
19	373	7	17	—	503	11	13	19	7	67	31	1453	191	73	37	7
23	11	—	13	41	59	7	599	29	19	257	251	11	7	37	17	13
29	19	—	347	307	7	733	331	—	—	11	821	7	41	—	—	17
31	431	11	—	—	17	31	7	13	193	—	19	37	11	7	—	41
37	941	13	19	—	283	7	61	—	—	—	11	—	7	59	13	—
41	17	47	7	19	53	11	31	—	79	7	13	29	—	—	—	—
43	31	—	—	—	7	29	17	—	11	—	53	7	163	19	97	359
47	457	7	—	11	13	1249	—	37	7	89	71	59	43	—	11	7
49	127	41	13	7	—	19	11	17	—	653	7	47	23	31	43	13
53	7	11	17	359	29	173	19	7	23	—	—	13	11	—	7	—
59	47	—	23	17	37	13	7	—	73	1033	11	—	—	7	31	29
61	23	7	11	13	—	—	709	—	7	17	—	53	83	11	197	7
67	7	1283	37	89	101	103	—	7	—	109	13	11	61	—	7	—
71	79	19	283	—	7	17	11	—	29	31	701	7	—	23	739	47
73	—	61	29	31	13	127	7	—	191	11	79	17	—	7	—	349
77	13	113	41	7	11	59	17	23	—	1367	7	—	19	13	61	11
79	521	43	—	19	—	7	—	11	71	1373	97	13	7	29	—	—
83	563	23	7	61	19	43	—	13	—	7	—	41	—	11	311	—
89	11	7	—	—	—	—	—	—	7	457	113	11	29	—	13	7
91	1307	—	—	7	73	—	19	—	331	—	7	31	13	43	11	—
97	—	11	7	—	397	929	13	—	97	7	23	—	11	37	101	17

	249 61	64	67	70	73	76	79	82	85	88	91	94	249 97	250 00
01	97	—	367	13	—	173	7	17	1217	—	11	41	239	7
03	—	7	11	—	19	—	—	37	7	139	—	—	67	11
07	43	29	—	—	53	7	37	—	11	677	13	503	7	59
09	7	—	31	317	—	—	47	7	13	—	53	11	23	—
13	59	—	827	—	7	193	11	—	23	17	1063	7	29	1399
19	829	653	23	7	11	181	661	—	19	—	7	13	43	769
21	23	—	—	—	—	7	137	11	—	13	—	—	7	827
27	17	37	—	13	7	11	—	1051	—	41	19	7	—	—
31	11	7	853	557	733	—	—	—	7	859	47	11	13	23
33	263	17	19	7	—	—	—	617	79	1499	7	23	197	587
37	7	—	—	19	—	—	13	7	1549	11	—	31	463	17
39	—	11	7	—	13	23	—	—	—	7	—	—	11	19
43	13	23	—	—	757	317	7	11	113	29	—	—	89	7
49	167	41	613	467	—	7	19	13	83	47	—	—	7	—
51	7	43	1249	911	17	13	—	7	11	—	—	823	—	—
57	673	157	—	59	—	17	7	43	19	757	23	—	13	7
61	17	11	1033	7	—	—	23	53	13	19	7	37	11	29
63	19	1429	211	47	11	7	13	29	131	73	—	—	7	43
67	23	17	7	—	—	—	—	239	47	7	11	617	1049	—
69	13	—	11	811	7	1049	139	17	31	37	—	7	983	11
73	—	7	17	89	137	—	29	—	7	13	283	373	19	1451
79	7	79	—	13	19	41	11	7	53	31	—	23	—	751
81	61	13	7	31	—	227	37	359	41	7	59	29	—	—
87	197	7	229	23	83	149	19	11	7	353	17	127	97	—
91	—	—	11	149	13	7	—	19	59	271	29	499	7	11
93	7	—	13	37	29	11	71	7	—	—	—	17	—	179
97	11	499	37	—	7	—	17	257	151	53	—	7	79	—
99	—	47	—	11	157	1231	7	—	—	13	107	31	17	7

	03	06	09	12	15	18	21	24	27	30	33	36	39	42	45	48
01	—	—	13	—	—	29	7	11	—	—	17	523	31	7	—	13
03	13	7	79	1543	23	—	31	61	7	19	11	577	457	13	—	7
07	23	383	73	587	—	7	41	—	1103	13	19	17	7	47	1297	—
09	7	19	67	137	523	313	157	7	11	41	29	491	—	971	7	71
13	811	1453	19	11	7	—	—	31	53	37	—	7	17	—	11	41
19	421	11	—	7	127	—	941	1213	—	29	7	23	11	17	—	—
21	43	—	17	29	11	7	—	37	13	23	67	103	7	79	31	11
27	877	643	11	17	7	71	43	1171	937	—	—	7	—	11	29	13
31	—	7	29	199	1427	1499	59	1051	7	53	43	13	—	241	—	7
33	11	89	—	7	17	—	—	19	—	13	7	11	43	61	1051	53
37	7	—	—	37	83	13	11	7	19	—	41	—	211	29	7	—
39	—	—	7	13	883	17	47	29	439	7	—	—	1163	41	23	149
43	17	709	103	—	11	—	7	—	823	127	23	47	13	7	—	11
49	37	17	11	—	23	7	13	577	109	181	53	19	7	11	89	73
51	7	—	19	—	13	11	—	7	829	107	—	—	257	—	7	131
57	—	239	—	11	769	47	7	373	17	1423	—	13	71	7	11	83
61	59	137	—	—	103	41	167	13	—	11	7	563	—	—	19	23
63	—	11	1117	149	—	7	—	—	41	17	83	—	7	23	—	37
67	31	13	7	43	17	593	19	11	—	7	29	53	113	283	13	173
69	97	—	—	—	7	43	—	23	61	—	11	7	13	—	—	—
73	67	7	—	23	—	11	—	—	7	43	—	71	73	31	229	7
79	7	—	13	11	67	89	17	7	—	19	61	37	—	443	7	13
81	13	593	7	—	751	—	11	—	—	7	—	73	17	13	—	—
87	137	7	31	41	11	163	233	13	7	37	—	19	23	17	—	7
91	1069	71	1381	13	—	7	—	197	17	41	11	461	7	—	491	—
93	7	13	11	19	—	569	23	7	—	211	443	107	41	11	7	31
97	131	107	23	31	7	—	—	29	11	17	13	7	—	—	—	709
99	11	29	—	—	—	—	7	1567	13	293	757	11	—	7	19	17

	249 62	65	68	71	74	77	80	83	86	89	92	95	249 98	250 01
03	41	—	—	7	73	13	47	17	—	11	7	151	—	389
09	109	113	7	—	23	71	—	11	17	7	89	—	13	—
11	—	587	23	73	7	263	31	991	29	317	11	7	19	863
17	47	—	167	7	13	491	—	113	11	467	7	—	269	—
21	7	—	59	11	—	19	—	7	61	—	17	—	—	13
23	929	29	7	593	—	—	11	—	97	7	239	13	167	23
27	—	11	—	269	79	—	7	13	163	23	439	17	11	7
29	17	7	—	—	11	13	211	19	7	241	1471	337	29	311
33	29	13	31	23	41	7	101	—	19	281	11	53	7	109
39	19	89	1087	43	7	—	131	—	11	—	37	7	71	17
41	11	—	17	71	103	29	7	157	—	31	19	11	61	7
47	13	61	19	17	—	7	199	—	37	11	—	43	7	13
51	—	137	7	19	11	—	83	37	23	7	31	—	53	—
53	—	—	199	521	7	—	23	11	—	163	—	7	—	19
57	—	7	11	13	—	—	331	601	7	—	—	1579	233	11
59	23	13	41	7	97	11	79	—	—	29	7	601	—	—
63	7	173	109	—	37	31	19	7	41	443	13	11	—	—
69	—	17	—	—	13	389	7	—	29	11	—	67	857	7
71	—	7	13	1451	439	—	—	17	7	—	71	23	11	—
77	7	—	97	—	—	23	443	7	17	13	11	—	83	29
81	—	19	43	17	7	11	929	—	509	—	1201	7	—	31
83	113	691	53	13	43	257	7	31	11	17	157	19	47	7
87	1471	—	—	7	17	449	—	1021	43	61	7	659	13	—
89	71	269	67	19	—	7	11	109	—	—	13	—	7	797
93	—	11	7	—	19	17	13	—	31	7	1009	73	11	139
99	13	7	—	251	—	29	17	—	7	359	11	—	113	13

	04	07	10	13	16	19	22	25	28	31	34	37	40	43	46	49
03	—	397	—	7	13	37	11	97	—	—	7	—	239	53	—	19
09	29	—	7	197	11	191	—	19	—	7	—	13	—	23	59	11
11	17	151	47	37	7	—	—	11	1399	13	181	7	—	271	—	277
17	—	17	53	7	151	11	347	41	431	19	7	—	199	—	317	—
21	7	23	379	521	443	97	73	7	71	—	19	11	13	17	7	337
23	37	19	7	11	—	—	659	151	199	7	13	67	263	—	11	—
27	613	—	19	—	29	293	7	—	—	11	—	1511	83	7	17	—
29	31	7	113	17	13	73	—	1069	7	227	59	—	11	—	—	7
33	13	—	277	—	1259	7	47	11	—	1283	—	479	7	13	769	17
39	—	31	83	97	7	11	23	13	59	—	—	7	433	911	—	53
41	—	—	41	293	23	13	7	—	11	—	463	113	367	7	37	19
47	47	—	29	—	—	7	11	19	31	—	787	41	7	—	523	193
51	61	11	7	—	—	47	—	—	13	7	1433	—	11	—	103	71
53	887	—	73	43	7	—	13	17	137	—	—	7	379	29	743	11
57	19	7	13	—	—	—	1097	43	7	31	11	23	109	277	—	7
59	13	—	11	7	59	—	—	—	17	23	7	—	127	11	269	47
63	7	191	101	17	1091	23	—	7	11	13	—	19	29	43	7	59
69	73	—	59	13	17	71	7	37	677	617	—	271	—	7	—	—
71	139	7	—	83	61	53	41	—	7	11	17	509	—	19	13	7
77	7	1061	—	79	—	19	449	7	13	631	—	17	—	—	7	41
81	449	—	11	257	7	67	17	—	101	—	23	7	—	11	—	—
83	107	—	13	—	1201	11	7	—	23	—	29	59	17	7	881	13
87	11	109	193	7	23	—	—	17	673	67	7	11	31	641	—	—
89	499	233	23	11	—	7	31	359	19	13	409	193	7	17	11	1553
93	43	37	7	263	79	13	—	—	17	7	691	1409	101	67	—	347
99	223	7	—	—	—	—	43	11	7	17	—	—	13	—	101	7

	250 50	53	56	59	62	65	68	71	74	77	80	83	86	89	92
01	17	—	7	—	—	—	11	1297	13	7	—	461	379	—	1013
07	—	7	13	59	11	89	—	19	7	—	29	—	137	47	—
11	37	—	—	43	53	7	269	1171	19	367	11	13	7	17	59
13	7	1559	11	563	421	43	—	7	—	13	53	—	31	11	7
17	19	59	47	—	7	13	313	107	11	29	—	7	541	—	17
19	11	137	107	13	463	317	7	1103	1319	—	19	11	—	7	—
23	83	113	—	7	—	—	11	101	727	—	7	19	13	31	461
29	1039	127	7	19	11	53	13	439	163	7	1151	79	—	—	37
31	229	61	—	1229	7	17	—	11	967	—	59	7	127	19	23
37	1429	—	31	7	109	11	17	29	23	—	7	13	37	73	—
41	7	17	—	61	23	—	19	7	59	97	—	11	—	101	7
43	—	—	7	11	367	13	—	17	313	7	—	47	71	1069	11
47	401	13	17	31	1531	—	7	—	157	11	—	—	271	7	13
49	29	7	479	739	1093	—	83	—	7	37	—	937	11	67	953
53	47	—	43	17	—	7	127	11	13	19	—	73	7	—	—
59	41	19	13	79	7	11	—	97	43	23	137	7	683	293	—
61	13	—	71	41	59	—	7	23	71	157	17	19	389	7	239
67	—	23	983	19	29	7	11	13	—	—	—	17	7	53	—
71	883	11	7	13	19	—	17	167	131	7	463	—	11	—	—
73	—	13	—	37	7	277	—	661	—	—	—	7	17	223	13
77	—	7	37	29	—	97	31	17	7	—	11	127	—	163	23
79	31	—	11	7	—	—	19	263	13	47	7	—	23	11	—
83	7	—	—	—	13	—	—	7	11	613	—	—	—	593	7
89	607	31	23	—	41	487	7	223	—	17	—	13	—	7	109
91	23	7	—	—	—	79	109	41	7	11	—	—	—	61	563
97	7	19	61	13	223	173	359	7	31	593	—	409	—	463	7

	95	250 98	251 01	04	07	10	13	16	19	22	25	28	31	34	37
01	19	7	11	—	—	—	13	—	7	643	—	—	53	11	47
07	7	—	—	17	—	647	—	7	179	—	—	11	—	13	7
11	487	—	—	31	7	—	11	107	—	13	—	7	19	941	127
13	—	73	107	19	17	181	7	13	263	11	—	—	—	7	353
17	—	661	37	7	11	—	787	53	—	—	7	229	227	23	257
19	—	13	257	103	1483	7	—	11	61	—	31	23	7	47	13
23	17	—	7	67	—	29	—	23	359	7	13	181	—	11	—
29	11	7	47	—	13	—	43	19	7	—	61	11	197	491	—
31	—	—	13	7	—	31	79	17	43	1301	7	—	—	109	11
37	—	11	7	—	193	103	—	—	17	7	—	—	11	997	43
41	—	—	—	17	—	13	7	11	—	29	19	—	23	7	557
43	31	7	41	13	—	—	—	—	7	17	11	—	—	—	37
47	101	47	19	—	17	7	23	79	41	1409	1031	—	7	37	—
49	7	—	—	—	23	—	—	7	11	—	13	41	19	31	7
53	23	31	29	11	7	17	13	269	—	53	—	7	—	19	11
59	13	11	—	7	101	19	17	—	331	251	7	317	11	13	31
61	—	—	109	1543	11	7	67	29	31	1289	—	13	7	—	—
67	131	43	11	863	7	13	443	19	37	23	67	7	691	11	1361
71	—	7	—	41	—	23	29	37	7	31	53	887	73	71	13
73	11	1237	281	7	71	137	41	43	233	103	7	11	13	—	17
77	7	523	167	—	—	191	11	7	13	17	101	43	41	—	7
79	193	509	7	139	89	37	13	127	—	7	19	29	—	43	149
83	197	1087	13	491	11	—	7	701	—	—	17	19	101	7	661
89	199	89	11	19	—	7	—	59	461	13	23	17	7	11	101
91	7	—	37	—	29	11	683	7	23	47	97	31	311	19	7
97	—	13	23	11	641	19	7	—	—	—	—	—	—	7	11

	250 51	54	57	60	63	66	69	72	75	78	81	84	87	90	93
01	—	—	11	67	7	73	547	43	383	53	—	7	13	11	—
03	17	431	859	—	607	11	7	—	433	43	13	23	19	7	37
07	11	—	—	7	61	479	13	23	71	31	7	11	17	19	—
09	—	17	101	11	13	7	—	131	1129	113	89	—	7	613	11
13	13	23	7	—	—	19	—	—	83	7	—	29	113	13	—
19	—	7	193	83	31	—	—	11	7	149	37	647	47	173	17
21	—	—	1019	7	—	13	101	19	149	—	7	41	569	691	313
27	—	307	7	1091	17	149	—	—	11	7	23	31	13	—	823
31	19	1117	457	11	619	—	7	37	13	1549	1187	1559	607	7	11
33	—	7	67	—	23	17	11	—	7	29	19	—	163	383	—
37	17	11	13	197	—	7	443	137	491	—	61	19	7	—	—
39	7	89	19	419	11	37	17	7	79	167	—	857	59	13	7
43	—	17	—	19	7	—	43	—	29	13	11	7	—	107	277
49	1013	233	17	7	311	—	—	31	11	397	7	23	41	281	19
51	11	13	37	443	83	7	641	—	17	23	—	11	7	29	13
57	—	—	1187	23	7	—	—	191	13	11	211	7	263	401	31
61	—	7	31	1049	11	—	—	571	7	—	—	503	29	—	283
63	—	179	13	7	—	331	29	11	19	—	7	347	—	—	—
67	7	397	11	829	—	17	853	7	—	19	—	13	1567	11	7
69	19	41	7	—	47	11	59	307	619	7	787	17	—	71	23
73	11	19	—	—	—	13	7	41	521	47	23	11	—	7	577
79	811	499	—	—	23	7	—	17	409	11	31	181	7	—	—
81	7	11	23	19	31	—	—	7	—	—	13	—	11	17	7
87	—	—	53	47	13	—	7	43	—	269	11	79	—	7	17
91	13	1063	—	7	—	11	—	—	47	17	7	43	73	13	53
93	—	257	—	29	239	7	19	683	11	61	37	13	7	23	127
97	67	967	7	11	—	—	—	13	—	7	17	307	—	877	11
99	59	—	163	—	7	13	11	23	199	—	109	7	31	97	29

	96	250 99	251 02	05	08	11	14	17	20	23	26	29	32	35	38
01	61	127	139	7	—	—	19	41	—	11	7	373	31	17	—
03	53	11	17	—	—	7	31	—	13	—	41	71	7	—	—
07	149	—	7	—	13	—	—	11	—	7	239	241	53	—	17
09	43	79	13	17	7	—	373	—	19	673	11	7	—	23	—
13	—	7	103	—	43	11	—	31	7	19	397	13	109	47	59
19	7	19	—	11	1223	13	73	7	—	163	43	—	1069	—	7
21	—	23	7	13	61	17	11	—	—	7	331	19	43	37	31
27	—	7	—	19	11	41	17	47	7	83	13	467	29	—	—
31	29	17	397	—	19	7	13	881	67	—	11	41	7	983	23
33	7	—	11	—	13	—	—	7	—	31	37	509	23	11	7
37	13	—	17	—	7	—	431	181	11	37	—	7	67	13	233
39	11	227	53	761	1051	29	7	1249	17	—	—	11	727	7	—
43	233	109	23	7	—	—	11	13	59	—	7	—	1163	79	53
49	—	13	7	—	11	—	37	—	1433	7	—	47	—	—	13
51	41	101	73	—	7	—	—	11	71	19	17	7	13	—	167
57	521	19	1049	7	37	11	13	251	1087	29	7	17	1481	—	1459
61	7	—	13	37	263	—	17	7	761	43	—	11	61	97	7
63	13	—	7	11	59	23	401	67	—	7	227	43	17	13	11
67	31	23	211	—	—	—	7	17	29	11	47	—	269	7	109
69	907	7	29	709	19	—	109	13	7	—	563	67	11	17	401
73	37	331	59	13	—	7	—	11	17	607	—	131	7	31	1019
79	—	29	—	—	7	11	503	—	641	17	13	7	23	—	223
81	97	—	701	—	41	199	7	19	11	89	23	101	—	7	—
87	—	199	13	157	23	7	11	173	—	1153	613	59	7	41	—
91	19	11	7	—	—	179	89	—	653	7	—	13	11	—	37
93	17	—	—	751	7	53	—	—	—	13	19	7	—	—	—
97	1213	7	43	31	509	13	83	61	7	59	11	19	17	751	71
99	541	17	11	7	43	71	—	—	181	—	7	—	37	11	—

	250 52	55	58	61	64	67	70	73	76	79	82	85	88	91	94
03	31	7	29	23	67	1327	—	—	7	—	—	17	11	—	13
09	7	367	—	—	—	947	37	7	13	—	11	83	17	29	7
11	199	17	7	191	—	103	13	29	179	7	—	—	139	11	—
17	11	7	17	79	37	—	—	—	7	—	71	11	19	13	—
21	181	83	179	37	—	7	11	229	23	13	991	—	7	19	17
23	7	47	31	17	19	—	23	7	73	11	—	479	—	—	7
27	—	—	23	13	7	19	41	109	—	—	—	7	—	—	—
29	23	13	—	—	17	—	7	11	—	41	283	29	107	7	13
33	37	—	11	7	79	59	—	1481	983	71	7	139	—	11	—
39	11	—	7	743	13	523	61	—	19	7	29	11	1097	23	389
41	47	—	13	11	7	53	17	67	—	757	31	7	83	—	11
47	—	11	—	7	—	23	—	17	—	13	7	67	11	—	59
51	7	23	17	29	163	13	—	7	1447	919	587	19	431	709	7
53	—	59	7	13	41	31	151	97	17	7	11	419	109	229	1171
57	53	—	—	17	461	11	7	113	151	—	41	—	13	7	29
59	—	7	—	241	—	—	53	353	7	17	13	—	37	19	311
63	—	157	—	11	17	7	13	281	283	—	349	37	7	—	11
69	13	11	449	43	7	17	19	29	227	179	—	7	11	13	151
71	—	29	73	769	11	43	7	929	—	37	673	13	—	7	47
77	—	677	11	659	499	7	587	53	19	139	—	43	7	11	353
81	29	13	7	47	—	41	71	17	11	7	—	—	137	—	13
83	11	109	941	—	7	—	37	—	31	911	—	7	13	17	—
87	73	7	103	373	1201	37	11	—	7	331	89	23	1571	1259	41
89	863	877	1583	7	—	29	13	—	—	11	7	19	1201	47	17
93	7	137	13	—	11	23	—	7	—	17	—	—	19	193	7
99	113	67	11	—	19	—	7	1237	139	13	17	—	—	7	—

	250 97	251 00	03	06	09	12	15	18	21	24	27	30	33	36	39
03	7	83	—	19	—	223	—	7	11	—	139	23	13	17	7
09	53	1231	—	—	—	23	7	—	—	—	—	337	—	7	17
11	89	7	223	17	13	19	53	—	7	11	131	—	—	1429	113
17	7	—	47	29	17	31	—	7	—	—	137	13	73	—	7
21	—	67	11	1093	7	1321	—	13	79	281	—	7	347	11	103
23	61	—	317	—	523	11	7	—	19	—	—	773	83	7	23
27	11	13	29	7	—	37	31	—	—	19	7	11	—	61	13
29	19	719	—	11	1549	7	17	53	23	—	269	—	7	383	11
33	41	17	7	257	23	97	211	433	13	7	73	—	—	29	1439
39	239	7	13	1021	1459	347	47	11	7	41	—	—	19	67	1471
41	13	—	—	7	—	—	—	191	17	73	7	617	41	13	—
47	29	—	7	367	—	—	—	13	11	7	—	—	—	23	19
51	79	—	193	11	17	199	7	—	1123	23	59	—	—	7	11
53	47	7	131	—	307	—	11	23	7	—	17	29	—	—	13
57	—	11	349	23	89	7	—	19	157	31	13	—	7	—	457
59	7	23	449	31	11	—	277	7	13	—	—	17	359	—	7
63	439	71	163	53	7	1039	17	541	61	—	11	7	—	—	1373
69	359	97	883	7	31	—	—	17	11	—	7	13	191	37	23
71	11	19	197	1217	—	7	59	—	—	13	—	11	7	17	937
77	—	—	601	13	7	547	23	113	—	11	109	7	19	—	17
81	43	7	23	—	11	151	—	—	7	17	37	821	13	19	29
83	23	—	43	7	19	619	151	11	29	757	7	—	61	337	47
87	7	—	11	571	337	19	13	7	127	499	17	—	31	11	7
89	919	61	7	73	13	11	31	293	37	7	—	—	241	—	577
93	11	1427	227	47	677	—	7	[illegible]	41	83	1511	11	43	7	61
99	383	—	557	61	83	7	827	13	19	11	211	157	7	—	151

	251 40	43	46	49	52	55	58	61	64	67	70	73	76	79	82	85	88	91	94	251 97	252 00	03	06	09	12	15	18	21	24	27
01	7	151	163	173	13	97	41	7	—	11	223	113	727	—	7	—	83	13	31	181	11	7	—	19	73	—	61	29	7	71
07	31	1553	71	827	151	17	7	11	23	29	—	13	43	7	277	19	1021	—	11	—	7	103	17	—	13	—	—	7	—	11
11	17	197	11	7	23	757	151	13	—	1181	7	—	—	11	—	—	19	7	311	31	13	41	—	797	7	181	29	23	61	139
13	—	—	23	593	61	7	17	19	—	—	127	691	7	31	47	163	11	—	13	7	29	—	—	17	41	23	7	11	269	—
17	11	13	7	—	223	—	—	131	19	7	881	11	—	331	13	—	17	61	17	47	—	23	11	7	37	—	—	13	71	—
19	—	83	29	11	7	37	59	17	887	283	79	7	13	—	11	929	139	1091	7	23	479	—	241	431	17	7	31	—	—	149
23	19	7	17	47	37	—	61	—	7	11	53	173	151	137	31	7	—	59	—	17	11	13	7	367	—	827	—	149	43	7
29	7	29	13	17	59	—	109	7	—	23	433	19	103	—	7	13	—	211	11	—	17	7	—	—	149	199	—	31	7	11
31	13	—	7	—	281	—	353	23	239	7	11	463	—	13	—	467	7	—	349	—	—	11	—	7	29	277	13	461	—	883
37	—	7	307	31	—	—	29	13	7	71	17	349	—	19	—	7	1511	—	541	11	13	61	7	137	23	—	59	17	293	7
41	67	—	47	11	—	7	227	193	389	1259	—	53	7	—	11	139	13	199	37	7	23	151	17	29	107	11	7	397	—	13
43	7	13	641	—	349	19	11	7	181	617	61	17	587	59	7	439	31	11	23	107	613	7	151	—	19	103	—	13	7	—
47	23	11	—	—	7	29	17	727	—	43	13	7	11	199	23	149	—	1321	7	—	131	—	1433	11	59	7	—	—	—	53
49	59	1181	79	—	11	569	7	991	13	227	—	43	17	7	149	11	19	—	73	337	7	13	—	157	—	151	11	7	29	17
53	—	241	41	7	13	—	—	17	23	199	7	59	61	191	181	37	29	7	—	109	757	11	79	683	7	1033	373	151	83	—
59	—	47	7	—	257	199	—	1291	11	7	631	13	53	—	—	—	7	—	—	11	509	43	—	7	13	17	1511	29	19	—
61	11	137	—	—	7	—	971	839	149	13	—	7	773	37	17	—	167	—	7	19	127	29	11	23	31	7	947	47	—	—
67	271	1117	1559	7	113	149	31	233	—	11	7	19	359	79	—	17	13	7	—	—	11	—	409	41	7	757	167	61	313	13
71	7	139	401	149	11	—	—	7	97	—	17	863	13	23	7	11	47	—	—	641	29	7	—	—	—	13	11	17	7	37
73	—	53	7	19	—	—	—	11	—	7	13	23	829	1217	29	73	7	241	11	31	—	1063	19	7	—	179	181	487	—	11
77	47	—	11	—	19	—	7	23	83	37	401	17	—	7	487	—	—	—	59	13	7	929	—	19	11	157	139	7	17	61
79	17	7	—	67	13	11	—	947	7	—	—	—	—	113	19	7	11	13	—	53	—	—	7	—	109	29	47	11	23	7
83	11	23	43	83	—	7	41	647	109	—	557	11	7	13	79	19	113	463	61	7	31	—	11	—	23	241	7	457	67	17
89	—	—	31	—	7	—	37	13	43	11	—	7	131	17	—	41	1123	—	7	251	11	137	—	829	29	7	19	—	643	—
91	—	11	17	—	—	13	7	541	—	347	43	67	11	7	—	—	23	19	13	17	7	89	113	11	37	—	157	7	—	—
97	29	1123	—	17	37	7	—	—	—	19	11	229	7	389	59	67	43	—	—	7	17	11	—	71	—	13	7	41	19	29

	251 41	44	47	50	53	56	59	62	65	68	71	74	77	80	83	86	89	92	95	251 98	252 01	04	07	10	13	16	19	22	25	28
01	—	—	7	37	—	11	23	—	13	7	19	—	—	421	—	17	7	29	89	—	43	13	1409	7	1091	59	—	11	31	19
03	1109	19	653	—	7	—	13	179	11	47	—	7	—	—	83	281	—	823	7	11	19	17	31	—	1567	7	97	23	—	563
07	23	7	13	11	97	101	—	313	7	191	31	—	59	821	11	7	17	773	293	127	37	19	7	23	—	11	43	739	13	7
09	13	37	347	7	31	17	11	—	503	83	7	61	19	13	—	419	853	7	—	1097	463	23	17	67	7	—	13	—	11	—
13	7	11	—	—	—	—	79	7	—	13	29	1553	11	19	7	53	—	17	743	—	991	7	13	11	61	—	709	—	7	—
19	—	17	—	13	—	19	7	1481	367	101	11	23	937	7	—	—	13	37	17	41	7	11	103	—	19	131	—	7	157	13
21	587	7	11	283	—	—	—	17	7	23	—	1033	89	11	13	7	293	—	1277	359	—	59	7	—	11	—	—	13	311	7
27	7	—	127	23	53	—	383	7	13	137	—	11	31	743	7	37	—	1447	503	197	—	7	11	107	—	17	19	—	7	—
31	31	433	—	17	7	1061	11	43	19	89	—	7	71	101	29	643	53	11	7	59	17	—	23	—	127	7	73	19	11	—
33	191	—	13	71	1319	—	7	—	29	11	—	883	—	7	431	13	—	1249	19	317	7	—	53	47	467	31	17	7	13	157
37	19	—	—	7	11	41	59	73	353	—	7	13	—	31	—	11	23	7	—	19	241	17	911	—	7	29	11	—	47	—
39	—	—	109	—	—	7	173	11	41	13	17	—	7	659	23	43	—	61	11	7	—	—	13	—	—	73	7	17	653	11
43	97	67	7	1051	—	13	1103	29	—	7	23	19	47	11	41	—	7	101	13	43	163	—	17	7	11	—	31	1237	—	71
49	11	7	71	19	23	67	17	—	7	113	—	11	13	1453	—	7	—	53	29	61	—	499	7	17	1051	13	—	23	37	7
51	—	—	23	7	—	—	—	127	1049	37	7	577	17	19	11	59	—	7	211	—	—	—	47	13	7	11	41	43	331	17
57	—	11	7	311	13	19	47	—	163	7	—	—	11	17	—	31	7	13	—	23	97	—	1109	7	19	367	37	—	—	1031
61	13	499	317	31	73	191	7	11	17	79	—	29	—	7	173	23	—	131	11	71	7	83	787	101	—	17	13	7	1103	11
63	—	7	199	41	103	29	37	—	7	—	11	13	677	23	17	7	19	—	—	79	307	11	7	—	13	1579	727	—	31	7
67	43	—	—	—	—	7	—	13	—	17	181	—	7	—	—	—	11	19	53	7	13	317	29	—	—	101	7	11	1439	—
69	7	—	43	73	193	13	557	7	11	—	31	—	41	—	7	17	29	—	13	11	—	7	—	37	53	107	—	19	7	167
73	—	13	643	11	7	—	43	—	—	19	17	7	739	947	11	107	—	—	7	—	—	67	37	—	—	7	23	13	19	31
79	107	11	37	7	—	311	83	137	13	71	7	17	11	—	—	29	919	7	—	—	19	13	—	11	7	61	—	41	17	101
81	17	61	—	—	11	7	13	53	—	29	157	19	7	—	43	11	—	17	23	7	37	—	—	—	263	—	7	—	137	—
87	13	17	11	19	7	—	509	257	67	—	89	7	23	11	—	—	—	251	7	73	29	139	19	401	11	7	13	83	109	463
91	229	7	—	61	19	—	31	59	7	13	167	1487	109	17	—	7	383	523	—	11	—	—	7	19	43	47	71	97	953	7
93	11	—	17	7	47	271	23	13	331	—	7	11	67	—	19	701	97	7	937	17	13	433	11	—	7	—	43	—	—	23
97	7	503	23	13	—	—	11	7	211	47	—	1039	—	41	7	19	13	11	—	29	167	7	—	337	—	23	1061	—	7	13
99	23	13	7	17	769	—	19	—	53	7	523	—	—	29	13	1303	7	83	1399	—	11	179	269	7	811	19	443	13	373	59

	251 42	45	48	51	54	57	60	63	66	69	72	75	78	81	84	87	90	93	96	251 99	252 02	05	08	11	14	17	20	23	26	29
03	—	29	929	—	11	—	7	19	—	131	13	—	971	7	271	11	—	73	—	23	7	—	41	13	197	—	11	7	—	967
09	173	—	11	541	13	7	653	—	431	239	163	—	7	11	31	179	17	13	19	7	139	727	1193	389	11	97	7	59	751	—
11	7	43	13	47	—	11	29	7	31	11	—	23	—	227	7	13	11	557	—	—	—	7	17	—	67	—	—	11	7	—
17	—	19	41	11	—	23	7	43	101	13	103	37	107	7	11	191	—	29	1483	643	7	31	13	17	—	11	—	7	23	—
21	—	17	19	7	1097	13	—	1109	41	11	7	43	—	—	—	367	—	7	13	—	11	19	—	163	7	—	—	853	—	349
23	1259	11	709	13	379	7	229	17	113	311	101	41	7	43	1193	857	13	89	47	7	1549	383	23	11	17	—	7	53	29	13
27	—	—	7	—	—	—	71	11	761	7	—	113	13	19	73	—	7	41	11	17	443	421	31	7	257	13	—	37	1327	11
29	—	—	47	179	7	467	317	487	17	—	11	7	97	—	—	—	23	—	7	43	41	11	—	13	—	7	593	—	—	131
33	293	7	1301	17	31	11	13	37	7	419	—	—	23	—	89	7	11	—	1069	13	17	503	7	43	19	—	41	11	—	7
39	7	103	1289	11	17	—	23	7	349	29	—	571	839	13	7	907	19	31	—	—	113	7	53	71	37	11	13	587	7	23
41	—	—	7	29	23	37	11	19	131	7	17	13	547	61	71	1291	7	11	—	—	—	881	—	7	13	887	19	17	11	—
47	—	7	61	—	11	13	41	673	7	—	97	17	—	—	29	7	—	—	13	—	—	23	7	—	31	—	11	127	17	7
51	19	13	29	271	—	7	17	—	1483	521	11	73	7	—	13	61	—	23	—	7	—	11	281	17	—	—	7	13	227	83
53	7	463	11	—	—	211	31	7	89	—	19	53	13	11	7	23	173	—	139	—	101	7	—	—	11	13	—	223	7	17
57	—	37	—	103	7	—	—	17	11	—	67	7	197	29	193	79	941	659	7	11	—	13	179	53	17	7	—	—	—	—
59	11	547	19	—	71	409	7	29	—	23	73	11	167	7	107	—	47	59	—	13	7	19	11	193	41	79	—	7	—	53
63	—	—	13	7	107	23	11	31	17	—	7	1381	211	—	67	13	—	7	37	83	—	47	19	1171	7	17	—	—	11	—
69	—	773	7	—	11	47	29	—	—	7	—	443	—	1567	19	11	7	—	67	—	31	89	13	7	—	—	11	73	—	257
71	29	41	457	1571	7	19	79	11	1031	—	—	7	53	397	31	17	37	257	7	61	13	71	607	—	19	7	101	—	—	11
77	—	13	—	7	—	11	—	—	61	173	7	29	—	—	13	47	11	7	223	—	—	—	1489	439	7	1259	73	11	101	—
81	7	—	269	809	83	719	181	7	—	—	13	11	—	—	7	31	41	19	—	—	47	7	11	13	—	431	67	—	7	—
83	17	1451	7	11	139	67	97	73	13	7	—	—	1409	37	11	—	7	17	977	41	—	13	29	7	59	11	211	19	541	—
87	—	—	—	167	13	—	7	53	569	11	29	—	17	7	—	—	—	13	229	1019	7	—	—	619	379	41	—	7	19	17
89	19	7	13	—	29	397	—	733	7	67	—	59	11	53	641	7	—	79	17	19	281	313	7	11	—	23	—	599	13	7
93	859	19	—	—	113	7	1303	11	383	—	31	13	7	17	—	—	—	—	11	7	19	23	59	761	13	53	7	7	359	11
99	—	—	41	29	7	11	593	599	457	37	193	7	19	—	17	23	11	173	7	47	439	107	1201	31	—	7	163	11	—	—

	252 30	33	36	39	42	45	48	51	54	57	60	63	66	69	72	75	78	81	84	87	90	93	96	252 99	253 02	05	08	11	14	17
01	13	11	239	—	—	7	601	23	17	—	863	—	7	13	347	59	47	41	89	7	53	—	—	11	—	17	7	—	743	—
07	47	23	59	—	7	149	—	13	29	17	11	7	—	283	—	37	349	193	7	—	13	11	—	19	23	7	17	—	977	257
11	—	7	1523	13	17	11	—	199	7	—	163	73	—	59	37	7	11	67	—	79	23	17	7	—	19	29	601	11	271	7
13	—	13	149	7	—	607	97	—	11	349	7	101	523	—	13	19	71	7	23	11	—	373	—	—	7	—	103	13	—	73
17	7	—	31	11	—	17	—	7	—	—	13	—	—	307	7	53	19	733	631	—	1021	7	17	13	109	11	173	—	7	—
19	67	29	7	41	—	379	11	19	13	7	73	17	23	101	—	47	7	11	—	281	—	13	—	7	61	—	19	31	11	223
23	79	11	233	—	13	397	7	—	19	41	—	37	11	7	—	31	—	13	29	719	7	—	907	11	—	67	277	7	—	1249
29	19	—	23	563	43	7	191	17	—	—	11	13	7	569	157	71	647	—	41	7	—	11	1109	—	13	23	7	73	31	29
31	7	709	11	—	53	—	43	7	67	13	19	919	—	11	7	307	1129	101	131	107	191	7	13	23	11	1171	—	811	7	19
37	11	—	19	13	31	29	7	—	113	197	—	11	43	7	17	—	13	23	359	101	7	19	11	—	—	89	37	7	967	13
41	—	937	—	7	61	—	11	59	83	17	7	79	13	23	677	—	43	7	—	47	—	—	19	31	7	13	17	1279	11	—
43	—	—	—	—	173	7	37	73	—	11	13	23	7	19	1231	17	29	31	43	7	11	79	—	13	—	—	7	821	—	109
47	—	—	7	47	11	31	13	23	—	7	17	643	—	97	19	11	7	—	1459	13	—	—	43	7	—	—	11	17	827	—
49	1223	211	97	—	7	19	1367	11	271	—	—	7	—	193	—	—	17	13	7	233	67	—	—	37	19	7	263	29	23	11
53	13	7	11	—	1213	—	19	179	7	—	257	17	—	11	—	7	1297	53	31	103	113	313	7	—	11	19	13	673	17	7
59	7	—	37	—	—	73	—	7	211	761	991	11	17	—	7	—	821	19	23	307	13	7	11	—	241	191	29	59	7	17
61	89	17	7	11	—	13	—	—	19	7	367	—	—	71	11	—	7	—	13	83	29	—	139	7	—	11	113	19	67	—
67	19	7	17	—	73	—	53	31	7	479	23	223	11	—	83	7	89	—	941	17	379	—	7	11	—	13	—	—	47	7
71	—	19	—	43	317	7	23	11	13	—	61	—	7	—	17	1567	467	157	11	7	19	13	—	—	—	—	7	—	—	11
73	7	197	41	17	23	43	13	7	—	83	11	19	47	29	7	—	1123	37	109	13	17	7	1453	443	53	—	—	23	7	—
77	23	29	13	131	7	11	—	—	31	43	—	7	19	89	—	13	11	47	7	—	—	73	197	23	—	7	—	11	13	—
79	13	—	31	19	17	—	7	—	11	—	151	41	1213	7	—	—	167	277	—	11	7	17	19	59	29	—	13	7	199	787
83	—	47	73	7	19	223	877	229	787	13	7	—	29	—	11	43	17	7	773	—	617	31	13	19	7	11	1181	—	—	89
89	17	11	7	13	—	173	809	—	—	7	—	23	11	37	79	19	7	17	—	53	—	43	—	7	—	1327	41	—	—	13
91	433	13	223	—	7	—	17	—	139	23	431	7	137	—	13	11	151	29	7	—	71	—	—	17	79	7	11	13	31	41
97	457	103	11	7	—	1571	461	17	13	—	7	37	—	11	—	—	199	7	—	151	—	13	—	—	7	—	23	—	29	43

	252 31	34	37	40	43	46	49	52	55	58	61	64	67	70	73	76	79	82	85	88	91	94	252 97	253 00	03	06	09	12	15	18
01	7	—	17	41	13	859	619	7	11	—	37	—	401	359	7	109	29	13	19	11	—	7	23	—	—	307	163	1439	7	31
03	11	113	7	—	353	79	41	199	17	7	29	11	199	661	181	13	7	509	—	761	23	—	11	7	283	17	47	—	13	—
07	—	997	—	17	89	61	7	167	—	—	19	13	41	7	67	—	23	11	701	71	7	269	—	919	13	79	—	7	11	19
09	127	7	—	—	—	31	—	283	7	11	47	—	—	—	23	7	1447	59	331	—	11	29	7	—	—	151	17	—	173	7
13	569	—	19	227	11	7	—	37	239	29	23	1487	7	—	197	11	—	167	13	7	89	17	127	—	31	233	7	151	59	293
19	337	—	11	53	7	17	31	—	43	461	—	7	13	11	251	59	—	263	7	—	29	—	17	433	11	7	83	23	—	331
21	31	67	23	1559	19	11	7	—	107	53	13	17	—	7	29	829	11	—	1181	—	7	—	—	13	—	23	—	7	17	—
27	71	41	—	11	13	7	—	—	1009	47	—	—	7	31	11	19	43	13	—	7	109	157	37	641	271	11	7	53	—	17
31	13	31	7	—	109	631	—	17	—	7	197	1307	1553	13	47	23	7	—	—	—	11	37	61	7	17	421	13	313	1213	—
33	—	11	37	—	7	103	1021	19	571	67	41	7	11	17	73	643	—	—	7	—	—	173	43	11	13	7	19	—	—	—
37	1229	7	1093	97	53	—	—	11	7	23	—	61	227	—	31	7	41	79	11	887	13	947	7	193	29	17	43	19	—	7
39	—	1487	—	7	—	13	—	23	31	457	7	59	191	67	17	—	—	7	13	37	1049	11	467	—	7	967	487	79	43	709
43	7	13	—	23	—	11	29	7	443	17	137	89	—	487	7	—	11	—	37	19	—	7	53	—	569	41	17	11	7	47
49	—	83	—	11	—	—	7	—	13	31	17	19	73	7	11	1493	—	29	139	—	7	13	—	—	941	11	277	7	—	1259
51	—	7	19	31	—	—	11	103	7	—	419	29	1063	—	233	7	17	11	23	13	—	19	7	97	—	757	61	83	11	7
57	7	—	—	43	11	41	241	7	—	109	127	53	23	13	7	11	31	17	—	—	137	7	29	47	—	67	11	509	7	313
61	—	157	379	—	7	—	—	43	23	13	11	7	17	—	19	107	—	—	7	—	—	11	13	53	—	7	—	—	47	17
63	—	17	11	1019	29	19	7	13	503	43	107	—	—	7	41	461	—	83	17	—	7	—	229	—	11	—	—	7	—	23
67	107	1279	23	7	431	—	19	—	11	79	7	—	37	17	241	457	13	7	373	11	41	29	—	—	7	19	281	—	73	13
69	11	13	17	—	—	7	—	—	—	103	—	11	7	—	13	29	19	—	—	7	—	89	11	23	71	—	7	13	—	—
73	—	—	7	29	—	—	11	—	1129	7	13	—	593	1321	17	—	7	11	—	23	—	—	—	7	—	467	—	223	11	37
79	677	7	—	59	11	—	—	—	7	19	269	—	31	23	29	7	1579	13	89	193	1103	131	7	—	53	43	11	47	19	7
81	19	—	13	7	17	—	31	11	29	211	7	23	—	257	—	13	—	7	11	19	—	17	109	397	7	—	—	37	13	11
87	—	—	7	—	311	11	—	37	593	7	—	19	—	—	71	547	7	433	—	29	—	61	13	7	1223	59	—	11	23	167
91	11	23	—	67	571	13	7	29	—	1543	1451	11	19	7	—	41	211	17	13	—	7	—	11	—	23	73	—	7	1471	—
93	277	7	337	11	—	—	17	—	7	631	61	—	59	53	11	7	13	163	41	—	—	47	7	17	37	11	—	—	—	7
97	43	17	1181	—	19	7	73	67	313	11	—	—	7	—	—	113	—	293	17	7	11	1187	263	19	41	13	7	349	179	137
99	7	11	43	797	37	47	389	7	—	401	13	79	11	—	7	397	23	—	—	—	—	7	—	11	17	—	—	41	7	877

	252 32	35	38	41	44	47	50	53	56	59	62	65	68	71	74	77	80	83	86	89	92	95	252 98	253 01	04	07	10	13	16	19
03	29	—	17	37	7	941	13	11	—	127	47	7	23	71	—	19	—	107	7	13	349	419	—	—	—	7	1063	677	97	11
09	13	41	103	7	719	11	23	19	53	89	7	29	43	13	—	31	11	7	137	109	17	811	—	—	7	—	13	11	—	23
11	—	37	439	751	23	7	—	251	11	17	—	13	7	—	43	293	—	19	1381	7	47	—	1489	—	13	401	7	23	—	449
17	—	—	1307	—	7	13	11	397	—	19	17	7	251	41	383	—	29	11	7	59	43	23	31	—	647	7	—	17	11	—
21	577	7	—	71	29	17	233	137	7	47	19	—	11	101	13	7	—	23	—	41	509	—	7	11	43	857	97	13	751	7
23	—	19	67	7	11	—	59	—	—	1093	7	17	13	1187	—	11	61	7	257	—	19	73	41	491	7	13	11	29	17	—
27	7	—	19	—	103	449	17	7	13	53	11	23	—	353	7	29	181	59	—	83	—	7	—	17	—	—	—	67	7	61
29	—	—	7	79	—	61	13	—	—	7	839	—	17	11	—	37	7	31	—	13	—	—	251	7	11	127	1481	139	—	17
33	307	—	13	—	59	23	7	17	11	—	—	271	1489	7	37	13	—	101	61	11	7	—	331	79	17	—	29	7	13	367
39	89	—	—	—	—	7	11	61	17	13	—	293	7	1559	853	1571	283	11	31	7	—	431	13	—	19	17	7	541	11	157
41	7	43	29	823	499	—	—	7	41	11	1061	—	31	97	7	19	991	103	479	—	11	7	277	—	—	241	59	379	7	107
47	1319	13	307	617	191	—	7	11	—	659	—	—	—	7	13	17	53	41	11	421	7	—	911	233	1297	31	19	7	71	11
51	—	29	11	7	107	—	683	—	19	929	7	43	—	11	—	1033	1583	7	—	127	—	—	613	13	7	—	131	17	37	—
53	59	71	47	—	—	7	—	31	13	37	311	—	7	43	—	—	11	—	19	7	—	13	61	—	29	83	7	11	—	271
57	11	—	7	—	13	409	—	47	37	7	—	11	29	—	—	—	7	13	—	19	211	—	11	7	—	101	31	23	17	149
59	17	227	13	11	7	113	29	163	157	—	19	7	131	139	11	13	—	17	7	43	31	563	337	—	—	7	37	1283	13	19
63	41	7	—	—	—	131	263	—	7	11	883	13	17	337	641	7	73	1061	—	937	11	23	7	29	13	37	149	71	—	7
69	7	—	—	19	—	13	467	7	—	41	—	503	—	17	7	23	—	691	11	—	—	7	19	149	—	—	—	—	7	11
71	809	47	7	13	—	—	—	—	—	7	11	—	41	19	113	31	7	—	1423	17	59	11	149	7	173	239	89	—	29	13
77	53	7	—	17	—	19	79	23	7	97	13	—	167	491	—	7	—	—	431	11	17	41	7	13	19	—	613	—	31	7
81	271	—	37	11	—	7	13	617	661	—	103	—	7	599	11	17	31	71	59	7	281	—	—	89	383	11	7	29	653	—
83	7	23	—	—	73	—	11	7	71	599	31	—	—	1277	7	683	19	11	53	—	37	7	167	113	23	—	—	997	7	—
87	13	11	—	—	7	59	—	—	—	29	157	7	11	13	149	137	17	19	7	37	23	47	199	11	—	7	13	—	—	31
89	37	—	101	29	11	17	7	—	19	—	—	13	—	7	—	11	107	61	23	—	7	—	17	31	13	131	11	7	—	—
93	17	—	—	7	41	47	107	13	797	19	7	31	—	—	23	269	541	7	97	—	13	11	—	—	7	—	—	—	19	—
99	607	13	7	—	137	—	—	71	11	7	—	—	103	41	13	—	7	—	17	11	19	479	—	7	31	—	—	13	—	127

	253 20	23	26	29	32	35	38	41	44	47	50	53	56	59	62	65	68	71	74	77	80	83	86	89	92	95	253 98	254 01	04	07
01	23	19	—	7	11	37	—	—	—	13	7	127	17	—	—	11	—	7	79	—	19	—	13	23	7	29	11	61	41	17
07	—	—	7	13	89	—	—	29	53	7	—	—	19	11	419	239	7	23	73	887	229	—	37	7	11	1063	211	1567	—	13
11	233	—	41	83	—	193	7	—	11	431	1217	1201	13	7	101	113	—	—	109	11	7	31	47	131	29	13	307	7	433	61
13	11	7	37	—	19	41	—	941	7	—	13	11	313	719	17	7	—	—	29	1201	89	—	7	13	—	—	53	—	—	7
17	419	37	433	31	—	7	11	23	601	17	—	41	7	—	—	—	101	11	61	7	—	—	—	—	19	653	7	137	11	59
19	7	—	569	—	13	23	181	7	—	11	—	—	601	—	7	17	—	13	—	37	11	7	—	—	83	—	593	1459	7	29
23	13	23	131	53	7	127	157	61	—	107	17	7	71	13	347	11	19	29	7	139	41	—	—	229	23	7	11	17	—	—
29	79	619	11	7	337	613	—	13	19	1061	7	17	181	11	167	283	137	7	23	—	13	47	463	709	7	—	—	19	17	31
31	17	—	443	—	—	7	139	—	—	—	79	—	7	1373	83	73	11	17	13	7	—	—	29	31	—	—	7	11	—	157
37	41	17	—	11	7	31	—	157	—	83	19	7	13	—	11	673	—	233	7	173	71	—	61	109	571	7	199	479	379	19
41	197	7	71	839	53	137	23	67	7	11	—	19	—	17	—	7	97	—	563	—	11	13	7	1117	31	271	—	—	—	7
43	1039	11	17	7	23	97	13	—	—	41	7	61	11	37	—	29	—	7	31	13	691	19	199	11	7	—	137	23	—	—
47	7	1129	13	19	683	227	31	7	1483	—	127	67	37	73	7	13	257	—	11	163	47	7	19	23	61	1303	101	1033	7	11
49	13	—	7	17	257	—	431	857	—	7	11	643	1301	13	—	—	7	281	41	—	17	11	131	7	181	457	13	89	53	—
53	229	193	281	263	47	11	7	—	89	13	59	—	1151	7	19	17	11	23	1579	31	7	—	13	—	41	1231	239	7	101	37
59	347	31	61	11	43	7	19	887	—	37	—	23	7	—	11	—	13	—	—	7	—	—	—	—	89	11	7	173	193	13
61	7	13	79	97	—	17	11	7	179	23	199	53	173	461	7	—	19	11	—	29	—	7	17	491	—	1237	31	13	7	—
67	—	29	67	23	11	619	7	37	13	—	—	—	43	7	—	11	1531	139	—	59	7	13	—	17	—	—	11	7	61	53
71	—	17	179	7	13	293	37	—	—	19	7	997	—	1087	227	127	43	7	17	359	311	11	23	—	7	—	—	31	19	—
73	19	101	11	1097	—	7	59	17	1117	—	239	—	7	11	—	13	—	61	43	7	23	31	—	1061	11	—	7	—	13	47
77	29	19	7	79	—	—	53	1163	11	7	383	13	97	—	467	—	7	59	269	11	19	—	43	7	13	—	103	—	557	29
79	11	97	557	31	7	271	61	—	17	13	67	7	53	47	23	—	907	227	7	—	—	733	11	29	43	7	1217	—	—	911
83	—	7	239	17	59	13	11	—	7	—	23	29	19	—	1109	7	461	11	13	61	17	509	7	—	53	—	71	—	11	7
89	7	—	47	—	11	1399	593	7	61	—	—	—	13	631	7	11	139	113	241	—	37	7	29	19	—	13	11	23	7	—
91	281	37	7	—	—	1103	167	11	—	7	13	409	—	181	19	1447	7	—	11	521	—	1453	—	7	857	23	59	17	47	11
97	269	7	—	139	13	11	19	—	7	101	—	17	47	53	839	7	11	13	37	23	—	—	7	113	79	19	1193	11	17	7

	253 21	24	27	30	33	36	39	42	45	48	51	54	57	60	63	66	69	72	75	78	81	84	87	90	93	96	253 99	254 02	05	08
01	11	—	—	43	—	7	17	19	—	229	—	11	7	13	41	23	71	37	—	7	—	—	11	17	59	53	7	—	107	947
03	7	—	593	11	—	43	73	7	—	29	—	13	17	23	7	—	—	19	—	—	—	7	—	61	13	11	67	—	7	17
07	—	47	—	—	7	577	83	13	967	11	—	7	31	107	—	1493	—	613	7	1499	11	—	—	41	17	7	29	937	907	691
09	—	11	—	—	—	13	7	23	107	19	—	43	11	7	—	37	—	1423	13	659	7	223	—	11	—	397	41	7	19	239
13	—	13	701	7	—	661	—	11	17	163	7	—	1549	—	13	43	733	7	11	433	—	499	—	73	7	17	23	13	—	11
19	41	—	7	—	73	11	71	31	13	7	947	499	—	—	61	1187	7	—	373	29	23	13	109	7	—	127	17	11	—	563
21	953	31	—	41	7	1493	13	1249	11	—	—	7	19	29	109	17	—	101	7	11	59	—	73	43	—	7	197	131	281	—
27	13	263	—	7	19	—	11	59	—	277	7	1229	23	13	31	859	17	7	—	101	—	—	461	19	7	—	13	719	11	37
31	7	11	31	—	—	19	97	7	23	13	379	17	11	—	7	—	769	167	41	541	—	7	13	11	19	—	257	—	7	—
33	17	—	7	—	11	241	23	13	1471	7	47	1049	83	569	71	11	7	17	547	809	13	41	—	7	1429	—	11	31	—	23
37	—	—	23	13	67	59	7	—	37	151	11	—	17	7	367	31	13	—	—	—	7	11	439	29	—	23	311	7	—	13
39	23	7	11	—	971	239	—	19	7	31	103	607	233	11	13	7	269	29	17	953	—	331	7	23	11	—	19	13	—	7
43	—	73	43	373	251	7	—	—	11	—	13	—	7	17	—	—	—	79	—	7	193	—	313	13	—	37	7	19	31	263
49	19	—	1523	—	7	37	11	269	43	251	31	7	67	23	17	107	29	11	7	19	61	—	—	—	—	7	587	—	11	—
51	73	—	13	17	31	—	7	41	—	11	19	23	—	7	59	13	53	631	—	—	7	—	—	37	—	—	—	7	13	19
57	—	59	19	37	17	7	1213	11	79	13	983	—	7	—	863	—	41	31	11	7	—	17	13	1283	—	—	7	1151	23	11
61	—	23	7	19	977	13	1051	—	—	7	—	—	59	11	—	691	7	73	13	251	43	151	19	7	11	—	—	—	79	89
63	139	397	—	13	7	11	—	853	—	—	—	7	—	19	—	—	11	479	7	131	37	71	17	—	47	7	—	11	—	13
67	11	7	97	71	—	—	—	—	7	—	1097	11	13	—	19	7	179	17	23	37	29	—	7	—	67	13	43	1051	—	7
69	37	191	—	7	761	19	17	—	47	367	7	—	31	821	11	389	23	7	829	—	—	769	—	13	7	11	337	—	43	—
73	7	17	29	463	—	—	13	7	409	11	659	—	23	47	7	—	1567	337	17	13	11	7	—	—	109	19	181	151	7	53
79	13	—	17	103	—	757	7	11	41	—	—	—	1427	7	—	—	37	19	11	17	7	—	—	467	—	379	13	7	113	11
81	53	7	61	—	23	—	733	29	7	—	11	13	—	433	—	7	439	619	—	—	647	11	7	47	13	17	—	19	—	7
87	7	—	—	43	179	13	991	7	11	17	—	—	—	—	7	67	739	—	13	11	31	7	—	—	—	193	17	107	7	—
91	—	13	—	11	7	—	29	43	31	761	673	7	47	37	11	—	—	23	7	83	19	17	—	269	139	7	41	13	—	449
93	29	—	31	227	—	419	7	653	—	43	17	19	13	7	—	23	103	11	—	67	7	—	283	—	—	13	449	7	11	29
97	—	11	107	7	—	17	191	—	13	1451	7	23	11	43	83	—	491	7	277	—	449	13	17	11	7	131	—	229	—	149
99	—	53	—	19	11	7	13	647	1069	23	—	17	7	—	881	11	—	449	—	7	97	—	19	67	—	—	7	409	17	109

	253 22	25	28	31	34	37	40	43	46	49	52	55	58	61	64	67	70	73	76	79	82	85	88	91	94	253 97	254 00	03	06	09
03	631	79	7	31	19	23	17	—	—	7	11	449	—	53	—	13	7	—	233	43	—	11	—	7	1259	163	149	47	13	—
09	—	7	449	313	83	—	—	17	7	13	29	47	41	263	827	7	31	823	1409	11	421	—	7	149	17	43	59	37	—	7
11	11	229	59	7	29	269	19	13	37	137	7	11	571	17	89	41	353	7	71	—	13	—	11	127	7	19	—	43	1579	73
17	113	13	7	401	—	311	823	—	503	7	73	701	227	163	13	29	7	19	97	149	11	47	—	7	41	37	293	13	—	521
21	59	—	1361	29	11	—	7	211	—	17	13	31	79	7	53	11	—	149	19	643	7	—	—	13	37	547	11	7	313	277
23	—	7	—	751	499	31	1571	11	7	19	—	401	—	—	—	7	149	—	11	—	53	13	7	—	—	701	29	—	19	7
27	43	—	11	—	13	7	953	—	—	787	17	—	7	11	29	—	409	13	—	7	283	—	—	659	11	191	7	17	—	19
29	7	19	13	1063	—	11	—	7	29	113	1031	347	—	149	7	13	11	—	31	401	19	7	37	353	—	23	163	11	7	107
33	11	67	19	283	7	—	31	41	73	103	—	7	113	—	397	—	—	127	7	107	167	19	11	197	13	7	—	97	17	—
39	1117	37	—	7	107	13	—	29	149	11	7	1013	17	19	547	23	41	7	13	31	11	367	—	79	7	47	797	—	223	17
41	—	11	251	13	19	7	—	73	—	—	929	—	7	23	43	307	13	—	17	7	—	53	1523	11	—	71	7	—	—	13
47	83	173	17	61	7	—	—	23	—	—	11	7	29	—	—	19	—	—	7	17	43	11	103	13	569	7	31	709	41	467
51	29	7	89	23	79	11	13	—	7	—	337	103	463	67	17	7	11	719	137	13	1301	1327	7	—	43	97	23	11	211	7
53	127	23	—	7	13	—	—	19	11	—	7	—	251	—	79	—	37	7	—	11	17	269	317	29	7	—	19	113	503	59
57	7	853	41	11	181	61	—	7	19	—	797	29	199	13	7	17	53	67	89	727	23	7	127	—	47	11	13	19	7	—
59	—	—	7	47	17	29	11	109	—	7	229	13	743	—	937	71	7	11	19	—	293	17	53	7	13	941	1153	599	11	257
63	19	11	—	—	359	257	7	13	47	31	—	41	11	7	23	—	17	—	—	19	7	67	29	11	—	331	859	7	—	—
69	17	13	—	—	29	7	—	599	23	173	11	19	7	103	13	79	577	17	—	7	41	11	31	97	—	67	7	13	877	—
71	7	43	11	599	67	53	17	7	—	—	—	—	13	11	7	—	31	193	47	241	61	7	—	17	11	13	—	29	7	23
77	11	1217	47	—	211	71	7	17	67	29	37	11	89	7	—	463	107	137	—	13	7	—	11	23	17	—	683	7	—	31
81	—	521	13	7	353	317	11	47	—	37	7	43	—	—	19	13	—	7	—	17	—	191	61	—	7	389	29	83	11	—
83	13	107	—	163	433	7	79	1583	17	11	—	31	7	13	—	487	—	23	179	7	11	307	—	59	19	17	7	37	89	—
87	53	—	7	17	11	101	19	139	29	7	223	61	—	23	617	11	7	43	263	—	17	97	13	7	317	19	11	347	—	1361
89	—	73	29	—	7	373	53	11	—	17	59	7	379	—	277	—	19	47	7	43	13	—	71	—	31	7	17	—	—	11
93	61	7	11	13	17	557	37	23	7	—	—	647	31	11	1559	7	13	19	53	29	—	17	7	43	11	89	—	—	—	7
99	7	23	—	—	—	17	47	7	59	19	13	11	83	1039	7	—	929	1277	73	—	—	7	11	13	23	31	—	233	7	43

254	10	13	16	19	22	25	28	31	34	37	40	43	46	49	52	55	58	61	64	67	70	73	76	79	82	85	88	91	94	97
01	—	7	43	47	—	13	1229	11	7	19	71	—	37	53	59	7	17	—	11	—	199	31	7	251	29	—	1481	—	19	7
07	7	19	431	31	83	11	29	7	43	—	23	—	13	—	7	139	11	17	79	107	19	7	—	1429	263	13	293	11	7	37
11	11	733	19	—	7	—	23	—	13	107	—	7	17	41	—	661	—	967	7	1249	857	13	11	29	67	7	739	—	37	17
13	1069	17	—	11	23	—	7	—	—	37	337	—	19	7	11	—	31	29	17	13	7	—	—	—	271	11	—	7	239	—
17	23	337	13	7	31	29	—	—	37	11	7	181	—	17	859	13	—	7	43	283	11	97	41	23	7	—	—	389	13	479
19	13	11	17	—	19	7	89	67	199	—	97	193	7	13	53	—	587	—	137	7	43	23	—	11	—	41	7	—	29	31
23	—	—	7	—	—	19	—	11	—	7	761	641	—	—	37	—	7	23	11	79	239	—	13	7	19	37	53	—	—	11
29	—	7	601	13	—	11	—	—	7	—	—	23	—	—	139	7	11	—	—	—	—	223	7	—	—	103	71	11	—	7
31	113	13	41	7	17	—	661	19	11	23	7	—	—	—	13	67	197	7	1361	11	—	17	—	37	7	—	19	13	—	—
37	631	47	7	23	—	17	11	277	13	17	79	41	—	131	—	53	7	11	19	67	—	13	17	7	269	—	23	397	11	—
41	17	11	37	—	13	61	7	—	—	1187	—	1427	11	7	—	683	1123	13	1433	19	7	—	23	11	613	31	601	7	1193	463
43	—	7	13	—	11	829	17	—	7	113	19	—	—	—	29	7	—	—	—	31	23	1307	7	17	—	—	11	—	13	7
47	—	17	29	—	823	7	641	31	881	—	11	13	7	571	167	269	23	857	17	7	1583	11	—	461	13	—	7	103	—	181
49	7	31	11	—	439	—	—	7	1571	13	—	—	197	11	7	487	47	—	563	—	293	7	13	—	11	29	—	67	7	41
53	—	997	17	19	7	13	—	—	11	—	23	7	223	29	—	—	—	97	7	11	31	47	19	157	167	7	—	1361	—	—
59	101	157	31	7	23	47	11	—	—	1063	7	—	13	—	19	179	37	7	73	—	17	113	—	—	7	13	59	23	11	—
61	—	359	23	—	1553	7	41	193	—	11	13	—	7	271	—	—	—	—	29	7	11	—	409	13	19	23	7	31	—	89
67	29	1187	79	—	7	—	661	11	197	31	17	7	1087	—	37	41	19	13	7	23	761	191	—	—	157	7	131	17	613	11
71	13	7	11	383	101	17	83	—	7	—	353	53	1153	11	—	7	137	19	373	131	47	41	7	—	11	—	13	—	31	7
73	211	1279	157	7	97	11	919	103	19	727	7	13	139	23	1447	—	11	7	433	—	—	1109	31	—	7	—	1459	11	17	—
77	7	67	—	223	47	—	17	7	1031	19	31	11	503	—	7	263	293	—	127	—	13	7	11	17	—	—	—	—	7	53
79	19	1129	7	11	31	13	—	23	—	7	—	37	17	373	11	281	7	—	13	19	173	547	29	7	—	11	—	83	—	17
83	281	13	—	23	1197	67	7	17	101	11	29	—	467	7	13	73	—	—	947	389	7	337	—	31	17	—	23	7	163	—
89	—	317	—	109	43	7	491	11	13	67	101	409	7	97	1069	239	—	353	11	7	23	13	—	—	—	17	7	37	107	11
91	7	—	97	19	457	—	13	7	37	103	11	—	—	971	7	29	—	83	23	13	89	7	19	107	—	—	—	—	7	461
97	13	127	—	—	61	—	7	1289	11	—	547	331	23	7	19	17	163	677	—	11	7	—	769	—	—	37	13	7	179	47

254	11	14	17	20	23	26	29	32	35	38	41	44	47	50	53	56	59	62	65	68	71	74	77	80	83	86	89	92	95	98
01	31	—	—	7	157	911	1423	—	23	13	7	499	1489	—	11	19	43	7	379	1499	419	311	13	127	7	11	—	17	173	—
03	197	53	—	193	523	7	11	13	29	1499	421	—	7	47	1091	—	17	11	43	7	13	211	937	—	79	19	7	—	11	23
07	971	11	7	13	37	—	61	19	—	7	811	17	11	31	—	433	7	—	47	443	—	67	43	7	353	23	19	—	17	13
09	17	13	83	—	7	—	167	31	—	—	307	7	619	269	13	11	59	17	7	29	1453	71	37	23	43	7	11	13	1567	163
13	103	7	41	71	1217	113	—	29	7	—	11	131	17	—	—	7	109	—	19	23	—	11	7	13	421	67	31	59	43	7
19	7	37	227	191	13	—	—	7	11	557	19	41	241	17	7	—	—	13	29	11	401	7	—	—	—	79	983	—	7	19
21	11	19	7	—	907	—	127	—	67	7	—	11	29	—	41	13	7	191	—	17	19	61	11	7	233	—	167	883	13	—
27	—	7	1049	17	—	23	173	797	7	11	61	71	19	103	—	7	—	—	509	1103	11	1069	7	29	—	—	—	89	23	7
31	—	23	103	31	11	7	79	181	89	73	—	29	7	19	701	11	877	—	13	7	—	—	139	61	23	—	7	277	—	41
33	7	—	—	13	17	29	—	7	293	—	—	857	—	457	7	—	13	—	11	661	113	7	23	19	—	107	—	47	7	11
37	401	509	11	—	7	19	1109	—	—	43	—	7	13	11	307	37	17	—	7	—	—	709	29	113	11	7	101	—	701	109
39	41	—	—	53	211	11	7	—	73	139	13	43	—	7	1061	19	11	—	—	—	7	409	17	13	389	—	—	7	71	97
43	11	61	—	7	29	109	13	97	401	—	7	11	23	197	—	43	19	7	—	13	1291	59	11	839	7	—	149	1471	101	31
49	13	17	7	—	103	—	23	—	19	7	443	31	37	13	173	29	7	79	17	—	11	43	191	7	83	73	13	19	367	23
51	—	11	89	—	7	31	—	17	—	29	131	7	11	263	227	—	307	229	7	181	—	—	149	11	13	7	47	23	67	269
57	—	—	—	7	53	13	—	—	17	347	7	—	—	—	—	—	61	7	13	149	29	11	—	337	7	17	—	41	—	19
61	7	13	137	17	293	11	31	7	29	37	—	19	—	1277	7	47	11	23	—	457	17	7	—	—	—	181	—	11	7	61
63	31	101	7	647	—	61	163	443	11	7	—	—	13	1223	—	23	7	59	—	11	1451	19	53	7	317	13	17	37	—	—
67	271	41	349	11	17	127	7	673	13	83	—	23	—	7	11	89	—	—	61	29	7	13	19	911	—	11	37	7	59	—
69	—	7	—	101	41	—	11	37	7	23	17	—	—	19	—	7	127	11	—	13	521	—	7	—	331	47	—	17	11	7
73	—	11	13	419	83	7	37	61	—	—	41	149	7	—	19	13	—	71	1051	7	—	—	17	11	571	—	7	439	13	—
79	151	—	59	73	7	197	17	—	43	13	11	7	29	—	31	—	719	53	7	41	307	11	13	17	—	7	—	—	—	—
81	311	151	11	937	37	—	7	13	31	1583	43	—	17	7	449	—	19	—	—	79	7	73	41	53	11	83	283	7	509	47
87	11	13	73	—	113	7	—	—	19	89	—	11	7	17	13	—	43	29	271	7	83	31	11	1123	47	71	7	13	—	—
91	53	443	7	—	—	29	11	71	17	7	13	509	—	193	251	—	7	11	1571	—	37	—	—	7	—	17	199	—	11	47
93	19	37	131	31	7	1181	53	151	13	11	431	7	—	—	17	83	—	—	7	19	11	13	43	97	499	7	977	—	29	—
97	37	7	233	—	11	41	89	109	7	17	563	—	—	47	67	7	29	13	53	73	19	487	7	—	61	—	11	23	—	7
99	61	—	13	7	—	—	—	11	41	—	7	19	277	101	499	13	31	7	11	—	—	103	491	383	7	23	229	—	13	11

254	12	15	18	21	24	27	30	33	36	39	42	45	48	51	54	57	60	63	66	69	72	75	78	81	84	87	90	93	96	99
03	7	—	11	—	31	—	547	7	1451	59	17	13	19	11	7	—	113	37	67	—	—	7	89	—	11	—	—	17	7	—
09	11	53	61	—	19	13	7	—	—	29	—	11	—	7	199	23	—	31	13	—	7	1223	11	19	—	373	—	7	17	251
11	17	7	—	11	331	379	479	47	7	167	—	31	—	23	11	7	13	17	—	—	—	97	7	—	1033	11	41	—	—	7
17	7	11	—	43	—	67	19	7	—	—	13	—	11	—	7	659	—	—	17	101	373	7	—	11	31	19	127	—	7	107
21	41	571	29	23	7	239	13	11	—	—	—	7	31	17	71	331	73	—	7	13	109	151	—	593	—	7	19	1283	—	11
23	787	23	17	41	13	59	7	—	—	43	11	—	37	7	107	131	89	13	269	17	7	11	47	277	23	29	181	7	—	167
27	13	—	53	7	107	11	—	—	131	41	7	37	79	13	17	—	11	7	19	1579	23	163	281	—	7	31	13	11	1319	—
29	—	—	—	17	—	7	47	29	11	19	—	13	7	67	—	43	—	—	23	7	17	—	79	101	13	151	7	997	19	37
33	—	—	7	11	1039	—	—	13	—	7	19	47	—	89	11	17	7	827	41	43	13	523	—	7	29	11	1103	151	37	19
39	167	7	19	—	71	—	29	337	7	—	—	—	11	751	13	7	17	—	439	1231	31	19	7	11	863	43	—	13	683	7
41	29	—	—	7	11	17	23	—	—	163	7	719	13	—	31	11	173	7	751	—	137	47	17	—	7	13	11	43	827	23
47	23	—	7	—	19	47	13	997	—	7	—	29	59	11	—	1423	7	97	241	13	—	599	—	7	11	67	1279	31	—	101
51	—	17	13	—	41	19	7	—	11	109	47	347	—	7	—	13	—	—	17	11	7	53	83	59	19	—	—	7	13	—
53	11	7	—	1303	—	409	179	17	7	31	—	11	71	13	—	7	1531	23	349	983	—	401	7	37	17	—	13	53	131	7
57	43	599	17	883	79	7	11	647	—	13	29	257	7	23	191	—	19	11	—	7	—	131	13	—	239	—	7	—	11	1307
59	7	—	43	37	29	—	—	7	17	11	461	23	61	—	7	—	41	617	—	—	11	7	31	89	—	17	19	—	7	401
63	179	—	37	13	7	757	43	23	19	—	31	7	83	—	953	11	13	—	7	463	17	29	41	—	173	7	11	19	1031	13
69	19	23	11	7	17	281	107	83	311	47	7	71	43	11	61	—	157	7	—	19	89	17	53	13	7	—	—	—	—	2093
71	37	107	71	139	—	7	563	—	13	—	17	—	7	—	43	—	11	31	—	7	—	13	23	—	487	—	7	11	53	19
77	433	421	13	11	7	733	59	593	29	73	757	7	229	—	11	13	23	37	7	47	43	19	1117	—	—	7	—	397	13	359
81	—	7	467	19	—	53	17	—	7	11	—	13	23	461	—	7	37	59	31	211	11	—	7	17	13	29	—	—	71	7
83	1487	11	—	7	—	191	769	251	127	13	7	41	11	19	353	—	—	7	—	29	283	—	13	11	7	—	43	—	—	17
87	7	71	1523	—	59	13	23	7	47	1367	—	419	—	—	7	421	1213	41	11	—	941	7	—	53	17	233	73	—	7	11
89	—	29	7	13	23	19	79	—	1009	7	11	947	251	17	37	613	7	929	61	1319	41	11	463	7	19	31	—	23	569	13
93	23	—	139	—	1087	11	7	73	17	577	—	67	13	7	—	229	11	—	29	587	7	617	—	23	—	13	41	7	331	—
99	29	—	—	11	313	7	13	—	—	17	—	89	7	131	11	67	257	19	71	7	61	—	97	47	—	11	7	139	—	29

	255 00	03	06	09	12	15	18	21	24	27	30	33	36	39	42	45	48	51	54	57	60	63	66	69	72	75	78	81	84	87
01	—	13	—	17	107	—	7	337	1223	23	11	—	—	7	13	43	—	19	101	37	7	11	31	29	—	—	653	7	61	—
07	607	53	—	23	17	7	379	—	11	19	389	173	7	—	421	479	—	61	41	7	101	13	—	—	71	—	7	233	19	823
11	313	263	7	11	13	—	71	—	79	7	19	211	—	53	11	1259	7	13	229	—	—	773	23	7	41	11	83	839	—	19
13	—	19	13	251	7	17	11	—	—	—	139	7	73	97	1193	13	29	11	7	53	19	331	17	—	—	7	—	41	11	1093
17	17	7	19	577	29	31	—	—	7	—	—	13	11	—	277	7	23	17	131	61	1571	19	7	11	13	—	—	1069	59	7
19	—	—	—	7	11	397	17	—	251	13	7	307	19	157	23	11	—	7	439	47	—	419	13	17	7	—	11	29	—	—
23	7	17	67	271	—	13	—	7	61	1277	11	379	1429	19	7	29	83	—	13	109	—	7	263	71	47	313	—	1511	7	73
29	31	—	17	179	23	19	7	419	11	—	41	83	13	7	53	—	—	—	—	11	7	163	97	1201	19	13	29	7	—	—
31	11	7	23	1289	173	—	—	359	7	557	13	11	—	41	—	7	—	—	251	—	29	—	7	13	—	17	1277	—	73	7
37	7	—	29	—	13	1493	353	7	43	11	37	—	—	—	7	431	257	13	47	23	11	7	41	61	59	929	17	—	7	—
41	13	83	—	—	7	89	—	1181	19	37	—	7	43	13	67	11	241	—	7	29	—	17	—	47	—	7	11	19	41	1033
43	601	—	47	53	71	—	7	11	103	163	17	13	61	7	43	—	—	541	11	503	7	271	971	—	13	881	—	7	251	11
47	19	29	11	7	—	17	757	13	31	23	7	—	—	11	—	53	1223	7	43	19	13	89	17	523	7	61	37	853	179	—
49	1427	61	31	—	—	7	1091	23	—	97	19	17	7	—	—	—	11	239	13	7	43	53	83	641	29	1229	7	11	17	19
53	11	13	7	23	227	41	17	73	109	7	—	11	29	367	13	—	7	1373	—	—	601	31	11	7	43	—	23	13	389	—
59	—	7	—	19	167	—	—	17	7	11	131	79	—	—	41	7	127	—	—	383	11	13	7	29	17	587	67	229	269	7
61	617	11	547	7	37	67	13	227	—	—	7	757	11	17	—	—	157	7	23	13	—	79	—	11	7	—	—	127	31	503
67	13	—	7	—	193	19	—	83	211	7	11	181	23	13	17	89	7	—	59	—	—	11	53	7	19	—	13	337	29	61
71	113	859	523	—	653	11	7	—	23	13	—	—	—	7	—	281	11	—	337	191	7	1151	13	73	167	19	17	7	—	31
73	—	7	79	—	—	59	23	13	7	—	29	71	887	67	—	7	19	—	61	11	13	—	7	31	—	797	317	—	—	7
77	37	1399	23	11	73	7	—	1531	—	—	17	31	7	227	11	211	13	19	—	7	607	47	79	—	—	11	7	17	107	13
79	7	13	283	41	—	31	11	7	19	—	269	1583	103	109	7	1117	17	11	37	—	—	7	73	23	—	659	—	13	7	—
83	—	11	—	59	7	47	—	—	—	19	13	7	11	107	—	—	97	37	7	23	61	127	—	11	31	7	149	293	17	—
89	—	19	—	7	13	1153	31	1367	821	61	7	—	17	23	—	—	1291	7	41	991	19	11	—	131	7	521	—	—	—	17
91	31	17	11	—	419	7	863	—	829	797	271	19	7	11	29	13	—	—	17	7	—	41	149	—	11	59	7	353	13	—
97	11	383	17	19	7	23	53	—	727	13	191	7	59	31	103	1361	—	—	7	17	263	—	11	—	—	7	—	—	23	67

	255 01	04	07	10	13	16	19	22	25	28	31	34	37	40	43	46	49	52	55	58	61	64	67	70	73	76	79	82	85	88
01	—	7	131	103	19	13	11	—	7	317	—	433	—	29	17	7	1039	11	13	271	—	1579	7	19	23	—	—	71	11	7
03	347	—	—	7	127	—	—	29	—	11	7	—	37	—	19	827	13	7	71	73	11	—	23	307	7	—	31	—	—	13
07	7	—	1381	89	11	—	439	7	—	—	59	37	13	—	7	11	—	283	23	829	—	7	509	—	29	13	11	113	7	83
09	73	1597	7	—	17	1171	19	11	31	7	13	—	647	61	47	1033	7	1483	11	—	311	17	233	7	79	19	—	877	—	11
13	283	53	11	—	—	677	7	19	—	431	—	149	23	7	—	619	17	—	193	13	7	1049	—	—	11	—	19	7	37	—
19	11	487	743	47	43	7	23	—	37	31	—	11	7	13	—	61	631	17	19	7	389	—	11	1283	1361	491	7	—	349	23
21	7	97	—	11	23	79	17	7	71	19	229	13	163	—	7	—	—	—	—	59	—	7	1279	17	13	11	37	23	7	47
27	773	11	—	—	149	13	7	17	—	127	107	—	11	7	331	691	31	—	13	1453	7	23	29	11	17	1459	137	7	—	191
31	107	13	17	7	31	37	1237	11	—	83	7	—	503	1091	13	131	43	7	11	17	547	19	311	109	7	—	—	13	—	11
33	—	149	41	—	29	7	—	—	17	—	11	—	7	89	—	23	167	—	43	7	—	11	421	37	—	13	7	—	—	31
37	1063	—	7	17	59	11	79	71	13	7	97	23	683	19	—	—	7	31	1087	—	17	13	37	7	—	331	—	11	787	—
39	—	131	—	37	7	—	13	—	11	17	—	7	—	—	—	29	79	1531	7	11	—	359	—	19	43	7	17	—	47	89
43	349	7	13	11	17	19	—	1483	7	—	89	661	701	—	11	7	659	41	—	211	—	17	7	347	19	11	281	—	13	7
49	7	11	113	53	—	17	241	7	271	13	—	337	11	—	7	—	19	47	—	37	—	7	13	11	71	—	41	—	7	—
51	37	223	7	941	11	—	31	13	29	7	—	17	—	59	127	11	7	—	—	619	13	—	1543	7	—	197	11	—	17	41
57	59	7	11	—	—	—	—	881	7	—	—	—	17	11	13	7	467	37	19	29	449	—	7	193	11	1367	—	13	109	7
61	19	163	401	41	101	7	—	17	11	—	13	59	7	541	449	353	37	—	—	7	—	—	—	13	17	373	7	67	131	—
63	7	29	—	—	89	43	41	7	13	587	19	11	617	17	7	—	—	—	1021	—	—	7	11	—	709	—	—	107	7	19
67	—	—	—	139	7	449	11	257	17	43	401	7	41	—	71	293	47	11	7	—	31	—	173	—	—	7	—	23	11	809
69	1277	—	13	—	—	71	7	173	79	11	53	43	29	7	17	13	—	113	—	229	7	19	103	863	—	23	271	7	13	73
73	29	89	31	7	11	773	97	131	101	17	7	13	1013	37	163	11	—	7	401	—	113	23	19	937	7	—	11	167	79	29
79	—	—	7	—	199	13	—	—	1123	7	17	29	1009	11	19	23	7	89	13	277	—	43	353	7	11	739	401	17	941	—
81	—	691	643	13	7	11	—	59	—	31	47	7	—	23	499	139	11	—	7	—	631	1429	71	43	19	7	113	11	—	13
87	17	41	163	7	499	—	—	23	—	—	7	53	1031	—	11	367	19	7	—	79	—	—	31	13	7	11	97	—	37	43
91	7	109	—	23	29	59	13	7	73	11	31	—	17	103	7	173	—	19	—	13	11	7	—	53	691	—	23	37	7	17
93	173	11	7	157	13	373	1259	—	19	7	41	1321	11	—	313	269	7	13	17	—	—	—	—	7	23	47	67	19	359	53
97	13	—	347	—	—	—	7	11	—	19	193	—	—	7	—	29	41	463	11	—	7	71	1597	31	—	—	13	7	19	11
99	19	7	17	—	839	1409	—	73	7	29	11	13	71	—	—	7	211	31	23	17	761	11	7	—	13	37	—	59	—	7

	255 02	05	08	11	14	17	20	23	26	29	32	35	38	41	44	47	50	53	56	59	62	65	68	71	74	77	80	83	86	89
03	—	19	43	—	—	7	53	13	—	1427	—	—	7	—	17	317	11	—	101	7	13	—	—	1439	37	41	7	11	283	733
09	—	13	97	11	7	—	—	1451	23	293	—	7	19	—	11	17	—	—	7	107	101	—	977	211	53	7	—	13	—	—
11	257	59	29	19	17	911	7	769	—	61	43	—	13	7	107	—	—	11	1187	—	7	17	19	—	47	13	—	7	11	23
17	23	457	37	233	11	7	13	—	47	—	—	79	7	29	19	11	43	—	—	7	—	569	17	23	—	31	7	—	229	—
21	17	29	7	647	—	157	—	53	—	7	11	41	929	31	—	13	7	17	127	23	43	11	—	7	101	761	—	—	13	719
23	13	113	11	—	7	—	17	31	—	197	—	7	—	11	41	739	409	23	7	37	463	—	43	17	13	7	13	—	103	127
27	61	7	569	—	67	491	—	19	7	13	—	—	29	23	251	7	—	103	17	11	41	1093	7	—	271	53	19	619	71	7
29	11	137	89	7	—	—	29	13	—	167	7	11	—	—	—	—	349	7	—	71	13	59	11	41	7	—	—	599	43	—
33	7	71	17	13	—	—	11	7	31	941	—	911	79	—	7	—	13	11	19	17	—	7	907	29	—	241	223	—	7	13
39	151	23	73	17	11	29	7	599	53	—	13	—	47	7	—	11	1433	227	—	59	7	31	—	13	23	139	11	7	—	19
41	41	7	349	599	—	197	—	11	7	17	—	—	1069	—	53	7	—	389	11	109	19	13	7	223	—	—	17	—	29	7
47	7	73	13	43	61	11	—	7	—	41	17	—	19	37	7	13	11	—	—	113	227	7	47	83	—	199	—	11	7	937
51	11	—	1321	293	7	17	151	43	—	—	—	7	23	19	—	41	31	61	7	—	67	107	11	79	13	7	883	29	571	—
53	—	101	—	11	19	257	7	151	—	13	23	17	—	7	11	—	107	—	41	947	7	29	13	19	—	11	439	7	17	—
57	167	1019	—	7	—	13	17	—	—	11	7	47	—	43	—	—	—	7	13	—	11	137	—	17	7	—	383	367	751	23
59	677	11	—	13	23	7	—	—	—	—	37	—	7	83	—	19	13	199	97	7	—	—	727	11	173	467	7	23	113	13
63	23	—	7	383	79	1481	919	11	71	7	167	31	13	1279	521	—	7	—	11	43	29	103	197	7	17	13	59	53	67	11
69	—	7	29	—	—	11	13	—	7	—	137	139	—	59	—	7	11	23	—	13	167	—	7	—	31	17	37	11	127	7
71	947	179	—	7	13	47	577	37	11	199	7	67	—	—	17	23	151	7	19	11	313	61	—	—	7	29	1061	43	—	227
77	31	—	7	—	307	199	11	29	—	7	19	13	241	41	—	17	7	11	163	151	—	—	—	7	13	—	—	—	11	19
81	—	11	193	953	—	23	7	13	223	233	17	19	11	7	—	73	—	673	197	31	7	151	89	11	29	—	—	7	23	1297
83	367	7	19	23	11	13	1559	—	7	—	—	101	653	31	1217	7	17	173	13	67	47	19	7	139	719	79	11	677	—	7
87	43	13	—	19	131	7	29	—	—	—	11	17	7	—	13	—	457	769	—	7	241	11	19	557	151	47	7	13	17	193
89	7	103	11	1087	47	223	859	7	673	59	—	127	13	11	7	—	—	17	509	—	23	7	367	67	11	13	37	541	7	29
93	719	61	277	877	7	—	43	—	11	47	—	7	17	239	19	71	23	29	7	11	37	13	257	107	337	7	—	151	467	17
99	37	509	13	7	—	41	11	59	107	311	7	—	43	17	197	13	—	7	—	433	179	1193	953	—	7	19	79	31	11	53

	255 90	93	96	255 99	256 02	05	08	11	14	17	20	23	26	29	32
01	463	1097	11	—	7	613	19	17	—	1129	13	7	—	11	1601
07	11	73	—	7	13	31	37	241	17	311	7	11	743	—	—
11	7	359	—	17	—	37	11	7	—	1231	—	59	—	13	7
13	—	—	7	—	—	47	1153	293	151	7	67	13	—	23	1039
17	89	43	—	29	11	—	7	13	79	23	19	—	953	7	—
19	31	7	—	37	—	13	41	11	7	653	17	71	—	691	67
23	137	13	11	23	—	7	—	43	—	—	—	—	7	11	13
29	11	31	281	239	7	557	17	—	13	—	—	7	—	19	—
31	37	1201	—	11	19	193	7	59	—	—	—	103	17	7	11
37	13	11	83	—	179	7	—	—	31	—	137	—	7	13	—
41	—	—	7	293	113	59	61	11	17	7	619	821	—	—	127
43	—	41	101	167	7	—	23	13	131	—	11	7	29	—	17
47	29	7	23	13	—	11	—	41	7	17	223	—	191	—	149
49	23	13	967	7	101	—	—	269	11	—	7	—	173	103	13
53	7	1237	103	11	397	541	463	7	47	—	13	29	383	37	7
59	43	11	601	—	13	367	7	—	149	—	1987	17	11	7	787
61	17	7	13	563	11	467	601	149	7	—	61	23	—	251	—
67	7	17	11	631	149	23	283	7	43	13	101	31	—	11	7
71	—	23	41	233	7	13	—	47	11	—	241	7	43	17	19
73	11	89	17	13	—	19	7	109	37	29	53	11	101	7	43
77	—	61	—	7	167	1091	11	37	67	461	7	41	13	—	17
79	—	—	79	17	—	7	31	—	97	11	13	197	7	—	41
83	—	—	7	—	11	—	13	71	29	7	157	—	23	—	167
89	13	7	11	—	37	53	23	31	7	19	1163	—	—	11	83
91	19	31	—	7	23	11	—	—	—	1499	7	13	—	29	—
97	41	—	7	11	—	13	17	197	73	7	—	19	661	79	11

	35	38	41	44	47	50	53	56	59	62	65	68	71	74	77
01	163	131	—	7	—	41	71	29	13	11	7	37	1259	43	—
07	—	97	7	—	23	—	47	11	—	7	17	—	83	523	41
11	23	—	11	19	—	17	7	—	593	31	101	13	—	7	439
13	29	7	229	31	89	11	181	83	7	13	—	17	—	19	109
17	11	179	—	73	1283	7	17	37	—	1129	—	11	7	—	19
19	7	—	83	11	—	19	—	7	577	—	—	29	17	149	7
23	—	89	—	—	7	—	19	17	641	11	97	7	13	—	101
29	947	151	727	7	37	23	13	11	17	—	7	—	—	61	—
31	43	223	151	23	13	7	761	67	19	41	11	31	7	71	17
37	19	—	37	1061	7	151	43	653	11	—	1201	7	797	—	79
41	73	7	149	11	—	53	661	13	7	—	17	109	31	307	11
43	—	149	—	7	47	13	11	—	151	331	7	19	43	—	23
47	7	11	—	—	—	—	—	7	—	47	23	17	11	—	7
49	17	—	7	19	11	—	—	—	23	7	—	89	13	—	—
53	—	41	163	709	19	—	7	31	13	—	11	761	17	7	—
59	337	—	13	—	—	7	53	29	11	—	41	—	7	17	—
61	7	29	17	47	113	—	19	7	283	—	—	11	53	13	7
67	103	—	1511	17	733	—	7	13	107	11	—	—	29	7	—
71	29	557	—	7	11	173	347	—	211	23	7	601	37	—	83
73	311	13	1231	271	17	7	131	11	251	19	1481	1301	7	113	13
77	139	—	7	23	97	439	—	53	547	7	13	29	—	11	229
79	317	19	47	163	7	11	59	—	13	—	37	7	—	53	—
83	11	7	19	569	13	41	—	47	7	37	31	11	271	73	—
89	7	17	277	—	29	—	—	7	—	11	—	13	1511	19	7
91	739	11	7	101	19	1327	—	17	269	7	—	241	11	—	137
97	71	7	1249	13	503	101	23	367	7	29	11	—	—	281	53

	255 91	94	255 97	256 00	03	06	09	12	15	18	21	24	27	30	33
01	—	13	31	769	83	—	7	—	191	11	1487	617	19	7	13
03	47	7	—	19	—	—	29	17	7	41	809	—	11	—	—
07	653	139	17	1229	19	7	53	11	13	—	487	23	7	—	—
09	7	—	431	389	353	1049	13	7	17	23	11	263	53	—	7
13	409	547	13	17	7	11	73	479	—	—	739	7	—	—	71
19	107	673	607	7	17	89	113	19	257	13	7	379	—	59	11
21	—	—	—	—	31	7	11	13	—	—	17	—	7	139	439
27	1487	13	—	313	7	79	—	—	—	19	83	7	113	37	13
31	—	7	—	—	71	31	17	—	7	29	11	—	37	97	—
33	61	19	11	7	227	83	607	—	13	—	7	—	17	11	47
37	7	—	19	73	13	—	—	7	11	1279	373	1327	—	61	7
39	11	—	7	—	—	—	—	—	769	7	37	11	19	17	29
43	31	1129	29	47	—	1213	7	1289	17	37	—	13	103	7	—
49	—	—	449	—	11	7	773	59	—	17	227	97	7	29	883
51	7	239	—	13	—	—	43	7	—	1009	1283	—	—	23	7
57	739	—	277	—	—	11	7	19	41	—	13	577	43	7	—
61	11	—	47	7	—	—	13	—	19	53	7	11	367	257	41
63	17	23	31	11	13	7	61	—	1123	—	—	—	7	—	11
67	13	67	7	37	—	137	—	—	409	7	—	—	17	13	—
69	283	11	—	59	7	—	181	—	1399	443	19	7	11	1213	—
73	—	7	—	31	—	67	—	11	7	—	211	19	197	17	23
79	7	13	263	19	—	11	—	7	23	67	29	127	181	—	7
81	—	—	7	17	29	1109	23	1117	11	7	31	109	13	19	—
87	23	7	—	—	17	19	11	1051	7	383	139	47	41	—	—
91	—	11	13	29	1367	7	19	—	197	79	—	31	7	919	1373
93	7	—	571	—	11	17	—	7	—	71	59	223	61	13	7
97	17	—	—	443	7	—	—	83	113	13	11	7	239	23	29
99	67	61	11	—	—	821	7	13	19	—	—	23	521	7	107

	36	39	42	45	48	51	54	57	60	63	66	69	72	75	78
01	—	—	23	17	349	7	47	—	—	67	—	199	7	197	—
03	7	1013	—	137	37	—	—	7	11	17	13	1049	31	59	7
07	31	—	—	11	7	1187	13	199	19	—	73	7	131	67	11
09	59	—	29	41	13	—	7	—	1543	101	17	—	359	7	—
13	13	11	317	7	—	17	443	—	—	41	7	59	11	13	127
19	37	29	7	—	—	47	17	13	—	7	11	19	—	—	—
21	67	—	11	—	7	13	103	61	—	193	239	7	17	11	—
27	11	—	31	7	67	211	29	71	—	—	7	11	13	17	—
31	7	271	239	1069	—	163	11	7	13	61	53	—	191	—	7
33	—	—	7	179	787	19	13	59	67	7	—	449	—	—	17
37	1433	—	13	31	11	29	7	1439	181	17	—	823	23	7	37
39	13	7	449	—	409	—	73	11	7	—	23	—	67	13	173
43	—	—	11	461	—	7	23	431	1583	13	17	653	7	11	563
49	11	797	—	13	7	—	—	1117	—	19	647	7	383	719	—
51	17	13	—	11	509	—	7	109	—	—	—	587	107	7	11
57	—	11	61	29	—	7	163	—	13	37	103	19	7	—	59
61	—	43	7	—	13	—	—	11	37	7	—	23	19	17	677
63	53	59	13	19	7	193	—	173	—	23	11	7	79	47	29
67	—	7	29	—	19	11	31	43	7	—	—	13	53	331	17
69	31	—	523	7	617	223	37	—	11	13	7	41	—	—	19
73	7	863	47	11	227	13	757	7	—	281	—	293	83	29	7
79	—	11	—	—	109	1567	7	19	139	1597	—	877	11	7	—
81	137	7	157	37	11	17	317	89	7	1459	13	—	47	—	23
87	7	263	11	131	13	239	17	7	23	19	—	757	—	11	7
91	13	17	67	41	7	—	1051	—	11	433	19	7	167	13	—
93	11	19	23	—	79	811	7	17	—	211	1549	11	409	7	103
97	283	—	17	7	107	401	11	13	—	31	7	—	41	227	569
99	233	241	53	31	—	7	349	—	17	11	—	47	7	—	367

	255 92	95	255 98	256 01	04	07	10	13	16	19	22	25	28	31	34
03	277	17	83	7	107	97	31	23	11	19	7	—	—	73	61
09	191	19	7	61	41	223	11	29	71	7	13	37	—	—	—
11	53	29	—	787	7	953	1471	41	13	11	337	7	73	31	191
17	349	—	13	7	—	977	—	11	709	17	7	—	29	—	—
21	7	79	11	97	17	—	—	7	37	—	89	13	23	11	7
23	—	—	7	—	59	11	—	—	31	7	17	79	1423	83	19
27	11	599	—	—	—	13	7	—	—	—	73	11	—	7	47
29	—	7	—	11	23	29	19	61	7	—	131	17	881	479	11
33	23	229	43	131	—	7	17	19	—	11	—	—	7	53	—
39	101	97	—	—	7	—	13	11	41	61	—	7	79	—	211
41	103	—	311	37	13	—	7	—	47	19	11	41	—	7	—
47	—	19	53	—	127	7	397	419	11	23	863	13	7	—	17
51	—	89	7	11	101	23	—	13	—	7	—	—	659	—	11
53	37	—	853	23	7	13	11	139	—	—	—	7	19	—	—
57	157	7	—	—	—	71	101	263	7	59	17	—	11	19	13
59	421	1579	29	7	11	—	73	47	—	—	7	—	13	61	179
63	7	113	—	41	311	19	—	7	13	—	11	17	31	751	7
69	—	29	13	—	79	887	7	233	11	—	23	1489	17	7	421
71	11	7	131	—	—	1433	—	19	7	127	331	11	293	13	37
77	7	31	17	43	103	59	29	7	317	11	—	89	1583	379	7
81	19	—	173	13	7	829	587	43	—	—	67	7	—	—	17
83	—	13	181	17	53	—	7	11	—	43	19	37	373	7	13
87	—	—	11	7	—	29	563	—	89	—	7	19	71	11	67
89	—	41	19	71	17	7	—	—	13	401	—	—	7	23	—
93	11	—	7	19	13	—	—	41	181	7	83	11	1063	—	—
99	17	7	373	23	—	83	—	37	7	11	47	13	1109	—	19

	37	40	43	46	49	52	55	58	61	64	67	70	73	76	79
03	43	13	7	17	11	—	571	503	617	7	29	607	—	19	13
09	47	7	11	—	17	19	43	—	7	23	—	—	461	11	67
11	—	—	431	7	199	11	13	23	43	—	7	389	—	—	37
17	13	23	7	11	—	1291	599	19	113	7	47	17	947	13	11
21	809	409	—	—	—	—	7	41	19	11	71	113	—	7	29
23	—	7	—	61	1229	157	139	13	7	—	41	37	11	—	—
27	19	—	—	13	643	7	127	11	—	—	37	89	7	—	23
29	7	13	—	293	919	67	31	7	—	953	11	—	23	17	7
33	—	173	—	—	7	11	109	29	17	—	13	7	—	—	—
39	71	—	23	7	13	—	107	31	—	17	7	179	—	—	11
41	23	31	13	641	1091	7	11	79	—	59	1163	—	7	19	—
47	—	43	—	983	7	19	1489	—	137	13	—	7	—	—	31
51	—	7	31	—	37	13	19	59	7	103	11	17	—	23	487
53	17	—	11	7	167	29	97	43	47	61	7	23	—	11	41
57	7	—	89	—	—	—	271	7	11	491	—	43	13	47	7
59	11	17	7	433	701	23	—	1367	19	7	13	11	373	43	167
63	—	23	—	—	29	—	7	—	—	19	1297	61	—	7	—
69	13	19	—	—	11	7	—	71	73	—	31	103	7	13	17
71	7	—	307	17	31	1093	53	7	—	29	—	13	—	—	7
77	—	—	269	19	17	11	7	73	—	41	23	1223	—	7	—
81	11	13	—	7	19	31	23	—	29	—	7	11	1229	991	13
83	313	113	29	11	23	7	727	1097	—	383	—	—	7	—	11
87	17	53	7	281	113	167	773	1009	13	7	—	163	—	97	—
89	43	11	97	139	7	—	13	53	—	—	29	7	11	29	941
93	31	7	13	67	43	73	—	11	7	89	157	47	37	—	131
99	7	41	17	419	—	11	61	7	—	13	43	23	29	31	7

	256 80	83	86	89	92	95	256 98	257 01	04	07	10	13	16	19	22
01	—	1123	7	—	—	11	13	47	—	7	—	17	103	137	19
07	13	7	1409	11	43	113	19	79	7	619	—	—	17	13	11
11	—	67	149	—	947	7	53	17	23	11	—	569	7	—	—
13	7	11	137	—	—	—	23	7	41	—	43	—	11	17	7
17	317	937	23	13	7	67	—	11	17	—	—	7	347	139	41
19	23	13	—	59	269	89	7	—	—	19	11	1447	—	7	13
23	—	—	—	7	173	11	—	389	79	17	7	47	127	29	59
29	—	59	7	11	13	—	691	53	—	7	17	—	1373	23	11
31	—	—	13	—	7	907	11	37	—	1319	—	7	19	53	—
37	17	241	193	7	11	23	1471	—	—	13	7	—	109	—	—
41	7	23	—	—	379	13	—	7	—	41	11	1201	17	1009	7
43	67	17	7	13	37	—	443	857	919	7	59	29	41	11	—
47	1277	43	883	37	263	383	7	101	11	241	31	499	13	7	293
49	11	7	17	43	31	—	1283	19	7	—	13	11	—	—	53
53	79	499	—	—	—	7	11	43	19	101	29	137	7	—	17
59	13	73	—	227	7	31	23	103	—	47	—	7	311	13	71
61	—	—	151	167	17	71	7	11	107	—	19	13	67	7	—
67	73	109	19	467	—	7	227	41	—	769	—	491	7	167	—
71	11	13	7	19	1063	—	941	151	—	7	—	11	—	41	13
73	601	—	—	11	7	1597	17	569	29	—	—	7	13	19	11
77	1097	7	157	1289	71	—	881	—	7	11	151	23	199	31	19
79	—	11	773	7	—	19	13	17	61	23	7	151	11	—	—
83	7	853	13	—	307	23	19	7	199	—	53	409	227	151	7
89	43	—	—	17	199	11	7	—	31	13	61	37	577	7	—
91	—	7	31	157	233	127	—	13	7	17	83	277	29	173	109
97	7	13	—	—	—	83	11	7	43	37	17	41	—	251	7

	25	28	31	34	37	40	43	46	49	52	55	58	61	64	67
01	443	7	—	23	13	181	29	—	7	31	607	—	11	17	53
07	7	1601	—	61	—	—	727	7	109	853	11	13	—	—	7
11	983	—	71	197	7	11	—	13	163	17	31	7	79	—	1289
13	—	59	19	—	31	13	7	47	11	613	73	937	—	7	23
17	—	13	281	7	—	61	—	—	—	53	7	—	47	97	11
19	—	43	41	293	1163	7	11	541	23	—	29	—	7	19	—
23	—	11	7	—	23	31	—	—	13	7	—	17	11	—	19
29	—	7	13	809	—	—	19	1321	7	29	11	37	17	—	—
31	13	17	11	7	229	—	47	677	113	—	7	—	31	11	—
37	11	103	7	—	—	—	—	13	19	7	—	11	—	23	29
41	547	461	29	13	79	193	7	137	37	19	1583	353	859	7	17
43	19	7	—	17	1201	—	337	23	7	11	—	—	173	983	13
47	313	19	127	23	11	7	59	229	—	—	13	61	7	29	233
49	7	23	—	—	17	47	37	7	13	1129	—	19	283	127	7
53	61	727	11	—	7	37	—	—	31	97	47	7	19	11	67
59	11	—	907	7	19	—	29	1097	—	199	7	11	—	—	23
61	29	683	—	11	73	7	17	—	887	13	109	—	7	89	11
67	53	11	59	13	7	173	19	17	—	1543	241	7	11	—	—
71	101	7	17	—	367	—	1439	11	7	47	43	—	13	59	—
73	23	41	313	7	61	67	79	71	17	179	7	223	43	—	—
77	7	—	73	17	—	11	13	7	—	—	29	—	719	—	7
79	191	673	7	—	13	83	709	1301	11	7	41	—	641	229	—
83	13	193	619	11	17	601	7	—	—	—	19	31	—	7	11
89	—	11	19	29	379	7	71	13	47	—	—	163	7	53	—
91	7	463	151	—	11	13	—	7	317	59	131	17	19	439	7
97	31	113	11	571	19	151	7	139	29	—	107	—	13	7	—

	256 81	84	87	90	93	96	256 99	257 02	05	08	11	14	17	20	23
01	—	11	—	31	7	17	467	—	37	—	13	7	11	—	73
03	83	—	—	—	11	29	7	—	13	1061	107	17	—	7	43
07	107	—	709	7	13	—	17	—	—	59	7	71	19	1013	—
09	911	47	11	19	—	7	37	97	—	—	31	—	7	11	61
13	179	—	7	—	19	37	47	17	11	7	—	13	—	103	257
19	—	7	—	41	967	13	11	—	7	1303	—	31	53	—	79
21	—	491	263	7	—	31	19	—	223	11	7	—	—	23	17
27	47	—	7	—	—	59	—	11	139	7	13	—	1571	—	—
31	—	—	11	23	—	47	7	89	29	—	17	281	—	7	67
33	31	7	29	1579	13	11	157	—	7	19	73	191	—	—	641
37	11	811	223	59	127	7	—	971	—	277	19	11	7	13	173
39	7	19	—	11	101	887	—	7	—	71	—	13	307	29	7
43	269	29	19	163	7	1093	—	13	929	11	827	7	17	—	23
49	109	13	107	7	47	—	79	11	23	—	7	—	29	17	13
51	113	89	17	521	19	7	23	—	31	—	11	—	7	179	37
57	23	—	—	17	7	181	13	73	11	67	101	7	—	—	47
61	61	7	13	11	—	29	—	83	7	31	59	—	97	271	11
63	13	97	683	7	17	991	11	19	—	113	7	37	101	13	—
67	7	11	83	47	367	—	239	7	19	13	37	181	11	23	7
69	—	—	7	53	11	17	—	13	677	7	29	23	467	1279	101
73	17	—	41	13	31	73	7	23	—	487	11	—	—	7	—
79	839	17	131	—	43	7	—	37	11	29	13	19	7	—	—
81	7	—	19	29	61	—	43	7	13	199	—	11	349	—	7
87	—	641	13	1217	53	37	7	191	17	11	317	1091	43	7	29
91	—	727	29	7	11	—	61	541	—	—	7	13	23	—	19
93	397	199	—	—	—	7	31	11	83	13	23	1439	7	—	—
97	—	—	7	1231	17	13	19	167	97	7	—	—	1051	11	—
99	41	—	37	13	7	11	379	29	—	353	17	7	257	—	—

	26	29	32	35	38	41	44	47	50	53	56	59	62	65	68
01	107	89	41	7	113	19	—	17	11	—	7	—	1093	643	—
03	11	311	47	251	—	7	13	—	151	521	61	11	7	17	71
07	—	31	7	43	—	191	11	29	17	7	37	41	23	—	53
09	13	29	—	—	7	43	—	19	251	11	23	7	—	13	17
13	—	7	839	797	11	—	23	659	7	13	439	449	61	113	31
19	7	61	11	13	137	919	139	7	—	—	17	—	—	11	7
21	—	13	7	53	71	11	619	—	—	7	19	—	—	211	13
27	17	7	19	11	—	29	193	—	7	—	—	89	—	157	11
31	103	59	—	19	13	7	41	—	509	11	179	23	7	241	—
33	7	11	13	—	—	1289	—	7	263	23	—	—	11	19	7
37	523	—	—	67	7	23	—	11	89	—	79	7	83	17	19
39	47	—	17	23	53	19	7	719	1123	13	11	—	107	7	—
43	643	37	107	7	769	11	19	67	—	109	7	—	73	359	17
49	—	—	7	11	631	—	—	61	—	7	1063	67	13	—	11
51	—	79	—	—	7	—	11	—	19	—	13	7	—	—	23
57	19	397	29	7	11	17	31	—	23	691	7	919	—	—	—
61	7	19	—	—	23	277	—	7	—	—	11	1597	—	13	7
63	—	1291	7	733	139	127	17	—	—	7	—	13	—	11	—
67	—	17	79	211	103	—	7	13	11	73	71	—	19	7	163
69	11	7	67	19	—	13	—	17	7	—	463	11	79	37	47
73	53	13	17	421	19	7	11	701	—	—	—	367	7	—	13
79	—	439	31	17	7	—	113	653	13	23	—	7	—	61	—
81	—	—	163	83	—	—	7	11	—	17	37	743	233	7	107
87	13	23	—	569	—	7	—	1151	41	31	17	1549	7	13	67
91	11	43	7	—	—	17	73	389	—	7	337	11	409	—	41
93	—	—	—	11	7	—	—	13	—	19	29	7	—	—	11
97	—	7	47	13	557	1237	17	43	7	11	19	109	—	—	23
99	—	11	1103	7	31	73	—	—	71	43	7	59	11	—	13

	256 82	85	88	91	94	256 97	257 00	03	06	09	12	15	18	21	24
03	11	7	109	—	491	17	41	31	7	—	—	11	13	—	263
09	7	—	271	—	193	137	13	7	—	11	—	—	—	—	7
11	19	11	7	599	13	457	—	—	—	7	61	47	11	193	31
17	607	7	—	—	313	—	—	—	7	23	11	13	157	17	—
21	47	421	503	43	—	7	163	13	17	—	563	1217	7	—	—
23	7	—	—	19	—	13	53	7	11	31	439	743	—	—	7
27	577	13	—	11	7	419	1427	—	—	17	29	7	—	—	11
29	331	1193	113	103	29	277	7	109	661	1361	47	43	13	7	19
33	—	11	—	7	97	113	107	—	13	—	7	673	11	—	—
39	—	53	7	29	—	—	1483	19	—	7	11	17	503	—	1493
41	13	—	11	191	7	—	1381	53	23	—	37	7	593	11	977
47	11	17	23	7	1039	61	—	13	29	19	7	11	487	953	73
51	7	743	71	13	—	—	11	7	—	—	19	—	—	17	7
53	—	13	7	461	1493	—	67	37	197	7	967	—	31	—	13
57	31	—	19	—	11	41	7	29	—	—	13	—	857	7	17
59	—	7	139	17	—	—	811	11	7	509	67	1231	19	23	59
63	—	—	11	89	13	7	631	—	—	23	997	—	7	11	41
69	11	—	—	23	7	19	—	—	43	—	—	7	59	47	—
71	—	23	—	11	197	17	7	—	—	13	43	73	—	7	11
77	337	11	31	13	—	7	17	19	—	53	—	61	7	521	79
81	37	17	7	—	—	397	359	11	19	7	—	—	13	1543	23
83	61	823	1373	41	7	241	—	17	—	103	11	7	23	—	—
87	19	7	17	31	29	11	13	—	7	41	—	433	47	61	—
89	197	439	419	7	13	—	23	—	11	—	7	83	41	89	—
93	7	1367	23	11	53	311	521	7	—	251	149	19	—	13	7
99	—	11	1019	19	17	—	7	13	—	163	89	—	11	7	37

	27	30	33	36	39	42	45	48	51	54	57	60	63	66	69
03	7	—	19	1039	599	—	89	7	23	29	13	—	313	43	7
09	41	743	23	37	13	11	7	307	17	59	1277	1601	167	7	—
11	23	7	13	41	19	—	—	—	7	—	883	137	373	97	17
17	7	37	773	—	419	—	11	7	—	13	—	191	31	—	7
21	31	11	1553	—	7	13	—	401	967	—	17	7	11	23	139
23	89	—	73	13	11	—	7	19	—	307	—	23	—	7	571
27	109	593	373	7	—	683	107	23	19	223	7	17	13	31	397
29	17	107	11	1429	643	7	—	31	—	53	13	97	7	11	313
33	19	23	7	—	163	—	13	211	11	7	—	—	17	—	—
39	13	7	—	59	41	—	11	—	7	—	83	19	103	13	37
41	—	61	17	7	1021	281	—	41	43	11	7	13	—	—	421
47	—	—	7	17	—	13	379	11	—	7	23	—	37	19	43
51	83	13	11	31	233	—	7	—	577	173	29	37	67	7	13
53	283	7	—	—	17	11	—	—	7	—	—	—	13	—	—
57	11	—	—	—	—	7	19	503	13	—	—	11	7	149	103
59	7	—	—	11	1009	17	13	7	443	37	31	1013	149	239	7
63	17	—	13	29	7	53	—	773	37	11	59	7	—	—	47
69	—	17	1319	7	89	239	—	11	41	13	7	23	—	—	29
71	19	—	701	67	167	7	37	13	29	23	11	41	7	1237	1487
77	—	13	383	23	7	787	83	67	11	821	—	7	71	227	13
81	—	7	109	11	263	43	31	29	7	61	13	—	19	47	11
83	31	29	—	7	—	97	11	43	13	17	7	67	53	—	—
87	7	11	37	271	13	607	—	7	—	—	—	43	11	1249	7
89	—	317	7	—	11	—	—	—	137	7	17	—	29	31	19
93	29	31	—	41	59	17	7	947	—	—	11	13	—	7	—
99	—	—	1181	347	23	7	17	19	11	—	—	29	7	—	31

	257 70	73	76	79	82	85	88	91	94	257 97	258 00	03	06	09	12	15	18	21	24	27	30	33	36	39	42	45	48	51	54	57
01	7	41	13	19	—	311	—	7	11	67	1447	23	59	—	7	13	89	109	—	11	29	7	19	223	47	31	79	113	7	101
07	—	—	29	—	—	23	7	31	47	13	41	131	—	7	19	—	17	11	—	—	7	127	13	—	—	911	—	7	11	—
11	—	11	—	7	131	13	103	—	—	—	7	17	11	47	—	19	41	7	13	29	—	43	—	11	7	—	31	—	17	53
13	17	—	281	13	11	7	19	79	827	1171	1009	—	7	29	—	11	13	17	1601	7	31	367	23	43	—	19	7	—	—	13
17	251	29	7	—	—	—	—	19	31	7	11	167	13	—	83	229	7	223	23	173	—	11	199	7	643	13	19	43	—	47
19	53	17	11	—	7	—	—	—	—	—	13	7	—	11	—	809	23	19	7	—	—	67	71	13	11	7	—	61	41	43
23	457	7	—	—	71	251	13	311	7	83	257	—	23	17	—	7	37	1103	19	11	1163	31	7	557	179	—	1679	—	47	7
29	7	—	41	31	83	—	11	7	79	—	19	499	47	13	7	127	—	11	211	—	—	7	—	29	—	—	13	—	7	19
31	—	19	7	17	23	41	59	89	181	7	—	13	—	—	37	—	7	29	79	—	11	—	—	7	13	1523	127	23	31	67
37	—	7	—	457	17	13	—	11	7	—	31	—	19	—	41	7	—	1013	11	—	139	17	7	89	131	83	197	—	29	7
41	—	13	11	—	59	7	199	61	43	—	373	—	7	11	13	—	17	23	—	7	41	—	757	227	11	883	7	13	73	31
43	7	—	113	—	19	11	47	7	—	1279	29	37	13	137	7	23	11	—	—	53	83	7	17	19	241	13	—	11	7	—
47	11	—	199	—	7	19	—	277	13	73	37	7	—	107	43	281	—	17	7	79	89	13	11	—	19	7	—	29	—	41
49	—	659	433	11	—	31	7	163	107	23	—	571	—	7	11	19	43	—	1607	13	7	29	691	17	—	11	59	7	37	71
53	1423	17	13	7	—	23	779	1117	—	11	7	71	—	—	—	13	19	7	17	—	11	—	409	1399	7	293	—	37	13	1201
59	79	1069	7	67	—	—	31	11	19	7	313	643	—	—	53	—	7	—	11	17	29	—	13	7	59	—	43	19	—	11
61	31	829	—	433	7	47	—	13	17	41	11	7	—	239	29	—	—	—	7	—	13	11	—	103	—	7	181	—	43	739
67	61	13	—	7	—	37	139	—	11	17	7	311	—	31	13	1153	1289	7	41	11	113	719	—	293	7	29	17	13	—	19
71	7	31	—	11	17	239	73	7	521	953	13	19	—	29	7	607	263	—	277	—	769	7	—	13	41	11	—	661	7	283
73	—	467	7	53	—	—	11	29	13	7	17	479	—	—	—	—	7	11	197	—	47	13	37	7	73	—	31	17	11	971
77	—	11	61	19	13	17	7	—	—	—	353	79	11	7	31	53	—	13	1213	1499	7	37	17	11	29	47	—	7	—	—
79	—	7	13	43	11	73	—	—	7	1499	—	17	457	19	—	7	131	157	29	—	59	53	7	—	—	23	11	—	13	7
83	—	37	—	181	809	7	17	43	331	47	11	13	7	191	19	—	109	1549	71	7	—	11	137	17	13	—	7	31	487	—
89	1151	—	601	—	7	13	19	17	11	31	41	7	—	43	—	23	971	29	7	11	—	—	73	67	17	7	—	523	953	1447
91	11	653	67	13	53	—	7	—	1049	811	107	11	—	7	197	43	13	61	—	47	7	—	11	167	—	—	—	7	—	13
97	—	—	—	47	—	7	61	23	19	11	13	431	7	—	17	—	31	—	601	7	11	43	29	13	1427	—	7	19	347	—

	257 71	74	77	80	83	86	89	92	95	257 98	258 01	04	07	10	13	16	19	22	25	28	31	34	37	40	43	46	49	52	55	58
01	—	—	7	23	11	907	13	—	47	7	29	—	—	179	449	11	7	—	—	13	—	97	593	7	—	43	11	83	19	337
03	19	23	73	—	7	—	269	11	691	—	67	7	—	—	659	17	1483	13	7	19	—	89	—	463	23	7	1213	43	643	11
07	13	7	11	79	467	449	—	571	7	—	17	—	—	11	641	7	—	31	457	157	19	29	7	—	11	—	13	17	—	7
09	409	—	449	7	191	11	367	—	257	—	7	13	1291	37	59	29	11	7	23	557	—	109	—	—	7	769	—	11	—	131
13	7	—	337	29	167	41	523	7	—	—	1283	11	19	—	7	—	—	53	89	73	13	7	11	47	353	59	—	607	7	—
19	43	13	127	—	19	853	7	47	23	11	—	—	17	7	13	1237	—	—	103	97	7	—	—	19	—	—	281	7	991	17
21	1373	7	43	251	113	—	23	—	7	—	37	—	11	127	19	7	—	41	17	199	157	457	7	11	499	13	1297	997	—	7
27	7	—	17	—	1381	151	13	7	43	—	11	857	61	—	7	199	—	47	661	13	—	7	—	23	79	19	41	37	7	—
31	227	—	13	—	7	11	—	19	1123	193	—	7	43	—	17	13	11	107	7	23	—	—	47	—	—	7	19	11	13	173
33	13	29	—	17	499	299	7	37	11	929	359	199	89	7	43	—	—	19	193	11	7	59	—	—	53	307	13	7	83	—
37	41	—	197	7	379	1303	37	191	—	13	7	1489	—	23	11	17	73	7	19	—	31	—	13	—	7	11	—	—	577	—
39	1297	—	—	41	17	7	11	13	59	19	109	23	7	587	31	—	—	11	251	7	13	17	—	83	37	283	7	223	11	—
43	29	11	7	13	—	—	—	23	233	7	19	—	11	151	613	—	7	—	—	59	—	271	—	7	43	79	—	—	1597	13
49	17	7	19	37	—	71	59	—	7	739	11	29	—	—	—	7	151	17	41	53	179	11	7	13	23	89	—	457	—	7
51	47	461	11	7	—	29	17	347	13	31	7	293	19	11	241	—	—	7	—	211	491	13	23	17	7	53	—	—	251	61
57	11	37	7	—	19	—	593	17	83	7	349	11	—	683	—	13	7	—	61	967	151	—	11	7	17	811	—	659	13	907
61	37	641	17	—	29	19	7	1153	937	281	31	13	23	7	443	101	—	11	487	17	7	—	71	—	13	—	211	7	11	307
63	103	7	—	83	31	1471	—	61	7	11	23	—	227	71	277	7	—	1367	37	—	11	—	7	109	947	17	—	29	619	7
67	—	743	—	17	11	7	23	109	67	1373	—	—	7	827	—	11	19	37	13	7	17	—	—	31	—	151	7	—	191	23
69	7	157	59	13	23	727	—	7	179	17	—	—	73	—	7	—	13	31	11	89	—	7	—	127	—	233	17	23	7	11
73	23	—	11	1193	7	31	—	—	19	61	—	7	13	11	—	—	—	79	7	101	—	17	1069	23	11	7	29	19	151	1291
79	11	—	179	7	107	17	13	293	29	1409	7	11	71	—	37	173	67	7	31	13	—	101	11	—	7	—	—	—	—	73
81	173	271	29	11	13	7	167	941	—	53	19	17	7	—	11	23	1453	13	—	7	—	547	—	—	—	11	7	1549	17	19
87	—	11	19	—	7	881	—	—	79	23	—	7	11	29	1117	—	167	359	7	709	—	19	59	11	13	7	—	53	73	17
91	113	7	—	19	—	23	—	11	7	—	271	37	—	31	—	7	—	127	11	229	13	—	7	—	17	101	103	733	23	7
93	97	—	41	7	—	13	—	31	—	59	7	—	109	17	—	1151	421	7	13	191	71	11	—	1237	7	—	23	—	127	37
97	7	13	71	157	53	11	131	7	17	211	—	—	29	—	7	—	11	419	521	—	59	7	23	—	1171	17	31	11	7	269
99	139	479	7	—	103	19	29	67	11	7	53	41	13	47	17	—	7	1511	317	11	23	—	1087	7	19	13	—	149	1033	—

	257 72	75	78	81	84	87	90	93	96	257 99	258 02	05	08	11	14	17	20	23	26	29	32	35	38	41	44	47	50	53	56	59
03	—	877	373	11	—	443	7	59	13	17	—	197	—	7	13	61	23	41	47	—	7	13	53	29	—	11	17	7	—	101
09	617	11	13	—	43	7	—	73	673	97	17	—	7	467	—	13	—	19	—	7	83	31	149	11	1051	37	7	17	13	—
11	7	—	431	—	11	1307	37	7	19	—	71	—	—	13	7	11	17	—	—	—	—	7	—	—	—	73	11	19	7	41
17	17	587	11	—	—	—	7	13	—	1103	29	53	43	7	—	179	59	17	149	19	7	—	—	37	11	23	163	7	31	379
21	—	19	—	7	1481	—	107	197	11	109	7	—	17	—	631	—	13	7	659	11	19	23	37	53	7	311	613	29	193	13
23	11	13	101	37	—	7	41	—	—	—	31	11	7	—	13	149	1129	—	17	7	—	29	11	67	113	229	7	13	—	53
27	401	47	7	1291	1451	83	11	97	—	7	13	—	19	17	59	23	7	11	—	131	997	—	43	7	139	1259	263	113	11	31
29	71	89	17	19	7	—	761	—	13	11	563	7	149	23	—	41	—	—	7	17	11	13	19	31	43	7	—	47	1097	—
33	83	7	—	—	11	—	53	—	7	23	149	31	1433	—	17	7	—	13	521	37	29	41	7	19	—	563	11	—	43	7
39	7	—	11	23	1523	383	157	7	487	—	61	13	—	11	7	17	47	233	1553	—	—	7	—	773	11	—	23	127	7	727
41	—	23	7	73	17	11	19	—	101	7	—	—	—	—	—	—	7	37	31	283	—	17	13	7	23	19	—	11	—	—
47	31	7	283	11	463	17	1097	29	7	971	59	—	—	—	11	7	13	19	23	—	479	—	7	—	173	11	47	—	—	7
51	17	149	—	43	—	7	—	41	—	11	—	761	7	421	23	823	523	17	19	7	11	59	1381	1021	29	13	7	—	829	—
53	7	11	229	—	—	43	17	7	—	19	13	83	11	31	7	1223	—	—	29	—	—	7	79	11	337	61	137	—	7	—
57	311	17	—	—	7	—	13	11	23	43	19	7	—	37	—	47	41	—	7	13	—	—	—	107	—	7	—	—	1061	11
59	29	19	859	331	13	—	7	17	—	523	11	43	—	7	61	439	—	13	107	41	7	11	—	—	17	97	31	7	—	23
63	13	—	17	7	—	11	—	—	107	—	7	—	911	13	31	43	11	7	—	17	1559	19	—	1013	7	23	13	11	1607	—
69	419	—	7	11	—	229	181	13	53	7	37	131	241	19	11	—	7	—	269	23	13	43	1231	7	—	11	271	31	29	—
71	1321	—	—	163	7	13	11	353	1229	17	383	7	103	—	53	—	—	11	7	—	233	31	29	19	71	7	17	109	11	—
77	1087	701	—	7	11	41	233	—	37	—	7	23	13	—	—	11	—	7	—	467	101	—	—	97	7	13	11	17	257	43
81	7	97	—	313	79	17	—	7	13	157	11	41	439	—	7	59	19	67	—	—	839	7	17	1249	—	367	—	—	7	—
83	—	—	7	751	—	23	13	19	—	7	887	17	647	11	41	29	7	—	631	13	—	953	101	7	11	37	19	211	17	—
87	—	23	13	29	31	—	7	—	11	53	—	—	—	7	—	13	—	547	—	11	7	67	—	17	23	—	1301	7	13	47
89	11	7	—	263	—	37	1019	—	7	—	—	11	17	13	71	7	—	113	19	167	61	—	7	41	101	—	13	—	241	7
93	19	—	43	103	37	7	11	17	—	13	263	1031	7	47	29	389	—	11	23	7	113	139	13	509	17	67	7	53	11	41
99	—	—	—	13	7	—	757	—	17	—	463	7	23	409	73	11	13	—	7	—	—	37	61	1223	109	7	11	—	83	13

	258 60	63	66	69	72	75	78	81	84	87	90	93	96	258 99	259 02	05	08	11	14	17	20	23	26	29	32	35	38	41	44	47
01	11	—	17	73	23	7	—	—	—	—	37	11	7	1061	269	—	1483	281	—	7	307	487	11	—	13	83	7	23	701	—
07	193	29	89	17	7	13	521	—	31	11	—	7	—	463	317	—	137	443	7	61	11	23	19	97	191	7	79	37	59	—
11	—	7	—	—	11	269	1283	563	7	—	—	499	—	127	13	7	—	23	29	—	73	—	7	19	—	—	11	13	71	17
13	179	—	1381	7	17	53	113	11	61	47	7	—	13	—	19	23	263	7	11	71	397	17	103	—	7	13	743	193	—	11
17	7	71	11	—	—	157	37	7	13	31	431	23	67	11	7	19	17	53	439	—	617	7	1559	263	11	—	59	349	7	29
19	197	313	7	31	257	11	13	79	—	7	83	—	—	367	229	337	7	—	—	13	1601	1021	17	7	37	19	163	11	1229	—
23	11	1327	13	43	41	23	7	19	109	—	61	11	—	7	—	13	67	17	1471	673	7	197	11	37	—	233	19	7	13	—
29	53	17	—	37	31	7	—	—	131	11	—	233	7	41	383	659	—	389	17	7	11	—	13	—	307	—	7	1423	107	47
31	7	11	—	—	773	—	53	7	47	19	673	43	11	—	7	1063	29	—	283	—	13	7	—	11	17	179	313	—	7	31
37	—	13	839	67	271	—	7	863	17	1597	11	31	173	7	13	—	—	43	79	—	7	11	59	1451	53	17	769	7	—	127
41	37	—	19	7	1019	11	—	—	—	1103	7	—	—	647	1013	29	11	7	—	179	17	19	797	13	7	971	—	11	67	—
43	281	—	—	—	569	7	353	67	11	17	491	—	7	401	61	139	73	—	37	7	—	13	1459	43	31	—	7	—	—	479
47	—	53	7	11	13	—	—	1087	71	7	—	—	31	19	11	—	7	13	—	—	59	17	—	7	—	11	29	23	47	—
49	401	277	13	61	7	—	11	47	443	359	17	7	—	109	—	13	541	11	7	—	29	1489	—	19	—	7	103	17	11	43
53	251	7	241	—	—	17	89	59	7	—	—	13	11	479	193	7	61	—	—	53	—	23	7	11	13	31	—	—	—	7
59	7	—	—	—	593	13	17	7	157	211	11	—	—	197	7	23	19	41	13	29	173	7	89	17	—	71	—	223	7	—
61	—	31	7	13	1361	173	—	19	—	7	1303	643	17	11	233	853	7	97	—	67	41	—	47	7	11	—	19	—	967	13
67	11	7	—	—	43	—	47	23	7	—	13	11	37	17	31	7	59	—	19	—	—	101	7	13	29	199	239	—	103	7
71	19	179	31	23	—	7	11	677	17	—	—	37	7	—	—	251	—	11	—	7	53	433	83	491	—	17	7	59	11	449
73	7	23	—	59	13	227	29	7	—	11	19	523	277	911	7	941	—	13	241	—	11	7	—	101	23	107	53	31	7	19
77	13	—	443	41	7	1523	—	—	—	17	109	7	—	13	43	11	—	83	7	—	23	613	—	29	—	7	11	1049	37	—
79	263	—	19	—	—	347	7	11	1277	31	107	13	—	7	—	17	43	29	11	—	7	19	937	211	13	101	139	7	—	11
83	107	59	11	7	857	29	1049	13	37	439	7	73	41	11	23	—	—	7	223	—	13	—	19	—	7	251	47	17	31	1063
89	11	13	7	—	—	—	—	83	23	7	31	11	733	89	13	—	7	—	563	103	—	41	11	7	877	37	43	13	17	—
91	17	—	577	11	7	19	23	379	113	199	29	7	13	—	11	223	—	17	7	—	1607	263	—	59	19	7	—	53	43	23
97	23	11	79	7	1109	199	13	313	337	1129	7	—	11	97	227	—	19	7	17	13	47	29	—	11	7	1373	—	353	83	163

	258 61	64	67	70	73	76	79	82	85	88	91	94	258 97	259 00	03	06	09	12	15	18	21	24	27	30	33	36	39	42	45	48
01	7	67	13	—	53	31	811	7	—	29	—	157	—	17	7	13	1151	19	11	23	181	7	37	109	—	47	257	73	7	11
03	13	41	7	29	47	541	—	—	19	7	11	127	—	13	257	109	7	23	1003	17	—	11	1297	7	499	613	13	19	—	—
07	409	43	37	—	1481	11	7	41	59	13	—	—	379	7	17	557	11	953	31	—	7	103	13	1123	1091	—	—	7	19	—
09	19	7	—	17	829	—	—	13	7	—	41	23	31	71	29	7	—	—	83	11	13	—	7	167	—	—	73	—	53	7
13	31	19	29	11	359	7	—	23	—	67	—	331	7	—	11	17	13	—	—	7	19	—	97	541	1129	11	7	—	61	13
19	977	11	—	—	7	53	1429	—	179	—	13	7	11	29	311	683	17	61	7	—	—	—	—	11	23	7	—	—	347	113
21	479	—	—	19	11	17	7	29	13	—	—	53	107	7	1087	11	—	37	—	—	7	13	17	227	859	—	11	7	41	—
27	—	607	11	71	59	7	17	—	—	—	—	—	7	11	19	13	23	809	29	7	31	43	761	17	11	—	7	—	13	53
31	223	17	7	—	167	73	29	—	11	7	—	13	23	—	79	19	7	373	17	11	97	67	—	7	13	43	131	709	—	—
33	11	103	31	181	7	41	19	17	349	13	23	7	283	—	37	—	521	—	7	409	—	239	11	73	17	7	—	43	—	29
37	—	7	17	317	—	13	11	19	7	397	661	41	—	37	167	7	—	11	13	17	1381	31	7	47	—	67	19	—	11	7
39	—	349	47	7	23	—	—	983	17	11	7	29	53	—	41	31	13	7	—	—	11	61	379	—	7	17	—	23	—	13
43	7	—	71	17	11	131	—	7	—	181	—	—	13	239	7	11	—	—	19	—	17	7	317	23	53	13	11	—	7	67
49	43	859	11	—	17	—	7	—	353	521	19	313	—	7	—	—	31	23	97	13	7	17	149	61	11	79	557	7	—	19
51	557	7	43	103	13	11	163	97	7	1553	17	59	67	—	389	7	11	13	—	—	19	127	7	—	683	—	1109	11	37	7
57	7	47	733	11	—	263	—	7	37	23	71	13	19	53	7	29	67	109	149	—	73	7	293	31	13	11	—	—	7	107
61	—	61	1091	29	7	23	17	13	409	11	—	7	43	19	—	919	149	—	7	107	11	577	—	17	—	7	—	89	23	—
63	457	11	547	23	19	13	7	—	251	41	137	383	11	7	43	149	79	—	13	163	7	181	—	11	—	37	23	7	337	17
67	—	13	—	7	107	19	—	11	—	1487	7	359	541	149	13	41	97	7	11	337	—	—	23	—	7	83	269	13	—	11
69	—	631	—	—	1493	7	—	—	29	—	11	—	7	17	—	19	47	—	31	7	23	11	—	673	67	13	7	61	—	—
73	—	1187	7	—	37	11	31	347	13	7	149	—	433	313	—	127	7	—	73	599	83	13	—	7	41	17	853	11	—	—
79	1153	7	13	11	887	47	—	29	7	17	23	—	—	—	11	7	—	79	—	31	1289	37	7	—	—	11	17	19	13	7
81	13	29	37	7	131	59	11	—	23	1609	7	193	877	13	—	17	929	7	19	113	1213	89	—	251	7	—	13	79	11	—
87	—	419	7	97	11	151	109	13	269	7	19	—	29	—	—	11	7	71	—	37	13	—	281	7	257	23	11	409	251	19
91	29	149	—	13	701	83	7	61	—	53	11	17	—	7	31	—	13	211	37	—	7	11	—	—	—	—	—	7	17	13
93	17	7	11	—	727	—	—	—	7	—	—	557	—	11	13	7	1217	17	229	23	—	19	7	29	11	—	—	131	113	7
97	83	—	—	19	47	7	—	—	11	—	13	29	7	—	—	23	—	191	701	7	127	607	19	13	—	—	7	31	79	17
99	7	17	—	—	—	29	167	7	13	—	—	11	—	19	7	1453	37	907	17	—	—	7	11	—	—	59	83	827	7	1381

	258 62	65	68	71	74	77	80	83	86	89	92	95	258 98	259 01	04	07	10	13	16	19	22	25	28	31	34	37	40	43	46	49
03	421	—	67	—	7	307	11	—	163	23	—	7	97	17	19	37	71	11	7	137	461	107	29	661	—	7	—	—	11	353
09	—	101	941	7	11	—	19	—	239	79	7	13	—	1297	17	11	151	7	—	47	—	229	31	59	7	19	11	109	—	—
11	227	23	—	17	—	7	277	11	—	13	659	61	7	37	—	857	19	131	11	7	17	523	13	197	23	607	7	29	—	11
17	61	—	677	13	7	11	389	307	19	29	—	7	—	—	—	—	11	1019	7	—	151	17	1051	—	71	7	—	11	89	13
21	11	7	—	—	—	101	71	271	7	19	97	11	13	61	23	7	17	31	359	—	—	—	7	—	—	13	29	—	19	7
23	19	173	—	7	—	17	83	193	191	—	7	31	23	47	11	—	—	7	—	19	29	—	17	13	7	11	—	367	421	—
27	7	19	61	—	331	—	13	7	23	11	—	53	293	—	7	233	—	17	47	13	11	7	479	41	1217	89	—	—	7	907
29	509	11	7	—	13	281	17	—	—	7	—	19	11	—	—	—	7	13	137	59	—	647	—	7	31	—	41	37	739	23
33	13	17	23	1451	379	257	7	11	463	[illegible]	—	—	19	7	—	457	1277	—	11	29	7	1279	67	71	719	23	13	7	151	11
39	41	29	17	—	19	7	37	13	97	31	—	101	7	—	—	269	11	59	1439	7	13	—	929	19	—	31	7	11	73	—
41	7	—	—	41	—	13	43	7	11	503	293	79	47	103	7	431	—	23	13	11	—	7	163	—	29	17	631	229	7	677
47	613	31	—	—	37	—	7	—	647	17	—	23	13	7	211	197	797	11	53	89	7	—	—	—	991	13	17	7	11	—
51	89	11	401	7	17	—	—	19	13	547	7	—	11	71	653	101	43	7	41	61	31	13	—	11	7	—	19	—	443	—
53	—	1307	—	107	11	7	13	—	73	131	17	—	7	67	31	11	—	19	43	7	—	37	—	1103	—	—	7	17	23	—
57	947	23	7	—	277	17	97	—	61	7	11	—	79	—	—	13	7	101	19	1553	37	11	17	7	23	—	—	41	13	—
59	13	37	11	—	7	—	—	—	967	19	881	7	—	11	661	103	—	67	7	503	—	113	23	—	11	7	13	31	17	—
63	37	7	127	—	103	139	17	—	7	13	19	—	863	53	—	7	29	—	23	11	—	283	7	17	59	73	—	199	43	7
69	7	—	19	13	41	109	11	7	—	—	—	59	23	—	7	—	13	19	—	—	—	7	—	83	17	—	401	29	7	13
71	—	13	7	79	229	—	—	41	—	7	23	421	19	17	13	—	7	1583	839	—	11	29	31	7	73	67	47	13	—	—
77	—	7	53	29	19	73	—	11	7	1327	47	—	61	—	17	7	41	103	11	373	—	13	7	19	—	—	—	23	—	7
81	23	—	11	43	13	7	103	569	—	17	—	163	7	11	37	47	137	13	—	7	29	—	41	23	11	61	7	—	—	—
83	7	61	13	—	293	11	587	7	1447	—	509	71	—	—	7	13	11	31	—	1531	53	7	131	—	157	41	89	11	7	—
87	11	311	29	—	7	31	—	89	83	43	17	7	—	1069	61	131	19	23	7	—	—	—	11	181	13	7	733	17	197	—
89	—	—	157	11	1471	—	7	19	—	13	—	43	37	7	11	23	17	—	127	491	7	—	13	593	97	11	19	7	—	—
93	—	—	97	7	211	13	—	199	19	11	7	17	—	29	—	43	—	7	13	443	11	—	1301	89	7	—	—	19	17	101
99	19	—	7	199	—	23	241	11	41	7	71	—	13	751	47	53	7	331	11	19	769	43	—	7	29	13	—	—	23	11

	259 50	53	56	59	62	65	68	71	74	77	80	83	86	89	92
01	19	239	—	7	1291	—	17	13	—	—	7	47	—	179	11
07	29	11	7	347	751	773	181	17	—	7	53	19	11	—	13
11	47	—	17	337	43	1453	7	11	991	59	13	—	19	7	751
13	41	7	—	19	—	—	43	—	7	—	11	29	—	—	37
17	—	1609	109	17	13	7	41	—	101	233	31	—	7	37	—
19	7	—	13	—	31	1567	—	7	11	17	47	1597	43	—	7
23	—	—	97	11	7	53	821	383	797	—	29	7	569	107	11
29	—	11	—	7	—	13	73	19	277	—	7	967	11	—	263
31	—	—	—	13	11	7	61	457	1019	163	293	17	7	23	—
37	—	—	11	—	7	73	—	23	37	19	13	7	17	11	—
41	31	7	—	23	—	71	13	17	7	523	19	—	1231	—	29
43	11	19	—	7	13	419	1087	109	29	—	7	11	53	17	—
47	7	167	19	—	—	317	11	7	17	719	41	—	83	13	7
49	—	—	7	113	887	37	—	31	683	7	139	13	19	41	17
53	157	—	—	43	11	—	7	13	—	17	773	167	—	7	23
59	—	13	11	283	541	7	293	53	23	43	17	193	7	11	13
61	7	1201	31	—	127	11	23	7	—	—	1093	43	13	53	7
67	17	61	—	11	1061	449	7	19	—	1499	107	—	1367	7	11
71	79	331	13	7	109	41	—	487	19	11	7	29	17	—	61
73	13	11	401	71	293	7	—	47	41	—	79	1049	7	13	—
77	19	—	7	61	—	—	1229	11	53	7	271	409	47	17	41
79	—	67	17	—	7	—	1303	13	571	—	11	7	—	83	53
83	313	7	—	13	29	11	—	23	7	311	359	19	347	—	17
89	7	23	71	11	131	—	—	7	—	1487	13	31	—	—	7
91	1279	509	7	83	17	31	11	—	13	7	—	661	373	19	499
97	—	7	13	41	11	17	—	61	7	109	1301	—	—	67	—

	95	259 98	260 01	04	07	10	13	16	19	22	25	28	31	34	37
01	—	67	7	29	19	13	—	—	17	7	11	97	31	—	—
07	—	7	821	—	—	67	277	—	7	17	—	1523	13	113	29
11	223	79	29	11	17	7	—	53	13	1009	—	109	7	31	11
13	7	—	—	109	751	503	11	7	—	67	17	47	269	53	7
17	193	11	13	—	7	17	163	—	19	—	509	7	11	29	751
19	13	—	—	619	11	157	7	29	107	97	23	17	103	7	—
23	19	43	137	7	467	—	17	563	31	13	7	1109	617	607	—
29	23	—	7	13	1217	—	29	17	11	7	1021	19	79	—	59
31	11	13	19	1511	7	433	—	1163	—	43	47	7	41	17	13
37	199	229	—	7	953	239	—	97	13	11	7	29	137	19	17
41	7	101	83	103	11	—	127	7	139	17	—	23	—	—	7
43	—	—	7	79	131	19	313	11	—	7	31	233	—	—	—
47	1193	—	11	101	397	23	7	73	431	37	17	13	1571	7	941
49	—	7	241	23	29	11	—	409	7	13	59	—	823	463	197
53	11	1091	211	—	41	7	521	71	439	317	809	11	7	1511	47
59	—	—	449	29	7	103	37	101	59	11	241	7	13	41	—
61	19	11	—	—	—	193	7	—	157	—	13	557	11	7	23
67	31	—	17	—	13	7	—	1249	23	—	11	19	7	—	1223
71	13	—	7	37	23	11	43	—	1559	7	—	101	19	13	17
73	—	457	23	17	7	659	113	359	11	—	—	7	547	31	491
77	—	7	—	11	19	379	—	13	7	113	131	—	43	101	11
79	461	29	41	7	17	13	11	—	—	—	7	—	149	—	19
83	7	11	373	—	—	—	—	7	41	—	149	53	11	—	7
89	17	—	59	—	181	—	7	19	13	23	11	—	47	7	—
91	—	7	11	61	1171	—	13	23	7	—	467	401	349	11	—
97	7	23	439	31	853	29	1459	7	—	19	—	11	179	13	7

	259 51	54	57	60	63	66	69	72	75	78	81	84	87	90	93
01	17	—	479	—	587	7	19	193	29	41	11	13	7	503	137
03	7	1153	11	101	—	—	17	7	—	13	23	—	41	11	7
07	—	17	373	127	7	13	23	—	11	37	1531	7	—	149	43
09	11	641	313	13	23	47	7	17	19	—	—	11	107	7	97
13	23	29	17	7	787	—	11	239	—	19	7	929	13	—	1493
19	467	19	7	17	11	—	13	149	—	7	—	59	29	73	31
21	71	—	181	—	7	—	29	11	31	17	—	7	—	79	—
27	587	1361	947	7	37	11	—	41	307	23	7	13	73	61	—
31	7	149	—	37	19	17	89	7	113	31	389	11	—	41	7
33	149	—	7	11	—	13	—	—	—	7	—	17	—	101	11
37	883	13	—	179	571	—	7	—	—	11	—	659	—	7	13
39	—	7	137	43	—	—	19	59	7	197	29	—	11	—	113
43	37	257	—	193	31	7	—	11	13	977	73	—	7	—	331
49	—	163	13	67	7	11	—	173	17	29	23	7	53	43	—
51	13	—	41	29	—	79	7	71	11	19	—	31	—	7	17
57	—	19	23	—	383	7	11	13	103	—	—	41	7	419	29
61	83	11	7	13	—	—	313	911	227	7	17	67	11	599	37
63	1433	13	47	—	7	—	31	—	61	599	—	7	19	739	13
67	—	7	277	—	—	—	71	47	7	—	11	17	—	19	971
69	17	59	11	7	19	—	—	29	13	—	7	227	37	11	307
73	7	—	—	263	13	19	—	7	11	23	61	37	17	—	7
79	43	—	239	23	—	—	7	—	109	157	—	13	—	7	229
81	29	7	17	809	139	—	41	19	7	11	—	83	757	443	31
87	7	—	—	13	—	—	67	7	43	787	617	29	523	—	7
91	19	—	11	—	7	641	—	657	—	1297	—	7	13	11	23
93	—	83	—	251	17	11	7	761	59	31	13	863	23	7	43
97	11	103	389	7	89	37	13	—	23	—	7	11	547	71	—
99	47	107	19	11	13	7	23	—	79	—	—	431	7	—	11

	96	259 99	260 02	05	08	11	14	17	20	23	26	29	32	35	38
01	89	149	17	461	7	61	11	457	983	13	19	7	53	229	37
03	73	19	67	—	—	1231	7	13	17	11	—	59	107	7	1277
07	251	—	19	7	11	139	179	79	—	—	7	47	1283	643	23
09	—	13	—	—	—	7	41	11	—	17	787	—	7	—	13
13	—	1289	7	233	17	43	—	—	23	7	13	37	41	11	877
19	11	7	23	—	13	17	211	383	7	—	251	11	—	53	—
21	23	283	13	7	—	47	1427	109	389	37	7	17	313	43	11
27	—	11	7	601	491	—	31	19	167	7	89	—	11	919	359
31	—	—	—	—	409	13	7	11	19	—	83	61	—	7	—
33	—	7	53	13	127	59	37	1607	7	—	11	23	—	17	541
37	19	29	359	641	—	7	—	23	17	—	—	—	7	—	53
39	7	31	—	577	47	23	—	7	11	79	13	—	—	1399	7
43	83	23	113	11	7	—	13	1181	—	17	953	7	29	—	11
49	13	11	31	7	107	—	479	821	937	—	7	239	11	13	—
51	43	733	—	53	11	7	—	977	113	—	337	13	7	19	—
57	17	89	11	47	7	13	43	—	—	31	23	7	59	11	—
61	—	7	41	—	97	1063	19	—	7	167	43	73	17	—	13
63	11	17	967	7	23	41	—	—	101	71	7	11	13	—	593
67	7	443	—	—	—	—	11	7	13	—	31	41	461	17	7
69	—	79	7	—	31	1531	13	1613	19	7	73	277	—	—	41
73	—	—	13	829	11	997	7	—	—	19	—	—	163	7	17
79	—	19	11	127	523	7	—	47	67	13	—	23	7	11	—
81	7	—	263	—	17	11	—	7	—	23	—	19	—	—	7
87	41	13	—	11	—	17	7	—	—	1319	61	37	31	7	11
91	17	—	—	7	19	1087	41	131	1303	11	7	193	—	29	293
93	—	11	647	—	311	7	17	29	13	41	—	—	7	1361	19
97	97	17	7	43	13	—	47	11	—	7	—	691	61	31	—
99	1483	—	13	—	7	43	19	17	37	—	11	7	—	163	23

	259 52	55	58	61	64	67	70	73	76	79	82	85	88	91	94
03	13	131	7	19	1021	47	59	—	—	7	31	—	379	13	—
09	569	7	37	29	509	61	1307	11	7	—	113	—	269	—	19
11	359	211	241	7	647	13	—	17	—	—	7	—	—	—	103
17	37	—	7	727	53	—	167	1259	11	7	—	23	13	—	1453
21	1601	—	—	11	47	281	7	23	13	467	241	—	157	7	11
23	73	7	59	—	443	23	11	—	7	17	283	—	31	1051	89
27	31	11	13	—	17	7	191	29	—	19	521	257	7	59	—
29	7	29	797	—	11	—	—	7	—	61	17	71	—	13	7
33	59	19	41	—	7	17	1213	—	811	13	11	7	421	31	131
39	29	151	1451	7	—	—	17	—	11	—	7	41	19	37	139
41	11	13	151	19	—	7	—	541	—	173	23	11	7	—	13
47	—	71	31	—	7	29	—	—	13	11	—	7	—	17	19
51	23	7	—	—	11	199	197	103	7	97	37	877	691	1031	—
53	1123	733	13	7	373	89	19	11	151	—	7	—	1559	—	17
57	7	199	11	31	29	859	—	7	67	17	151	13	—	11	7
59	41	—	7	281	—	11	—	—	37	7	—	151	—	397	1213
63	11	—	89	—	1237	13	7	37	—	—	17	11	67	7	509
69	139	53	197	1109	43	7	661	97	—	11	19	17	7	1249	1019
71	7	11	—	23	257	37	43	7	1091	—	13	—	11	131	7
77	—	17	29	59	13	31	7	—	71	—	11	—	19	7	83
81	13	269	191	7	—	11	—	419	—	—	7	73	401	13	59
83	—	—	17	67	19	7	—	137	11	83	—	13	7	29	23
87	—	29	7	11	—	19	31	13	—	7	23	103	109	—	11
89	31	—	977	17	7	13	11	67	23	347	73	7	89	—	—
93	47	7	—	1481	23	—	—	71	7	367	41	—	11	—	13
99	7	31	—	227	—	—	—	7	13	89	11	—	—	—	7

	259 97	260 00	03	06	09	12	15	18	21	24	27	30	33	36	39
03	53	7	17	—	—	11	29	19	7	43	23	13	947	79	191
09	7	701	—	11	23	13	—	7	31	419	857	227	233	139	7
11	47	—	7	13	—	37	11	67	—	7	—	29	—	59	—
17	59	7	—	1039	11	281	—	—	7	—	13	67	283	—	227
21	—	53	19	31	113	7	13	—	—	373	11	59	7	—	—
23	7	167	11	719	13	61	—	7	179	1409	—	17	19	11	7
27	13	37	—	—	7	71	17	—	11	23	911	7	1051	13	—
29	11	103	—	337	19	191	7	23	929	—	31	11	17	7	—
33	613	—	73	7	47	19	11	13	83	1093	7	—	—	113	—
39	—	13	7	[illegible]	11	—	—	—	17	7	709	31	89	—	13
41	—	73	—	1283	7	31	397	11	29	—	—	7	13	71	17
47	—	233	—	7	—	11	13	—	41	—	7	—	23	—	1291
51	7	—	13	47	—	59	31	7	23	—	17	11	379	269	7
53	13	29	7	11	383	—	23	—	347	7	19	61	—	13	11
57	743	—	23	53	—	353	7	—	109	11	191	17	37	7	1163
59	17	7	19	71	613	—	89	13	7	53	311	—	11	31	83
63	29	31	173	13	—	7	—	11	—	—	433	—	7	61	263
69	41	67	47	89	7	11	—	—	—	37	13	7	—	17	19
71	1103	59	17	41	83	19	7	271	11	239	—	23	—	7	223
77	—	157	13	17	—	7	11	37	—	—	53	—	7	—	331
81	607	11	7	—	29	—	37	151	79	7	—	13	11	—	—
83	—	191	—	31	7	1489	—	103	19	13	—	7	97	109	73
87	—	7	—	—	1097	13	647	43	7	19	11	—	727	67	929
89	19	—	11	7	37	17	61	617	—	29	7	151	—	11	487
93	7	19	—	37	31	53	881	7	11	349	—	—	13	43	7
99	673	17	349	1301	41	—	7	—	29	811	389	—	19	7	337

	260 40	43	46	49	52	55	58	61	64	67	70	73	76	79	82	85	88	91	94	260 97	261 00	03	06	09	12	15	18	21	24	27
01	577	7	—	13	—	—	11	43	7	199	17	—	—	23	523	7	13	11	—	—	271	1319	7	—	37	127	—	17	11	7
07	7	—	41	—	11	199	151	7	—	229	13	17	47	43	7	11	257	—	—	19	61	7	—	13	—	—	11	59	7	—
11	—	19	—	23	7	397	13	139	41	1487	11	7	83	107	—	67	29	43	7	13	19	11	—	17	—	7	23	727	—	31
13	—	23	11	—	13	1423	7	197	107	61	29	19	17	7	59	—	—	13	—	43	7	37	—	31	11	—	—	7	—	17
17	13	47	—	7	211	97	239	17	11	—	7	31	19	13	73	—	79	7	—	11	23	—	61	43	7	59	13	29	89	919
19	11	37	1093	19	751	7	—	113	179	491	701	11	7	17	—	—	53	1129	23	7	41	29	11	—	13	43	7	47	—	—
23	37	479	7	419	19	—	11	13	17	7	113	61	59	631	23	281	7	11	—	127	13	619	—	7	31	17	41	—	11	43
29	61	7	179	347	11	—	31	—	7	17	—	773	173	—	13	7	47	37	1069	353	29	103	7	—	—	—	11	13	—	7
31	31	571	277	7	—	—	19	11	—	—	7	787	13	739	29	17	113	7	11	—	71	149	563	83	7	13	983	—	—	11
37	23	109	7	719	—	11	13	857	—	7	67	—	—	31	—	37	7	19	83	13	449	59	89	7	—	29	47	11	—	587
41	11	31	13	89	43	263	7	769	823	—	—	11	41	7	37	13	149	163	19	23	7	—	11	151	283	—	—	7	13	53
43	13	7	127	11	—	—	43	29	7	19	47	449	373	13	11	7	431	17	—	683	167	—	7	—	151	11	13	—	19	7
47	181	—	—	1607	311	7	—	283	79	11	19	—	7	23	31	47	—	—	139	7	11	41	13	103	29	211	7	179	61	17
49	7	11	449	—	61	383	—	7	31	271	71	23	11	331	7	—	863	997	17	263	13	7	—	11	41	107	—	151	7	—
53	—	97	19	13	7	173	29	11	739	—	149	7	53	17	—	107	13	61	7	—	197	19	—	—	907	7	263	31	137	11
59	107	23	373	7	—	11	61	149	—	31	7	—	—	19	17	—	11	7	271	1499	—	—	43	13	7	—	—	11	37	—
61	—	41	—	17	19	7	149	—	11	37	—	29	7	281	109	—	—	1249	1031	7	17	13	23	19	43	619	7	71	59	337
67	71	53	13	149	7	877	11	127	1181	—	41	7	181	89	1297	13	23	11	7	—	503	17	29	—	499	7	37	—	11	79
71	—	7	—	1609	31	509	—	—	7	—	29	13	11	53	1493	7	17	—	—	577	479	229	7	11	13	37	59	—	—	7
73	149	211	59	7	11	17	37	19	—	13	7	—	—	—	499	11	—	7	349	41	1373	61	13	—	7	—	11	953	173	31
77	7	—	—	—	139	13	23	7	19	179	11	—	—	59	7	—	223	17	13	—	—	7	—	—	—	41	71	19	7	23
79	—	691	7	13	23	—	17	—	47	7	61	31	769	11	607	29	7	71	19	421	1307	—	—	7	11	—	—	23	41	13
83	19	17	—	29	443	1019	7	—	11	—	—	—	13	7	—	—	—	157	17	11	7	—	37	23	73	13	89	7	—	139
89	67	127	17	113	—	7	11	—	—	43	613	19	7	—	29	—	—	11	—	7	—	587	719	—	691	1213	7	1567	11	—
91	7	—	19	109	13	41	31	7	17	11	947	43	127	—	7	23	137	13	—	—	11	7	59	47	—	17	257	107	7	—
97	37	443	1303	—	73	1217	7	11	—	17	—	13	107	7	41	1483	—	43	11	29	7	79	1021	467	13	—	17	7	—	11

	260 41	44	47	50	53	56	59	62	65	68	71	74	77	80	83	86	89	92	95	260 98	261 01	04	07	10	13	16	19	22	25	28
01	—	—	11	7	17	23	101	13	67	367	7	277	47	11	19	—	233	7	—	389	13	17	—	—	7	821	—	—	23	103
03	409	29	—	23	—	7	1301	557	—	—	17	—	7	227	—	131	11	37	13	7	89	881	211	41	19	—	7	11	—	1289
07	11	13	7	—	193	17	19	59	101	7	—	11	67	—	13	53	7	—	29	307	31	73	11	7	1237	19	—	13	—	41
09	379	181	79	11	7	—	—	103	—	—	—	7	13	193	11	1163	19	—	7	—	23	53	47	—	71	7	—	—	17	43
13	29	7	31	—	—	—	17	1223	7	11	83	—	1087	—	—	7	23	19	—	—	11	13	7	17	109	—	673	47	761	7
19	7	677	13	—	—	83	41	7	—	19	23	29	101	37	7	13	—	—	11	227	67	7	—	971	17	1151	97	859	7	11
21	13	73	7	—	53	29	1567	—	23	7	11	593	—	13	173	97	7	673	—	19	—	11	—	7	—	—	13	113	—	—
27	—	7	23	59	43	—	—	13	7	103	677	19	569	79	17	7	29	317	41	11	13	47	7	—	263	23	83	139	1013	7
31	967	—	—	11	29	7	—	—	43	17	31	—	7	1217	11	—	13	—	73	7	—	23	521	883	41	11	7	811	67	13
33	7	13	—	19	31	47	11	7	163	—	43	89	—	—	7	17	—	11	—	23	—	7	19	853	281	—	1399	13	7	107
37	631	11	—	503	7	—	487	257	601	281	13	7	11	—	43	23	421	—	7	107	—	131	—	11	97	7	—	17	—	1427
39	—	—	—	—	11	53	7	479	13	29	—	67	601	7	19	11	17	31	—	181	7	13	61	—	523	—	11	7	—	109
43	197	41	—	7	13	31	—	37	89	23	7	17	—	71	79	19	—	7	283	599	43	11	173	—	7	—	29	—	17	—
49	103	283	7	23	—	293	—	19	11	7	41	13	17	—	—	—	7	—	31	11	251	—	101	7	13	47	19	—	—	17
51	11	17	29	599	7	37	83	—	—	13	59	7	31	41	—	643	—	19	7	67	1459	—	11	—	23	7	—	—	43	—
57	709	83	17	7	457	79	53	431	409	11	7	97	571	29	311	379	13	7	23	17	11	71	37	67	7	31	1097	—	19	13
61	7	29	61	71	11	—	1117	7	59	1129	19	—	13	31	7	11	127	—	53	317	—	7	—	—	—	13	11	809	7	19
63	—	19	7	17	—	—	331	11	521	7	13	577	23	103	73	—	7	—	11	47	17	—	1091	7	29	—	—	67	347	11
67	—	37	11	1429	167	113	7	—	23	587	—	389	29	7	—	17	661	—	977	13	7	19	613	157	11	—	31	7	101	—
69	173	7	—	43	13	11	23	—	7	1367	—	—	19	137	—	7	11	13	89	37	31	17	7	397	—	—	211	11	61	7
73	11	53	23	—	—	7	79	43	31	—	—	11	7	13	167	743	17	331	37	7	71	—	11	29	373	23	7	199	1571	—
79	17	521	—	1481	7	19	—	13	—	11	—	7	73	43	41	89	311	17	7	23	11	31	191	199	19	7	—	569	59	—
81	257	11	137	—	59	13	7	—	181	—	—	—	11	7	—	19	37	23	13	373	7	347	—	11	157	53	—	7	29	—
87	—	101	47	—	—	7	—	17	—	—	11	23	7	823	—	397	811	—	—	7	113	11	—	—	17	13	7	—	31	557
91	—	67	7	—	—	11	—	23	13	7	71	—	—	—	181	199	7	79	97	17	—	13	—	7	—	43	—	11	83	223
93	1033	71	643	101	7	23	13	97	11	887	31	7	—	37	—	—	—	617	7	11	—	29	641	—	139	7	613	43	23	—
97	19	7	13	11	863	67	541	—	7	29	479	199	37	—	11	7	229	—	—	19	17	—	7	83	23	11	—	—	13	7
99	13	—	—	7	631	101	11	109	419	17	7	883	—	13	347	—	1061	7	—	—	—	—	23	31	7	—	13	1543	11	19

	260 42	45	48	51	54	57	60	63	66	69	72	75	78	81	84	87	90	93	96	260 99	261 02	05	08	11	14	17	20	23	26	29
03	7	11	—	—	17	179	103	7	—	13	919	19	11	—	7	—	367	991	23	—	29	7	13	11	—	—	—	71	7	37
09	43	—	29	13	—	17	7	577	619	37	11	—	23	7	—	1381	13	—	41	1303	7	11	17	683	31	631	127	7	79	13
11	—	7	11	461	—	97	—	—	7	53	23	17	61	11	13	7	409	—	31	—	—	41	7	—	11	29	181	13	17	7
17	7	61	653	881	23	19	—	7	13	—	—	11	17	—	7	337	47	1151	277	103	1489	7	11	—	19	241	—	23	7	17
21	23	—	—	83	7	131	11	17	103	79	439	7	43	—	61	—	—	11	7	31	—	47	—	23	17	7	—	—	11	—
23	47	—	13	271	317	257	7	661	71	11	139	—	—	7	43	13	19	223	29	79	7	23	—	—	37	—	197	7	13	83
27	—	31	1601	7	11	47	29	467	17	—	7	13	—	—	97	11	—	7	43	457	—	617	—	37	7	17	11	—	701	—
29	29	—	—	97	37	7	1439	11	19	13	53	—	7	—	17	23	—	—	11	7	43	—	13	317	73	—	7	19	233	11
33	137	431	7	37	—	13	461	1321	—	7	1459	23	271	11	31	—	7	29	13	967	—	—	53	7	11	—	17	—	19	59
39	11	7	—	—	—	23	—	71	7	—	17	11	13	—	—	7	59	—	—	193	19	—	7	—	—	13	—	17	23	7
41	233	37	727	7	113	—	—	269	227	—	7	19	67	251	11	—	17	7	61	101	—	31	29	13	7	11	23	—	193	277
47	17	11	7	19	13	—	1447	61	223	7	137	53	11	—	—	733	7	13	37	—	23	101	19	7	1613	131	167	—	—	—
51	13	79	1307	73	19	—	7	11	—	—	239	—	17	7	839	—	23	37	11	419	7	29	31	19	71	—	13	7	—	11
53	—	7	41	1069	83	—	—	—	7	109	11	13	—	113	19	7	31	—	17	—	67	11	7	101	13	59	787	—	653	7
57	—	—	—	29	31	7	317	13	41	61	23	—	7	17	227	19	11	—	—	7	13	433	463	—	—	563	7	11	397	—
59	7	—	17	—	131	13	19	7	11	191	1109	41	59	—	7	37	—	173	13	11	—	7	—	—	67	19	29	1433	7	31
63	—	13	223	11	7	—	53	19	1249	—	97	7	—	163	11	—	277	31	7	—	—	181	257	59	421	7	19	13	1117	349
69	—	11	—	7	647	—	—	167	13	—	7	1097	11	—	71	17	—	7	19	73	499	13	349	11	7	29	41	—	457	—
71	179	1021	1259	—	11	7	13	911	157	19	—	—	7	47	—	11	—	—	—	7	241	17	79	89	31	103	7	443	19	41
77	13	19	11	—	7	17	31	—	—	313	—	7	461	11	197	—	971	—	7	127	19	—	17	1093	11	7	13	—	—	37
81	17	7	19	41	—	—	109	53	7	13	733	—	1279	—	677	7	—	17	29	11	89	19	7	227	—	31	61	167	37	7
83	11	—	61	7	—	773	17	13	—	37	7	11	19	53	—	859	—	7	—	31	13	—	11	17	7	463	—	—	47	—
87	7	17	—	13	71	—	11	7	37	797	331	—	41	19	7	61	13	11	17	137	—	7	739	79	—	53	23	277	7	13
89	—	13	7	—	19	809	59	17	389	7	—	—	47	1609	13	41	7	131	521	—	11	—	—	7	17	179	37	13	191	—
93	—	—	17	971	11	19	7	—	—	709	13	29	397	7	269	11	73	47	—	17	7	41	757	13	19	37	11	7	1307	857
99	—	47	11	17	13	7	67	1091	53	—	157	—	7	11	23	461	19	13	—	7	17	71	29	—	11	—	7	—	—	—

	261 30	33	36	39	42	45	48	51	54	57	60	63	66	69	72
01	137	61	—	—	41	211	7	—	107	11	59	547	13	7	17
07	23	89	—	53	157	7	13	11	19	—	—	31	7	41	—
11	—	149	7	61	—	—	—	—	59	7	17	1301	211	11	—
13	13	—	—	1109	7	11	227	—	83	29	223	7	—	13	101
17	11	7	139	1063	191	—	—	—	7	13	—	11	31	23	331
19	17	131	73	7	—	—	31	13	37	—	7	19	433	709	11
23	7	—	47	13	—	1033	—	7	29	11	—	449	17	—	7
29	—	23	449	109	19	41	7	11	977	193	13	883	227	7	1493
31	317	7	17	—	59	37	421	43	7	—	11	—	47	29	19
37	7	223	13	17	—	593	19	7	11	—	1283	1009	—	43	7
41	—	47	31	11	7	67	—	19	—	61	—	7	23	—	11
43	—	—	37	239	17	53	7	71	89	13	23	367	—	7	—
47	107	11	—	7	97	13	23	—	—	67	7	—	11	—	—
49	167	—	—	13	11	7	—	157	—	19	1297	47	7	757	131
53	17	—	7	—	659	29	—	131	79	7	11	—	13	67	—
59	47	7	19	653	1321	—	13	113	7	41	31	—	—	—	—
61	11	—	349	7	13	463	53	17	—	—	7	11	19	61	—
67	43	439	7	1471	19	—	151	937	17	7	47	13	—	113	—
71	191	—	—	17	11	19	7	13	151	29	—	—	—	7	—
73	—	7	—	23	67	13	43	11	7	17	127	409	—	37	71
77	—	13	11	—	17	7	431	—	—	157	43	151	7	11	13
79	7	163	—	—	—	11	271	7	67	—	17	—	13	1201	7
83	11	167	29	—	7	17	—	—	13	—	353	7	—	521	151
89	19	—	13	7	1597	1607	17	—	257	11	7	167	89	29	47
91	13	11	389	—	71	7	131	29	23	—	19	281	7	13	163
97	181	—	19	—	7	359	1117	13	53	—	11	7	617	17	673

	75	78	81	84	87	90	93	96	261 99	262 02	05	08	11	14	17
01	241	19	—	83	173	7	—	257	67	1217	13	157	7	139	23
07	17	—	—	11	7	—	179	131	23	—	—	7	19	127	11
11	13	7	—	—	23	—	887	—	7	11	—	—	17	13	449
13	—	11	23	7	19	—	53	41	—	31	7	13	11	37	113
17	7	—	—	47	—	19	719	7	—	103	1447	29	37	17	7
19	—	101	7	191	811	13	1039	233	—	7	11	—	—	311	61
23	—	13	613	—	239	11	7	359	787	—	31	71	109	7	13
29	1399	53	401	11	29	7	—	127	13	23	—	—	7	59	11
31	7	—	271	193	17	101	11	7	—	—	—	211	—	—	7
37	13	23	41	73	11	17	7	37	—	29	19	1601	—	7	—
41	17	71	43	7	—	421	37	—	41	13	7	119	79	131	751
43	733	1609	11	1223	43	7	17	13	349	101	631	41	7	11	157
47	31	17	7	13	—	173	—	—	11	7	487	—	—	—	23
49	11	13	29	—	7	—	613	17	53	59	43	7	23	19	13
53	—	7	17	37	1499	—	11	—	7	—	13	1319	127	31	19
59	7	29	23	17	11	—	19	7	1123	—	83	307	—	—	7
61	23	37	7	—	—	167	—	11	—	7	743	47	1619	571	—
67	—	7	31	—	—	11	29	—	7	13	17	269	—	—	—
71	11	113	1327	1543	79	7	317	—	71	19	67	11	7	23	547
73	7	—	—	11	—	229	—	7	—	—	—	17	709	307	7
77	—	19	269	31	7	29	17	23	757	11	—	7	13	—	67
79	89	11	—	59	—	23	7	97	1259	—	13	19	11	7	—
83	—	23	107	7	53	131	13	11	769	—	7	—	19	233	37
89	13	59	7	547	19	11	—	43	17	7	—	1223	331	13	—
91	—	41	—	151	7	859	—	—	11	43	—	7	37	757	17
97	127	—	—	7	—	13	11	773	—	47	7	—	—	787	—

	261 31	34	37	40	43	46	49	52	55	58	61	64	67	70	73
01	409	7	—	13	—	11	29	787	7	827	73	79	—	—	—
03	29	13	31	7	—	277	971	283	11	—	7	1579	—	19	13
07	7	367	—	11	—	—	181	7	383	17	13	—	—	47	7
09	—	461	7	563	37	19	11	—	13	7	109	29	59	23	1091
13	—	11	—	31	13	—	7	1103	41	23	17	463	11	7	—
19	229	103	—	23	1009	7	137	—	—	43	11	13	7	241	—
21	7	23	11	433	29	—	401	7	19	13	31	43	—	11	7
27	11	17	—	13	—	—	7	—	—	—	191	11	347	7	61
31	743	19	—	7	53	—	11	331	—	—	7	31	13	17	23
33	—	257	17	61	—	7	73	—	—	11	13	19	7	79	103
37	997	599	7	41	11	283	13	109	23	7	71	—	19	—	17
39	—	71	—	17	7	641	23	11	29	—	—	7	—	383	463
43	13	7	11	—	19	61	31	—	7	1069	—	47	41	11	37
49	7	—	601	277	59	53	269	7	1093	373	67	11	—	199	7
51	—	29	7	11	—	13	19	677	—	7	853	53	37	31	11
57	941	7	—	73	43	47	17	—	7	—	1153	23	11	167	421
61	29	17	—	—	—	7	1187	11	13	—	47	—	7	—	31
63	7	41	—	—	—	23	13	7	31	19	11	131	109	59	7
67	—	23	13	—	7	11	53	41	37	229	19	7	—	—	43
69	13	19	—	—	—	29	7	181	11	—	41	—	53	7	293
73	101	73	19	7	—	1613	107	103	241	13	7	59	—	83	11
79	61	11	7	13	17	37	79	—	83	7	—	1531	11	19	—
81	73	13	1237	—	7	—	191	—	—	67	17	7	—	—	13
87	—	—	11	7	23	—	—	—	13	29	7	17	—	11	563
91	7	307	37	503	13	—	17	7	11	103	—	—	—	—	7
93	11	109	7	47	—	41	—	19	—	7	—	11	17	—	—
97	—	43	983	137	—	—	7	17	19	—	293	13	—	7	—
99	37	7	29	43	61	—	—	—	7	11	—	1429	739	17	41

	76	79	82	85	88	91	94	261 97	262 00	03	06	09	12	15	18
01	7	11	353	—	191	53	23	7	151	—	17	—	11	—	7
03	—	83	7	491	11	—	71	647	—	7	59	53	13	73	29
07	23	—	29	109	—	569	7	523	13	—	11	17	—	7	—
09	17	7	11	997	347	827	13	1187	7	19	479	—	151	11	457
13	—	1163	13	563	—	7	—	293	11	—	19	—	7	29	97
19	313	31	19	839	7	37	11	79	—	13	—	7	—	17	—
21	—	1307	17	—	131	41	7	13	—	11	61	—	19	7	107
27	29	13	43	17	19	7	599	11	31	1399	73	—	7	—	13
31	—	617	7	—	—	19	43	283	—	7	13	863	61	11	1103
33	—	97	179	—	7	11	—	47	13	1303	—	7	739	71	1031
37	11	7	—	—	13	389	199	53	7	31	—	11	43	967	—
39	37	683	13	7	—	17	1291	19	—	—	7	—	—	53	11
43	7	163	59	—	—	211	—	7	19	11	23	13	773	379	7
49	19	17	—	113	23	13	7	11	431	947	97	433	71	7	—
51	—	7	23	13	929	1489	47	17	7	41	11	—	277	—	89
57	7	—	19	601	1571	61	—	7	11	113	13	31	—	1543	7
61	157	—	—	11	7	109	13	—	83	193	—	7	113	37	11
63	173	823	—	1511	13	—	7	281	29	17	—	691	—	7	—
67	13	11	71	7	17	73	107	61	97	23	7	—	11	13	19
69	967	43	163	103	11	7	31	23	919	—	17	13	7	—	1171
73	—	41	7	23	—	17	19	13	—	7	11	67	317	—	197
79	251	7	—	—	—	—	17	31	7	—	41	43	—	—	13
81	11	31	—	7	—	89	—	587	19	179	7	11	13	41	—
87	19	—	7	—	47	59	13	—	—	7	109	61	23	17	31
91	—	19	13	179	11	463	7	269	17	47	53	29	977	7	563
93	13	7	67	—	—	29	23	11	7	83	389	19	1213	13	17
97	—	—	11	59	37	7	313	953	—	13	277	647	7	11	—
99	7	73	211	19	83	11	67	7	—	31	181	—	79	1117	7

	261 32	35	38	41	44	47	50	53	56	59	62	65	68	71	74
03	19	—	113	—	11	7	719	43	17	—	101	23	7	—	—
09	383	29	11	337	7	23	61	—	367	17	—	7	13	11	—
11	—	173	19	23	269	11	7	127	79	83	13	89	239	7	—
17	41	31	—	11	13	7	29	—	—	—	—	257	7	19	11
21	13	—	7	—	239	379	41	739	89	7	—	17	—	13	19
23	17	11	137	—	7	19	97	1567	—	41	1151	7	11	73	23
27	—	7	31	241	—	29	19	11	7	79	23	821	17	103	—
29	—	17	—	7	—	13	443	—	23	—	7	37	—	—	—
33	7	13	—	—	23	11	47	7	1487	173	37	—	701	17	7
39	43	—	—	11	293	—	7	347	13	19	53	73	61	7	11
41	19	7	43	17	97	383	11	—	7	521	—	1229	839	—	181
47	7	—	—	29	11	—	—	7	43	307	73	19	71	13	7
51	1451	1223	1153	1097	7	47	—	—	—	13	11	7	19	349	881
53	271	1181	11	19	—	17	7	13	—	—	199	—	1453	7	29
57	17	79	29	7	19	31	59	—	11	—	7	53	1291	97	—
59	11	13	97	—	—	7	17	—	—	—	587	11	7	179	13
63	499	17	7	—	—	—	11	191	73	7	13	71	—	29	431
69	31	7	17	—	11	—	—	19	7	—	—	523	—	—	23
71	53	541	13	7	—	—	1367	11	17	—	7	653	23	—	—
77	29	101	7	—	523	11	23	31	41	7	—	—	—	251	47
81	11	71	23	—	17	13	7	1289	—	—	19	11	—	7	41
83	23	7	—	11	263	337	—	—	7	—	17	29	—	—	11
87	59	83	19	47	—	7	89	167	31	11	—	263	7	—	1061
89	7	11	31	79	313	101	—	7	881	—	13	17	11	—	7
93	937	491	157	—	7	—	13	11	569	97	29	7	571	19	419
99	13	197	—	7	—	11	149	17	—	—	7	—	37	13	—

	77	80	83	86	89	92	95	261 98	262 01	04	07	10	13	16	19
03	11	—	61	13	7	41	347	397	383	—	17	7	—	—	—
09	1031	37	311	7	—	—	197	—	47	11	7	17	—	23	41
11	17	11	1373	107	31	7	19	821	13	29	191	23	7	—	67
17	—	17	13	—	7	23	43	—	463	—	11	7	89	—	—
21	—	7	97	139	163	11	—	—	7	—	43	13	263	17	—
23	53	—	17	7	—	—	61	509	11	13	7	—	43	227	—
27	7	—	197	11	—	13	1171	7	503	89	19	—	53	883	7
29	983	19	7	13	79	—	11	71	—	7	971	199	31	29	—
33	31	11	19	—	—	101	7	—	61	41	1097	—	11	7	—
39	97	—	—	281	643	7	13	101	—	—	11	701	7	19	113
41	7	47	11	199	13	17	29	7	—	—	—	103	109	11	7
47	11	—	—	89	241	163	7	—	—	229	37	11	—	7	—
51	619	17	433	7	59	29	11	13	31	37	7	101	—	1249	—
53	379	—	31	—	—	7	311	17	—	11	523	—	7	593	149
57	67	13	7	43	11	—	—	—	19	7	1087	23	73	101	13
59	47	61	53	—	7	43	—	11	17	23	29	7	13	103	71
63	19	7	11	17	67	23	37	461	7	43	827	—	229	11	53
69	7	83	13	61	17	379	149	7	67	29	1153	11	—	—	7
71	13	109	7	11	37	149	557	—	—	7	17	373	—	13	11
77	—	7	149	53	71	—	137	13	7	—	173	17	11	19	23
81	149	—	29	13	47	7	17	11	—	73	23	31	7	1277	19
83	7	13	41	251	—	19	547	7	23	—	11	1523	17	419	7
87	37	373	—	233	7	11	19	7	41	157	13	7	—	29	—
89	307	—	23	223	619	—	7	29	11	653	937	41	83	7	47
93	—	—	167	7	13	—	31	89	17	—	7	191	107	—	11
99	—	11	7	47	1229	—	29	163	—	7	1231	13	11	—	1571

	262 20	23	26	29	32	35	38	41	44	47	50	53	56	59	62	65	68	71	74	77	80	83	86	89	92	95	262 98	263 01	04	07
01	313	11	—	823	7	19	—	617	13	—	—	7	11	—	449	29	—	829	7	—	1019	13	23	11	19	7	541	739	1091	73
07	97	—	13	7	—	449	—	—	653	251	7	—	31	—	197	13	19	7	37	17	233	11	—	139	7	—	29	—	13	—
11	7	—	—	—	47	11	163	7	—	—	—	13	23	—	7	—	11	19	167	—	127	7	67	—	13	—	—	11	7	557
13	—	67	7	17	359	103	233	—	11	7	23	—	—	59	251	79	7	—	—	11	17	571	13	7	—	31	—	19	349	—
17	—	137	113	11	—	13	7	1301	367	19	—	—	—	7	11	17	—	—	13	101	7	109	—	61	59	11	67	7	19	23
19	19	7	—	13	17	67	11	31	7	53	743	521	—	109	47	7	13	11	—	19	1031	17	7	—	347	—	947	23	11	7
23	23	11	—	—	—	7	1433	29	73	97	—	59	7	1399	37	283	17	—	—	7	19	53	739	11	—	13	7	877	—	103
29	17	61	461	47	7	—	13	1523	31	677	11	7	19	—	—	107	41	17	7	13	83	11	139	101	1553	7	—	—	—	—
31	—	641	11	19	13	—	7	73	—	241	107	137	29	7	383	23	1187	13	—	41	7	—	19	17	11	431	79	7	—	47
37	11	—	—	—	71	7	331	17	—	23	53	11	7	47	19	31	—	67	677	7	59	157	11	29	13	—	7	61	41	37
41	311	—	7	31	—	23	11	13	479	7	83	29	—	467	337	19	7	11	47	17	13	—	53	7	73	—	—	101	11	—
43	137	—	293	23	7	13	19	59	17	11	181	7	—	229	1103	—	61	—	7	397	11	67	409	1123	—	7	23	—	31	—
47	743	7	41	17	11	73	—	19	7	463	109	401	1049	—	13	7	31	331	59	1499	17	—	7	223	—	—	11	13	—	7
49	—	—	109	7	—	41	353	11	941	17	7	—	13	—	—	1373	29	7	11	751	23	71	—	73	7	13	17	317	47	11
53	7	—	11	71	17	53	1061	7	13	—	547	41	—	11	7	1171	23	977	19	401	—	7	1549	—	11	37	—	—	7	31
59	11	277	13	—	—	17	7	61	79	—	19	11	439	7	—	13	229	47	641	—	7	—	11	53	919	727	—	7	13	19
61	13	7	197	11	1231	31	—	43	7	29	—	17	443	13	11	7	—	211	79	1451	19	83	7	37	—	11	13	59	17	7
67	7	11	23	37	—	—	—	7	—	—	—	71	11	43	7	—	83	—	31	—	13	7	—	11	—	23	—	47	7	17
71	103	157	37	13	7	—	31	11	29	—	—	7	—	19	223	—	13	43	7	—	137	23	1069	89	17	7	233	—	—	11
73	31	13	29	347	19	—	7	—	461	577	11	47	53	7	13	109	—	—	—	23	7	11	61	19	967	97	—	7	181	—
77	227	—	107	7	857	11	41	—	17	—	7	491	59	—	—	23	11	7	—	29	—	1307	1471	13	7	17	—	11	—	761
79	37	73	—	397	—	7	83	—	11	41	—	61	7	23	17	19	—	—	—	7	167	13	—	—	157	43	7	—	71	79
83	47	29	7	11	13	—	—	—	—	7	71	281	277	523	11	41	7	13	—	197	—	—	—	7	61	11	17	199	—	43
89	79	7	103	23	—	—	443	53	7	163	17	13	11	61	31	7	37	—	73	—	—	173	7	11	13	—	23	17	—	7
91	—	23	—	7	11	—	29	—	37	13	7	283	—	53	—	11	17	7	19	—	1361	59	13	97	7	—	11	41	—	—
97	17	—	7	13	1439	—	—	419	59	7	19	—	101	11	37	—	7	17	23	137	1061	31	—	7	11	557	—	—	109	13

	262 21	24	27	30	33	36	39	42	45	48	51	54	57	60	63	66	69	72	75	78	81	84	87	90	93	96	262 99	263 02	05	08
01	71	41	307	1181	43	29	7	127	11	31	997	19	13	7	23	67	—	—	683	11	7	—	163	—	131	13	—	7	—	17
03	11	7	19	31	41	179	43	—	7	—	13	11	23	—	101	7	—	—	17	617	—	19	7	13	797	47	—	353	29	7
07	1093	—	—	19	103	7	11	211	23	—	41	79	7	17	—	—	29	11	—	7	—	—	19	277	—	229	7	—	11	389
09	7	421	17	271	13	953	23	7	137	11	29	37	43	19	7	233	31	13	—	17	11	7	—	—	—	433	—	599	7	23
13	13	—	23	131	7	641	—	199	—	—	37	7	653	13	17	11	43	71	7	41	—	167	—	67	487	7	11	29	643	1361
19	—	—	11	7	407	577	19	13	757	29	7	197	271	11	—	17	1033	7	—	23	13	857	43	1297	7	19	283	37	41	—
21	—	1063	79	29	17	7	67	193	37	281	1097	31	7	—	73	59	11	23	13	7	101	17	1399	—	43	—	7	11	—	719
27	829	—	59	11	7	17	151	257	19	1321	67	7	13	—	11	53	—	109	7	97	—	211	17	127	31	7	—	19	113	383
31	17	7	29	1583	—	41	359	23	7	11	313	1151	31	47	941	7	—	17	83	347	11	13	7	—	37	653	—	53	19	7
33	19	11	—	7	—	23	13	—	41	151	7	—	11	757	67	—	—	7	1259	13	—	227	191	11	7	29	—	683	23	—
37	7	17	13	79	37	457	—	7	937	—	—	151	73	29	7	13	—	—	11	—	19	7	—	617	23	31	1217	—	7	11
39	13	—	7	—	—	—	—	17	—	7	11	19	151	13	733	—	7	41	67	31	—	11	23	7	17	—	13	—	—	—
43	—	—	17	43	—	11	7	31	83	13	53	829	19	7	151	—	11	—	23	17	7	37	13	41	29	—	—	7	47	—
49	1409	37	—	11	19	7	29	241	—	43	—	—	7	—	11	—	13	127	419	7	17	1103	—	19	569	11	7	227	53	13
51	7	13	131	—	—	—	11	7	457	17	23	43	179	—	7	727	401	11	151	37	1303	7	659	—	—	—	17	13	7	29
57	—	1549	—	41	11	—	7	—	13	—	17	29	313	7	479	11	107	43	—	—	7	13	47	—	79	19	11	7	—	—
61	23	—	—	7	13	17	107	19	—	41	7	53	—	—	71	31	139	7	—	269	461	11	17	23	7	—	19	47	29	—
63	601	107	11	193	211	7	47	—	—	31	—	17	7	11	—	13	37	19	—	7	—	23	29	43	11	821	7	73	13	—
67	—	271	7	631	—	347	17	—	11	7	29	13	89	1117	—	37	7	23	19	11	—	193	1319	7	13	—	151	43	31	53
69	11	—	911	113	7	79	—	—	73	13	—	7	17	—	83	23	—	—	7	—	—	41	11	241	—	7	—	151	19	17
73	—	7	—	—	—	13	11	17	7	733	19	23	311	—	1229	7	—	11	13	691	601	29	7	—	17	79	—	41	11	7
79	7	—	19	29	11	23	—	7	17	647	619	613	13	—	7	11	317	1087	907	—	1193	7	—	31	97	13	11	59	7	—
81	163	269	7	23	83	47	239	11	—	7	13	—	19	97	17	131	7	31	11	109	887	—	—	7	—	709	23	—	199	11
87	661	7	1033	—	13	11	89	41	7	571	37	—	1279	—	853	7	11	13	191	271	23	—	7	19	73	—	421	11	—	7
91	11	59	139	—	—	7	—	—	43	37	17	11	7	13	487	—	23	—	31	7	—	71	11	—	19	29	7	17	—	—
93	7	53	1471	11	883	73	—	7	—	337	43	13	31	163	7	19	17	457	—	29	47	7	89	—	13	11	1153	37	7	149
97	31	1259	643	89	7	281	—	13	769	11	23	7	67	53	43	1123	19	—	7	—	11	971	41	107	113	7	37	127	17	797
99	17	11	—	—	47	13	7	19	23	—	977	97	11	7	—	—	43	17	13	53	7	—	1063	11	859	31	19	7	—	563

	262 22	25	28	31	34	37	40	43	46	49	52	55	58	61	64	67	70	73	76	79	82	85	88	91	94	262 97	263 00	03	06	09
03	—	13	241	7	23	251	37	11	19	47	7	—	17	31	13	—	67	7	11	89	43	293	73	—	7	—	509	13	1409	11
09	19	181	7	73	—	11	709	—	13	7	251	71	—	17	167	1013	7	193	223	19	67	13	—	7	—	1039	31	11	—	29
11	—	—	17	—	7	—	13	—	11	—	19	7	—	61	937	419	433	257	7	11	31	73	—	29	673	7	193	103	43	19
17	13	—	19	7	199	29	11	—	79	97	7	41	—	13	619	223	311	7	—	293	17	19	—	—	7	239	13	—	11	—
21	7	11	—	19	—	—	277	7	47	13	431	—	11	—	7	17	—	41	349	—	37	7	13	11	—	—	83	—	7	—
23	199	37	7	—	11	—	—	13	—	7	—	—	331	19	149	11	7	269	241	71	13	17	—	7	—	—	11	—	—	—
27	37	43	—	13	29	691	7	—	—	—	11	349	149	7	19	—	13	239	—	73	7	11	—	—	173	251	23	7	—	13
29	—	7	11	43	—	17	—	631	7	173	—	67	—	11	13	7	523	59	37	—	—	383	7	—	11	—	389	13	31	7
33	17	—	163	—	349	7	19	43	11	79	13	—	7	1327	—	29	31	17	97	7	23	—	—	13	—	19	7	—	59	109
39	191	17	593	41	7	109	11	47	—	—	499	7	—	43	23	59	373	11	7	181	359	—	—	—	1109	7	29	—	11	31
41	—	317	13	—	—	149	7	17	19	11	—	—	23	7	191	13	—	491	1621	61	7	—	307	31	17	139	—	7	13	787
47	19	239	29	—	53	7	23	11	17	13	—	373	7	547	—	41	—	47	11	7	317	43	13	67	—	17	7	587	1231	11
51	149	19	7	17	—	13	—	1613	113	7	—	—	—	11	—	—	7	173	13	29	17	41	47	7	11	23	1259	—	1511	—
53	23	47	173	13	7	11	—	—	—	17	—	7	37	29	157	—	11	367	7	—	131	—	53	23	41	7	17	11	1051	13
57	11	7	—	—	17	—	31	—	7	—	61	11	13	131	—	7	—	—	—	23	179	17	7	613	—	13	911	—	163	7
59	31	—	887	7	—	—	—	431	—	—	7	59	—	293	11	73	—	7	1459	—	89	—	19	13	7	11	809	17	1607	37
63	7	79	—	—	19	17	13	7	—	11	—	—	29	23	7	—	—	113	109	13	11	7	17	19	139	—	419	—	7	743
69	13	31	101	—	487	—	7	11	37	59	563	—	—	7	97	19	281	53	11	191	7	47	103	17	—	71	13	7	277	11
71	47	7	43	97	967	23	19	—	7	—	11	13	17	—	—	7	71	29	—	—	1289	11	7	53	13	19	31	—	23	7
77	7	—	509	991	—	13	37	7	11	—	—	—	1579	17	7	—	167	19	13	11	—	7	23	—	743	—	—	—	7	443
81	53	13	233	11	7	37	101	—	17	—	1381	7	43	—	11	—	29	—	7	—	1423	—	317	503	—	7	1031	13	—	229
83	—	—	83	61	479	—	7	863	1013	19	29	919	13	7	17	47	23	11	59	—	7	31	79	37	—	13	167	7	11	163
87	—	11	179	7	—	67	—	—	13	17	7	—	11	1493	127	71	61	7	43	—	47	13	37	11	7	—	17	29	827	19
89	727	19	—	31	11	7	13	107	761	—	23	89	7	409	607	11	283	197	—	7	19	29	—	109	53	127	7	—	—	—
93	—	—	7	—	47	61	23	109	—	7	11	983	239	823	—	13	7	—	—	—	439	11	31	7	43	449	—	17	13	23
99	23	7	263	59	31	131	—	1619	7	13	73	17	101	19	—	7	449	—	—	11	29	—	7	23	—	853	—	—	17	7

	263 10	13	16	19	22	25	28	31	34	37	40	43	46	49	52	55	58	61	64	67	70	73	76	79	82	85	88	91	94	97
01	31	347	7	43	11	17	—	—	37	7	—	—	349	19	29	11	7	13	—	—	—	—	17	7	—	—	11	167	—	—
07	—	7	11	137	433	19	17	—	7	23	463	13	—	11	617	7	47	—	—	293	269	113	7	17	11	29	163	—	—	7
11	41	17	227	307	61	7	19	13	11	—	—	89	7	29	541	109	73	509	17	7	13	47	—	—	37	19	7	—	23	—
13	7	127	1297	23	—	13	229	7	467	—	—	11	—	809	7	43	19	131	13	—	—	7	11	1531	17	107	23	647	7	179
17	83	13	17	—	7	47	11	1033	—	41	131	7	97	653	13	107	241	11	7	17	—	277	23	127	29	7	53	13	11	1511
19	—	97	1471	—	—	227	7	1223	17	11	103	—	13	7	499	73	—	—	29	—	7	43	37	—	379	13	83	7	—	59
23	67	—	223	7	11	—	29	—	13	19	7	971	—	—	1093	11	23	7	41	421	17	13	941	179	7	43	11	31	19	—
29	—	19	7	—	17	1583	—	—	—	7	23	337	—	11	—	13	7	29	167	661	19	17	367	7	11	—	439	41	13	1301
31	13	71	—	31	7	11	—	—	23	181	17	7	—	13	647	53	11	487	7	37	389	—	—	—	—	7	13	11	—	263
37	—	—	23	7	251	—	127	13	—	—	7	17	103	281	11	461	31	7	—	373	13	89	19	—	7	11	79	1249	17	727
41	7	59	89	13	19	173	17	7	—	11	29	—	67	—	7	181	13	673	617	1499	11	7	409	17	347	199	—	71	7	13
43	—	11	7	839	29	—	83	41	—	7	1319	179	11	—	13	—	7	—	71	23	—	—	271	7	—	—	—	13	593	17
47	71	—	—	—	—	359	7	11	—	1229	13	467	137	7	—	19	67	31	11	47	7	29	—	13	17	1553	1163	7	—	11
49	—	7	—	—	—	—	19	79	7	—	11	31	—	17	251	7	41	—	—	1327	829	11	7	59	773	19	—	—	719	7
53	—	101	—	29	13	7	677	19	17	23	557	—	7	—	—	—	11	13	—	7	67	—	41	—	—	17	7	11	53	73
59	127	137	131	11	7	607	—	1021	—	17	73	7	31	199	11	157	463	71	7	—	227	59	—	—	13	7	17	269	163	—
61	977	23	—	67	373	113	7	—	29	13	613	127	107	7	61	17	—	11	701	751	7	—	13	—	23	—	1583	7	11	—
67	—	19	41	13	11	7	—	67	—	73	37	307	7	—	—	11	13	53	23	7	19	1621	—	227	—	—	7	911	97	13
71	—	311	7	—	—	199	97	29	41	7	11	17	13	401	23	1231	7	—	—	709	593	11	—	7	—	13	281	—	17	53
73	17	29	11	—	7	—	—	—	—	607	13	7	19	11	113	929	103	17	7	—	439	—	—	13	11	7	—	37	47	—
77	—	7	809	941	—	61	13	71	7	89	347	—	17	19	887	7	—	41	29	11	31	401	7	659	313	1279	37	—	—	7
79	11	17	—	7	13	—	23	37	257	269	7	11	29	479	31	67	—	7	17	—	41	—	11	19	7	—	—	—	1103	23
83	7	1453	23	—	181	19	11	7	—	—	—	101	53	13	7	—	—	11	—	79	—	7	—	—	19	23	13	—	7	29
89	269	47	—	—	11	43	7	13	—	—	787	29	—	7	17	11	19	383	317	23	7	983	—	37	71	—	11	7	—	—
91	—	7	—	17	37	13	73	11	7	31	167	271	—	—	1483	7	—	23	11	—	17	587	7	67	359	571	19	47	—	7
97	7	53	577	89	17	11	41	7	—	61	79	23	13	43	7	—	11	—	19	—	167	7	31	—	—	13	—	11	7	107

	263 11	14	17	20	23	26	29	32	35	38	41	44	47	50	53	56	59	62	65	68	71	74	77	80	83	86	89	92	95	98
01	11	—	—	—	7	—	—	23	13	1087	31	7	41	53	139	211	17	43	7	19	37	13	11	73	—	7	—	—	—	—
03	—	37	1097	11	31	17	7	—	887	599	19	—	431	7	11	41	181	—	—	13	7	433	17	—	59	11	313	7	23	19
07	17	23	13	7	73	619	—	—	83	11	7	19	—	—	71	13	—	7	—	101	11	41	—	31	7	—	—	—	13	173
09	13	11	19	—	—	7	17	487	—	29	—	59	7	13	173	191	—	31	37	7	103	19	23	11	41	43	7	197	—	—
13	61	17	7	19	—	31	379	11	593	7	1619	79	—	283	—	—	7	37	11	—	137	101	13	7	223	—	29	—	—	11
19	331	7	17	13	—	11	—	—	7	59	—	—	23	—	19	7	11	1307	31	17	—	—	7	101	—	257	—	11	131	7
21	179	13	29	7	353	19	—	—	11	761	7	109	31	257	13	37	1171	7	1163	11	53	223	71	1039	7	17	61	13	—	211
27	43	—	7	—	23	—	11	—	13	7	41	—	—	29	131	61	7	11	—	83	1301	13	103	7	—	31	17	23	11	—
31	23	11	—	—	13	67	7	131	—	—	—	103	11	7	—	127	41	13	809	—	7	17	79	11	—	—	—	7	61	367
33	—	7	13	53	11	—	43	31	7	47	17	—	37	—	83	7	—	—	59	41	—	23	7	1231	29	—	11	17	13	7
37	—	—	1481	—	1151	7	—	311	—	19	11	13	7	—	47	53	479	23	433	7	191	11	17	1321	13	41	7	149	19	59
39	7	229	11	509	—	59	29	7	—	13	—	17	43	11	7	23	—	1409	—	19	31	7	13	—	11	179	89	—	7	37
43	—	19	—	79	7	13	17	89	11	—	113	7	—	67	761	—	43	—	7	11	19	107	—	17	149	7	967	1151	37	607
49	—	—	41	7	1291	23	11	17	37	271	7	—	13	103	—	827	—	7	—	179	467	31	43	89	7	13	—	421	11	47
51	101	107	1549	19	53	7	1193	281	47	11	13	1277	7	17	1579	31	113	—	199	7	11	—	19	13	43	—	7	—	29	71
57	67	—	71	—	7	—	37	11	—	—	29	7	211	—	17	643	73	13	7	—	23	61	53	—	—	7	827	131	31	11
61	13	7	11	—	—	37	223	—	7	17	—	—	—	11	79	7	23	—	811	233	41	379	7	—	11	67	13	29	—	7
63	157	89	401	7	67	11	19	—	—	—	7	13	59	—	23	17	11	7	257	—	—	29	—	37	7	19	103	11	463	—
67	7	—	—	—	263	233	—	7	1381	29	17	11	149	1103	7	103	—	1031	—	211	13	7	11	59	—	—	19	17	7	31
69	193	—	7	11	—	13	101	47	23	7	401	149	—	991	11	1427	7	19	13	71	—	—	—	7	—	11	739	271	—	—
73	—	13	37	43	23	—	7	—	1237	11	59	17	47	7	13	—	—	53	19	—	7	109	—	—	337	—	—	7	17	—
79	—	61	29	—	—	7	41	11	13	43	19	—	7	—	89	797	—	—	11	7	443	13	—	487	31	79	7	307	137	11
81	7	17	331	151	971	149	13	7	—	41	11	43	—	73	7	1123	67	557	17	13	19	7	47	139	—	29	401	419	7	—
87	13	—	17	167	—	—	7	29	11	71	229	—	19	7	—	631	—	37	41	11	7	673	—	—	761	—	13	7	—	—
91	149	983	157	7	—	—	79	—	107	13	7	47	—	19	11	—	37	7	53	31	—	43	13	349	7	11	601	—	569	—
93	503	—	—	17	19	7	11	13	—	151	—	—	7	31	97	—	61	11	29	7	13	—	233	19	53	—	7	41	11	307
97	181	11	7	13	—	19	29	—	—	7	421	73	11	—	523	17	7	59	—	—	—	—	—	7	19	—	23	43	—	13
99	29	13	643	—	—	61	—	107	89	—	—	7	151	—	13	11	101	241	7	131	—	17	—	167	23	7	11	13	67	29

	263 12	15	18	21	24	27	30	33	36	39	42	45	48	51	54	57	60	63	66	69	72	75	78	81	84	87	90	93	96	99
03	—	7	211	673	59	269	137	—	7	349	11	83	131	37	31	7	17	29	61	103	23	11	7	13	—	857	47	—	197	7
09	7	—	349	113	13	89	83	7	11	—	41	—	1439	—	7	—	—	13	—	11	—	7	389	97	283	241	359	19	7	761
11	11	—	7	—	—	547	17	—	773	7	503	11	23	41	—	13	7	—	19	1153	101	31	11	7	—	53	59	79	13	—
17	—	7	—	31	29	—	23	17	7	11	19	—	181	59	179	7	71	—	—	—	11	151	7	193	17	—	467	83	37	7
21	—	587	17	—	11	7	907	—	43	727	499	19	7	—	743	11	—	619	13	7	—	29	31	151	59	23	7	37	41	—
23	7	—	19	13	47	—	—	7	17	—	43	—	—	127	7	29	13	—	11	977	1069	7	61	23	101	17	73	—	7	11
27	499	—	11	17	7	—	353	37	179	47	—	7	13	11	43	—	—	1187	7	23	17	97	19	109	11	7	151	157	79	—
29	463	—	359	—	—	11	7	73	—	17	13	61	—	7	—	109	11	23	113	—	7	—	163	13	683	37	17	7	347	31
33	11	—	—	7	17	41	13	—	139	1609	7	11	—	23	19	71	—	7	—	13	43	17	11	211	7	131	991	—	—	151
39	13	—	7	53	37	17	19	23	—	7	67	—	—	13	41	521	7	—	1249	—	11	—	17	7	47	19	13	—	—	—
41	—	11	263	47	7	23	—	83	—	53	—	7	11	—	1553	941	19	41	7	29	59	—	37	11	13	7	—	113	17	—
47	—	29	37	7	—	13	31	59	19	—	7	277	17	313	—	—	1237	7	13	1091	139	11	23	71	7	—	41	19	257	17
51	7	13	—	—	257	11	1063	7	—	19	—	—	1531	641	7	251	11	337	23	953	—	7	229	431	17	31	293	11	7	467
53	19	—	7	—	73	1321	—	—	11	7	419	859	13	17	239	331	7	—	47	11	—	—	479	7	569	13	487	—	61	—
57	29	19	929	11	53	59	7	31	13	1129	193	—	23	7	11	—	197	—	37	—	7	13	67	47	541	11	1409	7	233	29
59	—	7	47	41	109	—	11	—	7	367	23	19	—	577	17	7	—	11	659	13	—	619	7	29	409	223	997	1523	11	7
63	—	11	13	—	—	7	23	43	—	17	—	29	7	—	233	13	—	97	—	7	31	73	53	11	907	251	7	1429	13	23
69	23	79	31	—	7	1117	211	181	733	13	11	7	127	43	137	37	823	—	7	61	—	11	13	19	—	7	—	17	—	—
71	—	521	11	191	—	461	7	13	379	67	173	79	—	7	19	43	17	47	—	—	7	23	89	127	11	—	—	7	449	—
77	11	13	877	—	—	7	19	107	—	31	563	11	7	37	13	23	—	17	—	7	283	43	11	—	—	19	7	13	1367	769
81	—	—	7	137	1009	—	11	19	—	7	13	23	17	449	—	29	7	11	1319	89	—	—	1447	7	163	43	19	353	11	17
83	—	17	113	71	7	103	—	347	13	11	449	7	—	1033	—	—	223	19	7	—	11	13	31	811	137	7	—	43	229	53
87	863	7	—	—	11	23	991	—	7	—	31	317	79	17	—	7	—	13	19	1543	—	—	7	—	83	—	11	1559	23	7
89	1229	449	13	7	31	—	167	11	—	19	7	821	397	—	—	13	47	7	11	17	29	67	79	61	7	349	23	—	13	11
93	7	383	11	1579	—	—	53	7	29	37	19	13	—	11	7	—	1109	127	173	83	293	7	23	31	11	—	—	—	7	19
99	11	683	19	503	—	13	7	—	191	1283	223	11	547	7	83	17	23	313	13	29	7	19	11	—	53	61	37	7	—	—

264	00	03	06	09	12	15	18	21	24	27	30	33	36	39	42	45	48	51	54	57	60	63	66	69	72	75	78	81	84	87
01	7	31	19	—	509	—	—	7	23	17	593	83	479	13	7	37	43	—	11	—	—	7	461	—	521	107	13	—	7	11
07	89	109	23	—	67	11	7	13	71	—	17	—	—	7	31	—	11	787	641	53	7	557	43	73	29	23	—	7	1117	—
11	11	691	31	7	157	17	—	—	1367	1399	7	11	29	313	19	97	13	7	1021	—	—	23	11	1123	7	1409	43	173	1039	13
13	—	13	659	11	73	7	29	1277	67	—	—	17	7	—	11	—	89	47	—	7	—	617	—	383	19	11	7	13	17	—
17	—	—	7	—	—	—	17	—	337	7	13	37	353	—	673	23	7	521	—	—	11	1289	47	7	61	19	—	883	1237	—
19	61	11	53	—	7	—	467	881	13	31	—	7	11	23	—	277	19	29	7	907	—	13	—	11	983	7	487	101	—	17
23	—	7	1481	113	13	29	47	11	7	23	59	431	397	61	53	7	—	13	11	—	—	73	7	—	17	461	127	—	31	7
29	7	43	61	23	103	11	—	7	17	19	31	13	—	97	7	1049	11	—	—	211	—	7	109	433	13	17	23	11	7	89
31	19	23	7	43	31	—	—	857	11	7	29	—	191	733	17	—	7	—	—	11	67	131	13	7	23	—	37	—	797	—
37	47	7	241	13	—	173	11	—	7	41	—	19	1069	197	137	7	13	11	23	59	1229	29	7	—	67	—	739	—	11	7
41	—	11	277	—	397	7	—	—	167	29	17	—	7	43	23	41	79	—	179	7	—	223	—	11	1549	13	7	17	1153	1559
43	7	—	—	19	11	—	59	7	709	127	13	—	23	—	7	11	17	61	41	—	263	7	19	13	—	311	11	107	7	757
47	193	—	877	—	7	—	13	—	23	1109	11	7	—	—	—	—	—	59	7	13	29	11	37	19	41	7	—	263	17	157
49	17	—	11	37	13	—	7	—	—	193	811	—	31	7	19	47	—	13	223	—	7	43	—	89	11	—	181	7	—	23
53	13	271	23	7	59	—	1381	157	11	467	7	—	17	13	71	19	—	7	—	11	47	—	—	83	7	23	13	193	167	17
59	—	41	7	—	47	—	11	13	61	7	—	109	—	17	1181	479	7	11	83	23	13	739	—	7	—	—	19	79	11	947
61	37	—	17	109	7	13	179	29	431	11	—	7	—	—	—	—	859	19	7	17	11	—	53	991	307	7	59	—	727	—
67	—	—	701	7	751	—	569	11	157	19	7	23	13	41	47	659	1097	7	11	283	17	389	71	—	7	13	241	—	19	11
71	7	—	11	181	71	—	29	7	13	—	19	163	—	11	7	17	37	—	359	41	—	7	—	463	11	—	257	647	7	19
73	29	19	7	—	17	11	13	—	—	7	—	643	—	131	257	—	7	1451	79	13	19	17	41	7	857	—	—	11	23	29
77	11	23	13	47	—	—	7	1039	389	—	947	11	—	7	—	13	17	29	—	—	7	19	11	137	23	—	197	7	13	751
79	13	7	1321	11	—	17	—	—	7	251	—	29	19	13	11	7	—	229	—	—	—	103	7	53	—	11	13	599	—	7
83	17	—	—	31	—	7	173	97	—	11	67	—	7	19	379	1297	—	17	23	7	11	71	13	—	109	61	7	—	29	1511
89	53	17	—	13	7	19	—	11	127	—	29	7	23	—	61	1009	13	—	7	79	—	149	641	—	19	7	—	—	307	11
91	421	13	227	599	29	193	7	17	41	—	11	37	—	7	13	19	—	—	239	83	7	11	269	—	17	823	—	7	199	79
97	223	—	113	—	23	7	1181	19	11	—	—	—	7	653	83	29	487	41	293	7	1103	13	709	31	53	17	7	23	37	71

264	01	04	07	10	13	16	19	22	25	28	31	34	37	40	43	46	49	52	55	58	61	64	67	70	73	76	79	82	85	88
01	23	137	7	11	13	97	—	—	19	7	239	31	103	269	11	149	7	13	59	919	17	181	67	7	281	11	317	19	—	—
03	167	67	13	457	7	31	11	—	37	17	79	7	47	—	149	13	—	11	7	1201	199	23	137	—	—	7	17	1423	11	61
07	19	7	—	823	17	59	—	37	7	139	—	13	11	—	29	7	—	23	—	19	—	17	7	11	13	—	67	—	—	7
09	1193	—	—	7	11	67	—	53	29	13	7	113	—	179	419	11	199	7	31	—	—	—	13	—	7	37	11	17	—	19
13	7	47	—	—	—	13	31	7	—	149	11	19	—	109	7	—	—	—	13	53	—	7	17	—	37	29	1069	—	7	—
19	419	71	89	19	37	23	7	29	11	41	—	79	13	7	103	—	—	—	—	11	7	569	19	17	—	13	—	7	23	1453
21	11	7	—	23	983	149	—	43	7	—	13	11	17	19	59	7	—	—	—	409	113	79	7	13	—	263	23	73	659	7
27	7	59	37	—	13	19	—	7	53	11	1213	—	29	17	7	—	—	13	—	—	11	7	173	—	19	—	31	—	7	—
31	13	37	1129	—	7	—	19	—	17	457	—	7	59	13	31	11	23	43	7	—	53	107	439	—	—	7	11	41	—	29
33	199	193	79	563	181	—	7	11	31	71	—	13	—	7	17	911	19	—	11	37	7	67	—	29	13	431	47	7	—	11
37	—	97	11	7	—	—	107	13	—	17	7	29	—	11	743	—	103	7	37	193	13	367	79	43	7	73	17	31	—	239
39	—	107	—	—	191	7	—	—	19	—	47	—	7	—	—	17	11	—	13	7	227	31	281	—	61	43	7	11	193	127
43	11	13	7	53	23	863	73	281	—	7	17	11	—	—	13	47	7	797	—	—	139	—	11	7	—	—	—	13	19	43
49	971	7	—	79	29	—	—	1459	7	11	197	17	619	41	163	7	541	233	—	—	11	13	7	—	—	—	61	—	17	7
51	17	11	61	7	—	73	13	139	59	743	7	19	11	79	157	173	31	7	—	13	211	97	1433	11	7	47	—	29	89	103
57	13	17	7	19	—	—	1319	—	547	7	11	—	—	13	—	—	7	—	17	523	179	11	19	7	257	41	13	—	—	31
61	257	797	—	—	19	11	7	101	—	13	—	—	37	7	47	661	11	31	—	—	7	337	13	19	—	71	29	7	349	—
63	—	7	17	—	—	—	43	13	7	—	53	31	719	—	19	7	71	—	673	11	13	—	7	—	—	877	491	—	—	7
67	—	373	—	11	—	7	197	1019	29	101	43	83	7	—	11	19	13	—	—	7	—	349	53	—	—	11	7	—	—	13
69	7	13	29	17	—	—	11	7	—	—	37	1237	43	283	7	—	367	11	—	97	17	7	—	191	23	19	—	13	7	571
73	1123	11	269	67	7	523	83	19	41	37	13	7	11	—	349	17	43	509	7	29	23	—	—	11	—	7	19	—	181	47
79	673	29	—	7	13	53	271	67	107	—	7	—	—	47	23	71	17	7	19	—	—	11	43	—	7	31	37	—	929	—
81	—	1613	11	107	1033	7	71	37	61	19	—	53	7	11	—	13	—	569	—	7	41	953	17	—	11	—	7	83	13	827
87	11	19	179	211	7	—	17	—	—	13	131	7	1303	113	—	—	619	97	7	—	19	457	11	17	37	7	—	—	163	23
91	59	7	19	131	—	13	11	—	7	—	61	—	—	—	577	7	89	11	13	—	31	19	7	29	—	23	683	—	11	7
93	23	379	353	7	37	691	—	17	137	11	7	1091	19	—	31	1409	13	7	73	—	11	—	—	23	7	—	—	313	—	13
97	7	—	17	37	11	29	53	7	601	—	211	—	13	19	7	11	173	—	—	17	499	7	—	—	—	13	11	859	7	—
99	103	173	7	—	19	389	41	11	17	7	13	1163	53	727	—	607	7	23	11	—	401	37	59	7	271	17	—	31	29	11

264	02	05	08	11	14	17	20	23	26	29	32	35	38	41	44	47	50	53	56	59	62	65	68	71	74	77	80	83	86	89
03	127	—	11	17	937	19	7	277	—	1223	499	283	41	7	—	31	29	653	—	13	7	101	—	67	11	113	97	7	691	—
09	11	—	293	—	17	7	379	23	—	43	—	11	7	13	—	—	19	139	587	7	59	17	11	101	103	—	7	29	31	—
11	7	—	83	11	—	23	47	7	617	353	17	13	311	71	7	1327	—	—	37	—	—	7	31	—	13	11	19	17	7	—
17	—	11	103	29	31	13	7	383	421	1013	67	17	11	7	397	73	491	43	13	—	7	—	23	11	211	—	89	7	17	—
21	19	13	—	7	—	191	17	11	—	173	7	193	—	—	13	229	61	7	11	19	29	43	863	17	7	53	—	13	137	11
23	293	41	—	—	—	7	829	—	239	109	11	—	7	97	29	37	23	31	1559	7	193	11	419	43	467	13	7	—	—	17
27	—	—	7	—	811	11	1583	17	13	7	—	19	23	—	37	—	7	163	277	—	—	13	421	7	17	571	47	11	661	101
29	1019	1109	19	71	7	47	13	—	11	—	23	7	1153	17	—	—	59	—	7	11	1597	19	1283	1627	—	7	—	733	—	43
33	239	7	13	11	—	433	23	—	7	—	47	787	—	29	11	7	41	137	31	—	—	—	7	—	479	11	—	59	13	7
39	7	11	151	139	167	—	—	7	—	13	—	37	11	—	7	977	677	829	—	241	809	7	13	11	29	41	17	1093	7	71
41	101	89	7	151	11	19	—	13	1259	7	—	97	73	—	821	11	7	—	29	—	13	23	—	7	19	31	11	607	41	37
47	29	7	11	929	43	—	151	31	7	37	—	—	1151	11	13	7	17	89	—	79	—	1481	7	353	11	677	—	13	977	7
51	—	—	41	—	—	7	109	—	11	47	13	17	7	—	—	—	—	19	—	7	1279	—	61	13	83	—	7	—	17	73
53	7	1009	—	—	101	41	103	7	13	23	43	11	—	—	7	53	281	17	163	1489	31	7	11	59	1021	449	37	19	7	—
57	263	281	—	821	7	23	11	—	31	19	73	7	17	—	43	461	—	11	7	71	97	379	271	—	409	7	—	53	11	17
59	19	17	13	23	—	—	7	—	313	11	59	—	151	7	41	13	43	—	17	19	7	593	29	—	—	—	23	7	13	—
63	61	19	—	7	11	37	—	193	131	307	7	13	107	17	83	11	—	7	—	1321	19	31	23	—	7	—	11	—	179	—
69	67	449	7	31	—	13	701	—	47	7	53	—	19	11	17	—	7	151	13	239	—	29	37	7	11	—	43	—	—	41
71	—	—	—	13	7	11	491	283	103	—	101	7	—	—	23	29	11	—	7	—	17	—	19	367	—	7	61	11	31	13
77	41	—	967	7	17	—	—	97	23	349	7	79	101	—	11	61	269	7	47	—	37	17	647	13	7	11	29	—	—	233
81	7	—	—	1303	23	1093	13	7	67	11	251	—	881	—	7	19	17	383	—	13	11	7	—	47	—	—	—	23	7	31
83	37	11	7	947	13	17	19	—	29	7	—	—	11	—	101	233	7	13	331	661	503	—	17	7	89	19	—	—	211	1181
87	13	43	719	—	—	89	7	11	757	—	983	31	67	7	347	41	—	17	11	—	7	23	—	—	181	29	13	7	59	11
89	—	7	—	43	59	31	17	—	7	1129	11	13	—	1483	—	7	101	19	41	23	83	11	7	17	13	563	139	151	131	7
93	317	17	—	—	—	7	61	13	—	—	179	—	7	463	241	23	11	—	17	7	13	89	—	—	31	—	7	11	—	53
99	—	13	17	11	7	—	31	1487	—	23	19	7	—	43	11	—	—	—	7	17	67	—	47	73	—	7	—	13	—	19

	264 90	93	96	264 99	265 02	05	08	11	14	17	20	23	26	29	32	35	38	41	44	47	50	53	56	59	62	65	68	71	74	77
01	[illegible]	23	31	61	151	7	223	41	59	13	11	—	7	17	337	353	—	137	—	7	587	11	13	79	23	—	7	—	—	19
07	577	—	19	13	7	191	—	97	11	—	—	7	—	991	17	31	13	—	7	11	311	19	—	29	—	7	—	173	—	13
11	—	7	—	11	—	81	59	—	7	17	—	29	13	—	11	7	—	—	607	—	997	1361	7	—	—	11	17	—	83	7
13	293	241	—	7	79	29	11	53	—	—	7	—	23	19	797	17	—	7	103	37	211	—	71	13	7	41	—	839	11	149
17	7	11	43	67	71	—	13	7	23	—	17	251	11	181	7	—	31	—	37	13	—	7	29	11	79	113	1303	17	7	419
19	1087	—	7	269	11	19	23	—	—	7	31	503	131	151	—	11	7	13	47	—	1049	1187	353	7	19	53	11	—	59	23
23	13	—	23	—	29	131	7	67	43	341	11	17	—	7	1531	151	97	—	83	433	7	11	—	47	149	19	13	7	17	31
29	997	—	53	—	—	7	—	13	11	—	—	31	7	83	43	29	719	19	151	7	13	71	311	—	—	—	7	—	—	37
31	7	17	59	—	—	13	631	7	19	29	—	11	71	1567	7	79	43	23	13	151	103	7	11	577	463	1321	—	19	7	—
37	19	419	47	101	—	—	7	—	—	11	—	23	13	7	—	—	1109	47	31	17	7	503	43	—	191	13	53	7	1277	353
41	59	19	107	7	11	—	31	23	13	—	7	61	37	—	17	11	—	7	947	67	19	13	47	—	7	457	11	631	239	—
43	31	47	29	17	439	7	13	11	—	—	—	19	7	—	149	—	827	—	11	7	17	—	—	—	—	73	7	—	23	11
47	61	23	7	53	—	967	47	139	—	7	—	71	19	11	569	13	7	389	—	29	—	—	1427	7	11	—	—	151	13	37
49	13	479	67	19	7	11	73	101	1097	53	37	7	127	13	—	—	11	—	7	179	—	17	19	—	83	7	13	11	151	1259
53	11	7	1193	41	19	109	—	571	7	13	647	11	587	—	743	7	17	929	23	—	—	53	7	19	431	—	—	67	173	7
59	7	43	181	13	—	—	149	7	167	11	211	281	23	179	7	19	13	17	263	—	11	7	733	73	193	661	37	—	7	13
61	47	11	7	43	131	149	17	37	31	7	23	101	11	—	13	41	7	—	199	71	—	—	—	7	—	19	—	13	—	—
67	—	7	149	—	23	—	113	17	7	43	11	—	—	101	67	7	—	19	—	—	257	11	7	233	17	137	—	23	823	7
71	23	—	17	353	13	7	127	877	—	31	269	—	7	43	—	—	11	13	19	7	—	—	53	23	—	337	7	11	167	—
73	7	367	13	31	37	—	—	7	11	19	199	—	1327	317	7	13	—	127	67	11	1013	7	227	—	—	17	311	—	7	59
77	—	599	—	11	7	—	61	619	79	—	19	7	—	787	11	1621	29	23	7	43	17	173	31	—	13	7	—	863	—	19
79	701	19	—	—	751	—	7	337	587	13	29	—	941	7	107	23	31	11	79	—	7	37	13	367	211	521	17	7	11	—
83	—	11	19	7	17	13	823	41	—	—	7	23	11	—	751	—	—	7	13	—	37	17	1061	11	7	43	—	29	—	491
89	37	73	7	—	461	17	191	—	—	7	11	—	13	19	59	103	7	31	—	907	181	11	17	7	—	13	—	—	23	751
91	—	—	11	23	7	139	1237	—	—	—	13	7	881	11	47	—	89	131	7	41	191	61	—	13	11	7	23	—	17	53
97	11	—	193	7	13	—	—	—	—	281	7	41	17	—	29	19	—	7	—	229	23	—	11	101	7	157	179	—	41	17

	264 91	94	264 97	265 00	03	06	09	12	15	18	21	24	27	30	33	36	39	42	45	48	51	54	57	60	63	66	69	72	75	78
01	7	1109	29	47	—	977	11	7	—	971	—	—	31	13	7	—	19	11	—	—	193	7	—	61	17	—	13	—	7	—
03	307	—	7	157	1619	—	31	19	—	7	—	13	53	17	23	37	7	347	—	—	11	—	389	7	13	29	19	—	103	47
07	79	401	41	—	11	1201	7	13	17	—	23	—	61	7	37	11	—	73	—	797	7	—	223	239	53	17	11	7	241	89
09	—	7	—	—	251	13	491	11	7	677	59	—	—	47	17	7	71	—	11	31	1117	—	7	—	—	257	—	101	97	7
13	19	13	11	—	23	7	97	31	—	17	—	41	7	11	13	—	—	—	47	7	—	59	229	—	11	271	7	43	—	1201
19	11	373	47	1327	7	—	29	53	13	—	17	7	—	—	—	—	127	401	7	409	31	13	11	137	—	7	—	17	643	139
21	29	—	19	11	—	—	7	89	163	—	347	—	421	7	11	—	17	—	937	13	7	19	571	41	—	11	—	7	47	29
27	13	11	—	—	521	7	71	239	179	37	167	29	7	13	—	331	61	17	1283	7	—	79	—	11	367	—	7	31	—	757
31	587	—	7	311	89	157	—	11	37	7	—	83	17	223	19	31	7	47	11	—	109	—	13	7	673	293	421	—	29	11
33	41	17	—	—	7	19	—	13	269	31	11	7	109	—	—	—	263	59	7	—	13	11	29	—	19	7	37	593	—	1439
37	—	7	113	13	—	11	19	—	7	—	29	—	—	17	—	7	11	—	61	491	89	—	7	263	—	19	23	11	31	7
39	—	13	17	7	29	—	37	—	11	41	7	—	1301	73	13	673	19	7	—	11	—	—	31	71	7	—	107	13	157	251
43	7	83	191	11	1231	37	—	7	1523	1217	13	—	—	367	7	41	193	19	—	349	23	7	79	13	503	11	53	—	7	—
49	173	11	59	29	13	43	7	617	—	19	—	113	11	7	23	17	47	13	337	—	7	—	37	11	41	—	—	7	19	1511
51	19	7	13	37	11	271	709	43	7	419	—	613	23	—	—	7	—	31	787	19	—	17	7	—	—	761	11	41	13	7
57	7	1447	11	—	—	17	23	7	29	13	—	19	—	11	7	53	—	83	—	—	37	7	13	—	11	109	47	—	7	23
61	17	41	23	—	7	13	—	733	11	109	—	7	19	1493	271	643	467	17	7	11	113	—	—	103	—	7	—	53	—	—
63	11	109	1129	13	41	—	7	1373	397	379	41	11	31	7	—	487	13	—	107	29	7	—	11	17	—	—	239	7	—	13
67	31	17	487	7	19	—	11	29	107	—	7	89	13	—	1087	47	—	7	17	23	—	167	59	19	7	13	127	439	11	—
69	61	29	—	107	—	7	—	17	—	11	13	577	7	41	19	67	—	23	233	7	11	—	541	13	17	31	7	1487	—	929
73	—	—	7	—	11	281	13	—	157	7	53	—	71	23	79	11	7	—	29	13	—	191	—	7	—	—	11	73	—	43
79	13	7	11	17	—	227	331	19	7	421	—	—	—	11	379	7	—	1129	571	—	17	—	7	—	11	103	13	—	41	7
81	397	—	—	7	—	11	—	—	—	17	7	13	811	—	37	—	11	7	—	—	31	—	—	29	7	—	17	11	23	661
87	43	—	7	11	—	13	—	73	227	7	17	—	307	1483	11	—	7	293	13	1489	71	193	23	7	—	11	—	17	19	—
91	499	13	71	—	43	17	7	—	229	11	19	53	—	7	13	283	—	—	23	619	7	31	17	—	—	79	—	7	—	19
93	—	7	239	—	433	59	43	—	7	—	181	17	11	139	197	7	23	53	—	—	19	89	7	11	47	13	—	—	17	7
97	—	—	19	31	29	7	17	11	13	311	37	257	7	—	41	—	59	—	11	7	137	13	—	17	73	1009	7	103	131	11
99	7	—	—	911	—	—	13	7	47	—	11	163	17	641	7	—	—	41	97	13	—	7	—	—	—	—	1171	29	7	17

	264 92	95	264 98	265 01	04	07	10	13	16	19	22	25	28	31	34	37	40	43	46	49	52	55	58	61	64	67	70	73	76	79
03	—	—	13	59	7	11	23	17	—	1307	—	7	1163	19	227	13	11	—	7	61	419	1543	—	41	17	7	—	11	13	23
09	23	1481	601	7	—	19	821	37	17	13	7	1319	53	—	11	973	1373	7	—	—	—	317	13	23	7	11	29	—	—	31
11	383	113	—	281	73	7	11	13	—	—	197	—	7	—	37	19	—	11	53	7	13	23	1597	31	43	37	7	109	11	—
17	—	13	29	41	7	31	—	19	—	173	—	7	59	983	13	11	97	—	7	—	—	—	—	—	—	7	11	13	—	953
21	653	7	—	1483	37	67	1013	1487	7	41	11	23	47	—	—	7	—	79	—	29	—	11	7	13	31	—	601	17	521	7
23	71	53	11	7	1291	683	997	103	13	23	7	541	41	11	229	—	17	7	19	137	337	13	37	61	7	1039	—	79	181	563
27	7	29	73	—	13	23	31	7	11	67	59	17	—	53	7	—	—	13	41	11	739	7	—	227	—	—	—	—	7	379
29	11	—	7	23	—	409	197	—	—	7	19	11	61	167	—	13	7	17	307	53	73	41	11	7	29	—	23	—	13	19
33	—	37	569	43	—	347	7	—	127	83	—	13	17	7	—	—	179	11	439	31	7	397	23	373	13	61	71	7	11	17
39	163	31	659	19	11	7	—	—	—	43	233	47	7	17	61	11	23	67	13	7	131	—	19	29	109	89	7	—	79	—
41	7	—	17	13	257	487	—	7	331	103	443	43	—	19	7	—	13	29	11	17	—	7	—	—	—	1423	31	—	7	11
47	67	—	197	17	449	11	7	41	23	—	13	947	—	7	349	211	11	43	—	643	7	47	107	13	19	83	—	7	29	—
51	11	—	—	7	23	—	13	101	—	79	7	11	107	41	859	17	29	7	—	13	—	43	11	97	7	19	47	23	—	—
53	641	—	23	11	13	7	—	71	191	—	29	—	7	919	11	—	19	13	—	7	83	17	—	43	—	11	7	—	283	61
57	13	—	7	—	59	—	457	293	373	7	47	—	1601	13	157	839	7	19	1171	—	11	23	41	7	—	—	13	29	—	67
59	349	11	971	31	7	17	—	—	19	—	139	7	11	37	—	83	—	—	7	23	—	29	17	11	13	7	—	19	1151	43
63	17	7	—	—	—	557	—	11	7	19	173	101	37	677	167	7	199	17	11	—	13	—	7	—	977	467	163	523	19	7
69	7	13	—	—	31	11	71	7	—	23	—	—	199	101	7	73	11	223	17	197	19	7	1229	—	167	47	—	11	7	37
71	1471	1051	7	313	47	83	317	17	11	7	37	19	13	59	29	157	7	—	—	11	523	—	677	7	17	13	—	—	—	31
77	59	7	—	19	43	263	11	—	7	853	271	31	439	103	73	7	1553	11	—	13	67	—	7	499	23	17	—	37	11	7
81	—	11	13	17	19	7	431	509	43	139	769	59	7	29	—	13	53	41	127	7	17	257	—	11	389	1451	7	—	13	1327
83	7	443	883	—	11	—	—	7	—	17	43	79	—	13	7	11	—	—	23	47	41	7	53	—	31	—	11	191	7	127
87	199	—	—	173	7	—	37	—	—	13	11	7	31	—	23	19	359	—	7	97	829	11	13	683	29	7	41	911	—	107
89	1307	379	11	47	1039	—	7	13	97	—	17	1361	23	7	—	—	43	—	29	—	7	433	—	—	11	19	263	7	67	41
93	—	—	—	7	—	17	29	19	11	283	7	661	73	—	107	659	13	7	—	11	43	101	17	37	7	31	19	—	1187	13
99	—	293	7	37	103	—	11	31	—	7	13	—	29	71	—	457	7	11	19	—	269	277	—	7	—	23	43	—	41	—

	265 80	83	86	89	92	95	265 98	266 01	04	07	10	13	16	19	22	25	28	31	34	37	40	43	46	49	52	55	58	61	64	67
01	17	—	11	7	—	13	—	67	—	383	7	29	1409	11	—	—	277	7	13	—	—	103	—	—	7	—	—	—	199	37
07	11	17	7	131	1289	43	613	—	271	7	19	11	13	419	—	—	7	—	17	71	47	—	11	7	59	13	863	41	211	19
11	149	71	—	191	31	—	7	23	13	43	29	19	—	7	—	—	—	11	1049	—	7	13	239	—	53	47	—	7	11	1381
13	—	7	17	—	29	23	13	887	7	11	—	43	61	281	853	7	—	73	439	13	11	19	7	983	83	—	37	1609	23	7
17	101	23	13	19	11	7	647	—	—	47	109	—	7	—	17	11	991	31	137	7	—	29	19	1223	23	37	7	—	13	—
19	7	61	109	17	41	—	37	7	97	—	719	31	1249	13	7	29	199	43	11	67	17	7	23	103	241	223	13	107	7	11
23	—	—	11	29	7	37	953	53	1319	13	41	7	103	11	19	17	139	107	7	1499	—	43	13	—	11	7	—	769	—	1019
29	11	179	107	7	101	173	19	137	—	491	7	11	23	—	29	73	13	7	—	41	—	—	11	—	7	19	1549	43	—	13
31	1097	13	467	11	89	7	31	—	29	83	23	—	7	—	11	347	19	1091	—	7	197	1559	17	—	—	11	7	13	137	43
37	389	11	—	569	7	—	17	—	13	—	113	7	11	—	73	79	431	—	7	29	37	13	641	11	—	7	71	19	139	61
41	23	7	—	—	13	307	—	11	7	19	691	—	—	113	103	7	—	13	11	37	—	—	7	23	—	953	—	—	19	7
43	19	29	13	7	—	59	619	17	1453	—	7	211	—	—	53	13	223	7	47	19	—	11	—	—	7	331	—	283	13	—
47	7	19	17	—	—	11	251	7	—	521	101	13	—	—	7	—	11	23	29	17	19	7	—	47	13	—	53	11	7	—
49	—	—	7	1031	43	—	—	61	11	7	283	19	29	—	31	23	7	37	877	11	—	593	13	7	—	17	—	599	173	—
53	29	—	31	11	127	13	7	47	43	—	1129	23	19	7	11	97	37	—	13	599	7	—	113	—	—	11	941	7	—	29
59	—	11	—	151	17	7	—	599	827	53	223	29	7	—	43	31	103	—	—	7	—	17	337	11	419	13	7	139	23	1103
61	7	—	—	23	11	29	—	7	—	31	13	73	—	—	7	11	43	47	—	—	—	7	—	13	—	59	11	17	7	107
67	—	47	11	547	13	—	7	79	—	—	—	17	59	7	107	—	29	13	—	827	7	—	31	—	11	19	—	7	17	131
71	13	373	—	7	29	—	17	19	11	67	7	—	109	13	—	71	23	7	101	11	—	797	131	17	7	277	13	79	73	719
73	11	—	97	41	31	7	71	—	—	—	151	11	7	353	23	571	443	19	397	7	—	173	11	1307	13	739	7	29	43	17
77	—	—	7	—	—	1117	11	13	89	7	23	643	151	67	1153	29	7	11	19	181	13	487	479	7	17	283	83	—	11	523
79	—	—	317	—	7	13	—	—	23	11	—	7	41	17	163	509	47	31	7	—	11	—	563	263	1423	7	—	73	19	—
83	463	7	—	—	11	31	—	—	7	—	19	307	1171	421	13	7	—	67	41	—	—	47	7	269	89	17	11	13	53	7
89	7	43	11	—	—	47	1087	7	13	17	—	97	—	11	7	61	83	—	31	1021	—	7	—	—	11	—	17	41	7	197
91	67	—	7	43	751	11	13	1231	1109	7	397	—	19	—	—	17	7	157	—	13	353	503	—	7	—	37	—	11	—	—
97	13	7	89	11	19	37	59	457	7	43	—	—	701	13	11	7	17	53	—	751	—	—	7	19	383	11	13	—	911	7

	265 81	84	87	90	93	96	265 99	266 02	05	08	11	14	17	20	23	26	29	32	35	38	41	44	47	50	53	56	59	62	65	68
01	—	29	—	—	37	7	73	379	523	11	443	17	7	31	127	—	—	59	—	7	11	—	13	—	19	—	7	—	17	53
03	7	11	—	113	197	269	—	7	67	—	—	—	11	71	7	19	—	17	89	—	13	7	37	11	29	127	701	311	7	79
07	—	83	—	13	7	—	113	11	853	97	—	7	17	41	—	—	13	193	7	43	1033	37	—	—	347	7	23	151	—	11
09	53	13	37	463	—	73	7	19	—	—	11	—	67	7	13	211	41	—	17	61	7	11	—	—	23	137	19	7	151	—
13	79	37	883	7	317	11	107	227	19	313	7	—	53	17	131	89	11	7	—	—	23	857	41	13	7	43	—	11	—	1433
19	19	593	7	11	13	29	433	—	181	7	—	—	71	1493	11	113	7	13	37	19	461	31	73	7	—	11	641	233	—	—
21	103	101	13	17	7	—	11	173	—	191	19	7	23	59	137	13	—	11	7	1489	17	419	—	—	—	7	733	—	11	19
27	59	53	19	7	11	—	23	281	—	13	7	—	83	—	241	11	37	7	—	—	—	17	13	—	7	—	11	—	31	23
31	7	1181	23	19	—	13	—	7	41	—	11	59	—	53	7	37	17	—	13	—	557	7	19	—	103	23	—	29	7	71
33	23	769	7	13	1103	17	677	83	—	7	31	41	—	11	1567	1123	7	379	—	53	71	29	17	7	11	509	—	977	67	13
37	17	—	71	—	—	—	7	—	11	29	—	401	13	7	19	337	227	17	47	11	7	547	241	—	607	13	613	7	—	31
39	11	7	83	29	—	19	17	101	7	—	13	11	—	37	—	7	457	23	—	307	41	—	7	13	19	61	—	97	—	7
43	719	17	47	—	—	7	11	1487	509	1489	347	31	7	23	919	173	—	11	17	7	29	—	271	—	—	19	7	131	11	163
49	13	—	17	663	7	367	—	23	359	—	389	7	257	13	53	11	—	19	7	17	—	—	79	107	31	7	11	61	709	37
51	257	—	—	61	283	23	7	11	17	251	37	13	47	7	569	—	—	—	11	109	7	—	193	—	13	17	1103	7	23	11
57	19	—	—	107	103	7	41	29	—	17	—	—	7	101	251	—	11	163	13	7	1279	1321	23	—	—	97	7	11	263	223
61	11	13	7	79	17	59	1151	829	353	7	—	11	41	197	13	—	7	1237	23	31	19	17	11	7	29	227	37	13	—	—
63	89	—	233	11	7	—	—	37	431	—	17	7	13	31	11	41	23	881	7	251	—	277	—	—	—	7	461	17	179	—
67	157	7	1091	—	—	17	29	1259	7	11	499	383	19	—	467	7	73	—	—	—	11	13	7	307	—	—	—	—	103	7
69	29	11	—	7	1429	653	13	127	—	—	7	17	11	—	757	—	89	7	—	13	—	53	19	11	7	—	31	59	17	29
73	7	167	13	—	19	—	17	7	—	—	67	—	137	641	7	13	47	29	11	521	—	7	179	17	—	907	—	—	7	11
79	23	97	—	37	—	11	7	17	—	13	541	167	—	7	67	19	11	—	—	283	7	—	13	23	17	59	71	7	29	983
81	367	7	271	—	53	113	19	13	7	61	—	—	—	17	—	7	—	71	—	11	13	23	7	—	79	19	47	—	—	7
87	7	13	—	31	29	—	11	7	—	—	41	—	463	43	7	23	997	11	653	—	—	7	53	101	—	—	1571	13	7	—
91	37	11	839	—	7	—	1277	—	—	17	13	7	11	73	83	47	41	43	7	937	—	29	31	11	—	7	17	—	—	—
93	—	67	—	—	11	79	7	229	13	19	179	—	127	7	113	11	31	—	37	41	7	13	—	—	1597	101	11	7	19	829
97	61	—	—	7	13	23	163	397	—	83	7	—	—	—	223	—	71	7	509	—	—	11	353	43	7	41	167	17	23	19
99	—	19	11	23	—	7	—	71	139	—	—	137	7	11	—	13	17	—	281	7	19	59	991	1277	11	43	7	101	13	31

	265 82	85	88	91	94	265 97	266 00	03	06	09	12	15	18	21	24	27	30	33	36	39	42	45	48	51	54	57	60	63	66	69
03	—	—	7	281	83	1571	—	—	11	7	191	13	479	—	29	359	7	31	—	11	—	19	23	7	13	157	199	—	17	43
09	—	7	41	157	89	13	11	239	7	331	229	769	17	19	37	7	23	11	13	59	1427	421	7	—	—	29	113	—	11	7
11	137	17	211	7	19	41	—	—	—	11	7	971	1117	67	23	61	13	7	17	29	11	—	—	19	7	83	349	181	449	13
17	43	29	7	373	61	—	31	11	23	7	13	—	37	—	41	19	7	67	11	17	83	—	—	7	47	—	157	577	73	11
21	—	—	11	1249	23	223	7	139	—	211	—	37	—	7	17	—	19	61	29	13	7	—	233	—	11	31	—	7	491	47
23	601	7	23	17	13	11	43	19	7	73	449	733	29	—	691	7	11	13	131	31	17	67	7	41	53	23	19	11	59	7
27	11	269	—	—	449	7	61	31	19	631	43	11	7	13	563	17	—	79	—	7	—	23	11	71	—	—	7	19	37	29
29	7	31	223	11	17	349	—	7	863	37	83	13	43	—	7	59	—	97	19	23	—	7	—	29	13	11	—	79	7	—
33	19	53	—	—	7	103	199	13	37	11	—	7	—	—	1423	23	17	1291	7	19	11	—	257	—	—	7	59	107	—	191
39	17	13	31	7	—	881	41	11	—	23	7	19	107	59	13	761	—	7	11	53	137	—	29	—	7	37	—	13	47	11
41	83	281	19	167	—	7	17	23	79	41	11	—	7	—	1187	1297	29	179	1093	7	—	11	127	17	43	13	7	31	—	1289
47	—	23	—	571	7	491	13	17	11	31	61	7	661	19	103	97	769	—	7	11	—	—	—	37	17	7	439	29	—	—
51	—	7	13	11	—	—	157	—	7	137	—	179	367	967	11	7	—	—	—	17	23	—	7	61	41	11	—	89	13	7
53	13	—	991	7	—	19	11	—	17	29	7	—	—	13	—	—	181	7	23	—	—	—	31	167	7	17	13	41	11	—
57	7	11	37	17	421	1459	19	7	—	13	31	—	11	—	7	—	—	—	139	229	17	7	13	11	131	19	29	47	7	877
59	—	—	7	—	11	227	47	13	—	7	173	233	23	—	—	11	7	—	271	79	13	71	—	7	—	149	11	557	—	157
63	—	41	—	13	17	—	7	109	23	—	11	47	—	7	1601	—	13	19	293	37	7	11	181	31	97	—	383	7	—	13
69	937	—	23	53	—	7	—	59	31	19	13	—	7	743	—	—	—	269	—	7	149	313	17	13	—	23	7	271	19	—
71	7	1019	—	73	—	—	—	7	13	53	—	11	—	29	7	—	113	37	—	29	—	7	11	23	1531	—	—	61	7	281
77	691	—	13	—	277	47	7	—	137	11	193	19	17	7	—	13	61	23	—	—	7	—	41	—	29	883	773	7	13	17
81	31	613	—	7	11	1163	1051	17	1523	983	7	13	19	23	107	11	—	7	89	1471	73	43	83	—	7	—	11	—	41	61
83	967	—	—	19	—	7	29	11	743	13	—	23	7	17	37	—	59	433	11	7	1367	1153	13	43	—	31	7	—	—	11
87	—	73	7	—	19	13	—	23	17	7	677	149	887	11	—	—	7	83	13	67	109	127	163	7	11	17	—	43	113	—
89	—	1543	—	13	7	11	—	31	1063	—	53	7	109	631	17	—	11	29	7	73	47	—	—	—	179	7	—	11	23	13
93	11	7	701	263	—	29	727	61	7	17	71	11	13	—	59	7	311	—	—	—	—	—	7	67	23	13	17	—	—	7
99	7	59	—	1567	1399	149	13	7	31	11	17	1279	—	1597	7	1607	29	1627	23	13	11	7	—	—	—	—	19	17	7	521

	266 70	73	76	79	82	85	88	91	94	266 97	267 00	03	06	09	12	15	18	21	24	27	30	33	36	39	42	45	48	51	54	57
01	239	7	—	157	17	11	47	19	7	557	23	—	43	269	13	7	11	53	—	—	397	17	7	1049	—	73	19	11	281	7
07	7	—	1049	11	23	17	73	7	13	389	739	373	139	431	7	—	37	31	19	313	109	7	17	457	—	11	103	23	7	1069
11	17	—	—	41	7	31	61	—	677	11	—	7	—	79	—	37	233	13	7	19	11	—	43	23	293	7	331	—	1433	1297
13	53	11	13	29	—	1117	7	1249	127	263	19	97	11	7	683	13	—	—	—	1553	7	23	1319	11	43	—	563	7	13	19
17	1367	17	107	7	—	211	727	11	—	—	7	13	41	541	179	71	263	7	11	1499	29	131	—	73	7	—	47	—	43	11
19	—	—	19	—	—	7	71	17	—	13	11	733	7	37	29	23	—	677	53	7	—	11	13	113	17	613	7	59	—	191
23	31	373	7	19	73	11	317	—	—	7	47	23	37	—	67	—	7	—	13	17	173	41	19	7	—	—	113	11	—	181
29	131	7	241	11	—	23	—	1571	7	—	—	139	13	29	11	7	—	103	67	653	17	—	7	—	79	11	—	—	23	7
31	—	53	—	7	—	19	11	29	—	17	7	—	859	—	—	491	1279	7	—	—	47	—	—	13	7	—	17	—	11	—
37	467	41	7	—	11	43	—	—	—	7	17	—	—	127	283	11	7	13	29	53	23	599	—	7	643	—	11	17	157	—
41	13	—	—	—	—	17	7	41	31	43	11	—	61	7	—	—	23	19	1607	1613	7	11	17	—	—	—	13	7	—	—
43	29	7	11	1429	—	67	89	37	7	599	41	13	—	11	23	7	—	—	—	233	557	—	7	139	11	—	—	19	17	7
47	—	61	—	—	—	7	17	13	11	19	23	239	7	173	271	43	41	29	97	7	13	31	71	17	—	—	7	—	19	137
49	7	—	53	—	—	13	—	7	23	67	—	11	17	71	7	31	—	43	13	19	307	7	11	439	37	—	—	—	7	17
53	—	13	1277	31	7	—	11	17	229	—	—	7	—	1301	13	347	83	11	7	107	19	43	—	37	17	7	—	13	11	—
59	—	—	—	7	11	—	839	127	13	617	7	83	19	131	953	11	31	7	137	59	—	13	1429	313	7	17	11	43	491	—
61	—	—	769	19	29	7	13	11	—	631	31	409	7	523	17	—	61	67	11	7	—	37	19	719	461	—	7	—	—	11
67	13	37	—	53	7	11	1601	—	479	—	—	7	—	13	19	17	11	167	7	—	—	67	311	31	—	7	13	11	—	1609
71	11	7	541	29	—	—	173	137	7	13	17	11	283	1423	—	7	761	—	61	1427	439	919	7	47	—	1093	—	17	—	7
73	313	389	47	7	487	31	19	13	1381	139	7	—	—	—	11	—	17	7	37	277	13	53	—	877	7	11	29	83	59	—
77	7	251	43	13	—	—	—	7	—	11	113	17	—	1493	7	—	13	37	—	983	11	7	—	—	31	—	19	79	7	13
79	17	11	7	—	43	433	—	569	29	7	—	643	11	89	13	59	7	17	31	—	71	227	83	7	23	—	—	13	—	67
83	263	—	71	—	571	—	7	11	43	211	13	827	17	7	97	—	—	—	11	—	7	1031	—	13	547	29	59	7	—	11
89	409	347	—	—	13	7	—	29	79	—	19	251	7	17	23	—	11	13	1283	7	—	1097	47	—	311	397	7	11	811	19
91	7	19	13	1493	659	—	809	7	11	673	317	109	23	31	7	13	43	383	79	11	19	7	53	—	—	929	307	—	7	173
97	—	181	191	17	—	1327	7	83	—	13	71	61	19	7	—	—	107	11	—	—	7	—	13	821	—	113	31	7	11	23

	266 71	74	77	80	83	86	89	92	95	266 98	267 01	04	07	10	13	16	19	22	25	28	31	34	37	40	43	46	49	52	55	58
01	29	11	23	7	—	13	107	—	349	—	7	37	11	19	31	17	—	7	13	419	223	251	—	11	7	23	43	—	113	29
03	23	97	83	13	11	7	—	—	31	—	163	421	7	241	239	11	13	—	41	7	—	17	59	19	—	379	7	—	43	13
07	101	349	7	67	—	19	—	181	—	7	11	29	13	61	751	—	7	53	—	23	—	11	—	7	19	13	251	31	37	—
09	47	503	11	103	7	17	—	—	—	37	13	7	—	11	—	19	—	23	7	751	139	31	17	13	11	7	359	41	127	79
13	17	7	61	1093	—	47	13	67	7	31	—	73	821	23	193	7	19	17	491	11	59	241	7	—	—	421	—	—	179	7
19	7	17	547	151	29	—	11	7	19	1523	97	67	—	13	7	—	—	11	17	389	—	7	31	1543	—	37	13	19	7	1553
21	109	1201	7	43	41	23	37	17	—	7	73	13	—	—	1031	47	7	709	19	—	11	337	—	7	13	—	—	29	23	—
27	127	7	—	—	353	13	1549	11	7	29	19	503	157	41	—	7	—	61	11	181	—	191	7	37	53	17	—	—	—	7
31	—	13	11	17	47	7	—	—	101	151	—	19	7	11	13	—	—	31	23	7	17	—	37	—	11	—	7	13	—	—
33	7	—	19	37	—	11	61	7	223	17	151	31	13	—	7	43	11	—	—	—	29	7	41	229	—	13	17	11	7	—
37	11	53	37	19	7	—	293	—	13	—	101	7	23	—	—	137	1187	—	7	43	—	13	11	67	—	7	—	59	41	83
39	113	—	29	11	131	—	7	53	283	467	17	—	—	7	11	173	—	1213	107	13	7	43	—	—	31	11	73	7	233	—
43	787	397	13	7	—	17	23	—	61	11	7	—	31	—	19	13	71	7	257	29	11	109	17	—	7	43	—	67	13	23
49	23	29	7	47	137	41	17	11	—	7	409	—	—	211	101	—	7	—	11	83	—	—	13	7	—	19	229	—	577	11
51	233	—	79	—	7	127	313	13	41	113	11	7	17	1171	—	—	19	37	7	31	13	11	—	647	29	7	997	89	97	17
57	167	13	—	7	—	281	29	—	11	—	7	—	887	17	13	23	1021	7	—	11	1237	—	151	59	7	1531	—	13	—	—
61	7	—	—	11	383	73	71	7	17	19	13	23	—	401	7	—	—	773	47	367	31	7	—	13	89	11	—	—	7	853
63	19	—	7	—	—	—	11	—	13	7	59	—	61	—	17	—	7	11	67	19	971	13	—	7	—	151	41	941	11	—
67	—	11	31	79	13	23	7	—	491	17	—	—	11	7	—	—	241	13	—	—	7	59	—	11	—	61	17	7	23	—
69	163	7	13	23	11	—	997	—	7	239	647	19	—	79	—	7	—	131	1103	263	167	—	7	—	—	197	11	31	13	7
73	41	557	419	53	97	7	283	1279	59	—	11	13	7	—	61	31	29	—	—	7	—	11	23	71	13	—	7	17	823	401
79	293	239	—	61	7	13	607	971	11	41	37	7	199	1291	181	—	23	47	7	11	727	53	—	19	101	7	—	29	17	—
81	11	—	379	13	251	439	7	—	—	—	—	11	41	7	19	—	13	17	89	—	7	29	11	179	—	353	—	7	37	13
87	—	17	277	29	31	7	19	269	23	11	13	257	7	—	937	83	—	59	17	7	11	41	—	13	79	19	7	47	—	61
91	—	167	7	—	11	311	13	19	—	7	—	—	—	17	—	11	7	179	281	13	29	—	—	7	443	—	11	23	59	149
93	—	73	17	—	7	—	—	11	947	383	53	7	—	—	29	—	317	13	7	17	—	431	—	—	—	7	163	—	149	11
97	13	7	11	—	127	31	193	379	7	—	—	167	—	11	17	7	47	157	19	449	—	23	7	109	11	857	13	—	881	7
99	—	—	—	7	—	11	—	61	743	19	7	13	1019	103	337	109	11	7	—	23	17	—	1109	523	7	29	181	11	19	1193

	266 72	75	78	81	84	87	90	93	96	266 99	267 02	05	08	11	14	17	20	23	26	29	32	35	38	41	44	47	50	53	56	59
03	7	—	59	—	37	337	—	7	—	—	19	11	709	29	7	17	—	—	31	—	13	7	11	131	—	79	—	—	7	19
09	31	13	19	71	67	43	7	883	659	11	829	809	—	7	13	571	17	—	1447	433	7	19	191	1249	29	991	—	7	—	—
11	—	7	37	241	—	17	—	23	7	89	47	53	11	277	1163	7	41	73	29	149	—	—	7	11	59	13	—	683	139	7
17	7	23	113	101	19	787	13	7	941	1427	11	59	—	43	7	103	79	—	—	13	—	7	1423	17	23	41	—	—	7	29
21	—	17	13	181	7	11	89	—	271	127	487	7	67	—	149	13	11	29	7	—	23	—	59	—	19	7	31	11	13	—
23	13	307	523	—	457	101	7	17	11	1283	—	29	1009	7	653	19	—	—	23	11	7	—	107	—	17	47	13	7	109	—
27	—	137	17	7	—	—	53	—	31	13	7	149	107	1193	11	73	19	7	317	17	—	—	13	43	7	11	—	—	29	—
29	1013	331	31	—	109	7	11	13	17	47	149	113	7	61	1459	—	37	11	—	7	13	—	29	269	—	17	7	—	11	617
33	277	11	7	13	—	—	353	691	19	7	29	—	11	—	47	37	7	79	—	1087	17	31	227	7	53	—	61	19	—	13
39	19	7	23	31	17	149	103	—	7	757	11	—	331	—	269	7	—	41	—	19	157	11	7	13	67	23	—	83	821	7
41	23	71	11	7	149	1193	601	—	13	197	7	101	613	11	139	29	389	7	59	347	41	13	131	23	7	227	271	17	31	19
47	11	149	7	163	359	59	—	67	47	7	31	11	443	53	—	13	7	23	601	—	1579	19	11	7	263	127	29	—	13	41
51	211	479	—	19	43	307	7	—	461	—	457	13	73	7	29	—	59	11	593	643	7	181	19	17	13	53	601	7	11	31
53	137	7	401	499	—	541	43	953	7	11	37	23	17	19	757	7	—	109	71	103	11	157	7	31	—	173	—	773	—	7
57	71	109	919	41	11	7	—	17	103	37	43	31	7	89	19	11	—	—	13	7	—	—	—	557	17	29	7	97	—	—
59	7	797	—	13	—	19	41	7	—	—	401	73	43	17	7	67	13	101	11	29	—	7	—	47	19	199	1303	37	7	11
63	—	23	11	—	7	991	19	29	17	79	587	7	13	11	647	223	43	—	7	739	—	659	1123	541	11	7	37	809	47	89
69	11	—	83	7	—	—	13	—	—	17	7	11	47	—	107	431	1601	7	23	13	353	41	11	—	7	337	17	—	73	293
71	31	—	—	11	13	7	821	1123	19	107	727	—	7	—	11	17	23	13	—	7	—	101	—	67	37	11	7	19	83	163
77	19	11	421	—	7	347	—	89	1091	—	23	7	11	31	97	—	17	—	7	19	—	—	47	11	13	7	—	67	463	1373
81	1481	7	—	37	683	—	23	11	7	53	59	17	—	—	109	7	313	—	11	1117	13	211	7	157	757	1061	—	47	17	7
83	17	41	—	7	23	13	47	193	73	199	7	19	1483	—	131	53	—	7	13	857	—	11	—	89	7	71	31	23	—	—
87	7	13	—	977	89	11	223	7	—	—	419	47	17	—	7	—	11	—	—	—	37	7	29	23	—	193	—	11	7	17
89	—	17	7	19	1051	199	587	—	11	7	41	—	13	83	—	271	7	—	17	11	—	23	19	7	383	13	—	101	967	—
93	37	79	1399	11	19	—	7	—	13	137	181	307	103	7	11	—	41	23	1051	457	7	13	839	19	127	11	—	7	—	—
99	487	11	13	—	631	7	73	113	—	31	53	23	7	—	17	13	—	37	197	7	479	—	—	11	71	41	7	61	13	1049

	26760	63	66	69	72	75	78	81	84	87	90	93	96	26799	26802	05	08	11	14	17	20	23	26	29	32	35	38	41	44	47
01	—	—	101	23	—	31	7	—	11	29	13	—	79	7	67	19	—	1051	887	11	7	—	181	13	—	17	23	7	—	—
07	569	—	1249	—	13	7	11	19	41	17	691	—	7	239	97	421	—	11	31	7	23	—	983	37	61	683	7	659	11	—
11	13	11	7	—	17	167	31	—	19	7	577	709	11	13	41	823	7	53	1013	1499	—	17	37	7	—	—	13	19	181	—
13	31	—	29	37	7	—	101	139	619	1499	17	7	—	61	23	11	—	41	7	—	—	—	67	53	13	7	11	17	1181	521
17	19	7	37	—	—	17	—	13	7	797	11	563	—	79	809	7	83	—	—	19	13	11	7	41	—	—	61	397	1549	7
19	43	89	11	7	823	13	—	—	23	—	7	17	—	11	313	—	—	7	13	—	37	—	47	79	7	—	41	599	17	19
23	7	13	163	—	23	—	17	7	11	1373	757	19	353	701	7	61	—	269	—	11	929	7	—	17	—	167	—	13	7	71
29	41	—	71	19	61	463	7	17	13	—	43	47	29	7	31	277	587	11	53	—	7	13	19	1259	17	—	—	7	11	227
31	—	7	113	41	79	—	13	—	7	11	—	—	43	17	—	7	—	37	331	13	11	—	7	1009	53	337	281	211	—	7
37	7	—	—	233	523	19	—	7	—	—	—	—	41	13	7	757	—	29	11	541	—	7	991	—	19	—	13	73	7	11
41	1021	53	11	431	7	29	19	—	—	13	—	7	—	11	—	—	557	—	7	71	—	97	13	379	11	7	17	—	59	331
43	103	—	—	31	59	11	7	13	73	—	71	113	—	7	37	17	11	1433	—	61	7	41	83	197	43	—	1531	7	29	—
47	11	—	653	7	107	79	—	—	—	—	7	11	—	37	113	59	13	7	—	53	733	—	11	—	7	607	23	17	43	13
49	—	13	457	11	839	7	509	—	19	—	29	—	7	—	11	79	17	83	101	7	137	1231	—	—	23	11	7	13	—	—
53	—	—	7	—	31	383	887	—	223	7	13	17	—	—	257	—	7	181	—	311	11	61	—	7	103	73	277	29	17	—
59	109	7	53	—	13	—	73	11	7	29	37	409	17	—	23	7	283	13	11	97	19	—	7	113	—	47	353	349	743	7
61	71	17	13	7	47	223	—	41	53	137	7	19	23	487	—	13	163	7	17	197	—	11	101	—	7	—	—	—	13	607
67	—	—	7	19	—	43	23	—	11	7	211	59	—	—	29	—	7	—	—	11	—	127	13	7	31	—	53	433	—	23
71	631	—	23	11	19	13	7	37	—	43	229	—	31	7	11	—	67	139	13	691	7	89	41	19	1307	11	71	7	—	—
73	23	7	—	13	—	—	11	—	7	281	—	43	—	—	19	7	13	11	—	47	17	—	7	23	131	29	101	293	11	7
77	—	11	683	53	—	7	349	—	457	59	—	271	7	29	—	17	—	97	—	7	67	—	73	11	37	13	7	—	—	—
79	7	157	—	47	11	37	19	7	1427	53	13	—	241	—	7	11	—	23	443	31	—	7	—	13	193	19	11	—	7	109
83	239	—	—	73	7	—	13	19	47	331	11	7	1117	23	—	—	17	—	7	13	1607	11	1619	—	29	7	19	61	653	467
89	13	661	—	7	—	—	29	23	11	—	7	—	1181	13	173	127	61	7	19	11	31	37	—	373	7	—	13	43	67	137
91	11	107	37	419	—	7	17	67	541	19	—	11	7	773	31	89	—	—	47	7	1481	—	11	17	13	—	7	167	19	29
97	277	19	47	—	7	13	103	17	—	11	53	7	—	1451	—	—	—	—	7	37	11	—	23	311	17	7	—	31	877	271

	26761	64	67	70	73	76	79	82	85	88	91	94	26797	26800	03	06	09	12	15	18	21	24	27	30	33	36	39	42	45	48
01	191	7	17	139	11	163	—	47	7	233	—	—	89	743	13	7	59	—	23	17	—	19	7	293	433	157	11	13	29	7
03	227	—	577	7	179	263	—	11	17	31	7	—	13	—	191	67	23	7	11	—	—	367	29	—	7	13	—	—	53	11
07	7	—	11	17	587	—	71	7	13	—	29	—	23	11	7	—	—	—	—	—	17	7	281	—	11	439	109	—	7	—
09	1123	—	7	937	19	11	13	—	1409	7	23	683	—	—	1321	—	7	47	73	13	61	1289	31	7	739	—	17	11	—	—
13	11	251	13	41	17	19	7	113	43	337	31	11	719	7	—	13	1009	—	163	79	7	17	11	—	19	—	199	7	13	23
19	23	—	—	29	—	7	47	—	—	11	—	193	7	1583	43	—	19	457	167	7	11	1613	13	23	—	311	7	—	197	—
21	7	11	—	373	157	1283	89	7	701	443	881	17	11	37	7	41	43	31	—	751	13	7	1579	11	—	—	19	67	7	53
27	—	13	—	461	1181	—	7	—	29	227	11	—	17	7	13	23	47	137	19	—	7	11	43	1019	41	577	233	7	—	17
31	19	317	—	7	83	11	53	17	107	—	7	23	—	—	199	—	11	7	31	19	—	47	—	13	7	29	43	11	—	37
33	47	—	307	107	631	7	647	241	11	23	19	—	7	17	211	73	997	463	—	7	457	13	113	421	617	1129	7	—	43	19
37	31	761	7	11	13	23	—	29	17	7	199	19	—	71	11	109	7	13	773	89	317	251	269	7	53	11	149	—	23	—
39	—	29	13	23	7	—	11	109	—	—	—	7	257	—	17	13	859	11	7	163	593	19	—	1559	—	7	23	37	11	1571
43	—	7	—	19	—	—	199	41	7	17	—	13	11	31	419	7	—	293	29	—	—	211	7	11	13	631	17	359	157	7
49	7	43	199	443	—	13	37	7	—	97	11	—	—	73	7	613	23	—	13	—	47	7	131	—	313	—	31	17	7	29
51	—	—	7	13	61	19	59	—	—	7	379	179	103	11	23	83	7	431	227	41	31	71	—	7	11	229	139	223	—	13
57	11	7	31	—	37	29	977	181	7	43	13	11	73	89	—	7	19	17	—	—	823	—	7	13	727	—	509	—	41	7
61	—	131	—	37	23	7	11	193	571	67	283	—	7	43	149	—	—	11	—	7	—	31	29	—	—	—	7	23	11	17
63	7	17	23	359	13	83	—	7	19	11	—	—	—	149	7	31	29	13	17	—	11	7	349	—	—	23	1301	19	7	89
67	13	—	41	31	7	1321	—	97	53	19	89	7	593	13	—	11	—	—	7	43	37	23	—	863	227	7	11	409	19	73
69	19	37	17	—	—	41	7	11	1033	1607	149	13	1637	7	53	349	—	347	11	17	7	43	1091	557	13	—	59	7	31	11
73	37	19	11	7	—	—	—	13	149	—	7	41	—	11	17	23	31	7	—	—	13	577	—	—	7	43	53	—	983	683
79	11	13	7	151	211	149	1439	401	163	7	467	11	19	—	13	17	7	37	—	—	41	67	11	7	59	—	29	13	769	31
81	59	349	229	11	7	—	421	23	593	73	61	7	13	47	11	—	173	257	7	—	29	17	19	31	—	7	—	97	71	—
87	—	11	29	7	67	17	13	151	—	—	7	337	11	—	19	37	103	7	521	13	167	131	17	11	7	181	—	—	—	191
91	7	—	13	1213	137	103	1229	7	—	113	—	—	61	—	7	13	—	17	11	29	23	7	941	401	31	1453	73	53	7	11
93	13	—	7	—	—	—	17	271	67	7	11	—	461	13	—	—	7	—	23	—	89	11	—	7	79	19	13	—	47	—
97	101	17	331	—	739	11	7	19	—	13	241	—	151	7	23	—	11	—	17	—	7	—	13	—	—	—	19	7	673	—
99	31	7	353	—	311	317	367	13	7	41	—	—	23	151	—	7	—	19	71	11	13	503	7	—	17	73	—	—	—	7

	26762	65	68	71	74	77	80	83	86	89	92	95	26798	26801	04	07	10	13	16	19	22	25	28	31	34	37	40	43	46	49
03	71	1033	17	11	233	7	1567	127	23	—	53	37	7	—	11	41	13	47	19	7	1609	—	—	—	173	11	7	83	619	13
09	593	11	23	17	7	—	—	103	197	—	13	7	11	—	—	—	—	787	7	487	17	—	83	11	41	7	1433	107	37	19
11	23	19	—	811	11	661	7	—	13	17	—	—	—	7	1259	11	61	29	—	151	7	13	107	23	113	389	11	7	—	397
17	—	1429	11	137	251	7	—	107	31	353	17	47	7	11	307	13	—	23	—	7	—	—	109	97	11	—	7	17	13	—
21	—	41	7	—	73	17	79	—	11	7	859	13	83	19	—	—	7	—	61	11	—	167	17	7	13	37	—	31	1279	997
23	11	—	—	797	7	409	37	—	—	13	29	7	1063	—	1277	919	79	53	7	199	103	31	11	19	—	7	—	59	17	—
27	47	7	—	—	197	13	11	23	7	31	41	431	127	—	—	7	—	11	13	—	—	—	7	17	19	—	719	29	11	7
29	179	—	173	7	911	23	283	—	—	11	7	229	17	41	59	19	13	7	1087	—	11	29	—	37	7	71	47	89	23	13
33	7	23	83	—	11	—	131	7	89	29	—	—	13	—	7	11	19	1427	1471	41	1429	7	31	—	17	13	11	—	7	—
39	—	—	11	421	31	43	7	439	17	997	—	191	53	7	101	47	—	79	23	13	7	—	139	—	11	17	317	7	41	—
41	—	7	829	293	13	11	—	43	7	—	—	—	—	—	17	7	11	13	19	547	37	—	7	83	251	191	—	11	—	7
47	7	—	—	11	—	—	—	7	193	139	19	13	—	43	7	17	467	—	83	73	—	7	1123	—	13	11	761	—	7	19
51	1319	263	67	—	7	41	23	13	—	11	17	7	383	29	—	373	1217	43	7	—	11	—	947	—	61	7	193	17	—	23
53	61	11	19	—	23	13	7	29	41	47	—	—	11	7	1109	—	17	37	13	43	7	19	—	11	31	—	—	7	127	—
57	23	13	113	7	641	—	67	11	601	1523	7	17	31	53	13	937	37	7	11	179	101	283	19	23	7	—	—	13	17	11
59	17	1327	1129	—	331	7	31	—	59	107	11	—	7	19	281	263	—	17	29	7	307	11	—	—	103	13	7	1097	—	—
63	607	—	7	617	283	11	29	—	13	7	67	1579	17	103	19	—	7	23	—	59	601	13	101	7	—	31	—	11	—	17
69	—	7	13	11	503	—	19	31	7	79	—	23	—	17	11	7	—	29	367	—	—	—	7	—	101	11	—	1213	13	7
71	13	31	17	7	—	131	11	907	47	23	7	29	—	13	—	—	19	7	883	17	—	241	137	271	7	—	13	—	11	—
77	43	—	7	17	11	1097	1171	13	19	7	—	37	—	409	31	11	7	61	661	811	13	—	29	7	—	—	11	19	59	—
81	269	—	31	13	43	359	7	—	—	19	11	1039	347	7	—	17	13	—	—	467	7	11	23	—	461	—	—	7	19	13
83	19	7	11	—	17	—	43	—	7	—	—	137	41	11	13	7	277	383	—	19	23	17	7	47	11	—	—	13	37	7
87	1399	19	—	—	389	7	1487	—	11	487	13	—	7	1283	73	31	17	—	41	7	19	29	—	13	307	—	7	37	47	1289
89	7	—	59	53	193	17	479	7	13	31	—	11	43	227	7	29	157	—	1489	—	401	7	11	167	—	—	113	—	7	—
93	17	—	—	29	7	—	11	37	61	—	23	7	19	59	—	53	43	11	7	—	1049	71	193	229	1297	7	—	41	11	113
99	59	17	773	7	11	347	89	—	—	1051	7	13	—	233	29	11	107	7	17	907	—	109	43	19	7	—	11	23	431	—

	268 50	53	56	59	62	65	68	71	74	77	80	83	86	89	92	95	268 98	269 01	04	07	10	13	16	19	22	25	28	31	34	37
01	11	—	—	—	7	61	13	401	29	127	41	7	17	37	167	—	241	97	7	13	—	271	11	19	941	7	—	71	1471	17
07	13	43	—	7	—	953	367	1199	1051	11	7	809	79	13	491	19	—	7	1129	29	11	599	83	—	7	—	13	—	53	—
11	7	—	137	—	11	43	—	7	17	13	1103	157	—	67	7	11	19	—	—	—	—	7	13	—	241	17	11	—	7	37
13	73	29	7	—	—	—	—	11	47	7	37	—	761	—	17	113	7	83	11	389	13	929	283	7	—	—	19	—	41	11
17	—	599	11	13	—	53	7	—	19	17	—	43	—	7	311	1583	13	67	29	—	7	—	—	—	11	89	17	7	479	13
19	—	7	139	1217	—	11	—	439	7	727	—	53	29	43	13	7	11	71	19	—	—	109	7	131	23	—	59	11	1361	7
23	11	—	81	127	—	7	389	—	—	—	13	11	7	79	—	—	131	43	239	7	23	67	11	13	—	103	7	17	863	29
29	—	307	—	—	7	167	37	—	631	11	509	7	—	—	23	31	1327	13	7	107	11	—	409	43	59	7	563	113	37	—
31	17	11	53	89	67	29	7	47	743	31	181	61	11	7	41	13	73	17	—	769	7	19	—	11	37	43	—	7	13	—
37	61	17	227	—	37	7	23	71	67	13	11	—	7	19	709	—	29	—	17	7	—	11	13	41	—	—	7	421	173	23
41	89	139	7	37	29	11	—	—	907	7	31	719	463	17	19	503	7	—	13	101	—	383	—	7	53	23	641	11	—	41
43	23	—	17	13	7	19	811	—	11	739	179	7	67	—	—	—	13	1289	7	11	—	37	47	23	19	7	—	29	—	13
47	1511	7	61	11	461	—	19	541	7	—	1423	349	13	—	11	7	89	—	409	23	37	101	7	31	—	11	139	47	—	7
49	41	37	—	7	569	103	11	—	257	29	7	—	263	—	—	—	19	7	373	127	17	1553	487	13	7	—	—	—	11	—
53	7	11	—	283	43	31	13	7	227	487	—	47	11	23	7	17	191	19	1063	13	—	7	97	11	661	—	29	—	7	131
59	13	967	677	—	—	—	7	23	29	19	11	163	—	7	—	41	17	37	31	271	7	11	—	—	—	53	13	7	19	103
61	19	7	11	—	491	17	—	—	7	—	659	13	31	11	—	7	—	61	41	19	—	47	7	433	11	—	—	809	23	7
67	7	1163	—	—	—	13	17	7	—	—	89	11	—	29	7	37	—	—	13	—	—	7	11	17	883	31	1447	41	7	—
71	809	13	113	—	7	1291	11	307	53	—	47	7	19	31	13	—	79	11	7	61	97	107	43	617	83	7	—	13	11	101
73	—	—	—	19	—	—	7	17	—	11	—	—	13	7	53	—	23	—	—	—	7	—	19	109	17	13	79	7	149	73
77	—	41	17	7	11	—	107	89	13	—	7	—	23	—	—	11	—	7	367	17	199	13	—	19	7	—	11	—	43	—
79	757	107	359	383	41	7	13	11	17	—	23	389	7	—	19	647	1031	—	11	7	31	239	347	—	223	17	7	761	—	11
83	—	—	7	17	—	181	23	—	31	7	41	37	193	11	83	13	7	911	1259	—	17	233	613	7	11	47	907	—	13	23
89	11	7	—	—	17	29	—	19	7	13	1303	11	59	239	—	7	—	491	97	41	149	17	7	23	—	257	19	73	37	7
91	1429	1061	101	7	—	—	—	13	—	37	7	—	631	257	11	31	—	7	—	149	13	23	41	61	7	11	—	17	29	—
97	—	11	7	1621	101	43	—	167	—	7	29	17	11	—	13	23	7	—	—	47	—	71	863	7	—	163	37	13	17	127

	268 51	54	57	60	63	66	69	72	75	78	81	84	87	90	93	96	268 99	269 02	05	08	11	14	17	20	23	26	29	32	35	38
01	—	—	197	71	199	991	7	11	79	43	13	23	—	7	149	—	31	—	11	569	7	—	—	13	47	37	227	7	—	11
03	1171	7	—	47	—	—	37	73	7	23	11	43	17	149	—	7	—	89	79	—	19	11	7	—	—	83	113	—	—	7
07	103	—	19	—	13	7	—	17	47	29	53	149	7	—	61	43	11	13	—	7	499	19	173	521	17	1433	7	11	23	31
09	7	—	13	23	—	97	241	7	11	—	149	857	19	17	7	13	53	43	157	11	83	7	811	31	733	—	23	167	7	227
13	—	571	1483	11	7	1439	—	—	17	—	499	7	331	19	11	—	919	353	7	59	29	43	23	107	13	7	419	—	53	—
19	499	11	29	7	—	13	59	—	107	17	7	—	11	—	241	—	23	7	13	79	—	463	—	11	7	—	17	43	1321	887
21	—	1609	47	13	11	7	—	—	—	—	83	—	7	103	23	11	13	587	31	7	37	—	—	73	947	29	7	1217	—	13
27	31	67	11	97	7	83	223	19	23	—	13	7	487	11	101	307	17	53	7	—	—	—	211	13	11	7	19	—	59	911
31	41	7	—	787	23	—	13	—	7	109	71	17	—	—	751	7	—	827	—	11	—	—	7	619	29	—	67	19	17	7
33	11	71	23	7	13	67	701	61	89	359	7	11	—	31	—	59	101	7	19	751	131	—	11	823	7	23	—	349	—	—
37	7	31	43	—	—	1201	11	7	—	41	—	941	17	13	7	—	37	11	167	19	61	7	47	379	—	—	13	—	7	17
39	29	17	7	—	43	947	127	—	409	7	19	13	41	1201	—	103	7	—	17	23	11	—	—	7	13	—	31	—	827	19
43	223	1193	73	—	11	89	7	13	43	61	—	19	53	7	31	11	—	29	41	733	7	—	—	—	—	—	11	7	127	1201
49	59	13	11	19	113	7	—	—	—	23	1129	79	7	11	13	—	1153	—	179	7	—	89	19	1039	11	757	7	13	29	—
51	7	73	163	17	1583	11	349	7	—	—	1087	—	13	19	7	—	11	67	577	—	17	7	29	—	839	13	—	11	7	—
57	47	23	—	11	17	19	7	—	—	—	113	37	—	7	11	—	—	103	—	13	7	17	43	397	19	11	1487	7	137	—
61	127	—	13	7	41	47	19	—	191	11	7	251	—	53	—	13	17	7	73	313	11	29	31	—	7	19	43	—	13	1181
63	13	11	79	—	1543	7	1409	41	71	59	449	127	7	13	433	29	19	—	23	7	—	—	17	11	—	67	7	—	37	199
67	17	—	7	29	31	—	1009	11	—	7	—	—	—	41	23	—	7	17	11	557	59	—	13	7	—	—	61	37	1013	11
69	—	449	61	277	7	—	17	13	19	—	11	7	23	193	—	47	41	73	7	113	13	11	1301	17	1439	7	29	19	101	31
73	—	7	977	13	—	11	—	37	7	19	—	—	211	—	29	7	11	31	17	647	47	251	7	709	347	673	—	11	19	7
79	7	19	17	11	47	131	—	7	97	—	13	—	89	—	7	—	—	83	—	17	19	7	461	13	37	11	251	—	7	1061
81	23	—	7	43	—	37	11	—	13	7	—	19	—	79	—	977	7	11	—	29	53	13	—	7	31	17	—	109	11	59
87	—	7	13	19	11	797	31	139	7	17	—	—	—	199	47	7	59	23	—	—	—	313	7	—	439	373	11	—	13	7
91	—	821	233	227	17	7	647	83	41	—	11	13	7	23	—	—	—	347	29	7	—	11	293	19	13	31	7	59	—	—
93	7	263	11	53	—	—	—	7	—	13	17	23	29	11	7	43	409	—	—	31	—	7	13	—	11	241	211	17	7	—
97	29	37	83	47	7	13	97	23	11	—	103	7	—	1249	59	19	—	41	7	11	—	1091	17	1613	1619	7	443	107	487	29
99	11	31	157	13	229	23	7	691	61	—	167	11	—	7	—	—	13	—	—	37	7	43	11	29	79	19	—	7	17	13

	268 52	55	58	61	64	67	70	73	76	79	82	85	88	91	94	268 97	269 00	03	06	09	12	15	18	21	24	27	30	33	36	39
03	883	23	—	7	163	457	11	19	—	401	7	29	13	—	—	373	—	7	37	997	31	61	—	17	7	13	19	1187	11	—
09	193	—	7	89	11	—	13	17	—	7	61	67	73	—	71	11	7	401	19	13	—	439	29	7	17	—	11	—	—	263
11	—	—	643	—	7	71	509	11	—	19	373	7	—	17	—	—	23	13	7	—	367	127	—	59	—	7	97	31	19	11
17	—	19	—	7	131	11	41	839	457	31	7	13	—	83	17	—	11	7	191	233	19	—	53	—	7	277	1283	11	47	—
21	7	—	19	239	257	409	23	7	—	17	—	11	41	—	7	29	—	—	—	67	13	7	11	—	269	1289	17	—	7	23
23	547	—	7	11	23	13	—	—	83	7	—	—	19	37	11	17	7	173	13	—	—	—	31	7	1103	11	—	23	461	—
27	23	13	—	347	71	331	7	179	59	11	17	—	37	7	13	—	—	47	727	181	7	41	—	23	—	—	29	7	73	—
29	—	7	67	83	19	53	—	—	7	211	541	—	11	—	61	7	17	—	—	1187	29	23	7	11	41	13	1531	—	—	7
33	151	47	97	—	137	7	—	11	13	73	—	17	7	271	103	127	293	23	11	7	—	13	223	31	19	—	7	61	17	11
39	—	—	13	151	7	11	—	1123	—	37	—	7	17	109	—	13	11	443	7	29	—	71	—	—	—	7	—	11	13	17
41	13	17	619	—	151	109	7	19	11	23	67	47	71	7	1319	1433	—	59	17	11	7	1013	—	359	107	—	13	7	337	89
47	—	—	17	23	59	7	11	13	—	107	41	—	7	229	67	—	—	11	19	7	13	113	97	—	29	—	7	79	11	281
51	19	11	7	13	—	—	37	311	283	7	131	359	11	—	17	59	7	—	53	19	—	—	23	7	113	73	89	—	—	13
53	1361	13	313	17	7	193	29	—	—	—	19	7	197	1291	13	11	—	—	7	41	17	503	—	491	37	7	11	13	—	19
57	—	7	59	1559	—	971	73	—	7	—	11	19	151	31	—	7	23	—	—	—	127	11	7	13	431	41	—	—	241	7
59	—	421	11	7	17	—	—	31	13	251	7	—	—	11	23	877	—	7	—	—	61	13	67	—	7	—	—	—	41	139
63	7	53	463	19	13	29	—	7	11	257	23	—	—	—	7	47	17	13	—	11	397	7	19	277	—	—	31	—	7	157
69	17	761	41	881	23	43	7	157	31	—	617	13	—	7	19	421	29	11	103	53	7	1381	61	—	13	83	683	7	11	—
71	353	7	23	173	—	19	17	43	7	11	29	59	1613	—	191	7	—	—	—	71	11	—	7	17	19	23	—	—	—	7
77	7	—	—	13	—	—	239	7	—	47	383	827	—	43	7	31	13	—	11	23	—	7	151	739	17	—	569	—	7	11
81	61	—	11	31	7	—	—	163	443	29	797	7	13	11	47	23	—	19	7	17	41	—	523	131	11	7	601	—	139	97
83	1151	—	—	29	—	11	7	—	17	—	13	991	—	7	—	—	11	—	97	43	7	73	269	13	1327	17	107	7	31	251
87	11	—	—	7	—	—	13	569	1093	19	7	11	—	—	—	1171	31	7	71	13	17	—	11	43	7	—	1117	151	19	41
89	19	223	73	11	13	7	577	23	293	17	31	107	7	—	11	37	—	13	—	7	181	—	743	1151	47	11	7	—	151	—
93	13	19	7	23	17	83	—	—	1163	7	1021	173	1493	13	37	109	7	541	547	—	11	17	—	7	—	197	13	—	433	31
99	83	7	433	53	67	17	41	11	7	—	—	31	19	29	—	7	—	419	11	73	13	—	7	—	1087	—	181	97	61	7

...	269 40	43	46	49	52	55	58	61	64	67	70	73	76	79	82	85	88	91	94	269 97	270 00	03	06	09	12	15	18	21	24	27
01	—	—	7	11	103	151	683	29	43	7	47	—	19	463	11	13	7	—	373	—	37	41	—	7	—	11	283	233	13	—
07	17	7	—	—	19	—	23	—	7	13	—	—	11	233	43	7	—	17	29	337	31	223	7	11	—	61	193	—	1091	7
11	271	379	23	—	—	7	29	11	31	673	53	461	7	—	—	1579	277	—	11	7	173	1451	—	71	19	23	7	1619	103	11
13	7	17	31	13	167	173	—	7	—	59	11	151	79	—	7	19	13	37	17	—	43	7	—	23	541	47	157	—	7	13
17	—	1291	313	587	7	11	73	—	373	—	139	7	13	17	—	—	11	29	7	23	59	31	—	—	43	7	149	11	53	613
19	673	401	17	61	157	1259	7	19	11	47	13	29	1013	7	107	31	—	23	—	11	7	—	227	13	73	149	19	7	839	—
23	—	—	—	7	107	—	13	59	19	349	7	89	937	23	11	223	61	7	—	13	—	—	—	149	7	11	199	19	29	—
29	13	11	7	457	—	61	127	23	—	7	29	53	11	13	—	17	7	—	—	19	149	—	41	7	137	—	13	89	229	83
31	—	1381	—	653	7	23	—	—	1093	—	19	7	223	—	—	11	97	53	7	149	151	17	139	79	13	7	11	419	23	19
37	—	43	11	7	—	13	—	—	47	829	7	37	—	11	293	29	59	7	13	691	—	19	17	31	7	401	563	131	109	—
41	7	13	—	19	733	43	113	7	11	881	37	31	109	47	7	—	—	17	23	11	131	7	19	919	659	151	257	13	7	—
43	11	—	7	59	79	31	17	43	727	7	—	11	13	19	257	773	7	—	163	—	61	71	11	7	643	13	29	—	37	443
47	—	17	—	71	1439	167	7	67	13	701	199	43	23	7	19	311	—	11	17	—	7	13	—	1181	31	97	—	7	11	—
49	—	7	73	1069	—	19	13	17	7	11	23	41	113	43	97	7	653	—	31	13	11	89	7	47	17	1447	—	181	—	7
53	—	59	13	811	11	7	19	37	149	83	—	67	7	—	—	11	—	41	—	7	829	139	61	701	281	19	7	—	13	23
59	23	—	11	17	7	79	173	29	—	13	—	7	47	11	521	67	379	19	7	31	17	107	13	23	11	7	41	—	191	—
61	—	29	—	263	149	11	7	13	19	17	—	71	—	7	—	79	11	1223	—	—	7	23	467	59	—	43	17	7	929	41
67	19	13	—	11	—	7	—	—	971	431	17	887	7	541	11	23	—	109	73	7	—	—	37	—	—	11	7	13	—	653
71	29	19	7	41	181	17	—	—	—	7	13	23	457	—	31	—	7	—	—	233	11	37	17	7	—	—	—	47	—	29
73	1213	11	37	—	7	—	41	509	13	23	—	7	11	—	—	—	1619	1153	7	—	83	13	197	11	263	7	61	—	17	—
77	1123	7	—	—	13	23	17	11	7	439	71	29	19	—	—	7	79	13	11	—	461	—	7	17	—	—	—	31	23	7
79	43	71	13	7	—	29	67	271	293	—	7	—	17	353	—	13	997	7	—	37	—	11	19	—	7	—	23	127	13	17
83	7	—	859	101	19	11	—	7	—	31	367	13	131	—	7	—	11	—	37	577	—	7	23	19	13	—	—	11	7	347
89	—	—	—	11	29	13	7	—	17	89	43	—	—	7	11	19	23	61	13	1117	7	—	31	—	179	11	47	7	—	—
91	521	7	—	13	—	47	11	79	7	211	1367	229	43	—	17	7	13	11	71	311	—	—	7	491	331	19	379	29	11	7
97	7	41	907	53	11	—	109	7	23	29	13	—	—	—	7	11	967	19	43	139	353	7	619	13	—	—	11	—	7	31

	269 41	44	47	50	53	56	59	62	65	68	71	74	77	80	83	86	89	92	95	269 98	270 01	04	07	10	13	16	19	22	25	28
01	499	—	761	631	7	—	13	41	—	101	11	7	—	—	1277	53	211	31	7	13	—	11	43	107	—	7	29	17	691	431
03	—	983	11	—	13	1427	7	—	97	19	41	31	277	7	—	359	17	13	107	—	7	53	67	1439	11	23	—	7	19	—
07	13	—	59	7	293	—	1303	563	11	1567	7	17	37	13	229	—	41	7	—	11	—	23	—	—	7	47	13	1621	17	19
09	11	19	29	89	47	7	—	—	71	1549	—	11	7	—	197	—	103	17	79	7	19	61	11	—	13	349	7	—	—	—
13	1511	—	7	359	—	103	11	13	—	7	—	—	17	101	443	23	7	11	—	29	13	19	—	7	191	41	—	—	11	17
19	89	7	—	523	11	—	179	661	7	23	137	—	—	17	13	7	53	97	139	811	—	—	7	61	—	31	11	13	647	7
21	—	—	17	7	19	1543	97	11	—	397	7	59	13	—	—	317	—	7	11	17	—	163	53	19	7	13	461	37	307	11
27	1039	23	7	17	349	11	13	37	—	7	197	443	—	—	113	19	7	509	103	13	17	—	—	7	23	—	—	11	1279	79
31	11	61	13	—	—	193	7	103	47	43	73	11	157	7	—	13	19	113	—	101	7	—	11	29	—	—	—	7	13	383
33	13	7	—	11	17	53	—	19	7	571	—	43	—	13	11	7	—	29	23	199	137	17	7	797	37	11	13	—	73	7
37	67	191	31	—	—	7	383	653	19	11	—	—	7	1259	23	43	17	53	283	7	11	101	13	37	71	—	7	19	223	—
39	7	11	—	1009	37	17	1627	7	263	73	79	—	11	853	7	71	449	43	19	—	13	7	17	11	—	373	431	31	7	—
43	17	283	—	13	7	—	—	11	23	—	449	7	—	1091	751	31	13	17	7	19	—	43	—	47	—	7	113	—	571	11
49	53	17	23	7	139	11	—	47	67	103	7	19	83	—	227	—	11	7	17	953	37	—	673	13	7	23	73	11	31	59
51	23	37	19	—	—	7	53	17	11	—	—	—	7	1187	547	—	—	641	701	7	—	13	31	23	17	1297	7	1031	—	43
57	—	—	13	29	7	71	11	—	17	41	433	7	—	19	—	13	1063	11	7	179	1511	79	359	271	53	7	—	—	11	—
61	—	7	83	17	613	—	—	61	7	—	163	13	11	23	19	7	67	37	—	223	17	239	7	11	13	—	587	—	167	7
63	757	47	197	7	11	19	73	631	—	13	7	23	—	—	29	11	139	7	41	1481	—	—	13	181	7	—	11	409	83	883
67	7	53	29	127	17	13	19	7	353	1153	11	103	—	179	7	—	—	761	13	—	67	7	—	197	41	19	—	983	7	997
69	—	—	7	13	43	23	659	53	—	7	17	383	—	11	127	37	7	—	—	—	—	—	71	7	11	29	—	17	23	13
73	—	23	1459	—	71	17	7	—	11	—	—	97	13	7	37	157	173	19	31	11	7	277	17	73	23	13	491	7	631	109
79	31	41	809	829	73	7	11	—	1489	19	—	—	7	—	43	—	—	11	23	7	—	47	—	17	29	—	7	311	11	—
81	7	—	101	563	13	239	—	7	—	11	1129	61	17	83	7	—	23	13	29	19	11	7	73	479	103	31	227	509	7	17
87	29	179	—	73	101	607	7	11	53	929	23	13	71	7	—	—	157	—	11	—	7	—	43	499	13	—	—	7	1021	11
91	—	1151	11	7	—	571	23	13	17	97	7	—	19	11	89	—	409	7	—	41	13	269	397	—	7	17	31	743	37	23
93	311	—	139	19	23	7	101	107	—	37	—	29	7	499	17	47	11	911	13	7	31	—	19	1009	—	—	7	11	43	—
97	11	13	7	1033	19	—	—	137	31	7	113	11	—	—	13	—	7	—	—	947	47	—	11	7	1151	1129	17	13	29	—
99	—	—	31	11	7	—	—	—	101	1291	—	7	13	—	11	17	313	—	7	59	—	23	29	—	163	7	37	139	137	71

	269 42	45	48	51	54	57	60	63	66	69	72	75	78	81	84	87	90	93	96	269 99	270 02	05	08	11	14	17	20	23	26	29
03	—	7	—	53	47	—	—	—	7	11	17	71	—	—	79	7	251	23	109	—	11	13	7	—	—	37	—	17	—	7
09	7	43	13	31	—	37	—	7	—	—	—	17	—	—	7	13	—	59	11	113	—	7	—	—	—	—	19	—	7	11
11	13	—	7	43	—	—	—	—	41	7	11	—	101	13	47	29	7	17	—	—	—	11	—	7	—	829	13	53	31	359
17	—	7	317	23	1409	79	61	13	7	19	31	—	367	263	101	7	—	41	17	11	13	—	7	—	89	113	23	—	19	7
21	—	71	37	11	53	7	—	577	—	—	19	197	7	17	11	—	13	73	—	7	263	—	23	41	193	11	7	—	113	13
23	7	13	17	463	1237	1621	11	7	29	—	53	1097	—	1061	7	43	101	11	—	17	19	7	—	31	—	—	41	13	7	47
27	163	11	19	—	7	97	397	709	61	—	13	7	11	1031	17	—	23	—	7	37	—	19	53	11	—	7	881	—	797	107
29	37	991	—	17	11	31	7	—	13	—	—	—	19	7	23	11	73	607	101	29	7	13	—	109	107	337	11	7	53	—
33	41	—	—	7	13	—	79	29	—	229	7	—	743	19	107	17	337	7	47	401	—	11	—	379	7	43	—	241	1109	283
39	—	67	7	—	23	19	31	197	11	7	—	13	283	163	587	—	7	—	29	11	83	547	—	7	13	—	479	23	—	281
41	11	—	23	—	7	17	277	1307	—	13	—	7	29	617	—	19	1103	—	7	1567	—	—	11	61	811	7	—	523	47	127
47	239	181	—	7	—	1277	17	19	—	11	7	—	47	31	37	89	13	7	—	23	11	41	—	17	7	1559	19	—	—	13
51	7	17	—	—	11	—	—	7	19	67	83	29	13	37	7	11	—	47	17	—	313	7	—	—	853	13	11	19	7	—
53	—	61	7	307	—	29	—	11	—	7	13	—	—	23	—	—	7	431	11	269	59	677	—	7	17	293	31	79	—	11
57	19	47	11	197	—	83	7	181	331	23	547	593	89	7	31	257	1297	—	—	13	7	103	29	317	11	607	—	7	—	1217
59	113	7	193	257	13	11	311	23	7	—	19	37	53	—	563	7	11	13	—	769	571	—	7	97	—	17	—	11	101	7
63	11	97	—	17	29	7	—	—	—	967	37	11	7	13	—	137	839	67	59	7	17	—	11	127	53	71	7	31	89	563
69	1223	—	—	19	7	59	—	13	—	11	—	7	—	41	131	29	47	—	7	1279	11	17	19	233	1399	7	—	37	79	419
71	67	11	—	31	—	13	7	593	37	29	17	—	11	7	—	—	41	—	13	—	7	83	157	11	—	787	107	7	—	61
77	131	—	—	—	67	7	89	—	—	—	11	17	7	53	241	—	31	—	61	7	29	11	313	—	19	13	7	59	17	—
81	—	107	7	—	31	11	17	307	13	7	—	—	281	—	—	71	7	1429	229	—	—	13	—	7	37	19	—	11	—	67
83	601	103	29	—	7	37	13	61	11	619	47	7	17	—	59	179	19	—	7	11	877	—	89	—	—	7	—	389	271	17
87	—	7	13	11	37	—	—	17	7	109	659	—	—	—	11	7	—	19	—	29	61	113	7	139	17	11	173	73	13	7
89	13	59	41	7	251	—	11	461	19	—	7	31	67	13	137	—	1249	7	—	—	439	211	37	23	7	—	13	19	11	1093
93	7	11	—	827	—	—	—	7	17	13	1019	239	11	—	7	467	—	—	599	23	601	7	13	11	—	17	—	—	7	—
99	—	19	—	13	—	43	7	—	—	17	11	—	29	7	—	—	13	41	1499	—	7	11	—	223	157	263	17	7	211	13

	270 30	33	36	39	42	45	48	51	54	57	60	63	66	69	72	75	78	81	84	87	90	93	96	270 99	271 02	05	08	11	14	17
01	7	19	—	17	149	23	11	7	31	1627	1151	13	—	101	7	—	—	11	—	—	17	7	—	733	13	967	1487	37	7	107
07	41	149	—	—	11	13	7	37	181	103	263	47	19	7	107	11	191	29	13	601	7	17	23	—	—	709	11	7	631	—
11	—	13	—	7	107	29	37	—	61	31	7	281	1061	19	13	—	17	7	23	—	67	11	—	719	7	419	491	13	—	1481
13	—	—	11	31	19	7	—	—	—	41	277	—	7	11	—	127	23	101	1283	7	463	—	17	19	11	13	7	397	29	1003
17	17	—	7	—	—	19	—	827	11	7	—	—	23	1193	181	41	7	17	—	11	1451	13	31	7	19	—	757	307	—	—
19	11	569	—	67	7	—	13	937	—	239	23	7	79	211	359	19	31	971	7	13	—	—	11	17	461	7	47	—	71	389
23	43	7	13	37	31	139	11	1423	7	1013	71	—	541	—	—	7	19	11	17	113	—	—	7	—	41	197	—	29	11	7
29	7	239	17	—	11	—	43	7	19	13	—	73	—	—	7	11	389	31	—	17	37	7	13	23	379	1051	11	19	7	—
31	—	37	7	29	167	1193	—	11	17	7	251	31	61	173	863	137	7	317	11	397	13	23	109	7	1447	17	—	229	—	11
37	197	7	—	491	41	11	—	—	7	17	19	—	—	1433	13	7	11	139	37	—	83	277	7	79	31	47	17	11	—	7
41	11	—	29	—	17	7	—	—	—	—	13	11	7	163	61	—	—	37	43	7	607	17	11	13	—	—	7	461	97	89
43	7	227	19	11	137	—	31	7	13	23	17	—	503	41	7	83	—	97	—	67	43	7	—	53	167	11	997	17	7	—
47	—	—	103	19	7	17	—	—	—	11	—	7	691	29	47	1187	—	13	7	41	11	107	17	439	43	7	—	73	23	—
49	—	11	13	23	79	—	7	29	1621	281	83	17	11	7	331	13	107	—	179	31	7	157	41	11	—	251	23	7	13	101
53	53	151	—	7	—	—	17	11	73	1327	7	13	—	—	19	1123	—	7	11	—	877	173	23	17	7	—	163	—	41	11
59	317	977	7	181	151	11	19	17	277	7	—	631	179	—	127	—	7	59	13	109	31	—	—	7	17	19	97	11	—	47
61	29	1033	953	13	7	151	997	73	11	—	—	7	37	17	23	97	13	883	7	11	—	—	563	89	53	7	—	401	—	13
67	—	43	—	7	1399	—	11	61	19	421	7	29	—	—	17	79	—	7	—	—	467	947	—	13	7	71	—	19	11	37
71	7	11	—	131	23	43	13	7	—	17	151	1523	11	—	7	31	569	—	1129	13	61	7	—	11	73	—	17	23	7	—
73	19	—	7	—	11	769	—	43	661	7	—	151	—	—	—	11	7	13	719	19	—	359	29	7	—	23	11	811	139	199
77	13	19	—	113	—	73	7	229	37	61	11	43	—	7	173	557	311	—	—	53	7	11	—	41	97	167	13	7	31	—
79	179	7	11	—	29	—	1543	47	7	—	—	13	—	11	151	7	17	103	821	23	—	953	7	73	11	53	37	163	547	7
83	499	67	—	—	—	7	103	13	11	359	31	17	7	137	—	23	79	43	—	7	13	29	281	1301	59	37	7	1009	17	—
89	41	13	53	29	7	37	11	—	109	23	—	7	17	—	13	—	223	11	7	151	709	181	263	19	—	7	—	13	11	17
91	109	17	1571	41	—	—	7	23	53	11	1153	—	13	7	19	—	349	31	17	227	7	—	47	37	61	13	29	7	241	463
97	641	23	17	37	—	7	13	11	29	349	—	97	7	61	—	193	—	547	11	7	—	—	431	131	23	19	7	—	—	11

	270 31	34	37	40	43	46	49	52	55	58	61	64	67	70	73	76	79	82	85	88	91	94	270 97	271 00	03	06	09	12	15	18
01	—	—	7	739	—	331	—	19	103	7	—	47	—	11	17	13	7	—	31	—	23	113	83	7	11	29	19	79	13	1013
03	13	—	61	17	7	11	—	—	733	199	1549	7	31	13	139	—	11	19	7	29	17	41	479	—	—	7	13	11	—	—
07	11	7	—	53	1361	—	—	29	7	13	—	11	577	—	23	7	1319	67	19	37	—	509	7	—	127	227	—	41	151	7
09	37	29	131	7	17	199	—	13	—	19	7	269	23	229	11	—	—	7	—	—	13	17	—	—	7	11	—	113	19	151
13	7	—	727	13	43	197	479	7	23	11	19	—	83	31	7	293	13	—	29	—	11	7	—	—	—	449	47	—	7	13
19	17	—	19	—	41	59	7	11	—	—	13	—	—	7	—	—	37	17	11	—	7	19	563	13	397	23	31	7	313	11
21	23	7	1597	—	67	89	17	41	7	—	11	991	19	449	—	7	—	—	—	—	31	11	7	17	—	—	—	331	—	7
27	7	—	13	—	19	29	—	7	11	—	53	—	—	293	7	13	41	23	43	11	47	7	—	19	17	1259	—	59	7	—
31	373	197	17	11	7	19	—	211	—	—	181	7	—	23	11	239	—	593	7	17	839	31	29	677	13	7	—	—	643	127
33	139	—	—	1453	47	313	7	97	17	13	673	23	67	7	59	19	29	11	—	—	7	1297	13	83	43	17	—	7	11	79
37	—	11	193	7	29	13	—	23	—	47	7	—	11	—	1447	521	19	7	13	—	17	61	—	11	7	59	—	—	43	—
39	—	59	—	13	11	7	—	19	—	17	—	37	7	—	—	11	13	167	83	7	941	661	—	—	—	139	7	29	23	13
43	79	23	7	—	17	53	—	—	19	7	11	—	13	191	—	29	7	—	—	—	337	11	311	7	23	13	—	19	1303	193
49	19	7	307	—	—	17	13	—	7	—	—	71	743	—	—	7	97	—	23	11	659	137	7	53	47	—	29	37	—	7
51	11	1201	71	7	13	97	433	—	37	—	7	11	127	389	73	—	23	7	—	—	29	211	11	31	7	103	541	269	17	19
57	853	463	7	83	—	31	—	—	439	7	23	13	17	—	—	—	7	—	—	751	11	19	229	7	13	37	—	383	67	17
61	389	—	—	19	11	—	7	13	—	43	137	79	233	7	1093	11	—	—	269	29	7	683	19	971	17	479	11	7	71	23
63	—	7	—	281	23	13	—	11	7	—	—	43	53	17	61	7	701	—	11	71	263	79	7	—	—	—	—	23	89	7
67	23	13	11	—	37	7	31	157	17	89	—	257	7	11	13	43	—	—	967	7	—	—	—	23	11	17	7	13	—	—
69	7	521	47	61	191	11	—	7	—	—	—	139	13	1109	7	109	11	43	353	—	—	7	37	499	19	13	—	11	7	467
73	11	—	1553	41	7	593	19	47	13	17	—	7	29	—	—	643	61	23	7	31	—	13	11	613	—	7	17	107	—	—
79	1511	31	13	7	641	61	—	53	947	11	7	23	41	—	—	13	—	7	71	—	11	—	79	29	7	—	1283	17	13	433
81	13	11	—	499	—	7	—	107	19	23	1171	—	7	13	1301	41	17	29	—	7	487	—	—	11	—	—	7	19	59	43
87	17	47	—	23	7	461	—	13	31	137	11	7	—	—	—	59	—	17	7	19	13	11	—	—	41	7	23	—	29	103
91	—	7	877	13	—	11	47	—	7	73	139	1117	17	—	—	7	11	—	103	—	19	—	7	359	173	857	59	11	—	7
93	—	13	59	7	—	—	—	1367	11	173	7	19	—	79	13	233	37	7	17	11	23	31	—	—	7	—	71	13	109	1231
97	7	—	43	11	467	—	—	7	53	31	13	101	19	17	7	37	23	—	—	163	—	7	—	13	—	11	—	29	7	271
99	—	41	7	19	43	967	11	—	13	7	983	1223	—	—	23	—	7	11	241	17	—	13	19	7	—	—	277	613	11	—

	270 32	35	38	41	44	47	50	53	56	59	62	65	68	71	74	77	80	83	86	89	92	95	270 98	271 01	04	07	10	13	16	19
03	59	11	229	—	13	—	7	41	43	29	23	—	11	7	17	—	89	13	—	—	7	47	31	11	—	1153	53	7	443	223
09	1063	1483	—	—	23	7	—	463	461	—	11	13	7	—	43	17	41	—	67	7	29	11	1291	1597	13	71	7	23	311	653
11	7	293	11	—	17	—	19	7	1289	13	—	313	457	11	7	—	43	—	—	41	131	7	13	—	11	19	223	197	7	31
17	11	67	173	13	—	17	7	—	—	59	37	11	—	7	—	47	13	19	523	23	7	—	11	—	73	29	—	7	41	13
21	17	251	547	7	—	83	11	—	97	37	7	227	13	29	107	23	127	7	19	101	47	1019	—	821	7	13	43	53	11	—
23	191	311	1493	193	367	7	17	29	—	11	13	157	7	23	—	809	269	109	—	7	11	179	—	13	31	—	7	37	19	181
27	83	17	7	—	11	773	13	59	—	7	19	—	31	—	383	11	7	—	17	13	223	101	103	7	29	79	11	—	191	19
29	167	19	—	—	7	41	31	11	—	67	317	7	479	—	227	61	691	13	7	1373	19	727	491	197	17	7	83	—	—	11
33	13	7	11	23	523	—	29	89	7	—	53	41	1571	11	307	7	1181	—	—	17	—	19	7	101	11	31	13	—	61	7
39	7	43	1171	17	991	—	79	7	1069	—	173	11	1297	19	7	—	251	29	457	47	13	7	11	37	—	101	—	—	7	—
41	421	31	7	11	19	13	—	—	—	7	—	29	—	113	11	—	7	67	13	—	167	73	—	7	—	11	17	—	137	—
47	757	7	73	59	—	—	—	1583	7	43	17	83	11	1009	31	7	307	—	—	197	617	37	7	11	—	13	—	17	—	7
51	—	—	31	661	—	7	—	11	13	—	29	53	7	43	59	—	19	—	11	7	37	13	17	—	—	1039	7	—	149	11
53	7	37	103	179	29	—	13	7	211	257	11	17	131	47	7	43	—	53	—	13	—	7	113	227	—	67	19	31	7	23
57	37	59	13	—	7	11	17	139	19	—	—	7	—	353	—	13	11	79	7	43	—	29	71	17	—	7	—	11	13	53
59	13	83	—	719	541	911	7	—	11	31	487	—	17	7	—	29	443	89	19	11	7	43	—	23	149	—	13	7	829	17
63	19	167	47	7	887	239	—	17	—	13	7	—	317	—	11	41	107	7	—	19	—	241	13	389	7	11	103	—	31	401
69	—	11	7	13	—	—	—	373	17	7	31	19	11	23	29	—	7	193	—	149	—	—	541	7	41	17	127	281	—	13
71	—	13	19	347	7	—	—	1949	29	—	59	7	47	409	13	11	—	—	7	139	—	19	—	673	97	7	11	13	179	563
77	331	—	11	7	101	23	—	—	13	—	7	—	761	11	—	17	—	7	677	29	599	13	—	—	7	—	—	—	23	—
81	7	23	1439	109	13	31	—	7	11	—	17	911	569	149	7	—	73	13	—	11	433	7	179	199	23	—	—	17	7	—
83	11	29	7	1307	41	19	101	—	599	7	—	11	37	—	1019	13	7	229	—	—	—	—	11	7	19	131	173	47	13	211
87	599	—	—	67	809	673	7	431	—	79	41	13	619	7	1229	479	463	11	23	109	7	1063	—	—	13	19	—	7	11	71
89	17	7	—	—	1061	—	103	311	7	11	163	47	29	41	—	7	19	17	—	53	11	—	7	—	233	641	—	61	1193	7
93	29	—	71	—	11	7	—	67	—	—	—	—	7	349	1033	11	47	19	13	7	—	—	929	—	1601	691	7	353	37	17
99	47	—	11	—	7	89	23	607	37	19	1097	7	13	11	—	—	—	761	7	—	229	—	—	83	11	7	—	—	19	23

	271 20	23	26	29	32	35	38	41	44	47	50	53	56	59	62	65	68	71	74	77	80	83	86	89	92	95	271 98	272 01	04	07
01	—	293	41	109	1009	7	769	13	71	11	157	89	7	313	—	—	677	719	—	7	11	23	—	—	17	—	7	—	19	113
07	—	13	73	1151	7	—	919	11	17	—	—	7	—	1213	13	23	29	—	7	269	19	59	31	—	—	7	61	13	47	11
11	—	7	11	17	29	353	—	—	7	—	13	23	1567	11	191	7	—	41	—	—	17	19	7	13	11	—	—	937	—	7
13	1321	601	—	7	31	11	—	163	13	17	7	—	19	—	103	61	11	7	—	—	41	13	—	1447	7	71	17	11	191	—
17	7	—	131	103	13	23	—	7	811	601	269	11	—	19	7	29	1231	13	227	59	—	7	11	31	89	—	41	—	7	—
19	—	263	7	11	19	83	179	857	—	7	17	37	—	601	11	13	7	31	127	593	193	—	97	7	—	11	23	17	13	41
23	73	47	79	—	—	17	7	457	263	11	37	13	—	7	—	—	—	61	—	1451	7	601	17	1021	13	—	29	7	211	—
29	109	—	67	41	53	7	17	11	29	—	421	—	7	—	1367	1429	19	—	11	7	619	—	—	17	71	—	7	37	887	11
31	7	757	29	13	367	—	41	7	37	—	11	47	17	—	7	71	13	—	809	—	523	7	263	—	—	—	19	199	7	13
37	—	—	—	241	—	191	7	1543	11	—	13	—	—	7	—	41	107	—	19	11	7	—	743	13	281	31	367	7	53	—
41	19	29	—	7	23	—	13	—	17	281	7	311	127	31	11	—	73	7	—	13	—	41	773	—	7	11	59	23	—	233
43	—	107	23	—	13	7	11	31	—	—	19	433	7	157	17	—	—	11	541	7	547	61	131	79	29	23	7	359	11	19
47	13	11	7	—	37	53	523	113	1489	7	821	19	11	13	67	89	7	—	—	353	647	23	—	7	643	179	13	—	—	—
49	—	223	19	617	7	71	29	1303	—	—	47	7	—	—	—	11	—	—	7	23	31	19	37	—	13	7	11	—	383	109
53	43	7	—	19	—	—	—	13	7	—	11	—	—	109	—	7	—	313	67	—	13	11	7	29	337	—	563	17	859	7
59	7	13	—	307	—	29	43	7	11	23	499	17	61	—	7	373	113	—	1579	11	—	7	67	—	79	—	269	13	7	1213
61	11	67	7	101	379	19	337	23	43	7	41	11	13	—	—	31	7	17	—	37	—	349	11	7	19	13	137	797	29	1087
67	—	7	—	199	—	67	13	—	7	11	29	—	53	179	43	7	19	1373	17	13	11	—	7	—	23	—	1307	241	31	7
71	641	—	13	—	11	7	—	—	317	103	—	—	7	17	47	11	31	19	43	7	23	—	—	—	53	41	7	29	13	173
73	7	—	17	—	—	307	—	7	19	67	31	1483	73	13	7	79	37	—	11	17	43	7	—	—	—	89	13	19	7	11
77	—	—	11	1061	7	—	89	59	433	13	823	7	83	11	17	37	769	—	7	701	181	71	13	107	11	7	109	317	19	31
79	19	—	503	17	1163	11	7	13	269	101	—	797	23	7	—	—	11	331	107	19	7	401	—	31	47	211	43	7	283	1409
83	11	19	41	7	—	167	—	53	23	—	7	11	—	—	1223	17	13	7	919	—	19	—	11	—	7	—	—	—	439	13
89	—	—	7	—	—	—	521	131	937	7	13	41	19	47	—	167	7	—	61	1301	11	—	127	7	31	23	1033	—	331	—
91	23	11	—	19	7	17	727	1069	13	—	163	7	11	101	41	—	59	239	7	—	1063	13	17	11	—	7	79	—	73	71
97	31	43	13	7	—	1019	17	29	509	73	7	1549	503	—	19	13	1601	7	—	449	—	11	733	17	7	67	—	—	13	—

	271 21	24	27	30	33	36	39	42	45	48	51	54	57	60	63	66	69	72	75	78	81	84	87	90	93	96	271 99	272 02	05	08
01	7	17	397	193	—	11	241	7	53	37	—	13	—	23	7	19	11	—	17	31	—	7	139	—	13	—	757	11	7	41
03	487	1229	7	—	1597	—	19	17	11	7	449	23	193	31	53	—	7	101	29	11	—	197	13	7	17	19	—	37	—	67
07	277	31	17	11	449	13	7	19	—	—	887	43	47	7	11	109	—	311	13	17	7	467	359	97	—	11	19	7	71	—
09	29	7	—	13	—	23	11	37	7	139	—	—	97	43	—	7	13	11	—	71	—	—	7	—	277	17	31	263	11	7
13	113	11	—	17	—	7	37	73	—	—	—	—	7	89	31	—	—	29	19	7	17	—	—	11	23	13	7	127	—	997
19	—	—	—	—	7	—	13	1559	79	53	11	7	257	1447	—	41	443	—	7	13	131	11	—	37	61	7	293	31	29	19
21	61	19	11	83	13	151	7	—	653	1451	17	—	491	7	691	53	23	13	41	—	7	31	29	101	11	43	103	7	457	—
27	11	—	1427	31	29	7	131	—	151	71	23	11	7	—	—	229	—	—	—	7	—	37	11	—	13	101	7	41	17	347
31	—	—	7	67	227	577	11	13	59	7	151	277	431	19	991	269	7	11	761	—	13	29	31	7	—	—	223	547	11	23
33	—	37	—	—	7	13	—	89	409	11	127	7	17	443	—	29	31	—	7	—	11	47	1277	19	293	7	—	23	643	17
37	23	7	137	29	11	19	—	17	7	—	53	—	—	151	13	7	1471	1009	113	79	—	—	7	23	17	—	11	13	239	7
39	43	271	677	7	41	47	—	11	—	1021	7	—	13	17	151	19	53	7	11	—	—	23	73	89	7	13	29	—	61	11
43	7	—	11	—	43	463	—	7	13	—	41	67	163	11	7	307	19	23	229	97	—	7	—	—	11	17	—	—	7	—
49	11	—	13	—	—	—	7	—	19	17	43	11	—	7	—	13	547	—	—	41	7	—	11	809	—	29	17	7	13	—
51	13	7	1453	11	59	—	61	167	7	23	79	479	43	13	11	7	—	—	19	29	47	311	7	499	31	11	13	—	—	7
57	7	11	1181	23	47	—	31	7	—	197	19	—	11	499	7	127	17	53	43	131	13	7	883	11	—	313	23	1163	7	19
61	—	73	59	13	7	1423	—	11	61	47	—	7	131	—	541	—	13	97	7	103	293	—	23	67	1303	7	983	107	17	11
63	17	13	19	499	751	257	7	—	—	109	11	1627	29	7	13	347	227	17	—	31	7	11	107	1039	43	—	151	7	—	677
67	29	173	—	7	239	11	—	31	—	—	7	37	17	—	751	941	11	7	—	139	83	1069	19	13	7	—	607	11	43	17
69	53	17	—	—	—	7	67	107	11	431	—	—	7	19	23	—	—	1097	17	7	—	13	157	29	59	—	7	—	271	37
73	—	1361	7	11	13	—	—	—	—	7	23	29	53	17	11	71	7	13	—	—	31	179	—	7	47	11	821	—	37	751
79	—	7	31	—	23	—	19	—	7	127	83	13	11	—	17	7	—	73	263	1013	—	103	7	11	13	19	197	23	—	7
81	—	—	23	7	11	359	—	—	347	13	7	—	61	233	67	11	19	7	—	—	17	641	13	—	7	23	11	31	701	—
87	419	53	7	13	17	43	37	—	19	7	1301	—	—	11	389	—	7	—	47	23	—	17	109	7	11	227	—	19	1531	13
91	41	—	113	1553	—	37	7	1123	11	19	—	—	13	7	61	23	17	—	167	11	7	137	193	47	—	13	—	7	19	—
93	11	7	47	41	853	17	—	—	7	29	13	11	—	23	—	7	—	—	—	19	—	—	7	13	—	659	83	149	—	7
97	17	19	1021	61	313	7	11	47	—	23	31	—	7	97	—	43	—	11	709	7	19	—	37	103	157	149	7	—	11	—
99	7	347	97	37	13	89	17	7	113	11	1459	19	41	79	7	—	—	13	59	—	11	7	—	17	149	—	67	—	7	—

	271 22	25	28	31	34	37	40	43	46	49	52	55	58	61	64	67	70	73	76	79	82	85	88	91	94	271 97	272 00	03	06	09
03	13	17	37	23	7	—	773	—	29	—	137	7	19	13	73	11	953	739	7	—	—	43	71	31	—	7	11	—	—	59
09	1627	1637	11	7	19	31	—	13	—	—	7	1523	—	11	53	—	59	7	—	17	13	—	47	19	7	—	—	41	—	313
11	37	47	—	—	—	7	—	—	17	107	—	83	7	29	19	—	11	113	13	7	53	853	—	—	—	17	7	11	181	43
17	97	—	643	11	7	—	19	61	—	17	—	7	13	—	11	149	859	37	7	1361	137	461	—	—	29	7	17	311	1579	—
21	31	7	571	283	17	—	—	19	7	11	—	—	29	149	463	7	37	—	1153	—	11	13	7	—	—	503	19	—	179	7
23	—	11	—	7	—	1109	13	41	1031	353	7	—	11	881	—	823	47	7	—	13	—	—	—	11	7	31	113	17	—	23
27	7	587	13	—	—	17	—	7	—	61	149	73	653	31	7	13	—	—	11	127	—	7	17	29	—	23	271	307	7	11
29	13	—	7	977	43	79	—	31	—	7	11	17	59	13	37	—	7	29	—	—	—	11	—	7	131	419	13	—	17	73
33	—	—	733	—	67	11	7	149	43	13	19	—	857	7	197	—	11	131	193	23	7	—	13	17	—	79	31	7	163	19
39	—	—	19	11	149	7	—	17	31	691	59	419	7	23	11	—	13	—	—	7	241	19	—	—	17	11	7	157	1361	13
41	7	13	31	131	53	103	11	7	—	—	29	23	19	17	7	47	43	11	317	433	—	7	—	—	61	—	431	13	7	307
47	109	—	41	557	11	23	7	739	13	—	—	—	—	7	17	11	79	463	277	487	7	13	43	19	—	—	11	7	23	97
51	—	23	—	7	13	19	487	97	41	17	7	—	—	199	—	—	67	7	—	71	—	11	—	—	7	89	17	37	1607	103
53	—	—	11	29	—	7	389	—	37	—	71	41	7	11	—	13	263	181	—	7	727	—	23	—	11	—	7	617	13	—
57	—	101	7	—	—	491	—	37	11	7	17	13	—	—	—	61	7	41	23	11	29	—	—	7	13	349	1049	17	83	137
59	11	—	—	173	7	53	59	19	—	13	31	7	—	—	29	—	17	—	7	1049	41	—	11	353	—	7	19	—	787	163
63	769	7	29	101	61	13	11	787	7	—	—	17	23	—	—	7	—	11	13	47	—	1453	7	83	37	641	41	19	11	7
69	7	43	739	47	11	97	23	7	1187	71	—	31	13	29	7	11	—	—	83	19	—	7	—	—	73	13	11	139	7	17
71	71	17	7	43	23	31	—	11	467	7	13	—	421	109	—	—	7	661	11	89	1439	—	37	7	—	971	—	23	—	11
77	1103	7	17	—	13	11	41	—	7	43	113	67	397	47	139	7	11	13	29	17	—	19	7	73	—	1229	59	11	—	7
81	11	37	1097	19	1213	7	29	137	83	101	—	11	7	13	17	—	89	23	47	7	—	251	11	401	—	—	7	—	79	—
83	7	—	—	11	73	—	—	7	61	—	—	13	337	19	7	23	283	71	—	37	17	7	—	929	13	11	379	—	7	29
87	—	—	47	83	7	163	—	13	157	11	—	7	971	—	19	17	—	29	7	31	11	41	—	—	59	7	251	—	—	—
89	59	11	239	—	17	13	7	—	1499	23	—	29	11	7	557	—	—	571	13	67	7	17	—	11	19	—	—	7	47	83
93	—	13	—	7	—	23	19	11	227	79	7	59	—	101	13	241	17	7	11	—	—	73	113	—	7	19	907	13	23	11
99	17	881	7	107	—	11	—	359	13	7	29	—	—	139	31	37	7	17	163	53	—	13	23	7	389	281	1601	11	1259	—

	272 10	13	16	19	22	25	28	31	34	37	40	43	46	49	52	55	58	61	64	67	70	73	76	79	82	85	88	91	94	97
01	131	11	1523	7	29	173	—	61	—	—	7	17	11	41	23	—	13	7	—	—	79	—	659	11	7	421	—	—	17	13
07	—	—	7	907	—	—	997	—	23	7	11	523	17	199	53	29	7	—	—	179	—	11	41	7	—	—	—	—	19	17
11	659	1511	59	29	23	11	7	17	73	61	19	31	397	7	43	373	11	251	—	13	7	—	167	367	17	919	53	7	41	19
13	—	7	23	—	13	31	67	—	7	199	—	197	691	17	431	7	43	13	947	11	19	—	7	—	181	23	29	—	—	7
17	13	—	19	11	677	7	487	439	17	—	577	113	7	13	11	—	—	857	109	7	43	19	251	773	31	11	7	—	—	—
19	7	—	—	587	—	199	11	7	29	—	67	13	19	47	7	—	—	11	31	23	1069	7	43	—	13	—	—	—	7	89
23	—	11	509	853	7	41	31	13	103	17	89	7	11	19	1321	23	—	37	7	—	13	71	—	11	991	7	17	83	—	—
29	1123	13	47	7	397	19	107	29	257	23	7	—	—	—	13	—	—	7	1451	31	113	11	59	269	7	787	89	13	—	—
31	—	29	11	1013	—	7	—	23	—	—	—	1327	7	11	—	19	17	41	67	7	1109	—	353	97	11	13	7	167	47	1217
37	11	23	61	163	7	157	13	19	—	—	1609	7	29	—	—	—	—	17	7	13	—	103	11	73	23	7	19	—	—	71
41	29	7	13	191	—	—	11	1051	7	277	53	71	17	569	31	7	—	11	—	—	23	337	7	—	—	—	—	19	11	7
43	13	17	71	7	73	1571	—	—	31	11	7	1583	37	13	1051	—	53	7	17	—	11	383	769	29	7	—	13	—	—	223
47	7	47	101	—	11	—	173	7	—	13	—	29	1523	17	7	11	—	379	331	19	263	7	13	661	—	—	11	31	7	—
49	227	443	7	41	—	29	293	11	421	7	19	409	23	—	317	1279	7	—	11	17	13	31	739	7	643	—	127	47	1399	11
53	—	89	11	13	101	—	7	—	23	31	—	19	—	7	17	—	13	—	—	211	7	73	29	—	11	—	—	7	37	13
59	11	71	23	19	29	7	101	—	37	—	13	11	7	—	—	17	47	89	41	7	—	—	11	13	—	23	7	—	—	157
61	7	439	823	11	17	—	—	7	13	—	—	239	—	19	7	—	31	53	—	61	73	7	—	23	—	11	37	29	7	163
67	—	11	13	1303	167	17	7	—	61	29	—	—	11	7	—	13	233	23	83	97	7	—	17	11	19	—	47	7	13	31
71	17	—	—	7	433	37	19	11	107	—	7	13	311	23	—	—	—	7	11	—	109	61	191	—	7	19	29	619	449	11
73	53	257	233	107	—	7	17	557	—	13	11	23	7	83	167	283	19	641	—	7	29	11	13	17	827	59	7	—	—	1531
77	409	17	7	463	41	11	—	23	29	7	61	—	53	673	103	47	7	19	13	449	—	691	37	7	—	—	—	11	359	—
79	1289	113	29	13	7	23	—	17	11	—	—	7	59	—	—	79	13	—	7	11	1607	—	—	—	17	7	1637	19	23	13
83	43	7	17	11	113	1163	—	—	7	19	449	—	13	41	11	7	317	—	—	17	—	—	7	59	23	11	—	—	19	7
89	7	11	211	17	883	163	13	7	71	—	59	—	11	—	7	227	101	701	23	13	17	7	41	11	—	31	—	—	7	1459
91	37	53	7	127	11	—	—	401	43	7	113	19	1549	347	313	11	7	13	—	31	1021	269	173	7	29	41	11	103	—	983
97	1819	7	11	19	359	251	29	—	7	—	17	13	—	11	43	7	—	37	227	53	—	241	7	—	11	109	79	17	—	7

	272 11	14	17	20	23	26	29	32	35	38	41	44	47	50	53	56	59	62	65	68	71	74	77	80	83	86	89	92	95	98
01	1103	—	—	—	19	7	23	13	11	109	353	—	7	—	1291	73	37	—	43	7	13	—	17	19	—	71	7	61	—	23
03	7	109	41	61	23	13	463	7	—	569	251	11	—	—	7	97	71	29	13	59	43	7	11	401	47	—	137	23	7	—
07	23	13	31	—	7	29	11	—	41	787	157	7	197	283	13	19	61	11	7	977	—	—	101	17	43	7	—	13	11	47
09	—	881	53	67	—	281	7	79	47	11	—	41	13	7	37	251	211	—	—	—	7	23	1307	1013	307	13	43	7	29	17
13	—	—	971	7	11	61	—	17	13	—	7	229	1381	37	53	11	29	7	103	467	—	13	—	—	7	167	11	79	67	—
19	—	—	7	1129	59	—	—	1039	17	7	—	23	—	11	337	13	7	353	19	—	—	—	1103	7	11	17	41	29	13	—
21	13	—	—	—	7	11	71	—	—	19	—	7	—	13	17	—	11	—	7	—	—	29	31	47	—	7	13	11	19	41
27	—	19	—	7	31	431	239	13	1451	—	7	—	—	—	11	17	—	7	79	163	13	—	—	—	7	11	23	—	37	—
31	7	—	19	13	1637	43	—	7	409	11	17	1367	47	479	7	53	13	—	271	—	11	7	23	31	—	—	—	17	7	13
33	—	11	7	—	613	277	41	43	37	7	1433	73	11	59	13	179	7	31	953	67	23	53	—	7	433	577	—	13	—	—
37	—	—	29	139	—	31	7	11	233	—	13	17	41	7	—	83	23	—	11	—	7	—	61	13	59	149	181	7	17	11
39	17	7	1493	367	19	—	—	—	7	—	11	97	—	43	53	7	—	17	1187	—	809	11	7	19	149	29	—	—	—	7
43	—	—	619	—	13	7	—	—	—	179	23	59	7	29	—	—	11	13	31	7	—	41	149	—	19	—	7	11	73	17
49	31	—	1019	11	7	83	—	—	—	73	811	7	—	17	11	—	19	—	7	149	—	—	71	43	13	7	1277	23	—	347
51	331	—	17	101	—	193	7	19	—	13	—	359	503	7	521	139	241	11	29	17	7	—	13	—	—	23	19	7	11	1427
57	29	41	37	13	11	7	—	31	73	97	79	257	7	—	—	11	13	373	19	7	17	47	617	389	—	—	7	409	—	13
61	19	37	7	—	—	—	113	41	—	7	11	331	13	149	—	17	7	29	—	19	229	11	89	7	241	13	31	—	1163	—
63	—	173	11	—	7	47	—	59	—	—	13	7	149	11	157	61	—	—	7	37	31	17	—	13	11	7	587	439	—	19
67	—	7	—	—	—	1201	13	521	7	23	47	19	71	137	—	7	17	53	37	11	719	433	7	—	163	73	—	839	29	7
69	11	1453	19	7	13	17	—	23	—	101	7	11	113	1201	—	—	83	7	—	41	313	19	11	53	7	—	283	661	—	—
73	7	67	—	19	43	59	11	7	1559	379	29	79	—	13	7	113	967	11	97	—	—	7	19	—	—	41	13	1597	7	1201
79	53	17	137	31	11	67	7	13	—	—	43	—	—	7	19	11	131	677	17	—	7	29	—	—	109	47	11	7	593	71
81	607	7	373	149	47	13	53	11	7	—	—	—	43	101	787	7	89	—	11	751	71	113	7	137	17	467	—	59	31	7
87	7	83	79	—	—	11	—	7	17	—	31	683	13	37	7	101	11	—	43	—	—	7	397	127	53	13	29	11	—	7
91	11	769	1187	17	7	—	1279	1009	13	263	151	7	37	67	29	—	97	19	7	—	17	13	11	199	1193	7	617	1181	—	31
93	—	59	—	11	103	97	7	—	19	17	—	151	137	7	11	—	337	101	877	13	7	61	—	31	43	11	17	7	—	23
97	—	53	13	7	17	1487	919	337	1409	11	7	31	59	151	107	13	—	7	1117	71	11	17	—	—	7	23	—	223	13	37
99	13	11	—	47	—	7	—	53	—	107	17	—	7	13	151	—	257	—	823	7	—	73	431	11	647	271	7	17	193	1367

	272 12	15	18	21	24	27	30	33	36	39	42	45	48	51	54	57	60	63	66	69	72	75	78	81	84	87	90	93	96	99
03	139	19	7	79	1297	17	—	11	47	7	1231	—	—	1429	277	199	7	—	11	23	19	67	13	7	31	—	—	—	103	11
09	467	7	173	13	1553	11	17	283	7	—	—	199	19	23	97	7	11	127	29	151	—	1583	7	17	—	67	37	11	1229	7
11	31	13	—	7	67	109	103	37	11	—	7	23	17	1237	13	—	613	7	47	11	151	59	19	101	7	—	1319	13	127	17
17	71	—	7	—	—	23	11	—	13	7	—	647	139	17	19	131	7	11	—	—	569	13	—	7	37	101	—	—	11	—
21	73	11	—	199	13	953	7	47	17	43	211	29	11	7	79	19	593	13	223	59	7	—	—	11	23	17	1151	7	83	—
23	—	7	13	229	11	29	19	—	7	—	—	43	67	331	17	7	—	673	41	—	—	709	7	293	79	19	11	61	13	7
27	—	569	—	37	—	7	59	19	—	17	11	13	7	—	31	43	733	—	23	7	89	11	29	83	13	277	7	—	151	827
29	7	97	11	1117	1217	—	769	7	31	13	—	—	—	11	7	17	23	19	439	1181	239	7	13	—	11	173	—	41	7	101
33	1193	—	389	53	7	13	—	—	11	—	17	7	23	421	—	937	—	233	7	11	37	43	47	349	331	7	109	17	—	61
39	37	41	109	7	—	503	11	—	113	31	7	17	13	83	—	29	73	7	61	—	—	53	—	179	7	13	743	43	11	19
41	17	19	—	31	23	7	—	—	—	11	13	107	7	761	587	59	181	17	37	7	11	257	—	13	67	—	7	23	383	43
47	—	17	59	—	7	383	—	11	659	—	103	7	19	41	89	73	31	13	7	479	29	23	—	1567	—	7	313	—	67	11
51	13	7	11	83	31	—	79	—	7	—	—	—	599	11	—	7	—	23	1399	41	607	47	7	1373	11	—	13	—	—	7
53	47	—	17	7	19	11	223	—	599	1459	7	13	977	—	—	23	11	7	173	17	—	743	41	19	7	—	317	11	—	31
57	7	—	43	479	—	19	—	7	1289	1013	—	11	281	—	7	503	—	31	—	29	13	7	11	271	19	809	1031	127	7	—
59	—	191	7	11	43	13	241	131	509	7	991	31	—	29	11	19	7	1489	13	—	17	—	61	7	71	11	—	—	53	—
63	131	13	—	—	593	23	7	—	43	11	—	—	1217	7	13	17	19	—	761	643	7	—	1019	—	613	—	113	7	23	191
69	223	103	—	307	—	7	—	11	13	—	—	37	7	359	43	—	17	79	11	7	47	13	23	—	61	—	7	19	863	11
71	7	1249	—	859	—	17	13	7	41	59	11	53	73	577	7	811	43	773	19	13	23	7	17	—	—	—	—	79	7	37
77	13	—	—	283	—	89	7	211	11	37	19	173	—	7	23	269	941	29	197	11	7	—	43	17	521	—	13	7	97	19
81	157	17	61	7	1307	29	67	31	37	13	7	19	1069	—	11	—	—	7	17	—	1453	653	13	41	7	11	43	—	—	73
83	461	31	19	311	83	7	11	13	23	139	—	—	7	167	47	—	1361	11	—	7	13	19	1291	821	17	163	7	—	11	—
87	1277	11	7	13	23	313	53	—	—	7	67	—	11	—	211	229	7	—	—	17	31	883	19	7	491	37	—	23	79	13
89	1427	13	23	—	7	—	37	389	17	—	29	7	53	19	13	11	—	—	7	—	109	839	547	157	199	7	11	13	61	59
93	41	7	31	17	109	37	587	—	7	401	11	181	443	71	19	7	—	521	89	397	17	11	7	13	53	1129	—	29	647	7
99	7	43	—	1423	13	—	19	7	11	29	—	—	821	—	7	23	541	13	67	11	—	7	37	—	—	19	—	59	7	137

	273 00	03	06	09	12	15	18	21	24	27	30	33	36	39	42	45	48	51	54	57	60	63	66	69	72	75	78	81	84	87
01	—	7	—	29	11	—	19	23	7	—	—	31	13	—	—	7	—	43	347	53	379	137	7	181	41	13	11	1367	487	7
07	7	23	11	—	—	1283	13	7	—	1459	—	227	—	11	7	47	17	19	1481	13	59	7	103	43	11	131	101	61	7	—
11	—	463	13	—	7	—	97	83	11	421	—	7	31	911	—	13	503	1571	7	11	23	107	1277	—	—	7	313	37	13	181
13	11	41	53	359	109	311	7	59	37	19	137	11	—	7	1163	—	61	17	23	—	7	—	11	293	—	29	13	7	19	43
17	—	67	83	7	47	—	11	37	467	13	7	457	17	29	23	367	—	7	59	—	499	—	13	—	7	31	—	—	11	17
19	641	17	269	—	131	7	—	13	223	11	41	347	7	173	—	571	—	—	17	7	11	1061	409	541	—	37	7	—	83	—
23	181	1307	7	13	11	59	—	31	23	7	499	233	167	17	257	11	7	227	61	—	401	19	—	7	29	—	11	—	—	13
29	499	7	11	—	37	193	29	61	7	67	13	—	—	11	17	7	823	—	337	47	31	—	7	13	11	23	503	—	401	7
31	23	929	569	7	19	11	—	1103	13	1433	7	—	73	—	31	439	11	7	83	—	17	13	37	19	7	1471	71	11	41	29
37	337	631	7	11	17	823	—	—	—	7	43	29	79	83	11	13	7	23	—	—	211	17	—	7	229	11	619	31	13	47
41	—	37	41	577	—	—	7	613	—	11	—	13	251	7	43	31	17	67	—	293	7	173	547	—	13	59	—	7	29	73
43	719	7	—	277	—	17	173	19	7	13	—	23	11	47	—	7	43	—	—	37	—	491	7	11	97	—	19	431	479	7
47	17	—	97	—	431	7	—	11	19	601	29	41	7	—	727	103	863	17	11	7	43	67	631	—	—	71	7	19	31	11
49	7	919	—	13	29	23	17	7	—	—	11	61	—	601	7	—	13	131	19	607	—	7	31	17	971	1567	—	—	7	13
53	19	17	47	—	7	11	—	1637	113	—	31	7	13	79	—	—	11	—	7	19	41	29	251	107	23	7	43	11	—	—
59	1237	709	17	7	857	—	13	853	107	—	7	19	587	61	11	37	449	7	23	13	457	—	281	31	7	11	433	251	—	41
61	233	673	19	107	13	7	11	—	17	—	—	—	7	449	113	—	23	11	269	7	—	19	89	—	1613	17	7	139	11	—
67	41	229	283	—	7	53	71	257	29	17	23	7	67	19	277	11	—	—	7	—	—	—	157	—	13	7	11	—	—	137
71	—	7	—	557	17	—	23	13	7	269	11	—	37	—	19	7	829	53	31	59	13	11	7	1361	79	29	—	389	149	7
73	157	127	11	7	23	13	191	—	—	41	7	—	31	11	761	—	67	7	13	29	241	179	—	53	7	73	—	17	61	—
77	7	13	—	907	—	17	19	7	11	997	—	571	1429	1019	7	41	239	—	—	11	—	7	17	23	853	19	113	13	7	37
79	11	29	7	—	—	—	73	—	859	7	37	11	13	—	—	—	7	61	41	1093	67	23	11	7	149	13	461	—	17	—
83	53	—	—	—	229	71	7	—	13	37	211	1447	1493	7	—	179	47	11	29	103	7	13	149	17	41	—	139	7	11	—
89	29	277	13	—	11	7	—	17	—	19	463	23	7	947	—	11	827	—	53	7	—	1373	—	73	17	83	7	109	13	29
91	7	389	—	—	—	—	733	7	—	23	—	—	1609	13	7	59	—	—	11	19	31	7	—	29	53	277	13	—	7	11
97	239	—	31	23	41	11	7	13	—	—	47	19	—	7	17	149	11	—	97	—	7	—	73	—	37	—	23	7	197	89

	273 01	04	07	10	13	16	19	22	25	28	31	34	37	40	43	46	49	52	55	58	61	64	67	70	73	76	79	82	85	88
01	11	53	157	7	641	281	—	—	—	17	7	11	19	59	839	47	13	7	—	409	797	31	11	37	7	1327	17	—	127	13
03	787	13	—	11	37	7	—	53	—	313	—	—	7	41	11	17	29	271	811	7	23	—	19	—	211	11	7	13	—	—
07	59	383	7	31	19	—	—	—	—	7	13	337	—	—	—	—	7	—	—	41	11	1579	—	7	257	—	89	17	—	701
09	—	11	—	773	7	—	—	—	13	149	821	7	11	—	19	—	17	373	7	—	1601	13	41	11	—	7	631	29	31	—
13	43	7	—	—	13	83	661	11	7	—	23	17	71	347	557	7	31	13	11	523	37	—	7	—	—	269	271	97	17	7
19	7	73	53	439	23	11	43	7	—	—	—	13	17	—	7	—	11	467	—	613	233	7	367	103	13	61	19	11	7	17
21	—	17	7	149	89	—	—	—	11	7	863	127	523	499	—	887	7	19	17	11	29	1511	13	7	—	23	83	353	179	—
27	73	7	17	13	—	31	11	113	7	19	—	—	379	—	43	7	13	11	—	17	71	83	7	—	47	401	53	—	11	7
31	101	11	71	61	—	7	347	59	79	—	19	—	7	229	17	23	137	—	43	7	—	—	179	11	31	13	7	—	977	19
33	7	19	373	17	11	251	—	7	47	263	13	1069	—	23	7	11	83	41	31	239	17	7	—	13	—	859	11	907	7	383
37	587	29	19	53	7	—	13	—	—	23	11	7	—	47	37	17	263	73	7	13	—	11	—	41	43	7	—	107	643	199
39	31	—	11	281	13	293	7	23	—	53	251	83	19	7	—	443	113	13	1439	—	7	17	107	331	11	—	41	7	—	59
43	13	—	—	7	101	127	1171	—	11	—	7	239	29	13	—	—	17	7	67	11	—	53	563	—	7	199	13	—	1459	109
49	17	31	7	—	—	19	11	13	—	7	1321	37	—	683	211	223	7	11	1193	79	13	199	67	7	19	—	—	59	11	257
51	307	67	—	41	7	13	17	47	397	11	179	7	97	1231	1033	19	197	29	7	1223	11	—	1123	17	—	7	31	—	157	37
57	—	43	193	7	—	67	157	11	31	37	7	89	13	1277	719	137	173	7	11	—	—	191	—	—	7	13	19	71	29	11
61	7	59	11	—	179	43	—	7	13	61	101	—	227	11	7	271	29	433	41	17	193	7	53	—	11	—	—	19	7	—
63	71	1213	7	—	1009	11	13	43	17	7	29	—	1153	283	131	—	7	—	19	13	647	31	47	7	—	17	37	11	53	23
67	11	293	13	17	—	—	7	131	89	31	127	11	101	7	181	13	—	—	1129	19	7	97	11	—	—	23	1297	7	13	709
69	13	7	—	11	137	—	37	—	7	17	19	—	197	13	11	7	—	—	479	—	—	29	7	23	941	11	13	—	211	7
73	—	1609	1091	887	17	7	223	—	353	11	—	19	7	1283	101	—	281	43	109	7	11	17	13	—	89	—	7	—	—	103
79	—	199	479	13	7	17	—	11	—	139	—	7	—	23	491	643	13	—	7	661	29	59	17	43	173	7	—	—	—	11
81	—	13	—	37	—	—	7	41	—	173	11	17	—	7	13	313	—	—	—	—	7	11	683	—	107	43	—	7	17	31
87	1453	—	61	—	751	7	—	167	11	107	—	31	7	1013	—	857	41	—	—	7	37	13	—	467	19	29	7	—	23	17
91	—	23	7	11	13	—	19	17	541	7	47	317	—	29	11	61	7	13	241	37	101	—	41	7	17	11	—	—	283	197
93	37	—	13	571	7	—	11	29	—	—	73	7	53	17	—	13	19	11	7	751	—	139	23	—	31	7	127	131	11	67
97	—	7	—	113	61	—	—	—	7	—	—	13	11	—	—	7	1303	19	23	1531	131	—	7	11	13	17	—	1223	569	7
99	43	757	1301	7	11	—	31	419	19	13	7	—	—	—	17	11	23	7	29	—	47	—	13	109	7	—	11	19	—	—

	273 02	05	08	11	14	17	20	23	26	29	32	35	38	41	44	47	50	53	56	59	62	65	68	71	74	77	80	83	86	89
03	7	461	—	—	43	13	29	7	—	17	11	389	23	83	7	89	37	97	13	1109	—	7	571	—	101	31	17	73	7	397
09	443	19	1613	79	271	—	7	31	11	47	17	179	13	7	—	59	—	29	—	11	7	349	353	—	—	13	101	7	727	23
11	11	7	—	—	23	409	743	—	7	—	13	11	43	53	37	7	17	191	—	61	—	—	7	13	—	641	73	23	229	7
17	7	—	—	19	13	163	—	7	61	11	1021	103	—	—	7	—	—	13	43	47	11	7	19	877	1009	—	—	—	7	83
21	13	—	31	67	7	—	—	349	167	—	29	7	17	13	—	11	—	23	7	—	—	61	43	19	47	7	11	—	—	17
23	197	17	—	47	29	941	7	11	839	89	1279	13	—	7	19	23	—	—	11	—	7	—	503	137	13	—	107	7	—	11
27	349	233	11	7	—	1553	—	13	47	1559	7	23	—	11	79	19	107	7	167	1151	13	29	659	—	7	—	—	—	43	353
29	—	—	17	—	—	7	19	—	—	23	937	59	7	—	53	29	11	—	13	7	—	829	271	—	79	19	7	11	37	509
33	11	13	7	29	491	23	89	19	1367	7	—	11	431	—	13	—	7	769	599	313	—	—	11	7	—	311	19	13	23	—
39	—	7	103	257	151	—	509	37	7	11	31	—	41	71	29	7	739	—	19	359	11	13	7	47	—	137	—	1279	—	7
41	—	11	47	7	17	79	13	—	29	19	7	—	11	—	—	41	757	7	—	13	23	17	1049	11	7	37	199	—	19	—
47	13	19	7	—	83	17	—	461	151	7	11	—	269	13	23	53	7	31	773	29	19	11	17	7	41	—	13	—	—	—
51	17	211	19	173	37	11	7	29	—	13	23	—	—	7	—	821	11	17	419	—	7	19	13	67	337	—	—	7	—	523
53	89	7	67	61	379	—	17	13	7	—	—	43	19	—	547	7	331	47	59	11	13	71	7	7	367	109	1019	—	—	7
57	—	17	73	11	23	7	79	—	229	109	—	97	7	19	11	43	13	—	17	7	—	37	47	—	647	11	7	23	—	13
59	7	13	23	—	19	59	11	7	127	101	—	—	29	—	7	317	79	11	139	—	73	7	523	19	17	23	—	13	7	1531
63	29	11	17	—	7	19	47	41	433	—	13	7	11	197	373	—	59	877	7	17	—	23	—	11	19	7	—	331	223	29
69	311	—	—	7	13	569	—	163	977	379	7	29	—	31	157	23	19	7	37	151	17	11	—	—	7	131	757	43	53	1171
71	—	—	11	547	181	7	199	19	—	17	—	71	7	11	67	13	47	103	—	7	151	—	769	—	11	223	7	—	13	43
77	11	—	199	—	7	709	179	23	1499	13	17	7	—	—	—	101	29	—	7	—	31	977	11	151	—	7	—	17	41	311
81	19	7	127	23	29	13	11	—	7	197	181	53	811	—	—	7	—	11	13	19	163	—	7	587	1237	151	23	—	11	7
83	167	23	31	7	467	—	739	—	683	11	7	17	59	127	109	157	13	7	—	—	11	—	67	—	7	281	151	29	17	13
87	7	—	41	—	11	—	17	7	193	—	71	19	13	—	7	11	—	—	1039	223	23	7	61	17	—	13	11	—	7	53
89	241	71	7	—	43	41	911	11	79	7	13	—	17	37	229	31	7	193	11	101	733	19	—	7	—	—	67	—	269	11
93	1607	—	11	19	—	563	7	17	43	—	59	41	37	7	23	—	—	317	191	13	7	83	19	773	11	—	29	7	79	641
99	11	—	—	—	47	7	—	227	19	1381	1117	11	7	13	19	73	31	1009	—	7	41	619	11	113	293	17	7	71	277	37

	273 90	93	96	273 99	274 02	05	08	11	14	17	20	23	26	29	32
01	23	47	17	59	73	67	7	11	13	809	89	263	31	7	19
07	113	107	13	17	—	7	19	53	83	67	—	167	7	29	—
11	11	29	7	113	—	—	—	19	—	7	61	11	757	23	211
13	—	—	—	11	7	—	71	31	823	13	—	7	41	67	11
17	—	7	73	43	—	13	—	23	7	11	—	—	29	—	37
19	47	11	—	7	—	17	29	—	257	19	7	157	11	—	—
23	7	23	53	547	—	47	467	7	31	43	19	—	13	1523	7
29	881	17	19	241	571	11	7	673	1031	—	—	37	—	7	—
31	—	7	—	—	13	1151	—	17	7	—	—	109	19	—	61
37	7	—	—	61	19	—	11	7	17	37	23	13	—	—	7
41	137	11	79	17	7	19	23	13	37	—	—	7	11	41	401
43	—	1021	—	887	11	13	7	—	101	17	31	—	79	7	—
47	23	13	—	7	17	61	503	—	107	29	7	—	—	157	13
49	—	449	11	29	—	7	37	19	—	149	17	463	7	11	47
53	—	—	7	179	593	17	—	149	11	7	139	31	—	—	653
59	19	7	13	47	53	—	11	—	7	—	1051	23	71	79	—
61	13	307	41	7	43	1297	197	601	1459	11	7	—	17	13	101
67	31	1031	7	23	—	—	—	11	89	7	43	41	—	17	73
71	—	—	11	13	491	227	7	67	17	1283	83	—	—	7	43
73	37	7	—	—	79	11	569	677	7	—	—	563	—	19	13
77	11	31	47	—	191	7	29	373	1063	17	13	11	7	—	19
79	7	—	197	11	127	19	683	7	13	—	397	53	—	—	7
83	61	—	—	—	7	—	19	—	—	11	17	7	73	—	31
89	—	—	313	7	23	79	—	11	—	59	7	13	—	—	—
91	17	607	23	—	—	7	41	1163	19	13	11	73	7	—	37
97	19	17	67	13	7	—	1279	691	11	—	991	7	53	331	—

	35	38	41	44	47	50	53	56	59	62	65	68	71	74	77
01	—	107	853	11	17	7	13	109	23	—	139	—	7	—	17
07	13	11	23	197	7	17	—	—	—	—	19	7	11	13	—
11	17	7	—	—	53	—	73	11	7	13	—	19	—	149	—
13	37	47	19	7	—	79	17	13	—	29	7	—	103	173	—
17	7	17	—	13	1453	11	47	7	89	—	149	31	—	787	7
19	151	13	7	—	—	31	41	17	11	7	433	—	—	19	13
23	—	—	17	11	—	229	7	149	29	23	13	439	41	7	11
29	43	11	—	17	13	7	19	131	—	—	—	—	7	—	367
31	7	23	13	113	11	—	151	7	—	17	67	53	—	29	7
37	149	359	11	239	449	509	7	—	19	13	17	233	97	7	67
41	—	31	181	7	997	13	421	71	11	19	7	151	29	—	23
43	11	41	73	13	—	7	29	—	577	1013	—	11	7	1619	43
47	—	19	7	—	—	—	11	41	23	7	37	—	13	—	31
49	—	—	59	—	7	—	23	1657	31	11	13	7	17	—	—
53	983	7	23	—	11	29	13	17	7	643	83	613	19	59	—
59	7	—	11	—	19	83	127	7	17	31	257	1289	241	11	7
61	—	—	7	31	—	11	—	—	79	7	29	13	—	293	17
67	—	7	1019	11	601	13	19	139	7	617	557	23	487	53	11
71	—	13	41	47	31	7	—	19	—	11	17	743	7	179	13
73	7	11	1439	29	—	23	—	7	97	59	587	—	11	—	7
77	—	23	431	211	7	43	—	11	13	79	—	7	—	1319	661
79	17	263	37	191	—	101	7	43	—	19	11	31	—	7	29
83	67	37	13	7	—	11	89	59	53	—	7	43	17	—	239
89	—	157	7	11	67	281	139	251	—	7	677	—	23	17	11
91	79	179	17	—	7	—	11	13	359	101	23	7	19	—	—
97	41	13	—	7	11	379	—	—	499	—	7	101	47	—	13

	273 91	94	273 97	274 00	03	06	09	12	15	18	21	24	27	30	33
01	1483	7	—	11	—	—	229	—	7	—	179	359	13	17	11
03	—	—	17	7	61	—	11	307	829	127	7	19	—	23	241
07	7	11	—	29	31	—	13	7	137	23	37	—	11	—	7
09	71	—	7	17	11	59	83	23	—	7	67	—	311	131	167
13	13	211	—	23	19	239	7	53	—	—	11	743	89	7	29
19	—	—	—	59	—	7	—	13	11	607	—	199	7	—	809
21	7	—	—	193	1193	13	19	7	—	—	41	11	—	911	7
27	—	29	389	—	1087	37	7	—	409	11	—	—	13	7	127
31	191	17	—	7	11	—	73	—	13	773	7	307	107	—	311
33	—	—	—	401	—	7	13	11	—	19	61	439	7	607	53
37	29	—	7	—	—	167	—	31	79	7	19	197	—	11	929
39	13	19	37	—	7	11	1451	71	17	47	—	7	—	13	1583
43	11	7	19	17	—	—	—	1123	7	13	59	11	61	—	47
49	7	61	31	13	17	—	43	7	127	11	163	41	—	19	7
51	—	11	7	—	19	131	739	—	43	7	17	23	11	587	13
57	283	7	—	—	—	23	—	—	7	31	11	17	—	—	43
61	67	23	—	—	13	7	17	—	—	907	—	—	7	47	1259
63	7	659	13	727	113	139	59	7	11	29	—	—	17	97	7
67	79	1217	823	11	7	—	1619	17	19	—	31	7	109	83	11
69	41	281	—	—	31	61	7	—	239	13	79	—	—	7	71
73	19	11	—	7	59	13	41	—	17	—	7	—	11	127	107
79	73	—	7	83	—	31	23	61	—	7	11	19	13	—	967
81	—	1201	11	271	7	1153	521	—	—	1373	13	7	—	11	—
87	11	43	—	7	13	733	—	—	983	—	7	11	31	19	—
91	7	103	379	1019	257	43	11	7	431	—	1013	17	29	13	7
93	17	157	7	—	—	19	29	37	—	7	313	13	—	—	1307
97	317	41	181	617	11	349	7	13	—	383	—	23	17	7	—
99	53	7	79	67	41	13	—	11	7	23	—	61	—	43	83

	36	39	42	45	48	51	54	57	60	63	66	69	72	75	78
01	7	—	463	—	197	19	29	7	199	53	11	—	67	61	7
03	29	31	7	59	17	—	641	293	13	7	—	1283	71	11	—
07	173	47	61	233	13	—	7	419	11	331	—	103	—	7	59
09	11	7	13	—	97	17	163	19	7	—	—	11	73	37	31
13	17	59	31	—	827	7	11	241	19	181	379	13	7	853	1423
19	19	17	631	—	7	13	—	—	227	—	29	7	701	89	—
21	—	433	71	13	29	—	7	11	—	31	19	—	—	7	113
27	—	647	19	281	41	7	61	67	17	—	13	227	7	—	313
31	11	—	7	17	157	—	13	—	—	7	31	11	—	—	—
33	211	—	—	11	7	661	—	37	—	17	47	7	521	19	11
37	13	7	—	1571	17	1361	37	—	7	11	23	53	—	13	19
39	109	11	277	7	1319	19	233	89	23	—	7	13	11	643	881
43	7	—	—	—	23	17	19	7	271	683	—	97	—	—	7
49	229	13	179	37	89	11	7	29	397	239	167	—	—	7	13
51	53	7	283	—	127	—	—	563	7	47	—	1567	13	—	—
57	7	37	—	—	59	—	11	7	41	1471	541	—	29	17	7
61	29	11	13	43	7	—	607	—	17	23	—	7	11	31	41
63	13	61	—	—	11	43	7	23	—	1607	—	19	—	7	17
67	397	—	59	7	—	673	—	—	71	13	7	29	19	—	61
69	—	23	11	19	419	7	1021	13	47	107	—	43	7	11	—
73	—	137	7	13	19	389	—	157	11	7	17	—	—	47	—
79	41	7	—	—	29	—	11	97	7	—	13	17	—	—	23
81	17	409	1289	7	—	491	19	—	13	11	7	59	23	547	83
87	953	17	7	—	307	251	23	11	157	7	1201	137	37	257	821
91	—	—	11	—	—	67	7	1097	—	59	109	13	47	7	53
93	23	7	17	—	83	11	467	61	7	13	31	1109	—	199	347
97	11	73	—	127	94	7	—	—	29	67	19	11	7	—	17
99	7	19	29	11	211	457	71	7	769	37	—	—	719	1153	7

	273 92	95	273 98	274 01	04	07	10	13	16	19	22	25	28	31	34
03	—	13	11	71	—	7	—	—	—	—	41	—	7	11	13
09	11	89	—	37	7	409	—	—	13	19	—	7	—	61	17
11	19	967	31	11	83	47	7	1171	701	1543	29	67	—	7	11
17	13	11	—	227	17	7	547	59	—	269	—	19	7	13	23
21	37	107	7	31	—	—	—	11	—	7	23	—	19	53	109
23	—	—	643	19	7	17	109	13	23	373	11	7	379	223	—
27	17	7	101	13	19	11	179	577	7	—	—	677	263	163	1021
29	43	13	23	7	47	431	17	1433	11	—	7	—	73	—	13
33	7	17	29	11	43	—	—	7	—	47	13	—	1151	—	7
39	—	11	17	—	13	—	7	19	167	—	43	31	11	7	37
41	—	7	13	—	11	31	113	29	7	—	—	—	43	23	59
47	7	59	11	47	223	79	—	7	347	13	—	—	37	11	7
51	41	139	827	23	7	13	29	—	11	193	19	7	59	137	97
53	11	19	—	13	—	997	7	—	—	73	17	11	—	7	163
57	293	—	19	7	433	17	11	—	—	41	7	1109	13	1187	—
59	—	—	—	181	—	7	—	229	—	11	13	17	7	31	947
63	127	31	7	107	11	—	13	—	37	7	—	—	—	19	23
69	13	7	11	—	—	19	859	17	7	181	29	83	97	11	31
71	—	61	—	7	29	11	23	571	31	—	7	13	—	17	1009
77	23	—	7	11	—	13	73	19	109	7	—	277	137	—	11
81	—	13	—	29	41	659	7	71	19	11	1559	103	—	7	13
83	—	7	557	31	—	1187	—	41	7	509	—	43	11	—	—
87	19	—	37	—	1613	7	47	11	13	283	17	—	7	23	29
89	7	137	467	—	—	53	13	7	29	—	11	23	—	1223	7
93	—	151	13	163	7	11	—	23	—	—	—	7	—	419	—
99	—	23	—	7	151	—	317	29	131	13	7	937	17	103	11

	37	40	43	46	49	52	55	58	61	64	67	70	73	76	79
03	—	—	19	821	7	863	—	79	37	11	1117	7	13	23	—
09	—	29	—	7	41	—	13	11	43	—	7	47	—	19	751
11	—	199	167	—	13	7	37	41	—	1301	11	107	7	—	—
17	31	—	—	—	7	599	17	701	11	—	—	7	167	—	191
21	139	7	331	11	—	647	—	13	7	—	173	—	—	—	11
23	—	103	—	7	53	13	11	17	—	—	7	—	—	31	—
27	7	11	17	1373	761	29	367	7	19	467	47	457	11	—	7
29	347	—	7	—	11	—	—	—	17	7	23	157	13	71	443
33	19	97	461	17	—	1049	7	—	13	—	11	—	727	7	31
39	23	—	13	—	17	7	337	—	11	137	—	19	7	—	73
41	7	233	19	103	47	53	—	7	1409	311	17	11	89	13	7
47	—	1381	—	29	109	883	7	13	—	11	1033	17	—	7	—
51	—	—	—	7	11	—	17	43	—	89	7	23	—	167	19
53	113	13	1621	193	—	7	1031	11	131	23	—	929	7	107	13
57	53	131	7	107	31	23	19	17	443	7	13	139	—	11	307
59	—	367	—	23	7	11	53	—	13	—	269	7	—	17	—
63	11	7	71	41	13	—	1327	—	7	—	431	11	—	29	—
69	7	101	839	1499	—	—	—	7	—	11	37	13	41	271	7
71	19	11	7	89	857	443	—	239	317	7	73	—	11	—	23
77	29	7	47	13	683	—	31	53	7	829	11	19	1237	349	—
81	89	—	79	1033	23	7	—	37	—	—	—	17	7	557	1123
83	7	—	23	19	331	—	349	7	11	—	13	29	79	—	7
87	43	—	67	11	7	—	13	31	73	547	—	7	17	—	11
89	—	17	43	—	13	37	7	83	—	1487	—	—	—	7	19
93	13	11	53	7	37	1153	43	41	487	71	7	—	11	13	499
99	617	—	7	—	499	107	47	13	—	7	11	59	43	79	17

	274 80	83	86	89	92	95	274 98	275 01	04	07	10	13	16	19	22	25	28	31	34	37	40	43	46	49	52	55	58	61	64	67
01	43	29	—	19	7	41	17	811	—	79	11	7	53	31	—	191	23	13	7	653	—	11	19	17	—	7	—	—	—	467
07	149	311	47	7	—	37	43	17	11	—	7	13	29	—	19	563	1439	7	—	11	139	941	359	—	7	157	31	—	61	—
11	7	101	17	11	37	—	23	7	1091	197	43	953	—	173	7	19	—	—	—	17	13	7	—	—	—	11	257	—	7	23
13	—	—	7	157	23	13	11	857	17	7	227	—	43	503	257	—	7	11	13	787	131	433	37	7	—	17	—	23	11	—
17	23	11	—	17	239	353	7	19	67	263	79	29	11	7	13	—	43	59	—	449	7	37	—	11	509	83	19	7	—	41
19	—	7	37	—	11	29	61	1373	7	17	181	—	13	53	—	7	449	19	43	—	71	23	7	383	—	13	11	—	89	7
23	479	37	71	—	17	7	—	—	13	31	11	—	7	109	—	—	—	23	19	7	83	11	29	—	—	53	7	—	—	—
29	223	449	13	311	7	17	41	73	11	—	19	7	709	163	—	13	67	—	7	11	191	—	17	107	797	7	—	—	13	19
31	11	19	137	—	—	—	7	—	—	23	233	11	1597	7	—	—	31	—	107	389	7	167	11	503	—	73	13	7	17	—
37	—	1171	373	23	—	7	73	13	—	11	71	—	7	59	53	761	37	—	41	7	11	853	1193	—	—	1427	7	283	—	17
41	—	739	7	13	11	83	389	17	683	7	—	101	307	19	1471	11	7	31	—	127	—	47	23	7	17	—	11	1481	—	13
43	47	13	—	67	7	—	743	11	193	—	283	7	1321	17	13	—	—	—	7	—	23	1151	281	19	—	7	883	13	269	11
47	83	7	11	43	—	19	—	281	7	1447	13	59	—	11	—	7	23	—	433	1231	—	1013	7	13	11	17	109	—	67	7
49	151	103	29	7	641	11	—	67	13	—	7	—	61	37	17	19	11	7	109	89	—	13	—	—	7	—	83	11	97	—
53	7	41	109	—	13	1021	97	7	—	17	23	11	31	—	7	101	19	13	—	29	—	7	11	239	457	61	17	—	7	—
59	—	29	—	1409	23	131	7	—	19	11	17	13	167	7	61	43	89	101	—	—	7	199	137	487	13	31	—	7	—	37
61	—	7	23	73	179	773	151	—	7	13	37	—	11	41	—	7	17	43	19	31	59	—	7	11	29	23	—	—	227	7
67	7	31	757	13	631	—	29	7	1051	151	11	83	—	—	7	113	13	17	—	23	—	7	41	43	—	—	97	37	7	13
71	409	—	277	—	7	11	1213	—	—	—	53	7	13	199	—	23	11	359	7	479	31	101	1051	29	401	7	37	11	41	17
73	317	17	19	—	1229	—	7	37	11	—	13	1129	151	7	31	1549	53	29	17	11	7	19	—	13	1181	647	277	7	229	43
77	—	73	31	7	—	29	13	—	283	23	7	859	—	17	11	109	—	7	—	13	883	641	19	101	7	11	—	103	53	—
79	613	83	17	619	13	7	11	23	—	—	89	—	7	19	337	151	—	11	61	7	1621	—	173	499	37	1009	7	31	11	179
83	13	11	7	23	—	41	—	1489	157	7	—	—	11	13	17	31	7	151	307	—	—	601	—	7	79	101	13	113	—	—
89	—	7	43	37	—	—	19	13	7	—	11	53	—	—	41	7	—	—	131	769	13	11	7	179	—	19	1129	29	31	7
91	509	—	11	7	17	13	—	263	—	—	7	—	647	11	59	—	19	7	13	—	—	17	31	—	7	1657	—	—	—	—
97	11	37	7	29	31	17	419	—	19	7	43	11	13	—	1213	79	7	—	—	409	307	—	11	7	71	13	41	19	—	—

	274 81	84	87	90	93	96	274 99	275 02	05	08	11	14	17	20	23	26	29	32	35	38	41	44	47	50	53	56	59	62	65	68
01	17	—	47	1321	—	881	7	—	13	19	—	521	59	7	43	—	—	11	—	1031	7	13	—	31	—	—	151	7	11	—
03	19	7	—	139	—	229	13	103	7	11	—	—	—	—	29	7	43	31	37	13	11	—	7	17	—	439	413	151	47	7
07	41	17	13	—	11	7	—	251	571	211	773	—	7	991	—	11	163	37	17	7	19	—	—	653	—	23	7	—	13	151
09	7	89	421	41	—	—	557	7	—	—	—	19	47	13	7	—	—	757	11	—	—	7	43	23	17	29	13	1231	7	11
13	—	—	11	1301	7	67	—	—	—	13	—	7	19	11	—	—	79	47	7	17	—	317	13	71	11	7	43	107	83	733
19	11	47	—	7	19	179	—	—	229	67	7	11	107	23	37	—	13	7	41	—	17	—	11	19	7	—	61	—	—	13
21	827	13	61	11	101	7	—	107	59	17	1291	23	7	—	11	383	—	—	29	7	97	41	—	—	1601	11	7	13	—	—
27	29	11	—	—	7	23	19	31	13	—	17	7	11	73	167	929	331	131	7	53	—	13	971	11	769	7	719	17	23	29
31	—	7	—	—	13	17	59	11	7	—	131	37	1229	71	—	7	47	13	11	—	443	—	7	—	23	701	19	79	859	7
33	—	—	13	7	71	233	181	1039	101	109	7	17	—	—	1381	13	—	7	—	863	31	11	23	—	7	—	487	193	13	37
37	7	1597	719	1367	41	11	17	7	31	1621	—	13	191	487	7	—	11	—	19	137	—	7	827	17	13	—	503	11	7	97
39	67	—	7	1579	—	—	479	41	11	7	101	103	17	311	139	—	7	1303	97	11	347	283	13	7	313	1117	47	463	19	17
43	103	—	227	11	—	13	7	17	37	971	19	73	23	7	11	659	241	673	13	937	7	31	—	—	17	11	—	7	1249	19
49	—	11	19	31	431	7	23	—	17	433	877	—	7	—	—	47	173	419	—	7	113	19	41	11	983	13	7	—	—	23
51	7	173	59	1061	11	227	37	7	61	—	13	829	19	—	7	11	—	557	—	—	—	7	—	13	83	41	11	23	7	137
57	—	—	11	53	13	401	7	337	—	—	31	—	67	7	—	17	97	13	179	83	7	23	109	19	11	47	29	7	—	593
61	13	281	103	7	—	19	109	—	11	—	7	—	—	13	29	53	—	7	1009	11	71	89	37	131	7	—	13	17	—	31
63	11	367	41	37	—	7	211	—	29	47	—	11	7	401	83	19	17	—	101	7	977	53	11	31	13	—	7	809	—	79
67	—	—	7	—	223	—	11	13	41	7	349	17	179	541	47	—	7	11	—	—	13	—	829	7	269	29	—	—	11	647
69	17	—	—	—	7	13	617	19	—	11	1543	7	263	—	199	—	439	17	7	29	11	401	59	367	—	7	19	—	—	—
73	43	7	131	349	11	23	163	29	7	173	1061	443	17	211	13	7	1223	41	—	37	271	—	7	—	31	97	11	13	23	7
79	7	811	11	313	103	—	31	7	13	1033	71	—	—	11	7	—	53	—	29	19	59	7	23	293	11	1021	41	—	7	47
81	31	71	7	—	1277	11	13	1019	43	7	19	—	29	—	61	89	7	37	—	13	23	—	53	7	101	317	—	11	67	19
87	13	7	19	11	—	—	269	—	7	277	—	109	—	13	11	7	—	—	—	—	17	19	7	29	—	11	13	421	—	7
91	—	31	383	19	—	7	—	—	191	11	23	29	7	439	—	17	61	—	43	7	11	—	13	97	1319	233	7	71	313	281
93	7	11	709	—	17	29	41	7	23	—	—	—	11	19	7	619	—	103	71	1201	13	7	191	11	—	—	31	211	7	59
97	71	—	173	13	7	61	103	11	—	479	1087	7	41	37	19	—	13	53	7	—	—	—	29	—	43	7	—	23	47	11
99	251	13	23	661	73	17	7	47	31	—	11	197	—	7	13	41	29	593	—	467	7	11	17	53	19	23	43	7	—	331

	274 82	85	88	91	94	274 97	275 00	03	06	09	12	15	18	21	24	27	30	33	36	39	42	45	48	51	54	57	60	63	66	69
03	17	—	—	7	29	11	19	—	—	—	7	523	47	—	—	131	11	7	599	—	—	23	—	13	7	19	1583	11	—	—
09	53	17	7	11	13	—	599	911	317	7	37	—	—	—	11	23	7	13	17	—	613	73	79	7	—	11	—	—	—	—
11	271	131	13	31	7	—	11	17	19	29	97	7	—	23	419	13	487	11	7	103	61	1627	47	—	17	7	—	19	11	433
17	19	41	—	7	11	—	47	23	17	13	7	—	—	—	—	11	31	7	587	19	29	1153	13	—	7	17	11	241	1613	967
21	7	19	541	17	31	13	—	7	29	271	11	47	—	—	7	—	1171	293	13	—	17	7	61	—	—	—	23	191	7	751
23	571	23	7	13	127	—	701	43	—	7	41	19	—	11	—	—	7	—	157	113	251	—	947	7	11	37	17	337	233	13
27	—	53	—	—	17	137	7	71	11	593	139	43	13	7	67	257	41	31	337	11	7	17	113	—	37	13	127	7	—	1321
29	11	7	—	19	1049	37	—	53	7	353	13	11	—	29	233	7	—	167	23	41	701	47	7	13	—	251	137	17	—	7
33	61	29	—	—	19	7	11	277	1303	—	103	83	7	367	23	—	—	11	67	7	1063	59	17	19	409	41	7	547	11	—
39	13	1201	569	263	7	1151	17	—	23	—	47	7	29	13	79	11	—	211	7	—	—	37	67	17	71	7	11	—	—	—
41	—	67	37	947	—	593	7	11	—	331	—	13	17	7	131	71	239	73	11	—	7	—	139	—	13	19	61	7	107	11
47	23	—	181	—	—	7	97	—	53	127	—	1249	7	17	—	61	11	19	13	7	47	—	—	23	—	—	7	11	1229	149
51	11	13	7	107	983	29	241	31	17	7	—	11	103	—	13	347	7	—	19	23	53	—	11	7	263	17	1459	13	61	1069
53	—	31	797	11	7	79	—	—	—	19	—	7	13	—	11	1319	631	23	7	911	739	1511	83	—	1093	7	53	1567	19	89
57	—	7	—	—	439	463	193	—	7	11	19	—	—	23	71	7	29	61	277	—	11	13	7	—	149	79	17	—	59	7
59	43	11	—	7	59	71	13	521	1423	—	7	23	11	67	31	17	37	7	431	13	19	907	—	11	7	—	—	1063	—	—
63	7	—	13	53	43	—	61	7	—	—	17	293	—	509	7	13	—	—	11	1571	—	7	163	—	—	419	89	17	7	11
69	1013	23	59	127	1283	11	7	—	347	13	43	17	—	7	103	31	11	—	149	643	7	53	13	619	23	—	—	7	17	857
71	17	7	109	29	19	349	—	13	7	31	281	—	43	37	127	7	79	17	617	11	13	67	7	19	—	311	—	53	—	7
77	7	13	83	113	89	—	11	7	—	41	163	—	317	—	7	19	23	11	17	—	181	7	31	—	59	67	—	13	7	—
81	—	11	29	967	7	1609	113	863	1619	—	13	7	11	17	—	41	19	223	7	499	—	823	43	11	137	7	919	—	—	37
83	—	—	17	—	11	653	7	19	13	—	23	59	—	7	179	11	827	983	41	17	7	13	—	1471	43	29	11	7	—	67
87	—	89	379	7	13	—	23	—	19	37	7	—	—	29	17	—	103	7	1279	173	107	11	53	31	7	743	181	19	43	23
89	227	—	11	17	23	7	487	29	149	—	823	73	7	11	223	13	271	31	19	7	17	673	—	63	11	—	7	23	13	—
93	19	—	7	—	761	31	149	47	11	7	—	13	61	137	—	17	7	89	—	11	233	1289	—	7	13	—	37	311	—	—
99	191	7	193	149	—	13	11	—	7	—	—	19	—	—	—	7	17	11	13	—	—	—	7	—	—	271	—	691	11	7

	275 70	73	76	79	82	85	88	91	94	275 97	276 00	03	06	09	12	15	18	21	24	27	30	33	36	39	42	45	48	51	54	57
01	13	709	7	—	929	571	—	163	353	7	17	19	67	11	31	—	7	73	—	1039	—	—	—	7	11	197	13	17	389	[illegible]
07	21	7	—	19	449	—	—	13	7	79	461	11	37	173	—	7	67	433	—	43	13	307	7	1213	—	41	23	31	17	[illegible]
11	59	—	—	13	19	7	11	—	—	—	797	37	7	97	733	31	13	11	—	7	—	—	23	17	47	241	7	193	11	[illegible]
13	7	13	97	47	—	1579	421	7	—	11	—	—	17	—	7	139	383	71	53	—	11	7	29	109	—	43	83	13	7	[illegible]
17	61	—	—	—	7	—	—	17	47	—	13	7	—	523	—	11	23	—	7	199	769	—	—	13	17	7	11	—	31	[illegible]
19	—	—	41	919	29	—	7	11	13	37	—	—	1381	7	23	353	—	—	11	967	7	13	31	1279	67	19	—	7	—	[illegible]
23	1193	—	11	7	13	1601	—	19	17	—	7	—	1039	11	—	199	269	7	—	397	421	29	—	317	7	17	19	—	223	[illegible]
29	11	—	7	29	23	—	—	1153	1447	7	607	11	—	53	—	—	7	41	19	157	59	173	11	7	13	37	17	23	—	[illegible]
31	43	1531	23	11	7	—	37	71	—	13	—	7	—	—	11	17	—	31	7	53	41	—	13	—	131	7	29	—	19	[illegible]
37	—	11	311	7	61	—	43	—	29	521	7	—	11	—	263	653	13	7	—	23	19	647	353	11	7	—	—	181	—	[illegible]
41	7	1543	19	199	—	—	—	7	—	829	43	17	13	367	7	23	—	61	11	—	109	7	37	359	1087	13	—	89	7	[illegible]
43	17	83	7	37	—	—	—	1033	—	7	11	167	19	23	607	—	7	17	—	29	157	11	—	7	71	—	331	—	907	[illegible]
47	31	—	37	41	—	11	7	29	443	23	1171	313	17	7	53	—	11	—	—	13	7	—	47	—	—	1019	—	7	103	[illegible]
49	—	7	—	503	13	193	41	23	7	1289	—	73	—	—	1151	7	59	13	17	11	37	167	7	19	137	31	139	307	113	[illegible]
53	13	257	67	11	—	7	47	—	—	163	—	293	7	13	11	—	—	1453	29	7	—	—	43	193	19	11	7	59	—	[illegible]
59	29	11	—	397	7	541	67	13	—	191	929	7	11	—	17	—	19	—	7	—	13	41	—	11	229	7	31	593	43	[illegible]
61	—	—	—	17	11	13	7	19	—	—	—	—	587	7	71	11	47	37	13	—	7	61	—	29	41	—	11	7	—	[illegible]
67	47	—	11	271	17	7	1291	—	—	293	61	337	7	11	—	—	1549	—	19	7	389	17	—	—	11	13	7	73	683	[illegible]
71	19	—	7	421	509	47	—	—	11	7	223	—	—	79	67	—	7	—	89	11	—	13	29	7	—	139	—	127	—	[illegible]
73	11	41	137	499	7	17	13	—	73	197	19	7	—	313	37	31	29	—	7	13	281	—	11	59	1627	7	—	—	—	[illegible]
77	17	7	13	31	29	281	11	41	7	131	—	19	61	37	—	7	—	11	67	—	811	—	7	—	—	23	383	—	11	[illegible]
79	13	—	19	7	53	43	17	223	—	11	7	—	139	13	—	47	181	7	—	—	11	19	—	17	7	—	13	29	31	[illegible]
83	7	17	887	19	11	97	619	7	—	13	401	773	—	—	7	11	31	—	17	23	47	7	13	83	—	73	11	—	7	[illegible]
89	233	229	11	13	47	—	7	—	59	—	37	563	239	7	19	43	13	—	83	17	7	1571	181	—	11	41	29	7	191	[illegible]
91	—	7	—	113	—	11	—	601	7	577	103	23	89	—	13	7	11	43	—	613	29	71	7	31	19	17	—	11	37	[illegible]
97	7	—	29	11	—	23	—	7	13	17	—	857	—	661	7	—	19	—	—	601	—	7	881	43	179	11	17	—	7	[illegible]

	275 71	74	77	80	83	86	89	92	95	275 98	276 01	04	07	10	13	16	19	22	25	28	31	34	37	40	43	46	49	52	55	58
01	173	23	41	97	7	79	—	37	83	11	—	7	—	227	—	593	—	13	7	29	11	17	137	—	23	7	—	43	1583	[illegible]
03	761	11	13	—	347	41	7	—	19	—	17	—	11	7	—	13	—	59	31	—	7	859	23	11	373	37	—	7	13	[illegible]
07	431	29	557	7	—	17	31	11	—	19	7	13	107	—	—	113	—	7	11	—	71	—	17	—	7	89	—	—	19	[illegible]
09	19	197	—	293	59	7	457	107	433	13	11	17	7	—	41	—	23	67	1019	7	—	11	13	1471	29	—	7	—	17	[illegible]
13	53	19	7	73	37	11	17	61	—	7	—	137	23	—	1297	59	7	—	13	31	19	—	197	7	—	157	—	11	—	[illegible]
19	—	7	43	11	—	151	23	17	7	—	317	727	13	1627	11	7	79	1657	47	—	—	37	7	29	17	11	263	—	—	[illegible]
21	—	677	37	7	23	181	11	229	—	—	7	—	—	17	1091	—	199	7	277	83	739	—	19	13	7	67	31	23	11	[illegible]
27	41	71	7	109	11	673	179	—	31	7	43	1543	199	—	17	11	7	13	—	37	—	23	61	7	59	283	11	—	29	[illegible]
31	13	53	—	103	—	—	7	—	—	17	11	101	163	7	43	19	29	23	37	73	7	11	349	1291	—	647	13	7	—	[illegible]
33	—	7	11	—	157	—	19	53	7	41	29	13	47	11	—	7	43	—	—	—	—	31	7	—	11	19	—	—	1657	[illegible]
37	73	—	251	—	—	7	—	13	11	31	17	23	7	101	151	41	89	47	—	7	13	269	59	1249	61	—	7	17	1097	[illegible]
39	7	419	821	31	83	13	1217	7	—	23	137	11	—	—	7	151	17	19	13	—	127	7	11	—	193	53	—	—	7	[illegible]
43	71	13	—	593	7	23	11	251	349	29	—	7	—	61	13	37	—	11	7	653	367	—	31	701	41	7	43	13	11	[illegible]
49	1213	349	53	7	11	103	—	—	13	—	7	—	17	557	107	11	281	7	—	—	29	13	23	—	7	—	11	409	421	[illegible]
51	—	17	757	—	1451	7	13	11	53	107	—	47	7	37	29	457	109	—	11	7	19	151	—	181	167	—	7	—	—	[illegible]
57	13	—	17	269	7	11	—	—	71	—	89	7	19	13	23	—	11	1429	7	17	787	—	—	—	151	7	13	11	61	[illegible]
61	11	7	—	—	—	—	157	67	7	13	23	11	—	19	17	7	—	—	—	—	347	101	7	283	—	827	151	439	577	[illegible]
63	—	—	241	7	19	59	—	13	23	1483	7	—	—	41	11	73	523	7	103	521	13	—	—	19	7	11	47	151	379	[illegible]
67	7	191	—	13	23	19	283	7	139	11	197	67	31	1471	7	17	13	—	—	41	11	7	563	101	19	—	—	23	7	[illegible]
69	—	11	7	—	17	113	31	—	1321	7	47	—	11	359	13	19	7	97	29	—	—	17	41	7	—	23	163	13	1663	[illegible]
73	181	1163	—	59	—	167	7	11	113	—	13	—	—	7	1217	47	17	—	11	61	7	23	—	13	—	31	37	7	41	[illegible]
79	17	359	523	—	13	7	37	31	19	—	—	193	7	73	—	23	11	13	383	7	—	457	—	233	509	—	7	11	—	[illegible]
81	7	31	13	263	257	109	17	7	11	—	79	29	—	23	7	13	—	—	19	11	103	7	—	17	37	47	419	—	7	[illegible]
87	—	89	67	—	37	739	7	17	41	13	19	—	59	7	31	71	—	11	—	541	7	—	13	—	17	—	107	7	11	[illegible]
91	—	11	17	7	1427	13	131	—	137	—	7	19	11	—	41	1307	83	7	13	17	761	—	53	11	7	691	23	67	—	[illegible]
93	—	23	19	13	11	7	67	—	17	1087	—	107	7	—	—	11	13	41	—	7	223	19	—	61	23	17	7	31	53	[illegible]
97	599	107	7	17	—	1201	347	—	1277	7	11	79	13	—	—	31	7	—	619	547	17	11	19	7	149	13	113	—	—	[illegible]
99	101	37	11	—	7	997	—	—	—	17	13	7	61	11	829	29	—	1283	7	269	797	79	103	13	11	7	17	—	941	[illegible]

	275 72	75	78	81	84	87	90	93	96	275 99	276 02	05	08	11	14	17	20	23	26	29	32	35	38	41	44	47	50	53	56	59
03	37	7	197	29	17	53	13	—	7	157	73	103	487	1373	19	7	—	271	181	11	—	17	7	313	97	61	109	—	31	[illegible]
09	7	83	109	—	—	17	11	7	23	—	31	—	1103	13	7	163	—	11	149	—	—	7	17	53	127	19	13	—	7	[illegible]
11	—	727	7	41	31	—	23	—	29	7	239	13	—	—	—	—	7	149	67	59	11	—	—	7	13	—	233	83	17	[illegible]
17	23	7	—	—	797	13	59	11	7	—	157	223	17	809	43	7	1049	31	11	29	743	397	7	23	103	229	131	19	—	[illegible]
21	—	13	11	—	71	7	53	17	—	19	—	—	7	11	13	—	317	59	41	7	—	257	97	—	11	1181	7	13	19	[illegible]
23	7	29	227	163	751	11	—	7	89	257	—	97	13	17	7	—	11	23	211	19	43	7	—	—	—	13	67	11	7	[illegible]
27	11	19	643	79	7	241	—	73	13	149	1399	7	47	23	751	—	—	1289	7	—	19	13	11	—	43	7	1481	41	293	[illegible]
29	—	—	—	11	—	131	7	127	149	—	101	11	29	7	11	—	—	—	61	13	7	—	—	—	89	11	43	7	107	[illegible]
33	29	—	13	7	1019	89	149	23	359	11	7	37	19	1231	179	13	—	7	107	—	11	71	—	—	7	211	17	—	13	[illegible]
39	1367	23	7	107	19	367	—	11	227	7	17	29	—	31	—	103	7	—	11	—	61	89	13	7	23	—	—	17	37	[illegible]
41	461	—	83	—	7	29	47	13	541	37	11	7	953	53	19	—	17	1117	7	—	13	11	23	1327	—	7	293	1033	—	[illegible]
47	17	13	229	7	—	1361	19	113	11	—	7	227	—	—	13	—	23	7	—	11	31	241	1021	—	7	19	37	13	1607	[illegible]
51	7	127	—	11	29	43	271	7	31	—	13	59	17	—	7	—	191	—	—	—	—	7	41	13	1163	11	19	—	7	[illegible]
53	509	17	7	1523	—	397	11	43	13	7	23	971	127	—	—	251	7	11	17	—	577	13	73	7	—	41	—	29	11	[illegible]
57	—	11	1381	—	13	37	7	—	53	—	379	43	11	7	1123	29	137	13	19	—	7	31	311	11	823	—	47	7	109	[illegible]
59	—	7	13	73	11	47	—	97	7	19	—	—	277	43	53	7	113	1181	131	17	101	—	7	37	61	281	11	23	13	[illegible]
63	23	—	—	31	109	7	—	631	67	—	11	13	7	—	17	263	—	43	1129	7	—	11	37	23	13	79	7	—	71	[illegible]
69	283	71	19	—	7	13	—	—	11	499	—	7	67	—	1361	17	31	23	7	11	73	19	293	43	—	7	61	—	1009	[illegible]
71	11	1493	29	13	17	—	7	59	269	—	31	11	19	7	—	23	13	—	—	643	7	17	11	—	101	43	137	7	—	[illegible]
77	37	—	—	139	19	7	1307	191	—	11	13	—	7	29	—	53	79	127	733	7	11	—	17	13	1013	617	7	359	—	[illegible]
81	17	29	7	—	11	19	13	821	1553	7	383	31	—	—	—	11	7	17	71	13	67	179	—	7	19	727	11	53	23	313
83	73	317	—	23	7	31	17	11	—	71	—	7	—	—	677	19	—	13	7	173	293	—	—	17	29	7	23	—	101	11
87	13	7	11	907	233	—	—	—	7	1031	—	—	29	11	1327	7	19	109	17	83	—	—	7	—	11	—	13	—	167	7
89	43	373	—	7	—	11	29	17	—	109	7	13	—	—	—	—	11	7	31	47	23	—	211	863	7	—	19	11	—	521
93	7	—	17	41	43	—	31	7	19	439	53	11	491	—	7	—	23	73	307	17	13	7	11	29	47	797	—	19	7	719
99	19	13	139	17	—	29	7	1429	47	11	23	127	41	7	13	449	577	947	—	19	7	—	991	—	—	59	—	7	53	211

	276 60	63	66	69	72	75	78	81	84	87	90	93	96	276 99	277 02
01	7	—	23	—	—	11	83	7	—	13	—	—	—	433	7
07	—	83	313	11	223	97	7	101	—	383	29	19	677	7	11
11	617	41	—	7	73	—	89	1447	107	11	7	67	13	—	—
13	—	11	1291	19	41	7	193	773	—	79	13	—	7	23	229
17	53	—	7	—	19	—	13	11	—	7	41	17	—	—	—
19	17	43	557	29	7	179	53	23	—	227	11	7	—	41	19
23	13	7	—	23	—	11	—	—	7	47	577	31	17	13	97
29	7	—	29	11	—	—	—	7	—	61	79	43	317	17	7
31	89	—	7	—	—	13	11	281	—	7	—	241	—	37	—
37	31	7	—	17	11	137	67	29	7	19	—	—	13	—	—
41	467	—	1511	71	—	7	977	479	13	139	11	1373	7	—	—
43	7	19	11	—	17	—	13	7	41	103	37	—	1237	11	7
47	1153	31	13	181	7	367	29	257	11	37	59	7	—	89	41
49	11	—	—	127	—	17	7	1061	—	491	—	11	19	7	67
53	17	113	53	7	857	—	11	331	—	13	7	379	263	19	31
59	—	17	7	13	11	19	37	47	659	7	97	—	773	23	—
61	43	13	—	937	7	—	839	11	—	1483	—	7	79	557	13
67	409	—	—	7	29	11	43	19	13	—	7	863	179	—	—
71	7	23	—	17	13	—	—	7	19	41	43	11	233	883	7
73	691	47	7	11	547	—	353	173	127	7	—	653	41	1021	11
77	19	307	—	29	17	163	7	—	97	11	—	13	—	7	73
79	367	7	—	—	—	—	787	—	7	13	17	541	11	103	199
83	37	1093	103	—	1051	7	—	11	—	—	—	19	7	—	29
89	71	—	167	19	7	11	17	—	—	—	1609	7	13	1433	1621
91	47	421	—	307	23	821	7	—	11	—	13	—	17	7	83
97	59	29	199	—	13	7	11	41	—	83	—	563	7	17	1031

	05	08	11	14	17	20	23	26	29	32	35	38	41	44	47
01	31	11	647	—	19	233	7	13	—	—	23	43	11	7	337
07	17	13	109	59	23	7	1609	—	53	—	11	127	7	31	13
11	23	31	7	37	—	11	—	409	139	7	13	113	17	—	59
13	—	17	—	61	7	47	29	19	11	—	467	7	137	1091	—
17	67	7	—	11	13	—	—	89	7	193	47	—	—	17	11
19	131	37	13	7	—	—	11	457	31	—	7	—	313	—	—
23	7	11	—	53	41	29	761	7	—	—	—	13	11	163	7
29	439	—	229	1163	—	13	7	—	67	31	11	19	—	7	—
31	101	7	11	13	17	79	—	—	7	—	29	293	1213	11	—
37	7	89	101	—	43	17	71	7	1087	—	13	11	—	19	7
41	17	—	—	1637	7	—	11	1531	43	29	509	7	—	83	19
43	487	—	—	29	13	19	7	—	499	11	43	—	—	7	23
47	13	17	—	7	11	—	19	—	83	179	7	337	971	13	43
49	—	—	41	47	977	7	101	11	23	—	—	13	7	131	29
53	—	283	7	83	23	71	131	13	41	7	127	37	367	11	89
59	11	7	—	17	—	53	1031	293	7	19	1459	11	31	29	13
61	19	73	1549	7	59	—	31	29	229	17	7	53	13	919	11
67	181	11	7	—	—	—	13	199	—	7	17	19	11	23	—
71	—	1453	13	—	383	17	7	11	—	23	347	—	19	7	—
73	13	7	—	19	—	293	37	23	7	—	11	17	—	13	83
77	—	43	—	23	19	7	17	491	—	13	1259	229	7	—	—
79	7	23	—	43	61	—	41	7	11	83	—	29	17	—	7
83	—	—	31	11	7	89	—	17	691	521	—	7	41	—	11
89	—	11	37	7	—	—	47	19	17	—	7	479	11	43	23
91	—	—	—	—	11	7	—	107	13	31	—	—	7	97	17
97	37	317	11	—	7	—	23	—	—	19	—	7	269	11	233

	276 61	64	67	70	73	76	79	82	85	88	91	94	276 97	277 00	03
01	13	11	7	—	67	1597	19	—	17	7	—	59	11	13	37
03	823	601	673	503	7	—	163	—	71	—	1163	7	29	137	17
07	29	7	911	43	1487	53	139	13	7	17	11	23	401	733	719
09	—	31	11	7	181	13	467	—	19	23	7	53	37	11	—
13	7	13	—	—	47	23	—	7	11	19	17	29	67	349	7
19	—	19	31	—	—	109	7	71	13	—	181	17	—	7	—
21	17	7	41	61	—	487	13	59	7	11	—	19	283	503	47
27	7	17	—	19	—	—	—	7	607	31	263	41	53	13	7
31	—	—	11	47	7	59	1021	—	211	13	23	7	491	11	523
33	541	337	17	67	—	11	7	13	23	29	—	—	131	7	19
37	11	433	—	7	23	37	—	—	103	691	7	11	313	431	17
39	439	13	23	11	31	7	19	67	—	107	—	—	7	47	11
43	1381	173	7	—	—	—	811	19	29	7	13	—	113	—	1559
49	97	7	37	41	13	31	—	11	7	241	—	1327	367	1091	71
51	—	59	13	7	43	17	41	—	—	19	7	—	—	23	911
57	37	19	7	1451	73	—	17	23	11	7	43	—	31	479	149
61	31	17	19	11	—	13	7	—	53	1607	743	61	29	7	11
63	—	7	—	13	—	—	11	17	7	—	—	149	19	709	53
67	61	11	17	—	71	7	83	—	—	149	—	—	7	19	—
69	7	613	—	—	11	—	827	7	17	719	13	509	89	389	7
73	1031	83	73	17	7	19	13	109	—	—	11	7	103	191	23
79	13	1229	—	7	17	151	509	41	11	53	7	—	1069	13	281
81	11	73	31	—	239	7	23	19	1319	163	17	11	7	227	—
87	23	—	—	—	7	13	1579	—	—	11	79	7	—	—	—
91	19	7	—	31	11	167	17	—	7	29	37	151	—	—	13
93	—	—	—	7	—	—	—	11	179	—	7	—	13	—	—
97	7	67	11	101	—	—	61	7	13	—	53	19	211	11	7
99	—	401	7	89	191	11	13	83	37	7	31	23	109	17	29

	06	09	12	15	18	21	24	27	30	33	36	39	42	45	48
01	421	7	23	29	—	—	587	167	7	—	17	13	349	—	—
03	11	19	—	7	31	1327	389	—	—	13	7	11	—	—	73
07	7	—	19	269	1181	13	11	7	—	—	641	17	—	631	7
09	17	1367	7	13	—	353	—	—	29	7	41	97	19	443	853
13	—	—	—	—	11	31	7	—	53	—	—	1481	13	7	109
19	43	67	11	—	—	7	13	23	—	—	743	—	7	11	—
21	7	29	17	127	13	11	—	7	—	—	—	—	31	337	7
27	—	—	587	11	991	—	7	19	43	97	—	13	29	7	11
31	29	683	41	7	—	—	1301	13	19	11	7	—	43	31	107
33	71	11	—	—	17	7	—	31	—	107	—	149	7	1601	43
37	19	13	7	—	—	—	—	11	—	7	—	29	23	67	13
39	—	—	—	1033	7	17	89	181	37	—	11	7	13	—	41
43	17	7	139	47	—	11	23	37	7	73	1367	19	79	—	—
49	7	17	13	11	29	157	83	7	—	—	53	—	283	181	7
51	13	1481	7	113	443	37	11	17	73	7	—	877	—	13	—
57	41	7	—	79	11	19	—	13	7	29	—	197	—	—	139
61	1019	677	47	13	—	7	19	—	—	419	11	23	7	—	211
63	7	13	11	—	—	97	157	7	67	17	31	179	113	11	7
67	—	37	127	131	7	23	73	—	11	1063	13	7	—	—	—
69	11	269	29	23	947	607	7	43	13	167	17	11	47	7	—
73	—	—	—	7	13	17	11	257	—	19	7	31	—	839	—
79	653	19	7	—	11	—	17	1321	—	7	—	13	—	139	97
81	53	1231	—	97	7	617	—	11	—	13	—	7	17	—	23
87	31	—	83	7	41	11	29	331	23	—	7	47	—	17	367
91	7	—	61	73	19	—	487	7	17	—	41	11	13	1237	7
93	—	—	7	11	—	—	277	163	—	7	13	359	—	31	11
97	47	31	—	—	227	29	7	251	—	11	—	—	37	7	—
99	501	7	73	569	13	—	19	317	7	233	—	—	11	—	349

	276 62	65	68	71	74	77	80	83	86	89	92	95	276 98	277 01	04
03	11	1013	13	19	241	67	7	23	17	—	463	11	337	7	359
09	89	23	1117	919	—	7	503	101	—	11	131	31	7	29	19
11	7	11	157	—	—	19	—	7	—	47	173	—	11	379	7
17	—	13	79	—	—	—	7	—	349	421	11	113	281	7	13
21	457	—	—	7	443	11	29	971	1399	613	7	17	23	—	113
23	17	349	37	1433	—	7	283	—	11	—	23	—	7	107	73
27	—	37	7	11	13	317	23	887	—	7	461	—	17	101	11
29	19	17	13	—	7	—	11	—	47	59	197	7	1301	31	—
33	23	7	683	79	509	557	41	419	7	—	821	13	11	17	271
39	7	—	859	—	157	13	43	7	—	—	11	839	19	331	7
41	1217	373	7	13	29	269	—	—	31	7	—	—	—	11	1123
47	11	7	701	—	17	—	197	47	7	23	13	11	67	613	19
51	—	—	131	29	431	7	11	—	—	31	—	—	7	53	79
53	7	887	1213	23	13	17	19	7	1499	11	97	—	139	37	7
57	13	41	1039	—	7	61	—	19	—	—	—	7	37	13	29
59	—	953	—	59	41	—	7	11	29	—	—	13	163	7	—
63	—	17	11	7	31	—	1549	13	—	73	7	—	757	11	59
69	11	13	7	1237	83	107	—	29	997	7	19	11	397	—	13
71	103	19	1619	11	7	—	—	—	17	193	1187	7	13	—	11
77	—	11	23	7	—	251	13	37	—	17	7	—	11	577	337
81	7	—	13	271	17	43	37	7	—	127	—	109	31	19	7
83	13	—	7	53	19	47	31	43	449	7	11	61	223	13	367
87	—	967	—	449	397	11	7	113	199	13	47	29	—	7	509
89	61	7	103	—	37	29	97	13	7	—	—	17	—	23	—
93	—	—	—	11	199	7	17	31	59	23	239	—	7	61	11
99	199	11	61	23	7	—	223	17	19	1553	13	7	11	—	—

	07	10	13	16	19	22	25	28	31	34	37	40	43	46	49
03	13	—	151	—	307	7	229	11	853	—	17	59	7	13	31
09	937	103	—	—	7	11	373	13	1201	23	173	7	—	71	—
11	17	—	401	—	71	13	7	23	11	19	859	—	—	7	181
17	257	17	53	29	1069	7	11	37	41	151	401	211	7	107	—
21	631	11	7	107	137	1663	37	79	13	7	—	151	11	17	41
23	—	—	17	—	7	241	13	59	—	47	109	7	19	—	29
27	239	7	13	71	31	—	67	—	7	1423	11	—	—	19	17
29	13	1489	11	7	19	113	—	—	191	409	7	1249	23	11	—
33	7	—	—	37	—	19	—	7	11	13	67	157	823	29	7
39	41	—	23	13	277	—	7	—	131	—	619	—	—	7	67
41	23	7	—	41	751	17	1223	19	7	11	1009	71	61	491	13
47	7	61	829	137	—	—	17	7	13	—	—	—	41	593	7
51	19	17	11	43	7	307	97	109	89	223	281	7	197	11	61
53	—	59	13	181	53	11	7	17	—	79	19	23	—	7	—
57	11	—	17	7	—	—	359	23	101	43	7	11	59	73	—
59	127	31	19	11	—	7	223	47	17	13	—	43	7	379	11
63	1087	23	7	17	—	13	1283	103	439	7	29	—	47	829	37
69	—	7	31	—	17	199	—	11	7	523	79	383	13	—	19
71	—	461	89	7	—	19	—	41	—	—	7	—	37	67	—
77	241	983	7	449	13	953	47	61	11	7	23	17	109	—	619
81	13	—	—	11	463	—	7	—	389	103	73	47	—	7	11
83	—	7	—	239	23	83	11	—	7	37	769	13	17	—	647
87	23	11	97	—	197	7	59	13	37	19	31	1303	7	—	1223
89	7	593	—	1297	11	13	53	7	71	73	—	—	—	17	7
93	—	13	43	—	7	—	—	29	17	313	11	7	—	1483	13
99	—	113	79	7	—	31	613	709	11	17	7	23	19	—	1583

	277 50	53	56	59	62	65	68	71	74	77	80	83	86	89	92	95	277 98	278 01	04	07	10	13	16	19	22	25	28	31	34	37
01	—	17	383	107	307	7	—	577	11	37	61	71	7	—	—	—	31	—	13	7	—	—	47	—	—	—	7	19	53	227
07	19	251	17	—	7	1097	11	—	—	29	241	7	13	—	379	—	—	11	7	17	—	—	283	67	373	7	37	—	11	31
11	—	7	—	—	1129	53	43	—	7	167	—	47	11	—	17	7	—	31	127	443	19	13	7	11	—	37	29	—	—	7
13	569	—	—	7	11	283	13	—	43	191	7	19	1259	—	877	11	1399	7	—	13	17	—	211	—	7	181	11	67	71	23
17	7	61	13	157	—	37	—	7	29	—	11	1553	19	—	7	13	347	97	83	167	—	7	—	53	—	23	223	—	7	—
19	13	71	7	19	17	—	97	547	239	7	—	251	—	11	43	431	7	—	—	—	—	17	19	7	11	887	13	89	—	53
23	677	—	491	587	19	113	7	281	11	13	—	—	31	7	373	1291	17	—	43	11	7	193	13	19	1667	—	47	7	—	79
29	17	29	37	13	1487	7	11	691	83	—	47	—	7	23	—	19	13	11	101	7	—	—	—	—	43	31	7	71	11	13
31	7	13	571	—	157	1181	17	7	73	11	971	23	53	499	7	563	61	—	71	31	11	7	313	17	29	19	43	13	7	—
37	37	31	—	499	97	23	7	11	13	1033	41	409	199	7	—	—	1481	19	11	131	7	13	—	—	17	941	251	7	23	11
41	—	23	11	7	13	—	—	—	—	—	7	—	131	11	191	—	41	7	19	17	31	571	101	29	7	47	—	1091	271	—
43	—	257	13	—	47	7	—	—	17	19	307	—	7	1543	31	13	11	29	—	7	113	—	23	439	83	17	7	11	13	173
47	11	—	7	17	139	29	73	53	—	7	19	11	—	757	—	827	7	71	23	229	17	—	11	7	13	41	—	677	—	19
49	659	19	—	11	7	211	—	—	71	13	—	7	—	53	11	59	23	—	7	83	19	—	13	—	73	7	17	31	29	—
53	311	7	19	103	17	13	137	709	7	11	443	—	23	97	—	7	29	—	13	—	11	17	7	937	233	53	59	—	157	7
59	7	—	41	—	—	17	23	7	877	557	233	43	13	19	7	89	—	647	11	367	—	7	17	—	47	13	—	29	7	11
61	1151	457	7	47	19	41	661	—	1579	7	11	17	163	43	—	—	7	—	757	—	—	11	31	7	643	71	—	23	17	311
67	—	7	—	29	13	191	—	443	7	—	—	37	17	—	41	7	103	13	—	11	—	23	7	1151	269	—	193	—	1171	7
71	13	313	1033	11	863	7	—	17	673	—	37	97	7	13	11	—	19	23	787	7	29	67	1123	31	17	11	7	149	661	—
73	7	167	—	1613	1423	223	11	7	—	991	—	13	—	17	7	23	—	11	47	—	—	7	59	41	13	43	19	—	7	—
77	127	11	29	1217	7	31	1297	13	17	1009	743	7	11	61	—	269	—	—	7	—	13	—	—	11	71	7	—	19	—	41
79	1361	101	47	823	11	13	7	1123	37	23	—	127	479	7	17	11	1223	—	13	—	7	—	107	149	—	29	11	7	491	—
83	19	13	61	7	131	23	—	37	—	17	7	—	107	29	13	139	1153	7	31	19	59	11	—	—	7	1277	17	13	23	67
89	31	—	7	—	—	—	41	59	11	7	17	19	—	—	—	1453	7	271	149	11	—	13	23	7	29	547	1019	17	757	—
91	11	—	19	—	7	37	13	1381	—	41	—	7	67	233	367	173	17	47	7	13	23	19	11	—	—	7	433	—	61	241
97	13	47	—	7	79	71	43	31	719	11	7	769	—	13	23	—	67	7	41	—	11	—	37	1051	7	—	13	139	—	29

	277 51	54	57	60	63	66	69	72	75	78	81	84	87	90	93	96	277 99	278 02	05	08	11	14	17	20	23	26	29	32	35	38
01	7	163	—	—	11	127	47	7	—	13	23	—	17	—	7	11	953	29	—	—	557	7	13	—	41	—	11	733	7	17
03	—	17	7	—	—	19	61	11	23	7	457	29	43	659	—	—	7	—	11	277	13	1039	—	7	19	1307	—	41	—	11
07	—	37	11	13	23	523	7	97	31	103	—	1163	227	7	547	839	13	—	—	61	7	709	—	109	11	19	83	7	29	13
09	89	7	17	59	—	11	—	653	7	397	—	101	1439	113	13	7	11	—	43	17	—	1213	7	—	67	23	563	11	313	7
13	11	41	—	—	71	7	149	—	61	—	13	11	7	—	17	—	73	19	37	7	307	23	11	13	1459	—	7	—	—	739
19	—	59	—	31	7	47	311	—	409	11	41	7	1471	359	137	17	83	13	7	617	11	29	167	—	—	7	139	—	19	107
21	19	11	13	131	17	—	7	601	—	—	—	—	11	7	727	13	37	53	—	19	7	17	103	11	107	293	—	7	13	—
27	1093	397	163	—	907	7	—	23	—	13	11	19	7	139	—	47	853	101	—	7	653	11	13	59	797	997	7	—	—	937
31	17	—	7	23	937	11	83	—	—	7	—	439	19	—	29	—	7	17	13	—	47	227	—	7	—	—	23	11	41	31
33	53	23	—	13	7	1013	17	—	11	—	59	7	61	37	179	—	13	—	7	11	—	—	19	17	23	7	79	947	109	13
37	—	7	—	11	19	1061	271	317	7	—	919	31	13	73	11	7	173	1301	17	—	23	59	7	19	—	11	—	181	—	7
39	197	61	—	7	109	31	11	17	—	—	7	—	—	269	19	163	—	7	23	29	—	101	389	13	7	97	—	83	11	71
43	7	11	17	97	—	41	13	7	59	43	—	71	11	103	7	19	—	—	1627	13	—	7	—	11	31	—	317	—	7	37
49	13	—	787	17	269	—	7	19	23	37	11	379	139	7	41	43	—	277	29	47	7	11	—	—	—	—	13	7	—	—
51	31	7	11	—	—	—	23	—	7	17	—	13	29	11	—	7	131	19	193	1019	191	—	7	89	11	101	17	37	163	7
57	7	—	137	503	—	13	—	7	—	19	17	11	83	31	7	—	1409	59	13	53	599	7	11	23	271	691	41	17	7	47
61	—	13	—	—	7	17	11	—	79	173	19	7	599	—	13	103	—	11	7	23	89	373	17	—	—	7	367	13	11	19
63	—	19	1451	—	59	29	7	83	599	11	311	17	13	7	—	—	1489	23	61	293	7	—	593	—	37	13	31	7	17	43
67	41	109	19	7	11	—	17	—	13	727	7	—	1187	23	31	11	107	7	47	701	619	13	29	17	7	—	11	—	257	281
69	1039	—	53	41	37	7	13	11	31	73	181	23	7	—	461	—	29	733	11	7	—	—	907	—	821	1031	7	1193	307	11
73	—	107	7	37	29	—	—	17	—	7	—	1493	941	11	53	13	7	—	71	—	61	769	67	7	11	457	—	31	13	—
79	11	7	43	241	163	19	—	563	7	13	421	11	—	197	739	7	181	103	41	79	37	223	7	631	19	17	67	1217	—	7
81	—	37	—	7	43	67	—	13	—	29	7	—	47	211	11	19	—	7	353	1061	13	41	23	—	7	11	—	—	—	79
87	—	11	7	53	487	—	—	19	491	7	43	59	11	349	13	17	7	239	37	—	29	—	233	7	167	73	19	13	457	—
91	79	47	991	—	31	193	7	11	19	337	13	89	23	7	43	53	—	37	11	—	7	—	59	13	—	—	—	7	1483	11
93	—	7	29	127	1187	1303	73	—	7	827	11	521	—	67	193	7	17	433	19	97	—	11	7	503	61	—	—	47	—	7
97	19	131	439	331	13	7	23	809	—	59	—	17	7	—	397	1559	11	13	—	7	43	—	—	—	—	127	7	11	17	23
99	7	—	13	1021	23	—	—	7	11	383	19	31	—	29	7	13	157	17	—	11	—	7	43	—	113	353	—	23	7	19

	277 52	55	58	61	64	67	70	73	76	79	82	85	88	91	94	277 97	278 00	03	06	09	12	15	18	21	24	27	30	33	36	39
03	23	29	191	11	7	1049	—	—	—	—	—	7	17	41	11	—	47	—	7	419	—	—	—	23	13	7	43	113	—	17
09	47	11	251	7	73	13	—	—	—	—	7	79	11	17	577	61	53	7	13	—	—	673	19	11	7	—	—	241	97	—
11	1553	1201	17	13	11	7	29	—	977	223	283	691	7	19	—	11	13	97	59	7	—	79	53	—	—	41	7	—	—	13
17	1289	—	11	17	7	19	263	—	127	23	13	7	673	11	—	—	641	29	7	31	17	89	—	13	11	7	—	—	1181	37
21	—	7	89	109	—	23	13	31	7	—	853	—	251	263	83	7	59	659	—	11	—	—	7	229	—	19	—	—	23	7
23	11	31	41	7	13	53	71	787	—	37	7	11	—	347	—	863	19	7	—	—	1427	17	11	—	7	—	23	—	29	—
27	7	—	1109	59	—	—	11	7	37	83	—	—	—	13	7	—	17	11	89	499	31	7	23	—	409	—	13	359	7	—
29	151	227	7	—	1523	17	—	—	19	7	29	13	—	—	31	97	7	—	173	61	11	139	17	7	13	47	37	19	179	523
33	17	73	31	—	11	—	7	13	—	19	—	—	—	7	199	11	23	17	997	—	7	191	251	103	653	37	11	7	19	—
39	53	13	11	79	—	7	—	—	911	29	23	—	7	11	13	31	—	—	17	7	19	61	179	—	11	283	7	13	193	—
41	7	103	—	29	1171	11	53	7	23	31	—	19	13	79	7	—	11	181	—	157	463	7	569	37	17	13	—	11	7	41
47	—	1663	23	11	751	—	7	293	17	151	281	—	89	7	11	—	—	211	—	13	7	421	19	—	47	11	—	7	—	—
51	229	—	13	7	19	—	353	67	—	11	7	151	—	—	751	13	467	7	311	—	11	23	71	19	7	103	173	449	13	47
53	13	11	271	563	31	7	41	—	47	17	227	173	7	13	19	83	—	—	269	7	37	479	—	11	449	29	7	—	89	229
57	—	53	7	—	17	107	—	11	—	7	—	67	41	29	79	19	7	—	11	37	487	17	13	7	211	—	461	131	—	11
59	37	—	—	103	7	331	19	13	1483	—	11	7	191	23	1087	41	73	31	7	1091	13	11	683	—	79	7	1163	17	—	—
63	43	7	—	13	239	11	503	19	7	23	—	271	—	—	—	7	11	151	1103	53	1637	41	7	—	29	89	19	11	—	7
69	7	—	337	11	179	—	17	7	—	—	13	491	71	353	7	—	37	—	19	67	113	7	1033	13	—	11	23	61	7	109
71	29	23	7	61	—	79	11	47	13	7	587	709	17	—	1297	—	7	11	—	—	—	13	1063	7	23	—	1373	—	11	17
77	—	7	13	89	11	103	193	167	7	—	—	29	—	17	37	7	—	1597	23	227	19	—	7	1487	151	31	11	—	13	7
81	—	101	19	—	59	7	139	41	17	—	11	13	7	31	23	—	503	431	43	7	53	11	607	281	13	17	7	67	29	71
83	7	—	11	—	1031	—	67	7	163	13	41	—	19	11	7	—	—	167	—	89	43	7	13	—	11	—	53	151	7	271
87	89	307	71	101	7	13	79	—	11	17	29	7	127	19	—	—	41	191	7	11	353	1439	—	—	43	7	17	47	—	103
89	11	293	—	13	19	—	7	773	—	1637	67	11	1667	7	—	17	13	233	137	41	7	—	11	19	—	—	43	7	—	13
93	—	—	23	7	—	19	11	211	31	—	7	47	13	—	—	—	89	7	—	—	—	29	107	—	7	13	463	17	11	967
99	—	—	7	29	11	—	13	101	—	7	—	17	173	1613	1093	11	7	—	97	13	641	31	347	7	59	1481	11	37	17	—

	278 40	43	46	49	52	55	58	61	64	67	70	73	76	79	82	85	88	91	94	278 97	279 00	03	06	09	12	15	18	21	24	27
01	11	13	223	7	—	17	199	151	41	43	7	11	—	103	13	113	19	7	167	—	—	367	11	—	7	—	29	13	—	83
07	—	—	7	263	—	23	17	857	13	7	151	—	419	—	1399	43	7	41	—	—	11	13	409	7	83	71	—	19	23	149
11	821	17	829	—	11	—	7	71	—	19	263	613	151	7	773	11	509	13	17	43	7	—	281	41	23	29	11	7	19	—
13	19	7	13	—	59	—	—	11	7	97	—	1367	31	37	—	7	—	277	11	19	557	43	7	631	17	—	41	271	13	7
17	31	19	11	—	1307	7	1373	29	—	137	—	13	7	11	—	59	—	—	23	7	19	127	67	1031	11	43	7	113	433	—
19	7	29	—	499	—	11	173	7	17	13	—	19	—	—	7	103	11	—	109	397	—	7	13	149	263	17	317	11	7	337
23	11	181	59	17	7	13	461	1063	—	293	—	7	19	31	617	—	—	—	7	1303	17	61	11	—	71	7	67	—	—	37
29	29	—	—	7	17	1289	23	—	—	11	7	—	13	929	659	—	—	7	97	—	11	17	—	19	7	13	31	47	—	23
31	139	11	337	1607	23	7	47	97	—	67	13	—	7	—	19	—	—	149	953	7	31	—	151	11	59	—	7	17	—	89
37	53	—	31	—	7	29	19	37	—	607	11	7	1039	67	149	613	587	13	7	877	1163	11	1187	307	—	7	—	—	17	—
41	13	7	839	—	—	11	17	19	7	—	79	1601	53	13	71	7	11	23	—	1621	—	31	7	17	—	—	13	11	1297	7
43	—	251	—	7	1129	71	—	1229	11	—	7	13	17	73	1093	23	29	7	53	11	79	47	—	—	7	61	—	—	151	17
47	7	—	—	11	29	673	—	7	233	59	1319	23	43	—	7	109	97	823	19	—	13	7	—	37	17	11	47	—	7	—
49	—	—	7	—	37	13	11	109	149	7	—	—	—	17	43	—	7	11	13	1549	281	67	—	7	857	—	—	29	11	—
53	—	11	—	37	41	23	7	—	17	—	19	197	11	7	13	29	31	547	43	181	7	491	—	11	—	17	389	7	23	19
59	—	—	19	149	71	7	—	163	13	17	11	73	7	41	479	277	61	523	—	7	37	11	23	419	43	—	7	—	—	31
61	7	37	11	—	—	1669	13	7	—	127	—	—	19	11	7	17	41	—	59	13	23	7	331	31	11	—	43	—	7	67
67	11	—	29	97	19	31	7	1259	113	787	73	11	461	7	23	—	17	—	37	—	7	251	11	19	—	41	13	7	241	—
71	—	—	79	7	379	19	11	197	—	13	7	17	107	—	193	911	59	7	827	29	163	71	13	—	7	271	83	—	11	—
73	17	—	53	—	—	7	—	13	23	11	—	—	7	29	—	19	1151	17	31	7	11	103	—	193	1321	233	7	—	—	—
77	1427	29	7	13	11	—	31	—	—	7	103	—	17	—	53	11	7	—	—	—	—	83	1231	7	257	—	11	23	—	13
79	31	13	23	—	7	—	—	11	—	—	709	7	257	1429	13	37	593	113	7	47	53	607	—	—	29	7	19	13	439	11
83	—	7	11	127	1097	43	101	—	7	—	13	—	29	11	37	7	83	137	—	31	113	23	7	13	11	—	277	19	—	7
89	7	31	—	67	13	—	1187	7	47	—	139	11	—	79	7	23	—	13	—	19	—	7	11	29	977	—	881	—	7	131
91	—	167	7	11	739	—	—	73	—	7	19	89	37	23	11	13	7	29	—	—	17	—	617	7	223	11	31	—	13	19
97	—	7	19	—	17	—	367	23	7	13	—	167	11	839	—	7	1489	—	47	43	283	17	7	11	—	—	—	89	29	7

	278 41	44	47	50	53	56	59	62	65	68	71	74	77	80	83	86	89	92	95	278 98	279 01	04	07	10	13	16	19	22	25	28
01	61	83	—	19	—	7	—	11	89	1153	59	67	7	337	—	1229	17	109	11	7	—	—	19	43	73	439	7	31	37	11
03	7	23	47	13	79	17	—	7	—	37	11	—	—	19	7	—	13	—	—	71	—	7	17	919	23	43	1009	83	7	13
07	17	71	—	41	7	11	—	47	37	31	—	7	13	—	19	67	11	17	7	569	23	—	—	—	79	7	—	11	1051	43
09	—	1319	157	31	53	19	7	—	11	—	13	—	641	7	—	997	137	211	23	11	7	29	83	13	19	103	37	7	—	—
13	—	17	—	7	—	—	13	—	—	29	7	563	41	331	11	1523	53	7	17	13	—	373	31	1531	7	11	—	—	—	1193
19	13	11	7	—	31	37	1489	—	23	7	—	—	11	13	271	—	7	19	71	17	29	41	47	7	211	571	13	—	61	257
21	43	47	67	—	7	137	23	—	17	71	—	7	83	—	29	11	373	257	7	—	419	—	—	37	13	7	11	19	—	23
27	19	479	11	7	229	13	43	83	—	17	7	31	—	11	—	—	—	7	13	19	881	1193	109	23	7	29	17	103	131	—
31	7	13	37	—	17	—	61	7	11	223	43	1493	167	29	7	1321	103	53	283	11	19	7	101	—	—	—	157	13	7	—
33	11	41	7	—	—	—	1559	29	139	7	17	11	13	—	—	—	7	23	347	619	37	461	11	7	31	13	71	17	97	—
37	—	283	1013	—	113	17	7	41	13	601	163	661	19	7	—	89	43	11	1619	37	7	13	17	—	29	—	—	7	11	641
39	37	7	509	19	—	—	13	131	7	11	41	17	—	601	67	7	—	—	29	13	11	719	7	—	—	—	59	769	17	7
43	53	557	13	—	11	7	17	23	397	—	—	—	7	1301	—	11	41	233	599	7	—	601	43	17	443	31	7	409	13	—
49	—	23	11	233	7	—	599	17	401	13	—	7	—	11	—	19	37	29	7	—	—	—	13	163	11	7	—	—	43	773
51	59	31	599	—	—	11	7	13	—	179	61	29	—	7	1021	47	11	—	—	1291	7	—	23	—	53	19	97	7	41	379
57	—	13	—	11	—	7	683	—	1483	89	—	107	7	—	11	193	23	19	349	7	—	443	29	—	—	11	7	13	—	127
61	397	53	7	179	47	709	—	1213	—	7	13	—	23	37	137	—	7	269	19	—	11	—	113	7	401	—	17	—	—	—
63	811	11	359	227	7	41	—	53	13	19	23	7	11	263	281	17	653	—	7	431	853	13	257	11	—	7	—	31	19	—
67	—	7	571	43	13	—	23	11	7	—	17	41	—	1033	—	7	439	13	11	53	103	29	7	1459	—	1571	—	17	199	7
69	—	19	13	7	23	43	71	829	—	31	7	37	—	—	41	13	17	7	79	139	19	11	—	—	7	53	—	23	13	197
73	7	—	19	29	1327	11	—	7	—	43	37	13	541	131	7	73	11	—	—	47	41	7	89	23	13	—	—	11	7	157
79	487	—	53	11	—	13	7	157	—	227	31	—	17	7	11	43	—	23	13	83	7	—	—	127	—	11	—	7	179	17
81	—	7	173	13	19	101	11	—	7	191	—	—	—	—	73	7	13	11	17	—	—	—	7	19	109	—	—	—	11	7
87	7	1237	17	—	11	61	—	7	—	23	13	577	227	47	7	11	—	31	—	17	—	7	97	13	—	37	11	181	7	79
91	97	—	—	—	7	23	13	29	727	83	11	7	199	—	17	643	19	1049	7	13	—	11	563	—	37	7	—	43	23	—
93	103	29	11	17	13	37	7	19	157	41	1049	311	509	7	—	—	89	13	—	—	7	1171	823	—	11	1103	19	7	107	43
97	13	1583	47	7	37	—	—	61	11	277	7	—	73	13	1609	17	—	7	29	11	—	—	23	—	7	—	13	19	997	—
99	11	761	137	—	17	7	127	1619	421	53	79	11	7	71	59	—	179	—	19	7	23	17	11	1487	13	—	7	—	47	313

	278 42	45	48	51	54	57	60	63	66	69	72	75	78	81	84	87	90	93	96	278 99	279 02	05	08	11	14	17	20	23	26	29
03	19	—	7	107	199	—	11	13	881	7	173	—	67	89	—	797	7	11	227	19	13	37	239	7	41	59	131	—	11	29
09	17	7	43	257	11	—	—	1021	7	—	23	19	59	31	13	7	67	17	—	499	—	109	7	—	—	—	11	13	859	7
11	317	1303	19	7	43	29	17	11	23	659	7	—	13	109	1409	101	—	7	11	37	83	19	61	17	7	13	—	—	191	11
17	—	—	7	71	41	11	13	17	—	7	43	61	827	19	—	83	7	101	—	13	31	79	1511	7	17	23	1129	11	—	1433
21	11	617	13	1429	29	—	7	—	31	73	41	11	857	7	19	13	1069	—	—	17	7	23	11	—	61	—	103	7	13	97
23	13	7	31	11	—	19	239	89	7	—	83	47	113	13	11	7	37	197	97	23	—	59	7	—	19	11	13	29	53	7
27	—	541	—	17	977	7	19	—	863	11	—	—	7	61	—	23	47	—	—	7	11	31	13	557	463	19	7	227	67	71
29	7	11	79	—	103	83	379	7	59	17	—	—	11	23	7	31	19	—	—	—	13	7	41	11	—	967	17	1303	7	883
33	47	—	61	13	7	53	269	11	—	23	—	7	283	—	—	167	13	19	7	59	—	17	79	479	449	7	29	—	41	11
39	—	—	983	7	—	11	59	—	29	19	7	137	37	431	—	449	11	7	1499	—	89	241	17	13	7	73	23	11	19	—
41	19	23	29	443	1301	7	—	193	11	1279	31	17	7	197	163	67	97	—	263	7	809	13	—	—	23	101	7	—	17	53
47	107	—	13	449	7	401	11	—	41	—	37	7	17	29	—	13	127	11	7	67	547	—	509	31	73	7	173	101	11	17
51	137	7	389	1487	—	—	53	17	7	37	—	13	11	1171	23	7	1559	—	631	—	—	317	7	11	13	—	—	—	373	7
53	—	—	—	7	11	31	61	—	337	13	7	—	23	17	—	11	353	7	293	223	—	137	13	67	7	47	11	37	907	101
57	7	—	—	—	19	13	1093	7	17	—	11	—	29	457	7	139	—	179	13	61	—	7	—	19	31	17	37	—	7	—
59	—	1567	7	13	751	—	23	37	—	7	—	—	—	11	17	661	7	311	31	1597	—	401	—	7	11	239	41	67	—	13
63	—	—	23	367	—	—	7	—	11	17	191	719	13	7	47	19	—	251	1223	11	7	—	73	29	—	13	17	7	—	857
69	41	—	229	73	—	7	11	19	—	—	17	89	7	223	—	—	—	11	—	7	653	—	251	37	—	367	7	17	11	751
71	7	—	—	41	13	181	929	7	557	11	—	—	521	31	7	983	17	13	1097	173	11	7	—	353	47	199	—	139	7	233
77	17	439	73	—	1381	79	7	11	47	19	29	13	41	7	157	233	—	17	11	643	7	37	59	61	13	—	31	7	19	11
81	—	—	11	7	359	—	—	13	—	—	7	181	17	11	31	—	—	7	41	311	13	1217	107	—	7	79	197	29	739	17
83	—	17	—	193	—	7	—	—	31	59	103	—	7	941	—	—	11	107	13	7	19	29	—	—	—	—	7	11	23	1621
87	11	13	7	—	—	521	769	107	53	7	131	11	83	17	13	211	7	—	1091	73	59	19	11	7	23	61	—	13	—	—
89	151	61	17	11	7	89	—	—	331	617	—	7	13	199	11	1013	—	383	7	17	—	31	23	47	787	7	—	—	109	—
93	43	7	151	787	223	67	79	59	7	11	—	—	109	19	17	7	71	37	23	—	11	13	7	—	—	1039	53	173	47	7
99	7	—	13	61	41	19	43	7	—	67	—	733	23	—	7	13	—	—	11	331	—	7	31	—	19	—	—	—	7	11

	279 30	33	36	39	42	45	48	51	54	57	60	63	66	69	72	75	78	81	84	87	90	93	96	279 99	280 02	05	08	11	14	17
01	59	7	149	11	23	19	1093	—	7	17	13	61	1399	—	11	7	101	79	31	41	—	53	7	13	19	11	17	23	—	7
07	7	11	—	37	13	—	—	7	353	139	17	137	11	367	7	—	19	13	101	—	673	7	—	11	73	—	337	17	7	—
11	13	431	37	—	7	17	—	11	—	941	—	7	—	13	—	541	557	19	7	31	109	311	17	—	29	7	13	—	251	11
13	—	131	1061	241	53	73	7	439	19	—	11	13	109	7	—	23	—	—	29	—	7	11	571	—	13	—	179	7	17	—
17	—	31	41	7	—	11	17	13	—	19	7	23	—	163	—	—	11	7	79	37	13	71	683	17	7	1103	1213	11	19	47
19	19	—	127	487	—	7	659	—	11	23	—	229	7	—	929	1171	—	—	13	7	59	223	53	—	—	—	7	—	79	17
23	—	13	7	11	—	23	271	17	—	7	619	41	—	47	11	—	7	29	709	191	19	97	73	7	17	11	—	13	23	907
29	67	7	991	73	—	—	113	43	7	103	313	—	11	—	—	7	37	—	59	—	41	13	7	11	1567	17	163	31	29	7
31	839	163	761	7	11	53	13	463	—	43	7	1033	181	257	17	11	1489	7	443	13	23	31	19	41	7	—	11	727	—	71
37	13	—	7	31	29	—	61	47	—	7	—	—	113	11	19	17	7	—	—	—	—	211	—	7	11	109	13	—	101	—
41	—	—	457	—	—	—	7	349	11	13	17	—	47	7	—	19	—	—	181	11	7	29	13	—	—	—	239	7	—	—
43	11	7	—	—	—	—	19	13	7	389	—	11	223	—	131	7	17	—	293	—	13	43	7	347	271	19	—	59	—	7
47	53	—	—	13	23	7	11	19	61	167	79	17	7	1601	—	563	13	11	1097	7	137	383	—	—	—	43	7	23	11	13
49	7	13	23	—	—	—	53	7	1217	11	191	37	—	—	7	—	—	17	—	71	11	7	47	809	—	23	29	13	7	31
53	73	71	179	151	7	—	1489	761	—	—	13	7	17	1553	29	11	67	31	7	167	—	23	461	13	113	7	11	47	89	17
59	1307	—	11	7	13	829	83	—	—	137	7	47	59	11	—	23	691	7	—	—	67	787	173	—	7	29	—	37	—	19
61	409	19	13	1567	—	7	97	107	37	277	239	—	7	23	619	13	11	—	—	7	19	—	—	61	31	—	7	11	13	353
67	—	29	43	11	7	—	31	23	—	13	151	7	19	—	11	—	—	—	7	—	17	47	13	—	—	7	953	83	769	—
71	—	7	239	23	—	13	43	503	7	11	397	1471	151	19	293	7	73	—	13	53	11	—	7	1193	37	31	23	179	67	7
73	—	11	—	7	17	37	139	67	43	443	7	—	11	151	—	1069	13	7	257	31	—	17	83	11	7	53	—	131	—	13
77	7	—	79	89	37	19	241	7	—	—	41	193	13	—	7	97	17	—	11	—	23	7	727	—	19	13	—	311	7	11
79	1019	31	7	677	97	17	—	269	59	7	11	67	79	41	43	19	7	83	23	197	193	11	17	7	947	773	71	—	—	191
83	17	—	53	61	—	11	7	181	71	1433	—	29	641	7	23	103	11	17	43	13	7	37	1409	229	—	—	—	7	—	—
89	13	17	31	11	—	7	59	—	19	1109	337	1493	7	13	11	—	—	503	17	7	53	151	29	—	43	11	7	19	41	—
91	7	—	—	—	47	997	11	7	—	—	—	13	661	271	7	179	29	11	19	37	—	7	151	—	13	331	43	31	7	23
97	23	373	83	109	11	13	7	977	17	31	19	—	557	7	457	11	71	761	13	479	7	—	241	23	107	17	11	7	59	19

	279 31	34	37	40	43	46	49	52	55	58	61	64	67	70	73	76	79	82	85	88	91	94	279 97	280 00	03	06	09	12	15	18
01	—	13	—	7	—	41	263	—	—	179	7	19	—	1223	13	29	—	7	419	23	17	11	271	—	7	—	1307	13	31	—
03	—	1493	11	—	—	7	191	61	41	17	—	—	7	11	—	59	37	23	—	7	—	19	31	—	11	13	7	67	151	—
07	—	—	7	19	17	—	—	277	11	7	31	643	—	23	41	37	7	—	877	11	61	13	19	7	47	—	29	503	1249	163
09	11	43	59	47	7	1051	13	—	971	—	17	7	—	19	—	1481	463	41	7	13	29	—	11	509	—	7	251	17	—	89
13	229	7	13	1249	—	17	11	23	7	61	89	97	809	59	19	7	—	11	—	1051	—	—	7	31	79	181	421	263	11	7
19	7	23	1153	—	11	31	17	7	683	13	73	43	37	—	7	11	—	113	—	29	—	7	13	17	23	19	11	—	7	—
21	—	281	7	607	—	307	—	11	—	7	53	563	17	29	227	431	7	163	11	—	13	167	23	7	—	—	—	—	73	11
27	467	7	47	41	859	11	293	—	7	73	37	—	31	17	13	7	11	883	—	43	599	317	7	71	29	—	—	11	53	7
31	11	67	—	—	—	7	—	47	17	19	13	11	7	—	269	233	139	353	277	7	—	—	11	13	—	17	7	1019	19	83
33	7	—	—	11	89	331	29	7	13	59	23	—	41	61	7	1637	349	—	313	19	—	7	—	—	—	11	787	37	7	—
37	599	19	—	911	7	53	23	—	—	11	659	7	—	31	—	—	127	13	7	—	11	103	619	29	83	7	17	—	197	23
39	1231	11	13	139	23	—	7	31	211	347	—	19	11	7	—	13	—	29	—	157	7	41	179	11	—	—	107	7	13	541
43	23	89	167	7	—	29	37	11	—	67	7	13	19	—	199	61	79	7	11	83	—	—	47	23	7	—	31	17	—	11
49	—	107	7	601	19	11	47	97	31	7	199	17	167	67	83	211	7	23	13	—	—	—	—	7	353	131	—	11	17	1069
51	17	—	31	13	7	109	73	601	11	1117	29	7	—	1447	19	23	13	17	7	11	—	—	—	—	173	7	—	—	643	13
57	—	17	191	7	—	—	11	41	—	23	7	131	53	—	—	31	47	7	17	601	—	29	—	13	7	19	—	—	11	—
61	7	11	101	31	83	23	13	7	—	29	43	883	11	17	7	673	—	—	1021	13	37	7	463	11	53	241	19	59	7	227
63	47	37	7	23	11	137	—	491	—	7	—	307	43	—	—	11	7	13	233	17	—	—	487	7	239	—	11	97	31	—
67	13	—	401	337	73	47	7	—	—	487	11	—	—	7	17	—	31	797	19	—	7	11	23	1627	743	67	13	7	809	457
69	293	7	11	17	67	983	673	—	7	19	31	13	737	11	29	7	409	—	37	—	17	—	7	—	11	41	—	1609	19	7
73	—	59	29	1487	1543	7	101	13	11	—	19	347	7	—	—	17	23	37	523	7	13	61	43	—	—	103	7	—	—	19
79	—	13	19	—	7	919	11	—	89	—	23	7	—	29	13	—	17	11	7	1063	47	19	—	—	—	7	—	13	11	1049
81	—	—	41	103	127	17	7	29	23	11	—	523	13	7	—	37	223	—	383	743	7	859	17	59	439	13	—	7	107	1451
87	157	1049	23	757	19	7	13	11	709	—	59	41	7	107	—	359	67	1307	11	7	—	191	—	17	131	23	7	—	—	11
91	—	17	7	107	347	19	29	—	53	7	719	947	101	11	—	13	7	41	17	71	491	23	—	7	11	137	—	103	13	—
93	13	283	—	—	7	11	—	17	—	613	71	7	37	13	47	19	11	—	7	23	41	—	—	547	17	7	13	11	—	29
97	11	7	17	43	—	409	—	—	7	13	223	11	—	139	101	7	19	29	—	17	—	—	7	179	—	173	41	1327	—	7
99	73	—	89	7	—	43	877	13	17	—	7	29	653	23	11	—	—	7	—	—	13	—	563	97	7	11	19	—	—	37

	279 32	35	38	41	44	47	50	53	56	59	62	65	68	71	74	77	80	83	86	89	92	95	279 98	280 01	04	07	10	13	16	19
03	7	31	1399	13	—	—	—	7	19	11	—	—	—	1031	7	109	13	—	—	—	11	7	—	—	—	—	—	19	7	13
09	19	—	—	23	17	839	7	11	37	53	13	—	197	7	31	43	61	73	11	19	7	17	—	13	157	—	23	7	113	11
11	71	7	—	—	29	—	41	—	7	—	11	1249	547	47	—	7	—	43	—	569	—	11	7	373	23	139	37	17	—	7
17	7	1229	13	—	59	—	37	7	11	—	829	17	—	—	7	13	73	—	23	11	—	7	—	43	137	653	—	—	7	—
21	569	223	47	11	7	37	17	—	—	31	—	7	449	—	11	59	283	—	7	—	—	41	19	17	13	7	71	43	—	—
23	—	—	—	31	743	—	7	—	317	13	—	—	17	7	277	—	—	11	—	—	7	79	13	37	41	157	29	7	11	17
27	—	11	59	7	—	13	—	17	23	—	7	—	11	373	19	—	1039	7	13	—	107	181	31	11	7	281	509	271	109	—
29	449	547	941	13	11	7	23	1613	29	467	—	—	7	17	127	11	13	—	757	7	61	—	—	199	19	—	7	317	397	13
33	—	587	7	1361	31	107	19	677	17	7	11	1129	13	—	73	—	7	47	1499	—	—	11	—	7	139	13	101	83	53	1201
39	—	7	43	191	—	—	13	29	7	17	1259	239	—	811	—	7	71	19	—	11	—	—	7	—	—	593	17	—	101	7
41	11	29	137	7	13	337	1031	71	19	773	7	11	487	73	—	17	677	7	—	—	691	1597	11	—	7	89	—	19	—	—
47	19	619	7	—	193	—	—	541	—	7	43	13	29	821	—	439	7	37	—	19	11	1373	—	7	13	277	—	—	149	379
51	29	19	211	79	11	383	7	13	127	59	359	17	31	7	43	11	37	—	—	—	7	—	89	1181	—	41	11	7	17	29
53	17	7	—	683	—	13	31	11	7	263	1097	19	769	79	—	7	43	17	11	127	—	593	7	29	71	149	1301	—	23	7
57	47	13	11	1447	—	7	71	83	1283	331	317	29	7	11	13	—	263	109	67	7	43	—	—	149	11	31	7	13	757	17
59	7	17	—	19	181	11	—	7	—	109	—	—	13	—	7	1187	11	—	17	31	—	7	19	—	—	13	47	11	7	73
63	11	—	41	—	7	—	—	31	13	—	139	7	53	17	—	859	1231	—	7	—	149	13	11	19	1033	7	43	—	313	317
69	—	—	13	7	29	—	—	661	281	11	7	41	23	—	17	13	—	7	—	—	11	647	107	71	7	—	67	—	13	59
71	13	11	1039	17	61	7	19	401	131	—	23	37	7	13	31	97	89	107	113	7	17	613	—	11	29	19	7	29	479	—
77	—	53	107	421	7	313	—	13	—	29	11	7	—	149	—	401	389	19	7	751	13	11	139	41	127	7	433	23	37	—
81	23	7	251	13	—	11	61	—	7	—	907	137	479	53	—	7	11	—	19	—	—	—	7	23	—	—	29	11	—	7
83	433	13	—	7	397	17	—	—	11	19	7	—	—	67	13	—	—	7	227	11	29	23	17	401	7	—	73	13	19	283
87	7	—	—	11	229	—	109	7	29	419	13	—	461	71	7	1617	—	17	—	257	1381	7	—	13	97	11	—	1483	7	19
89	41	19	7	—	71	—	11	73	13	7	701	101	283	97	—	23	7	11	311	—	19	13	31	7	—	37	443	173	11	307
93	137	11	19	—	13	149	7	—	—	—	31	23	11	7	—	—	—	13	17	29	7	19	—	11	37	733	1571	7	—	1009
99	401	29	17	—	37	7	79	—	157	—	11	13	7	19	53	41	—	251	127	7	—	11	—	31	13	—	7	967	23	47

	280 20	23	26	29	32	35	38	41	44	47	50	53	56	59	62	65	68	71	74	77	80	83	86	89	92	95	280 98	281 01	04	07
01	127	—	—	—	—	521	7	491	211	701	—	1657	—	7	—	97	—	11	401	13	7	—	—	—	29	193	47	7	11	59
07	13	31	157	—	11	7	29	347	—	53	37	1019	7	13	17	11	59	79	—	7	—	—	—	701	19	—	7	—	—	—
11	—	—	7	—	41	—	19	—	—	7	11	—	349	—	—	47	7	—	71	113	31	11	13	7	—	19	17	59	—	—
13	—	—	11	59	7	367	—	13	23	71	89	7	863	11	31	17	19	29	7	757	13	—	911	103	11	7	—	37	—	—
17	—	7	31	13	23	29	—	—	7	—	17	73	103	41	59	7	13	19	233	11	—	373	7	—	97	101	37	17	739	7
19	11	13	23	7	503	—	—	37	19	61	7	11	—	97	13	—	17	7	479	419	311	—	11	—	7	23	89	13	29	73
23	7	59	—	—	53	389	11	7	251	19	13	17	137	—	7	31	29	11	79	131	—	7	41	13	—	—	—	101	7	1229
29	—	19	479	—	11	419	7	—	71	—	1097	61	17	7	47	11	—	13	1607	—	7	—	53	37	1171	—	11	7	31	17
31	919	7	13	—	37	131	307	11	7	—	—	19	—	23	—	7	67	—	11	109	—	29	7	59	1223	103	—	83	13	7
37	7	—	17	19	31	11	—	7	—	13	59	97	—	229	7	—	11	467	167	17	67	7	13	317	47	—	—	11	7	—
41	11	—	—	23	7	13	373	—	41	163	—	7	193	653	17	179	277	—	7	—	29	59	11	19	—	7	23	107	139	47
43	101	23	—	11	1213	—	7	—	47	1193	—	41	—	7	11	—	13	31	—	1361	7	193	107	1487	23	11	61	7	167	13
47	37	—	29	7	857	31	—	—	59	11	7	1493	13	47	—	17	—	7	197	881	11	—	—	53	7	13	—	—	251	—
49	1381	11	101	—	17	7	19	73	—	—	13	137	7	—	—	61	—	89	23	7	41	17	1453	11	—	19	7	103	67	53
53	—	43	7	271	—	241	13	11	191	7	79	—	—	29	23	1601	7	37	11	13	97	—	163	7	—	—	19	—	61	11
59	13	7	—	—	—	11	53	43	7	—	307	1303	—	13	89	7	11	17	19	1559	—	—	7	—	29	—	13	11	47	7
61	113	1493	83	7	1531	—	17	47	11	19	7	13	53	947	—	37	—	7	29	11	—	—	—	17	7	31	1153	—	19	23
67	23	19	7	—	59	13	11	17	101	7	163	—	211	—	—	43	7	11	13	—	19	929	—	7	17	—	—	—	11	29
71	257	11	17	1013	127	—	7	—	—	439	—	—	11	7	13	59	811	29	97	17	7	19	227	11	—	317	31	7	—	157
73	821	7	—	—	11	—	—	97	7	113	101	29	13	—	433	7	337	23	—	383	31	43	7	71	—	13	11	—	283	7
77	—	—	59	17	971	7	—	53	13	839	11	37	7	19	—	239	569	—	—	7	17	11	—	—	—	43	7	47	29	167
79	7	139	11	—	19	—	13	7	89	17	389	23	101	11	7	173	1109	—	—	13	—	7	29	19	11	227	17	43	7	37
83	—	—	13	—	7	19	67	23	11	1451	29	7	—	739	—	13	347	367	7	11	—	17	—	—	19	7	—	191	13	107
89	—	23	73	7	1031	17	11	—	37	13	7	—	—	—	107	—	19	7	1439	—	103	29	13	61	7	733	—	509	11	1319
91	—	41	419	—	—	7	—	13	157	11	—	17	7	71	—	29	101	—	181	7	11	47	23	293	—	1151	7	—	17	863
97	—	13	43	—	7	47	37	11	—	577	31	7	17	353	13	—	23	—	7	743	127	—	—	—	—	7	29	13	349	11

	280 21	24	27	30	33	36	39	42	45	48	51	54	57	60	63	66	69	72	75	78	81	84	87	90	93	96	280 99	281 02	05	08
01	19	7	11	—	661	37	43	17	7	59	13	269	23	11	29	7	41	967	67	19	—	727	7	13	11	229	53	—	—	7
03	677	—	827	7	—	11	—	—	13	809	7	—	—	17	359	—	11	7	991	41	101	13	—	31	7	—	—	11	—	19
07	7	—	—	131	13	—	23	7	17	—	—	11	43	—	7	—	—	13	73	83	—	7	11	—	—	17	283	—	7	23
09	—	67	7	11	23	31	—	—	—	7	179	643	—	223	11	13	7	—	191	29	47	19	101	7	—	11	599	23	13	257
13	23	281	37	19	199	257	7	29	409	11	—	13	—	7	83	—	—	—	43	683	7	—	19	23	13	47	17	7	—	1021
19	199	461	41	—	179	7	31	11	—	47	17	313	7	233	19	—	—	23	11	7	—	—	—	—	43	—	7	17	1571	11
21	7	311	599	13	1627	19	251	7	—	67	11	263	29	—	7	23	13	1051	—	—	71	7	—	463	19	127	43	—	7	13
27	17	97	659	739	—	811	7	—	11	23	13	251	1619	7	41	521	19	17	—	11	7	—	1033	13	—	—	107	7	101	—
31	—	31	229	7	—	23	13	61	—	—	7	29	17	—	11	73	37	7	—	13	41	983	1289	877	7	11	—	—	23	17
33	163	17	103	23	13	7	11	181	19	—	317	107	7	151	—	79	53	11	17	7	839	—	—	41	421	83	7	19	11	—
37	13	11	7	—	—	—	—	—	47	7	—	139	11	13	31	151	7	1181	—	71	1409	—	23	7	241	—	13	—	19	41
39	19	43	17	571	7	—	—	—	31	—	71	7	569	647	37	11	29	—	7	17	23	67	—	109	13	7	11	409	—	317
43	—	7	—	311	29	43	383	13	7	—	11	—	1453	37	17	7	23	503	151	127	13	11	7	211	—	—	103	31	997	7
49	7	13	—	797	1229	—	41	7	11	31	23	43	19	—	7	17	79	541	—	11	—	7	571	47	—	—	443	13	7	—
51	11	—	7	19	17	—	1327	—	23	7	83	11	13	43	—	—	7	53	—	—	1319	17	11	7	—	13	79	71	431	67
57	61	7	23	—	—	17	13	—	7	11	—	—	—	631	19	7	31	179	41	13	11	359	7	277	307	23	163	—	37	7
61	17	881	13	—	11	7	823	1039	29	—	—	—	7	61	—	11	—	17	—	7	—	23	—	43	41	—	7	37	13	—
63	7	601	29	509	1567	—	17	7	37	261	—	73	—	13	7	—	—	47	11	23	113	7	—	17	—	19	13	41	7	11
67	193	17	11	—	7	—	—	19	—	13	—	7	53	11	—	23	409	31	7	29	109	1061	13	113	11	7	19	79	577	43
69	—	47	227	—	—	11	7	13	—	193	—	31	109	7	—	593	11	19	53	59	7	—	379	—	17	37	587	7	107	1123
73	11	29	17	7	1087	—	47	—	—	23	7	11	—	—	—	—	13	7	19	17	1049	601	11	—	7	—	—	193	73	13
79	—	—	7	17	37	—	97	1237	79	7	13	229	29	373	—	—	7	59	1423	—	11	—	—	7	613	—	23	—	—	19
81	43	11	457	—	7	283	29	421	13	17	—	7	11	41	—	659	47	61	7	—	19	13	37	11	23	7	17	73	—	—
87	47	—	13	7	691	—	43	71	73	—	7	—	19	—	—	13	—	7	23	31	—	11	41	—	7	—	—	17	13	89
91	7	37	263	—	401	11	—	7	—	—	43	13	—	19	7	—	11	443	—	61	389	7	17	—	13	—	149	11	7	127
93	—	31	7	641	19	—	1163	—	11	7	—	17	23	—	397	—	7	199	—	11	—	811	13	7	449	109	59	479	17	—
97	1399	—	—	11	97	13	7	593	23	109	1471	—	401	7	11	67	29	313	13	79	7	—	—	17	19	11	89	7	—	—
99	—	7	53	13	—	—	11	—	7	—	29	617	17	59	31	7	13	11	43	—	211	—	7	—	71	—	271	—	11	7

	280 22	25	28	31	34	37	40	43	46	49	52	55	58	61	64	67	70	73	76	79	82	85	88	91	94	280 97	281 00	03	06	09
03	1171	11	23	—	—	7	71	17	139	449	—	479	7	701	53	353	19	—	—	7	47	277	43	11	17	13	7	29	433	887
09	79	127	433	—	7	239	13	—	17	29	11	7	—	—	41	31	—	83	7	13	283	11	—	67	—	7	—	19	43	—
11	—	—	11	29	13	73	7	—	1439	31	79	—	127	7	17	—	149	13	19	1231	7	—	—	61	11	—	—	7	359	—
17	11	199	1297	53	113	7	67	131	—	—	19	11	7	37	29	17	—	157	173	7	89	—	11	—	13	—	7	—	—	19
21	131	89	7	—	—	107	11	13	233	7	17	19	37	—	809	53	7	11	587	47	13	—	73	7	409	61	—	17	11	—
23	107	61	19	—	7	13	—	—	661	11	67	7	103	—	109	557	17	—	7	313	11	19	883	1597	—	7	223	—	23	1609
27	41	7	83	19	11	—	—	—	7	—	—	17	—	29	13	7	—	89	1499	—	229	—	7	31	23	—	11	13	17	7
29	17	1033	337	7	167	43	—	11	1499	1103	7	—	13	19	67	1021	461	7	11	—	—	73	23	887	7	13	—	—	83	11
33	7	983	11	61	—	31	127	7	13	37	—	—	17	11	7	617	113	647	23	—	1613	7	—	719	11	137	227	—	7	17
39	11	463	13	—	421	59	7	1223	—	—	1549	11	23	7	—	13	53	863	31	139	7	383	11	1201	—	19	37	7	13	353
41	13	7	17	11	—	—	—	37	7	—	23	173	31	13	11	7	19	43	83	17	—	41	7	—	167	11	13	—	—	7
47	7	11	—	17	23	443	139	7	19	607	—	29	11	83	7	271	491	223	61	—	13	7	—	11	37	31	67	19	7	191
51	23	—	101	13	7	—	—	11	929	19	—	7	—	31	1367	17	13	457	7	461	—	—	761	23	—	7	—	43	19	11
53	19	13	—	109	17	53	7	31	83	—	11	233	47	7	13	1237	197	—	73	19	7	11	29	569	—	521	1217	7	—	43
57	—	19	—	7	41	11	—	827	89	181	7	127	389	—	—	—	11	7	—	193	19	419	107	13	7	59	31	11	—	—
59	733	59	—	83	29	7	—	41	11	—	—	19	7	79	—	23	103	107	—	7	31	13	17	53	137	—	7	—	193	—
63	17	47	7	11	13	103	101	107	31	7	—	23	19	41	11	773	7	13	—	173	37	29	—	7	89	11	937	397	—	97
69	37	7	43	29	19	23	—	263	7	911	467	13	11	—	—	7	73	—	17	—	—	31	7	11	13	—	—	—	23	7
71	631	—	—	7	11	—	53	17	223	13	7	47	197	137	19	11	—	7	37	—	347	—	13	509	7	41	11	—	—	1163
77	—	331	7	13	—	—	19	—	17	7	43	—	499	11	269	73	7	1571	103	—	23	59	—	7	11	17	—	787	31	13
81	47	—	—	17	67	—	7	19	11	367	71	887	13	7	43	—	23	—	563	11	7	631	—	—	829	13	19	7	263	—
83	11	7	41	—	751	—	—	—	7	17	13	11	1579	61	23	7	43	19	89	29	439	—	7	13	—	—	17	127	—	7
87	113	53	223	—	17	7	11	29	41	1151	23	—	7	—	37	—	—	11	19	7	43	17	157	—	—	—	7	181	11	31
89	7	29	61	229	13	79	163	7	23	11	17	41	131	347	7	—	—	13	—	751	11	7	43	31	—	859	—	17	7	—
93	13	—	—	—	7	17	59	179	—	—	19	7	67	13	—	11	101	41	7	53	—	—	17	1621	—	7	11	23	—	19
99	29	—	11	7	61	—	17	13	—	103	7	37	—	11	—	193	67	7	101	659	13	19	823	17	7	83	41	—	—	29

	281 10	13	16	19	22	25	28	31	34	37	40	43	46	49	52
01	17	373	13	1193	7	43	—	1013	—	11	—	7	61	23	53
07	457	17	31	7	—	29	71	11	557	13	7	43	—	19	—
11	7	—	11	23	—	13	—	7	—	—	131	—	139	11	7
13	—	23	7	13	401	11	—	701	—	7	—	47	83	—	137
17	11	—	—	31	29	863	7	—	761	53	—	11	13	7	17
19	797	7	—	11	—	—	—	83	7	—	13	—	401	359	11
23	47	257	—	67	—	7	13	—	—	11	1471	1181	7	37	23
29	13	41	—	1657	7	281	—	11	23	19	577	7	—	13	173
31	19	—	—	—	41	17	7	—	127	—	11	13	641	7	97
37	23	—	29	937	—	7	17	61	11	—	223	19	7	41	—
41	—	13	7	11	—	—	211	—	—	7	—	—	19	—	11
43	379	—	947	19	7	233	11	17	37	79	277	7	13	29	1657
47	347	7	17	—	19	101	31	37	7	61	853	—	11	23	—
49	31	—	—	7	11	—	13	—	17	47	7	23	97	59	19
53	7	—	13	17	223	—	—	7	—	1103	11	53	29	73	7
59	563	23	—	—	17	41	7	19	11	13	79	59	607	7	—
61	11	7	—	1181	—	461	67	13	7	1063	17	11	73	337	419
67	7	13	37	281	—	569	—	7	31	11	67	17	383	61	7
71	419	37	71	1511	7	—	17	—	269	769	13	7	23	47	—
73	—	19	61	—	503	1039	7	11	13	1409	23	487	17	7	67
77	173	137	11	7	13	—	23	17	—	31	7	1187	1069	11	83
79	—	—	13	31	23	7	521	59	—	107	911	443	7	17	509
83	11	43	7	—	61	—	—	—	17	7	—	11	—	19	757
89	—	7	79	—	31	13	1543	43	7	11	—	—	47	53	—
91	—	11	—	7	—	349	163	—	587	43	7	137	11	—	29
97	—	—	7	211	—	—	—	19	—	7	11	31	—	37	1231

	55	58	61	64	67	70	73	76	79	82	85	88	91	94	97
01	13	797	17	7	—	11	19	83	29	839	7	103	—	13	—
07	—	—	7	11	—	—	—	13	—	7	—	1039	47	—	11
11	41	37	307	13	—	—	7	29	1613	11	127	23	97	7	—
13	31	7	43	41	17	587	313	—	7	19	—	971	11	—	13
17	—	47	1423	1087	—	7	43	11	—	41	13	—	7	1429	—
19	7	19	1009	23	59	17	701	7	13	—	11	439	29	31	7
23	17	31	19	157	7	11	109	—	443	—	—	7	43	—	—
29	—	17	59	7	1039	—	1459	—	—	—	7	13	107	19	11
31	191	619	—	61	19	7	11	17	31	13	—	491	7	79	23
37	73	53	239	13	7	443	—	1279	17	—	—	7	—	37	163
41	67	7	—	17	23	61	—	199	7	31	11	—	13	53	—
43	467	—	11	7	571	—	593	19	—	17	7	59	—	11	—
47	7	113	—	199	17	521	13	7	11	787	—	1093	—	41	7
49	11	179	7	193	13	241	311	—	1163	7	17	11	—	—	—
53	13	—	631	—	31	17	7	883	67	37	—	—	—	7	—
59	—	1381	1601	—	11	7	17	13	29	23	113	19	7	241	53
61	7	—	19	761	89	13	—	7	613	47	—	31	17	167	7
67	283	23	41	263	—	11	7	—	—	—	307	—	13	7	—
71	11	29	—	7	83	1607	—	—	13	—	7	11	31	—	19
73	—	607	—	11	37	7	13	—	—	107	919	41	7	—	11
77	61	—	7	37	—	—	19	—	103	7	—	—	29	—	23
79	13	11	181	67	7	—	29	131	47	—	727	7	11	13	—
83	131	7	101	59	71	—	—	11	7	13	17	—	1483	47	—
89	7	—	23	13	101	11	—	7	181	19	691	17	—	—	7
91	17	13	7	457	53	—	139	197	11	7	1087	67	313	—	13
97	43	7	—	1151	61	599	11	47	7	—	29	19	59	—	—

	281 11	14	17	20	23	26	29	32	35	38	41	44	47	50	53
01	113	773	1237	—	—	11	7	73	19	71	1009	17	37	7	—
03	17	7	53	23	13	709	47	29	7	647	—	—	239	—	59
07	13	—	—	11	—	7	—	—	—	—	211	47	7	13	11
09	7	17	—	719	109	—	11	7	—	—	19	13	—	—	7
13	—	11	157	—	7	797	29	13	—	37	61	7	11	17	—
19	67	13	—	7	—	—	—	31	—	—	7	—	—	41	13
21	673	31	11	17	79	7	181	37	23	—	883	29	7	11	131
27	11	—	23	157	7	19	13	—	1051	—	—	7	—	227	31
31	—	7	13	—	—	—	11	1277	7	331	29	—	181	373	—
33	13	229	263	7	29	17	269	71	43	11	7	—	—	13	61
37	7	109	811	37	11	79	—	7	947	13	617	563	43	97	7
39	829	—	7	61	47	—	17	11	19	7	—	—	—	23	43
43	587	17	11	13	—	—	7	509	41	19	—	691	—	7	—
49	11	19	17	23	229	7	71	—	—	—	13	11	7	—	29
51	7	23	311	11	31	—	101	7	13	—	—	19	—	1321	7
57	73	11	13	19	—	53	7	—	89	17	241	199	11	7	1579
61	—	1301	—	7	17	31	—	11	47	499	7	13	—	—	23
63	—	29	59	—	983	7	109	67	—	13	11	251	7	107	19
67	151	991	7	41	631	11	—	—	23	7	—	1049	191	59	37
69	—	43	173	13	7	127	19	79	11	61	—	7	29	—	—
73	29	7	23	11	311	43	17	19	7	97	—	1153	13	—	11
79	7	11	113	601	—	—	13	7	—	—	—	29	11	31	7
81	—	149	7	389	11	29	1523	31	—	7	229	—	449	17	1481
87	—	7	11	449	139	—	971	—	7	37	151	13	—	11	17
91	—	53	19	109	29	7	1583	13	11	17	173	113	7	—	73
93	7	41	31	191	—	13	—	7	—	257	127	11	19	103	7
97	—	13	103	71	7	—	11	41	157	—	17	7	131	19	13
99	307	1249	463	—	19	223	7	—	1031	11	41	—	13	7	—

	56	59	62	65	68	71	74	77	80	83	86	89	92	95	98
01	571	11	97	—	13	7	523	—	101	607	233	1259	7	17	—
03	7	—	13	19	11	83	43	7	127	31	73	23	—	109	7
07	—	659	179	—	7	379	61	23	89	29	11	7	463	373	17
09	83	1361	11	17	—	23	7	—	79	13	—	—	43	7	19
13	—	23	—	7	277	13	991	—	11	269	7	71	101	131	491
19	97	107	7	—	—	569	11	19	73	7	—	37	13	—	101
21	113	41	—	661	7	17	—	—	953	11	13	7	—	—	787
27	—	—	89	7	13	—	17	11	—	19	7	367	359	127	—
31	7	17	11	—	—	137	23	7	37	337	19	149	—	11	7
33	—	19	7	—	23	11	—	17	—	7	149	13	31	233	1051
37	11	—	17	—	59	—	7	13	149	—	47	11	61	7	311
39	29	7	—	11	—	13	37	149	7	1277	—	—	19	293	11
43	677	13	—	17	227	7	—	—	—	11	—	223	7	19	13
49	—	257	41	—	7	19	—	11	13	43	—	7	157	—	409
51	199	149	—	37	47	41	7	227	223	23	11	43	131	7	733
57	13	1117	31	23	29	7	167	19	11	—	—	17	7	13	41
61	1031	271	7	11	—	—	17	719	19	7	—	59	83	67	11
63	37	—	—	—	7	61	11	13	53	89	1049	7	17	157	997
67	19	7	73	13	491	—	—	17	7	293	—	—	11	227	—
69	—	13	—	7	11	—	—	—	541	—	7	191	—	17	13
73	7	—	83	—	—	—	89	7	17	449	11	19	79	1019	7
79	449	—	139	19	13	317	7	—	11	17	1619	647	467	7	839
81	11	7	13	—	67	—	—	59	7	41	347	11	—	19	37
87	7	29	47	79	43	19	—	7	67	11	—	—	—	—	7
91	—	367	—	1409	7	13	19	47	43	—	547	7	601	1627	397
93	17	—	—	13	131	101	7	11	461	—	43	37	29	7	139
97	29	—	11	7	53	—	31	—	1229	23	7	—	13	11	43
99	31	17	113	347	—	7	—	23	19	—	13	—	7	—	—

	281 12	15	18	21	24	27	30	33	36	39	42	45	48	51	54
03	—	—	—	7	11	19	967	283	13	—	7	17	89	—	—
09	—	—	7	139	1321	97	233	—	29	7	953	—	17	11	547
11	13	17	29	37	7	11	—	19	53	157	23	7	—	13	—
17	—	—	17	7	23	—	43	13	83	—	7	347	—	29	11
21	7	29	41	13	—	1489	137	7	191	11	43	31	—	241	7
23	37	11	7	17	—	31	89	—	1499	7	19	367	11	—	13
27	—	59	277	53	307	67	7	11	—	—	13	19	29	7	—
29	—	7	19	—	17	—	29	—	7	53	11	211	—	—	41
33	661	—	—	19	13	7	31	—	—	67	—	23	7	179	383
39	17	—	643	11	7	23	—	—	73	127	311	7	—	67	11
41	—	1201	—	23	—	19	7	—	—	13	59	—	—	7	37
47	41	1103	79	13	11	7	—	17	—	—	29	269	7	409	—
51	479	61	7	47	—	—	41	107	59	7	11	—	13	277	31
53	67	113	11	—	7	—	—	—	17	41	13	7	157	11	23
57	—	7	269	17	113	227	13	197	7	19	23	—	—	—	—
59	11	—	421	7	13	43	919	811	23	17	7	11	499	47	1663
63	7	19	—	79	17	53	11	7	—	31	523	—	—	13	7
69	—	—	29	—	11	17	7	13	—	—	89	—	19	7	—
71	881	7	—	19	59	13	—	11	7	1307	109	17	67	—	1427
77	7	541	—	131	41	11	—	7	—	—	—	463	13	23	7
81	11	677	59	—	7	167	53	17	13	23	41	7	—	239	79
83	—	—	—	11	1553	977	7	23	—	—	613	31	53	7	11
87	—	47	13	7	1217	83	29	19	17	11	7	—	103	—	137
89	13	11	37	—	89	7	1291	1399	1091	—	677	659	7	13	17
93	83	37	7	—	—	373	293	11	—	7	877	619	31	389	—
99	—	7	43	13	—	11	—	53	7	431	17	—	—	661	23

	57	60	63	66	69	72	75	78	81	84	87	90	93	96	99
03	11	41	7	23	79	107	13	331	—	7	1319	11	—	17	—
09	13	7	61	293	—	71	47	37	7	11	41	—	—	13	17
11	103	11	—	7	421	—	—	151	—	—	7	13	11	41	—
17	127	—	7	19	17	13	—	—	31	7	11	53	23	101	73
21	197	13	487	1499	19	11	7	—	23	—	701	—	151	7	13
23	47	7	719	—	179	17	23	191	7	29	97	—	13	71	19
27	17	43	23	11	—	7	389	401	13	31	131	571	7	—	11
29	7	—	37	31	229	—	11	7	271	—	—	277	—	—	7
33	—	11	13	—	7	41	53	19	29	163	—	7	11	—	—
39	—	773	17	7	31	—	—	617	61	13	7	—	71	23	41
41	—	479	11	71	—	7	109	13	17	19	683	23	7	11	241
47	11	13	107	—	7	23	—	—	—	17	1201	7	—	—	13
51	1109	7	19	—	17	—	11	53	7	—	13	—	29	—	—
53	853	—	—	7	—	—	29	499	13	11	7	—	19	53	47
57	7	—	71	—	11	17	—	7	—	73	67	1033	31	19	7
59	—	—	7	41	19	—	31	11	—	7	163	17	61	37	—
63	—	193	11	47	—	19	7	557	—	41	83	13	23	7	67
69	11	421	131	109	—	7	23	17	53	—	1373	11	7	59	61
71	7	31	43	11	23	—	239	7	—	—	29	179	—	17	7
77	373	11	—	191	97	1637	7	—	43	641	13	1061	11	7	17
81	19	349	31	7	—	179	13	11	—	17	7	317	43	—	—
83	1303	—	1259	29	13	7	—	37	103	79	11	389	7	—	43
87	13	—	7	313	41	11	37	—	587	7	17	19	—	13	—
89	71	—	19	563	7	73	827	41	11	23	—	7	47	113	29
93	—	7	29	11	263	23	—	13	7	821	167	17	—	41	11
99	7	11	—	37	479	—	—	7	743	—	31	—	11	29	7

	282 00	03	06	09	12	15	18	21	24	27	30	33	36	39	42
01	—	11	7	67	17	—	23	37	113	7	19	13	11	47	—
07	23	7	19	31	29	13	—	67	7	—	11	239	—	1223	—
11	17	13	47	19	89	7	—	1663	—	—	193	—	7	—	13
13	7	—	59	—	37	—	17	7	11	—	1229	67	13	19	7
17	—	17	71	11	7	—	—	79	13	—	157	7	—	23	11
19	—	—	—	—	179	19	7	17	197	—	61	23	47	7	809
23	59	11	13	7	199	73	19	23	—	—	7	163	11	—	29
29	37	23	7	17	—	353	—	—	—	7	11	—	41	379	131
31	—	—	11	233	7	43	—	13	19	17	71	7	—	11	269
37	11	13	719	7	197	—	31	—	331	59	7	11	—	1259	13
41	7	19	—	—	137	17	11	7	—	—	13	229	23	941	7
43	—	—	7	—	53	—	881	—	13	7	23	17	29	—	401
47	29	—	73	—	11	887	7	31	—	71	—	89	19	7	37
49	71	7	13	19	23	—	—	11	7	79	337	1559	17	467	733
53	23	337	11	577	19	7	193	17	571	1279	—	13	7	11	359
59	11	—	31	281	7	13	—	—	17	491	—	7	257	157	—
61	257	—	283	11	191	53	7	1621	—	—	349	—	—	7	11
67	563	11	—	59	—	7	—	1567	167	23	13	179	7	131	1481
71	—	1103	7	—	113	23	13	11	37	7	17	—	—	—	59
73	173	—	—	23	7	—	239	1009	—	19	11	7	—	—	157
77	13	7	41	—	—	11	—	797	7	67	19	17	523	13	47
79	17	19	—	7	31	41	37	71	11	263	7	13	—	1319	241
83	7	—	19	11	139	37	293	7	29	733	127	41	17	67	7
89	—	11	—	251	—	31	7	—	1583	191	23	—	11	7	13
91	61	7	17	37	11	—	103	—	7	—	59	211	13	29	—
97	7	281	11	17	293	1237	13	7	659	97	1447	193	31	11	7

	45	48	51	54	57	60	63	66	69	72	75	78	81	84	87
01	997	7	—	43	—	1277	17	29	7	13	1423	73	101	59	19
07	7	—	1021	13	97	41	11	7	23	37	—	541	—	773	7
11	751	11	17	—	7	103	29	19	37	—	631	7	11	43	71
13	29	31	23	—	11	53	7	—	17	—	13	—	—	7	41
17	109	877	—	7	271	89	13	1319	—	73	7	137	107	127	—
19	67	—	11	—	13	7	37	107	—	17	—	29	7	11	31
23	13	—	7	—	17	37	—	—	11	7	19	—	—	13	83
29	53	7	19	—	71	17	11	13	7	23	29	677	—	—	113
31	41	1579	—	7	29	13	53	23	67	11	7	17	19	—	—
37	769	23	7	1663	19	—	—	11	683	7	479	1327	13	79	179
41	43	47	11	29	—	19	7	17	13	—	31	97	—	7	—
43	37	7	43	1061	31	11	13	—	7	857	137	359	61	17	—
47	11	53	13	—	331	7	43	173	17	103	—	11	7	277	23
49	7	61	—	11	—	73	547	7	29	349	—	47	23	13	7
53	—	—	—	139	7	31	1223	239	19	11	—	7	43	—	61
59	19	41	23	7	—	—	197	11	797	97	7	71	131	373	107
61	23	13	71	—	41	7	—	—	379	107	11	523	7	—	13
67	17	181	19	—	7	79	—	—	11	—	47	7	29	41	—
71	29	7	109	11	13	—	—	—	7	643	—	149	17	23	11
73	83	17	13	7	—	—	11	31	619	673	7	23	—	19	631
77	7	11	197	—	—	313	227	7	149	—	37	13	11	17	7
79	—	—	7	—	11	19	—	61	—	7	587	599	—	167	—
83	—	23	1327	53	—	13	7	—	31	1013	11	353	—	7	17
89	73	—	67	—	29	7	719	37	11	61	1613	557	7	197	47
91	7	149	—	—	17	—	461	7	19	71	13	11	—	—	7
97	19	139	739	—	13	17	7	109	—	11	23	131	—	7	—

	282 01	04	07	10	13	16	19	22	25	28	31	34	37	40	43
01	31	—	13	—	7	—	109	—	11	167	—	7	29	251	163
03	11	—	—	269	17	257	7	19	—	419	149	11	89	7	—
07	683	—	—	7	937	—	11	—	19	13	7	—	137	31	—
09	—	307	—	—	877	7	—	13	67	11	—	107	7	23	71
13	17	43	7	13	11	29	—	—	—	7	—	643	47	79	—
19	—	7	11	23	—	223	—	43	7	—	13	19	739	11	—
21	1367	23	19	7	59	11	61	17	13	43	7	73	—	—	37
27	—	199	7	11	71	—	47	1409	17	7	103	109	233	19	11
31	—	41	59	17	—	197	7	1667	61	11	661	13	—	7	19
33	463	7	—	29	41	19	—	—	7	13	—	37	11	1427	—
37	277	211	—	1511	17	7	19	11	23	73	37	—	7	1051	—
39	7	239	967	13	757	613	23	7	—	683	11	—	953	41	7
43	89	313	23	71	7	11	607	101	—	499	—	7	13	—	431
49	263	103	—	7	53	—	13	37	761	19	7	31	—	29	11
51	19	331	—	97	13	7	11	29	827	—	53	—	7	107	—
57	109	61	43	—	7	37	—	521	—	—	607	7	113	17	263
61	181	7	1049	457	37	41	29	13	7	647	11	277	19	101	61
63	29	167	11	7	47	13	421	—	41	449	7	—	—	11	17
67	7	13	67	61	19	53	229	7	11	17	—	—	43	—	7
69	11	97	7	313	—	73	—	—	—	7	89	11	13	31	19
73	521	31	—	—	929	1579	7	397	13	863	17	—	—	7	—
79	—	—	13	—	11	7	—	19	—	—	29	17	7	—	31
81	7	—	—	47	29	—	—	7	31	—	23	431	181	13	7
87	1109	17	—	41	23	11	7	13	—	19	173	—	53	7	—
91	11	—	—	7	1153	409	—	227	79	31	7	11	—	17	1063
93	—	13	17	11	—	7	251	179	—	—	—	—	7	307	11
97	—	191	7	—	233	107	—	—	367	7	13	—	241	—	17
99	107	11	47	17	7	—	—	—	13	—	227	7	11	37	—

	46	49	52	55	58	61	64	67	70	73	76	79	82	85	88
01	13	19	257	7	11	—	23	—	367	311	7	—	709	13	193
03	—	—	199	—	23	7	17	11	47	727	31	13	7	113	937
07	23	17	7	251	167	—	359	13	29	7	1231	—	19	11	67
09	—	—	29	19	7	11	331	17	347	1433	239	7	—	61	—
13	11	7	17	97	19	—	—	1607	7	461	769	11	163	509	13
19	7	29	239	17	—	53	337	7	13	11	89	23	—	59	7
21	—	11	7	—	—	—	13	47	571	7	—	53	11	—	1583
27	13	7	—	23	—	67	29	—	7	—	11	—	1009	13	281
31	—	97	587	653	43	7	—	83	—	13	—	—	7	73	499
33	7	—	1543	367	—	1181	43	7	11	19	—	17	139	31	7
37	—	31	83	11	7	29	17	—	397	—	19	7	—	547	11
39	971	13	—	131	89	1051	7	—	181	59	—	—	17	7	13
43	—	11	19	7	41	—	—	17	—	271	7	47	11	—	31
49	—	89	7	107	13	—	1283	59	17	7	11	563	883	19	181
51	—	719	11	—	7	—	659	467	—	109	37	7	449	11	17
57	11	1049	1013	7	—	47	—	—	433	13	7	11	—	53	—
61	7	79	—	—	—	13	11	7	—	569	17	—	1321	359	7
63	479	409	7	13	—	1297	—	19	83	7	179	79	691	23	29
67	101	—	29	—	11	—	7	211	19	23	—	17	13	7	—
69	17	7	41	59	—	641	113	11	7	—	13	—	839	71	—
73	19	—	11	23	179	7	13	—	41	113	—	—	7	11	59
79	11	59	163	37	7	—	109	73	—	43	—	7	79	13	—
81	—	103	17	11	757	—	7	1091	1511	—	—	13	—	7	11
87	29	11	—	17	1129	7	31	1487	—	—	—	—	7	19	—
91	37	13	7	67	—	61	—	11	23	7	787	1429	—	317	13
93	107	—	—	47	7	19	23	—	337	—	11	7	13	—	—
97	—	7	23	41	443	11	19	31	7	—	101	269	—	—	—
99	23	31	—	7	137	17	13	607	11	139	7	1451	—	—	1667

	282 02	05	08	11	14	17	20	23	26	29	32	35	38	41	44
03	1447	7	—	—	13	43	—	11	7	—	—	23	37	19	829
09	7	—	—	—	1181	11	—	7	—	—	59	13	—	—	7
11	—	29	7	23	—	17	—	—	11	7	37	31	—	43	—
17	487	7	—	13	389	—	11	19	7	—	—	—	29	61	—
21	29	11	—	421	—	7	47	71	19	103	—	—	7	41	—
23	7	181	61	1033	11	113	31	7	—	—	13	—	—	—	7
27	19	—	17	419	7	263	13	383	113	701	11	7	1549	—	1307
29	—	151	11	367	13	29	7	233	17	—	19	—	—	7	—
33	13	569	—	7	23	—	—	31	11	—	7	19	—	13	—
39	—	523	7	19	17	47	11	13	401	7	443	79	—	—	—
41	43	—	41	—	7	13	101	151	—	11	17	7	499	19	31
47	1459	37	499	7	157	19	43	11	101	29	7	17	13	23	—
51	7	1637	11	—	—	83	17	7	13	23	43	1201	151	11	7
53	373	—	7	—	439	11	13	23	61	7	101	191	17	59	661
57	11	—	13	23	47	431	7	17	29	223	53	11	—	7	349
59	13	7	29	11	—	—	941	283	7	—	619	—	73	13	11
63	—	—	—	—	—	7	137	349	17	11	31	59	7	—	—
69	349	19	—	13	7	—	—	11	—	17	—	7	—	193	23
71	—	13	853	743	—	—	7	—	163	—	11	19	23	7	13
77	1493	1609	—	19	—	7	23	—	11	1321	—	83	7	—	—
81	223	443	7	11	13	461	467	—	—	7	1171	17	89	—	11
83	17	797	13	—	7	1399	11	59	1231	73	—	7	31	47	19
87	31	7	—	43	727	29	593	—	7	—	—	13	11	—	79
89	53	17	—	7	11	43	19	157	—	13	7	—	—	—	421
93	7	109	47	563	—	13	—	7	37	43	11	433	53	17	7
99	131	977	—	1061	1187	61	7	23	11	769	521	71	13	7	17

	47	50	53	56	59	62	65	68	71	74	77	80	83	86	89
03	7	—	13	11	73	379	601	7	59	—	29	67	41	1193	7
09	—	11	31	173	79	1009	7	167	—	13	53	487	11	7	37
11	19	7	47	73	11	—	251	13	7	61	617	23	—	—	79
17	7	13	11	1669	43	23	1063	7	17	31	71	19	37	11	7
21	—	23	307	17	7	373	—	—	11	—	13	7	19	1187	29
23	11	41	67	19	59	569	7	563	13	17	43	11	1367	7	—
27	61	73	193	7	13	191	11	41	1117	—	7	53	—	—	43
29	373	47	13	743	31	7	67	—	881	11	17	193	7	—	19
33	—	—	7	223	11	17	47	29	37	7	331	113	23	—	907
39	83	7	11	—	—	13	17	19	7	—	227	263	—	11	—
41	53	1039	991	7	23	11	37	1109	281	89	7	157	17	—	67
47	47	—	7	11	61	1187	229	—	113	7	13	59	31	17	11
51	31	—	41	—	—	47	7	—	17	11	19	29	—	7	—
53	131	7	—	37	13	29	—	—	7	97	—	—	11	431	17
57	13	43	19	—	—	7	61	11	293	17	1531	23	7	13	857
59	7	53	823	43	—	271	—	7	—	23	11	13	19	109	7
63	463	—	—	151	7	11	—	13	307	229	17	7	—	19	1091
69	269	13	127	7	47	19	151	887	31	—	7	17	503	43	11
71	17	83	31	—	1031	7	11	97	241	29	257	103	7	127	—
77	41	17	53	101	7	59	13	19	353	167	61	7	173	73	23
81	—	7	13	31	—	—	41	691	7	—	11	1483	151	17	53
83	13	—	11	7	—	101	163	—	23	41	7	—	—	11	37
87	7	487	—	47	23	139	131	7	11	13	109	239	61	37	7
89	11	929	7	17	853	97	179	13	211	7	19	11	—	29	—
93	—	29	103	13	67	—	7	127	199	—	—	19	1619	7	—
99	43	—	293	19	11	7	409	—	67	—	13	31	7	421	—

	282 90	93	96	282 99	283 02	05	08	11	14	17	20	23	26	29	32	35	38	41	44	47	50	53	56	59	62	65	68	71	74	77
01	7	—	919	139	11	—	—	7	17	—	—	269	—	61	7	11	—	—	19	—	13	7	23	—	—	17	11	—	7	881
07	—	13	11	29	31	—	7	853	—	17	19	151	1627	7	13	—	23	71	163	—	7	—	107	1433	11	53	17	7	137	19
11	—	—	67	7	17	—	191	439	11	83	7	19	23	73	—	61	—	7	—	11	29	17	461	13	7	607	79	—	373	—
13	11	101	19	—	397	7	—	107	13	89	17	11	7	547	29	233	—	31	—	7	191	13	11	—	239	149	7	17	1013	—
17	751	—	7	19	13	17	11	193	—	7	37	179	—	—	541	—	7	11	—	—	719	1021	17	7	1277	103	—	479	11	23
19	1237	233	13	101	7	751	43	1553	41	11	—	7	73	19	1181	13	193	137	7	—	11	—	149	373	1549	7	227	23	13	47
23	23	7	139	—	11	—	17	79	7	659	43	13	—	29	19	7	71	—	31	151	53	—	7	17	13	797	11	37	503	7
29	7	—	11	1213	—	13	19	7	—	—	457	—	—	11	7	—	43	23	13	—	661	7	89	41	11	19	167	139	7	73
31	577	647	7	13	1609	11	137	101	223	7	—	—	—	17	—	23	7	—	29	61	83	—	1669	7	977	31	41	11	—	13
37	29	7	569	11	—	37	—	31	7	23	13	313	—	149	11	7	—	523	97	—	—	347	7	13	43	11	151	19	47	7
41	41	—	—	127	37	7	13	—	113	11	—	149	7	—	—	—	859	29	79	7	11	53	67	—	—	191	7	—	19	—
43	7	11	1069	23	13	103	—	7	373	73	83	29	11	457	7	17	—	13	—	19	31	7	37	11	—	59	23	53	7	151
47	13	19	223	839	7	—	307	11	31	41	17	7	617	13	—	883	271	47	7	—	19	37	23	293	761	7	13	17	29	11
49	—	—	31	—	—	67	7	149	—	—	11	13	41	7	113	—	17	1093	—	—	7	11	29	199	13	—	—	7	433	487
53	409	37	—	7	53	11	—	13	1033	—	7	17	19	—	107	—	11	7	41	—	13	31	—	59	7	—	73	11	17	103
59	1109	13	7	11	19	—	—	73	—	7	23	—	17	89	11	—	7	—	37	—	163	29	53	7	—	11	137	13	—	17
61	—	17	—	—	7	43	11	103	23	317	653	7	13	67	19	29	641	11	7	521	—	293	—	113	—	7	—	109	11	1229
67	139	—	17	7	11	—	13	—	—	—	7	43	—	—	61	11	37	7	—	13	599	—	—	—	7	19	11	—	317	353
71	7	1571	13	541	41	53	—	7	—	277	11	—	599	71	7	13	443	—	997	457	—	7	—	—	—	97	19	61	7	31
73	13	—	7	17	71	—	—	41	29	7	—	53	613	11	97	—	7	19	—	23	17	67	—	7	11	139	13	—	—	—
77	599	829	—	—	—	—	7	—	11	13	—	31	521	7	919	17	61	881	19	11	7	43	13	53	421	29	619	7	—	—
79	11	7	—	199	17	31	59	13	7	19	47	11	—	23	—	7	41	—	—	29	13	17	7	43	—	67	—	—	19	7
83	—	—	—	13	73	7	11	29	1249	23	19	—	7	—	—	47	13	11	—	7	631	—	41	1087	31	433	7	43	11	13
89	17	281	19	23	7	1489	31	—	—	—	13	7	307	127	467	11	—	17	7	—	—	19	—	13	109	7	11	83	491	37
91	31	23	—	73	—	—	7	11	13	—	37	—	19	7	—	—	109	—	11	229	7	13	—	17	23	47	107	7	—	11
97	—	—	13	359	19	7	—	17	—	47	—	103	7	31	137	13	11	—	23	7	61	—	—	19	17	—	7	11	13	101

	282 91	94	282 97	283 00	03	06	09	12	15	18	21	24	27	30	33	36	39	42	45	48	51	54	57	60	63	66	69	72	75	78
01	11	31	7	353	—	19	1451	811	41	7	431	11	—	—	23	—	7	83	—	17	71	—	11	7	13	—	37	—	—	—
03	—	—	—	11	7	29	1321	37	17	13	—	7	23	59	11	19	—	—	7	1453	—	263	13	—	—	7	31	337	—	—
07	—	7	—	17	1171	13	37	53	7	11	181	971	83	—	31	7	19	41	13	—	11	97	7	—	59	—	193	1213	263	7
09	59	11	—	7	1151	—	23	19	31	17	7	691	11	53	—	—	13	7	—	73	41	—	1487	11	7	—	17	—	1039	13
13	7	—	23	67	17	—	—	7	19	1657	—	59	13	—	7	—	173	—	11	—	—	7	1109	37	—	13	41	19	7	11
19	19	397	83	37	463	11	7	67	383	31	71	—	—	7	—	29	11	1031	853	13	7	—	17	131	593	—	—	7	—	281
21	—	7	211	31	13	109	—	—	7	29	19	17	191	—	—	7	—	13	—	11	—	37	7	79	—	—	163	—	17	7
27	7	37	19	—	443	—	11	7	97	131	—	13	17	—	7	—	31	11	—	487	29	7	181	47	13	—	61	—	7	17
31	37	11	131	19	7	—	487	13	29	211	—	7	11	—	—	67	1061	1163	7	113	13	1039	19	11	17	7	53	71	47	167
33	—	127	29	—	11	13	7	47	—	877	—	—	227	7	—	11	73	—	13	—	7	—	—	—	419	—	11	7	23	31
37	71	13	—	7	103	—	—	—	17	173	7	157	47	251	13	—	—	7	59	29	—	11	—	127	7	17	—	13	61	1567
39	—	—	11	—	61	7	—	431	—	—	367	31	7	11	17	449	257	197	—	7	—	—	23	1423	11	13	7	—	229	—
43	—	29	7	107	1051	59	19	179	11	7	—	—	—	—	—	—	7	61	23	11	641	13	1187	7	—	19	17	—	113	—
49	449	7	13	—	—	79	11	43	7	—	17	—	23	—	37	7	347	11	227	—	—	1427	7	251	617	1051	—	17	11	7
51	13	41	—	7	—	—	29	1049	19	11	7	163	157	13	941	79	17	7	—	433	11	89	—	211	7	—	13	19	—	—
57	17	953	7	983	23	—	127	11	—	7	41	—	37	73	59	43	7	17	11	19	13	227	131	7	—	509	563	23	—	11
61	23	19	11	13	—	29	7	31	—	—	53	37	17	7	1013	97	13	—	89	43	7	139	1193	23	11	59	—	7	127	13
63	1097	7	1019	241	97	11	—	—	7	—	—	19	271	—	13	7	11	—	17	41	—	23	7	1117	163	71	—	11	29	7
67	11	—	—	—	—	7	—	71	509	347	13	11	7	17	653	—	29	23	—	7	31	313	11	13	—	41	7	1613	37	—
69	7	131	17	11	977	47	—	7	13	37	29	181	223	—	7	23	—	—	67	17	—	7	19	—	—	11	79	43	7	1597
73	—	—	31	—	7	293	—	—	37	11	47	7	263	—	17	109	—	13	7	—	11	271	1399	19	307	7	—	29	379	—
79	127	—	41	7	—	23	—	11	733	29	7	13	61	97	157	17	233	7	11	1301	107	—	—	—	7	37	1483	—	23	11
81	113	167	97	23	17	7	19	79	1283	13	11	127	7	—	—	71	1249	53	—	7	47	11	13	—	—	19	7	—	—	—
87	107	—	43	13	7	17	211	991	11	1621	—	7	—	389	29	—	13	19	7	11	23	103	17	37	—	7	307	—	89	13
91	17	7	29	11	—	809	43	139	7	47	31	—	13	523	11	7	23	17	19	59	41	—	7	467	—	11	—	73	131	7
93	53	—	—	7	31	197	11	—	43	19	7	577	—	—	23	157	—	7	421	—	1381	167	—	13	7	29	—	61	11	719
97	7	11	37	—	—	373	13	7	73	1453	19	97	11	29	7	419	—	317	17	13	83	7	587	11	—	89	197	—	7	19
99	97	19	7	—	11	71	523	17	23	7	281	1373	—	—	43	11	7	13	53	47	19	—	1327	7	17	—	11	571	—	181

	282 92	95	282 98	283 01	04	07	10	13	16	19	22	25	28	31	34	37	40	43	46	49	52	55	58	61	64	67	70	73	76	79
03	13	—	17	1511	23	31	7	131	—	—	11	—	—	7	—	83	673	1523	43	17	7	11	521	—	29	—	13	7	569	61
09	67	—	—	17	967	7	29	13	11	—	83	—	7	19	—	—	1259	—	31	7	13	23	367	—	43	709	7	—	—	—
11	7	53	179	89	19	13	—	7	1499	17	—	11	31	—	7	59	—	37	13	23	—	7	11	19	431	—	17	277	7	29
17	—	163	59	557	887	233	7	—	—	11	17	29	13	7	229	19	—	—	41	53	7	—	499	—	503	13	—	7	—	79
21	83	239	—	7	11	17	181	—	13	23	7	929	167	31	—	11	19	7	509	—	—	13	17	47	7	—	11	601	29	983
23	—	251	47	—	757	7	13	11	—	461	—	17	7	—	37	—	463	107	11	7	—	—	29	73	—	103	7	41	17	11
27	59	—	7	23	1279	101	17	47	19	7	29	—	67	11	103	13	7	109	139	349	1153	71	167	7	11	—	23	19	13	—
29	13	23	53	—	7	11	251	—	821	109	79	7	17	13	163	—	11	—	7	797	31	83	61	—	23	7	13	11	—	17
33	11	7	313	—	—	43	311	17	7	13	1667	11	349	—	53	7	67	229	197	19	23	29	7	281	17	—	—	1171	—	7
39	7	—	—	13	—	349	—	7	17	11	37	19	269	—	7	—	13	—	—	—	11	7	47	—	61	17	—	—	7	13
41	61	11	7	—	607	—	131	—	—	7	1361	83	11	41	13	31	7	367	181	137	—	19	—	7	1237	—	29	13	37	71
47	—	7	71	53	571	907	23	—	7	—	11	283	—	19	—	7	—	—	—	43	73	11	7	1511	—	—	—	97	31	7
51	—	521	23	—	13	7	—	37	—	—	17	937	7	101	19	53	11	13	—	7	991	199	—	43	181	23	7	11	41	—
53	7	73	13	—	173	19	541	7	11	—	31	—	—	1481	7	13	17	331	—	11	—	7	109	23	19	37	89	—	7	—
57	—	—	401	11	7	1201	19	29	—	191	—	7	—	—	11	101	—	199	7	23	239	47	—	571	13	7	—	—	17	31
59	17	29	79	761	313	37	7	—	—	13	—	67	419	7	557	—	19	11	—	71	7	859	13	31	359	—	—	7	11	59
63	—	11	—	7	37	13	661	953	—	1093	7	31	11	23	—	—	—	7	13	1361	157	—	79	11	7	—	—	—	331	17
69	29	—	7	97	—	1063	—	23	—	7	11	—	13	17	41	—	7	—	401	101	—	11	—	7	31	13	—	59	19	29
71	19	—	11	59	7	23	61	227	—	—	13	7	—	11	—	47	139	41	7	17	—	281	53	13	11	7	—	—	23	313
77	11	89	—	7	13	29	43	—	—	71	7	11	—	79	—	—	—	7	—	37	17	157	11	67	7	—	41	—	—	—
81	7	59	—	—	47	—	11	7	61	283	43	233	19	13	7	17	163	11	23	31	103	7	29	101	—	—	13	—	7	—
83	191	—	7	19	17	53	1123	181	—	7	—	13	43	31	—	379	7	89	—	—	11	17	19	7	13	223	—	67	773	—
87	41	31	—	—	11	—	7	13	—	1583	—	739	23	7	—	11	17	53	431	643	7	—	—	19	—	101	11	7	83	—
89	—	7	—	41	—	13	—	11	7	439	23	—	—	—	19	7	37	271	11	—	—	—	7	53	—	—	31	29	811	7
93	17	13	11	151	317	7	23	—	71	41	1669	—	7	11	13	19	—	17	—	7	—	—	43	83	11	—	7	13	—	23
99	11	17	—	47	7	173	151	19	13	—	911	7	311	—	1409	—	857	—	7	223	379	13	11	23	683	7	19	31	43	101

	283 80	83	86	89	92	95	283 98	284 01	04	07	10	13	16	19	22	25	28	31	34	37	40	43	46	49	52	55	58	61	64	67
01	47	43	—	13	—	7	—	11	419	691	67	—	7	233	71	23	13	—	11	7	29	37	—	31	—	79	7	59	—	11
07	—	37	29	—	7	11	1319	43	1361	23	13	7	311	17	59	167	11	—	7	613	73	199	—	13	—	7	593	11	821	569
11	11	7	—	—	101	23	13	41	7	383	—	11	113	—	—	7	—	—	—	13	1427	—	7	—	31	17	—	—	23	7
13	—	59	359	7	13	83	79	—	523	859	7	—	1621	29	11	47	—	7	31	563	—	—	61	97	7	11	23	—	—	19
17	7	29	—	—	—	1151	31	7	—	11	569	19	59	13	7	—	41	37	191	—	11	7	23	—	709	53	13	673	7	—
19	31	11	7	—	71	—	—	—	—	7	—	13	11	199	—	17	7	—	113	41	23	19	67	7	13	—	509	—	1091	—
23	—	127	181	19	47	1489	7	11	101	—	17	409	29	7	—	269	23	821	11	31	7	113	19	43	61	41	—	7	1151	11
29	751	13	—	521	773	7	229	79	53	509	23	17	7	61	13	—	11	1361	—	7	1019	—	—	29	271	—	7	11	17	43
31	7	379	—	—	683	19	—	7	11	—	—	197	13	—	7	—	131	17	787	11	—	7	1487	—	19	13	31	89	7	—
37	—	17	23	—	1303	41	7	263	31	1373	283	—	37	7	—	—	19	11	17	13	7	—	1103	—	107	23	—	7	11	—
41	673	11	13	7	857	—	—	173	503	—	7	37	11	17	101	13	29	7	1523	59	241	23	—	11	7	487	—	31	13	—
43	13	1031	17	281	11	7	—	557	19	107	29	853	7	13	41	11	—	—	1471	7	—	31	941	—	433	619	7	19	61	37
47	—	151	7	397	43	—	59	137	—	7	11	—	439	947	17	23	7	—	79	—	41	11	13	7	257	—	167	29	19	1069
49	19	701	11	17	7	—	43	13	—	37	103	7	257	11	593	53	—	61	7	19	13	29	—	41	11	7	599	223	79	—
53	67	7	463	13	151	—	—	607	7	23	43	—	—	1409	—	7	13	—	47	11	19	—	7	—	809	—	—	53	197	7
59	7	—	47	23	31	109	11	7	—	—	13	227	19	211	7	—	17	11	503	61	29	7	83	13	907	37	23	613	7	—
61	41	23	7	19	1217	17	37	—	13	7	887	—	229	—	29	59	7	137	43	1327	11	13	17	7	23	—	1163	—	47	31
67	—	7	13	197	271	—	17	11	7	41	—	31	47	—	19	7	53	97	11	—	—	—	7	17	43	29	859	—	13	7
71	—	17	11	163	—	7	—	—	283	—	—	13	7	11	23	19	—	47	17	7	—	1009	37	—	11	—	7	193	43	—
73	7	—	113	37	1063	11	19	7	131	13	—	—	23	—	7	—	11	317	41	179	1291	7	13	—	17	19	—	11	7	—
77	11	47	17	1249	7	13	593	19	23	—	79	7	31	271	347	229	67	—	7	17	677	433	11	1601	29	7	19	71	503	—
79	—	769	401	11	1283	463	7	—	17	—	—	73	—	7	11	—	13	19	29	1579	7	—	1087	61	—	11	107	7	—	13
83	71	547	23	7	—	571	29	—	—	11	7	53	13	179	—	—	107	7	19	37	11	857	157	—	7	13	97	—	101	—
89	157	41	7	43	17	—	13	11	743	7	19	1237	223	—	113	—	7	29	11	13	197	17	151	7	67	61	739	—	73	11
91	—	19	593	67	7	43	439	—	1187	59	11	7	—	1019	—	—	—	13	7	—	19	11	—	83	337	7	—	17	—	—
97	53	—	—	7	163	191	653	67	11	223	7	13	19	41	31	—	—	7	83	11	113	—	29	157	7	89	47	73	17	—

	283 81	84	87	90	93	96	283 99	284 02	05	08	11	14	17	20	23	26	29	32	35	38	41	44	47	50	53	56	59	62	65	68
01	7	—	31	11	—	—	17	7	1471	—	29	—	53	19	7	43	—	389	—	41	13	7	—	17	97	11	137	541	7	—
03	—	101	7	743	19	13	11	—	73	7	47	67	17	83	37	—	7	11	13	—	—	131	41	7	—	—	—	31	11	17
07	1619	11	79	—	—	19	7	17	—	499	1327	—	11	7	13	31	197	—	—	317	7	29	89	11	17	331	—	7	41	227
09	—	7	787	101	11	193	139	—	7	31	—	911	13	17	—	7	173	163	167	—	—	229	7	43	—	13	11	1129	1459	7
13	347	383	—	29	—	7	—	71	13	761	11	—	7	967	1123	137	19	—	23	7	1321	11	—	193	449	17	7	43	31	—
19	—	277	13	—	7	41	73	1229	11	17	31	7	23	53	29	13	1193	—	7	11	—	127	97	—	—	7	17	19	13	367
21	11	—	—	59	31	—	7	61	29	47	23	11	449	7	773	17	359	—	19	53	7	—	11	67	73	277	13	7	37	—
27	709	457	—	449	23	7	—	13	37	11	19	—	7	107	1097	71	17	31	—	7	11	—	1367	79	191	137	7	23	—	19
31	23	59	7	13	11	31	—	29	1117	7	—	17	1423	—	—	11	7	911	—	—	179	569	—	7	173	—	11	409	17	13
33	17	13	19	479	7	1213	—	11	1193	173	—	7	—	—	13	373	739	17	7	—	—	19	257	—	47	7	41	13	—	11
37	—	7	11	19	—	853	—	—	7	167	13	—	17	11	53	7	—	23	29	—	97	—	7	13	11	—	1049	131	—	7
39	—	17	241	7	79	11	—	—	13	97	7	—	29	19	137	23	11	7	17	1049	53	13	—	59	7	—	157	11	—	383
43	7	—	—	73	13	1049	—	7	197	103	461	11	277	17	7	—	—	13	1553	167	883	7	11	—	79	523	127	—	7	29
49	—	—	—	—	—	23	7	—	—	11	241	13	—	7	17	—	—	—	—	1033	7	37	881	839	13	19	—	7	23	167
51	—	7	37	17	113	29	—	31	7	13	—	—	11	61	—	7	19	101	523	—	17	1153	7	11	367	1063	23	239	—	7
57	7	—	61	13	17	—	—	7	19	—	11	—	—	1559	7	79	13	—	—	37	23	7	71	1051	—	—	829	19	7	13
61	211	—	179	251	7	11	—	—	31	19	—	7	13	—	—	61	11	—	7	73	83	—	—	—	—	7	311	11	19	—
63	19	—	31	—	—	17	7	—	11	127	13	—	—	7	23	—	—	—	467	11	7	101	17	13	—	109	—	7	1217	—
67	17	19	—	7	61	1289	13	—	251	67	7	—	—	1663	11	29	113	7	—	13	19	31	—	277	7	11	—	419	157	—
69	—	109	—	—	13	7	11	—	23	29	457	19	7	—	1627	31	37	11	73	7	431	—	47	17	—	937	7	331	11	—
73	13	11	7	31	23	107	157	—	337	7	83	—	11	13	—	37	7	—	17	—	89	71	733	7	—	—	13	23	59	—
79	197	7	17	257	19	83	191	13	7	941	11	47	433	41	1231	7	31	67	251	17	13	11	7	19	761	113	—	179	787	7
81	227	—	11	7	—	13	—	—	17	43	7	821	—	11	19	—	41	7	13	23	191	—	479	1571	7	17	—	101	139	157
87	11	—	7	—	673	53	19	79	61	7	—	11	13	23	127	43	7	—	—	—	163	47	11	7	—	13	17	—	181	71
91	—	29	919	827	17	—	7	19	13	23	281	31	137	7	97	—	—	11	1459	43	7	13	109	—	—	67	19	7	11	37
93	1493	7	71	97	67	31	13	23	7	11	17	—	—	977	89	7	769	19	487	13	11	43	7	53	29	—	103	17	—	7
97	821	311	13	23	11	7	227	1061	683	37	47	—	7	—	—	11	457	727	19	7	—	467	17	—	31	43	7	199	13	67
99	7	23	41	—	—	—	29	7	67	19	—	17	—	13	7	179	83	233	11	—	—	7	499	—	23	—	13	37	7	11

	283 82	85	88	91	94	283 97	284 00	03	06	09	12	15	18	21	24	27	30	33	36	39	42	45	48	51	54	57	60	63	66	69
03	53	137	11	173	7	241	17	—	41	13	19	7	—	11	—	643	—	349	7	—	23	443	13	17	11	7	37	139	71	19
09	11	71	19	7	—	29	37	17	127	59	7	11	97	73	23	353	13	7	53	31	463	19	11	—	7	47	—	89	—	13
11	—	13	499	11	47	7	83	331	883	—	—	—	7	17	11	—	67	107	—	7	41	167	223	823	37	11	7	13	29	1213
17	—	11	43	—	7	1033	23	661	13	—	29	7	11	971	17	—	—	—	7	631	67	13	239	11	—	7	31	109	—	23
21	113	7	23	37	13	19	43	11	7	17	293	109	—	379	31	7	—	13	11	79	—	1097	7	653	19	23	17	29	—	7
23	23	601	13	7	1429	89	—	53	31	71	7	—	—	397	389	13	—	7	59	47	—	11	1289	23	7	—	173	—	13	79
27	7	823	—	41	211	11	—	7	—	29	17	13	43	—	7	—	11	—	—	23	37	7	353	—	13	—	—	11	7	59
29	137	37	7	29	—	59	41	19	11	7	157	—	619	601	43	—	7	23	227	11	—	31	13	7	419	53	19	—	67	—
33	37	389	89	11	—	13	7	1069	19	31	73	17	41	7	11	—	59	—	13	103	7	601	—	—	—	11	—	7	17	241
39	19	11	29	59	1013	7	—	23	71	—	419	193	7	—	—	—	—	37	89	7	—	41	31	11	43	13	7	—	337	17
41	7	17	—	—	11	23	—	7	53	73	13	—	733	409	7	11	31	—	17	—	193	7	1231	13	41	29	11	577	7	19
47	—	—	11	1439	13	—	7	29	—	367	337	—	—	7	997	37	109	13	211	17	7	19	23	—	11	59	53	7	—	31
51	13	337	—	7	—	701	617	47	11	—	7	79	—	13	17	—	—	7	23	11	—	103	19	—	7	71	13	—	83	—
53	11	41	—	17	491	7	947	—	—	61	163	11	7	19	503	—	23	—	29	7	17	79	11	379	13	461	7	227	457	—
57	241	—	7	53	—	—	11	13	—	7	557	—	23	—	19	17	7	11	127	701	13	—	61	7	—	211	—	113	11	—
59	29	43	—	—	7	13	—	—	1279	11	23	7	37	—	—	547	—	47	7	277	11	17	647	439	19	7	197	—	97	29
63	577	7	—	131	11	43	19	311	7	709	59	37	31	257	13	7	17	29	83	149	—	53	7	233	—	19	11	13	1061	7
69	7	—	11	1511	—	—	47	7	13	89	67	43	—	11	7	71	149	17	929	—	—	7	79	23	11	31	769	173	7	—
71	—	1399	7	—	—	11	13	269	19	7	317	251	173	43	1069	149	7	839	—	13	—	23	29	7	503	271	—	11	41	109
77	13	7	293	11	29	109	—	17	7	647	53	139	149	13	11	7	47	—	—	19	—	1423	7	—	17	11	13	—	—	7
81	—	19	17	79	73	7	277	193	—	11	149	23	7	—	613	—	—	491	67	7	11	29	13	43	—	37	7	421	641	—
83	7	11	1163	—	—	41	37	7	17	23	—	19	11	79	7	29	193	239	—	137	13	7	73	11	313	17	—	887	7	83
87	—	—	31	13	7	23	—	11	—	—	—	7	19	—	—	—	13	59	7	—	17	—	67	577	241	7	797	—	23	11
89	—	13	—	19	61	—	7	727	—	17	11	—	191	7	13	—	—	—	—	643	7	11	19	37	83	—	17	7	523	—
93	—	—	467	7	17	11	—	—	211	239	7	—	—	—	29	31	11	7	—	—	41	17	23	13	7	359	67	11	—	593
99	89	149	7	11	13	17	61	809	—	7	139	107	307	—	11	19	7	13	—	—	47	557	17	7	—	11	109	—	31	41

	284 70	73	76	79	82	85	88	91	94	284 97	285 00	03	06	09	12	15	18	21	24	27	30	33	36	39	42	45	48	51	54	57
01	53	—	—	7	—	—	89	251	23	73	7	—	13	257	43	19	17	7	—	29	—	11	—	271	7	13	421	—	37	—
07	17	29	7	61	—	—	13	19	11	7	127	241	41	1061	883	503	7	17	53	11	43	—	89	7	—	23	19	—	71	—
11	—	181	13	11	97	—	7	37	19	67	71	—	17	7	11	13	61	577	29	—	7	23	—	—	43	11	73	7	13	17
13	13	7	1187	463	—	—	11	727	7	—	—	—	29	13	173	7	—	11	17	23	—	41	7	—	331	37	13	—	11	7
17	19	11	431	—	563	7	197	31	937	13	1637	—	7	17	379	23	—	—	997	7	—	317	13	11	37	—	7	41	353	29
19	7	31	17	743	11	37	79	7	—	1427	19	103	—	23	7	11	47	59	139	17	13	7	251	29	1019	73	11	—	7	19
23	103	—	—	13	7	347	—	—	—	23	11	7	—	53	17	—	13	67	7	179	31	11	83	—	—	7	79	71	59	13
29	71	193	31	7	41	47	—	—	11	163	7	—	—	—	107	17	—	7	—	11	1061	37	19	13	7	1559	23	—	—	—
31	11	23	37	—	17	7	—	41	13	107	193	11	7	19	—	127	29	1627	281	7	61	13	11	277	23	167	7	31	—	—
37	863	—	13	—	7	17	—	43	487	11	—	7	733	89	491	13	41	79	7	37	11	—	17	—	19	7	—	29	13	1021
41	17	7	103	557	11	—	19	83	7	—	—	13	599	—	23	7	—	17	37	181	47	823	7	863	13	19	11	—	31	7
43	—	—	—	7	—	751	17	11	67	13	7	—	23	43	211	—	19	7	11	—	53	809	13	17	7	41	—	709	—	11
47	7	17	11	359	47	13	—	7	23	113	31	61	—	11	7	751	—	19	13	—	—	7	—	109	11	—	29	1091	7	—
49	409	—	7	13	31	11	23	17	19	7	823	59	67	—	—	109	7	—	—	43	29	191	983	7	17	—	1193	11	83	13
53	11	179	17	1307	293	263	7	—	29	19	277	11	13	7	—	37	—	233	79	17	7	211	11	31	—	13	89	7	19	283
59	—	19	727	17	103	7	13	71	41	11	—	1319	7	—	569	53	167	—	113	7	11	271	—	421	—	521	7	—	—	43
61	7	11	—	—	13	—	241	7	—	17	—	19	11	29	7	—	—	13	83	263	67	7	—	11	—	—	17	—	7	—
67	—	739	293	19	89	—	7	467	1117	79	11	13	31	7	—	61	—	—	—	73	7	11	19	163	13	—	107	7	—	47
71	31	1433	—	7	19	11	—	13	709	—	7	—	29	—	241	—	11	7	—	—	13	—	17	19	7	—	41	11	61	37
73	43	281	181	—	53	7	29	—	11	—	37	17	7	47	19	71	—	103	13	7	89	—	—	—	—	31	7	701	17	41
77	757	13	7	11	43	—	17	—	—	7	1193	—	109	31	11	19	7	61	47	1031	373	277	—	7	23	11	191	13	139	59
79	—	—	—	83	7	59	11	31	—	—	—	7	13	—	229	853	—	11	7	—	—	337	23	—	1511	7	457	37	11	17
83	—	7	47	41	—	29	61	17	7	—	43	—	11	1583	557	7	59	73	23	499	—	13	7	11	17	1601	19	—	—	7
89	7	—	13	59	211	—	37	7	17	499	11	—	23	—	7	13	29	—	19	431	991	7	—	—	—	17	—	—	7	1123
91	13	1181	7	—	491	53	233	1531	—	7	23	521	47	11	17	41	7	—	43	103	641	—	359	7	11	—	13	449	19	—
97	11	7	—	1429	23	—	—	13	7	—	—	11	—	—	1123	7	97	—	449	—	13	29	7	53	41	59	269	23	—	7

	284 71	74	77	80	83	86	89	92	95	284 98	285 01	04	07	10	13	16	19	22	25	28	31	34	37	40	43	46	49	52	55	58
01	23	47	19	13	101	7	11	—	179	29	17	—	7	—	787	—	13	11	—	7	—	19	—	23	—	109	7	17	11	13
03	7	13	631	29	401	—	1667	7	409	11	61	89	19	571	7	—	17	109	—	311	11	7	71	—	—	—	—	13	7	281
07	53	109	—	449	7	—	67	—	—	—	13	7	163	19	73	11	31	23	7	—	29	587	—	13	487	7	11	—	17	—
09	17	37	151	—	19	—	7	11	13	—	31	47	401	7	29	23	—	17	11	—	7	13	—	19	—	—	677	7	107	11
13	37	—	11	7	13	19	—	41	89	—	7	23	17	11	—	—	47	7	53	—	—	—	1429	631	7	97	181	—	—	17
19	11	61	7	43	—	23	—	151	—	7	101	11	—	17	67	757	7	37	—	—	193	71	11	7	13	83	—	317	23	—
21	163	811	17	11	7	31	—	19	113	13	569	7	71	859	11	—	—	769	7	17	—	239	13	—	—	7	19	—	401	193
27	—	11	—	7	—	—	—	53	283	523	7	43	11	1151	—	37	13	7	19	59	17	—	1171	11	7	—	—	61	41	13
31	7	—	—	—	257	—	29	7	227	—	263	73	13	79	7	17	23	1049	11	19	—	7	67	97	—	13	1447	—	7	11
33	29	67	7	—	17	—	59	—	1523	7	11	—	97	163	23	—	7	43	157	—	757	11	383	7	197	53	—	—	167	19
37	139	607	41	—	—	11	7	1291	—	613	23	19	—	7	—	1093	11	29	389	13	7	43	—	—	—	—	67	7	331	61
39	—	7	19	307	13	17	—	313	7	—	73	29	37	31	1621	7	—	13	89	11	691	19	7	43	263	47	—	—	673	7
43	13	31	53	11	23	7	379	929	1283	—	1019	37	7	13	11	—	—	17	61	7	773	—	19	—	—	11	7	23	29	—
49	83	11	—	821	7	577	—	13	439	—	29	7	11	—	19	89	—	—	7	—	13	23	151	11	79	7	233	73	37	113
51	1493	1597	983	—	11	13	7	17	31	37	97	—	139	7	—	11	—	173	13	23	7	—	—	41	17	—	11	7	967	—
57	229	—	11	—	353	7	—	619	17	—	—	419	7	11	337	29	19	67	1289	7	—	31	—	797	11	13	7	—	—	—
61	443	1367	7	17	—	79	283	1051	11	7	—	—	—	—	—	—	7	19	1399	11	17	13	—	7	59	37	809	—	151	47
63	11	673	—	31	7	—	13	23	19	17	223	7	—	613	1051	79	83	131	7	13	227	67	11	—	—	7	17	19	643	151
67	—	7	13	23	17	37	11	307	7	19	131	59	—	47	29	7	103	11	71	97	—	17	7	—	—	857	23	—	11	7
69	13	23	—	7	—	—	1249	397	29	11	7	61	127	13	1153	269	31	7	—	19	11	463	971	37	7	67	13	17	653	—
73	7	19	163	229	11	17	—	7	433	13	—	139	—	199	7	11	—	719	1427	—	19	7	13	—	61	29	11	—	7	—
79	—	—	11	13	53	73	7	29	331	199	—	—	19	7	23	349	13	31	1523	—	7	887	—	17	11	281	227	7	47	13
81	—	7	1439	19	—	11	—	47	7	307	53	31	17	—	13	7	11	—	—	877	37	—	7	73	—	1321	71	11	—	7
87	7	113	—	11	73	—	23	7	13	—	—	—	29	17	7	233	239	811	—	—	—	7	—	139	31	11	823	149	7	23
91	29	41	23	—	7	—	127	—	17	11	—	7	31	—	—	19	—	13	7	683	11	379	—	—	—	7	853	311	—	29
93	23	11	13	137	41	—	7	79	—	—	—	—	11	7	17	13	347	37	353	—	7	—	47	11	149	19	—	7	13	—
97	—	—	—	7	181	53	1217	11	239	17	7	13	—	—	—	1657	37	7	11	23	—	73	107	131	7	31	17	47	163	11
99	89	—	—	101	—	7	47	—	1499	13	11	53	7	41	—	17	71	19	—	7	241	11	13	—	—	293	7	1069	—	—

	284 72	75	78	81	84	87	90	93	96	284 99	285 02	05	08	11	14	17	20	23	26	29	32	35	38	41	44	47	50	53	56	59
03	—	43	7	67	823	11	1381	31	251	7	17	47	193	23	—	97	7	—	13	41	103	—	29	7	—	—	—	11	—	691
09	—	7	131	11	29	—	—	23	7	977	19	17	13	37	11	7	149	—	—	61	31	—	7	593	359	11	—	—	17	7
11	17	19	857	7	—	23	11	101	1021	43	7	—	—	—	31	149	163	7	79	113	19	47	—	13	7	353	1657	29	11	—
17	—	17	7	—	11	47	71	—	—	7	179	37	19	313	947	11	7	13	17	—	—	521	23	7	157	—	11	31	—	263
21	13	—	1619	—	—	41	7	—	281	1543	11	173	59	7	—	31	727	1669	23	43	7	11	103	83	53	607	13	7	397	89
23	421	7	11	—	19	—	271	547	7	31	—	13	—	11	—	7	23	827	647	17	29	43	7	19	11	—	—	—	37	7
27	—	—	311	—	179	7	1087	13	11	—	631	641	7	877	17	—	—	—	83	7	13	293	181	—	19	43	7	37	31	—
29	7	—	29	17	997	13	149	7	37	—	23	11	—	101	7	19	1063	41	13	1367	17	7	11	61	571	—	—	43	7	79
33	1117	13	—	—	7	71	11	37	—	—	31	7	137	83	13	17	19	11	7	29	—	—	—	41	—	7	—	13	11	23
39	23	29	—	7	11	—	653	—	13	47	7	97	373	409	191	11	17	7	109	—	397	13	1597	23	7	53	11	19	1607	541
41	97	61	433	—	269	7	13	11	59	—	79	—	7	—	—	—	—	31	11	7	—	23	17	89	29	613	7	127	191	11
47	13	131	43	41	7	11	17	373	—	—	19	7	677	13	—	23	11	193	7	47	—	—	37	17	—	7	13	11	1013	19
51	11	7	167	61	157	163	43	—	7	13	—	11	—	—	—	7	—	—	17	307	89	37	7	29	47	—	—	601	797	7
53	—	367	19	7	—	—	—	13	43	23	7	239	31	—	11	241	—	7	229	857	13	19	—	1259	7	11	199	—	—	—
57	7	37	17	13	1489	23	—	7	47	11	—	79	43	617	7	691	13	283	41	17	11	7	19	—	859	739	53	—	7	13
59	—	11	7	23	—	181	281	257	17	7	—	137	11	19	13	389	7	487	67	37	1223	41	199	7	—	17	23	13	29	61
63	283	—	—	17	487	863	7	11	—	—	13	—	71	7	19	1213	29	197	11	—	7	127	23	13	—	—	—	7	1367	11
69	—	1021	389	227	13	7	19	109	—	53	1423	181	7	—	—	293	11	13	—	7	—	17	—	47	43	19	7	11	131	1433
71	7	1201	13	—	—	—	311	7	11	83	17	—	—	—	7	13	19	—	—	11	31	7	—	—	349	467	43	17	7	97
77	—	571	31	29	83	—	7	41	19	13	199	17	113	7	131	—	—	11	—	—	7	—	13	223	1181	1201	—	7	11	101
81	59	11	71	7	23	13	17	131	—	19	7	89	11	41	—	113	—	7	13	—	29	31	—	11	7	—	107	23	19	1153
83	19	—	23	13	11	7	103	359	—	—	349	—	7	37	29	11	13	47	317	7	269	107	—	491	233	23	7	—	—	13
87	—	19	7	31	193	—	—	17	—	7	11	107	13	—	479	—	7	—	347	—	19	11	41	7	17	13	127	89	73	157
89	—	43	11	349	7	—	107	—	—	—	13	7	709	11	631	—	53	—	7	23	173	113	59	13	11	7	—	97	31	—
93	—	7	—	—	—	43	13	157	7	73	191	269	19	29	659	7	31	223	541	11	109	409	7	673	113	17	—	—	53	7
99	7	—	1039	—	19	—	11	7	—	17	—	43	—	13	7	—	—	11	—	—	59	7	239	19	29	—	13	—	7	31

	285 60	63	66	69	72	75	78	81	84	87	90	93	96	285 99	286 02	05	08	11	14	17	20	23	26	29	32	35	38	41	44	47
01	—	7	11	17	19	—	—	—	7	—	—	—	137	11	41	7	—	67	29	1433	17	13	7	19	11	31	59	43	—	7
07	7	211	13	443	17	—	911	7	1063	1237	101	11	—	59	7	13	—	—	23	1259	1193	7	11	41	—	839	263	929	7	29
11	53	139	83	103	7	—	11	491	1171	—	421	7	859	769	23	79	17	11	7	—	—	—	—	47	13	7	31	467	11	41
13	59	137	47	937	1373	17	7	19	89	11	113	29	23	7	73	419	163	—	283	1069	7	—	13	61	107	67	19	7	83	—
17	17	229	—	7	11	13	941	47	19	359	7	59	—	113	107	11	—	7	13	1523	—	293	—	—	7	—	11	19	29	—
19	41	283	31	13	—	7	17	11	613	107	—	409	7	—	101	71	13	—	11	7	811	787	29	17	53	—	7	97	—	11
23	19	17	7	—	—	89	41	—	—	7	29	37	13	11	—	—	7	1279	17	19	1663	31	—	7	11	13	—	887	—	—
29	11	7	17	31	487	103	13	—	7	401	—	11	43	—	61	7	—	—	181	13	373	29	7	—	—	131	79	—	37	7
31	383	47	19	7	13	—	—	53	17	37	7	—	—	83	11	29	433	7	41	293	59	19	173	—	7	11	733	881	31	617
37	—	11	7	641	—	71	727	59	83	7	31	13	11	19	—	373	7	—	127	—	43	—	211	7	13	53	17	41	113	—
41	257	227	1567	97	17	—	7	11	—	—	1213	—	—	7	19	233	—	199	11	—	7	17	—	—	43	37	—	7	—	11
43	1409	7	521	83	157	13	37	877	7	109	11	—	251	—	197	7	47	79	13	—	—	11	7	31	19	223	43	17	23	7
47	409	13	53	67	—	7	19	103	—	—	—	31	7	241	13	431	11	—	—	7	—	47	17	—	23	19	7	11	73	211
49	7	—	1277	569	41	31	—	7	11	—	—	17	13	—	7	89	19	251	61	11	—	7	23	37	101	13	—	—	7	—
53	751	—	—	11	7	47	17	29	13	73	41	7	353	953	11	—	—	19	7	191	53	13	37	17	31	7	—	—	—	1093
59	—	11	13	7	—	—	31	17	—	19	7	67	11	1373	—	13	107	7	29	41	61	—	1063	11	7	—	—	—	13	499
61	13	43	179	—	11	7	—	—	73	389	23	107	7	13	59	11	281	—	—	7	37	—	41	127	139	397	7	251	79	—
67	37	59	11	—	7	—	—	13	—	53	—	7	71	11	17	—	223	1217	7	—	13	—	109	29	11	7	—	23	—	241
71	23	7	1259	13	47	—	109	181	7	17	—	29	19	—	—	7	13	131	—	11	1087	53	7	23	461	73	17	449	523	7
73	11	13	—	7	1061	29	1103	—	839	79	7	11	—	43	13	17	773	7	233	409	1097	23	11	—	7	—	31	13	—	1123
77	7	—	—	—	19	41	11	7	307	—	13	—	—	—	7	—	37	11	449	—	—	7	29	13	—	—	—	17	7	79
79	—	—	7	113	233	—	89	—	13	7	191	701	977	—	19	23	7	397	—	43	11	13	103	7	61	503	—	179	—	71
83	—	727	—	1291	11	257	7	—	—	449	223	17	211	7	41	11	—	13	—	47	7	193	—	43	—	83	11	7	17	593
89	449	877	11	47	1381	7	—	19	—	31	79	13	7	11	—	29	311	—	271	7	83	179	53	41	11	—	7	1601	23	17
91	7	17	61	23	1297	11	—	7	59	13	67	—	113	—	7	239	11	19	17	97	79	7	13	—	—	—	23	11	7	47
97	—	—	17	11	—	787	7	809	1009	19	—	37	—	7	11	1223	13	—	—	17	7	—	227	—	103	11	—	7	19	13

	285 61	64	67	70	73	76	79	82	85	88	91	94	285 97	286 00	03	06	09	12	15	18	21	24	27	30	33	36	39	42	45	48
01	41	71	277	7	31	53	59	239	29	11	7	659	13	103	17	—	23	7	47	—	11	—	—	197	7	13	827	—	1531	19
03	43	11	29	17	—	7	—	487	—	—	13	53	7	107	23	563	—	—	67	7	17	73	—	11	—	—	7	—	37	31
07	—	223	7	107	43	83	13	11	467	7	23	—	—	—	—	17	7	31	11	13	509	19	127	7	113	—	—	37	97	11
09	1493	—	73	—	7	—	43	—	23	179	11	7	19	29	—	—	131	13	7	—	—	11	67	—	—	7	—	—	47	53
13	13	7	571	—	23	11	—	37	7	131	43	—	—	13	379	7	11	—	41	229	—	—	7	199	—	1447	13	11	227	7
19	7	—	79	11	—	19	53	7	—	—	863	967	29	—	7	103	43	17	137	73	13	7	439	—	19	11	59	41	7	1049
21	—	—	7	541	—	13	11	—	61	7	—	643	53	—	347	19	7	11	13	23	761	83	1049	7	109	797	—	—	11	89
27	109	7	577	887	11	127	401	17	7	—	157	—	13	23	—	7	83	29	73	31	—	139	7	419	17	13	11	47	—	7
31	59	—	17	1327	41	7	—	31	13	23	11	199	7	367	—	—	—	—	—	7	—	11	—	—	—	149	7	19	43	—
33	7	31	11	1597	—	—	13	7	17	—	—	47	—	11	7	—	307	—	19	13	311	7	—	677	11	17	1571	281	7	—
37	19	37	13	17	7	—	—	53	11	419	—	7	281	41	—	13	29	103	7	11	17	—	149	—	233	7	23	—	13	337
39	11	23	1361	—	—	—	7	347	167	17	19	11	269	7	31	—	41	—	—	37	7	149	11	79	23	1061	13	7	—	19
43	47	263	31	7	17	—	11	—	—	13	7	19	—	—	181	—	73	7	37	149	23	17	13	1223	7	53	—	29	11	—
49	—	—	7	13	11	17	—	—	503	7	283	457	—	691	23	11	7	—	—	—	59	109	17	7	277	—	11	—	613	13
51	107	13	313	29	7	43	—	11	131	31	47	7	23	19	13	73	37	—	7	—	89	547	—	809	—	7	—	13	17	11
57	347	293	41	7	—	11	23	139	13	163	7	43	17	—	29	—	11	7	—	1187	331	13	31	—	7	271	1249	11	—	17
61	7	—	23	—	13	—	19	7	41	1409	31	11	67	—	7	43	61	13	—	—	307	7	11	—	17	19	53	—	7	379
63	23	1249	7	11	31	—	71	—	367	7	—	41	—	17	11	13	7	43	1181	1021	—	—	499	7	—	11	181	313	13	59
67	—	151	239	—	433	61	7	149	17	11	179	13	37	7	1039	257	67	19	503	23	7	43	397	31	13	17	—	7	1433	—
69	1117	7	151	257	—	1051	149	29	7	13	547	—	11	157	17	7	59	23	—	—	41	—	7	11	—	173	—	19	—	7
73	—	—	—	—	127	7	—	11	—	17	—	—	7	23	47	—	—	113	11	7	67	103	1481	487	29	1483	7	43	19	11
79	101	19	—	—	7	11	29	23	—	37	17	7	13	1103	59	—	11	—	7	167	19	1297	743	—	67	7	—	11	83	—
81	29	593	109	67	—	23	7	1427	11	97	13	19	31	7	1093	—	17	571	941	11	7	131	947	13	47	1279	563	7	23	29
87	17	317	191	19	13	7	11	37	47	61	—	29	7	—	647	—	1601	11	—	7	—	—	19	1031	—	31	7	89	11	—
91	13	11	7	197	19	229	37	107	89	7	53	—	11	13	929	—	7	—	23	269	457	—	61	7	—	383	13	—	29	17
93	131	17	107	—	7	—	—	31	1499	—	1609	7	—	71	19	11	23	743	7	1627	317	—	29	59	13	7	11	—	73	239
97	—	7	383	—	—	—	101	13	7	127	11	61	23	17	811	7	151	—	97	—	13	11	7	37	89	—	31	863	53	7
99	331	103	11	7	29	13	19	79	—	73	7	—	—	11	619	67	—	7	13	17	31	—	587	47	7	19	311	—	—	479

	285 62	65	68	71	74	77	80	83	86	89	92	95	285 98	286 01	04	07	10	13	16	19	22	25	28	31	34	37	40	43	46	49
03	7	13	—	37	—	227	23	7	11	—	1277	—	—	—	7	757	1549	—	—	11	—	7	—	109	—	—	19	13	7	23
09	23	—	—	29	137	—	7	—	13	193	101	53	47	7	—	17	—	11	19	—	7	13	151	23	409	103	73	7	11	—
11	1039	7	89	71	17	—	13	1033	7	11	—	1091	1481	1109	—	7	157	53	193	13	11	17	7	67	199	137	29	1277	19	7
17	7	19	461	103	—	17	283	7	29	277	41	173	1163	13	7	23	991	—	11	—	19	7	17	—	83	73	13	67	7	11
21	17	—	11	317	7	—	263	743	—	13	829	7	1021	11	101	—	31	17	7	—	—	19	13	—	11	7	—	47	61	71
23	53	379	—	—	61	11	7	13	—	23	31	229	19	7	137	—	11	59	—	29	7	—	1451	17	—	127	—	7	—	151
27	11	17	71	7	—	23	131	29	—	—	7	11	53	19	227	89	13	7	17	—	—	1123	11	—	7	41	—	103	23	13
29	—	13	353	11	19	7	—	17	313	—	—	223	7	—	11	37	617	859	53	7	263	—	—	19	17	11	7	13	41	139
33	1237	43	7	251	—	19	61	—	—	7	13	31	109	—	37	59	7	523	29	17	11	1009	23	7	19	—	—	263	—	457
39	29	7	41	17	13	461	379	11	7	827	113	389	1637	571	229	7	19	13	11	71	17	—	7	—	31	—	47	—	547	7
41	—	53	13	7	83	41	—	19	—	17	7	167	37	—	23	13	—	7	31	—	277	11	73	29	7	—	17	—	13	349
47	31	—	7	73	181	29	953	—	11	7	17	983	—	661	41	43	7	—	19	11	827	61	13	7	59	163	487	17	—	37
51	19	—	347	11	23	13	7	563	—	—	—	—	97	7	11	—	—	419	13	19	7	—	17	227	101	11	—	7	37	857
53	—	7	23	13	—	—	11	103	7	37	19	17	421	31	193	7	13	11	1423	157	47	43	7	41	—	23	131	71	11	7
57	1019	11	—	311	29	7	17	—	37	67	181	19	7	—	—	—	491	547	—	7	73	23	59	11	—	13	7	—	—	41
59	7	—	19	—	11	—	—	7	349	—	13	—	17	601	7	11	—	109	—	23	—	7	—	13	239	113	11	29	7	17
63	677	73	—	19	7	—	13	17	269	47	11	7	61	67	31	23	—	—	7	13	617	11	19	137	17	7	421	—	101	—
69	13	61	167	7	—	37	41	—	11	23	7	1579	—	13	19	—	239	7	—	11	673	—	1289	—	7	17	13	31	809	—
71	11	1429	—	919	—	7	—	23	1523	41	—	11	7	331	17	—	379	71	—	7	29	31	11	37	13	—	7	—	—	197
77	67	23	29	31	7	13	107	1531	233	11	587	7	—	—	—	17	19	—	7	—	11	—	181	467	23	7	—	61	—	—
81	1063	7	37	—	11	773	43	—	7	—	17	1201	313	—	13	7	—	19	647	29	23	157	7	—	41	67	11	13	—	7
83	—	101	—	7	67	59	659	11	19	241	7	461	13	29	—	641	17	7	11	1201	37	53	—	353	7	13	—	19	—	11
87	7	29	11	—	31	173	569	7	13	19	—	17	43	11	7	—	59	—	277	37	1429	7	—	229	11	—	—	677	7	61
89	17	139	7	101	281	11	13	71	67	7	—	103	23	577	43	—	7	17	47	13	—	—	137	7	29	197	—	11	—	31
93	11	19	13	59	—	443	7	—	23	947	1439	11	17	7	—	13	83	31	43	643	7	—	11	47	—	—	—	7	13	17
99	1217	—	23	—	1129	7	463	47	—	11	41	83	7	17	—	—	37	—	—	7	11	—	13	29	43	23	7	163	103	89

	28650	53	56	59	62	65	68	71	74	77	80	83	86	89	92	95	28698	28701	04	07	10	13	16	19	22	25	28	31	34	37
01	—	353	—	—	13	11	7	17	83	211	—	307	19	7	79	61	11	13	—	—	7	757	73	—	17	41	31	7	—	—
07	—	—	—	11	19	7	—	—	17	107	—	13	7	1667	11	227	—	—	—	7	599	1301	37	19	13	11	7	—	29	—
11	277	—	7	17	—	19	—	13	983	7	—	163	599	197	463	101	7	61	—	—	11	37	—	7	19	677	—	31	331	—
13	373	11	37	—	7	13	1583	577	599	17	29	7	11	491	—	19	—	—	7	47	—	31	—	11	277	7	17	—	23	53
17	599	7	—	—	17	127	61	11	7	31	—	409	—	43	13	7	19	101	11	—	67	17	7	—	23	467	—	13	—	7
19	229	—	379	7	223	—	—	29	353	—	7	41	13	—	—	43	59	7	631	37	—	11	23	—	7	13	19	17	1109	1429
23	7	73	—	—	—	11	53	7	13	29	—	—	241	541	7	809	11	41	23	43	967	7	17	1231	67	—	—	11	7	—
29	19	—	13	11	31	—	7	173	—	197	—	71	23	7	11	13	1013	811	—	19	7	101	—	17	53	11	41	7	13	—
31	13	7	71	—	439	1129	11	67	7	311	19	—	17	13	29	7	37	11	47	347	—	61	7	137	227	—	13	43	11	7
37	7	—	19	179	11	—	—	7	—	—	61	31	163	17	7	11	—	463	—	563	13	7	859	—	—	29	11	23	7	181
41	23	113	—	13	7	389	—	47	17	—	11	7	1033	29	—	—	13	73	7	709	367	11	19	23	1667	7	491	—	71	73
43	—	13	11	397	193	—	7	29	431	—	—	—	137	7	13	67	587	307	—	71	7	23	—	59	11	—	107	7	241	—
47	43	71	607	7	—	197	—	79	11	17	7	269	31	—	19	—	107	7	—	11	1129	—	193	13	7	53	17	101	—	131
49	11	1663	43	—	1693	7	31	113	13	863	59	11	7	—	—	17	73	47	29	7	—	13	11	103	19	163	7	—	—	—
53	173	61	7	—	13	—	11	139	331	7	17	23	103	1249	—	—	7	11	—	—	83	41	47	7	449	19	—	17	11	37
59	—	7	—	577	11	23	47	31	7	37	739	13	43	—	—	7	—	19	71	401	157	—	7	—	13	—	11	457	17	7
61	17	31	—	7	—	727	607	11	19	13	7	29	449	—	43	167	109	7	11	—	—	—	13	—	7	1019	23	19	—	11
67	19	17	7	13	—	11	—	37	—	7	—	—	877	211	31	—	7	379	17	19	23	—	29	7	97	103	127	11	79	13
71	11	19	31	—	—	83	7	41	—	—	29	11	13	7	89	751	23	—	—	409	7	47	11	—	43	13	271	7	—	61
73	47	7	17	11	29	61	—	251	7	479	13	19	—	73	11	7	—	59	—	17	751	157	7	13	37	11	43	31	—	7
77	83	163	541	—	—	7	13	241	71	11	23	257	7	—	17	31	41	199	61	7	11	29	149	37	—	—	7	—	59	—
79	7	11	—	17	13	—	557	7	23	31	661	857	11	1187	7	29	—	13	181	41	17	7	19	11	293	—	83	—	7	937
83	13	—	—	29	7	—	—	11	191	—	—	7	229	13	683	17	—	—	7	149	443	137	379	19	—	7	13	23	31	11
89	97	67	59	7	—	11	167	13	263	199	7	73	—	109	29	19	11	7	107	—	13	23	—	463	7	71	—	11	—	—
91	—	37	—	659	31	7	19	569	11	701	719	1553	7	107	281	149	71	1423	13	7	—	—	17	—	—	19	7	193	—	73
97	—	—	—	317	7	41	11	43	—	—	73	7	13	23	—	311	53	11	7	29	29	1487	61	17	59	7	—	251	11	—

	28651	54	57	60	63	66	69	72	75	78	81	84	87	90	93	96	28699	28702	05	08	11	14	17	20	23	26	29	32	35	38
01	131	7	—	—	1613	31	—	29	7	23	149	41	11	—	—	7	—	37	17	—	—	13	7	11	—	—	167	163	53	7
03	739	29	163	7	11	—	13	17	—	19	7	59	101	43	41	11	283	7	607	13	97	977	317	—	7	1091	11	—	19	103
07	7	157	13	23	673	—	—	7	—	—	11	683	—	67	7	13	179	43	29	17	41	7	59	—	61	—	23	73	7	19
09	13	19	7	127	—	—	71	827	17	7	—	—	29	11	101	37	7	743	1303	43	19	—	1607	7	11	17	13	—	—	—
13	29	—	19	17	149	—	7	—	11	13	—	53	—	7	37	—	397	67	—	11	7	19	13	43	—	127	101	7	—	29
19	269	149	61	13	17	7	11	—	—	—	—	29	7	19	23	271	13	11	—	7	—	17	—	—	173	349	7	373	11	13
21	7	13	157	521	19	29	—	7	383	11	17	—	23	47	7	—	1471	557	97	—	11	7	—	19	641	—	—	13	7	433
27	53	—	—	433	67	—	7	11	13	41	1069	17	79	7	—	19	29	—	11	829	7	13	373	—	—	733	863	7	17	11
31	—	—	11	7	13	317	17	—	31	—	7	349	53	11	193	41	19	7	—	—	107	229	—	17	7	23	607	—	37	59
33	23	—	13	—	—	7	853	19	67	37	571	617	7	—	1367	13	11	61	41	7	—	—	101	23	—	503	7	11	13	17
37	11	1171	7	461	43	73	—	17	19	7	—	11	89	1063	283	29	7	—	—	23	—	31	11	7	13	1283	—	19	—	—
39	107	—	—	11	7	1483	43	—	443	13	—	7	47	17	11	31	97	23	7	—	—	—	13	73	101	7	37	41	—	—
43	19	7	—	31	—	13	—	—	7	11	43	—	373	23	347	7	—	47	13	19	11	113	7	—	211	17	29	367	83	7
49	7	41	—	—	157	37	491	7	29	17	—	19	13	53	7	—	31	—	11	1097	313	7	—	83	1669	13	17	—	7	11
51	103	1373	7	—	41	23	—	373	401	7	11	—	499	—	—	17	7	509	43	53	67	11	811	7	—	59	1409	47	23	—
57	—	7	499	37	13	—	89	1229	7	—	937	47	59	19	97	7	17	13	—	11	677	—	7	31	43	233	967	157	—	7
61	13	29	37	11	919	7	—	347	—	—	—	17	7	13	11	1637	47	1297	23	7	733	257	—	59	79	11	7	—	17	1381
63	7	—	53	769	—	19	11	7	1531	257	—	13	293	—	7	—	23	11	167	—	37	7	41	61	13	281	199	229	7	—
67	47	11	443	89	7	—	19	13	83	—	59	7	11	263	53	617	—	163	7	37	13	—	—	11	31	7	—	—	41	17
69	37	17	103	—	11	13	7	—	—	—	23	1217	61	7	—	11	19	—	13	227	7	—	199	—	—	—	11	7	167	691
73	—	13	71	7	109	79	23	137	—	—	7	—	—	17	13	239	—	7	—	89	—	11	107	29	7	61	—	13	—	23
79	23	—	7	43	419	29	1471	107	11	7	1051	—	—	—	17	47	7	—	73	11	881	13	1259	7	—	821	103	—	19	—
81	11	—	107	17	7	43	13	—	41	461	—	7	467	31	199	929	—	1051	7	13	17	23	11	—	83	7	—	—	29	1013
87	13	—	—	7	17	761	59	—	1499	11	7	19	—	13	37	23	—	7	—	83	11	17	271	331	7	47	13	—	—	—
91	7	—	67	173	11	—	571	7	293	13	—	23	19	37	7	11	17	59	—	431	—	7	13	41	—	—	11	29	7	—
93	—	—	7	19	229	17	199	11	31	7	97	—	—	89	83	—	7	43	11	—	13	29	17	7	—	—	41	—	227	11
97	17	—	11	13	19	23	7	—	—	29	1373	—	1279	7	47	1427	13	17	—	167	7	43	—	19	11	—	—	7	23	13
99	—	7	199	23	53	11	17	—	7	83	919	37	—	139	13	7	11	1433	61	—	—	31	7	17	883	131	23	11	337	7

	28652	55	58	61	64	67	70	73	76	79	82	85	88	91	94	28697	28700	03	06	09	12	15	18	21	24	27	30	33	36	39
03	11	17	—	1301	—	7	—	—	503	31	13	11	7	—	—	19	53	619	17	7	29	—	11	13	1069	—	7	43	641	167
09	—	—	17	—	7	—	—	19	523	11	761	7	—	941	67	643	23	13	7	17	11	—	31	—	—	7	19	37	211	47
11	—	11	13	821	131	—	7	1291	17	—	—	—	11	7	23	13	31	19	—	—	7	1123	—	11	1511	17	173	7	13	—
17	59	523	—	—	—	7	—	29	23	13	11	197	7	—	881	193	—	71	—	7	113	11	13	383	—	37	7	349	19	31
21	967	—	7	—	17	11	—	—	79	7	19	59	139	1163	577	—	7	31	13	191	—	17	67	7	29	—	1693	11	—	19
23	383	19	23	13	7	37	—	653	11	—	17	7	—	—	269	691	13	—	7	11	19	1543	109	47	—	7	—	17	—	13
27	853	7	19	11	37	17	29	—	7	1439	613	—	13	—	11	7	—	97	—	991	—	19	7	1061	—	11	67	647	47	7
29	29	—	151	7	—	67	11	47	—	—	7	17	19	349	—	—	431	7	239	23	89	1451	37	13	7	—	—	311	11	29
33	7	11	293	233	41	269	13	7	—	—	157	317	11	19	7	23	71	29	883	13	—	7	—	11	—	283	—	—	7	—
39	13	37	—	—	—	19	7	17	283	23	11	—	367	7	331	137	—	89	53	79	7	11	487	—	17	31	13	7	29	—
41	—	7	11	313	—	—	787	23	7	—	103	13	907	11	—	7	41	131	—	31	653	619	7	—	11	—	—	—	—	7
47	7	23	457	—	29	13	47	7	1327	—	191	11	1609	521	7	—	—	67	13	257	971	7	11	1399	23	41	19	—	7	—
51	79	13	643	—	7	59	11	—	19	17	—	7	—	151	13	—	—	11	7	109	23	29	127	—	—	7	17	13	11	311
53	179	167	829	197	—	—	7	53	673	11	79	109	13	7	31	17	37	—	19	—	7	67	—	—	—	13	—	7	313	—
57	19	—	31	7	11	661	773	—	13	—	7	—	—	631	23	11	83	7	—	19	—	13	—	139	7	—	11	17	—	379
59	—	—	41	—	307	7	13	11	73	—	19	89	7	—	—	—	17	151	11	7	233	47	401	709	—	53	7	31	—	11
63	811	43	7	—	—	733	521	971	23	7	—	17	827	11	29	13	7	997	—	151	659	—	563	7	11	—	47	—	13	193
69	11	7	23	19	—	1453	83	43	7	13	47	11	17	829	727	7	241	41	—	—	509	461	7	541	907	23	—	617	31	7
71	23	17	—	7	113	127	—	13	53	43	7	—	—	19	11	—	1283	7	17	29	13	79	31	23	7	17	1361	—	—	739
77	—	11	7	137	31	19	—	—	—	7	37	—	11	1567	13	43	7	23	769	17	47	337	—	7	19	—	53	13	—	41
81	1607	—	—	103	101	—	7	11	109	37	13	97	337	7	17	—	—	1223	11	43	7	1657	—	13	—	19	—	7	151	11
83	97	7	79	17	47	73	—	—	7	131	11	23	29	113	953	7	19	31	—	—	17	11	7	—	421	—	419	37	1439	7
87	29	—	131	41	13	7	101	23	307	47	383	1009	7	—	359	17	11	13	251	7	—	—	79	—	691	43	7	11	1531	29
89	7	—	13	—	17	23	41	7	11	53	—	457	277	1201	7	13	—	83	—	11	—	7	229	29	257	—	397	19	7	—
93	257	23	881	11	7	—	37	313	101	19	—	7	41	701	11	—	17	—	7	—	—	53	73	251	13	7	823	—	19	1201
99	17	11	—	7	—	13	—	67	—	97	7	227	11	—	—	—	—	7	13	59	19	41	29	11	7	113	—	701	107	—

	287 40	43	46	49	52	55	58	61	64	67	70	73	76	79	82	85	88	91	94	287 97	288 00	03	06	09	12	15	18	21	24	27
01	13	19	599	—	7	89	829	1187	11	151	23	7	37	13	127	1609	29	—	7	11	19	47	103	—	67	7	13	31	17	197
07	—	—	113	7	23	47	11	13	1693	31	7	—	17	—	79	137	43	7	281	191	13	89	—	—	7	229	659	23	11	17
11	7	11	89	13	—	113	—	7	—	73	41	97	11	19	7	29	13	—	—	239	43	7	743	11	17	83	701	—	7	13
13	97	13	7	1039	11	443	—	683	709	7	—	—	809	17	13	11	7	1301	509	—	641	23	31	7	61	—	11	13	—	1009
17	619	—	—	—	659	19	7	—	17	—	11	53	—	7	251	1579	1069	23	89	41	7	11	149	13	19	17	29	7	313	—
19	569	7	11	179	31	—	761	—	7	719	—	113	—	11	17	7	—	53	151	—	29	13	7	953	11	197	37	241	43	7
23	—	509	293	1607	13	7	—	271	11	17	523	23	7	103	113	79	19	13	—	7	151	463	173	31	283	37	7	—	41	53
29	—	757	—	—	7	23	11	283	19	47	17	7	257	—	—	61	139	11	7	29	—	—	—	151	13	7	223	17	11	—
31	53	—	1229	23	359	313	7	—	263	11	—	—	—	7	—	149	17	—	19	59	7	—	13	37	151	—	23	7	1613	—
37	17	—	229	13	1097	7	59	11	41	—	19	107	7	—	1489	—	13	17	11	7	23	197	1297	223	29	379	7	151	179	11
41	31	107	7	—	563	—	67	43	521	7	149	19	13	11	41	103	7	59	397	—	—	—	—	7	11	13	79	—	—	17
43	409	17	19	47	7	11	29	—	—	43	13	7	337	—	23	—	11	41	7	541	37	19	—	13	—	7	83	11	89	97
47	11	7	—	19	59	181	13	97	7	89	23	11	367	17	—	7	—	—	—	13	163	—	7	29	137	—	317	1381	—	7
49	37	53	17	7	13	—	149	31	23	1531	7	—	—	19	11	43	—	7	—	17	—	83	—	—	7	11	41	—	—	797
53	7	—	863	199	23	29	241	7	—	11	—	479	157	13	7	71	—	223	109	43	11	7	73	1151	—	89	13	23	7	—
59	41	101	139	73	1489	733	7	11	31	—	397	—	—	7	1427	17	29	103	11	—	7	23	—	47	269	19	—	7	673	11
61	149	7	31	41	17	13	—	—	7	—	11	83	—	59	223	7	19	—	13	23	421	11	7	577	—	—	—	43	—	7
67	7	67	53	89	—	17	83	7	11	439	179	—	13	23	7	31	—	181	—	11	—	7	17	71	—	13	—	19	7	—
71	17	1487	137	11	7	71	—	—	13	19	617	7	347	37	11	569	757	17	7	—	—	13	—	773	—	7	67	373	19	—
73	19	83	—	29	1223	67	7	23	—	—	971	—	—	7	139	—	—	11	1559	13	7	41	241	17	—	—	—	7	11	127
77	43	11	13	7	179	—	389	101	223	—	7	509	11	401	239	13	31	7	17	73	19	857	47	11	7	683	23	41	13	—
79	13	23	43	—	11	7	269	17	—	67	31	19	7	13	29	11	—	—	—	7	1129	—	373	109	17	61	7	—	—	281
83	73	673	7	97	1609	613	43	109	—	7	11	331	19	—	281	751	7	—	1637	17	23	11	13	7	643	587	—	—	—	31
89	—	7	661	13	19	347	439	113	7	—	1229	31	43	29	23	7	13	—	1171	11	17	—	7	19	—	—	—	37	—	7
91	11	13	—	7	769	31	353	29	37	17	7	11	23	631	13	—	47	7	—	—	283	53	11	—	7	—	17	13	—	467
97	47	137	7	283	211	419	19	1597	13	7	17	—	883	113	—	—	7	—	29	647	11	13	491	7	193	19	—	17	—	23

	287 41	44	47	50	53	56	59	62	65	68	71	74	77	80	83	86	89	92	95	287 98	288 01	04	07	10	13	16	19	22	25	28
01	1319	97	23	—	11	17	7	19	1571	—	79	—	71	7	229	11	73	13	—	—	7	941	17	271	37	23	11	7	—	—
03	23	7	13	71	53	37	—	11	7	—	89	17	—	—	—	7	—	19	11	—	79	227	7	23	—	41	43	—	13	7
07	—	241	11	—	37	7	17	—	—	349	953	13	7	11	277	1459	53	29	19	7	109	—	—	17	11	131	7	—	83	—
09	7	—	—	421	1049	11	181	7	—	13	—	29	17	31	7	47	11	23	—	1697	—	7	13	—	383	139	89	11	7	17
13	11	31	349	—	7	13	—	17	—	—	19	7	—	23	—	—	167	—	7	101	47	37	11	83	17	7	197	—	29	19
19	—	37	19	7	47	—	233	23	17	11	7	—	13	557	31	563	—	7	83	—	11	19	—	89	7	13	167	227	127	991
21	—	11	—	—	29	7	—	—	31	61	13	41	7	—	17	107	—	251	—	7	—	—	269	11	199	—	7	—	23	1181
27	107	197	—	—	7	—	—	43	—	—	11	7	1103	—	47	17	311	13	7	947	41	11	23	19	—	7	1373	—	—	293
31	13	7	79	29	—	11	883	379	7	31	17	43	619	13	—	7	11	809	23	47	—	509	7	—	19	101	13	11	821	7
33	439	89	—	7	—	—	—	—	11	—	7	13	73	43	—	19	17	7	—	11	229	—	—	719	7	109	29	251	—	41
37	7	—	—	11	—	1109	—	7	—	109	137	17	23	—	7	37	19	43	157	—	13	7	31	1033	—	11	—	101	7	—
39	17	109	7	103	—	13	11	19	29	7	23	127	199	—	997	—	7	11	13	43	193	59	—	7	181	—	19	—	11	47
43	829	11	—	41	31	—	7	67	19	239	—	—	11	7	13	457	191	—	53	—	7	—	1117	11	—	29	—	7	—	17
49	19	—	—	—	—	7	359	29	13	71	11	67	7	17	89	431	419	31	47	7	—	11	433	23	—	—	7	103	97	43
51	7	29	11	—	199	503	13	7	—	233	19	31	491	11	7	41	409	97	—	13	137	7	1163	79	11	521	—	—	7	19
57	11	—	19	17	61	103	7	53	—	73	37	11	29	7	83	23	—	—	457	—	7	19	11	—	31	—	13	7	47	—
61	29	181	487	7	—	127	11	—	1439	13	7	23	31	587	—	17	—	7	797	53	523	—	13	—	7	173	71	—	11	29
63	43	—	101	—	17	7	31	13	211	11	173	—	7	19	109	857	127	71	—	7	11	17	—	29	179	53	7	37	59	—
67	421	—	7	13	11	23	61	107	—	7	—	29	547	—	19	11	7	47	521	461	—	—	—	7	79	31	11	—	23	13
69	—	13	67	23	7	17	43	11	89	—	853	7	1283	523	13	59	619	479	7	31	—	—	17	293	19	7	23	13	643	11
73	17	7	11	859	—	—	19	31	7	991	13	—	—	11	—	7	—	17	179	—	—	—	7	13	11	19	59	67	593	7
79	7	17	797	—	13	79	1613	7	—	—	—	11	—	59	7	—	23	13	17	—	31	7	11	37	—	491	1663	—	7	389
81	—	—	7	11	37	—	73	17	19	7	67	47	241	181	11	13	7	677	43	41	—	61	1543	7	17	11	53	19	13	229
87	19	7	773	173	—	1669	—	—	7	13	61	—	11	97	67	7	131	313	263	19	—	37	7	11	43	17	401	31	41	7
91	47	19	—	17	23	7	—	11	—	131	—	109	7	163	—	31	337	—	11	7	17	223	1051	61	—	263	7	23	43	11
93	7	37	23	13	—	463	179	7	—	17	11	19	101	—	7	—	13	—	67	—	29	7	59	281	71	23	17	1429	7	13
97	37	271	41	—	7	11	71	—	29	307	—	7	13	1181	—	—	11	—	7	293	—	17	—	—	—	7	563	11	31	—
99	157	—	29	19	521	41	7	—	11	59	13	577	239	7	101	—	—	—	37	11	7	—	19	13	—	—	79	7	—	971

	287 42	45	48	51	54	57	60	63	66	69	72	75	78	81	84	87	90	93	96	287 99	288 02	05	08	11	14	17	20	23	26	29
03	179	61	269	7	19	17	13	—	—	—	7	41	—	359	11	23	—	7	137	13	59	—	17	19	7	11	163	—	—	919
09	13	11	7	43	53	—	17	59	—	7	647	173	11	13	—	19	7	1231	—	—	41	—	—	7	—	—	13	—	—	233
11	—	—	—	—	7	43	19	23	—	—	53	7	17	419	71	11	383	31	7	—	683	—	—	41	13	7	11	61	1223	17
17	—	23	11	7	—	13	29	227	811	47	7	43	—	11	163	—	61	7	13	271	101	1621	—	—	7	—	331	1439	53	59
21	7	13	197	193	—	1303	—	7	11	—	—	1031	1129	467	7	43	83	1307	19	11	23	7	131	29	157	17	—	13	7	61
23	11	—	7	191	—	61	1213	1193	1381	7	—	11	13	—	17	—	7	29	23	73	—	277	11	7	733	13	—	—	19	—
27	31	1277	157	—	—	29	7	139	13	17	19	37	283	7	23	—	—	11	61	—	7	13	—	—	—	—	17	7	11	19
29	73	7	—	59	71	673	13	—	7	11	—	53	23	103	—	7	1279	137	79	13	11	—	7	43	47	31	—	163	29	7
33	67	131	13	—	11	7	83	61	23	—	17	—	7	31	59	11	29	1259	787	7	127	19	353	53	—	—	7	17	13	47
39	317	59	11	223	7	—	947	—	37	13	—	7	—	11	—	307	—	73	7	211	—	313	13	—	11	7	31	29	17	613
41	17	1069	—	157	19	11	7	13	113	—	983	1063	—	7	373	—	11	17	—	139	7	29	89	19	—	257	37	7	101	109
47	223	13	31	11	—	7	37	—	—	1523	—	—	7	—	11	19	73	23	17	7	557	107	61	47	—	11	7	13	—	79
51	—	41	7	—	103	37	—	179	191	7	13	107	67	17	—	—	7	—	—	89	11	31	—	7	53	881	367	—	47	353
53	—	11	17	127	7	—	107	19	13	—	59	7	11	—	29	31	—	83	7	17	181	13	191	11	—	7	19	173	—	—
57	79	7	29	31	13	—	—	11	7	263	41	—	47	719	17	7	67	13	11	733	71	59	7	439	61	127	—	19	—	7
59	61	—	13	7	1031	23	331	509	1009	—	7	71	83	41	1321	13	347	7	19	1013	17	11	—	—	7	29	—	—	13	431
63	7	23	37	—	853	11	431	7	59	1619	—	13	—	29	7	17	11	—	139	19	67	7	—	—	13	1433	181	11	7	—
69	—	—	61	11	—	13	7	—	—	337	571	19	1093	7	11	—	17	331	13	37	7	—	—	—	29	11	109	7	41	31
71	37	7	19	13	397	17	11	1061	7	—	—	—	—	73	463	7	13	11	29	—	—	19	7	31	—	1231	—	—	11	7
77	7	71	—	97	11	31	17	7	127	347	13	167	—	19	7	11	653	37	823	661	173	7	—	13	1511	631	11	—	7	29
81	—	17	—	383	7	41	13	293	53	—	11	7	—	—	19	137	37	29	7	13	—	11	—	—	31	7	—	191	59	23
83	907	601	11	—	13	19	7	17	41	—	—	29	—	7	53	—	—	13	31	103	7	47	—	—	11	—	—	7	619	1493
87	13	151	17	7	1453	491	19	—	11	601	7	73	—	13	41	59	—	7	—	11	839	409	—	23	7	19	13	71	29	599
89	11	—	79	1447	—	7	61	—	17	379	1087	11	7	601	37	67	19	41	71	7	179	23	11	107	13	17	7	—	1549	73
93	71	43	7	17	137	1361	11	13	421	7	29	—	97	37	1061	—	7	11	—	31	13	601	79	7	911	1063	—	131	11	—
99	—	7	127	—	11	599	1163	43	7	19	241	23	—	1021	13	7	—	—	—	—	—	17	7	1201	—	—	11	13		7

	288 30	33	36	39	42	45	48	51	54	57	60	63	66	69	72	75	78	81	84	87	90	93	96	288 99	289 02	05	08	11	14	17
01	11	1213	7	23	—	487	41	—	601	7	359	11	1699	—	—	17	7	293	1097	37	—	1033	11	7	113	383	23	—	19	—
07	—	7	383	13	53	61	—	—	7	11	31	691	—	—	—	7	13	127	683	547	11	101	7	1181	—	—	29	103	—	7
11	—	199	19	—	11	7	—	—	887	503	—	17	7	—	29	11	23	191	61	7	—	19	457	67	—	13	7	47	17	31
13	7	—	67	—	433	—	47	7	29	—	13	409	19	653	7	—	37	17	11	607	—	7	53	13	41	—	—	181	7	11
17	—	—	11	347	7	71	13	61	—	499	23	7	17	11	—	37	—	—	7	13	193	—	—	109	11	7	853	67	—	17
19	—	17	157	1063	13	11	7	—	23	—	—	—	—	7	163	59	11	13	17	29	7	—	173	19	733	101	107	7	—	193
23	11	—	43	7	23	19	—	29	—	449	7	11	97	13	73	—	107	7	257	—	—	421	11	—	7	—	13	23	353	479
29	449	107	7	—	—	241	31	13	43	7	—	127	37	59	17	79	7	53	29	503	11	23	71	7	739	—	47	—	—	—
31	31	11	—	17	7	13	83	19	—	337	41	7	11	71	67	797	1031	431	7	23	17	—	61	11	—	7	19	163	—	101
37	307	83	887	7	17	—	1657	911	191	1367	7	61	13	23	—	—	43	7	19	41	983	11	—	29	7	13	137	—	389	—
41	7	31	—	1249	251	11	971	7	13	23	97	29	197	—	7	—	11	—	—	19	43	7	—	277	61	41	157	11	7	—
43	61	677	7	661	—	17	13	23	11	7	19	293	—	617	461	173	7	—	—	11	47	—	17	7	1621	1511	31	37	41	19
47	17	433	13	11	157	—	7	311	239	251	941	19	71	7	11	13	—	17	53	—	7	—	29	—	773	11	23	7	13	503
49	13	7	19	71	47	1307	11	37	7	59	—	811	—	13	89	7	29	11	—	—	—	19	7	17	23	1291	13	1579	11	7
53	379	11	41	19	29	7	37	541	—	13	—	—	7	1543	251	317	127	1213	17	7	23	—	13	11	131	661	7	31	—	227
59	—	53	17	13	7	—	1061	59	97	31	11	7	—	911	19	29	13	1087	7	17	439	11	1447	37	—	7	367	263	—	13
61	—	13	11	31	37	19	7	53	17	29	131	—	23	7	13	647	—	79	863	47	7	—	719	331	11	17	—	7	61	—
67	11	—	—	43	—	7	23	907	13	17	—	11	7	107	1423	—	19	61	—	7	29	13	11	41	—	53	7	191	677	23
71	—	—	7	107	13	—	11	43	29	7	1289	—	383	—	151	491	7	11	1367	937	37	17	139	7	—	23	—	—	11	41
73	23	37	13	—	7	—	61	—	19	11	17	7	—	—	739	13	59	109	7	—	11	—	271	23	557	7	73	17	13	31
77	37	7	53	419	11	17	97	—	7	19	—	13	1619	43	349	7	1091	31	79	23	787	127	7	83	13	—	11	59	19	7
79	19	—	647	7	—	89	307	11	53	13	7	17	—	29	—	43	—	7	11	19	—	1229	13	—	7	1213	113	1627	17	11
83	7	19	11	—	67	13	17	7	61	—	—	—	—	11	7	—	—	37	13	43	19	7	—	17	11	—	—	239	7	113
89	11	59	89	—	—	—	7	17	67	—	—	11	13	7	—	41	173	—	—	—	7	—	11	151	17	13	—	7	—	—
91	—	7	103	11	191	23	29	—	7	79	13	311	211	17	11	7	479	—	41	269	—	367	7	13	151	11	97	43	23	7
97	7	11	—	—	13	181	—	7	—	53	199	619	11	—	7	167	1049	13	—	31	751	7	23	11	1063	—	—	41	7	337

	288 31	34	37	40	43	46	49	52	55	58	61	64	67	70	73	76	79	82	85	88	91	94	288 97	289 00	03	06	09	12	15	18
01	13	1001	1049	83	7	29	—	11	139	17	269	7	193	13	109	19	67	—	7	211	337	53	47	—	—	7	13	—	—	11
03	1033	31	131	331	73	—	7	—	157	—	11	13	37	7	439	17	23	383	593	443	7	11	—	—	13	19	1019	7	29	83
07	43	41	1031	7	233	11	47	13	1217	—	7	37	23	—	—	—	11	7	—	—	13	59	—	401	7	61	19	11	257	313
09	—	61	43	727	41	7	1381	—	11	1583	23	—	7	—	31	107	17	19	13	7	79	433	499	461	83	907	7	281	—	37
13	—	13	7	11	53	107	23	389	59	7	41	17	281	311	11	547	7	—	19	569	—	73	283	7	67	11	—	13	17	23
19	23	7	73	61	—	283	—	—	7	29	19	—	11	—	—	7	229	653	223	41	—	13	7	11	—	—	—	—	67	7
21	47	17	499	7	11	—	13	67	509	31	7	271	307	—	43	11	—	7	17	13	19	23	41	191	7	523	11	409	53	—
27	13	73	7	463	—	—	37	71	—	7	—	67	19	11	29	23	7	59	—	17	43	—	31	7	11	—	13	1289	—	61
31	97	—	29	109	547	37	7	1069	11	13	31	23	577	7	17	—	167	—	—	11	7	1481	13	—	43	89	461	7	59	—
33	11	7	—	17	19	—	—	13	7	23	113	11	179	—	—	7	—	—	61	277	13	233	7	19	1087	29	43	—	1327	7
37	1451	—	29	13	—	7	11	—	131	—	1399	523	7	29	—	17	13	11	73	7	47	—	37	31	19	—	7	—	11	13
39	7	13	251	23	17	—	—	7	41	11	—	1249	79	—	7	19	—	31	—	67	11	7	—	1543	71	1193	23	13	7	53
43	—	—	37	127	7	31	71	—	193	223	13	7	—	—	41	11	17	—	7	—	61	—	23	13	29	7	11	—	—	1451
49	17	101	11	7	13	—	29	—	19	61	7	487	1009	11	—	—	23	7	31	37	—	—	107	41	7	—	—	19	191	421
51	29	43	13	—	—	7	17	—	—	227	281	—	7	—	23	13	11	107	19	7	—	257	229	17	59	787	7	11	13	29
57	—	—	107	11	7	—	—	17	23	13	19	7	—	827	11	—	211	37	7	1171	1231	—	13	79	17	7	—	—	113	19
61	41	7	17	47	23	13	—	—	7	11	—	19	—	31	1459	7	37	929	13	17	11	—	7	—	1433	857	—	23	29	7
63	—	11	19	7	353	—	—	31	17	—	7	—	11	43	—	—	13	7	97	—	—	19	29	11	7	17	1103	—	131	13
67	7	—	—	17	—	139	—	7	127	41	29	—	13	—	7	227	1291	43	11	241	17	7	19	211	1483	13	31	383	7	11
69	271	—	7	—	29	439	239	—	—	7	11	1481	41	19	37	—	7	—	—	23	31	11	—	7	—	—	17	251	—	373
73	—	—	—	—	17	11	7	—	31	101	313	761	—	7	19	23	11	—	41	13	7	17	683	43	79	53	61	7	—	631
79	13	67	47	11	—	7	19	—	—	23	137	101	7	13	11	61	—	277	181	7	—	31	17	—	—	11	7	41	431	43
81	7	1193	—	—	—	—	11	7	—	349	89	13	103	—	7	31	19	11	59	179	—	7	—	—	13	419	29	—	7	673
87	—	23	349	—	11	13	7	—	19	—	—	—	17	7	53	11	—	—	13	—	7	71	—	—	23	—	11	7	31	17
91	—	13	439	7	41	—	—	17	—	19	7	83	—	127	13	101	31	7	—	—	23	11	307	—	7	29	53	13	19	—
93	19	1289	11	—	401	7	—	41	37	—	31	73	7	11	373	—	—	883	23	7	137	—	197	—	11	13	7	—	367	—
97	—	19	7	59	43	677	83	29	11	7	—	673	421	41	23	—	7	101	—	11	19	13	—	7	—	17	—	233	—	31
99	11	29	—	113	7	—	13	—	—	263	—	7	23	859	17	—	41	—	7	13	1051	—	11	31	—	7	—	47	—	—

	288 32	35	38	41	44	47	50	53	56	59	62	65	68	71	74	77	80	83	86	89	92	95	288 98	289 01	04	07	10	13	16	19
03	1697	7	13	103	—	557	11	1039	7	17	43	31	19	233	947	7	29	11	29	101	71	—	7	—	37	—	17	—	11	7
09	7	—	23	—	11	—	863	7	773	13	17	—	—	131	7	11	43	997	109	—	—	7	13	19	31	23	11	17	7	29
11	23	89	7	139	—	—	241	11	—	7	109	—	59	1453	19	—	7	—	11	1667	13	—	37	7	—	—	—	73	401	11
17	17	7	37	—	67	11	19	79	7	—	—	—	97	—	13	7	11	17	—	—	—	761	7	—	43	19	47	11	71	7
21	11	37	431	571	1423	7	—	19	41	1237	13	11	7	23	241	—	—	—	—	7	—	1301	11	13	—	101	7	79	43	17
23	7	17	—	11	577	—	937	7	13	—	47	23	83	31	7	503	29	19	17	37	211	7	—	311	—	11	—	—	7	1259
27	193	31	—	457	7	811	281	23	—	11	—	7	1019	17	89	47	—	13	7	173	11	743	163	—	113	7	359	101	53	—
29	—	11	13	—	173	23	7	83	229	19	—	—	11	7	197	13	—	157	—	17	7	—	—	11	—	61	31	7	13	—
33	—	23	139	7	—	—	73	11	79	—	7	13	—	—	17	29	1283	7	11	167	—	97	—	1553	7	887	41	71	307	11
39	71	1303	7	43	—	11	—	103	—	7	—	53	—	—	—	17	7	—	13	809	179	19	—	7	—	—	29	11	—	167
41	617	—	233	13	7	43	59	—	11	47	163	7	19	—	—	—	13	53	7	11	29	17	—	—	—	7	—	—	223	13
47	101	—	29	7	19	17	11	719	89	—	7	43	131	37	139	—	271	7	—	857	—	—	17	13	7	991	149	577	11	331
51	7	11	—	—	59	19	13	7	317	—	—	1103	11	—	7	43	313	17	—	13	—	7	31	11	19	181	—	397	7	23
53	53	—	7	—	11	—	17	—	71	7	—	—	1129	29	587	11	7	13	—	—	103	823	—	7	47	—	11	23	67	79
57	13	17	607	73	31	89	7	137	1613	103	11	—	53	7	821	709	19	—	17	157	7	11	223	23	—	271	13	7	—	37
59	—	7	11	211	101	—	127	17	7	1153	37	13	—	11	—	7	—	379	53	887	149	23	7	43	11	—	19	—	137	7
63	79	—	17	—	1229	7	—	13	11	37	—	—	7	47	—	—	1013	23	149	7	13	89	—	347	—	—	7	19	127	—
69	19	13	179	17	7	—	11	71	—	1493	211	7	457	139	13	149	—	11	7	19	17	—	—	29	59	7	37	13	11	83
71	59	41	1447	—	—	193	7	37	101	11	19	—	13	7	149	—	—	29	—	—	7	—	103	47	31	13	17	7	—	19
77	139	—	19	23	461	7	13	11	—	—	17	149	7	269	263	—	—	229	11	7	—	19	—	107	37	131	7	17	29	11
81	73	227	7	19	—	17	977	859	113	7	—	61	47	11	—	13	7	—	131	83	199	263	17	7	11	31	—	—	13	—
83	13	743	197	—	7	11	137	599	107	—	29	7	101	13	523	71	11	—	7	31	23	79	—	—	—	7	13	11	17	1549
87	11	7	—	37	269	—	17	31	7	13	—	11	1259	353	19	7	23	—	293	641	—	—	7	17	—	41	—	29	—	7
89	—	31	53	7	97	19	—	13	—	331	7	491	17	367	11	—	—	7	571	977	13	29	47	—	7	11	569	—	41	17
93	7	—	—	13	—	—	19	7	—	11	23	—	89	103	7	—	13	113	—	431	11	7	1031	577	17	19	—	47	7	13
99	37	—	31	601	23	—	7	11	17	347	13	47	—	7	67	—	73	19	11	643	7	—	79	13	—	17	719	7	89	11

	289 20	23	26	29	32	35	38	41	44	47	50	53	56	59	62	65	68	71	74	77	80	83	86	89	92	95	289 98	290 01	04	07
01	7	83	17	11	—	13	97	7	47	53	—	—	449	—	7	—	467	19	13	17	643	7	—	—	59	11	37	263	7	31
07	433	11	167	17	—	—	7	373	—	19	239	31	11	7	—	—	157	—	859	—	7	461	—	11	647	13	41	7	19	631
11	709	—	71	7	—	37	—	11	13	23	7	409	1201	29	1543	17	107	7	11	—	139	13	59	229	7	—	101	1217	—	11
13	—	19	601	113	17	7	13	23	—	109	11	107	7	—	—	479	—	—	137	7	19	11	—	37	31	61	7	—	—	977
17	41	107	7	23	53	11	113	173	—	7	601	307	31	—	1123	13	7	577	—	—	—	19	37	7	29	—	23	11	13	191
19	13	23	—	37	7	17	31	47	11	—	53	7	19	13	61	—	211	—	7	11	587	73	17	—	23	7	13	—	—	—
23	17	7	37	11	877	—	29	—	7	13	—	—	47	19	11	7	769	17	—	71	23	521	7	—	223	11	—	61	839	7
29	7	11	—	13	—	19	1439	7	701	557	—	—	11	—	7	113	13	29	17	37	—	7	163	11	19	—	—	—	7	13
31	37	13	7	—	11	—	—	17	—	7	—	29	23	307	13	11	7	—	59	—	—	41	47	7	17	89	11	13	197	—
37	—	7	11	—	—	59	23	19	7	—	—	53	—	11	31	7	—	37	—	509	199	13	7	—	11	17	19	71	—	7
41	73	—	23	17	13	7	109	1013	11	71	29	47	7	67	—	131	37	13	313	7	17	1447	89	53	113	23	7	19	—	547
43	7	103	13	101	29	—	—	7	—	17	163	11	—	—	7	13	199	277	19	421	191	7	11	23	641	—	17	31	7	53
47	19	443	509	59	7	—	11	1117	—	—	—	7	—	167	—	31	—	11	7	19	—	17	809	—	13	7	—	—	11	—
49	—	131	—	—	—	101	7	41	—	11	17	—	199	7	37	29	—	23	—	157	7	47	13	—	197	—	1039	7	107	19
53	—	457	43	7	11	13	53	—	—	—	7	19	349	23	—	11	—	7	13	—	—	67	17	167	7	103	11	137	31	—
59	1531	—	7	19	317	349	17	23	43	7	31	—	13	11	29	—	7	307	547	127	1069	—	19	7	11	13	—	—	383	257
61	593	463	227	103	7	11	—	—	29	101	13	7	17	19	—	—	11	257	7	563	—	769	—	13	—	7	—	11	23	17
67	199	—	—	7	13	19	—	—	67	—	7	101	821	17	11	73	43	7	1187	29	47	—	23	571	7	11	—	—	37	83
71	7	—	—	—	331	31	19	7	17	11	59	—	587	13	7	—	71	—	23	1039	11	7	—	379	—	17	13	37	7	—
73	—	11	7	—	47	239	229	71	37	7	—	13	11	53	17	—	7	—	179	307	953	491	43	7	13	—	—	1697	439	389
77	—	1669	1409	—	251	137	7	11	41	17	—	—	23	7	—	1021	—	19	11	353	7	157	—	—	—	53	17	7	—	11
79	—	7	127	223	—	13	—	—	7	1657	11	41	29	—	131	7	67	—	13	83	—	11	7	—	—	37	61	19	43	7
83	29	13	—	—	—	7	23	131	—	19	17	1427	7	73	13	1429	11	41	79	7	—	—	—	—	37	—	7	11	19	23
89	23	19	—	11	7	—	71	97	13	229	—	7	859	31	11	277	233	337	7	—	19	13	797	23	47	7	41	—	17	103
91	17	1307	421	47	61	29	7	31	823	83	—	19	73	7	53	137	293	11	—	13	7	23	37	—	67	677	331	7	11	41
97	13	17	37	19	11	7	—	103	587	79	383	641	7	13	—	11	29	—	17	7	31	101	19	89	1543	—	7	1069	67	—

	289 21	24	27	30	33	36	39	42	45	48	51	54	57	60	63	66	69	72	75	78	81	84	87	90	93	96	289 99	290 02	05	08
01	751	37	7	41	19	107	61	43	31	7	11	23	509	17	619	—	7	227	—	—	—	11	13	7	251	—	283	281	647	73
03	107	—	11	—	7	751	41	13	569	23	—	7	197	11	19	683	—	433	7	17	13	1373	257	101	11	7	—	29	—	—
07	—	7	151	13	—	23	797	1607	7	53	73	—	41	43	17	7	13	113	37	11	89	31	7	47	173	163	—	—	23	7
09	11	13	47	7	—	167	19	—	—	29	7	11	419	457	13	31	397	7	193	1609	17	—	11	—	7	19	23	13	73	—
13	7	401	523	31	—	151	11	7	—	—	13	719	1291	—	7	17	—	11	1277	43	131	7	23	13	—	—	19	53	7	—
19	—	—	1187	—	11	—	7	—	29	401	—	—	293	7	—	11	17	13	19	—	7	109	1381	—	59	43	11	7	709	—
21	59	7	13	211	71	17	131	11	7	19	31	—	311	109	23	7	631	47	11	233	—	—	7	—	—	97	—	43	13	7
27	7	19	541	701	—	11	17	7	23	13	—	491	127	29	7	—	11	—	—	—	19	7	13	17	—	—	—	11	7	—
31	11	17	19	—	7	13	47	41	1399	—	211	7	37	—	151	—	—	173	7	179	—	19	11	—	137	7	—	23	53	—
33	—	313	23	11	1483	31	7	17	—	—	41	103	19	17	11	151	13	701	—	—	7	71	—	1459	17	11	163	7	—	13
37	43	61	17	7	1693	—	—	907	—	11	7	89	13	19	433	—	41	7	229	17	11	23	107	—	7	13	83	—	467	37
39	239	11	43	157	19	7	29	—	17	—	13	—	7	—	—	—	47	107	31	7	59	389	—	11	—	17	7	877	349	—
43	—	97	7	17	1237	19	13	11	—	7	281	53	—	137	67	23	7	331	11	13	17	47	—	7	19	41	—	89	863	11
49	13	7	—	257	17	11	127	1567	7	23	109	—	43	13	—	7	11	—	59	31	71	17	7	73	—	—	13	11	1451	7
51	—	139	109	7	—	—	—	19	11	977	7	13	191	31	43	—	61	7	929	11	—	—	457	—	7	—	19	17	29	—
57	53	23	7	—	—	13	11	349	—	7	29	17	—	—	—	47	7	11	13	1213	43	97	73	7	23	—	31	151	11	—
61	19	11	163	367	373	—	7	953	—	—	317	41	11	7	13	—	439	271	61	19	7	197	—	11	43	—	67	7	223	151
63	349	7	—	73	11	67	1303	—	7	—	19	—	13	—	41	7	—	—	23	337	1487	29	7	79	—	13	11	59	71	7
67	1597	83	89	37	47	7	—	17	13	29	11	19	7	—	23	—	—	181	1499	7	41	11	947	—	17	367	7	31	1171	317
69	7	71	11	29	—	659	13	7	1499	67	—	1061	23	11	7	103	—	—	1361	13	—	7	283	41	11	223	1621	83	7	—
73	139	—	13	19	7	827	613	—	11	31	113	7	—	—	—	13	—	—	7	11	29	1583	19	109	—	7	653	997	13	41
79	37	73	23	7	—	—	11	—	—	13	7	—	59	53	19	641	—	7	—	47	1549	—	13	—	7	23	17	71	11	397
81	23	43	—	—	1109	7	157	13	281	11	379	277	7	811	1117	17	31	67	37	7	11	—	61	23	19	29	7	—	—	149
87	73	13	—	163	7	241	—	11	—	41	—	7	83	—	13	—	17	23	7	—	—	67	1091	—	479	7	149	13	—	11
91	—	7	11	—	—	79	103	997	7	541	13	17	—	11	1619	7	463	19	1061	911	—	347	7	13	11	—	—	1361	17	7
93	17	1021	53	7	—	11	—	83	13	—	7	23	89	43	—	37	11	7	29	—	1013	13	—	149	7	67	—	11	821	—
97	7	757	—	—	13	461	29	7	479	19	521	11	17	61	7	379	127	13	47	—	—	7	11	739	41	—	—	—	7	17
99	19	17	7	11	—	23	467	—	59	7	613	1033	—	—	11	13	7	—	17	19	53	—	251	7	31	11	173	41	13	29

	289 22	25	28	31	34	37	40	43	46	49	52	55	58	61	64	67	70	73	76	79	82	85	88	91	94	289 97	290 00	03	06	09
03	293	19	47	—	1051	—	7	—	—	11	—	13	31	7	—	—	—	29	149	59	7	—	—	43	13	—	727	7	—	—
09	769	41	1217	283	—	7	59	11	103	—	223	37	7	—	17	149	79	821	11	7	311	137	—	—	929	31	7	—	29	11
11	7	—	—	13	41	839	757	7	167	—	11	—	47	—	7	97	13	—	—	31	17	7	19	487	1601	71	79	—	7	13
17	—	31	—	—	17	—	7	223	11	37	13	149	1237	7	19	—	1019	61	167	11	7	17	863	13	—	—	—	7	59	241
21	—	47	677	7	—	—	13	—	37	149	7	—	—	—	11	19	17	7	—	13	31	29	—	—	7	11	107	443	—	23
23	43	853	—	89	13	7	11	79	149	157	1523	—	7	—	31	29	—	11	659	7	419	103	17	139	131	19	7	23	11	—
27	13	11	7	29	43	—	149	19	—	7	103	107	11	13	—	1621	7	17	—	61	—	—	—	7	71	37	13	79	41	1063
29	233	1427	59	—	7	149	17	—	—	—	—	7	1453	73	317	11	809	19	7	89	—	23	401	17	13	7	11	31	—	—
33	89	7	641	149	1033	37	419	13	7	467	11	—	—	59	29	7	47	23	17	—	13	11	7	—	—	1223	967	—	—	7
39	7	13	17	113	—	41	829	7	11	—	19	23	227	—	7	—	43	941	199	11	—	7	37	—	83	29	—	13	7	19
41	11	19	7	37	127	—	—	—	17	7	—	11	13	739	239	—	7	—	43	29	19	—	11	7	1429	13	47	—	—	1627
47	307	7	—	23	31	53	13	617	7	11	47	97	19	—	—	7	—	41	1451	13	11	179	7	61	43	—	17	—	—	7
51	—	197	13	733	11	7	239	—	241	—	199	157	7	19	83	11	—	53	29	7	277	17	23	31	1553	—	7	—	13	—
53	7	1447	—	1619	19	—	—	7	—	59	17	211	29	13	7	1229	—	31	11	281	23	7	—	19	311	—	13	17	7	11
57	29	269	11	—	7	17	199	101	—	13	331	7	—	11	109	179	23	—	7	79	59	—	13	67	11	7	—	—	991	29
59	—	61	67	—	191	11	7	13	—	1277	89	17	—	7	23	19	11	37	113	—	7	—	71	29	—	47	—	7	17	79
63	11	—	199	7	71	—	17	59	739	101	7	11	383	229	61	—	13	7	31	—	97	113	11	17	7	—	—	67	107	13
69	31	—	7	43	23	599	—	17	19	7	13	101	—	107	47	—	7	—	53	683	11	—	29	7	17	463	—	19	—	1091
71	—	11	23	1093	7	43	—	181	13	—	67	7	11	17	37	359	29	—	7	—	577	13	—	11	53	7	73	113	829	59
77	—	—	13	7	—	—	257	31	—	877	7	43	71	271	17	13	59	7	1217	23	83	11	613	593	7	—	—	29	13	19
81	7	53	—	359	—	11	1231	7	1087	17	—	13	—	181	7	23	11	—	97	—	193	7	—	—	13	—	17	11	7	47
83	—	—	7	59	—	1069	761	53	11	7	1663	37	1171	23	—	17	7	43	61	11	31	19	13	7	—	—	—	—	—	193
87	—	619	—	11	—	13	7	—	31	23	17	79	—	7	11	—	—	101	13	53	7	43	19	—	73	11	29	7	499	—
89	—	7	31	13	—	263	11	23	7	—	83	—	431	19	127	7	13	11	—	—	29	79	7	43	—	53	269	—	11	7
93	487	11	—	23	41	7	233	937	29	—	—	17	7	173	19	—	—	—	499	7	61	31	—	11	1279	13	7	37	17	293
99	—	211	53	31	7	787	13	37	499	61	11	7	17	41	449	—	97	269	7	13	23	11	131	—	—	7	—	—	47	17

	290 10	13	16	19	22	25	28	31	34	37	40	43	46	49	52
01	—	13	—	—	89	7	11	—	157	313	—	107	7	29	13
07	223	353	—	79	7	67	23	17	13	47	199	7	31	37	467
11	31	7	17	—	13	—	—	—	7	53	11	—	29	1009	47
13	23	—	11	7	—	41	29	97	17	19	7	—	—	11	—
17	7	—	—	17	—	—	1201	7	11	—	19	13	127	31	7
19	11	19	7	—	—	—	—	31	—	7	37	11	—	67	41
23	101	—	19	431	17	13	7	—	83	37	547	—	—	7	—
29	—	613	101	83	11	7	131	23	31	619	53	—	7	19	193
31	7	569	31	—	19	23	—	7	601	—	13	17	167	269	7
37	41	—	1571	709	13	11	7	73	—	—	317	89	17	7	—
41	11	—	1453	7	269	163	41	17	137	29	7	11	—	13	—
43	—	61	—	11	37	7	179	19	—	41	347	13	7	17	11
47	—	139	7	37	1667	463	1307	13	17	7	—	53	23	—	61
49	113	11	—	97	7	13	103	211	59	—	23	7	11	—	17
53	19	7	29	181	1109	73	23	11	7	17	101	—	—	313	13
59	7	—	229	167	—	11	59	7	13	1097	17	19	101	29	7
61	53	—	7	347	73	31	13	29	11	7	—	1523	—	139	1663
67	13	7	89	967	41	131	11	137	7	—	—	823	—	13	—
71	—	11	1151	67	—	7	29	79	797	13	41	23	7	157	19
73	7	17	397	181	11	19	—	7	463	23	—	857	—	41	7
77	—	887	73	13	7	23	19	67	—	—	11	7	571	17	37
79	359	13	11	23	—	47	7	—	—	839	1181	29	499	7	13
83	233	31	43	7	1471	1049	—	—	11	61	7	67	139	53	17
89	59	1297	7	—	13	107	11	197	43	7	29	37	—	—	31
91	19	—	13	383	7	—	691	—	31	11	43	7	1433	179	23
97	—	—	53	7	47	17	—	11	23	13	7	19	281	433	373

	55	58	61	64	67	70	73	76	79	82	85	88	91	94	97
01	877	163	11	—	7	911	—	—	17	1061	19	7	13	11	—
07	11	—	19	7	—	89	13	233	—	17	7	11	—	—	23
11	7	43	13	19	17	—	11	7	79	307	23	—	241	113	7
13	13	811	7	43	1153	—	—	229	23	7	17	839	59	13	163
17	139	71	89	661	11	17	7	43	29	13	263	—	53	7	19
19	821	7	23	881	—	19	—	11	7	43	—	17	—	—	457
23	239	—	11	13	—	7	17	—	—	277	59	31	7	11	47
29	11	29	—	—	7	—	—	17	—	109	13	7	—	—	41
31	659	53	—	11	983	1259	7	—	13	71	—	73	139	7	11
37	19	11	13	397	809	7	29	23	47	37	67	—	7	107	17
41	79	19	7	23	—	181	1193	11	37	7	61	13	—	47	—
43	353	23	—	—	7	—	59	227	—	13	11	7	89	31	67
47	41	7	—	191	—	11	—	—	7	73	17	—	19	—	—
49	—	331	53	7	941	—	37	—	11	997	7	503	—	523	—
53	7	—	—	11	19	37	383	7	—	41	389	17	13	—	7
59	—	11	—	—	131	—	7	823	23	359	827	79	11	7	587
61	283	7	—	37	11	—	19	353	7	—	1283	—	—	—	61
67	7	—	11	29	1409	—	—	7	—	—	—	13	—	11	7
71	—	101	853	—	7	1223	73	13	11	—	179	7	1297	233	17
73	11	743	79	17	193	13	7	499	337	19	—	11	863	7	29
77	—	13	29	7	31	61	11	—	—	—	7	47	—	23	13
79	313	19	—	239	17	7	71	41	—	11	—	23	7	211	353
83	89	569	7	—	11	101	—	23	13	7	—	109	—	29	293
89	17	7	11	79	373	—	—	101	7	643	223	—	127	11	—
91	13	—	709	7	19	11	17	—	263	—	7	—	—	13	37
97	29	43	7	11	919	—	31	13	—	7	—	683	293	257	11

	290 11	14	17	20	23	26	29	32	35	38	41	44	47	50	53
01	7	—	11	29	23	13	743	7	37	31	1093	131	19	11	7
03	941	—	7	13	—	11	17	—	—	7	—	—	103	61	—
07	11	17	—	197	19	—	7	—	—	311	—	11	13	7	29
09	—	7	61	11	—	—	37	17	7	241	13	—	—	739	11
13	751	557	17	353	31	7	13	59	—	11	71	—	7	1613	—
19	13	—	—	17	7	137	97	11	47	23	79	7	—	13	—
21	—	29	—	37	—	1277	7	23	—	17	11	13	1657	7	67
27	—	23	113	43	—	7	—	—	11	19	17	—	7	—	73
31	29	13	7	11	127	17	—	43	239	7	19	643	31	—	11
33	37	19	47	59	7	349	11	359	521	43	—	7	13	—	1091
37	1487	7	19	401	97	—	17	47	7	—	—	29	11	43	23
39	563	701	—	7	11	29	13	1237	61	461	7	113	17	1489	—
43	7	59	13	131	109	103	—	7	23	257	11	401	73	19	7
49	1373	521	23	—	29	19	7	—	11	13	61	947	—	7	179
51	11	7	617	1279	—	53	—	13	7	101	173	11	79	311	17
57	7	13	—	—	—	—	—	7	227	11	59	101	—	—	7
61	—	211	—	1489	7	—	167	71	19	149	13	7	461	23	263
63	151	—	83	—	241	—	7	11	13	31	—	23	—	7	—
67	19	1231	11	7	13	977	149	23	29	73	7	17	—	11	—
69	17	—	13	151	—	7	53	89	—	109	19	—	7	—	61
73	11	23	7	149	67	47	43	—	281	7	31	11	17	—	227
79	149	7	—	19	89	13	443	37	7	11	—	421	43	17	127
81	—	11	17	7	79	271	—	607	—	151	7	41	11	19	43
87	—	—	7	17	59	19	29	53	—	7	11	—	151	—	359
91	—	—	—	—	37	11	7	—	1697	653	811	—	—	7	71
93	—	7	—	443	13	71	—	139	7	—	—	631	31	—	—
97	13	1423	59	11	—	7	109	283	827	—	—	103	7	13	11
99	7	—	37	—	433	17	11	7	19	—	1103	13	683	—	7

	56	59	62	65	68	71	74	77	80	83	86	89	92	95	98
01	—	—	17	13	—	43	7	521	67	11	—	83	23	7	691
03	—	7	41	653	—	53	181	19	7	173	23	29	11	191	13
07	—	137	—	17	—	7	23	11	19	—	13	43	7	101	79
09	7	31	233	—	23	—	443	7	13	17	11	41	367	43	7
13	19	83	—	—	7	11	1217	—	—	47	29	7	181	—	—
19	53	—	31	7	347	17	—	37	139	—	7	13	—	—	11
21	—	—	19	—	349	7	11	—	—	13	—	17	7	—	59
27	—	59	107	13	7	37	—	—	—	23	—	7	17	19	—
31	—	7	—	41	37	23	163	17	7	131	11	—	13	421	19
33	127	271	11	7	61	19	41	67	29	—	7	97	83	11	—
37	7	53	587	—	503	—	13	7	11	251	31	—	41	109	7
39	11	89	7	—	13	109	293	53	—	7	167	11	—	787	17
43	13	37	71	149	43	—	7	29	—	17	271	467	—	7	251
49	149	—	353	—	11	7	1627	13	—	19	17	1637	7	1259	—
51	7	337	463	379	—	13	—	7	23	97	—	—	29	—	7
57	17	41	23	103	—	11	7	163	53	191	71	19	13	7	1493
61	11	—	—	7	—	821	59	41	13	—	7	11	17	73	193
63	1553	17	—	11	—	7	13	—	—	—	41	—	7	—	11
67	—	167	7	—	19	1279	47	—	379	7	—	479	—	17	—
69	13	11	17	—	7	157	—	31	79	—	—	7	11	13	19
73	311	7	367	53	29	331	1549	11	7	13	—	167	37	—	17
79	7	61	—	13	—	11	593	7	31	—	—	—	—	199	7
81	47	13	7	—	17	—	—	761	11	7	37	—	—	—	13
87	—	7	1093	383	—	17	11	1459	7	19	—	229	179	—	197
91	17	11	—	31	13	7	—	211	29	43	19	41	7	—	23
93	7	19	13	—	11	—	17	7	101	73	53	43	23	241	7
97	953	17	19	—	7	67	37	157	23	—	11	7	569	—	83
99	79	—	11	151	509	61	7	17	137	13	31	—	19	7	1087

	290 12	15	18	21	24	27	30	33	36	39	42	45	48	51	54
03	17	11	53	41	7	1021	—	13	—	19	—	7	11	31	—
09	—	13	509	7	71	1213	101	113	199	—	7	23	41	—	13
11	—	43	11	—	—	7	281	17	239	23	—	19	7	11	—
17	11	157	31	19	7	—	13	43	17	179	—	7	787	47	—
21	61	7	13	17	19	823	11	457	7	59	—	43	—	907	—
23	13	137	73	7	—	—	—	—	—	11	7	109	71	13	19
27	7	—	29	31	11	211	—	7	—	13	—	307	—	409	7
29	—	41	7	277	—	—	19	11	167	7	17	—	—	37	23
33	337	433	11	13	—	17	7	19	—	—	23	—	37	7	—
39	11	1289	—	271	23	7	17	467	—	—	13	11	7	—	—
41	7	587	23	11	61	59	—	7	13	19	37	—	17	307	7
47	29	11	13	—	—	31	7	127	431	—	—	1453	11	7	—
51	571	389	19	7	661	293	61	11	17	359	7	13	—	—	—
53	43	—	—	—	—	7	1063	37	677	13	11	29	7	23	17
57	131	71	7	—	43	11	31	911	—	7	—	—	—	19	839
59	31	—	643	13	7	41	43	23	11	—	—	7	97	197	—
63	47	7	191	11	1439	19	—	—	7	167	17	41	13	—	11
69	7	11	367	37	569	317	13	7	—	—	—	17	11	1019	7
71	17	—	7	—	11	—	—	19	—	7	47	—	89	—	—
77	1549	7	11	239	—	—	—	1087	7	197	79	13	23	11	—
81	19	757	241	139	233	7	—	13	11	67	—	449	7	17	29
83	7	—	17	—	—	13	23	7	29	1297	19	11	—	—	7
87	227	13	23	—	7	—	11	—	71	31	—	7	—	67	13
89	23	—	19	17	—	—	7	—	—	11	383	1187	13	7	—
93	—	—	—	7	11	—	127	29	13	211	7	79	—	—	47
99	1559	283	7	43	31	983	—	—	—	7	—	—	277	11	19

	57	60	63	66	69	72	75	78	81	84	87	90	93	96	99
03	—	29	17	7	47	13	577	—	11	67	7	—	761	19	97
09	607	—	7	17	83	19	11	61	151	7	313	31	13	67	—
11	41	—	523	1069	7	31	29	733	157	11	13	7	—	—	47
17	643	37	181	7	13	—	73	11	1051	41	7	23	151	—	1447
21	7	113	11	47	109	17	31	7	19	—	—	563	89	11	7
23	31	97	7	—	607	11	197	—	—	7	—	13	—	—	—
27	11	23	43	—	257	—	7	13	181	127	727	11	433	7	223
29	1069	7	251	11	43	13	—	113	7	—	19	61	17	31	11
33	103	13	—	—	73	7	—	17	43	11	113	19	7	—	13
39	—	41	47	19	7	—	311	11	13	29	97	7	23	61	31
41	439	1291	197	29	41	83	7	317	31	—	11	—	67	7	17
47	13	401	—	79	23	7	—	421	11	109	—	—	7	13	29
51	23	769	7	11	—	223	19	—	—	7	17	37	607	71	11
53	—	—	1451	31	7	773	11	13	107	401	—	7	—	1427	509
57	1319	7	—	13	239	—	1433	—	7	1361	—	17	11	29	—
59	17	13	223	7	11	283	271	29	19	37	7	—	—	—	13
63	7	457	—	—	31	—	—	7	37	19	11	23	17	—	7
69	—	19	307	71	13	23	7	—	11	257	1553	677	—	7	449
71	11	7	13	23	647	—	37	—	7	—	—	11	461	—	—
77	7	—	449	17	457	137	—	7	—	11	277	29	—	89	7
81	229	—	—	—	7	13	409	—	881	53	—	7	31	43	—
83	—	1039	281	13	17	131	7	11	—	—	47	71	—	7	19
87	—	857	11	7	—	—	103	—	1237	—	7	—	13	11	1213
89	—	—	1031	1109	29	7	19	—	23	181	13	193	7	—	—
93	11	479	7	283	23	—	13	19	491	7	—	11	—	1123	—
99	13	7	59	29	—	337	67	—	7	11	53	197	83	13	73

	291 00	03	06	09	12	15	18	21	24	27	30	33	36	39	42	45	48	51	54	57	60	63	66	69	72	75	78	81	84	87
01	31	—	53	7	397	23	233	277	—	11	7	139	29	1361	19	—	—	7	73	43	11	127	79	13	7	131	—	17	23	1231
07	—	—	7	—	13	—	19	11	—	7	59	17	—	31	607	—	7	13	11	83	37	—	23	7	257	19	47	—	17	11
11	13	31	11	—	—	—	7	19	—	569	—	29	443	7	—	—	1303	—	23	37	7	59	—	17	11	—	13	7	—	43
13	37	7	—	79	71	11	89	1193	7	293	47	13	17	—	83	7	11	19	—	—	—	—	7	761	13	—	31	11	—	7
17	11	281	—	—	67	7	743	13	59	—	883	11	7	1249	31	47	73	331	19	7	13	—	11	79	17	—	7	—	—	—
19	7	—	829	11	113	13	—	7	31	19	23	—	—	17	7	61	29	37	13	—	—	7	89	—	—	11	907	—	7	—
23	1201	13	157	89	7	—	23	113	17	11	19	7	1459	811	13	53	37	—	7	97	11	—	1361	1097	—	7	—	13	61	19
29	23	—	19	7	43	571	—	11	13	17	7	—	67	—	—	29	263	7	11	89	647	13	—	23	7	—	17	—	239	11
31	—	743	41	31	719	7	13	—	—	29	11	—	7	107	37	17	—	59	—	7	—	11	479	—	229	157	7	—	—	—
37	13	1301	—	157	7	—	—	461	11	103	—	7	43	13	—	23	17	—	7	11	29	—	139	19	—	7	13	—	—	—
41	—	7	—	11	31	19	479	—	7	13	—	17	—	73	11	7	43	41	—	373	67	241	7	—	19	11	—	—	17	7
43	17	1367	29	7	—	—	11	13	389	23	7	37	439	—	823	19	—	7	43	1069	13	—	53	—	7	—	269	1301	11	31
47	7	11	59	13	—	23	—	7	—	487	37	—	11	691	7	79	13	31	1321	29	127	7	43	11	67	113	41	229	7	13
49	—	13	7	23	11	—	359	19	47	7	223	31	73	29	13	11	7	—	17	283	491	61	—	7	43	79	11	13	37	41
53	307	29	1559	443	701	257	7	109	19	—	11	—	1693	7	1117	—	431	269	—	—	7	11	23	13	—	397	—	7	43	881
59	19	1453	1093	41	13	7	—	37	11	—	71	—	7	1229	17	97	23	13	701	7	—	139	419	61	—	—	7	157	683	73
61	7	71	13	17	97	—	29	7	457	—	19	11	499	—	7	13	—	—	—	409	17	7	11	47	—	37	—	197	7	19
67	443	227	19	127	17	37	7	47	23	11	—	—	557	7	—	41	—	29	—	31	7	17	13	593	613	—	149	7	73	—
71	53	61	—	7	11	13	—	31	181	59	7	—	47	971	877	11	17	7	13	137	107	41	19	—	7	127	11	23	—	1637
73	—	31	23	13	563	7	53	11	—	73	1049	379	7	19	929	107	13	—	11	7	—	—	17	149	41	23	7	—	29	11
77	17	317	7	167	229	107	—	29	—	7	1367	—	13	11	19	—	7	17	53	563	31	23	—	7	11	13	—	—	—	—
79	107	173	37	—	7	11	17	757	—	—	13	7	109	—	31	—	11	79	7	23	149	191	47	13	19	7	179	11	—	—
83	11	7	31	347	1019	—	13	227	7	—	—	11	1063	167	—	7	—	283	17	13	317	—	7	719	367	19	73	29	827	7
89	7	53	17	1163	853	211	83	7	409	11	727	47	281	13	7	31	379	19	37	17	11	7	1061	167	—	479	13	163	7	59
91	—	11	7	29	—	59	773	23	17	7	41	13	11	431	149	103	7	—	—	—	181	—	—	7	13	17	—	19	—	233
97	19	7	—	—	—	13	73	—	7	17	11	149	—	—	29	7	37	349	13	19	571	11	7	1021	23	53	17	83	79	7

	291 01	04	07	10	13	16	19	22	25	28	31	34	37	40	43	46	49	52	55	58	61	64	67	70	73	76	79	82	85	88
01	—	13	29	59	17	7	—	61	—	113	31	—	7	—	13	37	11	—	—	7	19	17	—	—	1069	41	7	11	—	673
03	7	233	1627	—	31	47	—	7	11	—	17	19	13	359	7	163	461	457	23	11	—	7	83	—	—	13	503	17	7	—
07	—	397	53	11	7	17	149	71	13	109	47	7	19	29	11	—	227	757	7	—	—	13	17	31	—	7	191	—	—	—
09	389	109	—	19	—	149	7	29	53	79	229	17	23	7	—	113	—	11	—	13	7	—	19	557	—	59	—	7	11	—
13	101	11	13	7	19	31	17	—	23	97	7	—	11	—	—	13	—	7	113	947	53	1579	107	11	7	541	—	—	13	79
19	149	—	7	193	1399	67	29	17	43	7	11	41	—	—	—	19	7	—	31	1619	—	11	13	7	17	23	211	997	—	37
21	23	653	11	73	7	—	19	13	—	157	37	7	31	11	41	71	—	1409	7	419	13	1087	757	23	11	7	379	89	—	29
27	11	13	83	7	—	751	—	—	—	53	7	11	—	—	13	641	43	7	—	103	79	1013	11	41	7	31	—	13	983	97
31	7	1531	—	191	1597	419	11	7	103	17	13	—	1429	23	7	751	—	11	19	—	43	7	109	13	89	227	17	—	7	41
33	—	—	7	1319	—	139	—	31	13	7	937	23	—	—	109	17	7	191	—	47	11	13	29	7	—	—	911	53	19	1187
37	—	73	61	593	11	967	7	23	101	1277	17	773	307	7	71	11	—	13	—	—	7	463	—	—	47	—	11	7	—	19
39	41	7	13	47	29	23	1123	11	7	—	—	659	—	337	653	7	17	1663	11	59	19	—	7	1693	37	—	—	—	13	7
43	—	23	11	—	53	7	41	—	31	1493	101	13	7	11	313	181	409	—	—	7	—	19	199	37	11	—	7	1153	17	383
49	11	—	—	29	7	13	383	1667	991	—	103	7	17	19	661	41	137	59	7	—	—	31	11	—	467	7	—	—	131	17
51	—	17	—	11	19	—	7	197	—	—	—	—	—	7	11	31	13	61	17	631	7	37	71	19	317	11	29	7	53	13
57	491	11	17	43	—	7	61	—	29	617	13	—	7	701	131	19	—	—	—	7	359	—	—	11	—	167	7	41	31	—
61	37	—	7	—	—	53	13	11	—	7	199	109	127	1091	17	89	7	—	11	13	—	233	191	7	—	29	1451	—	—	11
63	1321	—	877	17	7	—	1223	19	193	43	11	7	67	271	—	1657	73	13	7	29	17	11	—	103	463	7	19	23	—	523
67	13	7	113	97	—	11	199	29	7	179	—	881	103	13	541	7	11	37	101	251	—	71	7	23	83	—	13	11	—	7
69	—	29	—	7	17	163	—	—	11	859	7	13	71	59	—	43	67	7	19	11	—	17	—	31	7	461	—	241	—	53
73	7	919	199	11	—	263	—	7	—	503	41	31	—	79	7	—	17	23	29	19	13	7	47	—	59	11	—	—	7	—
79	17	11	—	—	—	—	7	317	—	367	—	19	11	7	13	523	—	17	307	41	7	—	101	11	31	43	373	7	283	29
81	727	7	19	—	11	547	17	1217	7	23	1151	383	13	—	311	7	1553	—	31	263	—	19	7	17	67	13	11	43	—	7
87	7	—	11	23	79	29	13	7	523	—	—	—	37	11	7	—	47	113	—	13	1567	7	—	277	11	89	23	131	7	—
91	109	839	13	—	7	1129	89	—	11	—	—	7	—	617	19	13	—	1381	7	11	113	47	23	—	79	7	101	—	13	—
93	11	61	419	—	—	19	7	—	17	—	—	11	331	7	—	—	29	—	829	—	7	—	11	683	19	17	13	7	—	37
97	43	31	—	7	29	41	11	53	823	13	7	—	—	—	61	—	23	7	—	—	17	—	13	—	7	19	107	—	11	—
99	—	—	43	379	—	7	131	13	41	11	233	1523	7	53	23	709	19	—	—	—	11	97	—	—	1279	83	7	29	1447	—

	291 02	05	08	11	14	17	20	23	26	29	32	35	38	41	44	47	50	53	56	59	62	65	68	71	74	77	80	83	86	89
03	—	71	7	13	11	79	43	—	37	7	23	73	—	—	31	11	7	19	59	—	—	17	587	7	—	53	11	—	—	13
09	—	7	11	1471	23	17	—	—	7	19	13	—	43	11	1223	7	197	—	1237	641	47	—	7	13	11	37	29	23	19	7
11	19	—	23	7	367	11	37	919	13	521	7	17	—	—	43	83	11	7	—	19	29	13	—	389	7	23	41	11	17	61
17	—	101	7	11	173	109	337	1039	—	7	83	19	17	1399	11	13	7	—	61	23	43	239	769	7	1303	11	367	59	13	17
21	41	139	227	541	—	—	7	17	—	11	389	13	19	7	—	23	79	—	103	29	7	—	31	433	13	257	53	7	—	—
23	151	7	—	19	—	83	—	61	7	13	—	—	11	17	47	7	31	—	—	—	797	—	7	11	—	—	43	—	1601	7
27	—	29	37	1283	19	7	1033	11	17	23	67	1181	7	89	577	1543	—	—	11	7	61	—	—	19	—	17	7	—	1051	11
29	7	59	—	13	—	101	971	7	983	—	11	—	41	—	7	1097	13	691	587	131	37	7	827	—	29	599	71	—	7	13
33	—	—	—	23	7	11	—	—	71	17	—	7	29	—	67	19	11	31	7	37	163	277	739	953	—	7	17	11	97	89
39	1039	—	137	7	557	599	13	19	151	1301	7	269	173	—	11	—	—	7	67	13	23	—	353	29	7	11	19	17	107	—
41	—	43	—	—	13	7	11	—	—	101	—	—	7	47	—	—	17	11	23	7	—	1459	—	107	31	1511	7	211	11	271
47	17	67	251	263	7	181	31	43	107	19	—	7	23	—	—	11	71	17	7	199	311	59	313	—	13	7	11	397	19	1319
51	—	7	47	859	41	73	—	13	7	—	11	43	17	—	151	7	29	—	193	—	13	11	7	547	727	31	67	—	499	7
53	—	17	11	7	—	13	23	41	59	—	7	—	137	11	37	97	53	7	13	31	19	—	1439	73	7	—	1381	193	47	23
57	7	13	19	619	89	—	421	7	11	—	—	181	139	17	7	659	293	43	499	11	—	7	103	—	—	23	61	13	7	353
59	11	31	7	—	73	—	—	—	—	7	—	11	13	—	449	101	7	1019	151	17	1283	29	11	7	263	13	—	—	167	—
63	683	907	—	—	197	173	7	613	13	29	—	—	—	7	17	61	233	11	—	23	7	13	41	43	—	131	809	7	11	—
69	271	47	13	—	11	7	—	—	719	—	37	53	7	23	191	11	—	—	487	7	29	73	83	151	19	—	7	—	13	43
71	7	1549	1021	199	17	—	673	7	571	—	—	23	—	13	7	19	—	53	11	101	—	7	251	—	139	—	13	31	7	11
77	1667	—	41	—	—	11	7	13	37	31	211	47	739	7	—	59	11	241	—	—	7	67	17	71	—	29	19	7	23	—
81	11	23	463	7	—	71	—	37	19	167	7	11	83	29	—	557	13	7	—	—	—	—	11	—	7	—	59	19	31	13
83	43	13	59	11	—	7	17	29	—	1009	79	41	7	—	11	883	239	443	19	7	—	—	23	17	—	11	7	13	173	787
87	19	17	7	—	43	283	821	83	787	7	13	—	53	59	—	107	7	41	17	19	11	—	97	7	29	241	1553	—	349	181
89	347	11	—	—	7	37	43	17	13	—	19	7	11	—	—	743	23	433	7	—	41	13	1559	11	17	7	47	—	—	19
93	59	7	17	—	13	179	29	11	7	607	43	19	23	—	193	7	—	13	11	17	—	61	7	31	—	617	41	—	109	7
99	7	—	863	17	109	11	23	7	—	127	61	13	1609	—	7	47	11	29	—	—	17	7	19	—	13	—	313	11	7	23

	291 90	93	96	291 99	292 02	05	08	11	14	17	20	23	26	29	32	35	38	41	44	47	50	53	56	59	62	65	68	71	74	77
01	101	7	947	19	—	—	13	179	7	41	37	29	11	97	17	7	1583	113	61	13	—	23	7	11	—	53	—	—	71	7
07	7	71	101	—	—	—	139	7	563	197	11	—	67	13	7	17	—	1597	41	863	643	7	29	251	127	—	13	37	7	—
11	—	47	31	647	7	11	—	—	1249	13	17	7	431	—	—	19	11	—	7	—	61	353	13	563	41	7	37	11	823	—
13	—	43	—	—	29	—	7	13	11	23	1481	—	—	7	—	—	17	389	—	11	7	—	—	73	887	19	59	7	107	—
17	—	—	1531	7	373	23	37	19	—	61	7	17	109	809	11	31	13	7	107	—	53	29	97	—	7	11	19	71	17	13
19	17	13	—	23	73	7	11	43	1423	31	467	47	7	59	13	29	271	11	71	7	67	1637	—	—	37	—	7	13	11	131
23	71	11	7	29	389	—	1031	163	—	7	13	43	11	491	269	—	7	461	19	—	—	151	23	7	59	1283	—	—	31	17
29	47	7	—	37	13	139	—	—	7	—	11	59	1303	17	29	7	23	13	127	—	—	11	7	191	151	271	83	—	353	7
31	—	19	11	7	31	—	—	—	29	53	7	—	—	11	23	13	—	7	—	17	19	37	—	—	7	151	47	—	13	127
37	11	37	7	17	—	1697	—	—	23	7	47	11	19	61	79	619	7	31	—	29	17	1181	11	7	313	43	1201	53	151	—
41	37	—	1103	—	23	13	7	29	193	149	—	—	—	7	967	17	83	11	13	1289	7	89	—	—	509	109	61	7	11	43
43	577	7	23	13	17	—	283	1613	7	11	—	—	499	1087	101	7	13	109	37	379	11	17	7	19	1559	23	—	—	311	7
47	—	109	—	103	11	7	149	—	907	1223	—	83	7	307	—	11	17	37	29	7	331	23	197	631	19	13	7	—	641	—
49	7	127	499	—	—	17	419	7	163	431	13	—	29	571	7	19	101	337	11	23	—	7	17	13	1229	47	229	—	7	11
53	17	—	11	149	7	41	13	71	337	—	233	7	—	11	—	23	19	17	7	13	—	—	53	127	11	7	787	1091	263	29
59	11	17	67	7	43	59	541	181	19	23	7	11	—	13	37	—	—	7	17	409	107	—	11	1483	7	—	13	19	—	1049
61	—	—	167	11	617	7	43	17	601	—	—	13	7	—	11	89	103	41	19	7	101	131	1049	1093	13	11	7	83	709	349
67	107	11	—	—	7	13	79	773	17	—	19	7	11	—	727	71	29	—	7	61	31	—	83	11	23	7	41	59	1153	19
71	—	7	—	17	29	—	—	11	7	—	67	19	89	113	13	7	43	—	11	463	17	283	7	53	—	—	79	13	601	7
73	131	967	19	7	—	97	109	—	47	17	7	—	13	—	59	349	173	7	23	359	1279	11	167	—	7	13	17	29	—	37
77	7	—	—	19	17	11	—	7	13	—	—	1459	—	47	7	29	11	—	—	—	—	7	19	—	—	59	673	11	7	—
79	—	59	7	41	—	—	13	—	11	7	17	479	23	19	—	31	7	439	103	11	—	883	—	7	43	—	101	17	139	—
83	—	—	13	11	193	17	7	79	23	41	61	—	59	7	11	13	829	—	67	191	7	—	17	223	—	11	29	7	13	431
89	331	11	23	—	—	7	17	—	29	13	293	1151	7	—	97	—	31	—	41	7	—	—	13	11	53	19	7	—	47	—
91	7	67	29	97	11	—	37	7	607	827	31	—	17	—	7	11	19	—	—	—	13	7	—	23	—	—	11	—	7	17
97	—	13	11	1109	821	67	7	—	19	173	—	127	—	7	13	—	—	23	—	109	7	59	71	31	11	61	—	7	1129	—

	291 91	94	291 97	292 00	03	06	09	12	15	18	21	24	27	30	33	36	39	42	45	48	51	54	57	60	63	66	69	72	75	78
01	157	29	—	7	71	311	—	53	11	19	7	31	73	23	439	641	—	7	79	11	199	—	37	13	7	17	443	139	19	—
03	11	1093	—	37	—	7	—	—	13	67	—	11	7	53	17	661	—	107	—	7	—	13	11	—	29	—	7	211	79	—
07	—	19	7	1559	13	1091	11	23	—	7	—	—	29	—	223	179	7	11	769	59	19	—	—	7	31	53	17	47	11	—
09	—	97	13	61	7	23	29	41	—	11	191	7	—	67	139	13	1249	—	7	547	11	487	331	157	—	7	—	631	13	—
13	—	7	1399	—	11	1181	31	—	7	727	17	13	19	41	—	7	61	—	—	37	—	71	7	29	13	859	11	17	433	7
19	7	—	11	—	19	13	197	7	53	—	281	17	263	11	7	—	607	173	13	31	—	7	41	19	11	659	—	—	7	79
21	17	1621	7	13	—	11	503	—	181	7	—	367	—	31	19	691	7	17	—	467	239	47	—	7	—	41	431	11	29	13
27	—	7	—	11	—	47	19	—	7	193	13	163	229	89	11	7	—	—	17	—	—	—	7	13	—	11	31	73	269	7
31	199	337	1439	—	293	7	13	19	—	11	47	71	7	17	31	1571	1697	—	1013	7	11	257	—	—	83	307	7	29	—	23
33	7	11	17	113	13	—	1061	7	31	257	—	—	11	—	7	—	—	13	—	17	61	7	—	11	103	—	131	23	7	67
37	13	379	197	—	7	—	113	11	41	29	89	7	—	13	17	191	733	—	7	83	—	—	383	23	—	7	13	31	—	11
39	139	1069	223	17	—	751	7	—	—	19	11	13	—	7	919	53	503	283	137	—	7	11	—	—	13	1223	—	7	19	191
43	59	—	43	7	—	11	—	13	97	31	7	—	—	—	83	17	11	7	1213	277	13	—	61	709	7	47	89	11	71	19
49	—	13	7	11	—	—	73	—	43	7	37	23	—	—	11	113	7	211	1499	233	—	19	31	7	—	11	41	13	463	109
51	587	—	331	—	7	17	11	137	1499	23	43	7	13	—	—	—	31	11	7	—	—	109	17	—	73	7	103	619	11	41
57	—	269	—	7	11	73	13	29	37	59	7	—	—	317	443	11	43	7	—	13	—	113	1669	17	7	—	11	—	97	31
61	7	17	13	41	—	19	97	7	—	—	11	—	—	331	7	13	—	31	17	—	43	7	23	1549	19	—	—	—	7	—
63	13	—	7	47	—	167	41	17	—	7	1289	31	79	11	419	19	7	—	29	347	23	—	43	7	11	37	13	—	881	—
67	163	89	17	173	—	439	7	59	11	13	—	311	41	7	—	127	19	—	—	11	7	—	13	—	37	1451	43	7	761	—
69	11	7	—	—	353	37	—	13	7	—	509	11	—	—	23	7	—	—	—	—	13	—	7	—	31	17	19	383	43	7
73	419	—	457	13	37	7	11	—	19	—	23	53	7	1009	1321	283	13	11	—	7	17	41	—	193	1307	—	7	19	11	13
79	19	—	—	—	7	241	—	1367	71	—	13	7	—	79	—	11	1609	61	7	19	—	17	—	13	—	7	11	23	29	53
81	823	—	23	883	—	1709	7	11	13	—	17	313	347	7	1327	971	59	—	11	31	7	13	29	79	647	23	—	7	—	11
87	53	31	13	43	29	7	—	877	233	1433	1063	17	7	—	—	13	11	—	—	7	541	19	797	1231	—	—	7	11	13	199
91	11	—	7	19	—	—	17	41	—	7	—	11	53	—	59	23	7	757	37	73	31	29	11	7	13	71	163	1087	—	—
93	83	163	67	11	7	—	107	—	—	13	41	7	17	19	11	29	71	47	7	—	—	397	13	653	97	7	1151	—	—	17
97	73	7	31	29	—	13	167	17	7	11	139	—	—	43	19	7	41	263	13	—	11	337	7	401	17	1291	547	67	—	7
99	—	11	857	7	—	19	67	23	—	—	7	647	11	17	911	43	13	7	73	41	—	61	—	11	7	—	29	31	—	13

	291 92	95	291 98	292 01	04	07	10	13	16	19	22	25	28	31	34	37	40	43	46	49	52	55	58	61	64	67	70	73	76	79
03	7	—	—	23	—	137	19	7	17	—	—	937	13	—	7	31	167	—	11	43	—	7	227	—	—	13	23	—	7	11
09	—	—	101	—	—	11	7	109	269	17	—	—	—	7	—	71	11	19	—	13	7	103	—	61	89	29	17	7	31	241
11	—	7	—	127	13	113	71	1097	7	—	59	1399	—	37	67	7	47	13	23	11	—	—	7	—	—	227	—	19	—	7
17	7	29	191	—	31	41	11	7	—	199	131	13	23	1373	7	137	17	11	67	19	1663	7	—	—	13	—	379	163	7	—
21	—	11	—	131	7	47	101	13	23	—	—	7	11	—	—	643	—	—	7	—	13	—	—	11	—	7	—	223	17	37
23	17	571	53	—	11	13	7	599	—	—	37	19	29	7	41	11	—	17	13	—	7	—	67	71	991	353	11	7	467	23
27	29	13	23	7	—	31	—	—	101	37	7	—	17	—	13	—	79	7	—	—	41	11	—	103	7	23	—	13	107	17
29	23	17	11	19	137	7	—	—	—	—	—	—	7	11	457	47	—	—	17	7	53	421	19	23	11	13	7	37	727	449
33	241	877	7	509	19	743	43	1229	11	7	101	29	—	17	—	313	7	311	31	11	47	13	83	7	863	—	37	173	499	41
39	31	7	13	—	47	—	11	—	7	821	691	—	43	23	17	7	881	11	499	—	1129	—	7	—	1063	—	113	—	11	7
41	13	—	—	7	59	61	19	79	139	11	7	23	—	13	43	—	29	7	—	857	11	829	—	—	7	19	13	—	593	—
47	743	1297	7	673	17	23	—	11	—	7	—	—	73	—	47	—	7	19	11	1031	13	17	—	7	389	1367	—	29	23	11
51	—	23	11	13	211	—	7	61	271	—	1667	—	953	7	233	29	13	—	19	47	7	—	—	—	11	—	31	7	—	13
53	317	7	—	103	—	11	—	229	7	19	239	—	—	—	13	7	11	—	41	—	31	37	7	809	—	827	43	11	19	7
57	11	—	83	47	—	7	—	461	31	—	13	11	7	—	—	193	163	17	23	7	37	347	11	13	41	—	7	487	1117	19
59	7	19	31	11	53	173	17	7	13	89	—	—	—	127	7	1307	23	313	79	317	19	7	—	17	59	11	277	41	7	47
63	37	17	19	—	7	1511	—	139	29	11	73	7	23	—	—	—	53	13	7	—	11	19	1373	—	241	7	349	97	—	503
69	—	41	17	7	—	1087	23	11	67	223	7	13	157	19	—	—	—	7	11	17	593	941	59	—	7	—	283	587	—	11
71	1193	43	281	—	19	7	269	—	17	13	11	61	7	29	—	263	197	—	83	7	71	11	13	19	179	17	7	23	31	—
77	61	—	307	13	7	53	223	43	11	17	31	7	1471	41	—	19	13	937	7	11	811	23	419	—	29	7	17	1699	47	13
81	107	7	137	11	17	349	1021	127	7	—	661	43	13	61	11	7	19	23	179	41	—	17	7	—	—	11	73	797	—	7
83	151	1217	251	7	401	—	11	19	83	1453	7	—	47	43	97	23	593	7	127	—	947	—	41	13	7	—	19	17	11	—
87	7	11	61	—	—	17	13	7	19	—	—	23	11	509	7	—	—	43	421	13	67	7	17	11	—	—	—	19	7	887
89	89	—	7	83	11	31	—	103	—	7	71	17	37	1117	109	11	7	13	19	43	683	1567	—	7	1033	73	11	—	17	239
93	13	47	769	—	983	23	7	347	131	463	11	37	—	7	—	647	523	—	373	19	7	11	—	17	31	—	13	7	23	59
99	—	—	—	191	1277	7	31	13	11	167	619	19	7	—	—	—	29	—	53	7	13	239	23	97	17	—	7	653	37	43

	292 80	83	86	89	92	95	292 98	293 01	04	07	10	13	16	19	22	25	28	31	34	37	40	43	46	49	52	55	58	61	64	67
01	257	17	13	89	11	—	7	173	—	1453	29	19	1307	7	23	11	719	37	17	1019	7	—	59	—	271	661	11	7	13	47
07	—	—	11	19	—	7	—	401	23	13	809	—	7	11	163	31	—	421	193	7	131	29	13	311	11	—	7	—	—	41
11	89	—	7	31	19	13	109	67	11	7	1231	83	43	131	17	—	7	211	13	11	59	—	881	7	71	53	—	23	—	—
13	11	139	23	13	7	—	—	—	—	—	1171	7	739	691	19	71	13	—	7	—	17	—	11	—	—	7	—	61	31	13
17	—	7	47	41	103	—	11	59	7	101	167	67	13	37	443	7	31	11	43	—	29	23	7	—	—	13	—	—	11	7
19	—	—	179	7	17	—	19	—	—	11	7	—	—	—	29	1093	61	7	419	23	11	17	499	13	7	19	139	163	47	—
23	7	83	29	127	11	—	13	7	53	—	73	101	41	1163	7	11	17	313	—	13	167	7	—	—	43	1109	11	487	7	31
29	13	1187	11	—	419	—	7	1069	113	23	37	31	—	7	71	919	—	17	19	67	7	41	—	79	11	311	13	7	—	—
31	409	7	499	—	—	11	17	23	7	19	283	13	97	251	—	7	11	103	367	—	463	911	7	17	13	—	—	11	19	7
37	7	19	67	11	—	13	241	7	37	—	89	109	—	137	7	—	—	83	13	1429	19	7	—	—	17	11	—	47	7	—
41	151	13	17	1039	7	337	29	37	233	11	—	7	1201	—	13	—	—	101	7	17	11	19	—	—	—	7	73	13	—	—
43	29	11	569	—	—	257	7	811	17	—	—	47	11	7	79	53	—	—	23	—	7	—	71	11	—	13	89	7	—	29
47	211	59	—	7	71	43	181	11	13	—	7	157	—	19	23	—	47	7	11	31	17	13	—	1409	7	—	199	53	—	11
49	—	853	137	839	19	7	13	43	—	17	11	29	7	31	193	107	881	787	389	7	1459	11	61	19	—	73	7	677	251	479
53	47	31	7	—	17	11	151	—	23	7	—	43	—	359	1667	13	7	277	—	—	1049	17	199	7	19	—	113	11	13	—
59	—	7	23	11	—	17	—	—	7	13	29	467	191	479	11	7	19	43	199	—	—	37	7	101	61	11	127	—	—	7
61	23	—	37	7	29	1607	11	13	31	—	7	17	71	—	673	—	53	7	67	43	13	—	1013	23	7	79	19	—	11	587
67	109	13	7	—	11	383	—	—	97	7	—	617	17	151	13	11	7	23	19	37	—	31	67	7	—	43	11	13	229	17
71	19	173	41	29	73	—	7	17	59	31	11	139	—	7	—	151	—	—	37	19	7	11	—	13	17	—	—	7	439	43
73	227	7	11	31	163	41	79	—	7	—	19	23	281	11	—	7	151	89	1231	—	—	13	7	—	11	47	29	433	—	7
77	701	—	—	179	13	7	199	23	11	—	601	19	7	977	29	—	1103	13	151	7	—	211	31	331	181	17	7	—	277	101
79	7	433	13	73	1291	23	—	7	29	47	—	11	541	613	7	13	31	53	—	151	—	7	11	941	—	131	—	—	7	967
83	—	23	199	19	7	521	11	997	—	17	—	7	—	—	47	37	—	11	7	353	41	151	19	—	13	7	17	—	11	53
89	—	193	1327	7	11	13	227	29	—	—	7	137	103	773	19	11	—	7	13	—	73	109	197	—	7	—	11	17	59	41
91	53	29	—	13	59	7	43	11	—	—	193	31	7	37	239	—	13	79	11	7	—	373	167	1567	19	151	7	—	—	11
97	17	—	101	—	7	11	1289	—	47	227	13	7	29	—	—	—	11	17	7	73	—	457	—	13	31	7	—	11	151	—

	292 81	84	87	90	93	96	292 99	293 02	05	08	11	14	17	20	23	26	29	32	35	38	41	44	47	50	53	56	59	62	65	68
01	11	7	59	127	—	—	13	—	7	241	—	11	17	47	—	7	43	19	—	13	1373	—	7	313	—	—	353	1151	1399	7
03	73	17	907	7	13	—	31	113	19	41	7	1249	1471	—	11	157	—	7	17	—	—	137	—	29	7	11	—	19	—	—
07	7	827	1229	—	67	—	1123	7	—	11	113	29	—	13	7	41	269	1609	71	—	11	7	43	23	433	31	13	—	7	—
09	19	11	7	—	311	29	101	181	—	7	347	13	11	1619	—	—	7	659	41	17	—	23	197	7	13	—	—	37	79	463
13	—	19	—	167	211	89	7	11	67	83	—	—	—	7	17	227	—	23	11	1087	7	587	29	—	41	—	37	7	43	11
19	—	13	—	331	29	7	37	—	—	—	109	23	7	97	13	17	11	—	631	7	31	89	59	—	877	—	7	11	—	1033
21	7	—	97	19	17	—	—	7	11	23	101	—	13	—	7	743	73	131	227	11	1439	7	19	397	37	13	71	29	7	—
27	479	61	53	23	37	17	7	1627	—	29	—	—	101	7	19	257	1237	11	197	13	7	283	17	—	—	83	23	7	11	271
31	17	11	13	7	—	1427	311	—	691	—	7	1601	11	—	53	13	—	7	—	829	67	613	23	11	7	1621	29	47	13	—
33	13	541	461	—	11	7	17	1361	—	31	1031	—	7	13	101	11	—	—	211	7	23	37	—	17	971	19	7	—	—	—
37	—	17	7	61	—	—	—	19	29	7	11	47	577	—	73	293	7	233	17	41	37	11	13	7	67	71	19	—	31	—
39	97	37	11	67	7	—	—	13	—	—	173	7	—	11	23	83	71	19	7	379	13	—	31	—	11	7	—	—	—	103
43	37	7	17	13	—	—	—	—	7	—	23	—	419	—	—	7	13	1543	19	11	—	1291	7	109	263	211	593	191	41	7
49	7	29	—	17	23	743	11	7	281	—	13	971	89	127	7	53	59	11	—	—	17	7	—	13	223	1423	47	23	7	19
51	—	19	7	—	—	47	—	163	13	7	—	67	—	293	—	—	7	31	61	1487	11	13	—	7	29	23	17	—	—	—
57	83	7	13	823	—	—	29	11	7	239	17	—	19	589	—	7	—	—	11	23	751	223	7	—	—	613	—	17	13	7
61	1277	—	11	—	1559	7	—	—	—	—	—	13	7	11	37	23	—	229	31	7	61	—	17	29	11	839	7	359	389	941
63	7	—	317	173	19	11	—	7	—	13	197	17	31	23	7	199	11	29	—	67	47	7	13	19	101	59	1447	11	7	73
67	11	239	79	—	7	13	17	—	137	23	—	7	859	—	—	563	53	—	7	—	—	—	11	17	19	7	347	—	—	—
69	113	211	—	11	47	—	7	23	797	—	73	199	17	7	11	19	13	1277	191	—	7	317	53	67	277	11	41	7	29	13
73	—	307	43	7	—	71	—	17	659	11	7	37	13	31	—	223	19	7	127	139	11	—	—	59	7	13	23	—	—	—
79	41	—	7	89	677	269	13	11	17	7	59	107	—	1153	—	—	7	—	11	13	23	—	103	7	—	17	31	19	37	11
81	—	—	389	41	7	53	107	—	421	37	11	7	223	439	17	—	—	13	7	47	31	11	631	773	61	7	—	337	643	193
87	103	719	31	7	683	—	281	—	11	—	7	13	23	61	—	17	43	7	1193	11	1217	157	—	53	7	—	37	97	—	19
91	7	—	—	11	—	97	—	7	23	587	17	19	821	—	7	—	331	—	41	—	13	7	421	—	—	11	61	17	7	1093
93	337	127	7	—	—	13	11	73	—	7	—	—	—	431	29	31	7	11	13	59	—	19	43	7	409	167	—	—	11	23
97	53	11	23	19	317	37	7	709	541	—	—	17	11	7	13	61	—	—	—	—	7	113	19	11	103	23	43	7	17	599
99	17	7	197	—	11	—	53	—	7	1481	593	461	13	19	—	7	—	17	47	1151	733	—	7	23	—	13	11	673	31	7

	292 82	85	88	91	94	292 97	293 00	03	06	09	12	15	18	21	24	27	30	33	36	39	42	45	48	51	54	57	60	63	66	69
03	—	67	1531	—	61	7	—	—	13	163	11	—	7	29	19	—	31	59	53	7	239	11	37	47	73	—	7	617	—	17
09	—	—	13	97	7	67	19	47	11	401	—	7	83	17	—	13	—	887	7	11	883	—	—	—	29	7	229	—	13	31
11	11	599	17	—	—	—	7	41	761	—	—	11	877	7	—	—	19	—	29	17	7	—	11	31	—	257	13	7	—	89
17	29	—	—	17	73	7	127	13	19	11	—	1091	7	—	607	79	41	47	1553	7	11	—	263	107	—	—	7	19	23	29
21	191	23	7	13	11	347	—	43	1033	7	—	449	1213	67	461	11	7	29	499	53	1283	269	41	7	23	401	11	137	19	13
23	19	13	—	181	7	—	977	11	61	43	—	7	—	59	13	643	—	37	7	19	—	17	23	97	—	7	—	13	83	11
27	—	7	11	1009	—	619	31	463	7	251	13	—	—	11	109	7	17	67	23	—	19	61	7	13	11	—	167	—	29	7
29	31	—	—	7	577	11	109	—	13	307	7	19	—	1409	—	43	11	7	—	653	—	13	17	83	7	—	467	11	373	—
33	7	379	53	—	13	631	—	7	—	181	29	11	19	761	7	733	79	13	—	31	—	7	11	—	—	—	233	991	7	—
39	127	17	—	229	19	421	7	131	41	11	1051	13	23	7	—	197	139	—	17	251	7	29	—	19	13	43	—	7	—	23
41	47	7	353	269	23	—	103	17	7	13	—	41	11	83	19	7	311	1051	—	1321	89	97	7	11	17	—	31	23	149	7
47	7	—	113	13	439	—	19	7	17	—	11	37	—	—	7	1279	13	—	—	—	41	7	—	—	—	17	29	71	7	13
51	—	1301	—	17	7	11	179	19	—	71	37	7	13	—	29	—	11	23	7	191	17	709	683	149	1187	7	19	11	1327	251
53	71	—	919	83	—	—	7	59	11	17	13	—	67	7	61	23	1303	19	331	11	7	31	149	13	—	—	17	7	37	41
57	43	467	829	7	17	—	13	—	—	31	7	23	1567	307	11	—	1571	7	19	13	47	17	1483	—	7	11	157	37	—	—
59	—	—	43	31	13	7	11	—	37	19	17	113	7	227	—	137	67	11	—	7	337	—	—	239	—	107	7	17	11	—
63	13	11	7	41	47	17	43	29	79	7	19	337	11	13	113	107	7	149	311	—	—	—	17	7	—	—	13	181	23	19
69	107	7	19	373	31	61	17	13	7	—	11	—	41	—	149	7	1447	827	29	1693	13	11	7	17	37	—	—	—	1097	7
71	—	—	11	7	137	13	—	—	1103	229	7	89	17	11	43	41	—	7	13	—	23	—	—	—	7	1669	—	59	491	17
77	11	233	7	—	19	157	131	557	883	7	103	11	13	17	23	—	7	97	—	1223	43	—	11	7	41	13	—	89	53	—
81	—	—	—	47	1367	19	7	—	13	503	23	29	163	7	—	—	71	11	—	79	7	13	—	1009	19	17	1229	7	11	—
83	—	7	37	—	—	29	13	71	7	11	241	—	—	—	17	7	—	—	—	13	11	—	7	—	31	389	43	—	—	7
87	—	37	13	—	11	7	1097	991	911	17	127	—	7	263	—	11	19	811	—	7	953	—	29	461	89	1061	7	23	13	—
89	7	41	23	—	149	—	31	7	—	61	—	53	—	13	7	17	29	359	11	37	—	7	757	—	829	23	13	—	7	11
93	79	1637	11	197	7	—	—	41	19	13	17	7	389	11	—	—	—	—	7	—	—	23	13	53	11	7	97	17	—	—
99	11	103	47	7	1319	359	71	31	—	—	7	11	73	179	—	23	13	7	1091	19	83	173	11	577	7	—	—	1249	17	13

	293 70	73	76	79	82	85	88	91	94	293 97	294 00	03	06	09	12	15	18	21	24	27	30	33	36	39	42	45	48	51	54	57
01	19	73	—	31	7	17	—	11	—	29	821	7	—	1697	—	43	109	83	7	19	—	—	17	1427	13	7	1259	—	—	11
07	191	23	227	7	37	11	17	—	61	—	7	19	71	—	—	179	11	7	13	67	29	43	—	17	7	—	—	11	—	—
11	7	13	—	37	31	41	193	7	29	139	—	11	19	—	7	509	—	661	17	317	23	7	11	—	—	43	263	13	7	—
13	—	53	7	11	—	89	—	17	41	7	—	—	13	1523	11	193	7	—	23	—	613	37	19	7	17	11	—	43	181	31
17	503	421	17	757	19	—	7	—	13	11	61	—	79	7	23	557	199	31	1607	17	7	13	163	19	463	—	—	7	—	337
19	—	7	83	521	—	1579	13	—	7	773	487	31	11	29	19	7	—	41	349	13	103	89	7	11	—	17	—	67	863	7
23	37	29	13	17	—	7	691	11	23	103	569	71	7	241	—	13	383	577	11	7	17	—	727	41	947	—	7	—	13	11
29	43	—	23	—	7	11	233	19	199	13	59	7	29	109	389	733	11	37	7	—	673	17	13	—	—	7	19	11	—	839
31	23	211	43	79	349	109	7	13	11	401	17	227	—	7	—	—	—	19	—	11	7	271	—	23	—	61	—	7	593	—
37	—	13	127	41	—	7	11	—	43	19	367	17	7	—	13	37	—	11	431	7	53	229	103	—	311	—	7	13	11	421
41	199	11	7	157	—	29	17	31	211	7	13	103	11	23	37	—	7	—	—	—	167	—	—	7	97	137	—	61	—	19
43	107	19	—	61	7	—	—	—	13	761	—	7	17	97	43	11	—	929	7	59	19	13	—	163	—	7	11	463	29	17
47	—	7	19	—	13	—	1201	17	7	—	11	1049	967	—	—	7	29	13	41	1481	31	11	7	—	17	—	—	—	—	7
49	—	439	11	7	1043	23	59	—	—	—	7	1237	19	11	31	13	—	7	—	—	43	41	—	—	7	397	157	—	13	—
53	7	23	31	461	811	61	—	7	11	—	—	13	283	19	7	53	1019	47	71	11	503	7	—	887	13	17	109	29	7	83
59	—	47	109	—	59	13	7	—	1021	17	—	373	73	7	1567	31	—	11	13	—	7	—	97	1523	19	197	17	7	11	193
61	557	7	113	13	—	—	—	127	7	11	—	97	379	419	313	7	13	—	—	—	11	—	7	—	991	—	—	47	—	7
67	7	173	—	—	53	631	373	7	661	—	13	47	—	251	7	—	17	397	11	—	61	7	31	13	137	79	19	—	7	11
71	239	—	11	—	7	—	13	—	19	131	31	7	—	11	83	—	47	67	7	13	653	—	—	—	11	7	227	19	17	23
73	17	43	—	263	13	11	7	—	—	61	—	313	—	7	883	—	11	13	19	1487	7	—	53	757	677	29	103	7	—	—
77	11	—	—	7	—	37	139	—	241	83	7	11	17	13	113	103	—	7	—	19	97	67	11	23	7	—	13	—	73	17
79	59	17	—	11	—	7	79	29	—	97	19	13	7	137	11	—	257	31	17	7	—	23	277	37	13	11	7	—	—	19
83	—	101	7	—	83	31	157	13	409	7	—	19	163	17	—	109	7	23	1571	—	11	1123	37	7	29	67	79	881	—	1231
89	61	7	37	19	601	—	29	11	7	173	—	23	—	—	13	7	—	43	11	271	—	—	7	113	—	—	487	13	—	7
91	29	—	41	7	—	—	1123	—	67	23	7	—	13	19	—	191	—	7	139	43	17	11	—	53	7	13	—	—	103	29
97	37	—	7	23	17	19	13	97	11	7	—	29	67	1229	—	331	7	79	479	11	59	17	—	7	19	31	23	239	—	113

	293 71	74	77	80	83	86	89	92	95	293 98	294 01	04	07	10	13	16	19	22	25	28	31	34	37	40	43	46	49	52	55	58
01	53	—	13	11	—	—	7	101	593	277	—	—	223	7	11	13	17	41	1543	563	7	1409	23	929	—	11	701	7	13	43
03	13	7	641	—	337	17	11	31	7	47	281	557	167	13	1153	7	19	11	—	1459	23	—	7	—	—	199	13	—	11	7
07	17	11	479	151	—	7	73	—	883	13	29	—	7	—	47	—	23	17	53	7	1151	547	13	11	—	1709	7	—	61	—
09	7	—	—	—	11	—	17	7	19	223	83	—	—	163	7	11	647	127	1087	—	13	7	167	17	53	1091	11	19	7	41
13	—	17	173	13	7	59	151	—	31	19	11	7	431	197	—	—	13	61	7	103	—	11	—	179	419	7	—	521	19	13
19	—	19	17	7	23	71	61	—	11	151	7	—	461	37	—	911	1283	7	—	11	19	31	137	13	7	—	—	23	—	47
21	11	—	23	—	139	7	41	53	13	—	151	11	7	199	1063	31	—	—	—	7	—	13	11	—	—	17	7	59	67	619
27	—	—	13	19	7	—	—	—	29	11	—	7	43	151	59	13	—	—	7	23	11	—	19	—	181	7	17	—	13	139
31	733	7	—	73	11	887	—	—	7	197	37	13	—	—	97	7	31	101	—	641	1193	17	7	19	13	29	11	1453	—	7
33	223	59	—	7	—	199	823	11	—	13	7	179	—	23	19	467	151	7	11	29	—	61	13	47	7	173	—	17	37	11
37	7	—	11	—	—	13	571	7	271	23	353	—	59	11	7	19	409	109	13	101	—	7	17	281	11	—	—	37	7	31
39	457	29	7	13	113	11	19	23	37	7	61	17	1013	—	—	827	7	367	—	151	313	131	—	7	43	19	1511	11	17	13
43	11	—	—	23	—	179	7	19	—	421	79	11	13	7	131	821	—	—	29	—	7	101	11	17	—	13	19	7	43	677
49	29	181	67	347	769	7	13	17	—	11	1381	—	7	—	—	—	1433	—	19	7	11	1093	—	101	17	1549	7	—	139	29
51	7	11	—	71	13	37	—	7	263	19	41	389	11	17	7	—	—	13	23	241	1367	7	47	11	691	151	1559	439	7	—
57	31	19	—	—	—	29	7	—	59	53	11	13	23	7	17	139	—	—	73	41	7	11	37	—	13	—	271	7	151	—
61	751	—	19	7	—	11	521	13	23	17	7	47	—	1117	89	163	11	7	—	31	13	19	29	—	7	41	17	11	1129	71
63	659	—	37	1091	233	7	23	—	11	211	—	829	7	31	—	17	29	—	13	7	71	107	109	—	—	541	7	53	41	23
67	—	13	7	11	29	—	59	—	—	7	17	107	157	19	11	751	7	83	467	719	—	—	—	7	1699	11	—	13	1031	101
69	23	—	—	—	7	—	11	—	—	—	—	7	13	181	433	—	17	11	7	37	751	47	—	19	337	7	31	29	11	—
73	—	7	41	—	53	19	—	—	7	—	—	17	11	—	31	7	73	—	37	23	—	13	7	11	19	—	47	131	17	7
79	7	809	13	—	—	—	281	7	—	—	11	41	17	23	7	13	19	991	61	71	—	7	53	1451	—	—	29	31	7	17
81	13	17	7	—	—	1069	—	19	89	7	71	23	—	11	41	59	7	—	17	—	29	31	—	7	11	—	13	269	53	317
87	11	7	17	31	379	23	—	13	7	769	—	11	—	—	—	7	163	—	19	17	13	1039	7	41	89	149	193	—	23	7
91	19	23	—	13	—	7	11	—	—	—	443	599	7	59	17	—	13	11	269	7	—	—	31	149	23	47	7	—	11	13
93	7	13	—	17	47	103	—	7	1373	11	19	53	—	29	7	227	31	—	787	1297	11	7	23	79	1567	—	139	13	7	19
97	59	29	1489	—	7	—	1153	—	—	47	13	7	37	73	—	11	853	449	7	137	149	89	—	13	—	7	11	1237	499	389
99	41	—	19	953	17	167	7	11	13	—	1187	1613	—	7	449	—	23	569	11	149	7	13	61	—	29	—	—	7	97	11

	293 72	75	78	81	84	87	90	93	96	293 99	294 02	05	08	11	14	17	20	23	26	29	32	35	38	41	44	47	50	53	56	59
03	—	677	11	7	13	—	41	367	449	379	7	433	23	11	—	—	17	7	499	173	647	—	19	—	7	—	127	—	107	37
09	11	—	7	613	—	—	23	257	43	7	1289	11	317	107	19	41	7	17	—	—	307	227	11	7	13	—	71	—	—	23
11	61	—	181	11	7	19	17	103	83	13	43	7	53	149	11	—	—	29	7	1381	421	67	13	17	19	7	131	23	—	137
17	—	11	—	7	281	—	31	17	491	—	7	—	11	659	541	89	13	7	439	283	—	23	953	11	7	67	97	41	29	13
21	7	—	17	373	97	79	37	7	109	113	73	—	13	1361	7	349	29	19	11	17	43	7	—	383	233	13	—	—	7	11
23	109	—	7	—	—	131	—	149	17	7	11	—	139	—	101	23	7	—	47	31	—	11	43	7	37	17	431	19	73	67
27	383	41	—	17	929	11	7	31	349	19	233	23	89	7	293	797	11	—	—	13	7	—	—	37	—	—	43	7	19	733
29	19	7	47	—	13	—	503	71	7	17	—	1471	523	53	719	7	101	13	—	11	—	29	7	—	—	179	17	461	43	7
33	13	19	149	11	17	7	167	47	—	29	41	401	7	13	11	—	—	809	113	7	19	17	—	—	—	11	7	—	23	—
39	—	11	31	277	7	17	—	13	—	239	—	7	11	—	463	439	79	1373	7	41	13	—	17	11	—	7	73	59	—	—
41	—	37	229	19	11	13	7	1571	—	—	863	17	293	7	29	11	—	47	13	487	7	—	19	997	71	811	11	7	17	—
47	1259	47	11	43	419	7	89	—	1051	31	—	103	7	11	19	977	503	337	37	7	—	509	101	—	11	13	7	197	—	17
51	103	59	7	67	—	173	47	17	11	7	23	—	257	29	—	19	7	37	157	11	1097	13	1051	7	17	—	53	—	31	—
53	11	—	—	191	7	—	13	29	23	43	107	7	—	17	—	—	269	631	7	13	1009	1163	11	—	101	7	563	233	383	1051
57	97	7	13	89	23	41	11	19	7	—	31	131	—	43	587	7	1307	11	—	1069	—	919	7	71	29	17	19	23	11	7
59	13	—	23	7	31	383	—	179	41	11	7	—	1231	13	17	37	47	7	29	—	11	—	—	59	7	23	13	—	—	—
63	7	—	1279	—	11	—	29	7	—	13	—	67	—	271	7	11	—	571	19	43	83	7	13	31	—	—	11	137	7	1583
69	—	179	11	13	73	31	7	937	79	193	17	359	619	7	251	23	13	29	—	691	7	59	—	41	11	43	—	7	—	13
71	—	7	787	541	223	11	—	—	7	—	—	29	37	23	13	7	11	311	79	127	19	—	7	521	—	1291	41	11	173	7
77	7	61	109	11	71	—	1093	7	13	—	—	—	19	1451	7	47	317	17	—	—	577	7	29	—	709	11	727	—	7	37
81	31	—	—	23	7	83	—	1031	191	11	29	7	17	19	61	—	857	13	7	—	11	541	139	67	251	7	23	—	37	17
83	—	11	13	41	19	—	7	313	—	37	587	1409	11	7	—	13	53	—	17	197	7	331	191	11	23	31	1033	7	13	—
87	43	1471	113	7	47	19	—	11	37	41	7	13	—	17	—	613	521	7	11	79	23	29	—	1423	7	277	179	67	53	11
89	1103	—	17	—	—	7	67	31	—	13	11	229	7	1709	1217	19	—	59	23	7	—	11	13	—	1657	—	7	107	1493	79
93	281	73	7	29	—	11	43	—	—	7	89	—	—	127	17	181	7	107	13	311	827	157	1249	7	—	37	31	11	59	—
99	79	7	107	11	263	37	1213	—	7	—	1297	53	13	—	11	7	—	—	—	47	431	—	7	109	—	11	89	19	433	7

	294 60	63	66	69	72	75	78	81	84	87	90	93	96	294 99	295 02	05	08	11	14	17	20	23	26	29	32	35	38	41	44	47
01	23	41	7	—	31	887	—	13	19	7	11	101	653	—	577	157	7	503	491	311	13	11	—	7	—	—	17	19	43	163
07	19	7	349	—	—	307	53	457	7	881	17	37	811	101	13	7	—	23	283	11	—	—	7	103	—	73	—	13	313	7
11	—	19	—	11	—	7	487	29	—	—	13	373	7	23	11	—	41	617	53	7	19	—	17	13	1279	11	7	997	—	89
13	7	29	1109	—	—	1693	11	7	13	—	—	17	191	—	7	101	—	11	—	41	643	7	—	—	53	331	71	—	7	271
17	173	11	593	193	7	—	17	23	71	383	461	7	11	—	293	—	—	13	7	—	—	—	—	11	827	7	—	37	—	83
19	127	—	13	19	11	23	7	—	37	167	263	—	17	7	281	11	—	61	97	—	7	—	19	109	—	653	11	7	13	17
23	29	23	—	7	19	—	—	17	—	—	7	13	79	—	—	641	443	7	—	—	47	11	67	19	—	—	—	317	—	29
29	—	479	7	—	47	13	137	997	11	7	—	29	—	31	103	19	7	157	13	11	—	—	—	7	37	17	67	—	—	257
31	11	—	239	13	7	29	19	31	563	709	1087	7	293	—	17	43	13	257	7	—	379	101	11	89	—	7	—	137	1657	13
37	—	—	59	7	467	—	223	1453	—	11	7	—	—	443	41	17	29	7	1619	269	11	43	37	13	7	—	—	—	—	—
41	7	—	53	—	11	—	13	7	31	83	17	419	439	59	7	11	283	191	19	13	41	7	571	79	1319	43	11	17	7	23
43	—	—	7	—	13	127	—	11	53	7	—	—	—	67	523	113	7	13	11	—	1019	233	691	7	—	101	—	23	19	31
47	13	37	11	47	83	—	7	313	—	—	19	17	—	7	—	29	103	1277	113	—	7	31	—	23	11	379	13	7	17	19
49	17	7	—	401	—	11	71	233	7	29	—	13	109	—	383	7	11	17	—	37	19	23	7	61	13	521	53	11	—	7
53	11	73	19	31	79	7	—	13	—	829	167	11	7	—	—	139	—	23	37	7	13	19	11	—	547	97	7	281	—	17
59	43	13	—	53	7	—	41	—	29	11	—	7	1597	17	13	—	31	—	7	1543	11	—	—	—	1201	7	—	13	—	277
61	73	11	17	—	19	—	7	—	193	23	31	—	11	7	89	—	37	—	271	17	7	—	—	11	—	13	—	7	—	103
67	—	—	—	17	1327	7	13	—	43	1571	11	1301	7	29	—	19	—	107	41	7	17	11	—	31	1109	311	7	53	47	67
71	503	29	7	61	—	11	739	59	431	7	919	31	43	547	—	13	7	73	—	—	157	—	23	7	41	—	229	11	13	—
73	13	—	107	—	7	31	293	19	11	313	83	7	47	13	43	199	—	179	7	11	23	17	257	241	29	7	13	41	811	—
77	661	7	641	11	53	769	—	—	7	13	—	—	29	239	11	7	17	47	43	—	479	—	7	—	31	11	1039	19	1697	7
79	1609	109	—	7	443	17	11	13	—	—	7	199	—	71	23	—	73	7	19	—	13	—	17	659	7	617	—	—	11	59
83	7	11	—	13	—	—	31	7	—	—	23	179	11	983	7	—	13	17	—	19	103	7	53	11	43	137	—	—	7	13
89	—	17	547	653	23	29	7	—	—	37	11	19	677	7	1193	—	—	—	17	31	7	11	—	13	1399	—	79	7	—	—
91	—	7	11	59	—	89	—	17	7	1217	97	47	1031	11	—	7	—	307	—	733	1171	13	7	—	11	23	—	37	29	7
97	7	1061	13	71	521	877	—	7	17	—	29	11	797	19	7	13	—	1381	—	23	—	7	11	—	—	17	31	191	7	—

	294 61	64	67	70	73	76	79	82	85	88	91	94	294 97	295 00	03	06	09	12	15	18	21	24	27	30	33	36	39	42	45	48
01	47	59	89	17	7	—	11	67	587	61	—	7	—	—	19	23	397	11	7	—	17	—	103	53	13	7	1303	29	11	—
03	311	43	601	277	193	19	7	—	31	11	—	—	—	7	109	1319	—	79	—	—	7	29	13	—	19	—	17	7	—	53
07	—	—	241	7	11	13	19	—	163	23	7	67	—	1093	—	11	653	7	13	97	503	17	193	37	7	19	11	31	—	71
09	103	—	173	13	37	7	541	11	97	823	17	—	7	—	601	—	13	—	11	7	71	31	509	59	137	—	7	17	—	11
13	1103	1471	7	23	709	17	53	—	—	7	—	43	13	11	367	47	7	19	—	—	29	—	17	7	11	13	23	—	—	617
19	11	7	29	257	1259	509	13	—	7	19	—	11	139	—	41	7	271	43	79	13	23	59	7	17	53	—	131	83	19	7
21	19	37	1483	7	13	—	463	1153	—	853	7	—	17	61	11	359	31	7	23	19	389	—	—	—	7	11	—	1097	79	17
27	—	11	7	—	587	1021	97	29	—	7	71	13	11	17	277	607	7	227	37	—	—	—	167	7	13	43	41	109	223	31
31	—	—	1489	359	—	131	7	11	17	1109	173	109	19	7	47	61	—	31	11	—	7	—	1103	149	29	17	—	7	—	11
33	—	7	137	19	—	13	23	—	7	79	11	31	—	53	17	7	239	—	13	—	—	11	7	307	139	773	113	—	89	7
37	41	13	23	211	19	7	29	1637	—	17	—	491	7	—	13	—	11	—	—	7	149	—	—	19	1091	23	7	11	—	79
39	7	—	577	41	—	1097	—	7	11	—	67	727	13	467	7	17	—	59	—	11	353	7	—	23	31	13	853	71	7	29
43	—	—	—	11	7	1039	1289	83	13	41	17	7	31	661	11	19	—	29	7	23	—	13	223	227	1009	7	1549	17	59	47
49	—	11	13	7	43	—	—	19	53	191	7	17	11	23	149	13	—	7	41	—	—	631	—	11	7	31	19	—	13	647
51	13	—	233	1283	11	7	43	73	—	—	—	23	7	13	53	11	—	17	67	7	79	41	29	191	269	277	7	193	83	—
57	—	17	11	89	7	23	107	13	61	19	149	7	43	11	571	—	109	71	7	—	13	337	67	47	11	7	—	353	19	37
61	109	7	—	13	157	—	1511	—	7	—	19	—	337	17	—	7	13	691	131	11	31	29	7	167	23	—	—	307	37	7
63	11	13	17	7	—	409	103	47	—	37	7	11	—	—	13	29	—	7	43	17	19	1427	11	—	7	577	67	13	—	—
67	7	—	19	29	41	73	11	7	37	53	13	—	47	223	7	—	647	11	23	—	—	7	43	13	211	—	—	1439	7	599
69	—	—	7	17	131	—	311	41	13	7	—	59	19	83	613	53	7	—	—	883	11	13	—	7	43	599	29	31	—	449
73	751	101	149	373	11	—	7	—	—	—	—	137	23	7	29	11	71	13	—	—	7	421	59	449	—	37	11	7	43	1259
79	563	—	11	101	113	7	23	—	—	59	—	13	7	11	449	751	17	—	—	7	—	—	41	—	11	29	7	47	31	23
81	7	599	127	83	23	11	47	7	103	13	151	449	79	241	7	19	11	1033	229	29	751	7	13	37	523	41	—	11	7	109
87	—	29	449	11	31	109	7	19	—	—	113	—	389	7	11	—	13	—	317	—	7	23	—	17	71	11	19	7	—	13
91	67	17	37	7	223	—	71	101	19	11	7	—	13	113	193	151	—	7	17	—	11	241	—	31	7	13	—	19	53	—
93	211	11	41	61	733	7	1579	17	1277	197	13	—	7	—	—	23	151	31	19	7	37	47	—	11	17	947	7	—	1129	—
97	19	1627	7	—	67	31	13	11	41	7	523	23	—	79	761	—	7	—	11	13	—	229	—	7	163	—	47	659	887	11
99	37	73	—	—	7	47	—	—	17	23	11	7	—	179	—	463	—	13	7	113	—	11	—	29	—	7	89	—	—	19

	294 62	65	68	71	74	77	80	83	86	89	92	95	294 98	295 01	04	07	10	13	16	19	22	25	28	31	34	37	40	43	46	49
03	13	7	—	17	—	11	349	89	7	—	47	19	—	13	—	7	11	41	31	313	17	151	7	71	1613	—	13	11	23	7
09	7	797	—	11	17	—	—	7	353	—	—	—	67	101	7	—	37	—	73	1571	13	7	19	89	151	11	41	1579	7	53
11	—	—	7	—	79	13	11	—	—	7	17	—	163	19	829	—	7	11	13	701	23	—	971	7	—	31	347	17	11	41
17	53	7	1013	—	11	19	983	31	7	—	—	17	13	409	23	7	419	73	—	941	61	1291	7	—	19	13	11	29	17	7
21	—	103	—	41	421	7	17	—	13	47	11	—	7	37	—	29	—	101	—	7	67	11	613	17	—	19	7	173	—	1013
23	7	89	11	—	71	—	13	7	23	29	—	—	17	11	7	167	19	—	53	13	31	7	887	—	11	163	—	—	7	17
27	—	127	13	—	7	79	1429	17	11	971	—	7	41	—	—	13	—	19	7	11	83	—	61	59	17	7	29	23	13	—
29	11	197	23	67	—	—	7	139	19	—	—	11	127	7	557	41	—	89	—	47	7	313	11	—	—	23	13	7	487	359
33	227	—	43	7	269	97	11	—	17	13	7	61	1097	—	1447	73	—	7	1481	—	853	23	13	131	7	17	—	—	11	—
39	61	19	7	13	11	337	—	521	43	7	83	—	—	53	89	11	7	359	—	29	19	283	—	7	—	181	11	37	—	—
41	—	13	—	227	7	—	—	11	37	131	43	7	—	23	13	17	—	—	7	53	—	569	467	—	761	7	—	13	31	11
47	—	41	281	7	—	11	257	23	13	859	7	233	347	—	—	67	11	7	47	59	179	13	19	293	7	37	61	11	1493	—
51	7	163	569	23	13	401	127	7	137	—	—	11	29	—	7	—	—	13	197	1063	43	7	11	19	37	677	23	101	7	31
53	17	23	7	11	389	37	29	—	1223	7	41	71	821	—	11	13	7	17	—	67	1553	—	43	7	23	11	83	—	13	137
57	—	191	1087	—	37	103	7	47	907	11	—	13	17	7	53	19	41	59	—	—	7	—	1163	29	13	199	43	7	61	17
59	—	7	—	—	61	31	19	79	7	13	—	157	11	—	—	7	—	29	17	41	53	83	7	11	—	19	—	433	43	7
63	—	—	—	823	59	7	—	11	631	—	—	977	7	17	23	839	—	61	11	7	—	37	—	—	31	41	7	79	109	11
69	313	37	643	—	7	11	31	—	23	—	71	7	13	173	17	113	11	199	7	1301	—	—	47	1231	—	7	—	11	1487	401
71	31	47	—	17	—	1237	7	1229	11	19	13	83	—	7	907	—	—	—	103	11	7	409	131	13	977	557	59	7	19	23
77	23	19	101	43	13	7	11	137	—	—	—	—	7	31	[illegible]	193	—	11	79	7	19	17	127	23	463	—	7	107	11	—
81	13	11	7	719	743	—	1297	43	—	7	—	41	11	13	181	281	7	107	227	23	—	19	—	7	59	313	13	71	—	—
83	59	83	—	29	7	17	503	967	—	43	—	7	19	—	41	11	37	23	7	—	—	61	17	—	13	7	11	73	—	349
87	17	7	107	809	—	199	—	13	7	—	11	59	—	19	31	7	—	17	—	—	13	11	7	257	—	373	1367	—	—	7
89	47	—	11	7	19	13	17	—	31	593	7	23	—	11	29	43	—	7	13	277	103	227	349	17	7	211	—	—	—	—
93	7	13	29	457	251	19	173	7	11	103	271	—	—	—	7	—	53	109	17	11	—	7	—	61	19	—	—	13	7	41
99	—	23	17	—	—	67	7	—	13	31	409	241	37	7	—	—	19	11	—	17	7	13	389	—	23	43	907	7	11	421

	295 50	53	56	59	62	65	68	71	74	77	80	83	86	89	92	95	295 98	296 01	04	07	10	13	16	19	22	25	28	31	34	37
01	7	37	11	13	—	31	131	7	—	1091	113	53	41	11	7	—	13	—	307	—	61	7	67	—	11	—	—	—	7	13
07	11	—	—	—	43	1303	7	—	19	61	13	11	—	7	17	—	269	47	29	137	7	41	11	13	—	139	67	7	—	53
11	—	79	383	7	83	71	11	—	43	17	7	—	523	—	281	173	541	7	101	13	107	—	47	419	7	109	17	41	11	23
13	19	47	—	907	13	7	—	557	—	11	43	79	7	—	—	17	983	13	—	7	11	97	—	179	59	199	7	23	103	29
17	13	19	7	—	11	107	47	269	—	7	17	61	73	13	43	11	7	29	—	31	19	353	113	7	617	—	11	17	—	—
19	107	—	1483	—	7	523	—	11	137	1321	—	7	53	31	—	37	17	211	7	—	—	23	—	313	13	7	—	1229	421	11
23	61	7	11	—	41	—	331	13	7	157	—	17	19	11	37	7	—	23	—	929	13	367	7	—	11	293	—	1093	17	7
29	7	13	—	—	19	251	241	7	—	59	29	11	17	41	7	761	317	—	397	—	283	7	11	19	101	127	43	13	7	17
31	47	17	7	11	29	—	—	1049	31	7	—	—	13	199	11	83	7	809	17	97	311	—	79	7	—	11	61	—	43	937
37	—	7	17	23	—	233	13	503	7	89	83	139	11	53	359	7	—	—	—	13	—	31	7	11	—	19	23	—	—	7
41	—	683	13	29	67	7	—	11	—	31	—	—	7	—	17	13	—	1237	11	7	881	181	23	661	—	53	7	827	13	11
43	7	191	467	17	61	83	109	7	—	37	11	769	1489	13	7	47	—	19	59	167	17	7	263	563	307	89	13	73	7	—
47	—	43	359	—	7	11	89	239	37	13	397	7	—	—	29	17	11	61	7	—	47	821	13	79	—	7	461	11	97	59
49	83	199	41	43	17	59	7	13	11	19	—	197	281	7	23	—	31	97	—	11	7	17	241	—	—	—	37	7	19	167
53	—	163	—	7	31	—	61	43	41	—	7	—	67	—	11	691	13	7	—	—	—	103	89	—	7	11	—	619	—	13
59	17	11	7	59	23	37	1123	29	—	7	13	—	11	43	—	—	7	17	—	—	1657	19	—	7	1667	73	53	23	—	149
61	1193	29	23	—	7	—	17	—	13	—	—	7	19	—	47	11	—	—	7	227	41	13	911	17	—	7	11	—	149	1103
67	89	431	11	7	19	193	479	17	1579	—	7	421	29	11	—	13	—	7	—	23	—	43	—	19	7	59	1201	—	13	41
71	7	—	17	47	257	19	113	7	11	53	167	13	31	—	7	23	337	—	—	11	727	7	—	103	13	43	—	313	7	29
73	11	—	7	67	181	73	31	1301	17	7	61	11	59	23	—	19	7	—	487	—	37	—	11	7	—	17	—	43	—	47
77	1321	—	1289	17	131	13	7	—	—	23	—	29	—	7	—	79	19	11	13	37	7	—	—	59	—	31	953	7	11	—
79	37	7	163	13	1433	29	41	19	7	11	—	—	113	47	881	7	13	293	—	31	11	1249	7	—	173	79	17	—	—	7
83	1621	241	—	23	11	7	419	31	19	—	59	—	7	89	—	11	1091	149	47	7	—	17	29	—	97	13	7	19	911	1579
89	19	61	11	73	7	17	13	—	—	71	53	7	433	11	149	—	37	—	7	13	23	41	17	—	11	7	509	—	229	89
91	71	317	43	1223	13	11	7	—	1409	—	19	17	179	7	31	67	11	13	23	—	7	73	—	—	41	—	—	7	17	19
97	—	—	19	11	—	7	—	—	43	29	149	13	7	101	11	—	283	—	127	7	317	19	1709	—	13	11	7	31	—	17

	295 51	54	57	60	63	66	69	72	75	78	81	84	87	90	93	96	295 99	296 02	05	08	11	14	17	20	23	26	29	32	35	38
01	—	883	7	19	—	1429	179	13	23	7	—	233	43	37	—	31	7	47	373	—	11	431	19	7	17	191	29	—	—	1171
03	—	11	229	—	7	13	23	89	139	31	239	7	11	17	43	101	61	71	7	1097	29	613	181	11	131	7	—	—	163	23
07	—	7	23	—	—	149	—	11	7	—	463	53	—	293	13	7	787	59	11	73	197	277	7	—	—	17	—	13	31	7
09	23	193	29	7	149	19	263	571	1163	—	7	37	13	373	17	—	1259	7	—	—	43	11	31	23	7	13	773	47	—	—
13	7	1033	83	—	59	11	19	7	13	17	31	—	—	263	7	—	11	—	61	23	—	7	—	—	43	19	17	11	7	53
19	—	29	13	11	601	229	7	61	701	—	17	—	127	7	11	13	47	19	1481	—	7	769	1303	31	—	11	571	7	13	109
21	13	7	—	—	211	—	11	71	7	97	877	23	—	13	—	7	17	11	677	—	—	101	7	83	29	—	13	19	11	7
27	7	—	—	251	11	23	29	7	1499	—	173	—	—	59	7	11	191	17	53	19	13	7	—	101	—	37	11	443	7	743
31	—	19	41	13	7	—	—	—	—	—	11	7	17	—	283	—	13	—	7	839	19	11	317	29	23	7	—	—	601	13
33	59	13	11	—	457	37	7	103	251	—	47	19	31	7	13	—	409	29	17	1289	7	—	23	—	11	101	—	7	—	—
37	31	67	—	7	37	29	71	—	11	1021	7	41	19	17	137	47	—	7	23	11	—	—	—	13	7	—	107	1549	683	—
39	11	53	17	19	271	7	—	43	13	79	—	11	7	251	41	73	23	491	431	7	—	13	11	—	347	31	7	101	29	239
43	673	—	7	1181	13	67	11	—	439	7	503	43	23	31	17	—	7	11	—	521	41	37	—	7	61	379	—	—	11	79
49	929	7	—	137	11	—	23	293	7	67	—	13	—	61	1103	7	—	43	109	593	—	239	7	71	13	857	11	29	—	7
51	1663	367	—	7	17	—	19	11	487	13	7	229	1093	—	71	—	—	7	11	37	31	17	13	251	7	19	449	23	—	11
57	41	—	7	13	—	11	433	59	1481	7	1019	1297	241	853	113	523	7	19	—	509	79	23	17	7	193	43	769	11	251	13
61	11	1583	—	—	1531	409	7	—	197	—	457	11	13	7	53	—	—	17	19	—	7	31	11	641	—	13	—	7	499	43
63	127	7	509	11	—	293	17	599	7	19	13	—	73	137	11	7	37	1291	—	157	53	—	7	13	47	11	—	661	19	7
67	—	17	29	31	877	7	13	—	389	11	19	23	7	71	229	37	—	—	17	7	11	67	127	—	—	1453	7	—	—	19
69	7	11	1279	1373	13	89	—	7	47	23	—	103	11	—	7	—	—	13	41	—	19	7	—	11	17	29	1307	—	7	—
73	13	523	17	797	7	23	—	11	499	—	—	7	—	13	97	—	31	—	7	17	739	19	—	—	41	7	13	—	23	11
79	773	—	89	7	43	11	—	13	—	—	7	—	37	19	467	53	11	7	971	61	13	—	23	167	7	863	—	11	107	31
81	—	—	—	1213	19	7	43	617	11	17	1471	—	7	—	59	—	—	—	13	7	23	53	—	19	—	—	7	—	73	—
87	29	59	439	1399	7	31	11	47	107	73	17	7	13	103	23	19	967	11	7	659	—	827	—	997	409	7	179	17	11	29
91	—	7	103	433	139	17	—	593	7	37	23	227	11	—	—	7	19	29	263	—	83	13	7	11	31	859	—	127	1487	7
93	1237	97	857	7	11	—	13	19	23	587	7	17	—	41	—	11	67	7	31	13	751	709	1583	—	7	—	11	37	17	223
97	7	—	13	—	23	607	17	7	19	—	11	193	443	—	7	13	53	—	—	41	71	7	43	17	—	—	37	19	7	139
99	13	331	7	—	—	1117	—	37	757	7	283	71	17	11	227	—	7	277	19	—	67	—	29	7	11	23	13	—	—	17

	295 52	55	58	61	64	67	70	73	76	79	82	85	88	91	94	295 97	296 00	03	06	09	12	15	18	21	24	27	30	33	36	39
03	19	269	—	307	—	—	7	17	11	13	29	—	—	7	—	—	—	—	—	11	7	23	13	—	17	—	1321	7	41	—
09	—	31	719	13	103	7	11	163	17	383	97	19	7	1129	—	23	13	11	—	7	—	29	—	37	—	17	7	199	11	13
11	7	13	19	—	37	53	73	7	59	11	127	—	—	23	7	29	—	1459	353	547	11	7	463	—	—	—	31	13	7	—
17	—	71	—	701	79	307	7	11	13	—	739	1319	509	7	—	17	—	—	11	—	7	13	457	53	—	—	29	7	—	11
21	151	—	11	7	13	1381	59	—	—	311	7	—	—	11	19	241	631	7	—	199	37	—	—	73	7	89	23	17	—	569
23	—	23	13	—	919	7	—	113	29	1069	—	337	7	389	1531	13	11	41	—	7	397	31	—	227	19	107	7	11	13	—
27	11	—	7	151	73	—	19	—	97	7	47	11	—	—	—	107	7	—	757	—	23	—	11	7	13	19	—	71	17	271
29	17	—	—	11	7	—	53	—	547	13	107	7	—	1061	11	643	19	17	7	29	—	137	13	233	—	7	41	1223	59	61
33	71	7	—	—	127	13	151	29	7	11	—	199	17	—	23	7	—	19	13	1213	11	—	7	—	157	—	347	—	317	7
39	7	—	67	443	31	739	823	7	23	19	—	—	13	17	7	—	—	607	11	113	—	7	—	1109	257	13	59	—	7	11
41	19	—	7	41	47	—	23	61	—	7	11	223	29	—	383	37	7	—	—	17	173	11	1721	7	—	—	—	139	97	23
47	23	7	—	17	13	—	1601	53	7	—	—	19	41	151	—	7	—	13	—	11	17	163	7	23	1283	113	—	—	—	7
51	13	73	—	11	—	7	—	853	—	61	67	29	7	13	11	17	79	—	41	7	1061	1483	—	—	—	11	7	131	113	—
53	7	1087	—	19	17	29	11	7	367	431	—	13	37	839	7	—	151	11	—	47	—	7	19	433	13	53	79	—	7	—
57	—	11	263	—	7	223	—	13	—	127	—	7	11	23	67	—	17	—	7	—	13	—	29	11	47	7	541	41	—	—
59	73	—	—	47	11	13	7	181	—	1699	—	23	—	7	19	11	29	829	13	151	7	103	17	—	—	71	11	7	1559	37
63	17	13	43	7	29	—	131	23	47	—	7	—	—	191	13	19	1567	7	67	211	1423	11	—	—	7	31	139	13	37	1021
69	—	17	7	101	41	—	167	19	11	7	—	—	347	181	—	29	7	73	17	11	53	13	67	7	23	1051	19	79	—	521
71	11	31	643	—	7	373	13	17	1693	29	43	7	107	61	331	—	—	19	7	13	—	1553	11	683	17	7	37	—	—	—
77	13	499	47	7	—	67	37	—	17	11	7	—	—	13	31	71	23	7	619	—	11	—	—	103	7	17	13	—	19	—
81	7	—	31	17	11	37	353	7	29	13	19	239	23	673	7	11	461	—	—	137	17	7	13	467	—	331	11	—	7	19
83	—	19	7	—	—	—	359	11	—	7	23	—	193	—	1381	—	7	257	11	617	13	—	43	7	—	41	17	31	—	11
87	—	947	11	13	17	347	7	—	—	101	163	109	—	7	—	31	13	—	—	29	7	17	37	83	11	—	43	7	—	13
89	113	7	—	37	23	11	173	—	7	31	17	1451	19	29	13	7	11	47	—	—	—	—	7	1039	—	181	131	11	43	7
93	11	29	37	113	—	7	569	1459	137	229	13	11	7	19	71	—	997	—	83	7	313	—	11	13	—	—	7	59	31	233
99	97	—	211	—	7	19	17	—	41	11	31	7	29	83	59	233	919	13	7	37	11	—	—	17	19	7	547	—	691	—

	296 40	43	46	49	52	55	58	61	64	67	70	73	76	79	82	85	88	91	94	296 97	297 00	03	06	09	12	15	18	21	24	27
01	17	—	—	47	647	7	29	419	37	23	83	43	7	—	—	107	11	17	331	7	59	—	—	41	19	13	7	11	149	—
07	107	17	1637	11	7	83	13	59	—	239	1471	7	—	223	11	173	19	29	7	13	359	829	317	—	97	7	23	—	953	677
11	—	7	13	557	—	29	—	31	7	11	—	53	229	17	1213	7	151	19	59	757	11	43	7	127	37	—	401	227	13	7
13	13	11	17	7	89	37	1669	—	19	—	7	719	11	13	—	—	—	7	47	17	23	—	149	11	7	211	13	19	29	61
17	7	79	—	379	37	59	41	7	359	13	197	—	1061	733	7	—	23	311	11	71	31	7	13	47	283	67	1049	43	7	11
19	19	—	7	17	67	—	—	13	—	7	11	79	1571	—	23	—	7	233	61	19	13	11	37	7	857	739	619	—	—	43
23	409	19	31	13	—	11	7	47	1087	—	23	—	607	7	—	17	11	149	—	—	7	37	103	—	—	593	1609	7	1019	13
29	97	37	787	11	23	7	1217	—	1091	29	13	—	7	367	11	31	17	73	443	7	61	—	—	13	41	11	7	23	—	—
31	7	—	23	19	223	17	11	7	13	31	—	—	67	149	7	—	—	11	53	37	—	7	17	383	109	23	151	41	7	—
37	71	47	13	587	11	—	7	113	163	—	149	—	—	7	19	11	67	—	—	23	7	593	31	17	479	—	11	7	13	151
41	—	17	29	7	887	—	47	—	43	—	7	13	59	1231	—	19	—	7	17	—	739	11	107	—	7	—	—	—	1427	—
43	797	53	11	—	31	7	19	17	1481	13	43	—	7	11	—	443	37	107	229	7	67	—	13	—	11	19	7	1303	239	743
47	101	—	7	—	—	13	—	19	11	7	41	—	—	29	43	37	7	—	13	11	—	—	769	7	—	—	19	83	—	—
49	11	—	103	13	7	—	—	23	17	—	—	7	—	41	1031	—	13	19	7	53	—	163	11	131	61	7	—	—	—	13
53	127	7	101	17	—	31	11	—	7	331	1373	—	13	—	73	7	131	11	19	41	17	47	7	79	29	13	23	877	11	7
59	7	—	1697	1583	11	47	13	7	89	—	19	—	37	337	7	11	—	83	31	13	23	7	—	—	—	—	11	—	7	19
61	29	19	7	181	13	—	—	11	59	7	17	—	31	73	—	823	7	13	11	167	19	311	—	7	—	113	1061	17	43	11
67	—	7	—	—	103	11	—	71	7	—	37	13	19	—	79	7	11	—	—	—	53	683	7	—	13	31	1093	11	17	7
71	11	—	—	—	61	7	17	13	23	37	251	11	7	19	—	359	—	—	—	7	13	—	11	17	—	389	7	—	29	—
73	7	1657	193	11	19	13	23	7	41	—	—	—	17	—	7	—	1249	—	13	—	1201	7	29	19	—	11	—	37	7	17
77	—	13	23	373	7	19	—	17	409	11	29	7	983	—	13	251	—	—	7	—	11	647	—	—	17	7	31	13	103	—
79	23	11	89	43	29	—	7	37	—	593	281	—	11	7	—	19	97	41	—	—	7	1103	—	11	71	13	—	7	59	73
83	167	—	67	7	1721	1307	37	11	13	—	7	—	101	—	—	53	19	7	11	23	251	13	313	41	7	17	—	—	—	11
89	—	1619	7	29	—	11	67	—	19	7	109	—	—	23	101	13	7	—	—	47	1021	31	—	7	241	251	17	11	13	—
91	13	619	59	283	7	—	—	503	11	—	—	7	—	13	—	17	—	653	7	11	—	181	1447	—	1583	7	13	229	—	—
97	—	—	—	7	53	23	11	13	29	907	7	—	—	83	71	1087	17	7	—	—	13	37	1217	421	7	—	—	—	11	19

	296 41	44	47	50	53	56	59	62	65	68	71	74	77	80	83	86	89	92	95	296 98	297 01	04	07	10	13	16	19	22	25	28
01	7	11	173	13	227	—	—	7	73	41	61	17	11	—	7	—	13	137	101	1423	37	7	—	11	23	29	79	181	7	13
03	17	13	7	—	11	—	—	787	83	7	31	—	41	47	13	11	7	17	—	29	1117	19	23	7	643	—	11	13	—	—
07	37	593	1063	19	—	739	7	29	—	—	11	—	17	7	—	257	—	—	23	—	7	11	19	13	—	—	353	7	—	17
09	1423	7	11	83	1093	—	—	73	7	—	—	—	—	11	—	7	23	503	17	—	—	13	7	31	11	983	—	523	317	7
13	443	—	47	1283	13	7	137	79	11	1163	491	31	7	17	19	1069	—	13	29	7	659	—	67	97	293	881	7	41	1487	223
19	29	179	—	—	7	1361	11	—	—	—	—	7	113	—	17	239	193	11	7	577	59	797	—	—	13	7	67	—	11	23
21	—	347	43	17	23	67	7	—	1499	11	103	—	47	7	61	37	19	839	31	—	7	—	13	29	—	89	223	7	131	—
27	31	—	—	13	17	7	307	11	19	67	911	—	7	—	1523	—	13	691	11	7	—	17	293	73	163	719	7	19	—	11
31	53	47	7	71	—	—	701	—	—	7	—	107	13	11	191	—	7	23	79	31	367	97	29	7	11	13	449	971	19	—
33	19	—	601	—	7	11	53	131	—	1063	13	7	37	31	43	23	11	—	7	19	—	—	17	13	—	7	277	11	79	59
37	11	7	—	—	29	61	13	229	7	—	601	11	—	—	—	7	—	17	43	13	19	—	7	349	—	263	179	139	—	7
39	541	929	—	7	13	137	17	1297	—	23	7	19	103	—	11	—	59	7	1487	809	43	—	947	17	7	11	31	29	109	37
43	7	17	—	—	487	23	509	7	449	11	157	—	19	13	7	29	47	599	17	241	11	7	601	—	43	269	13	59	7	—
49	47	53	17	313	19	599	7	11	37	349	977	811	—	7	59	829	911	—	11	17	7	1483	23	19	—	83	29	7	—	11
51	—	7	41	1013	—	13	—	53	7	467	11	919	—	1621	19	7	89	—	13	881	23	11	7	—	197	17	37	—	—	7
57	7	73	29	31	—	191	19	7	11	17	47	41	13	—	7	1439	439	—	821	11	—	7	547	977	—	13	17	—	7	67
61	—	—	211	11	7	37	—	19	13	—	23	7	193	89	11	47	—	41	7	29	—	13	31	1187	347	7	19	1667	313	199
63	—	43	311	251	—	101	7	269	23	—	17	1259	883	7	479	367	31	11	859	13	7	193	167	37	—	—	—	7	11	—
67	491	11	13	7	23	17	1103	—	179	619	7	61	11	131	—	13	—	7	19	—	—	—	17	11	7	109	41	23	13	89
69	13	271	23	37	11	7	97	43	53	19	59	17	7	13	397	11	293	109	—	7	197	—	—	107	29	23	7	—	17	31
73	61	109	7	—	—	83	17	821	431	7	11	43	29	107	—	—	7	31	—	661	53	11	13	7	1523	127	—	71	—	19
79	71	7	19	13	—	103	—	17	7	—	271	937	—	439	47	7	13	43	1097	11	—	19	7	29	17	433	163	—	1039	7
81	11	13	113	7	—	—	41	89	—	—	7	11	19	17	13	—	211	7	251	43	—	557	11	—	7	139	61	13	1123	—
87	839	1163	7	—	19	—	31	23	13	7	—	571	—	101	17	41	7	37	1427	—	11	13	—	7	47	43	—	—	29	—
91	—	—	79	23	11	19	7	67	1493	17	379	—	857	7	—	11	29	13	—	173	7	41	—	211	19	31	11	7	61	43
93	547	7	13	—	61	—	—	11	7	—	29	113	79	257	163	7	83	59	11	31	—	1229	7	—	23	—	—	53	13	7
97	751	—	11	—	—	7	883	31	—	—	17	13	7	11	109	—	19	61	—	7	23	653	—	167	11	383	7	17	59	—
99	7	31	263	—	59	11	109	7	—	13	—	83	—	—	7	563	11	101	23	—	373	7	13	—	—	—	19	11	7	—

	296 42	45	48	51	54	57	60	63	66	69	72	75	78	81	84	87	90	93	96	296 99	297 02	05	08	11	14	17	20	23	26	29
03	11	199	383	421	7	13	61	541	19	29	—	7	—	37	23	59	—	—	7	—	31	—	11	—	139	7	337	19	17	—
09	19	—	31	7	43	131	—	41	23	11	7	—	13	79	—	—	—	7	—	19	11	—	53	113	7	13	991	—	47	17
11	—	11	—	—	—	7	23	47	337	—	13	37	7	—	29	—	—	—	17	7	103	101	1307	11	827	107	7	31	53	19
17	23	1483	17	—	7	—	—	487	—	31	11	7	43	127	89	—	—	13	7	17	—	11	229	23	59	7	1597	641	37	113
21	13	7	—	19	—	11	1627	—	7	—	—	97	283	13	17	7	11	479	617	23	521	—	7	—	71	41	13	11	31	7
23	97	—	—	7	79	373	67	29	11	—	7	13	—	19	1039	71	—	7	43	11	17	—	31	—	7	101	491	—	41	463
27	7	—	—	11	1291	367	211	7	—	313	31	89	—	23	7	17	157	281	—	—	13	7	43	53	29	11	—	47	7	197
29	—	701	7	1663	17	13	11	—	311	7	67	23	1693	1607	1151	1723	7	11	13	—	—	17	103	7	19	37	—	101	11	53
33	—	11	41	163	727	—	7	23	—	59	139	47	11	7	13	—	17	—	587	—	7	—	—	11	37	19	—	7	43	857
39	17	23	—	—	37	7	53	127	13	73	11	41	7	—	71	331	—	17	131	7	—	11	307	—	23	379	7	397	—	—
41	7	241	11	—	197	71	13	7	19	1579	—	29	53	11	7	79	—	157	67	13	191	7	23	17	11	—	—	19	7	701
47	11	—	37	—	131	47	7	17	73	277	—	11	31	7	—	—	23	271	59	19	7	499	11	41	17	—	13	7	1423	—
51	31	19	17	7	1009	239	11	—	—	13	7	—	23	103	—	719	109	7	—	17	19	—	13	83	7	—	509	—	11	41
53	—	—	—	—	29	7	521	13	17	11	23	19	7	1699	—	—	61	937	467	7	11	89	71	1327	307	17	7	107	179	97
57	—	—	7	13	11	—	23	53	—	7	673	137	19	31	—	11	7	107	37	397	17	29	—	7	809	73	11	211	1129	13
59	41	13	—	19	7	61	—	11	—	17	—	7	107	53	13	29	—	—	7	—	47	—	19	—	—	7	17	13	173	11
63	23	7	11	29	17	—	41	113	7	—	13	1237	127	11	—	7	—	—	61	—	—	17	7	13	11	47	31	—	—	7
69	7	389	—	757	13	17	—	7	31	47	—	11	1117	—	7	19	1319	13	—	157	—	7	11	—	—	191	—	—	7	—
71	1019	—	7	11	—	73	19	79	29	7	—	17	71	113	11	13	7	163	41	—	277	137	199	7	—	11	—	97	13	—
77	—	7	1433	—	—	—	857	263	7	13	—	1489	11	37	53	7	491	19	199	29	—	109	7	11	181	—	563	41	337	7
81	67	—	—	31	—	7	—	11	—	—	131	1301	7	—	263	—	433	197	11	7	—	619	73	59	17	1663	7	233	23	11
83	7	29	—	13	—	—	—	7	757	19	11	—	89	17	7	—	13	733	—	—	157	7	61	—	83	283	23	—	7	13
87	193	41	523	73	7	11	167	457	17	—	19	7	13	233	—	—	11	103	7	—	—	467	23	487	239	7	443	11	—	19
89	—	19	71	—	41	967	7	—	11	193	13	61	29	7	17	887	—	—	79	11	7	73	1553	13	—	97	617	7	89	461
93	29	401	19	7	179	—	13	277	67	17	7	631	—	—	11	1109	23	7	—	13	—	19	—	—	7	11	17	193	—	29
99	13	11	7	—	—	—	—	139	43	7	17	29	11	13	1327	223	7	383	—	41	—	—	839	7	—	89	13	17	71	859

	297 30	33	36	39	42	45	48	51	54	57	60	63	66	69	72	75	78	81	84	87	90	93	96	297 99	298 02	05	08	11	14	17
01	—	103	23	7	17	29	179	31	11	463	7	1289	—	19	743	37	—	7	—	11	47	13	101	—	7	23	—	73	—	67
07	79	131	7	877	47	17	11	1663	73	7	61	113	1429	181	1613	13	7	11	—	23	31	—	17	7	19	557	197	163	11	—
11	17	11	—	461	29	—	7	—	31	47	—	13	11	7	113	23	71	17	—	—	7	—	—	11	13	19	—	7	89	—
13	1559	7	31	—	11	—	17	71	7	13	1049	41	37	23	—	7	19	—	—	—	—	—	7	17	631	—	11	29	769	7
17	—	17	—	—	401	7	—	—	—	23	11	37	7	431	1409	29	—	19	13	7	—	11	83	—	—	73	7	167	—	1471
19	7	353	11	13	—	53	—	7	19	29	59	—	—	11	7	31	13	—	—	47	41	7	—	—	11	97	—	19	7	13
23	—	61	17	23	7	307	73	—	11	19	—	7	13	—	239	—	853	53	7	11	—	59	—	113	47	7	23	—	19	619
29	—	19	109	7	743	—	11	—	29	43	7	—	83	—	229	—	31	7	—	13	17	—	107	683	7	179	—	103	11	823
31	—	—	29	—	13	7	347	—	521	11	31	19	7	—	—	—	—	13	23	7	11	331	89	—	—	—	7	61	—	113
37	137	—	107	19	7	103	37	11	353	127	17	7	23	29	131	—	61	43	7	—	1627	—	19	31	13	7	761	17	—	11
41	277	7	11	—	19	17	1697	13	7	—	541	31	41	11	139	7	—	647	53	89	13	43	7	19	11	—	223	367	1069	7
43	—	—	47	7	293	11	23	433	—	227	7	17	—	313	19	41	11	7	13	337	—	—	79	37	7	—	—	11	17	23
47	7	13	23	73	151	—	17	7	1109	—	337	11	29	317	7	19	163	—	61	409	—	7	11	17	31	23	—	13	7	103
49	23	139	7	11	59	151	19	—	—	7	421	—	13	179	11	—	7	1427	31	—	—	73	—	7	41	11	—	—	—	17
53	—	53	37	—	757	—	7	17	13	11	—	191	—	7	—	59	1171	859	—	23	7	13	—	29	17	—	19	7	—	—
59	—	—	13	127	617	7	—	11	17	—	151	—	7	23	—	13	257	509	11	7	—	—	47	67	421	17	7	—	13	11
61	7	41	67	—	71	—	—	7	389	19	11	23	—	13	7	269	—	—	1487	157	229	7	—	1303	—	53	13	929	7	—
67	367	19	—	1097	43	23	7	13	11	757	29	1249	—	7	151	17	1229	37	227	11	7	—	61	—	59	281	31	7	23	89
71	73	23	19	7	79	1117	269	—	43	—	7	263	—	—	11	—	13	7	1399	—	131	19	—	—	7	11	—	17	—	13
73	—	13	—	83	113	7	11	—	31	103	43	59	7	—	13	—	17	11	73	7	—	29	23	727	283	—	7	13	11	—
77	—	11	7	71	433	—	1201	113	—	7	13	17	11	19	43	569	7	—	23	151	53	47	59	7	61	41	89	31	17	—
79	17	—	191	29	7	—	131	283	13	—	197	7	673	307	37	11	23	17	7	167	109	13	—	19	397	7	11	—	41	—
83	—	7	271	1061	13	19	—	—	7	31	11	941	17	37	—	7	—	13	—	—	29	11	7	797	19	—	—	—	—	7
89	7	467	29	53	—	—	23	7	11	239	—	13	—	17	7	29	19	—	—	11	71	7	31	—	13	151	43	—	7	23
91	11	—	7	991	23	41	—	19	—	7	—	11	—	—	1439	47	7	97	—	17	—	—	11	7	—	29	19	23	43	353
97	—	7	173	13	—	223	197	29	7	11	—	—	—	1103	41	7	13	—	19	—	11	23	7	—	—	937	67	53	37	7

	297 31	34	37	40	43	46	49	52	55	58	61	64	67	70	73	76	79	82	85	88	91	94	297 97	298 00	03	06	09	12	15	18
01	19	89	—	—	11	7	1459	797	—	—	—	—	7	—	1181	11	—	23	—	7	41	257	—	—	29	13	7	37	—	59
03	7	—	—	—	17	59	79	7	37	257	13	31	659	—	7	23	—	61	11	811	271	7	157	13	233	547	—	1511	7	11
07	229	43	11	1033	7	—	13	37	—	—	71	7	—	11	179	347	17	89	7	13	—	—	283	—	11	7	79	887	349	41
09	29	71	19	43	13	11	7	—	281	23	53	—	—	7	47	97	11	13	709	131	7	19	17	641	31	37	—	7	—	29
13	11	—	103	7	953	23	163	43	—	—	7	11	31	13	—	251	—	7	1499	47	167	349	11	449	7	83	13	509	23	271
19	—	17	7	47	37	—	41	13	61	7	173	107	—	43	19	—	7	—	17	—	11	—	23	7	—	31	1291	71	29	—
21	—	11	—	1297	7	13	107	17	—	41	607	7	11	—	547	43	—	79	7	31	23	—	29	11	17	7	—	—	1493	47
27	389	31	37	7	29	—	—	—	17	1669	7	53	13	47	23	103	19	7	41	599	661	11	193	—	7	13	487	431	—	—
31	7	37	773	17	67	11	—	7	13	683	23	599	—	487	7	181	11	19	47	199	17	7	—	53	41	43	—	11	7	73
33	397	—	7	—	269	—	13	599	11	7	—	—	—	—	31	29	7	—	—	11	—	887	109	7	—	401	17	19	—	53
37	101	—	13	11	17	83	7	—	67	19	59	—	367	7	11	13	—	71	37	197	7	17	—	—	—	11	191	7	13	—
39	13	7	23	547	571	—	11	163	7	—	17	569	61	13	1091	7	—	11	—	19	—	—	7	—	433	23	13	17	11	7
43	83	11	101	173	701	7	53	—	—	13	353	199	7	—	29	31	479	137	—	7	19	23	13	11	89	61	7	—	—	491
49	43	—	1429	13	7	—	17	199	1493	—	11	7	19	—	61	23	13	47	7	317	—	11	—	17	53	7	—	439	31	13
51	—	13	11	19	—	—	7	—	601	79	—	131	17	7	13	—	—	—	—	29	7	83	19	—	11	71	—	7	—	17
57	11	29	89	—	31	7	59	23	13	—	419	11	7	17	19	—	83	1021	521	7	601	13	11	107	—	659	7	47	311	—
61	—	—	7	23	13	—	11	53	17	7	1097	1327	37	107	—	19	7	11	29	109	97	1601	—	7	67	17	23	967	11	293
63	—	23	13	67	7	241	19	—	107	11	641	7	29	53	17	13	—	31	7	103	11	—	607	—	23	7	173	—	13	61
67	29	7	—	659	11	31	—	19	7	17	79	13	—	—	—	7	47	—	43	1567	23	1087	7	—	13	53	11	1307	67	7
69	1171	431	167	7	—	—	73	11	—	13	7	359	677	—	—	17	137	7	11	—	43	—	13	29	7	—	—	1399	—	11
73	7	227	11	787	181	13	—	7	139	37	17	29	101	11	7	89	233	—	13	977	—	7	—	313	11	—	—	17	7	—
79	11	—	233	—	—	157	7	—	23	—	19	11	13	7	41	—	—	557	97	1289	7	—	11	73	353	13	37	7	17	19
81	17	7	733	11	227	137	23	37	7	—	13	—	—	59	11	7	29	17	277	281	19	103	7	13	131	11	—	503	—	7
87	7	11	—	509	13	71	—	7	929	—	—	863	11	—	7	229	1693	13	17	67	139	7	73	11	37	—	41	29	7	—
91	13	—	1163	—	7	—	—	11	109	163	467	7	823	13	—	29	—	1481	7	23	—	—	191	37	—	7	13	641	643	11
93	109	43	17	73	19	809	7	—	—	29	11	13	—	7	967	—	181	23	—	17	7	11	613	19	13	47	—	7	379	241
97	41	—	29	7	—	11	—	13	31	53	7	1031	—	23	17	—	11	7	829	491	13	—	—	457	7	—	29	11	—	—
99	—	823	31	17	1409	7	—	43	11	47	—	23	7	—	—	19	1217	—	13	7	17	37	71	103	61	89	7	67	1597	—

	297 32	35	38	41	44	47	50	53	56	59	62	65	68	71	74	77	80	83	86	89	92	95	297 98	298 01	04	07	10	13	16	19
03	563	13	7	11	71	277	89	23	29	7	—	43	103	397	11	17	7	—	229	1451	37	31	101	7	—	11	1427	13	179	—
09	37	7	—	31	—	193	—	271	7	—	—	—	11	167	—	7	17	43	41	29	1297	13	7	11	23	137	61	19	83	7
11	1063	—	61	7	11	17	13	59	727	—	7	1489	173	29	193	11	—	7	19	13	1613	41	17	349	7	—	11	—	31	—
17	13	—	7	97	—	859	17	—	47	7	19	443	71	11	—	—	7	—	251	—	751	293	—	7	11	43	13	331	199	19
21	—	17	113	—	61	59	7	—	11	13	—	19	23	7	103	—	659	—	17	11	7	1091	13	—	—	—	—	7	53	31
23	11	7	19	—	—	—	29	13	7	349	23	11	773	541	263	7	127	—	359	—	13	19	7	31	17	—	—	—	523	7
27	761	67	17	13	41	7	11	1231	241	131	549	31	7	83	37	—	13	11	—	7	—	263	19	29	—	617	7	269	11	13
29	7	13	349	—	23	31	—	7	17	11	—	—	—	19	7	—	89	29	—	1667	11	7	227	47	257	17	—	13	7	71
33	23	1489	—	17	7	29	359	673	83	839	13	7	97	41	19	11	—	653	7	—	17	1543	—	13	31	7	11	—	47	—
39	—	—	11	7	13	139	19	—	—	67	7	37	47	11	523	—	29	7	593	367	—	17	41	—	7	19	—	—	149	53
41	31	59	13	—	—	7	43	—	61	719	17	—	7	509	—	13	11	113	431	7	1277	—	—	—	—	41	7	11	13	37
47	53	—	109	11	7	—	—	523	19	13	—	7	43	31	11	79	—	1699	7	71	619	29	13	941	83	7	239	19	17	—
51	—	7	107	223	—	13	17	—	7	11	61	—	53	—	73	7	43	67	13	631	11	—	7	17	1223	317	821	47	19	7
53	19	11	41	7	109	101	47	—	—	739	7	—	11	—	593	—	13	7	43	19	—	149	569	11	7	—	23	701	—	13
57	7	19	—	727	1583	—	—	7	41	—	—	47	13	173	7	281	971	—	11	149	19	7	23	—	17	13	—	—	7	11
59	67	—	7	—	—	—	37	89	31	7	11	19	439	17	29	293	7	883	149	—	23	11	479	7	43	—	—	577	743	—
63	—	—	29	569	—	11	7	—	17	—	—	157	19	7	1063	—	11	41	71	13	7	—	—	—	—	17	—	7	43	—
69	13	131	1249	11	19	7	479	1709	97	17	23	—	7	13	11	127	337	773	331	7	503	—	37	19	—	11	7	—	—	67
71	7	1321	—	31	83	47	11	7	23	191	761	13	149	—	7	17	—	11	419	53	—	7	859	179	13	—	127	—	7	41
77	—	—	23	61	11	13	7	79	—	149	—	211	67	7	271	11	17	—	13	—	7	1009	—	—	—	19	11	7	—	73
81	577	13	—	7	31	—	29	19	71	439	7	17	311	811	13	—	61	7	—	37	—	11	911	—	7	163	19	13	17	—
83	17	—	11	139	821	7	41	—	—	—	73	—	7	11	1051	101	67	17	—	7	47	—	1109	—	11	13	7	—	59	29
87	181	1153	7	—	149	61	97	1301	11	7	379	293	17	359	53	23	7	29	19	11	541	13	137	7	—	47	—	—	1051	17
89	11	17	—	149	7	—	13	—	—	19	—	7	—	23	107	41	—	37	7	13	53	1063	11	—	—	7	—	373	19	197
93	1381	7	13	—	107	263	11	—	7	23	19	883	—	17	—	7	37	11	1367	467	127	41	7	—	—	71	59	73	11	7
99	7	641	19	23	11	—	—	7	73	13	29	137	31	59	7	11	269	—	—	—	—	7	13	587	193	—	11	—	7	—

	298 20	23	26	29	32	35	38	41	44	47
01	11	7	19	137	13	1291	—	—	7	—
07	7	1049	37	67	71	1117	59	7	—	11
11	—	37	—	29	7	—	1123	13	23	31
13	79	1483	1019	31	—	13	7	11	157	—
17	—	13	11	7	59	17	19	—	—	—
19	23	179	1543	—	—	7	—	127	29	383
23	11	1429	7	71	31	—	17	107	13	7
29	941	7	13	—	191	41	313	17	7	11
31	13	11	101	7	47	—	—	—	41	—
37	59	181	7	83	101	23	—	13	89	7
41	29	23	331	13	389	11	7	—	—	17
43	193	7	—	19	—	—	31	—	7	—
47	811	173	—	11	19	7	53	181	—	109
49	7	109	—	47	509	29	11	7	13	—
53	41	11	97	43	7	—	347	31	47	37
59	—	761	—	7	29	—	23	19	73	41
61	—	17	11	61	23	7	1249	37	—	13
67	11	1559	17	13	7	277	379	73	179	19
71	71	7	—	—	—	59	11	47	7	—
73	1433	19	—	7	37	—	—	211	409	11
77	7	—	19	37	11	67	13	7	29	—
79	137	—	7	—	13	1069	—	11	—	7
83	13	197	11	103	41	23	7	—	53	67
89	11	29	—	827	—	7	47	13	769	491
91	7	59	—	11	73	13	17	7	443	61
97	—	11	—	—	43	—	7	17	233	389

	50	53	56	59	62	65	68	71	74	77
01	—	11	—	—	—	7	—	13	23	59
07	—	13	23	19	7	29	1031	89	—	—
11	—	7	—	311	19	11	—	59	7	41
13	17	263	—	7	419	—	463	—	11	37
17	7	—	—	11	13	439	—	7	37	131
19	163	17	7	73	937	—	11	107	83	7
23	1697	11	1709	613	—	631	7	19	1153	23
29	—	—	—	23	—	7	—	31	—	—
31	7	23	11	13	241	—	337	7	191	19
37	11	19	29	37	17	1109	7	41	—	—
41	157	59	19	7	—	—	11	—	—	461
43	73	1223	127	—	13	7	863	—	—	11
47	13	29	7	—	11	—	229	—	23	7
49	37	239	53	—	7	293	17	11	—	31
53	71	7	11	—	—	19	523	13	7	—
59	7	13	17	1723	—	—	—	7	—	233
61	—	43	7	11	31	—	541	19	17	7
67	—	7	—	53	101	—	13	43	7	17
71	19	983	13	—	17	7	—	11	881	—
73	7	—	—	—	109	23	101	7	—	—
77	—	23	—	821	7	11	1423	1481	—	13
79	—	—	19	—	79	—	7	13	11	1303
83	31	379	89	7	211	—	17	71	—	29
89	1259	11	7	41	193	83	—	17	—	7
91	787	—	—	—	7	19	41	31	13	—
97	131	—	11	7	23	257	47	449	—	167

	80	83	86	89	92	95	298 98	299 01	04	07
01	227	19	7	—	—	17	167	53	—	7
07	11	7	—	—	13	919	17	541	7	—
11	13	17	—	—	—	7	11	359	67	101
13	7	823	41	83	19	—	29	7	97	11
17	79	271	17	139	7	19	227	13	41	—
19	—	71	—	23	—	13	7	11	17	—
23	—	13	11	7	—	29	—	—	—	127
29	11	61	7	137	17	47	1237	239	13	7
31	307	—	—	11	7	—	13	—	1091	433
37	13	11	—	7	31	—	179	—	23	53
41	7	—	241	41	23	—	17	7	—	13
43	571	—	7	29	89	109	41	13	—	7
47	179	—	—	13	47	11	7	17	—	37
49	—	7	79	—	97	61	—	493	7	—
53	—	89	29	11	53	7	709	73	17	—
59	31	11	—	191	7	281	19	61	—	17
61	—	139	13	—	11	953	7	23	283	—
67	—	23	11	563	37	7	113	31	19	13
71	—	43	7	37	—	13	29	41	11	7
73	11	—	—	13	7	—	307	1319	2[illegible]9	—
77	—	7	—	521	73	83	11	43	7	—
79	—	17	31	7	—	—	—	59	1493	11
83	7	199	47	641	11	163	13	7	23	—
89	13	—	11	31	19	59	7	—	89	449
91	23	7	101	17	29	11	449	—	7	—
97	7	1301	727	11	17	13	19	7	—	—

	298 21	24	27	30	33	36	39	42	45	48
01	1109	151	17	7	—	83	991	11	13	53
03	47	269	151	109	331	7	13	—	17	—
07	19	1237	7	17	23	11	1279	—	1493	7
09	13	113	23	1453	7	151	79	—	11	17
13	337	7	1231	11	17	1009	139	151	7	13
19	7	11	443	13	—	17	1531	7	499	137
21	—	13	7	—	11	—	317	—	—	7
27	439	7	11	29	61	19	—	23	7	37
31	109	—	1579	23	13	7	19	17	11	—
33	7	23	13	293	—	71	83	7	—	—
37	—	43	29	31	7	251	11	—	17	103
39	—	83	131	43	241	—	7	—	19	11
43	—	—	1097	7	11	13	—	43	1151	17
49	—	19	7	—	71	359	—	397	23	7
51	53	—	—	37	7	11	23	1637	107	757
57	17	—	—	7	13	31	—	1657	229	79
61	7	—	47	181	19	—	—	7	—	11
63	37	11	7	163	—	467	223	—	—	7
67	233	1489	1213	—	—	577	7	11	—	—
69	31	7	17	—	89	13	19	—	7	59
73	—	13	67	—	—	7	193	19	131	—
79	43	23	—	11	7	—	67	59	13	1171
81	—	239	43	—	17	—	7	—	—	19
87	13	19	53	113	11	7	—	—	31	—
91	17	—	7	—	863	479	113	—	—	7
93	—	1721	11	661	7	41	17	13	29	677
97	47	7	1093	13	—	—	23	—	7	31
99	11	13	—	7	19	419	631	17	—	—

	51	54	57	60	63	66	69	72	75	78
01	7	61	—	839	—	—	571	7	11	17
03	11	761	7	—	509	37	1277	29	19	7
07	—	107	313	719	37	13	7	—	1499	19
09	19	7	881	13	—	—	43	—	7	11
13	—	19	—	31	11	7	29	599	499	191
19	53	37	11	809	7	23	13	41	—	59
21	113	17	67	19	13	11	7	1171	—	—
27	—	83	17	11	151	7	67	79	139	—
31	193	—	7	—	71	397	131	13	223	7
33	—	11	—	17	7	13	19	73	—	113
37	641	7	661	—	277	—	—	11	7	47
39	191	211	—	7	17	59	—	53	23	—
43	7	—	41	29	23	11	31	7	13	—
49	17	643	13	11	—	73	7	139	211	—
51	13	7	—	47	—	43	11	—	7	401
57	7	—	97	1123	11	—	—	7	53	—
61	1447	173	17	13	7	—	701	29	—	23
63	—	13	11	—	19	—	7	23	17	—
67	601	—	61	7	—	19	—	433	11	157
69	11	23	47	587	601	7	—	37	13	17
73	29	229	7	53	13	—	11	47	—	7
79	—	7	541	1193	11	17	—	—	7	757
81	1429	73	—	7	37	29	1531	11	109	13
87	—	47	7	13	—	11	23	—	199	7
91	11	—	23	83	29	103	7	17	—	97
93	23	7	19	11	43	139	59	233	7	71
97	37	41	487	19	—	7	13	—	17	11
99	7	11	113	773	13	—	—	7	149	29

	81	84	87	90	93	96	298 99	299 02	05	08
01	—	13	—	29	7	613	107	19	—	11
03	373	11	—	—	983	17	7	829	211	167
07	17	—	—	7	643	67	733	11	13	599
09	73	59	89	—	—	7	13	1117	29	19
13	43	17	7	397	71	11	79	—	—	7
19	47	7	17	11	—	—	31	29	7	13
21	31	29	—	7	—	—	11	13	17	37
27	593	13	7	131	11	317	—	—	—	7
31	29	31	—	—	17	19	7	—	—	—
33	67	7	11	—	23	—	37	1103	7	—
37	23	127	113	—	13	7	—	—	11	—
39	7	—	13	—	67	29	181	7	31	—
43	—	—	151	—	7	311	11	389	19	53
49	19	41	37	7	11	13	367	17	1123	31
51	—	61	103	13	41	7	151	11	—	23
57	37	43	19	23	7	11	691	401	—	29
61	11	7	—	19	31	43	13	317	7	17
63	1087	1129	59	7	13	1399	—	43	47	139
67	7	1021	—	1601	—	1009	937	7	29	11
69	—	11	7	—	103	19	761	1511	241	7
73	59	97	601	—	—	—	7	11	83	809
79	337	13	—	83	23	7	109	—	149	—
81	7	17	23	197	409	257	31	7	11	—
87	19	349	17	—	149	107	7	1583	—	59
91	—	11	13	7	—	—	523	31	71	61
93	13	31	673	17	11	7	1069	1619	643	—
97	283	—	7	—	269	29	—	59	977	7
99	43	—	11	19	7	491	47	13	37	—

	298 22	25	28	31	34	37	40	43	46	49
03	7	1669	17	83	—	19	11	7	—	—
09	461	59	—	17	11	—	7	37	—	—
11	563	7	13	—	—	67	97	11	7	17
17	7	—	—	—	—	11	269	7	571	13
21	11	—	—	467	7	13	41	149	—	—
23	—	43	—	11	53	29	7	839	—	41
27	101	—	—	7	149	43	17	—	71	11
29	61	11	19	149	97	7	31	43	—	83
33	—	37	7	19	29	307	13	11	59	7
39	13	7	61	—	101	11	—	31	7	1433
41	1151	31	—	7	—	19	163	1381	11	29
47	—	587	7	—	41	13	11	307	853	7
51	653	11	31	—	—	79	7	—	29	—
53	281	7	29	—	11	457	461	197	7	—
57	53	—	241	157	—	7	—	—	13	19
59	7	—	11	347	—	—	13	7	1471	31
63	1667	19	13	—	7	—	—	—	11	23
69	73	—	—	7	43	—	11	227	61	13
71	1033	23	17	19	31	7	29	13	—	11
77	—	13	643	17	7	—	47	11	41	—
81	—	7	11	—	107	29	89	67	7	97
83	—	—	—	7	17	11	19	37	13	1093
87	7	—	—	383	13	131	37	7	23	59
89	—	—	7	11	—	17	23	—	—	7
93	17	—	23	1301	—	—	7	239	163	11
99	41	17	—	37	—	7	83	11	79	29

	52	55	58	61	64	67	70	73	76	79
03	13	—	359	—	7	113	149	11	743	17
09	—	733	—	7	—	11	19	13	29	389
11	—	—	29	—	—	7	137	281	11	—
17	17	31	—	743	7	197	11	503	19	83
21	—	7	1103	79	—	—	—	509	7	19
23	19	17	317	7	11	—	13	347	—	—
27	7	19	13	167	47	41	53	7	163	103
29	13	—	7	—	—	—	29	67	41	7
33	181	43	607	61	—	353	7	107	11	13
39	23	—	263	13	19	7	11	43	37	877
41	7	13	1669	379	17	—	71	7	89	11
47	—	—	—	251	31	17	7	11	13	—
51	17	—	11	7	13	37	419	19	—	827
53	—	—	13	41	—	7	17	61	251	23
57	11	17	7	337	317	23	—	373	379	7
59	—	701	139	11	7	683	661	17	—	13
63	—	7	17	—	137	13	967	109	7	11
69	7	257	19	17	101	—	79	7	919	—
71	37	—	7	—	1571	487	—	—	73	7
77	227	7	43	—	13	—	1327	29	7	223
81	13	47	—	11	23	7	43	113	101	53
83	7	—	23	—	—	239	11	7	43	—
87	—	11	463	281	7	—	17	13	31	1597
89	29	563	31	71	11	13	7	19	179	—
93	—	13	—	7	—	67	227	17	19	1051
99	19	709	7	31	61	—	—	467	11	7

	82	85	88	91	94	298 97	299 00	03	06	09
03	41	7	31	13	19	661	997	37	7	821
09	7	—	157	1307	—	971	11	7	—	41
11	313	53	7	1181	83	37	17	89	13	7
17	239	7	13	29	—	47	—	11	7	—
21	229	—	11	179	89	7	—	719	23	193
23	7	—	37	79	31	11	23	7	17	13
27	11	37	23	17	7	13	—	571	1607	—
29	23	19	53	11	—	1153	7	107	—	17
33	—	—	19	7	17	31	—	—	109	11
39	787	—	7	—	79	17	13	11	—	7
41	131	1699	—	—	7	67	—	373	769	—
47	29	73	—	7	—	23	263	—	11	67
51	7	23	353	11	—	137	—	7	59	43
53	—	277	7	47	127	13	11	19	223	7
57	—	11	1249	233	1277	—	7	1487	17	—
59	—	7	41	251	11	—	—	—	7	1061
63	19	409	—	103	313	7	—	421	13	17
69	1567	863	13	—	7	—	23	—	11	37
71	11	—	19	71	23	—	7	—	1433	107
77	17	191	—	—	137	7	887	13	—	11
81	—	83	7	13	11	103	37	—	491	7
83	577	13	719	61	7	19	—	11	29	—
87	101	7	11	41	—	647	19	79	7	—
89	—	47	17	7	37	11	41	619	13	23
93	7	929	101	37	13	23	47	7	43	—
99	53	331	—	127	101	—	7	103	1049	11

	299 10	13	16	19	22	25	28	31	34	37	40	43	46	49	52	55	58	61	64	67	70	73	76	79	82	85	88	91	94	97
01	13	71	—	11	—	127	7	43	811	31	19	23	17	7	11	41	—	131	1051	139	7	—	61	—	—	11	13	7	—	17
07	157	11	19	—	—	7	167	13	—	37	907	61	7	17	29	53	—	107	1069	7	13	19	31	11	41	383	7	—	23	—
11	269	23	7	13	739	1087	1319	11	17	7	31	—	—	389	109	—	7	43	11	193	—	—	19	7	23	17	—	53	—	11
13	61	13	73	89	7	—	109	587	1451	1097	11	7	113	19	13	—	167	—	7	43	547	11	23	—	—	7	37	13	193	181
17	71	7	67	—	137	11	—	607	7	17	13	—	281	29	19	7	11	—	23	—	—	241	7	13	—	37	17	11	—	7
19	79	41	—	7	—	19	37	29	11	59	7	—	311	337	331	17	23	7	—	11	—	13	—	—	7	43	167	—	971	197
23	7	277	61	11	13	31	19	7	—	—	17	47	23	—	7	673	—	13	139	73	59	7	—	653	29	11	—	17	7	43
29	73	11	—	—	—	101	7	59	509	263	67	13	11	7	521	—	41	19	31	—	7	—	37	11	13	331	—	7	17	23
31	17	7	—	37	11	139	673	—	7	13	—	607	31	103	137	7	—	17	73	41	—	47	7	439	—	—	11	19	61	7
37	7	17	11	13	—	47	—	7	—	271	—	29	—	11	7	487	13	61	17	19	37	7	—	263	11	31	—	317	7	13
41	—	19	487	109	7	227	—	167	11	101	47	7	13	17	311	—	173	23	7	11	19	—	—	421	—	7	—	—	29	929
43	11	173	17	137	—	—	7	31	—	131	13	11	—	7	593	23	59	53	—	17	7	223	11	13	—	71	1553	7	—	1723
47	—	211	41	7	127	97	11	71	—	863	7	23	19	—	17	199	73	7	271	13	83	1637	67	—	7	373	31	59	11	53
49	—	67	—	17	13	7	—	—	227	11	89	1609	7	—	—	103	257	13	—	7	11	1321	19	—	691	—	7	947	907	1213
53	13	—	7	233	11	23	—	—	31	7	577	41	79	43	59	11	7	—	—	379	439	29	—	7	—	47	11	167	23	1129
59	401	7	11	29	—	—	—	13	7	47	83	503	53	11	1399	7	17	397	977	607	13	31	7	—	11	1181	—	1091	—	7
61	521	—	—	7	—	11	19	191	241	67	7	—	—	—	37	31	11	7	13	—	23	—	17	41	7	19	29	11	—	1409
67	—	—	7	11	—	—	17	—	29	7	—	—	13	67	11	211	7	19	389	47	—	1297	—	7	811	11	—	—	31	—
71	83	17	—	—	541	331	7	—	13	11	23	677	—	7	—	—	31	—	17	101	7	13	1567	79	47	29	449	7	1429	317
73	41	7	—	47	—	—	13	17	7	19	31	37	11	—	1427	7	—	67	659	13	127	—	7	11	17	—	83	—	19	7
77	—	—	13	349	23	7	41	11	47	397	19	—	7	53	71	13	1709	449	11	7	—	59	211	—	401	61	7	23	13	11
79	7	19	23	457	—	71	—	7	17	41	11	1489	73	13	7	—	—	—	—	53	19	7	1259	31	—	17	13	1031	7	709
83	—	97	19	17	7	11	223	919	59	13	—	7	137	—	61	41	11	—	7	—	17	19	13	103	1361	7	—	11	—	—
89	29	1013	173	7	17	—	421	37	103	43	7	—	191	19	11	23	13	7	—	—	—	17	—	47	7	11	107	—	499	13
91	—	13	47	223	19	7	11	1109	—	—	17	43	7	23	13	491	—	11	31	7	—	107	71	19	—	37	7	13	11	67
97	31	—	139	997	7	29	83	23	13	—	—	7	—	—	439	11	1571	43	7	599	53	13	137	—	229	7	11	409	17	61

	299 11	14	17	20	23	26	29	32	35	38	41	44	47	50	53	56	59	62	65	68	71	74	77	80	83	86	89	92	95	98
01	307	7	—	23	13	1033	17	877	7	—	11	599	—	—	—	7	19	13	1499	31	—	11	7	17	—	—	23	547	59	7
03	—	23	11	7	41	1217	—	19	1499	73	7	—	17	11	—	13	29	7	61	—	479	103	37	43	7	79	19	139	13	17
07	7	31	—	—	29	—	—	7	11	457	41	13	1321	181	7	59	1097	—	—	11	23	7	47	—	13	467	113	19	7	—
09	11	47	7	53	929	—	—	61	569	7	809	11	71	17	—	—	7	383	19	—	—	—	11	7	643	173	31	29	—	43
13	19	37	59	—	479	13	7	—	17	—	—	—	—	7	23	29	1093	11	13	19	7	—	179	—	—	17	73	7	11	—
19	1549	139	—	67	11	7	—	73	23	17	—	19	7	431	—	11	547	—	37	7	1277	—	—	—	—	13	7	31	41	—
21	7	—	19	863	—	—	23	7	—	163	13	—	457	919	7	17	47	827	11	239	29	7	—	13	59	73	—	149	7	11
27	23	229	29	31	13	11	7	—	—	—	—	59	—	7	1459	—	11	13	—	—	7	281	—	23	149	181	—	7	199	—
31	11	—	—	7	—	41	281	79	43	—	7	11	—	13	19	37	53	7	—	23	—	89	11	—	7	—	13	—	17	—
33	17	—	—	11	—	7	101	331	41	157	43	13	7	29	11	—	31	17	173	7	—	149	53	107	13	11	7	—	1123	—
37	167	29	7	—	31	547	19	13	1433	7	—	—	17	23	41	67	7	—	—	149	11	1439	—	7	—	19	—	617	71	17
39	—	11	127	—	7	13	—	1283	101	—	1279	7	11	37	293	47	19	41	7	71	199	—	1009	11	29	7	—	641	—	31
43	—	7	—	—	73	1259	307	11	7	1447	167	—	29	17	13	7	149	19	11	67	43	—	7	41	127	857	61	13	—	7
49	7	23	181	—	47	11	—	7	13	19	—	—	233	149	7	61	11	53	79	563	131	7	197	29	23	—	43	11	7	37
51	19	—	7	17	461	—	13	823	11	7	37	643	101	—	—	89	7	29	59	11	17	—	23	7	31	—	283	—	43	—
57	13	7	—	41	17	59	11	113	7	71	431	19	—	13	47	7	23	11	—	—	—	17	7	1399	—	—	13	37	11	7
61	53	11	—	743	—	7	787	149	83	13	113	157	7	433	947	—	17	1721	—	7	73	—	13	11	709	31	7	—	673	179
63	7	—	151	19	11	17	53	7	—	79	23	—	41	1663	7	11	101	—	—	31	13	7	17	—	—	—	11	—	7	—
67	17	43	1373	13	7	—	23	31	—	—	11	7	—	—	—	—	13	17	7	691	983	11	—	19	97	7	941	29	89	13
69	199	13	11	43	23	151	7	—	347	—	—	—	349	7	13	—	113	419	101	61	7	29	—	17	11	577	71	7	—	47
73	23	17	—	7	—	251	—	43	11	29	7	163	1297	1229	701	19	—	7	17	11	31	—	—	13	7	1601	311	41	223	—
79	227	53	7	37	13	—	11	19	—	7	79	379	—	43	—	107	7	11	47	17	29	61	—	7	409	—	19	1487	11	—
81	1597	—	13	—	7	1223	89	53	17	11	107	7	59	—	29	13	—	19	7	83	11	37	67	—	—	7	—	31	13	401
87	—	37	857	7	—	—	—	11	137	13	7	97	127	367	83	—	71	7	11	131	601	43	13	1319	7	29	17	—	19	11
91	7	761	11	89	17	13	1303	7	—	—	19	179	131	11	7	—	151	—	13	—	251	7	659	139	11	43	—	457	7	19
93	—	19	7	13	—	11	1031	29	971	7	17	—	47	—	641	—	7	151	37	—	19	499	31	7	—	—	23	11	1039	13
97	11	—	19	—	191	17	7	—	—	—	31	11	13	7	—	—	—	37	1063	89	7	19	11	—	29	13	—	7	—	—
99	—	7	389	11	31	653	—	—	7	—	13	17	19	—	11	7	—	—	29	—	23	—	7	13	—	11	—	—	17	7

	299 12	15	18	21	24	27	30	33	36	39	42	45	48	51	54	57	60	63	66	69	72	75	78	81	84	87	90	93	96	99
03	—	47	—	521	—	7	13	—	—	11	197	—	7	19	157	71	23	281	—	7	11	—	151	17	—	733	7	—	—	—
09	13	311	79	—	7	19	127	11	—	—	23	7	—	13	37	—	443	29	7	—	—	—	587	—	17	7	13	61	—	11
11	1483	—	41	61	509	—	7	—	23	383	11	13	79	7	—	19	—	127	—	1117	7	11	—	—	13	163	151	7	—	—
17	—	—	23	—	—	7	677	19	11	53	1549	41	7	73	17	157	—	—	13	7	557	797	29	71	—	23	7	107	—	151
21	31	13	7	11	59	61	197	941	19	7	29	37	43	—	11	1009	7	41	97	773	—	23	—	7	—	11	17	13	419	—
23	103	—	293	—	7	—	11	97	193	—	—	7	13	443	43	17	—	11	7	23	41	—	—	739	—	7	47	53	11	37
27	19	7	107	113	1187	173	—	—	7	—	17	—	11	31	—	7	—	137	43	19	—	13	7	11	347	359	41	17	37	7
29	—	317	991	7	11	—	13	31	—	37	7	131	—	23	109	11	17	7	—	13	43	—	—	79	7	—	11	431	—	19
33	7	241	13	29	53	—	—	7	37	23	11	17	67	—	7	13	—	—	—	—	—	7	71	—	43	239	31	—	7	—
39	—	163	197	19	1103	—	7	—	11	13	269	—	17	7	29	751	67	—	179	11	7	1453	13	—	59	37	23	7	—	17
41	11	7	31	—	79	97	37	13	7	61	73	11	1019	19	1013	7	—	—	17	337	13	181	7	—	23	47	—	137	53	7
47	7	13	17	—	89	19	—	7	—	11	1171	—	—	463	7	31	—	—	23	17	11	7	—	37	19	—	—	13	7	1231
51	191	—	887	31	7	53	19	29	—	—	13	7	71	—	17	11	83	1249	7	1307	1237	41	37	13	67	7	11	73	—	—
53	—	29	—	17	—	311	7	11	13	239	883	53	23	7	191	—	19	241	11	397	7	13	—	—	41	—	683	7	31	11
57	61	89	11	7	13	43	—	—	23	—	7	83	—	11	97	17	31	7	29	613	139	—	—	53	7	367	1103	—	67	—
59	827	—	13	97	17	7	23	43	19	—	31	1439	7	—	—	13	11	263	157	7	37	17	—	—	47	—	7	11	13	23
63	11	239	7	317	433	—	83	—	—	7	347	11	—	—	—	—	7	89	—	37	—	—	11	7	13	23	—	163	19	29
69	17	7	71	—	107	13	53	41	7	11	1069	29	—	47	—	7	839	17	13	23	11	1597	7	—	307	859	—	1471	103	7
71	709	11	—	7	1213	29	17	—	—	701	7	19	11	—	1601	61	13	7	—	43	—	173	—	11	7	—	—	83	229	13
77	—	97	7	19	61	—	103	17	251	7	11	23	—	829	—	163	7	—	31	41	—	11	19	7	17	43	79	1163	—	479
81	1039	1279	17	347	19	11	7	23	—	—	—	—	—	7	—	—	11	61	—	13	7	127	631	19	109	41	269	7	47	43
83	31	7	—	—	13	23	—	47	7	—	71	89	853	251	19	7	109	13	—	11	—	—	7	67	—	17	307	29	23	7
87	13	23	—	11	883	7	61	53	—	1621	587	—	7	13	11	19	—	—	283	7	17	—	—	—	23	11	7	—	439	593
89	7	—	—	397	73	—	11	7	739	17	409	13	83	31	7	—	—	11	251	271	367	7	23	823	13	19	17	67	7	1229
93	—	11	41	907	7	—	—	13	89	—	97	7	11	—	—	991	181	—	7	1049	13	17	—	11	829	7	19	79	—	173
99	—	13	—	7	43	17	—	—	29	71	7	41	23	—	13	—	—	7	19	463	239	11	17	—	7	1033	—	13	271	—

	300 00	03	06	09	12	15	18	21	24	27	30	33	36	39	42	45	48	51	54	57	60	63	66	69	72	75	78	81	84	87
01	853	—	29	197	7	—	11	—	—	13	31	7	163	557	103	431	17	11	7	—	43	—	13	—	47	7	41	23	11	787
07	17	97	—	7	11	59	137	—	47	1051	7	—	—	29	139	11	13	7	617	227	373	23	379	31	7	—	11	—	743	13
11	7	29	—	223	937	811	—	7	—	79	11	19	13	47	7	37	59	23	491	—	83	7	1301	1051	911	13	—	73	7	17
13	773	17	7	41	—	31	1279	—	—	7	13	1489	1117	11	67	23	7	313	17	79	—	19	269	7	11	163	—	—	443	—
17	—	—	—	19	—	199	7	—	11	41	—	23	29	7	—	53	193	—	—	11	7	—	19	—	31	457	887	7	—	1109
19	11	7	17	—	13	1013	29	1451	7	23	757	11	41	19	251	7	103	13	31	17	61	53	7	47	—	193	73	—	—	7
23	13	199	761	397	—	7	11	—	1493	—	83	—	7	13	17	—	157	11	41	7	197	—	—	29	—	227	7	379	11	—
29	—	727	127	—	7	29	19	13	—	—	—	7	47	139	—	11	—	—	7	31	13	109	23	1279	—	7	11	41	—	37
31	131	—	211	—	17	13	7	11	—	941	37	—	59	7	—	—	19	—	11	—	7	17	—	641	251	—	67	7	29	11
37	113	569	—	1283	—	7	—	241	19	—	29	—	7	43	23	—	11	157	103	7	—	541	17	—	1289	13	7	11	—	251
41	11	79	7	113	41	73	653	103	13	7	23	11	—	—	31	349	7	17	89	409	1483	13	11	7	—	—	37	29	19	—
43	19	—	—	11	7	—	13	37	23	—	—	7	—	—	11	—	317	181	7	13	887	29	257	17	557	7	—	347	503	—
47	—	7	13	—	23	—	37	—	7	11	281	47	—	41	389	7	—	—	17	—	11	—	7	43	—	—	—	23	13	7
49	13	11	23	7	73	53	277	17	—	113	7	19	11	13	263	—	41	7	—	—	919	31	—	11	7	23	13	—	—	449
53	7	349	17	—	—	—	—	7	—	13	—	—	19	1423	7	—	587	53	11	17	29	7	13	37	—	1193	—	131	7	11
59	67	—	29	13	19	11	7	167	—	103	109	—	79	7	449	23	11	691	—	653	7	73	31	19	173	769	47	7	61	13
61	—	7	109	—	61	47	59	—	7	17	—	449	89	23	13	7	31	—	113	11	347	37	7	211	—	29	17	13	1693	7
67	7	37	41	—	—	881	11	7	13	307	17	—	761	—	7	733	—	11	233	191	73	7	—	—	149	19	1433	17	7	31
71	37	11	—	23	7	17	61	19	41	89	—	7	11	—	—	311	1231	13	7	—	1439	—	17	11	29	7	19	167	499	239
73	—	23	13	79	11	509	7	—	—	—	—	17	—	7	137	11	179	19	29	—	7	149	103	—	23	—	11	7	13	—
77	—	—	—	7	97	—	17	—	197	431	7	13	67	—	—	271	—	7	19	149	23	11	—	17	7	47	107	1153	—	599
79	29	—	11	—	47	7	—	1307	553	13	—	—	7	11	—	163	1523	—	23	7	41	107	13	127	11	599	7	—	19	17
83	283	53	7	—	—	13	—	17	11	7	19	107	31	443	23	—	7	29	13	11	229	—	479	7	17	—	41	977	71	19
89	—	7	19	257	79	599	11	—	7	—	401	—	13	149	37	7	569	11	—	53	67	19	7	—	59	13	—	—	11	7
91	59	599	241	7	—	—	23	—	—	11	7	—	19	239	17	—	907	7	—	31	11	—	29	13	7	53	131	—	163	23
97	23	31	7	47	13	—	41	11	1499	7	443	—	37	—	1187	17	7	13	11	89	367	—	1607	7	—	1013	—	—	277	11

	300 01	04	07	10	13	16	19	22	25	28	31	34	37	40	43	46	49	52	55	58	61	64	67	70	73	76	79	82	85	88
01	13	607	11	—	379	19	7	149	47	—	17	37	41	7	—	1213	—	127	71	23	7	29	—	—	11	223	13	7	67	—
03	—	7	463	—	—	11	149	67	7	71	383	13	—	1609	31	7	11	23	—	389	1201	967	7	—	13	—	647	11	127	7
07	11	61	31	29	149	7	—	13	—	—	173	11	7	23	—	73	19	—	—	7	13	41	11	83	1543	—	7	—	17	—
09	7	—	—	11	421	13	—	7	—	37	199	23	—	1301	7	307	—	17	13	—	59	7	97	—	41	11	19	31	7	—
13	97	13	227	43	7	—	389	23	19	11	—	7	17	—	13	31	—	—	7	1061	11	—	—	47	—	7	353	13	—	17
19	19	23	1021	7	163	101	—	11	13	43	7	—	—	17	—	277	—	7	11	19	—	13	—	—	7	29	—	—	31	11
21	127	41	17	—	—	7	13	—	—	53	11	43	7	647	—	191	61	—	—	7	—	11	23	107	—	—	7	—	—	19
27	13	29	19	17	7	61	—	1277	11	167	41	7	1361	13	—	509	23	43	7	11	17	19	523	37	—	7	13	53	103	—
31	—	7	313	11	587	—	—	—	7	13	—	—	23	571	11	7	41	103	29	—	1709	43	7	31	233	11	263	293	853	7
33	—	47	—	7	17	—	11	13	—	—	7	—	29	19	379	—	71	7	131	41	13	17	—	43	7	—	89	59	11	83
37	7	11	37	13	53	31	23	7	—	827	233	101	11	—	7	—	13	—	269	307	839	7	—	11	239	41	—	43	7	13
39	647	13	7	317	11	17	—	—	139	7	53	73	—	821	13	11	7	79	613	—	37	—	17	7	19	—	11	13	41	43
43	17	109	—	947	193	—	7	—	523	—	11	29	—	7	—	—	—	17	31	37	7	11	53	13	359	19	277	7	—	97
49	31	17	41	—	13	7	1553	223	11	—	—	—	7	—	—	71	1481	13	17	7	191	47	29	—	—	157	7	127	73	—
51	7	523	13	349	—	41	71	7	19	479	683	11	569	—	7	13	29	37	—	—	—	7	11	337	17	31	173	19	7	113
57	19	89	—	—	43	—	7	31	17	11	—	53	—	7	41	1093	—	607	163	19	7	—	13	—	1223	17	—	7	79	—
61	—	19	—	7	11	13	229	139	43	—	7	—	—	—	—	11	—	7	13	101	17	—	—	53	7	—	11	97	23	—
63	61	—	1597	13	83	7	—	11	73	17	43	19	7	—	37	47	13	89	11	7	31	59	—	41	1229	107	7	233	—	11
67	239	421	7	—	17	67	997	1667	31	7	—	829	13	11	43	107	7	—	661	181	47	17	23	7	11	13	29	—	—	41
69	733	—	31	19	7	11	109	—	59	79	13	7	373	233	—	—	11	—	7	1669	23	—	19	13	—	7	—	11	—	313
73	11	7	61	—	19	17	13	—	7	67	—	11	—	257	89	7	23	211	—	13	43	31	7	19	—	73	—	—	283	7
79	7	—	—	31	1117	1579	17	7	1499	11	23	283	—	13	7	19	—	—	—	29	11	7	71	17	53	97	13	1601	7	—
81	—	11	7	—	487	—	19	—	23	7	—	13	11	29	47	—	7	—	—	—	461	397	—	7	13	19	—	—	31	17
87	277	7	23	—	—	13	1481	401	7	193	11	—	—	17	—	7	—	19	13	293	79	11	7	431	29	23	—	709	59	7
91	431	13	—	47	127	7	—	37	17	—	—	—	7	—	13	727	11	—	19	7	137	23	—	—	41	17	7	11	157	31
93	7	103	601	263	113	367	29	7	11	19	1439	271	13	53	7	59	—	—	577	11	—	7	—	31	—	13	197	41	7	47
97	1259	43	—	11	7	—	157	113	13	17	19	7	71	—	11	23	1033	—	7	61	773	13	73	29	37	7	17	173	643	19
99	—	19	59	43	67	31	7	797	—	—	439	—	97	7	601	17	269	11	—	13	7	1109	1423	401	89	383	811	7	11	607

	300 02	05	08	11	14	17	20	23	26	29	32	35	38	41	44	47	50	53	56	59	62	65	68	71	74	77	80	83	86	89
03	251	11	13	7	37	29	—	43	61	23	7	1283	11	59	—	13	191	7	47	239	271	19	601	11	7	103	83	17	13	67
09	59	347	7	23	467	251	31	269	53	7	11	17	479	19	—	229	7	107	—	—	163	11	13	7	—	—	23	1327	17	71
11	17	23	11	103	7	—	1129	13	—	—	29	7	67	11	53	43	—	17	7	—	13	—	197	19	11	7	—	—	47	—
17	11	13	131	7	101	397	257	359	—	—	7	11	47	31	13	19	67	7	17	37	127	29	11	61	7	—	—	13	—	433
21	7	31	—	—	—	—	11	7	—	29	13	83	—	17	7	251	19	11	37	73	173	7	—	13	—	43	—	103	7	—
23	—	—	7	29	—	173	101	19	13	7	—	1091	23	—	—	—	7	1571	—	17	11	13	—	7	—	—	19	43	—	—
27	73	47	1657	—	11	—	7	—	19	53	—	—	—	7	17	11	—	13	—	71	7	1129	—	787	1031	61	11	7	1303	857
29	—	7	13	17	—	103	23	11	7	631	71	—	167	293	29	7	37	—	11	—	17	—	7	—	67	1087	—	47	13	7
33	19	83	11	—	647	7	457	59	1321	—	—	13	7	11	61	17	—	463	—	7	—	—	937	193	11	23	7	31	—	139
39	11	—	311	61	7	13	—	1217	—	31	151	7	89	29	41	643	17	—	7	23	—	211	11	—	241	7	181	—	1319	103
41	271	—	19	11	—	17	7	29	—	317	—	151	101	7	11	—	13	23	859	—	7	19	17	—	283	11	—	7	—	13
47	71	11	—	—	79	7	17	103	43	457	13	23	7	19	101	131	31	83	29	7	—	109	—	11	—	—	7	—	317	61
51	—	17	7	—	31	109	13	11	131	7	—	—	43	—	19	751	7	97	11	13	487	—	—	7	79	1259	433	59	53	11
53	29	—	353	59	7	19	97	17	—	—	11	7	83	—	43	73	101	13	7	—	751	11	881	—	17	7	—	—	23	29
57	13	7	17	167	107	11	19	1511	7	37	—	—	191	13	59	7	11	29	43	17	1453	677	7	257	23	19	13	11	137	7
59	227	557	—	7	—	—	89	61	11	1151	7	13	—	—	839	—	19	7	101	11	43	409	23	—	7	17	191	37	—	619
63	7	59	67	11	—	79	1109	7	—	41	719	53	—	167	7	139	—	19	23	127	13	7	151	419	43	11	37	—	7	983
69	1607	11	—	89	17	—	7	—	—	19	29	—	11	7	13	97	1627	137	41	—	7	17	709	11	—	151	397	7	19	53
71	19	7	139	—	11	269	31	293	7	47	17	—	13	281	359	7	—	223	—	19	1123	41	7	59	37	13	11	17	809	7
77	7	179	11	331	23	—	13	7	—	—	59	17	73	11	7	29	1601	—	—	13	—	7	1097	—	11	—	—	23	7	151
81	23	809	13	29	7	283	17	31	11	—	—	7	19	—	67	13	79	—	7	11	277	59	—	17	—	7	1117	883	13	—
83	11	31	127	19	491	727	7	701	—	227	1181	11	17	7	769	113	—	—	53	—	7	23	11	—	47	—	13	7	—	17
87	103	229	—	7	19	43	11	17	59	13	7	223	—	97	29	—	—	7	67	—	31	1721	13	19	7	—	—	197	11	47
89	—	37	97	1049	—	7	—	13	29	11	1733	523	7	17	19	23	353	911	457	7	11	701	661	—	71	—	7	—	101	173
93	37	139	7	13	11	1613	71	—	17	7	73	23	797	41	—	11	7	—	—	241	199	107	67	7	—	17	11	—	—	13
99	—	7	11	293	—	23	107	19	7	17	13	673	—	11	—	7	199	37	659	—	—	—	7	13	11	827	17	79	23	7

	300 90	93	96	300 99	301 02	05	08	11	14	17	20	23	26	29	32	35	38	41	44	47	50	53	56	59	62	65	68	71	74	77
01	89	29	7	17	97	13	37	19	79	7	—	31	71	—	1321	—	7	1447	13	—	11	—	—	7	—	271	19	149	1153	—
07	1483	7	—	—	17	41	—	11	7	—	—	347	13	—	23	7	89	—	11	103	—	17	7	37	31	13	277	367	569	7
11	19	—	11	1607	181	7	—	113	13	—	23	41	7	11	—	1069	17	151	137	7	53	13	37	—	11	61	7	521	—	29
13	7	61	43	37	—	11	13	7	23	47	19	127	563	—	7	73	11	433	151	13	1021	7	17	29	491	617	53	11	7	19
17	11	—	13	1459	7	—	43	—	157	67	—	7	467	89	47	13	—	17	7	149	41	191	11	389	1039	7	—	23	13	—
19	13	—	19	11	—	29	7	—	43	101	—	83	—	7	11	—	307	—	149	31	7	19	—	17	—	11	13	7	—	—
23	—	17	1013	7	439	—	349	31	1511	11	7	—	43	67	241	109	113	7	17	37	11	23	13	151	7	—	—	1487	—	41
29	1093	—	7	13	29	—	59	11	—	7	103	547	—	73	19	23	7	67	11	17	31	53	223	7	—	—	151	—	71	11
31	41	13	—	—	7	19	—	—	17	157	11	7	149	23	13	—	181	37	7	71	43	11	113	283	19	7	449	13	431	61
37	67	—	—	7	853	—	283	23	11	17	7	—	73	—	—	101	19	7	61	11	—	13	—	—	7	131	17	31	59	1031
41	7	—	1217	11	13	—	—	7	—	—	—	449	—	—	7	31	—	13	131	—	557	7	181	239	—	11	23	1223	7	—
43	—	23	7	997	67	—	11	61	19	7	17	—	191	521	37	13	7	11	41	—	29	—	—	7	23	—	509	17	11	—
47	547	11	449	739	89	17	7	—	29	19	1399	13	11	7	433	1559	—	—	71	—	7	613	17	11	13	—	59	7	19	67
49	19	7	29	149	11	317	137	47	7	13	—	17	—	—	271	7	167	1487	23	19	109	—	7	859	—	—	11	41	17	7
53	727	19	659	—	109	7	17	1579	—	61	11	—	7	59	23	—	—	—	13	7	19	11	1097	17	277	1319	7	1733	499	—
59	59	29	—	—	7	43	521	17	11	—	37	7	13	1619	—	—	—	—	7	11	—	383	1163	31	17	7	—	—	—	—
61	11	—	233	19	41	263	7	43	503	73	13	11	199	7	1033	353	67	31	—	251	7	127	11	13	29	103	71	7	37	23
67	23	241	991	—	13	7	29	—	37	11	—	—	7	41	17	—	419	13	193	7	11	107	59	23	61	101	7	—	1511	53
71	13	—	7	—	11	421	—	37	1613	7	—	47	379	13	—	11	7	43	31	23	—	1109	—	7	1327	787	11	—	—	—
73	337	—	431	—	7	181	19	11	479	59	—	7	31	61	89	17	—	23	7	43	829	—	41	281	13	7	263	101	389	11
77	31	7	11	—	223	29	53	13	7	241	17	—	911	11	—	7	313	109	83	—	13	709	7	43	11	71	19	17	41	7
79	199	—	61	7	—	11	139	—	1003	109	7	23	53	—	311	—	11	7	13	—	331	47	353	577	7	31	—	11	29	101
83	7	13	—	1039	37	—	571	7	—	257	131	11	—	31	7	61	29	167	19	1117	347	7	11	79	53	—	47	13	7	43
89	—	23	—	293	61	41	7	—	13	11	19	—	17	7	—	137	—	—	1499	—	7	13	—	163	23	—	31	7	—	17
91	—	7	37	—	—	—	13	—	7	—	977	179	11	—	211	7	821	—	17	13	19	29	7	11	—	593	383	—	—	7
97	7	—	17	29	—	—	71	7	191	—	11	1427	19	13	7	113	23	41	—	17	47	7	—	—	269	241	13	373	7	83

	300 91	94	300 97	301 00	03	06	09	12	15	18	21	24	27	30	33	36	39	42	45	48	51	54	57	60	63	66	69	72	75	78
01	—	—	—	—	7	11	—	1283	1367	13	—	7	23	19	17	—	11	—	7	—	29	31	13	41	—	7	—	11	1123	—
03	—	293	—	17	19	89	7	13	11	—	23	163	367	7	29	31	197	—	313	11	7	—	73	19	83	97	41	7	307	349
07	1019	—	29	7	401	19	23	1447	—	47	7	947	271	—	11	17	13	7	239	509	127	—	431	—	7	11	—	—	107	13
09	617	13	—	73	17	7	11	—	61	—	—	—	7	1123	13	19	37	11	1217	7	—	17	349	71	113	29	7	13	11	—
13	23	11	7	—	—	71	67	—	53	7	13	—	11	29	—	37	7	373	—	—	—	61	673	7	643	—	1721	113	653	181
19	17	7	—	—	13	677	347	—	7	41	11	—	—	—	—	7	—	13	89	—	73	11	7	—	29	1429	53	19	—	7
21	331	—	11	7	491	—	17	—	349	83	7	—	41	11	—	13	409	7	19	661	—	—	—	17	7	—	—	479	13	—
27	11	349	7	127	83	31	79	17	—	7	19	11	—	71	677	397	7	—	839	73	—	41	11	7	17	—	—	191	—	19
31	—	—	17	353	241	13	7	—	—	53	—	19	1181	7	—	991	997	11	13	17	7	59	1063	—	31	127	79	7	11	37
33	73	7	19	13	907	—	359	1303	7	11	37	29	863	593	1163	7	13	283	31	691	11	19	7	—	1283	17	23	—	229	7
37	—	—	373	17	11	7	31	—	59	37	—	—	7	—	—	11	139	—	—	7	17	—	19	47	—	13	7	53	29	—
39	7	67	47	—	—	—	—	7	197	17	13	—	89	19	7	—	421	—	11	—	23	7	29	13	1607	—	17	37	7	11
43	163	—	11	43	7	—	13	47	—	—	29	7	71	11	19	—	23	73	7	13	809	17	457	—	11	7	37	61	—	197
49	11	31	—	7	—	17	19	389	—	43	7	11	179	13	—	853	61	7	—	281	619	29	11	—	7	19	13	—	1289	—
51	—	—	—	11	191	7	—	—	23	67	193	13	7	—	11	29	19	47	—	7	241	571	131	—	13	11	7	—	17	—
57	—	11	23	1061	7	13	—	—	19	—	107	7	11	67	—	1609	—	43	7	97	71	499	—	11	109	7	29	19	—	17
61	107	7	71	37	563	593	47	11	7	19	—	—	827	383	13	7	907	—	11	983	—	23	7	—	17	197	647	13	19	7
63	19	131	103	7	—	229	1327	—	29	797	7	499	13	17	733	—	—	7	—	19	—	11	—	43	7	13	—	—	79	1307
67	7	19	59	—	—	11	—	7	13	31	1151	53	137	—	7	23	11	353	—	257	19	7	311	—	—	17	83	11	7	—
69	179	37	7	31	1181	—	13	257	11	7	—	19	—	23	17	—	7	53	1237	11	61	67	—	7	439	1409	1367	557	—	43
73	37	—	13	11	173	—	7	29	41	17	769	—	19	7	11	13	—	—	—	71	7	47	31	967	367	11	17	7	13	53
79	89	11	—	23	19	7	—	—	229	13	17	—	7	647	—	883	83	37	29	7	113	197	13	11	—	—	7	17	—	79
81	7	23	—	1723	11	—	—	7	—	—	—	59	29	—	7	11	17	—	—	—	13	7	137	191	23	1621	11	—	7	31
87	17	13	11	1103	43	691	7	—	—	—	—	31	1259	7	13	37	—	17	23	—	7	—	—	29	11	19	113	7	—	41
91	61	—	281	7	—	—	83	19	11	59	7	29	17	—	23	—	—	7	277	11	47	439	—	13	7	—	19	—	103	17
93	11	17	227	—	1543	7	193	—	13	1361	43	11	7	331	131	97	569	19	17	7	79	13	11	—	31	—	7	107	—	73
97	647	83	7	41	13	—	11	127	23	7	701	—	31	17	43	—	7	11	19	179	—	—	29	7	193	—	—	—	11	—
99	1381	53	13	829	7	—	23	—	—	11	73	7	37	—	223	13	29	—	7	17	11	157	—	—	—	7	61	83	13	23

	300 92	95	300 98	301 01	04	07	10	13	16	19	22	25	28	31	34	37	40	43	46	49	52	55	58	61	64	67	70	73	76	79
03	—	7	23	101	11	—	—	491	7	1291	19	13	41	53	17	7	—	—	1279	—	43	—	7	—	13	23	11	—	—	7
09	7	263	11	67	601	13	—	7	227	—	—	—	—	11	7	17	—	571	13	23	—	7	—	811	11	—	43	73	7	59
11	139	31	7	13	17	11	—	—	601	7	—	—	19	97	229	769	7	23	—	—	—	17	—	7	41	433	89	11	43	13
17	613	7	53	11	19	17	—	179	7	—	13	23	83	337	11	7	1523	401	—	181	29	—	7	13	—	11	37	—	—	7
21	17	307	31	59	337	7	13	23	29	11	—	67	7	431	53	—	71	17	—	7	11	—	263	89	19	37	7	—	601	—
23	7	11	29	—	13	23	17	7	271	—	—	—	11	47	7	19	941	13	641	—	53	7	211	11	1061	401	—	31	7	1613
27	13	17	—	233	7	37	—	11	—	—	—	7	—	13	—	31	19	229	7	29	131	—	97	157	23	7	13	—	—	11
29	281	113	83	43	1559	—	7	17	—	31	11	13	541	7	379	443	239	937	—	—	7	11	23	37	13	59	19	7	283	—
33	—	29	17	7	113	11	1409	13	19	197	7	—	397	101	—	—	11	7	23	17	13	821	37	—	7	1597	—	11	31	211
39	19	13	7	11	1609	73	71	1249	239	7	31	—	23	43	11	53	7	953	—	19	17	—	—	7	139	11	199	13	173	487
41	—	—	67	547	7	877	11	—	—	17	19	7	13	173	107	43	—	11	7	—	37	53	—	73	157	7	17	—	11	19
47	37	311	19	7	11	313	13	683	—	97	7	139	167	—	—	11	—	7	—	13	—	19	—	—	7	—	11	17	127	—
51	7	47	13	79	397	17	—	7	359	—	11	—	61	—	7	13	—	743	199	101	1427	7	17	23	373	43	—	—	7	257
53	13	—	7	—	53	41	—	419	—	7	67	17	103	11	71	—	7	37	—	113	233	23	167	7	11	—	13	43	17	977
57	751	61	—	—	—	—	7	823	11	13	1231	41	439	7	19	251	29	23	31	11	7	73	13	17	79	—	227	7	383	—
59	11	7	—	277	—	19	233	13	7	—	29	11	17	—	41	7	—	163	—	59	13	1129	7	229	19	—	673	—	281	7
63	31	—	73	13	—	7	11	17	—	—	199	23	7	281	—	751	13	11	97	7	41	173	—	101	17	19	7	29	11	13
69	43	197	461	311	7	23	199	—	17	29	13	7	109	31	181	11	857	19	7	607	—	1697	127	13	83	7	11	—	23	41
71	—	73	43	23	71	53	7	11	13	—	—	—	—	7	17	79	61	—	11	1289	7	13	67	—	347	1151	23	7	—	11
77	19	—	13	—	—	7	—	—	43	307	47	37	7	—	29	13	11	—	293	7	23	—	—	53	89	—	7	11	13	379
81	11	19	7	—	—	89	41	1493	31	7	17	11	43	167	83	47	7	739	61	—	19	107	11	7	13	—	—	17	—	101
83	1583	541	31	11	7	97	—	—	467	13	—	7	—	1019	11	—	17	—	7	—	—	71	13	607	—	7	59	157	37	—
87	53	7	—	71	151	13	107	61	7	11	23	17	19	29	173	7	79	—	13	317	11	31	7	167	337	769	—	37	17	7
89	17	11	1277	7	—	127	53	29	23	—	7	—	11	59	—	31	13	7	41	—	43	—	19	11	7	47	79	677	—	13
93	7	—	743	31	19	103	—	7	1663	269	1103	—	13	—	7	1187	—	—	11	541	—	7	—	19	29	13	—	23	7	11
99	443	109	—	—	—	11	7	—	557	313	151	59	—	7	47	19	11	—	—	13	7	23	—	—	37	131	—	7	137	—

	301 80	83	86	89	92	95	301 98	302 01	04	07	10	13	16	19	22	25	28	31	34	37	40	43	46	49	52	55	58	61	64	67
01	7	11	—	43	—	—	—	7	—	—	—	47	11	23	7	19	—	59	—	—	137	7	199	11	17	239	113	13	7	29
07	967	—	—	229	59	—	7	19	13	43	11	29	263	7	—	—	41	67	199	593	7	11	—	—	—	17	19	7	1621	—
11	47	—	607	7	13	11	—	773	19	1657	7	233	—	31	—	59	11	7	347	263	17	—	41	1061	7	—	23	11	29	37
13	—	23	13	487	—	7	197	31	11	17	37	—	7	—	199	13	—	—	19	7	—	67	29	449	23	41	7	—	13	307
17	19	—	7	11	17	1237	1181	—	53	7	29	13	101	103	11	—	7	449	—	19	23	17	—	7	13	11	31	197	—	—
19	—	109	1693	—	7	191	11	—	1723	13	17	7	—	—	53	181	—	11	7	1117	31	43	13	157	—	7	—	17	11	19
23	—	7	73	163	463	13	229	—	7	79	467	19	11	—	23	7	—	—	13	—	—	29	7	11	1021	43	37	—	—	7
29	7	—	—	19	—	—	17	7	23	131	11	347	13	—	7	89	101	—	—	—	643	7	19	17	227	13	1051	—	7	359
31	—	73	7	97	727	1451	23	277	—	7	13	41	17	11	1291	31	7	179	647	193	1283	1093	271	7	11	47	29	—	—	17
37	11	7	—	1667	13	19	—	313	7	47	331	11	439	17	—	7	—	13	—	409	41	—	7	23	19	397	—	227	31	7
41	13	61	151	37	—	7	11	491	17	59	433	179	7	13	47	71	31	11	73	7	79	—	109	—	—	17	7	53	11	137
43	7	113	43	151	—	683	71	7	—	11	31	13	—	—	7	—	19	23	—	29	11	7	—	—	13	461	479	—	7	41
47	—	—	—	—	7	151	43	13	499	17	191	7	97	23	419	11	—	19	7	—	13	331	101	—	443	7	11	—	139	31
49	233	29	—	—	163	13	7	11	19	89	709	23	—	7	—	17	—	73	11	—	7	—	—	31	47	599	—	7	103	11
53	37	13	11	7	—	1607	—	23	83	19	7	31	43	11	13	337	—	7	29	197	293	857	—	—	7	283	107	13	19	47
59	11	19	7	83	—	71	89	67	13	7	—	11	41	47	—	1669	7	37	43	—	19	13	11	7	23	—	101	—	17	29
61	17	599	—	11	7	59	13	—	1439	—	—	7	151	317	11	41	—	17	7	13	43	443	23	29	—	7	157	641	1109	83
67	13	11	—	7	157	29	—	—	131	—	7	—	11	13	—	37	23	7	17	113	239	269	19	11	7	—	13	109	137	—
71	7	131	1459	59	19	—	193	7	—	13	181	53	23	17	7	67	—	151	11	31	—	7	13	19	—	—	—	823	7	11
73	631	191	7	109	—	—	—	13	853	7	11	—	373	31	19	193	7	53	151	17	13	11	79	7	241	937	167	—	—	—
77	937	31	173	13	29	11	7	—	1307	367	—	—	47	7	17	19	11	—	—	67	7	—	—	—	—	—	1567	7	—	13
79	89	7	—	17	23	—	19	929	7	—	—	271	37	—	13	7	823	137	—	11	17	151	7	—	179	19	31	13	113	7
83	23	557	—	11	—	7	—	19	97	—	13	37	7	—	11	17	—	—	1409	7	—	631	—	13	1289	11	7	—	—	—
89	947	11	373	—	7	43	1447	—	1511	—	—	7	11	—	—	443	17	13	7	673	271	103	—	11	263	7	29	31	37	—
91	—	397	13	71	11	17	7	43	—	19	—	61	—	7	251	11	467	—	53	41	7	31	17	—	—	853	11	7	13	127
97	61	19	11	31	1019	7	17	659	—	13	67	73	7	11	—	811	109	—	—	7	19	131	13	17	11	173	7	—	41	1553

	301 81	84	87	90	93	96	301 99	302 02	05	08	11	14	17	20	23	26	29	32	35	38	41	44	47	50	53	56	59	62	65	68
01	109	17	7	1549	79	13	97	—	11	7	—	769	—	61	131	—	7	43	13	11	—	19	31	7	—	37	1297	1523	23	71
03	11	53	—	13	7	—	37	17	107	—	859	7	19	29	67	431	13	773	7	43	71	47	11	—	17	7	23	—	—	13
07	139	7	17	241	31	37	11	197	7	—	—	—	13	19	—	7	—	11	—	17	233	—	7	43	—	13	47	167	11	7
09	131	127	—	7	19	41	179	157	17	11	7	419	293	887	—	311	—	7	67	53	11	—	—	13	7	17	—	797	—	31
13	7	—	193	17	11	19	13	7	—	73	47	41	29	1153	7	11	23	31	—	13	17	7	37	127	19	139	11	—	7	43
19	13	227	11	—	17	—	7	—	719	—	23	—	—	7	223	79	19	59	—	71	7	17	1373	29	11	—	13	7	269	193
21	—	7	53	113	541	11	—	19	7	569	17	13	139	101	521	7	11	29	173	—	37	283	7	41	13	79	19	11	—	7
27	7	—	23	11	47	13	31	7	—	—	1321	17	—	—	7	101	463	337	13	241	53	7	739	—	—	11	—	—	7	—
31	19	13	307	—	7	709	17	—	337	11	—	7	211	—	13	137	29	311	7	19	11	23	541	17	—	7	83	13	—	—
33	41	11	—	103	—	—	7	—	—	—	19	181	11	7	1129	239	—	37	503	23	7	—	—	11	97	13	59	7	1511	17
37	—	—	97	7	—	863	41	11	13	71	7	19	—	929	401	23	37	7	11	1483	—	13	—	—	7	179	79	29	127	11
39	71	31	19	53	—	7	13	—	—	41	11	—	7	17	—	857	769	1399	1637	7	163	11	—	233	73	107	7	743	—	—
43	911	433	7	19	137	11	131	239	17	7	227	139	691	—	—	13	7	181	—	—	31	—	19	7	47	17	173	11	13	—
49	67	7	31	11	—	1291	—	79	7	13	1613	59	577	37	11	7	—	739	—	—	29	—	7	—	41	11	17	—	—	7
51	953	23	223	7	—	19	11	13	—	—	7	677	—	227	29	17	509	7	109	—	13	—	97	61	7	—	211	31	11	—
57	317	13	7	—	11	—	—	193	—	7	—	37	61	179	13	11	7	—	23	359	—	—	487	7	—	29	11	13	733	—
61	—	41	283	73	—	—	7	—	67	487	11	17	—	7	23	—	53	19	—	—	7	11	419	13	—	61	—	7	17	103
63	17	7	11	—	41	—	1471	29	7	167	—	—	23	11	—	7	—	17	—	317	59	13	7	1433	11	1187	—	19	37	7
67	461	—	853	—	13	7	—	47	11	19	31	—	7	—	61	—	71	13	79	7	—	1319	—	557	29	—	7	37	19	17
69	7	17	13	137	31	941	23	7	37	—	—	11	—	41	7	13	479	547	17	19	97	7	11	—	—	—	131	353	7	23
73	—	19	23	43	7	757	11	37	307	—	—	7	—	17	—	1619	67	11	7	41	19	881	877	31	13	7	—	839	11	—
79	479	—	293	7	11	13	397	—	—	43	7	—	19	—	17	11	367	7	13	23	67	1223	47	—	7	—	11	79	41	—
81	—	47	1583	13	—	7	—	11	—	79	1489	29	7	—	241	—	13	23	11	7	17	—	19	53	71	—	7	107	—	11
87	—	—	661	67	7	11	547	83	—	103	13	7	31	—	19	—	11	43	7	—	—	17	29	13	—	7	—	11	—	1327
91	11	7	89	—	—	41	13	23	7	—	29	11	173	—	—	7	17	269	1033	13	—	37	7	733	1693	—	1009	619	67	7
93	293	—	37	7	13	17	19	61	41	—	7	—	277	157	11	—	47	7	727	313	—	—	17	43	7	11	827	—	23	—
97	7	23	1091	1021	—	—	809	7	631	11	79	—	—	13	7	—	211	17	53	—	11	7	—	71	23	59	13	43	7	—
99	47	11	7	103	457	113	17	31	—	7	239	13	11	1549	71	29	7	19	—	37	79	—	23	7	13	—	—	—	1453	43

	301 82	85	88	91	94	301 97	302 00	03	06	09	12	15	18	21	24	27	30	33	36	39	42	45	48	51	54	57	60	63	66	69
03	1489	17	—	29	907	47	7	11	113	61	127	—	59	7	—	613	73	—	11	—	7	193	—	41	373	—	31	7	109	31
09	103	13	17	—	109	7	1171	—	31	683	19	—	7	1063	13	233	11	—	911	7	—	523	—	—	—	—	7	11	—	19
11	7	19	31	—	—	—	461	7	11	—	23	367	13	1229	7	47	37	1609	131	11	19	7	587	—	1019	13	359	1493	7	—
17	—	—	821	41	23	—	7	—	—	17	907	421	19	7	523	31	—	11	—	13	7	59	—	67	61	53	17	7	11	—
21	23	11	13	7	17	—	—	29	43	41	7	503	11	19	359	13	797	7	—	—	—	17	—	11	7	97	—	—	13	—
23	13	29	601	1699	11	7	—	—	59	—	17	—	7	13	97	11	331	1103	—	7	139	23	137	19	—	197	7	17	31	107
27	—	—	7	—	199	17	—	—	1579	7	11	—	37	73	43	127	7	23	29	59	—	11	13	7	19	421	61	1249	467	83
29	—	—	11	401	7	—	263	13	53	—	31	7	29	11	47	19	43	—	7	613	13	41	—	—	11	7	127	—	17	—
33	29	7	1249	13	107	419	17	—	7	461	823	23	—	263	1451	7	13	109	—	11	43	—	7	17	83	89	401	41	—	7
39	7	—	971	47	61	23	11	7	19	37	13	29	—	727	7	353	—	11	433	83	1123	7	—	13	17	—	43	19	7	1237
41	—	1187	7	23	577	29	1097	1259	13	7	—	—	97	17	—	103	7	—	19	401	11	13	—	7	223	—	23	37	43	47
47	137	7	13	89	233	1123	829	11	7	53	19	71	—	47	17	7	29	—	11	—	23	—	7	79	521	—	193	401	13	7
51	389	67	11	—	29	7	31	—	—	17	73	13	7	11	1039	—	23	—	47	7	127	53	809	617	11	1697	7	—	281	—
53	7	347	19	—	—	11	139	7	—	13	131	—	—	211	7	17	11	—	—	61	149	7	13	—	37	929	—	11	7	—
57	11	43	47	19	7	13	953	—	—	—	17	7	163	59	—	29	—	—	7	31	307	97	11	37	547	7	—	17	983	—
59	313	—	167	11	37	1481	7	—	23	29	97	991	631	7	11	—	13	103	—	—	7	173	109	—	—	11	—	7	47	13
63	59	31	619	7	23	—	103	43	1531	11	7	17	13	—	19	149	89	7	157	—	11	61	—	—	7	13	29	23	17	311
69	751	113	7	—	—	—	13	11	29	7	61	—	17	43	31	—	7	47	11	13	37	23	53	7	659	19	73	—	—	11
71	163	17	29	127	7	751	1049	—	31	—	11	7	—	—	—	43	19	13	7	23	83	11	59	1367	—	7	—	—	53	—
77	—	107	17	7	1429	—	—	113	11	59	7	13	947	23	—	79	—	7	37	11	751	31	—	—	7	73	—	19	—	—
81	7	29	—	11	—	53	149	7	103	19	113	—	—	—	7	1361	—	37	—	—	13	7	—	367	349	11	—	613	7	173
83	19	—	7	17	1193	13	11	23	—	7	83	47	—	163	173	1447	7	11	13	19	17	—	457	7	29	61	383	43	11	293
87	577	11	761	23	1409	—	7	59	—	137	251	—	11	7	13	17	47	349	—	109	7	571	31	11	—	67	23	7	—	—
89	—	7	149	383	11	83	29	—	7	—	587	19	13	—	61	7	31	139	—	—	1601	17	7	431	23	13	11	—	257	7
93	47	—	547	101	31	7	1609	89	13	—	11	281	7	191	37	251	17	71	1453	7	23	11	593	29	347	—	7	61	229	67
99	17	1087	13	41	7	29	53	—	11	—	103	7	241	167	23	13	61	17	7	11	251	—	—	19	—	7	307	317	13	—

	302 70	73	76	79	82	85	88	91	94	302 97	303 00	03	06	09	12	15	18	21	24	27	30	33	36	39	42	45	48	51	54	57
01	—	—	1613	—	11	7	23	—	—	433	13	17	7	31	—	11	43	907	41	7	37	—	1571	13	61	—	7	29	17	23
07	23	53	11	—	7	—	—	1129	97	1091	29	7	17	11	181	19	—	13	7	109	—	—	43	23	11	7	31	41	—	17
11	13	7	929	109	167	—	—	17	7	—	73	821	67	13	31	7	19	47	1453	11	—	829	7	—	17	—	13	29	379	7
13	11	647	61	7	—	113	—	19	31	—	7	11	1063	17	283	157	—	7	1423	53	59	29	11	—	7	—	19	—	43	—
17	7	41	—	—	—	—	11	7	17	29	—	—	139	23	7	61	37	11	—	—	13	7	71	—	—	17	419	19	7	—
19	443	—	7	29	41	13	—	59	—	7	—	23	—	71	17	—	7	—	13	911	11	31	919	7	—	281	—	47	—	103
23	19	13	—	83	11	—	7	23	659	17	41	251	—	7	13	11	—	97	59	19	7	—	1129	523	167	—	11	7	479	—
29	1231	23	11	1433	—	7	311	241	13	79	17	19	7	11	53	—	47	113	—	7	587	13	31	439	11	—	7	17	1277	907
31	7	887	19	43	257	11	13	7	631	—	—	—	233	—	7	—	11	223	—	13	53	7	23	—	83	29	—	11	7	—
37	13	—	—	11	1451	—	7	29	109	43	—	37	557	7	11	—	23	17	269	61	7	337	677	113	1051	11	13	7	—	31
41	—	271	373	7	—	—	—	—	229	11	7	599	17	43	19	97	—	7	—	521	11	—	13	—	7	911	107	1291	—	17
43	79	11	—	53	97	7	73	13	61	1319	23	31	7	491	59	43	—	—	17	7	13	107	—	11	19	—	7	—	37	—
47	—	—	7	13	—	41	19	11	—	7	—	107	283	17	—	47	7	1103	11	43	79	61	—	7	173	19	859	37	353	11
49	29	13	17	181	7	971	107	1619	37	83	11	7	179	—	13	67	19	—	7	17	71	11	127	241	31	7	1327	13	1259	29
53	23	7	71	227	421	11	617	37	7	—	13	—	31	—	17	7	11	19	—	1069	—	—	7	13	—	43	—	11	—	7
59	7	79	—	11	13	—	179	7	—	19	613	—	163	97	7	17	211	13	—	—	—	7	103	41	37	11	—	1187	7	109
61	19	—	7	653	17	37	11	739	281	7	139	79	—	941	463	13	7	11	349	19	—	17	29	7	—	—	41	313	11	—
67	103	7	317	73	11	17	—	—	7	13	71	19	—	331	—	7	—	769	—	—	—	59	7	1657	1163	61	11	67	—	7
71	17	—	223	—	—	7	—	—	89	—	11	—	7	—	—	—	127	17	13	7	31	11	—	—	397	163	7	863	23	—
73	7	—	11	13	349	521	17	7	59	257	311	—	—	11	7	29	13	439	359	—	—	7	19	17	11	—	23	127	7	13
77	—	17	31	29	7	—	43	—	11	41	509	7	13	1123	1061	—	997	—	7	11	73	659	23	19	89	7	131	61	—	47
79	11	—	487	61	1583	53	7	17	43	—	13	11	41	7	19	—	653	—	773	37	7	181	11	13	17	—	29	7	—	—
83	—	73	17	7	101	—	11	—	—	71	7	—	43	47	29	19	23	7	37	13	157	—	1297	—	7	239	—	—	11	137
89	13	—	7	17	11	61	101	19	733	7	23	—	—	13	641	11	7	229	43	—	17	—	—	7	—	29	11	41	31	—
91	73	—	89	79	7	—	—	11	23	17	109	7	—	797	—	479	37	19	7	29	43	1021	31	47	13	7	17	—	59	11
97	151	29	23	7	31	11	53	47	263	19	7	307	743	—	467	59	11	7	13	179	—	139	—	197	7	23	43	11	19	653

	302 71	74	77	80	83	86	89	92	95	302 98	303 01	04	07	10	13	16	19	22	25	28	31	34	37	40	43	46	49	52	55	58
01	7	13	151	—	41	17	313	7	—	—	19	11	47	—	7	263	—	73	29	—	—	7	11	31	—	293	59	13	7	19
03	433	19	7	11	103	—	—	41	563	7	277	17	13	37	11	—	7	31	241	23	19	—	—	7	53	11	—	—	17	—
07	29	—	19	—	79	31	7	137	13	11	—	—	37	7	839	23	83	—	191	113	7	13	—	17	—	—	—	7	—	29
09	607	7	719	1009	461	—	13	269	7	61	1031	—	11	23	79	7	41	—	1279	13	457	—	7	11	227	283	—	347	137	7
13	59	53	13	571	—	7	—	11	151	23	—	29	7	19	101	13	71	—	11	7	463	—	41	—	17	—	7	47	13	11
19	31	—	—	23	7	11	83	109	17	13	—	7	—	—	—	—	11	67	7	53	139	—	13	—	19	7	23	11	113	—
21	—	23	1201	—	—	—	7	13	11	251	181	1117	151	7	17	19	29	137	367	11	7	499	59	229	23	31	—	7	1061	—
27	67	13	41	—	131	7	11	19	313	59	—	499	7	43	13	17	—	11	23	7	347	47	—	—	71	79	7	13	11	853
31	—	11	7	—	—	97	37	461	19	7	13	—	11	—	23	29	7	43	—	—	59	—	—	7	—	67	31	17	—	421
33	—	499	—	—	7	47	137	233	13	29	107	7	23	73	—	11	17	—	7	43	31	13	83	—	37	7	11	1301	431	—
37	19	7	—	1187	13	431	89	59	7	—	11	17	787	359	—	7	—	13	—	19	53	11	7	37	1321	857	29	821	17	7
39	17	—	11	7	37	—	23	—	67	127	7	1289	—	11	883	13	311	7	1697	—	29	151	—	463	7	43	53	—	13	19
43	7	641	23	37	—	—	—	7	11	—	—	13	17	—	7	1087	1229	—	—	11	109	7	89	71	13	23	41	769	7	17
49	401	1019	—	19	—	13	7	—	277	1531	—	73	—	7	1021	1663	—	11	13	23	7	—	19	—	—	47	101	7	11	1153
51	229	7	17	13	47	—	419	83	7	11	—	197	607	19	—	7	13	23	—	17	11	991	7	269	—	661	—	151	31	7
57	7	—	83	17	—	19	41	7	709	—	13	23	1723	241	7	—	—	79	11	257	17	7	—	13	19	—	619	53	7	11
61	—	—	11	113	7	439	13	23	—	—	131	7	29	11	59	17	401	37	7	13	—	719	—	1171	11	7	137	1093	—	31
63	—	811	—	—	13	11	7	—	—	—	—	—	1039	7	127	41	11	13	139	47	7	17	—	31	67	839	613	7	23	—
67	11	23	1277	7	53	—	271	653	1423	—	7	11	—	13	199	—	17	7	—	—	—	41	11	29	7	—	13	73	593	521
69	—	—	—	11	239	7	—	197	19	113	53	13	7	—	11	37	—	29	—	7	—	61	17	—	13	11	7	19	67	—
73	17	—	7	—	157	29	—	13	47	7	199	—	113	89	37	137	7	17	23	277	11	—	53	7	31	1471	—	—	19	—
79	—	7	107	71	—	1109	31	11	7	373	—	—	23	—	13	7	29	—	11	—	19	967	7	61	—	—	—	13	—	7
81	31	41	857	7	383	—	331	17	—	167	7	19	13	1741	—	—	—	7	47	563	—	11	—	307	7	13	149	157	—	1129
87	—	—	7	19	23	101	13	—	11	7	41	53	173	31	—	—	7	—	503	11	—	29	19	7	271	17	—	23	—	37
91	23	31	13	11	19	—	7	47	59	29	—	971	—	7	11	13	41	331	—	1621	7	149	—	19	73	11	677	7	13	79
93	13	7	—	29	139	523	11	89	7	17	—	71	223	13	19	7	1487	11	—	41	149	23	7	—	607	—	13	113	11	7
97	941	11	67	103	17	7	—	1493	37	13	—	—	7	233	31	19	461	23	149	7	29	17	13	11	83	41	7	877	577	1597
99	7	227	—	—	11	—	19	7	31	101	17	293	—	409	7	11	—	47	—	97	13	7	1193	73	257	19	11	17	7	139

	302 72	75	78	81	84	87	90	93	96	302 99	303 02	05	08	11	14	17	20	23	26	29	32	35	38	41	44	47	50	53	56	59
03	257	—	29	13	7	17	53	19	—	1553	11	7	—	—	—	149	13	419	7	83	683	11	17	181	—	7	19	31	643	13
09	167	—	41	7	557	23	17	—	11	31	7	—	149	29	83	281	593	7	19	11	89	—	431	13	7	—	—	307	23	61
11	11	71	—	23	59	7	1567	29	13	19	1373	11	7	101	859	—	103	787	—	7	673	13	11	37	127	—	7	193	19	17
17	211	19	13	37	7	479	—	1699	149	11	—	7	—	17	41	13	31	43	7	—	11	—	1087	—	191	7	—	1453	13	827
21	—	7	19	—	11	—	29	53	7	389	—	13	—	—	—	7	23	—	67	—	41	19	7	853	13	17	11	71	139	7
23	29	—	—	7	—	149	—	11	—	13	7	—	19	53	17	179	719	7	11	857	37	487	13	41	7	367	617	109	1607	11
27	7	—	11	149	—	13	1193	7	487	17	23	109	1613	11	7	—	197	29	13	37	701	7	67	—	11	53	17	43	7	41
29	37	67	7	13	19	11	163	—	23	7	—	29	—	—	89	17	7	811	103	101	—	—	131	7	59	83	—	11	761	13
33	11	—	79	269	23	19	7	103	—	179	17	11	13	7	433	131	—	—	127	—	7	—	11	—	19	13	67	7	29	1697
39	1721	—	—	709	601	7	13	—	53	11	29	17	7	1451	571	347	19	71	73	7	11	23	59	137	—	—	7	1523	17	—
41	7	11	773	—	13	293	31	7	71	41	—	61	11	—	7	83	—	13	—	23	947	7	461	11	—	353	19	—	7	257
47	61	17	1627	—	43	—	7	379	—	—	11	13	—	7	37	29	—	73	17	31	7	11	—	421	13	101	—	7	—	—
51	19	1733	—	7	593	11	—	13	43	23	7	—	137	17	113	557	11	7	—	19	13	—	—	—	7	—	—	11	601	349
53	911	31	17	—	—	7	1321	23	11	—	19	—	7	97	47	—	109	67	13	7	—	409	641	79	—	71	7	41	—	19
57	109	13	7	11	—	757	173	71	347	7	157	19	—	—	11	—	7	—	313	47	31	107	349	7	—	11	23	13	211	—
59	83	23	19	17	7	89	11	—	29	—	—	7	13	401	31	53	43	11	7	199	17	19	—	—	23	7	—	337	11	101
63	—	7	31	19	1049	—	107	661	7	—	37	443	11	—	—	7	—	—	337	—	23	13	7	11	—	29	—	53	131	7
69	7	293	13	631	—	—	191	7	349	—	11	103	—	—	7	13	17	—	—	—	—	7	97	—	71	—	43	37	7	—
71	13	29	7	—	—	17	—	1223	37	7	757	97	23	11	73	71	7	61	239	—	191	—	17	7	11	—	13	—	43	67
77	11	7	167	—	1069	1693	17	13	7	1291	—	11	29	—	389	7	19	—	—	383	13	1409	7	17	569	37	647	587	—	7
81	29	17	23	13	197	7	11	—	163	—	31	—	7	109	—	919	13	11	17	7	—	—	—	691	37	23	7	—	11	13
83	7	13	271	199	31	37	—	7	19	11	—	1151	167	—	7	79	—	—	397	—	11	7	—	23	17	59	—	13	7	—
87	—	43	17	1117	7	569	—	773	61	19	13	7	73	103	71	11	—	1619	7	17	97	—	733	13	—	7	11	—	19	1033
89	19	787	997	43	—	29	7	11	13	97	—	983	47	7	—	877	—	23	11	19	7	13	37	—	—	17	277	7	449	11
93	—	19	11	7	13	31	353	43	859	863	7	53	—	11	953	—	—	7	—	—	17	37	29	59	7	—	557	83	—	—
99	11	37	7	67	17	—	—	23	233	7	59	11	19	43	41	—	7	—	31	—	757	17	11	7	13	191	—	1097	223	53

3035999

www.ingramcontent.com/pod-product-compliance
Lightning Source LLC
LaVergne TN
LVHW020208030726
842520LV00003B/943
9782019641832